机械工程制图应用教程

杨咸启
褚　园　编著

JIXIE GONGCHENG ZHITU YINGYONG JIAOCHENG

中国科学技术大学出版社

内 容 简 介

本书介绍了工程图学的主要内容，包括：机械制图基础知识、几何元素的投影、立体的视图、轴测图、机件的图示方法、标准件与通用件的图样画法、机械零件图画法、机械产品装配图画法和机械制图工程等。力图从工程实际需要出发，介绍多种工程应用的实例。

工程制图技能的培养在于动手练习，本书相应的习题集也同步出版，供读者使用。

本书内容精练，以工程图学的主干内容为脉络，介绍画法几何和机械制图的知识，可作为工科相关专业学生的教学参考书，亦适合从事设计的工程技术人员参考。

图书在版编目(CIP)数据

机械工程制图应用教程/杨咸启，褚园编著. —合肥：中国科学技术大学出版社，2012.8
ISBN 978-7-312-03022-2

Ⅰ.机…　Ⅱ.①杨…②褚…　Ⅲ.机械制图—高等学校—教材　Ⅳ.TH126

中国版本图书馆 CIP 数据核字(2012)第 119825 号

出版　中国科学技术大学出版社
安徽省合肥市金寨路 96 号，邮编：230026
网址：http://press.ustc.edu.cn
印刷　安徽江淮印务有限责任公司
发行　中国科学技术大学出版社
经销　全国新华书店
开本　787 mm × 1092 mm　1/16
印张　20.5
字数　538 千字
版次　2012 年 8 月第 1 版
印次　2012 年 8 月第 1 次印刷
定价　34.00 元

前　言

“工程制图”是工科学生必修的课程，也是学生最早接触的专业教育课程。它不仅要介绍给学生图学知识，而且还要有助于培养学生的思维方法和动手能力，为培养学生良好的素质打好基础。多年来，作者在工程制图教学工作中，深感培养学生动手绘图能力的重要性，这是学习计算机绘图(CAD)的基础。但是，工程制图的知识和技能又较难掌握。因此，在培养应用型人才时，有一本合适的用于学习工程制图的教学参考书是非常必要的。

本书的主要内容为：机械制图基础知识、几何元素的投影、立体的视图、轴测图、机件的图示方法、标准件与通用件的图样画法、机械零件图画法、机械产品装配图画法和机械制图工程等。

本书在编写过程中力求突出以下特点：

(1) 强调空间思维能力培养，使学生能够适应从三维到二维的思维转变。

(2) 从应用需要出发，适当介绍图学的理论，着重技术制图知识的介绍和制图、看图能力的培养。内容简洁，突出重点。

(3) 试图从工程的实例介绍中，强调技术制图的重要性。因此，多方面介绍机械零件图样的特点，并强调技术制图标准的使用，使学生尽可能多地接触实际问题。

(4) 在知识结构体系安排上，先介绍一般的基础知识，再介绍技术技能知识。将比较难掌握的内容，分散在多处介绍，反复强调。例如，对尺寸标注、技术要求等内容，分别在3个章节中进行多层次介绍，使学生由浅入深地学习。

(5) 工程制图的技能培养重在动手练习，为了培养学生的制图技能，编写了与本书配套的习题集，供学生练习。

本书可作为机械类和近机类学生的教学参考书，也可供相关专业设计工作者参考。对少学时课程，可略去第2章、第9章。

本书编写人员有：杨咸启(第1至4章、第7至9章、附录)，褚园(第5、6章)。全书由杨咸启定稿。

本书在编写过程中得到了黄山学院的支持，同时书中引用了一些文献资料，在此对给予支持的各位领导、同事和所引用文献的原作者们一并表示感谢。

由于水平所限，书中难免存在缺点和错误，敬请读者批评指正。

编　者

2012年3月于黄山

目　　录

第 1 章　机械制图基础知识

工业化社会的重要特征是规模化大生产，大生产的对象是产品。机械产品是现代文明的重要体现。机械产品有很多，例如火车、汽车、机械设备等。图 1-0-1 至图 1-0-4 是机械产品的代表。机械产品都是由零件组成的，图 1-0-5 至图 1-0-8 是机床等产品上的典型零件。

图 1-0-1　高速火车

图 1-0-2　汽车

图 1-0-3　水压机

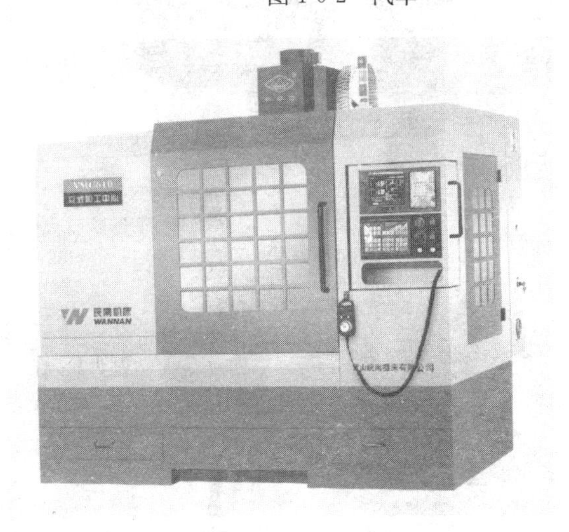

图 1-0-4　数控机床

图 1-0-5　机床丝杆零件

图 1-0-6　机床主轴零件

图 1-0-7　机床气动卡盘零件

图 1-0-8　机械零件

构成复杂产品的零件多种多样，如图 1-0-9 所示。而产品生产需要设计，这样就出现了设计图纸。因此，对于一个机械工程师来说，必须掌握机械设计的手段，也就是要学会机械设计绘图。

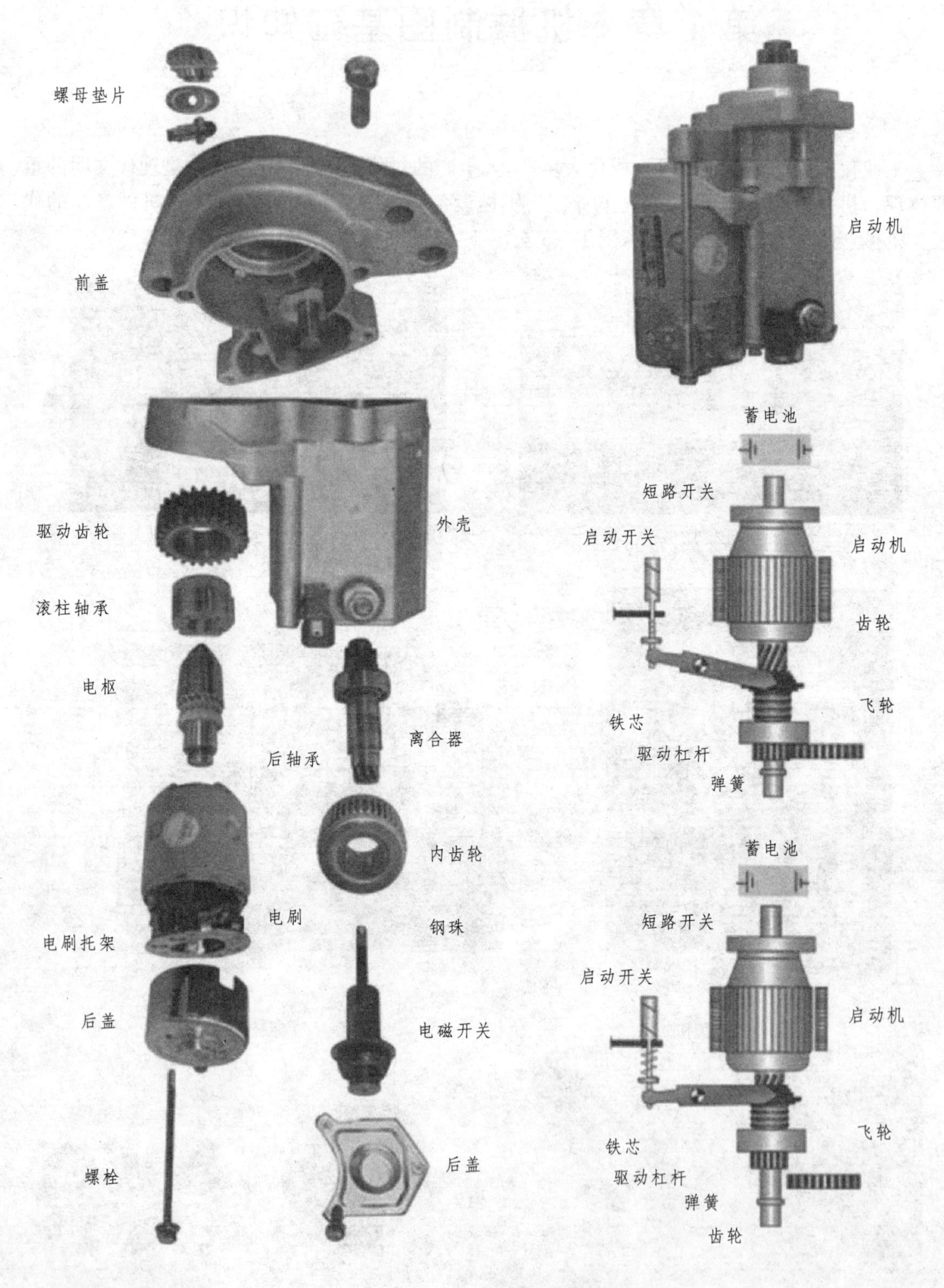

图 1-0-9　汽车启动机的零件

1.1　投影的基础知识

用图来表示物体的方法起源很早。中国宋代苏颂和韩公廉所著《新仪象法要》中已附有天文报时仪器的图样，明代宋应星所著《天工开物》中也有大量的机械图样。但这些图样尚不严谨。1799 年，法国学者蒙日(G. Monge)出版《画法几何》。此后，机械产品图样中的图形开始严格按照画法几何的投影理论绘制。

1.1.1　投影法

投影现象：物体在光线的照射下，在地面或墙面上产生影子，这种现象称为投影现象。生活中的投影现象几乎到处都有。图 1-1-1 所示是自然光线下景物在地面上的投影。

从投影的现象分析知道，投影具有三要素：投影光线、物体和投影面。

投影原理：利用投影三要素，建立投影的变化规律，就构成了投影原理。图 1-1-2 所示为点的投影。

图 1-1-1　自然光线的投影

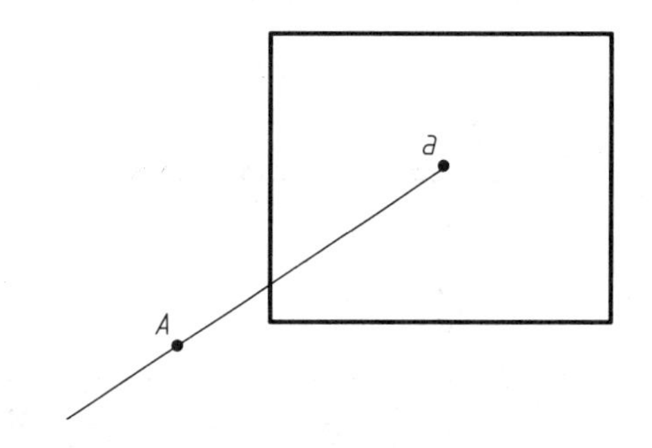

图 1-1-2　点的投影原理

几何投影法：根据投影原理，用一组射线通过物体投向预定平面，确定物体几何边界线的方法。

由于投影三要素的不同，投影方法分为中心投影法和平行投影法。

中心投影法：投影光线汇集于一点，这一点称为投影中心，物体放在投影中心和投影面之间，投影面上的物体影子被放大，如图 1-1-3 所示。

平行投影法：投影光线互相平行，物体放在投影光线中，投影面上得到物体的轮廓影子，如图 1-1-4 所示。

平行投影法又分为正投影和斜投影。

正投影：投影光线与投影面垂直的平行投影，如图 1-1-5(a)所示。

斜投影：投影光线与投影面倾斜的平行投影，如图 1-1-5(b)所示。

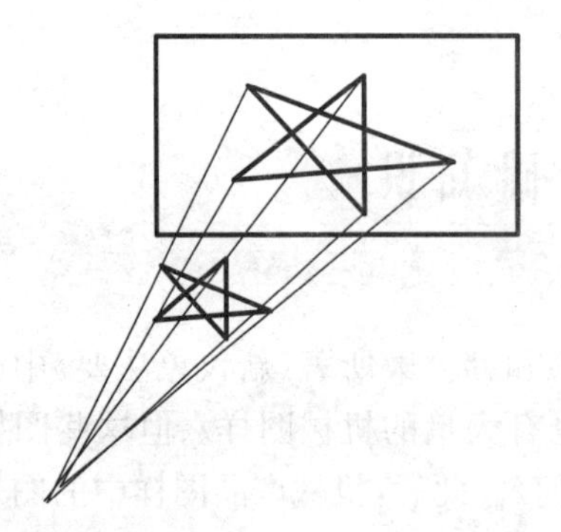

图 1-1-3　中心投影

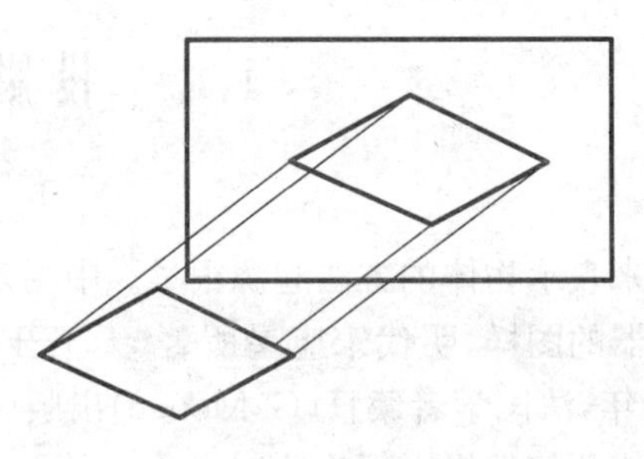

图 1-1-4　平行投影

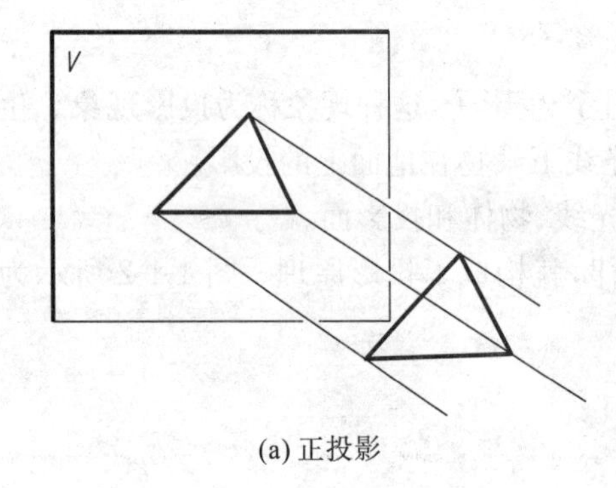

(a) 正投影

(b) 斜投影

图 1-1-5

以上投影方法的作用如表 1-1-1 所示。

表 1-1-1

<table>
<tr><td rowspan="3">投影方法</td><td>中心投影法(画透视图)</td><td></td></tr>
<tr><td rowspan="2">平行投影法</td><td>斜投影法(画斜轴测图)</td></tr>
<tr><td>正投影法(画工程图样及正轴测图)</td></tr>
</table>

物体投影的不可逆性：从上面的投影例子中可以看出，给定投影的三要素后，可以得出物体的唯一投影结果，但是反过来，给出一个投影却不能确定唯一的物体。这就是投影的不可逆性。如图 1-1-6、图 1-1-7 所示，同一个投影可能对应不同的物体。这是因为空间物体的确定需要几个方向上的条件。这种不可逆性不能满足工程设计的要求。解决这个问题的方法是采用多面投影。

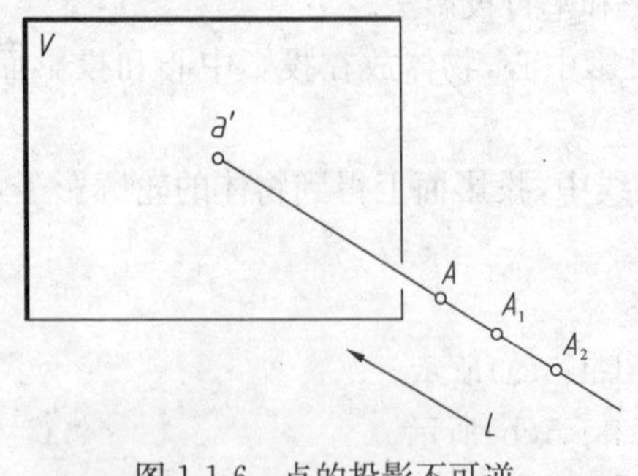

图 1-1-6　点的投影不可逆

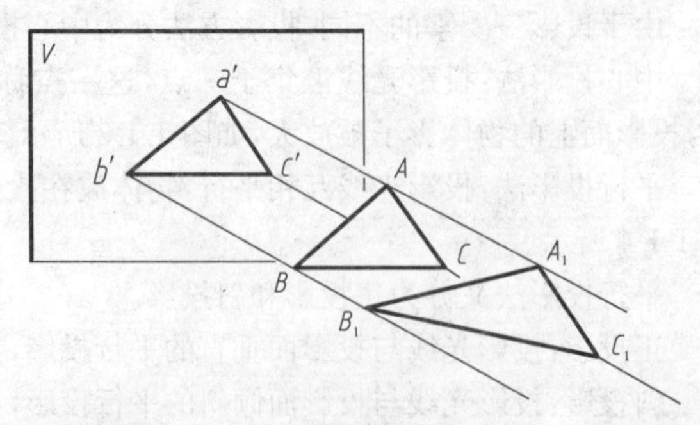

图 1-1-7　物体的投影不可逆

1.1.2　工程常用的投影法与视图

1. 多面正投影法与视图

法国几何学家蒙日首先提出用多面正投影法得到物体投影，从而解决了投影的唯一性问题。多面正投影法的特点是能反映物体的形状和大小，作图方便，因而在工程上得到广泛运用。通常采用 3 个相互垂直的投影面，将物体投影到各投影面上就得到了三视图，如图 1-1-8 所示。

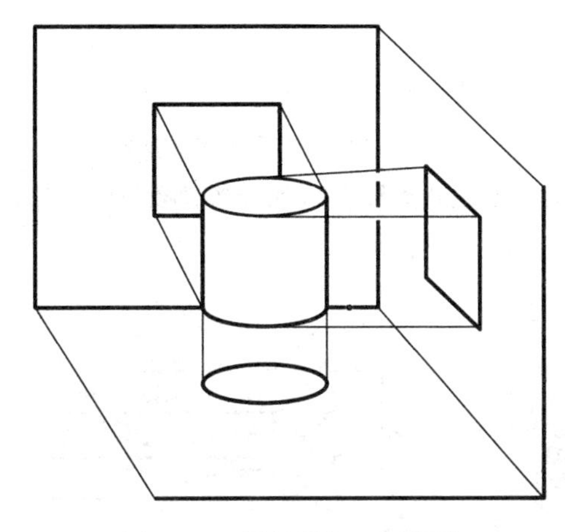

图 1-1-8　圆柱体的三面投影

2. 轴测投影法与视图

将物体的坐标面与投影面倾斜，或投影线与投影面倾斜，利用平行投影法投射得到单一投影面的投影的方法称为轴测投影。它的特点是物体上平行的线段其轴测投影仍然平行；它最大的优点是立体感强，如图 1-1-9 所示。

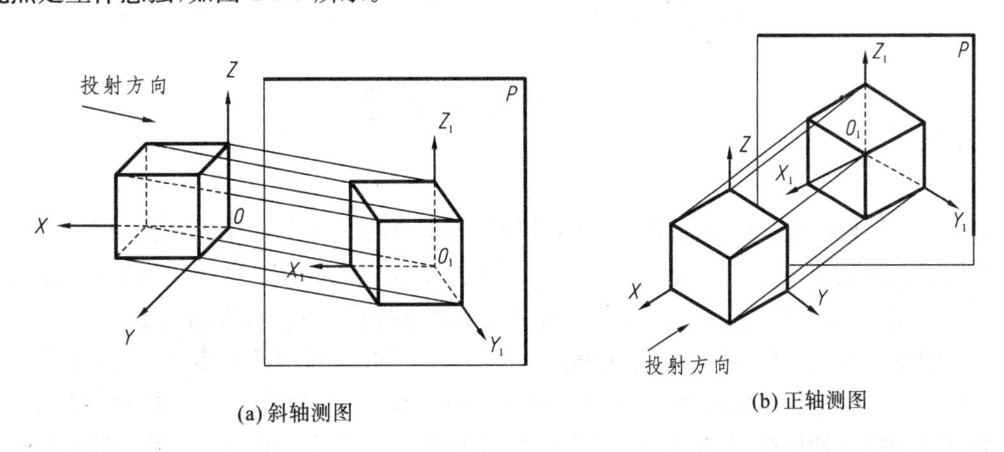

(a) 斜轴测图　　(b) 正轴测图

图 1-1-9　轴测投影

3. 透视投影法与视图

采用中心投影法，将物体投射到单一投影面上得到的投影称为透视投影。其特点是：形象逼真，立体感强，与人眼的观察效果相同，但作图麻烦，度量性差。工程上通常采用透视投影图作为效果图，如图 1-1-10、图 1-1-11 所示。

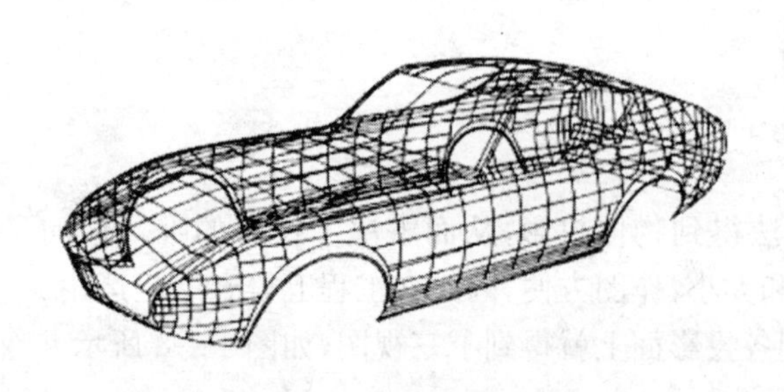

图 1-1-10　汽车外形透视图

图 1-1-11　房屋轮廓透视图

4. 标高投影法

当需要表达比较复杂的曲面物体高度时，可采用标高投影法。它是利用等高面切出物体的轮廓，并标出高度值的投影方法，因此其所成图称为等高线图。标高投影法主要用在地质、土木和水利工程的施工图中，如图 1-1-12 所示。

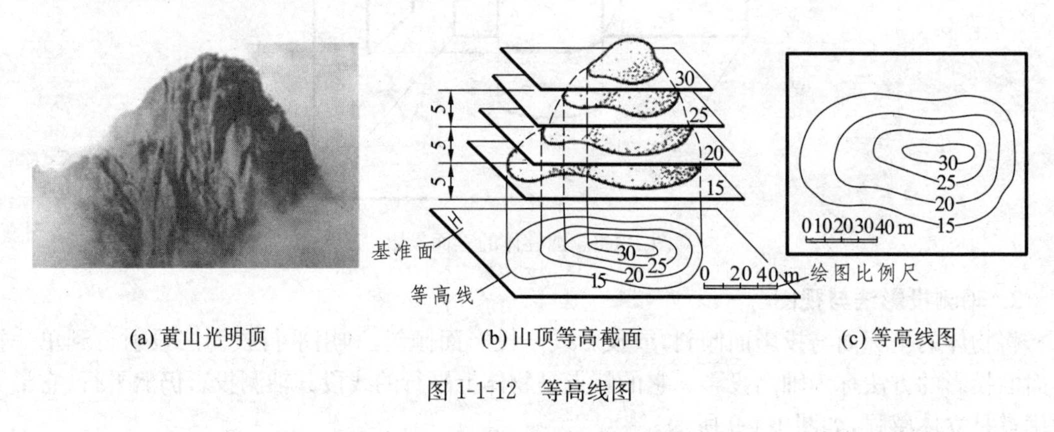

(a) 黄山光明顶　(b) 山顶等高截面　(c) 等高线图

图 1-1-12　等高线图

1.2　制图的标准

工程图是工程技术人员表达设计思想，进行技术交流的工具。制图内容是工程技术人员交流的“语言”。因此，它必须有一定的“词语”和“语法”。这个“词语”就是制图表达内容，而“语法”就是国家制图的标准规定。这里强调，技术制图时必须遵守制图标准的规定。

国家颁布的有关机械制图的标准有很多，它们规定了技术制图的基本要求，绘图时必须严格遵照执行。国家标准(简称国标)，分为强制性执行的标准(代号为“GB”)、推荐性标准(代号为“GB/T”)和指导性标准(代号为“GB/Z”)。国家标准采用代号表示，例如，规定图纸幅面大小的标准代号为“GB/T 14689—2008”，它表示这个标准是推荐性标准，标准的代号为 14689，2008 年批准颁布实施的。技术标准都会随着技术进步而不断修订，因此，标准代号中会给出最新的修订年份，而技术人员必须采用最新颁布的规定标准。下面介绍有关制图的几个标准的主要内容。更多的内容请查阅相关标准。

1. 图纸幅面和格式(GB/T 14689—2008)

该标准推荐了几种绘图图纸的幅面大小，绘图时应该优先采用。标准规定，我国制图图纸的幅面分为 5 个基本规格，分别用代号 A0、A1、A2、A3、A4 表示。每个规格图纸幅面大小见表 1-2-1。如果基本规格图纸不能满足要求，也可以采用加大幅面的图纸。加大的图纸规格分第一选择和第二选择。

表 1-2-1　标准图纸的幅面尺寸

<table>
<tr><th rowspan="2"></th><th rowspan="2">幅面代号</th><th>幅面尺寸</th><th colspan="3">留边尺寸</th></tr>
<tr><th>B×L</th><th>a</th><th>c</th><th>e</th></tr>
<tr><td rowspan="5">幅面基本规格</td><td>A0</td><td>841×1189</td><td rowspan="5">25</td><td rowspan="3">10</td><td rowspan="2">20</td></tr>
<tr><td>A1</td><td>594×841</td></tr>
<tr><td>A2</td><td>420×594</td><td rowspan="3">10</td></tr>
<tr><td>A3</td><td>297×420</td><td rowspan="2">5</td></tr>
<tr><td>A4</td><td>210×297</td></tr>
<tr><td rowspan="5">幅面加大第一选择规格</td><td>A4×3</td><td>297×630</td><td rowspan="5">25</td><td rowspan="5">5</td><td rowspan="5">10</td></tr>
<tr><td>A4×4</td><td>297×841</td></tr>
<tr><td>A4×5</td><td>297×1051</td></tr>
<tr><td>A3×3</td><td>420×891</td></tr>
<tr><td>A3×4</td><td>420×1189</td></tr>
<tr><td rowspan="15">幅面加大第二选择规格</td><td>A4×6</td><td>297×1261</td><td rowspan="15">25</td><td rowspan="7">5</td><td rowspan="7">10</td></tr>
<tr><td>A4×7</td><td>297×1471</td></tr>
<tr><td>A4×8</td><td>297×1682</td></tr>
<tr><td>A4×9</td><td>297×1892</td></tr>
<tr><td>A3×5</td><td>420×1486</td></tr>
<tr><td>A3×6</td><td>420×1783</td></tr>
<tr><td>A3×7</td><td>420×2080</td></tr>
<tr><td>A2×3</td><td>594×1261</td><td rowspan="8">10</td><td rowspan="3">10</td></tr>
<tr><td>A2×4</td><td>594×1682</td></tr>
<tr><td>A2×5</td><td>594×2102</td></tr>
<tr><td>A1×3</td><td>841×1783</td><td rowspan="5">20</td></tr>
<tr><td>A1×4</td><td>841×2378</td></tr>
<tr><td>A0×2</td><td>1189×1682</td></tr>
<tr><td>A0×3</td><td>1189×2523</td></tr>
</table>

图纸中需要用细实线绘出标准的图幅大小（如果纸是标准尺寸，可以省略），用粗实线画出绘图区的图框。图形不能超出图框。图框线距离图幅边界的尺寸应该根据图纸大小选择。表 1-2-1 中给出了留边的尺寸。图纸需要装订时应该留出装订边。图 1-2-1 为竖立使用的图纸（Y 型），图 1-2-2 为水平使用的图纸（X 型）。有时为了拼图方便，在图纸中间画出对中记号。

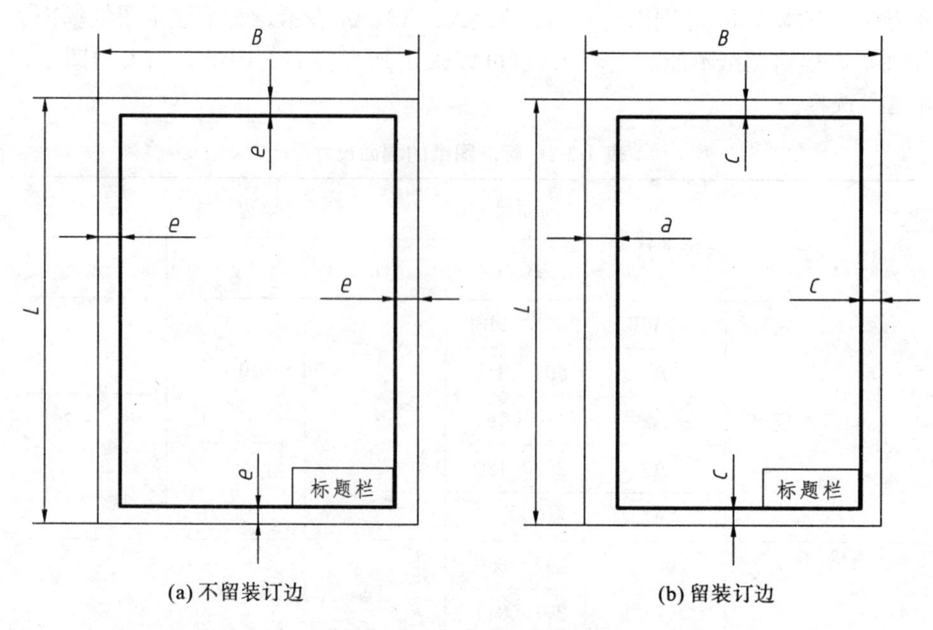

(a) 不留装订边　　(b) 留装订边

图 1-2-1　竖立使用的图纸

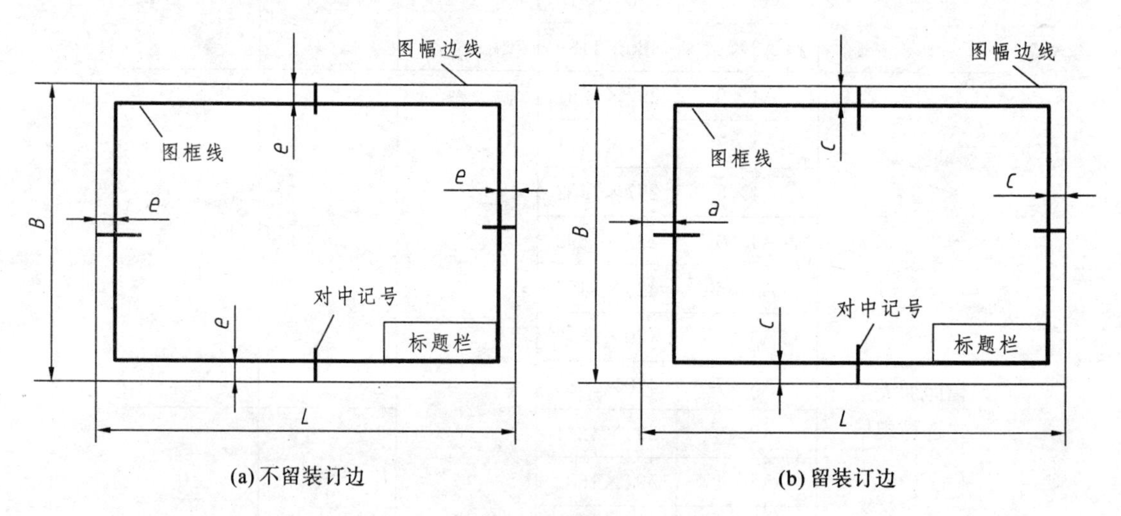

(a) 不留装订边　　(b) 留装订边

图 1-2-2　水平使用的图纸

2. 标题栏(GB/T 10609.1—2008,GB/T 10609.2—2009)

国标规定每张技术图纸上必须画出标题栏。标题栏主要用于说明图样的名称、代号、有关设计的内容、参与图样工作的人员签名。标题栏画在图纸的右下角并靠右边框线。标题栏中的图名、单位名写成 10 号字(字高 10 mm),其余的写成 7 号字(字高 7 mm)。标准 GB/T 10609.1—2008规定了标题栏的要求、内容和尺寸,如图 1-2-3 所示。

除了标题栏外,装配图中还有零件明细表。标准 GB/T 10609.2—2009 规定了装配图明细表的要求、内容和尺寸,如图 1-2-4 所示。

设计产品时,根据自己的设计需要,可以改变标题栏的格式。在学校学习绘图时可以采用简易标题栏,如图 1-2-5 所示。

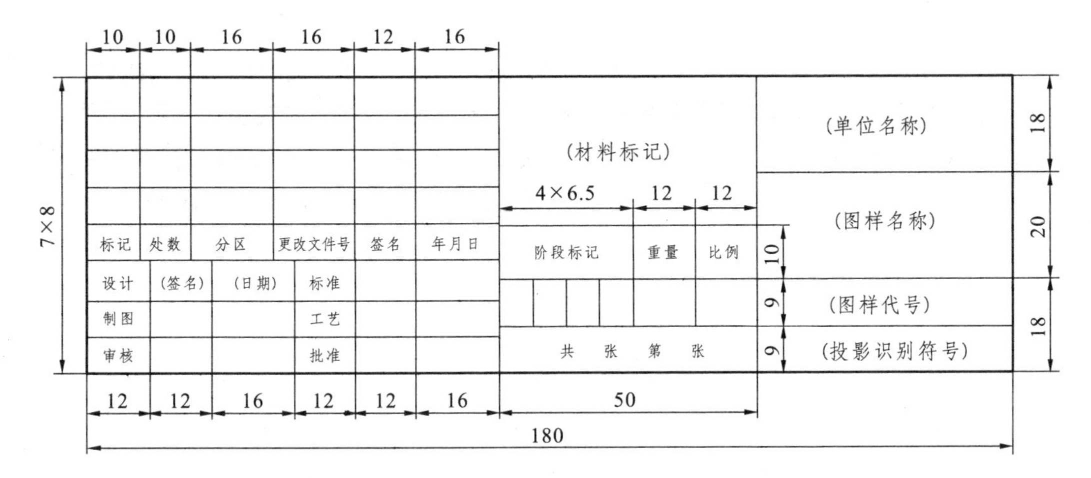

图 1-2-3　标题栏格式

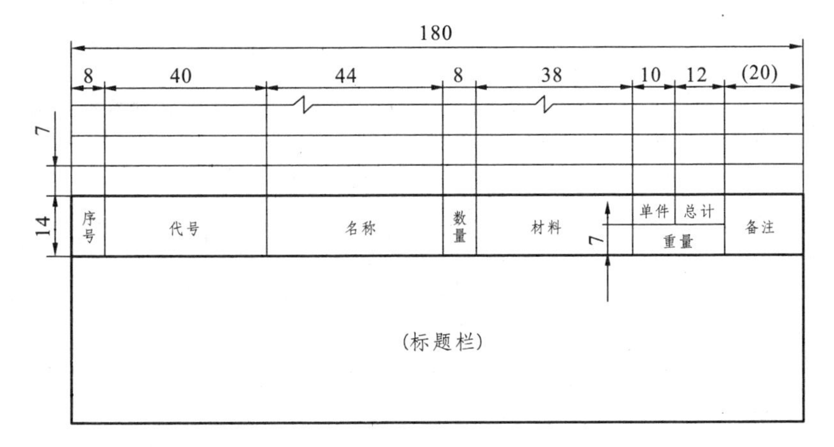

图 1-2-4　明细栏格式

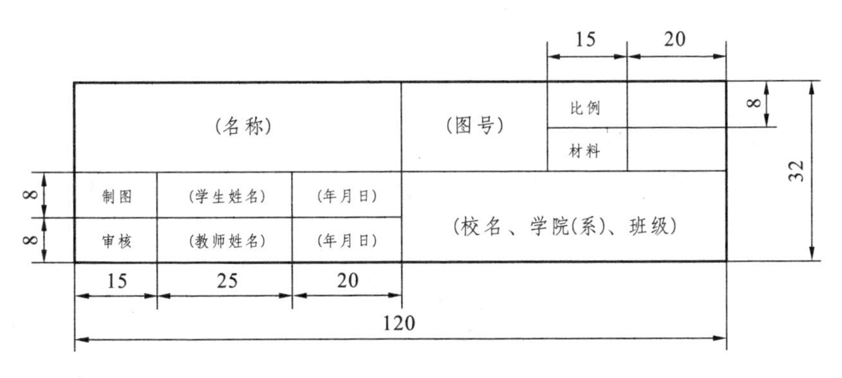

图 1-2-5　简易标题栏格式

3. 图线(GB/T 17450—1998,GB/T 4457.4—2002)

技术制图标准 GB/T 17450—1998 规定了 15 种基本线型;机械制图标准 GB/T 4457.4—2002 推荐 9 种图线宽度值分别为:0.13 mm、0.18 mm、0.25 mm、0.35 mm、0.5 mm、0.7 mm、1 mm、1.4 mm、2.0 mm。常用的图线宽度为 0.5 mm、0.7 mm 和 1 mm。

机械工程图样采用两种线宽:粗线宽 d、细线宽 $d/2$。

建筑工程制图的图线分粗、中粗、细三种，宽度比约为 4∶2∶1。

标准 GB/T 4457.4—2002 规定了机械制图的线型应用。制图时需要采用的图线如表 1-2-2 所示。如果采用手工绘图，线宽不容易掌握。在同一张图中，同类型的线条要一致；虚线、点画线等的线段长度和间隔应该大体一样；两条平行线之间的距离要均匀，其间的最小距离不能小于 0.7mm；绘制中心线时圆心应该为实线相交。在较小的图形上绘制点画线不方便时，可用细实线代替。绘制图的对称中心线时，应超出图外 2～5 mm。采用计算机绘图时容易控制线宽。图 1-2-6 为各种线型使用的例子。

表 1-2-2　制图线型(摘自 GB/T 4457.4—2002)

图线名称	图线型式	代号	图线宽度	主要用途
粗实线	———————	01.2	d	可见轮廓线、可见棱边线、相贯线
细实线	———————	01.1	约 $d/2$	尺寸线、尺寸界线、剖面线、辅助线、重合断面的轮廓线、引出线、螺纹的牙底线及齿轮的齿根线、可见过渡线
波浪线	～～～～～	01.1	约 $d/2$	断裂处的边界线、视图和剖视的分界线
双折线	—\/—\/—	01.1	约 $d/2$	断裂处的边界线
虚线	— — — — — —	02.1	约 $d/2$	不可见的轮廓线、不可见的过渡线
细点画线	—— - —— - ——	04.1	约 $d/2$	轴线、对称中心线、轨迹线、齿轮的分度圆及分度线
粗点画线	—— - —— - ——	04.2	d	有特殊要求的线或表面的表示线
双点画线	—— - - —— - - ——	05.1	约 $d/2$	相邻辅助零件的轮廓线、中断线、极限位置的轮廓线、假想投影轮廓线

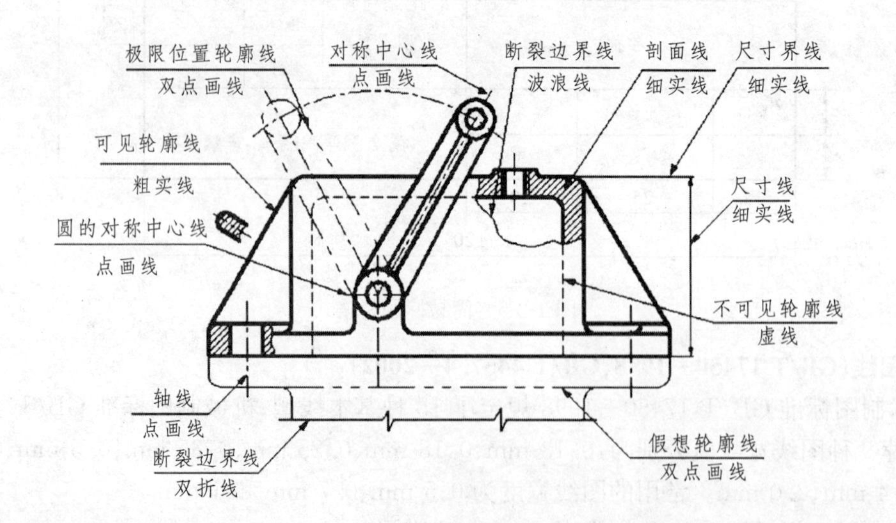

图 1-2-6　线型使用

4. 字体(GB/T 14691—1993)

图样上除有图形外还有汉字和数字。为使图样清晰美观，国家标准对图样中的字符号作出要求。

(1) 汉字

图样中的汉字应写成长仿宋体，并采用国家正式公布的简化字。汉字的字号代表字的高度 h，字高有 1.8 mm、2.5 mm、3.5 mm、5 mm、7 mm、10 mm、14 mm 和 20 mm 等，字宽一般为 $h/\sqrt{2}$。图样中汉字的高度 h 应不小于 3.5 mm。长仿宋体的书写要领是：横平竖直、起落有锋、结构匀称。

下面是制图的字体示例。

10 号字：

字体工整　笔画清楚　间隔均匀

7 号字：

横平竖直　注意起落　结构均匀　填满方格

5 号字：

技术制图　机械　电子　汽车

(2) 字母和数字

图样中的字母和数字可写成斜体或正体，字母和数字分 A 型和 B 型，B 型的笔画比 A 型宽。

A型大写斜体	*ABCDEFG*	***B型大写斜体***	***ABCDEFG***
A型小写斜体	*abcdefg*	***B型小写斜体***	***abcdefg***
A型斜体	*0123456789*	***B型斜体***	***0123456789***
A型直体	*0123456789*	**B型直体**	***0123456789***

用作指数、分数、极限偏差、注脚的数字及字母的字号一般应小一号。

$$8^{6} \qquad \frac{3}{4} \qquad \varnothing 80^{+0.02}_{-0.01}$$

(3) 罗马数字示例

5. 比例(GB/T 14690—1993)

制图的比例定义为图形与实物相应要素的线性尺寸之比。如果画出的图形和实物一样大比例就是 1∶1。而在实际中很多时候是不能按 1∶1 来画图的，因此就要用不同的比例作图。

国家标准规定了作图的比例，表 1-2-3 中列出的是优先采用的第一系列值，其他的比例值作为备选，具体可查看 GB/T 14690—1993。

表 1-2-3　绘图优选的比例(摘自 GB/T 14690—1993)

种　类	优先选择比例
原值比例	1∶1
放大比例	2∶1　5∶1　1×10^n∶1　2×10^n∶1　5×10^n∶1
缩小比例	1∶2　1∶5　1∶1×10^n　1∶2×10^n　1∶5×10^n
种　类	备选比例
放大比例	2.5∶1　4∶1　2.5×10^n∶1　4×10^n∶1
缩小比例	1∶1.5　1∶2.5　1∶3　1∶4　1∶6 1∶1.5×10^n　1∶2.5×10^n　1∶3×10^n　1∶4×10^n　1∶6×10^n

需要说明的是:① 绘图时,图形不论放大或缩小均应标注其实际尺寸;② 一般将作图的比例写在标题栏的比例栏目中;③ 图纸中尽量采用相同比例,特殊情况可采用不同比例,需要注明,如:$\frac{A}{2:1}$、$\frac{B—B}{5:1}$。

图 1-2-7 为比例绘图的例子。

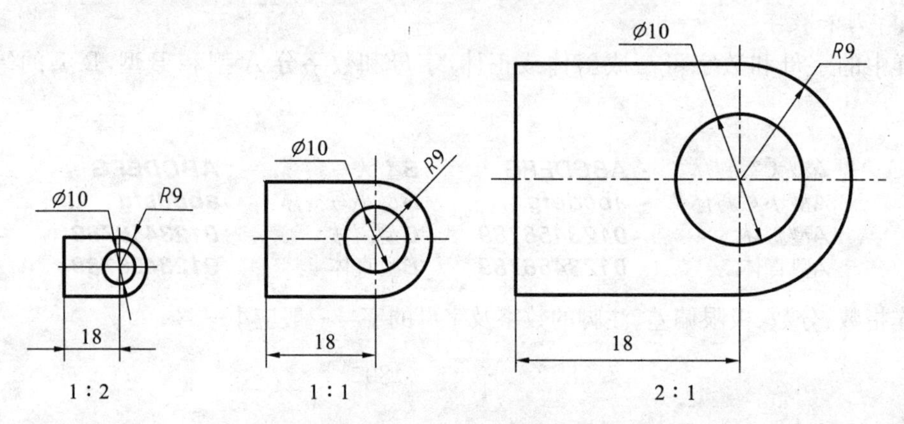

图 1-2-7　比例绘图

6. 尺寸注法(GB/T 4458.4—2003)

图样中的图形只能反映物体的形状,而物体的大小和物体各部分的相对位置则要由图中的尺寸来确定。国家标准规定了尺寸标注的基本规则和方法。

(1) 基本规则

① 机件的真实大小应以图样上所标注的尺寸数值为依据,与图形的大小及绘图的准确度无关。

② 图样中(包括技术要求和其他说明)的尺寸,以毫米为单位时,不需标注计量单位的代号或名称。如果要采用其他单位则必须注明相应的计量单位的代号或名称。

③ 图样中所标注的尺寸为该图样所示机件的最后完工尺寸,否则应另加说明。

④ 机件的每一尺寸一般只标注一次,并应标注在反映该结构最清晰的图形上。

(2) 尺寸的组成

通常一个完整的尺寸标注形式包括尺寸界线、尺寸线、箭头和尺寸数字四个要素。

图 1-2-8 给出尺寸标注的例子。尺寸标注中常用的符号见表 1-2-4。

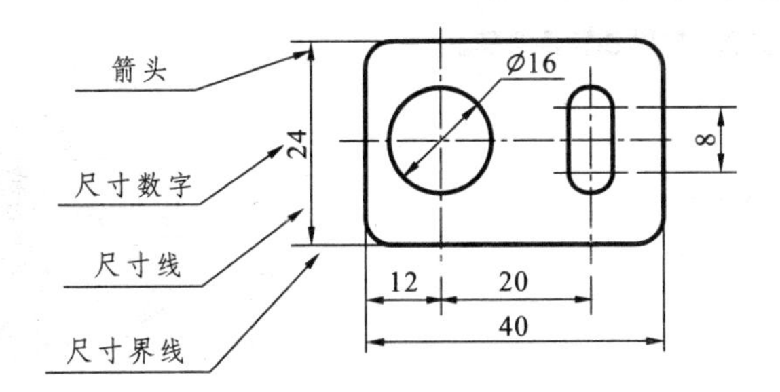

图 1-2-8　尺寸标注

表 1-2-4　尺寸标注的相关符号

名　称	符号或缩写词	名　称	符号或缩写词
直径	∅	正方形	□
半径	*R*	深度	↧
圆球直径	*S*∅	沉孔	⊔
圆球半径	*SR*	埋头孔	∨
厚度	*t*	斜度	∠
45°倒角	*C*	锥度	◁
均布	*EQS*	专门记号	▽

1.3　手工绘图工具与特殊线条的画法

1.3.1　绘图工具和仪器的使用

熟练地掌握绘图工具使用方法，是保证手工绘图图面质量、提高绘图速度的前提。

1. 铅笔

绘图铅笔一端的字母和数字表示铅芯的软硬程度。H(Hard)表示硬的铅芯，有 H、2H 等，数字越大铅芯越硬，通常用 H 或 2H 的铅笔打底稿和加深细线。B(Black)表示软(黑)的铅芯，有 B、2B 等，数字越大表示铅芯越软，通常用 B 或 2B 的铅笔描深粗实线。HB 铅芯软硬适中，多用于写字。

削铅笔也是绘图人员应掌握的一项基本功。图 1-3-1 所示为铅笔削好的样子。

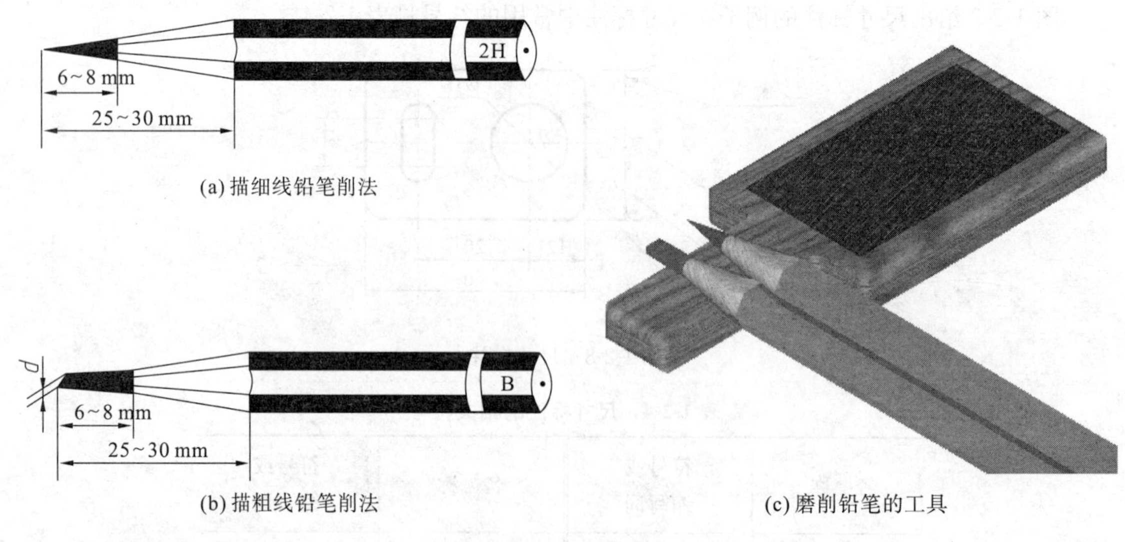

(a) 描细线铅笔削法

(b) 描粗线铅笔削法

(c) 磨削铅笔的工具

图 1-3-1　铅笔削法

2. 图板、丁字尺、三角板和圆规

图板：为木制胶合板，用于固定图纸。可准备一块用于擦拭图板灰尘的布。

丁字尺：多为透明有机玻璃制作，分尺头和尺身两部分，绘图时与图板配合画平行线。使用要领：尺头靠在图板边缘，将丁字尺上下移动到位后，按住尺身使丁字尺靠紧图板后再画线。

三角板：绘图时三角板的使用率非常高，可以用来画垂线、15°倍角线以及作线段的平行线、垂直线等。

圆规：使用圆规时注意不要将图纸扎出大洞，画圆时要准确画好线条。

图 1-3-2 所示为图板、丁字尺、三角板和圆规等工具实物。

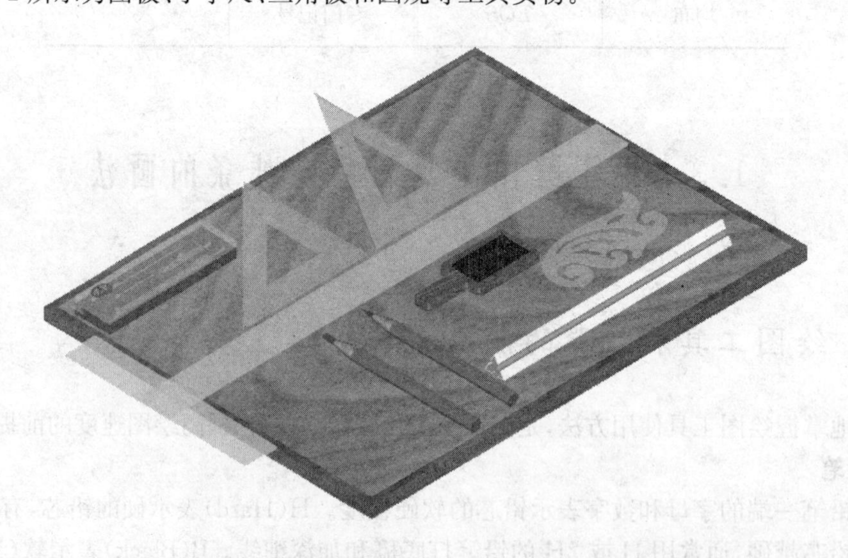

图 1-3-2　图板、丁字尺、三角板、圆规等工具实物

3. 尺规使用方法

图 1-3-3 所示为丁字尺、三角板、圆规的使用方法。

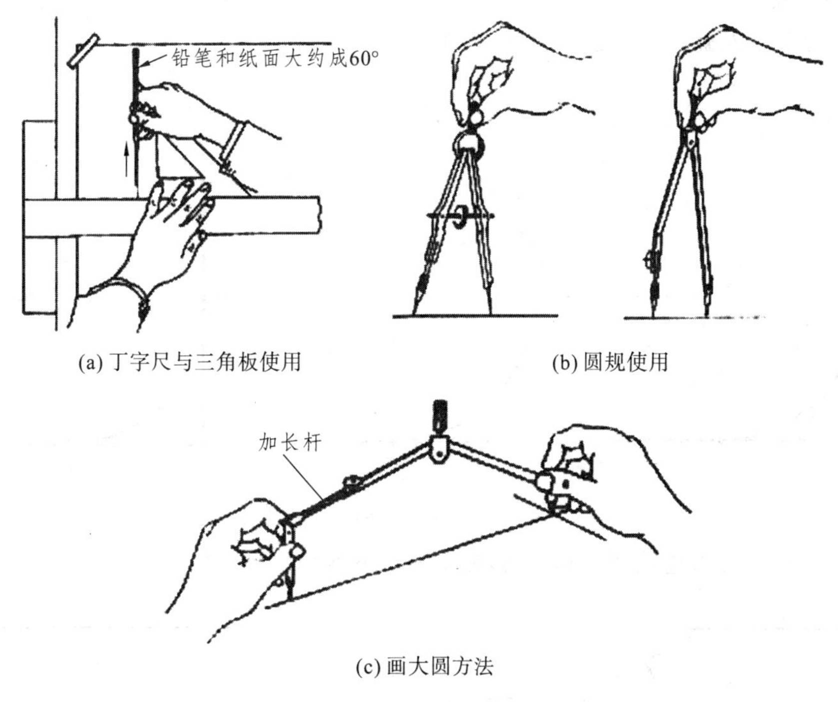

(a) 丁字尺与三角板使用　　(b) 圆规使用

(c) 画大圆方法

图 1-3-3　绘图工具使用方法

1.3.2　尺规作图画法

1. 正 N 边形(以正七边形为例)作图

① 画外接圆。

② 将外接圆直径等分为 N 等份。

③ 以第 N 点为圆心,以外接圆直径为半径作圆与水平中心线交于点 A、B。

④ 由 A 和 B 分别与奇数(或偶数)分点连线并与外接圆相交,依次连接各交点,得到正 N 边形,如图 1-3-4 所示。

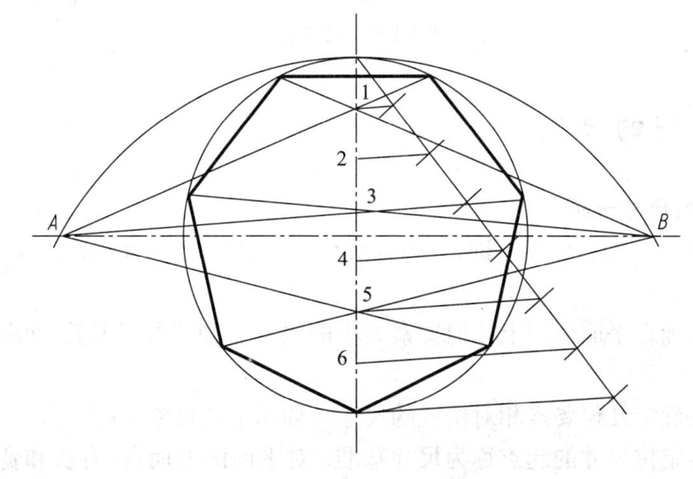

图 1-3-4　正七边形作图

2. 圆弧连接

用半径为 R 的圆弧连接两已知直线，如图 1-3-5 所示。

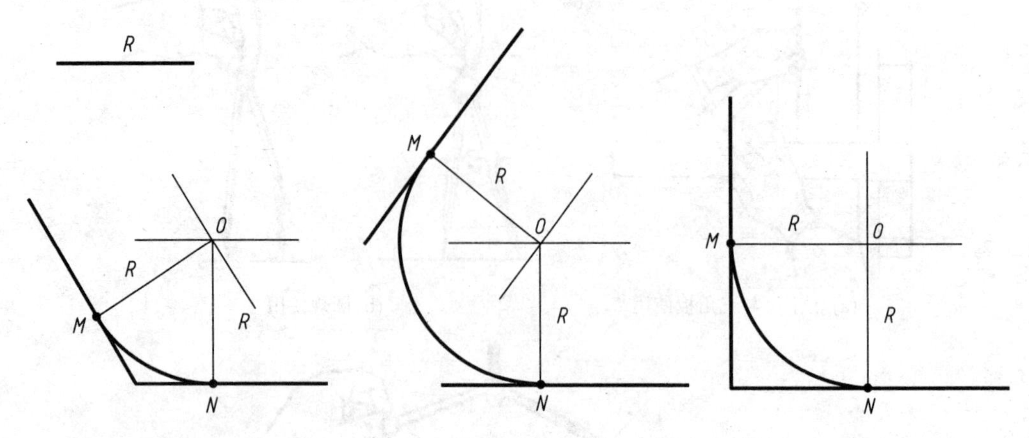

图 1-3-5　圆弧与直线连接作图

用半径为 R 的圆弧连接两已知圆弧，如图 1-3-6 所示。

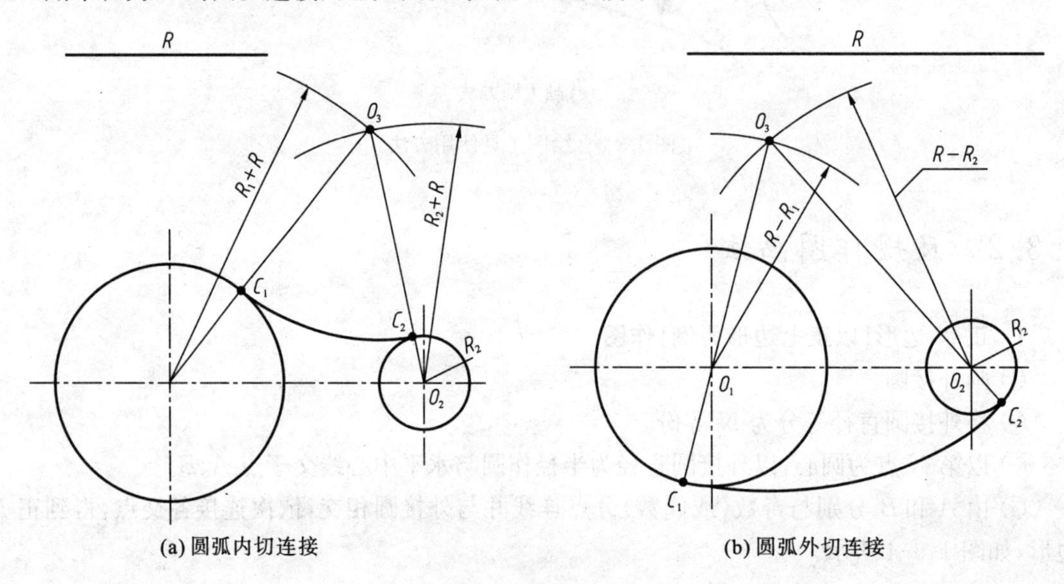

(a) 圆弧内切连接　　(b) 圆弧外切连接

图 1-3-6　圆弧连接

1.3.3　曲线图的画法

1. 平面图形的尺寸分析

平面图形中的尺寸按其作用不同，分为定形尺寸和定位尺寸两大类。以图 1-3-7 为例说明如下：

① 定形尺寸：确定平面图形上几何要素大小的尺寸。如线段的长度(80)、半径(*R*18)或直径(∅15)大小等。

② 定位尺寸：确定几何要素相对位置的尺寸。如图中的尺寸 70、50。

③ 尺寸基准：定位尺寸的起点称为尺寸基准。对平面图形而言，有长和宽两个不同方向的基准。通常以图形中的对称线、中心线以及底线、边线作为尺寸基准。

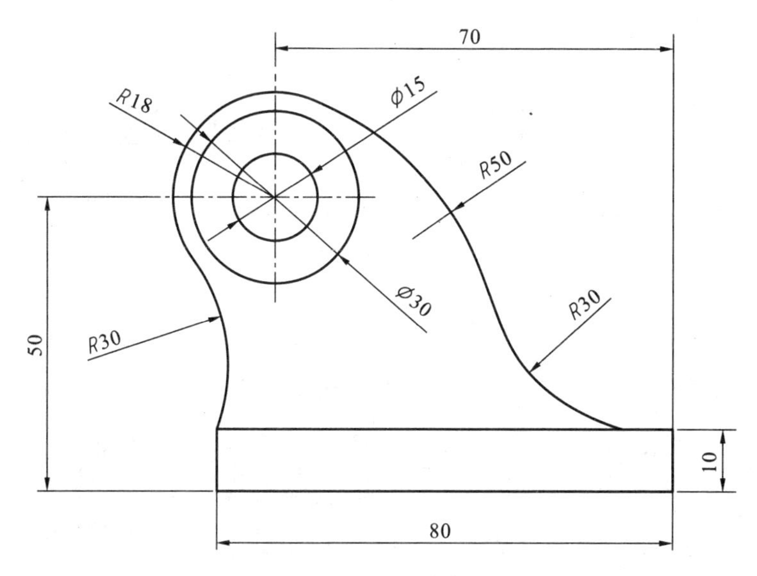

图 1-3-7　圆弧线条图

2. 平面图形的线段(圆弧)分析

一般情况下,要在平面图形中绘制一段圆弧,除了要知道圆弧的半径外还需要确定圆心位置的定位尺寸。按平面图形中圆弧的圆心定位尺寸的数量不同,将圆弧分为已知圆弧、中间圆弧和连接圆弧。仍然以图 1-3-7 为例说明如下:

① 已知圆弧。其圆心具有长和宽两个方向的定位尺寸,或者根据图形的布置可以直接绘出的圆弧,如图中的 $R18$。

② 中间圆弧。中间圆弧的圆心只有一个方向的定位尺寸,作图时要依据该圆弧与已知圆弧相切的关系确定圆心的位置,如图中的 $R50$。

③ 连接圆弧。连接圆弧没有确定圆心位置的定位尺寸,作图时是通过相切的几何关系确定圆心的位置,如图中的 $R30$。

3. 平面图形的绘图步骤

根据上面的分析,平面图形的绘图步骤可归纳如下:① 画基准线,定位线;② 画已知圆弧;③ 画中间圆弧;④ 画连接圆弧;⑤ 检查、整理后加深图线。

以图 1-3-8 中的手柄为例,绘图的步骤如图 1-3-9 所示。

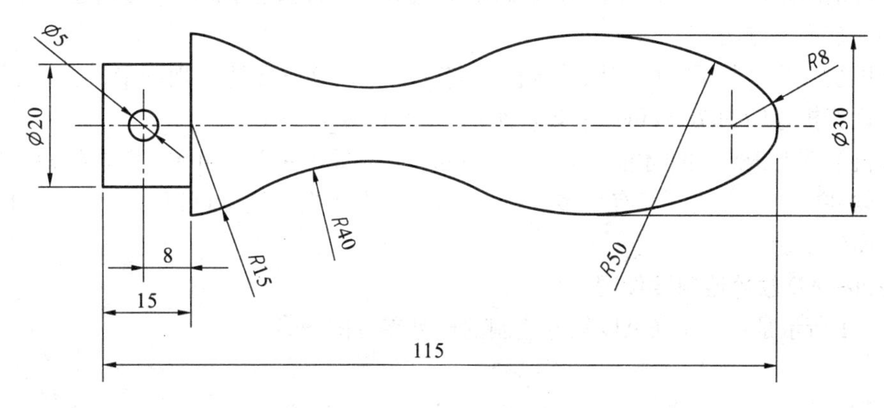

图 1-3-8　手柄

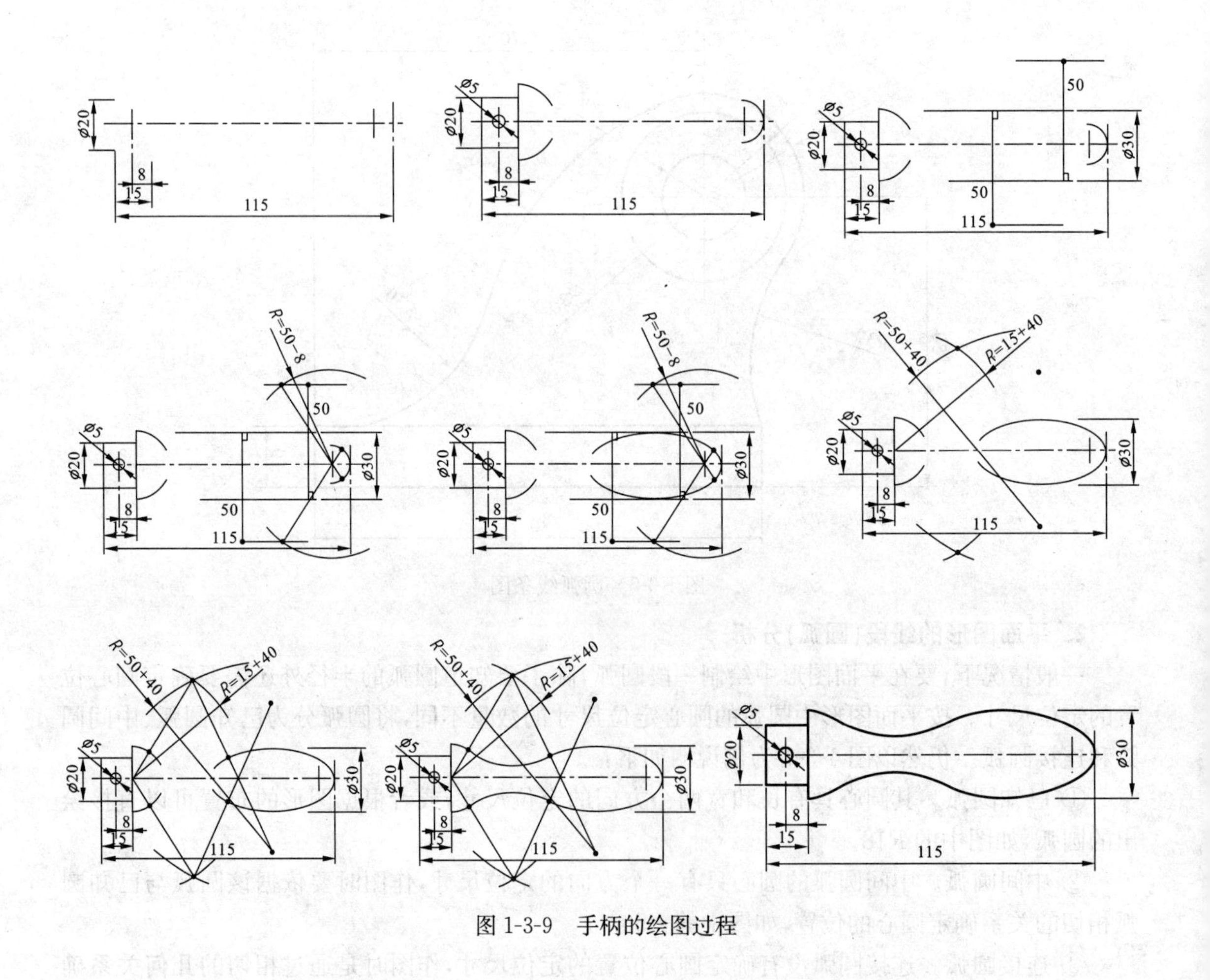

图 1-3-9　手柄的绘图过程

1.4　计算机绘图介绍

计算机绘图是代替人工绘图的有效方法,它提高了绘图质量,加快了绘图速度,是每一位设计人员必须掌握的方法。

计算机绘图是将制图的内容用计算机来实现。它能够方便地实现图形的修改、复制、缩放等。利用计算机存储的功能,可以实现图纸的自动打印。

计算机绘图要依靠软件才能进行。目前流行的绘图软件有 AutoCAD、CAXA、Pro/E、UG 等。这些软件的使用方法已经有很多教材介绍过了,有兴趣的读者可以自行学习。下面给出几个软件绘图的示例。

1. AutoCAD 软件绘制零件图

图 1-4-1 所示是用 AutoCAD 软件绘制的产品零件图样。

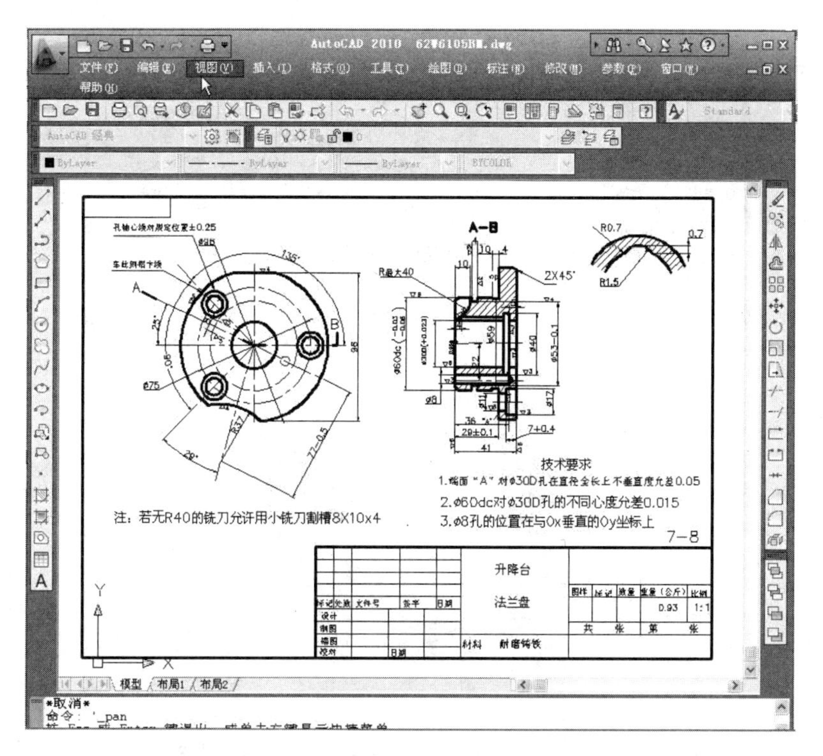

图 1-4-1　用 AutoCAD 软件绘制的图样

2. Pro/E 软件绘制三维造型图

图 1-4-2 所示是用 Pro/E 软件绘制的三维造型图。

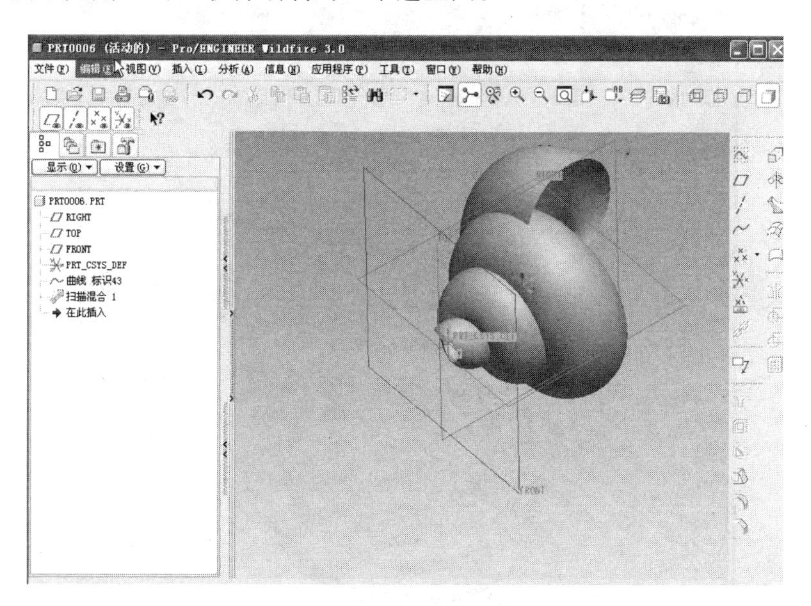

图 1-4-2　用 Pro/E 软件绘制的三维造型图

3. UG 软件绘制的零件立体图

图 1-4-3 所示是用 UG 软件绘制的轴承零件三维造型图。图 1-4-4 所示是用 UG 软件绘制的轴承三维装配图。

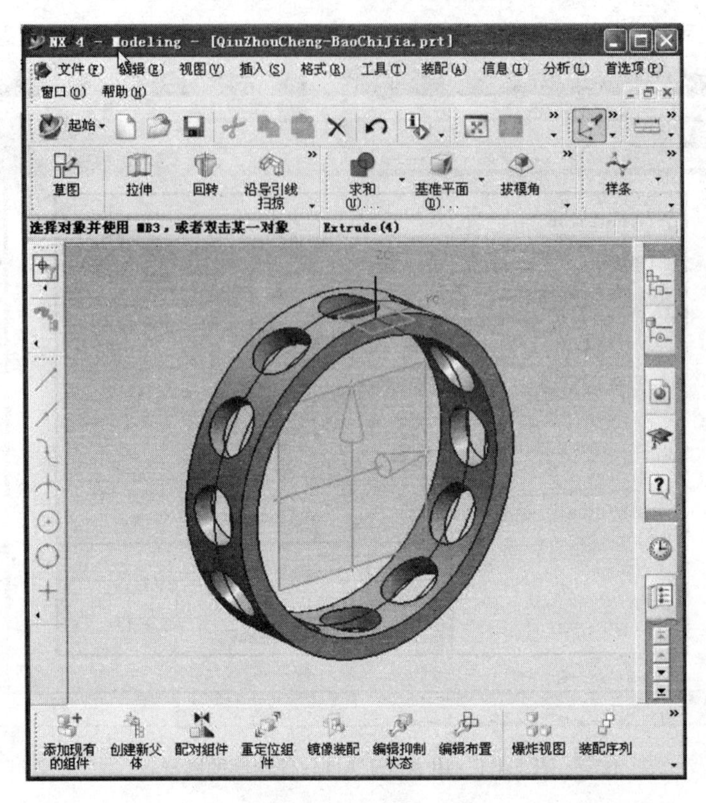

图 1-4-3　用 UG 软件绘制的轴承零件三维造型图

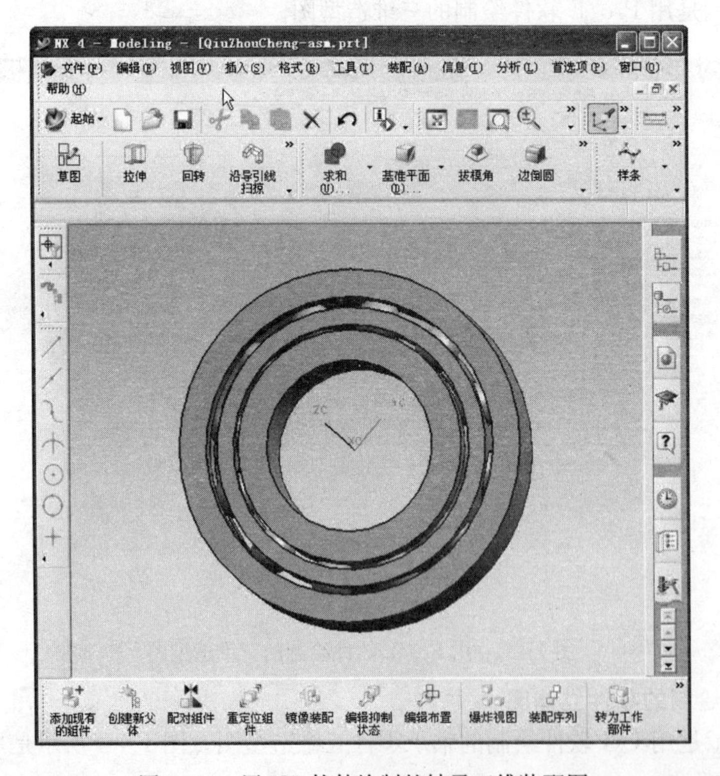

图 1-4-4　用 UG 软件绘制的轴承三维装配图

1.5　产品设计绘图示例

为了对产品图有一个感性认识,这里以球阀为例,给出产品设计绘图结果。

1. 产品造型

用计算机软件进行产品造型设计如图 1-5-1 所示。

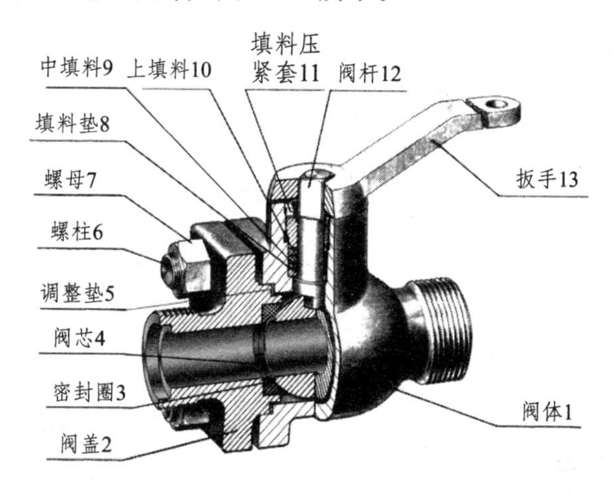

图 1-5-1　球阀立体图

2. 产品装配图样

产品装配图样是表示组成机器或部件的各零件之间的连接关系和装配关系的图样(图 1-5-2),是组装机器的依据。

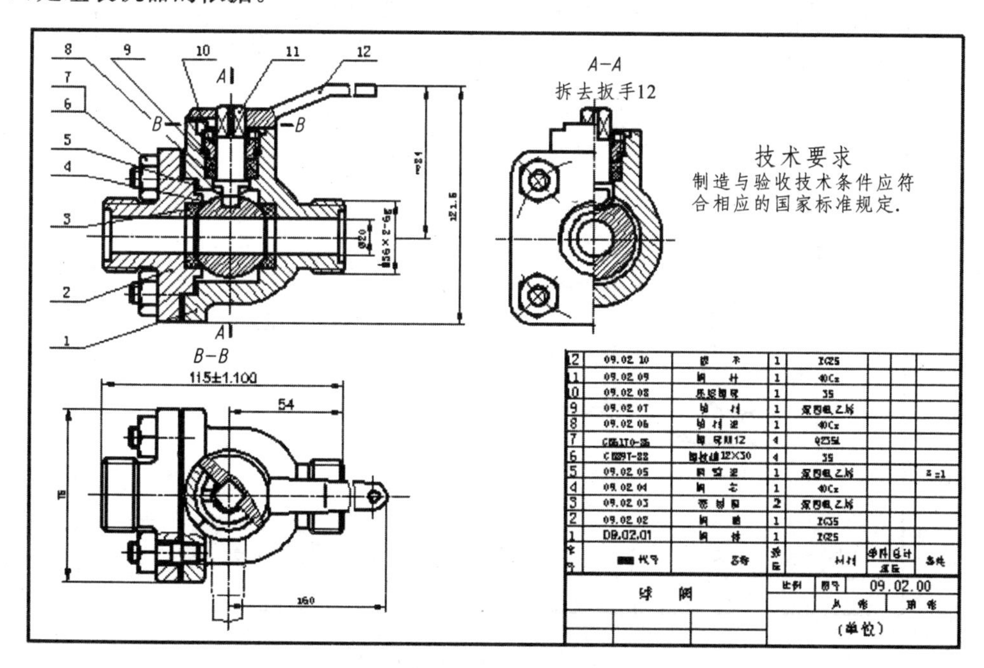

图 1-5-2　球阀装配图

3. 产品零件图样

产品零件图样是表示零件的结构、形状、大小及技术要求的图样(图 1-5-3)，是加工零件的依据。这里给出球阀壳体的零件图(图 1-5-4)。

图 1-5-3　球阀壳体

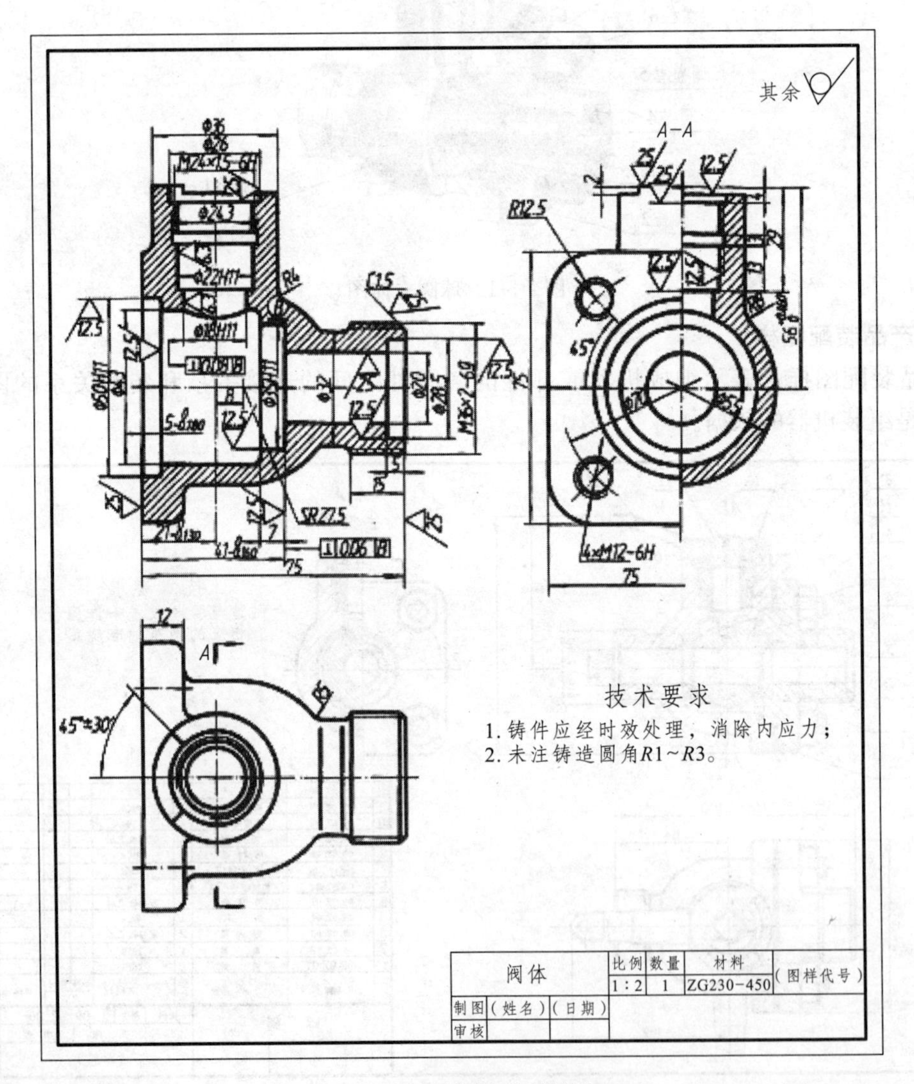

图 1-5-4　球阀壳体零件图

第 2 章　几何元素的投影

本章介绍的几何元素主要包括点、直线和平面。在作图时直线和平面是有限大小的，因此，直线是有限长的线段，平面是多边形围成的面。投影方法采用的是平行正投影。

2.1　投　影　系

利用 3 个相互垂直的投影面将空间分为 8 个部分，称为 8 个分角，如图 2-1-1 所示。取其中的一个分角就可以构成一个投影系。国家标准《技术制图・投影法》(GB/T 14692—2008)中规定，采用第一分角作为投影系。构成投影系的 3 个投影面分别称为：正立投影面（简称为正面，采用 V 表示）、水平投影面（简称为水平面，采用 H 表示）、侧立投影面（简称为侧面，采用 W 表示），如图 2-1-2 所示。

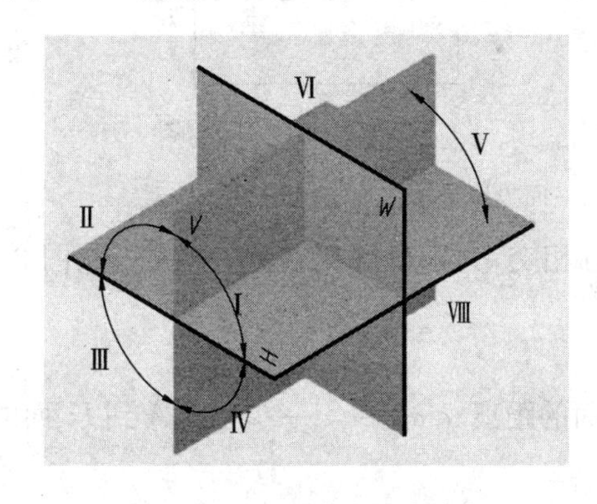

图 2-1-1　空间分为 8 个分角

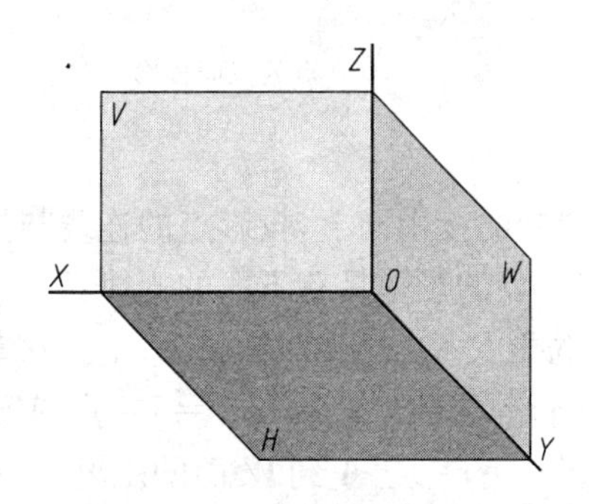

图 2-1-2　第一分角投影系

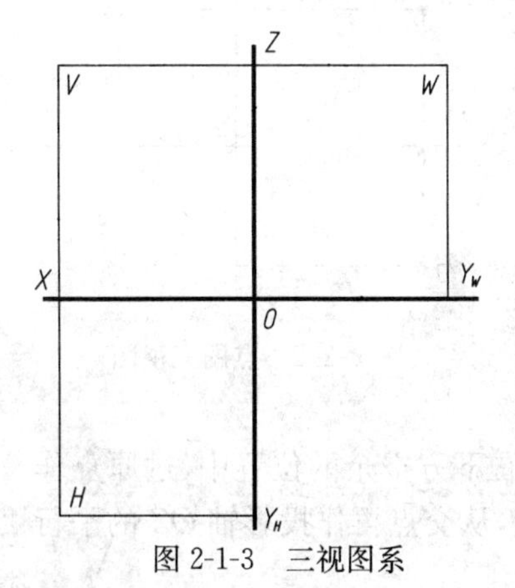

图 2-1-3　三视图系

每两个投影面相交构成投影轴，分别称为：X 轴（V 面与 H 面的交线）、Y 轴（H 面与 W 面的交线）、Z 轴（V 面与 W 面的交线）。3 个投影轴的交点称为原点（用 O 表示）。投影轴系与直角坐标系是一致的。因此，投影系中物体的位置可以用坐标来确定。

将投影系的 3 个投影面展开到一个纸面中就形成了三视图系，如图 2-1-3 所示。这样，纸面就分成了 4 个部分，第Ⅰ、Ⅱ、Ⅲ象限分别代表 W 面、V 面和 H 面，第Ⅳ象限空余。Y 轴分为 H 面上的 Y_H 和 W 面上的 Y_W，它们分别与 Z 轴、X 轴共线。在三视图系中作出的图失去了立体感。

2.2 点的投影

1. 点的三面投影与坐标

在投影系中，空间点A在三个投影面上的投影分别为：点A的正面投影、点A的水平投影、点A的侧面投影。规定空间点用大写字母A表示，点的3个投影用小写字母表示，正面投影为a'、水平投影为a、侧面投影为a''，如图2-2-1(a)所示。点A的坐标为(x, y, z)。将投影面展开后如图2-2-1(b)所示。

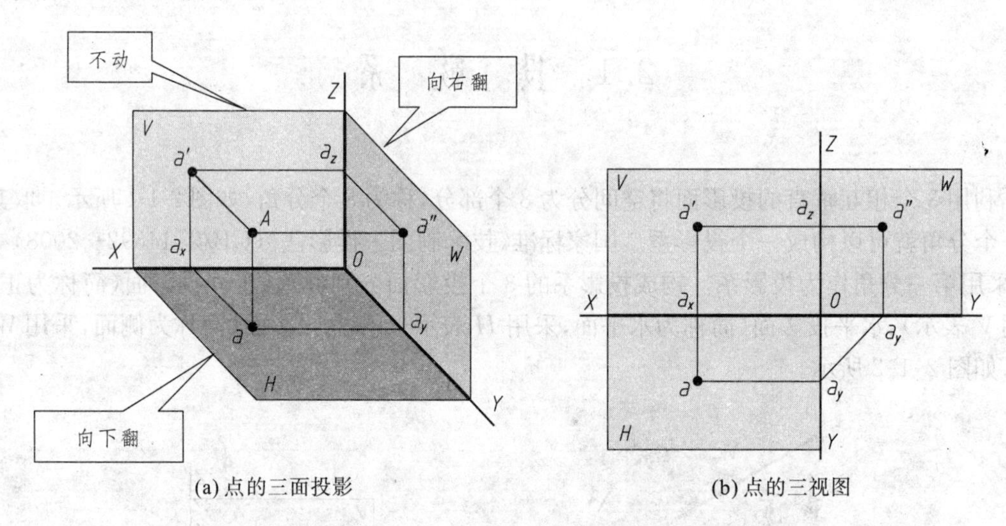

(a) 点的三面投影　　(b) 点的三视图

图2-2-1　点的三面投影展开

在展开的投影面上，投影点的连线与投影轴相交，分别得到交点a_x、a_y、a_z。从图2-2-1中可以看到，点的投影具有下面的规律：

① 位置关系：$a'a \perp OX$轴、$a'a'' \perp OZ$轴。

② 等量关系：$a\,a_x = a''a_z = y =$点A到V面的距离、$a'a_x = a''a_y = z =$点A到H面的距离、$a\,a_y = a'a_z = x =$点A到W面的距离。

以上这些关系就称为点的投影规则。

今后，将一个纸平面分为3个部分就代表3个投影面，不再标记投影面和投影轴，如图2-2-2所示。必须记住划分的投影区域和投影规则，这是从三维空间向二维平面转化的关键，是掌握三视图的基础。

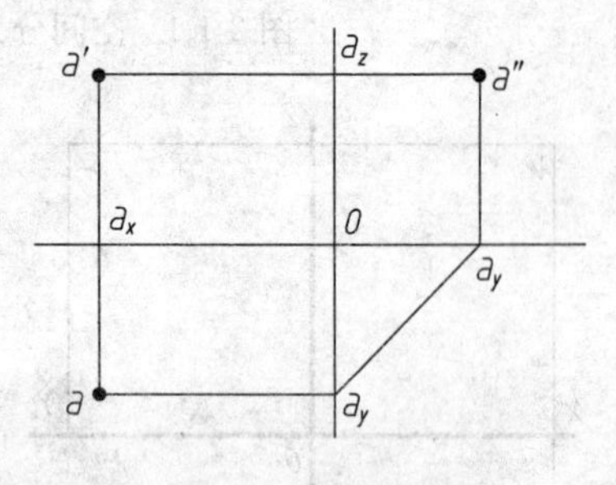

图2-2-2　点的三视图

2. 点的投影作图

如果已知点两个投影位置，利用投影规则可以确定第三个投影位置。如图2-2-3所示，已知点A的H面上和V面上的投影a'、a，求W面上的投影a''。

方法一：根据三视图系的投影区域特点，在三视投影系的右下方空余的位置中，过原点作45°辅助线，再过a点作投影轴OX的平行线，与45°辅助线相交，从交点再作投影轴OZ的平行线，过 a' 点再作投影轴 OX 的平行线，则得到交点 a''。这就是所要找的 W 面上的投影 a''。显然，$a''a_z = a\,a_x$，如图 2-2-3(a)所示。

方法二：利用圆规直接量取 $a''a_z = a\,a_x$，如图 2-2-3(b)所示。

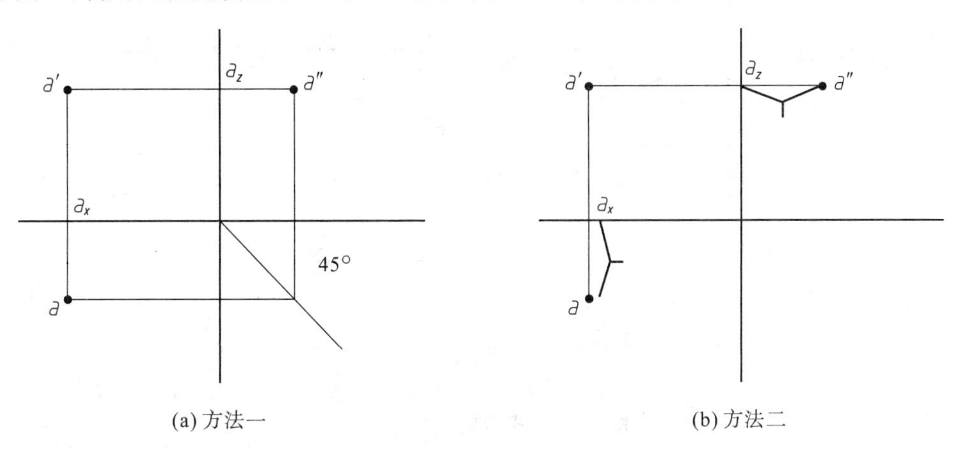

(a) 方法一　　(b) 方法二

图 2-2-3　点的投影作图

3. 两点的相对位置与坐标

空间两点的相对位置指两点在空间的上下、前后、左右位置关系。利用点的坐标值的大小可以判断两点的相对位置。

判断方法：点的 x 坐标值大的在左；点的 y 坐标值大的在前；点的 z 坐标值大的在上。例如，在图 2-2-4 中，B 点在 A 点之前、之右、之下。

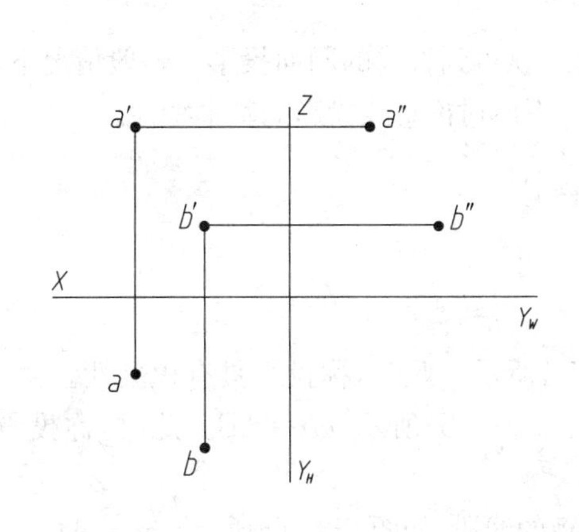

(a) 两点三视图投影

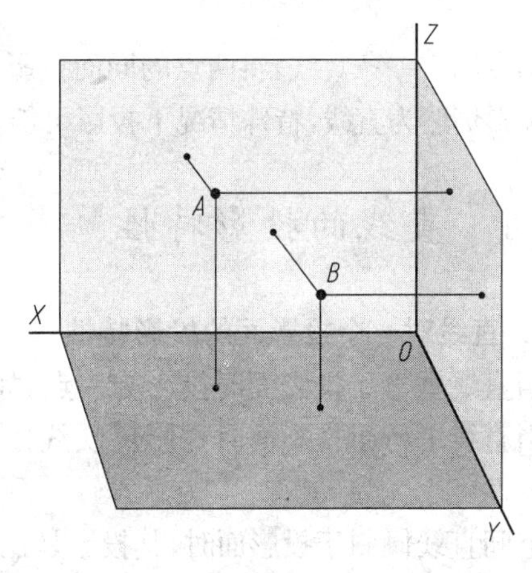

(b) 两点空间位置

图 2-2-4　两点相互关系

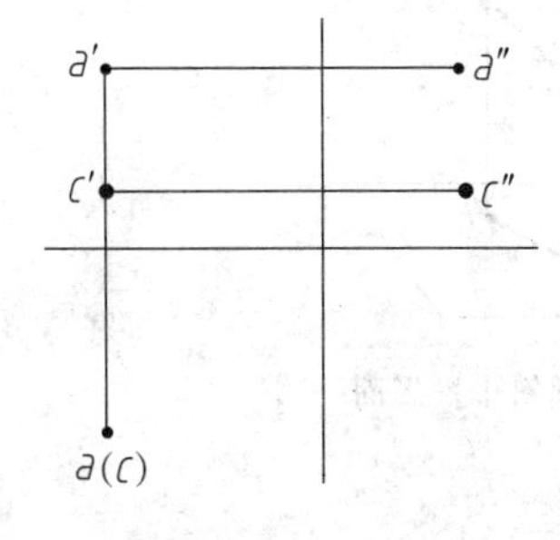

图 2-2-5　点的投影重合

4. 重影点与可见性

空间两点在某一投影面上的投影重合为一点时，则称此两投影点为该投影面的重影点。例如图 2-2-5 中的 A、C 点在 H 面上的投影为重投影，被挡住的投影为不可见投影。为了区分重投影，对遮挡住的投影采用括号标注，如 $a(c)$。

例 2-2-1　根据图 2-2-6 中投影判断各点的位置。

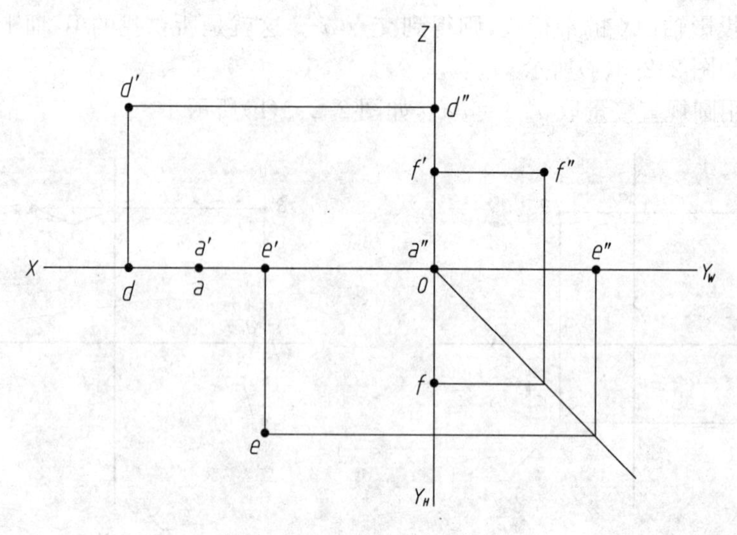

图 2-2-6　多点的三视图投影

利用各点的投影坐标可以看出，A 点在 OX 轴上，D 点在 V 面上，E 点在 H 面上，F 点在 W 面上。

2.3　直线的投影

两点确定一条直线，将两点的同面投影用直线连接，就得到直线的同面投影。一般情况下，直线的投影仍然为直线，特殊情况下投影可能为一个点。下面讨论直线投影的基本特性。

2.3.1　直线的投影特性

1. 直线对一个投影面的投影特性

当直线垂直于投影面时投影为一点，如图 2-3-1(a)所示。此时，称投影具有积聚性。

当直线平行于投影面时投影反映线段实长，如图 2-3-1(b)所示，$ab=AB$。此时，称投影具有实长性。

空间直线倾斜于投影面时，其投影是比直线自身短的线段，如图 2-3-1(c)所示，$ab=AB\cos\alpha$。此时，称投影具有类似性。

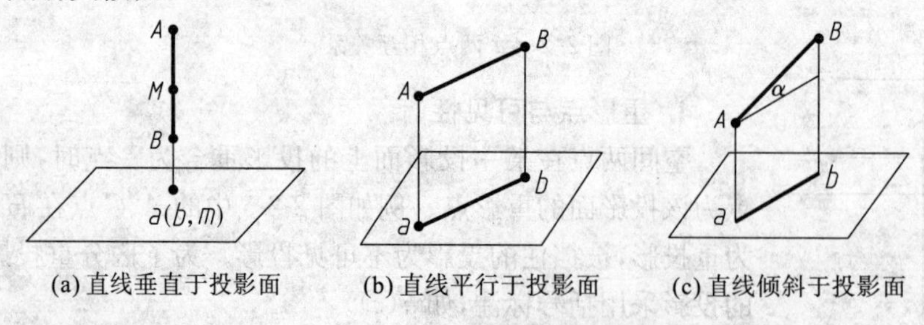

(a) 直线垂直于投影面　(b) 直线平行于投影面　(c) 直线倾斜于投影面

图 2-3-1　直线对一个投影面的投影特性

2. 直线在三个投影面中的投影特性

直线相对于投影面的位置可归结为表 2-3-1 所列的几种。

表 2-3-1

<table>
<tr><td rowspan="6">特殊位置直线</td><td rowspan="3">投影面平行线</td><td>正平线(平行于 V 面)</td><td rowspan="3">平行于某一投影面而与其余两投影面倾斜</td></tr>
<tr><td>侧平线(平行于 W 面)</td></tr>
<tr><td>水平线(平行于 H 面)</td></tr>
<tr><td rowspan="3">投影面垂直线</td><td>正垂线(垂直于 V 面)</td><td rowspan="3">垂直于某一投影面</td></tr>
<tr><td>侧垂线(垂直于 W 面)</td></tr>
<tr><td>铅垂线(垂直于 H 面)</td></tr>
<tr><td>一般位置直线</td><td colspan="3">与三个投影面都倾斜的直线</td></tr>
</table>

下面具体分析直线的各种投影情况。

(1) 与投影面平行的直线

图 2-3-2 显示了三种与投影面平行的情况。投影面展开后的情况如图 2-3-3 所示。

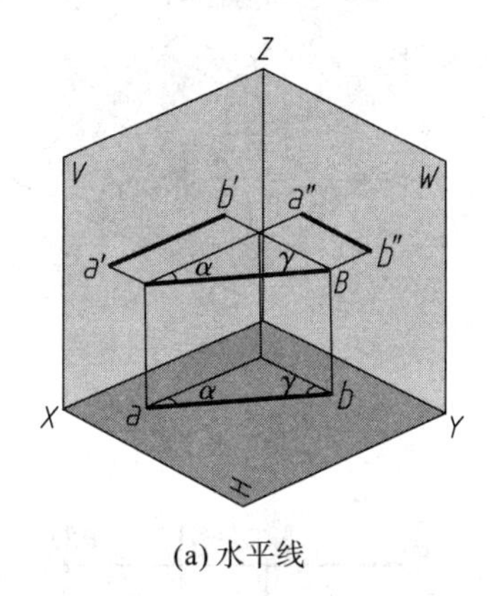

(a) 水平线

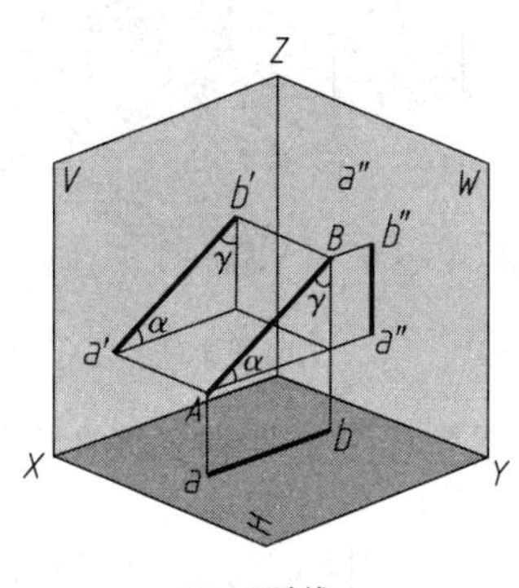

(b) 正平线

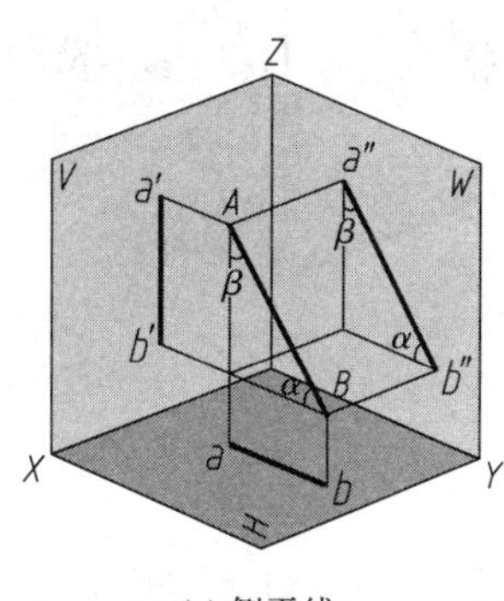

(c) 侧平线

图 2-3-2　与投影面平行的直线

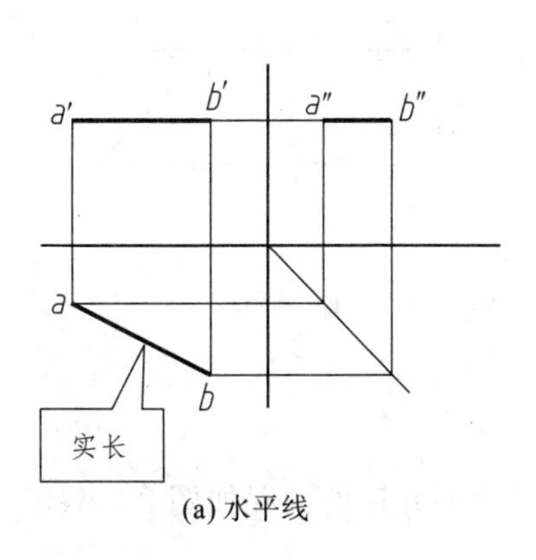

(a) 水平线

(b) 正平线

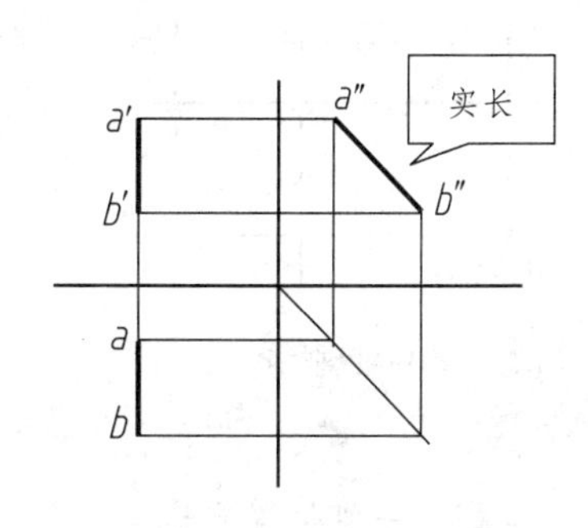

(c) 侧平线

图 2-3-3　投影面平行线的投影展开

显然，这些直线的投影特性为：

① 在其平行的那个投影面上的投影反映实长，并反映直线与另两投影面倾角的大小。

② 另两个投影面上的投影平行于相应的投影轴。

具体为：水平线在水平面上投影反映实长，与 V 面的夹角为实际倾角 β，与 W 面的夹角为实际倾角 γ。

正平线在正面上投影反映实长，与 H 面的夹角为实际倾角 α，与 W 面的夹角为实际倾角 γ。

侧平线在侧面上投影反映实长，与 H 面的夹角为实际倾角 α，与 V 面的夹角为实际倾角 β。

(2) 与投影面垂直的直线

图 2-3-4 显示了三种与投影面垂直的情况。投影面展开后的情况如图 2-3-5 所示。

垂直线的投影特性为：

① 在其垂直的投影面上，投影有积聚性，积聚为一点。

② 另两个投影面上的投影反映线段实长，且垂直于相应的投影轴。

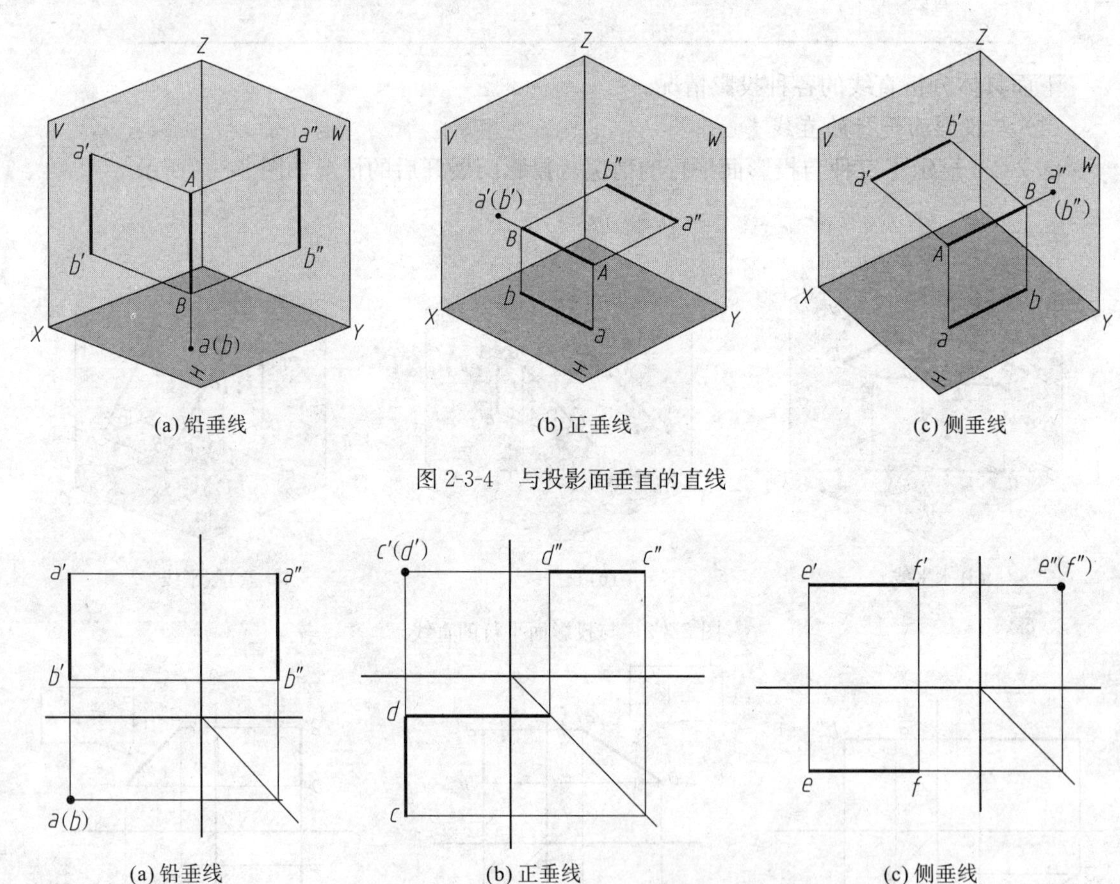

(a) 铅垂线　(b) 正垂线　(c) 侧垂线

图 2-3-4　与投影面垂直的直线

(a) 铅垂线　(b) 正垂线　(c) 侧垂线

图 2-3-5　投影面垂直线的投影展开

(3) 一般位置直线

图 2-3-6(a)所示是一般位置的直线投影空间的情况。投影面展开后的情况如图 2-3-6(b)所示。

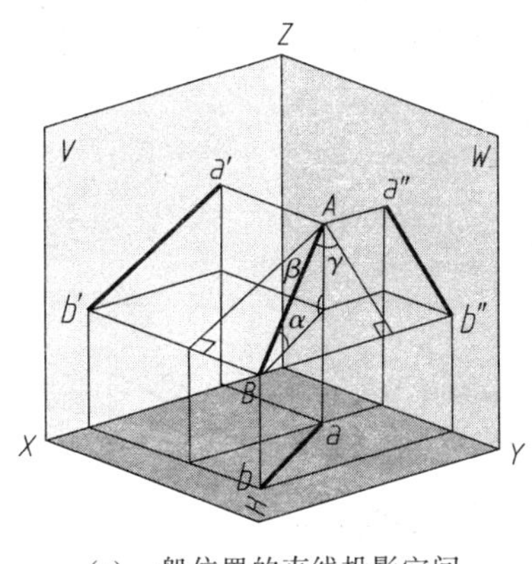

(a) 一般位置的直线投影空间

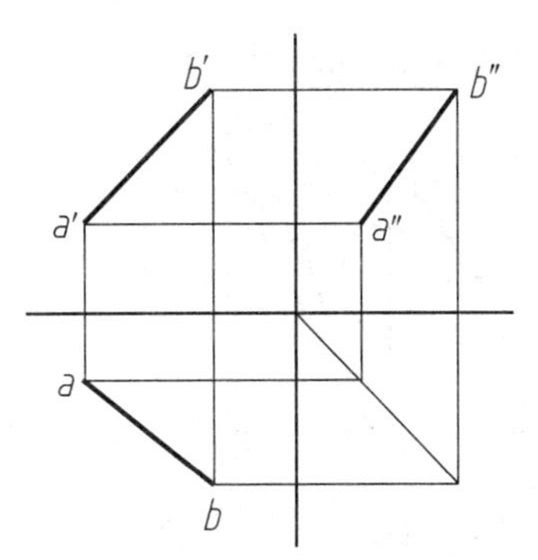

(b) 一般位置的直线投影面展开

图 2-3-6　一般位置的直线

一般倾斜位置的直线的投影特性为：三个投影线都缩短了，都不反映空间线段的实长及与三个投影面夹角的大小。

2.3.2　直线的实长及对投影面的倾角

一般位置的直线由于其在各投影面上的投影不能反映线段的真实长度，因此给求线段的长度带来困难。为了解决此类问题，可以采用作图的方法来实现。在图 2-3-7 中，线段 AB 的投影长度 ab、$a'b'$ 已知，A、B 点的坐标差 $|z_A - z_B|$ 也已知。线段 AB、投影长度 ab 和坐标差 $|z_A - z_B|$ 构成了一个直角三角形。由于两个直角边是已知的，利用作图方法可以将这个直角三角形画出。这个直角三角形的斜边长度就是线段 AB 的实际长度。同时，也得到了线段 AB 与 H 投影面的倾角 α，如图 2-3-8 所示。也可以利用另一个投影长度 $a'b'$ 和坐标差 $|z_A - z_B|$ 来作图求线段 AB 长度和它与投影面的倾角，如图 2-3-9 所示。

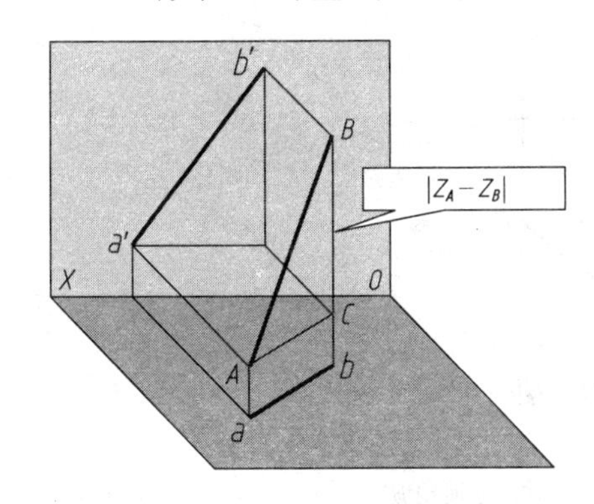

图 2-3-7　一般位置的直线投影空间

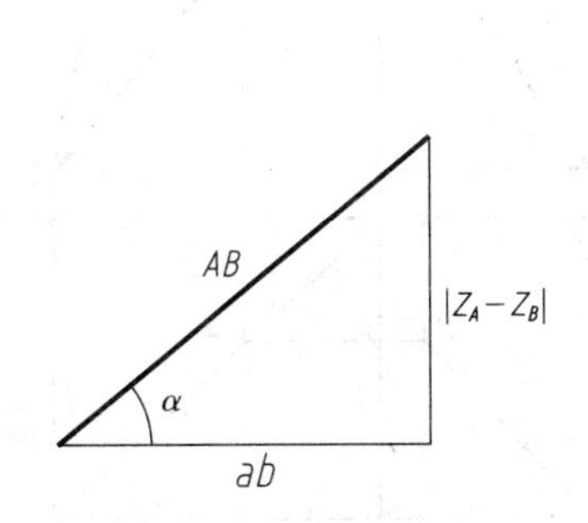

图 2-3-8　作图求线段 AB 长度和它与 H 投影面的倾角 α

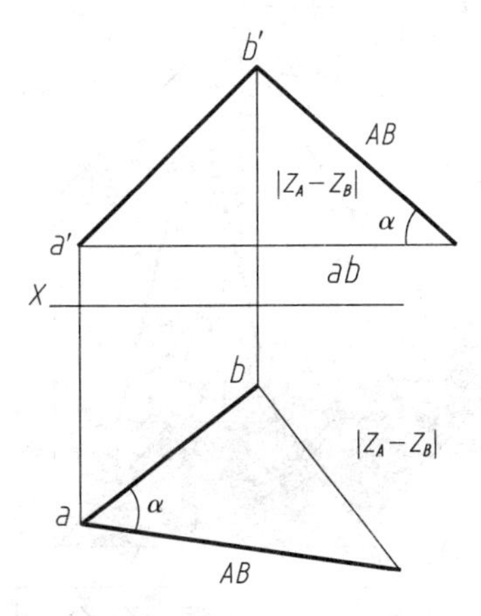

图 2-3-9　作图求线段长度和与它投影面的倾角 α

同样的道理，可以采用其他投影面上的投影来求直线的实长及其与正面投影面的倾角 β、与侧面投影面的倾角 γ，如图 2-3-10 至图 2-3-14 所示。

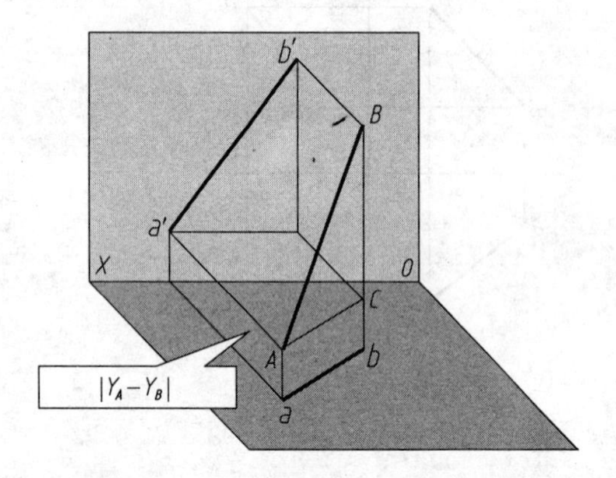

图 2-3-10　一般位置的直线投影空间

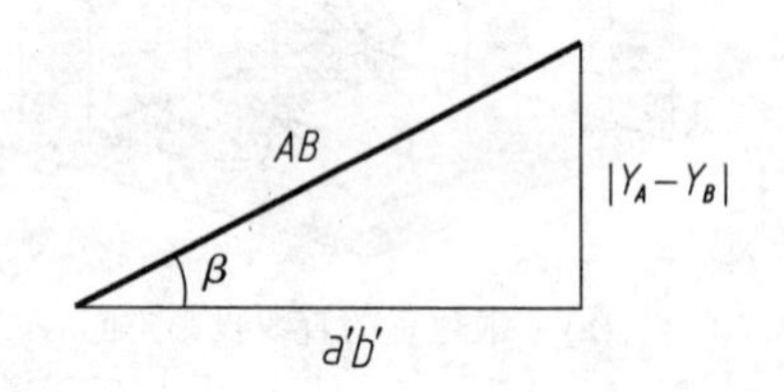

图 2-3-11　作图求线段 AB 长度和它与 V 投影面的倾角 β

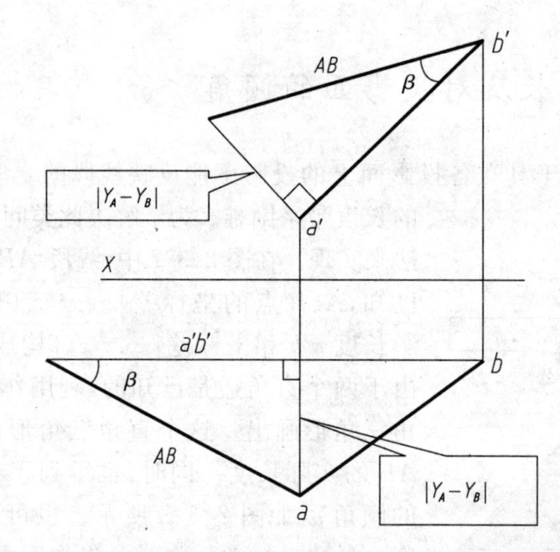

图 2-3-12　作图求线段长度 AB 和它与 V 投影面的倾角 β

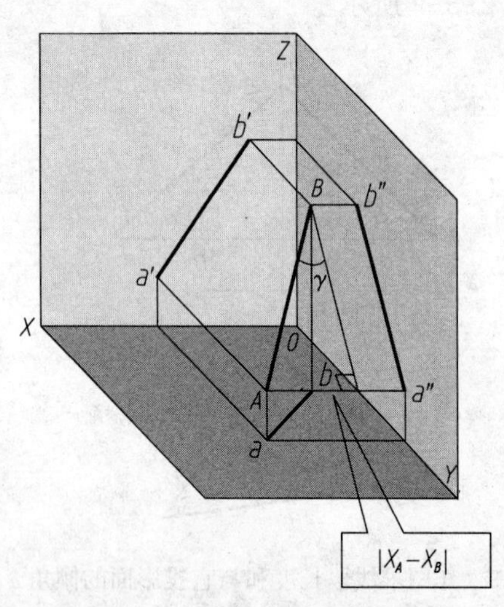

图 2-3-13　一般位置的直线投影

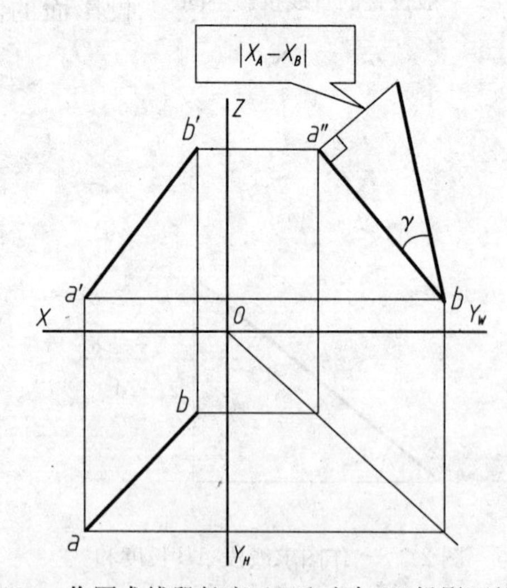

图 2-3-14　作图求线段长度 AB 和它与 W 投影面的倾角 γ

例 2-3-1　已知线段的实长 AB 以及它在 V 面上的投影，如图 2-3-15(a)所示，求它的水平投影。

由于 B 点的水平投影已知，关键是找 A 点的投影。辅助作图：以 AB 长为半径，以 $|z_a - z_b|$ 为直角边，作直角三角形，则另外一个直角边就是水平面上的投影长度 ab。再以 b 点为圆心，ab 为半径作圆，从 V 面的 a' 点引线与圆周相交，得到 A 点的水平投影。作图过程如图 2-3-15(b)所示。显然，有两个水平投影点都满足要求。

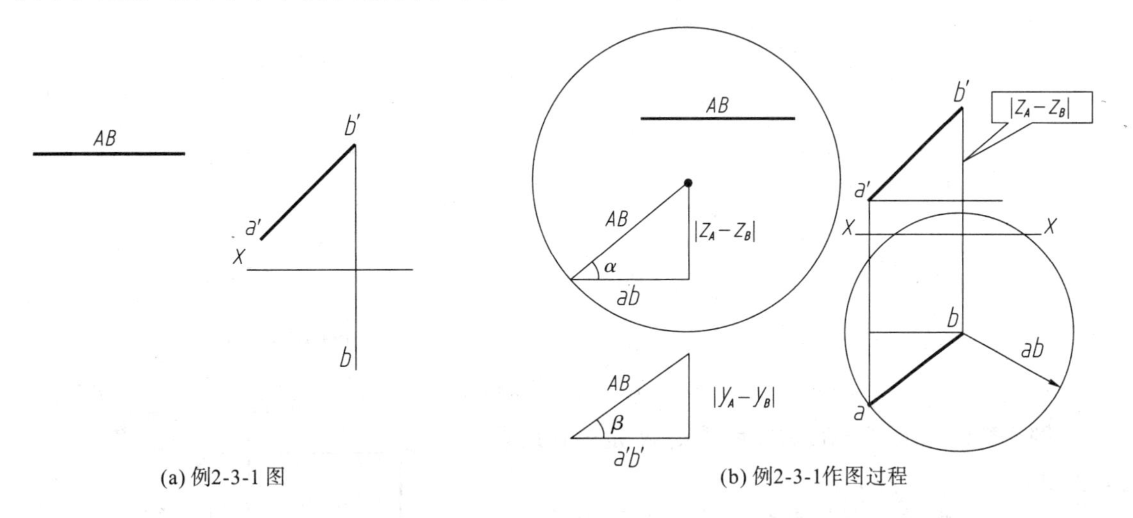

(a) 例2-3-1 图　　(b) 例2-3-1作图过程

图 2-3-15　例 2-3-1 图

2.3.3　直线上的点

直线是由点组成的。因此，在直线上取点以及确定它们的投影是经常遇到的问题。由点和直线确定它们的投影作图，如图 2-3-16 所示。但由投影图来确定点是否在直线上，则需要利用投影理论才能确定。

如何判别点在直线上，下面建立一种普遍的方法。

性质　若点 C 在直线 AB 上，则点 C 的投影必在直线的同面投影上，并将线段的同面投影分割成的两段之比与空间直线自身分割成的两段之比相同。即

$$\frac{AC}{CB}=\frac{ac}{cb}=\frac{a'c'}{c'b'}=\frac{a''c''}{c''b''}$$

图 2-3-17 说明了这个性质。利用相似三角形的性质易证其正确性。

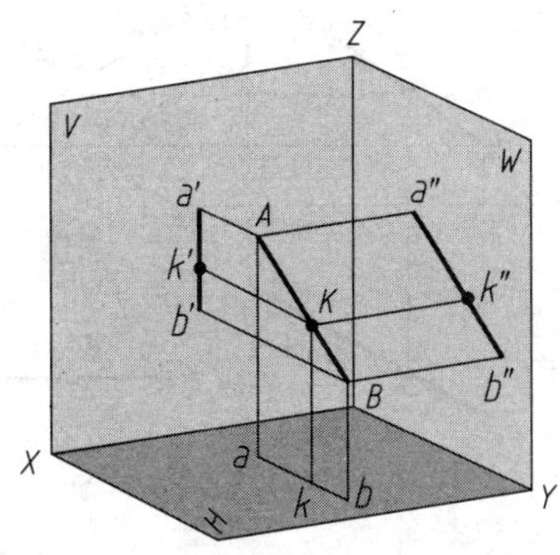

图 2-3-16　直线上点的位置及投影

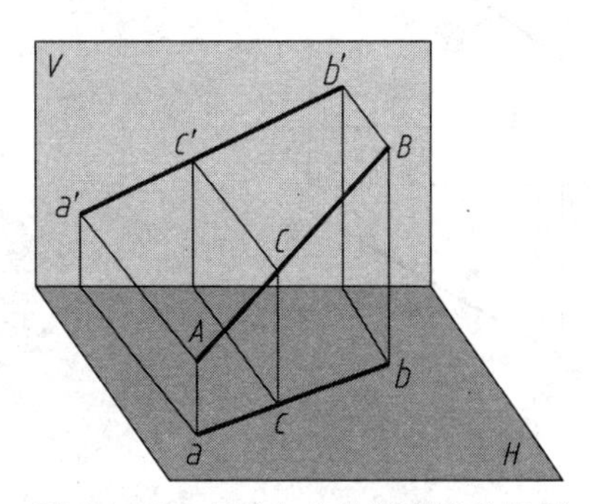

图 2-3-17　直线上点分割直线及投影

利用上面的性质，反过来也说明若点的投影有一个不在直线的同面投影上，则该点一定不在此直线上。

例如，图 2-3-18(a)中，对于一般的直线，点 C 在线段 AB 上；图 2-3-18(b)的 C 点不在线段 AB 上。

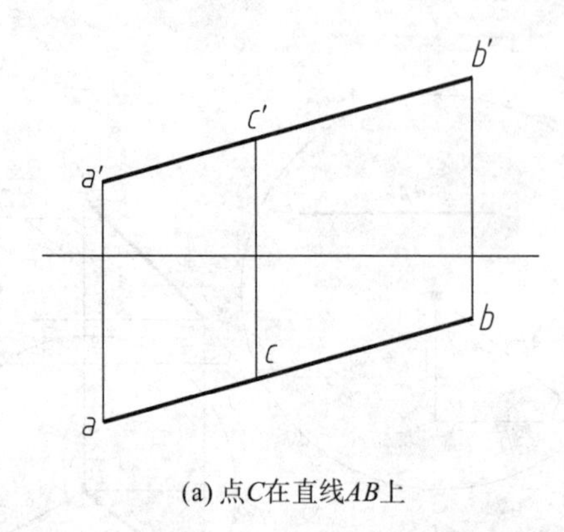

(a) 点C在直线AB上

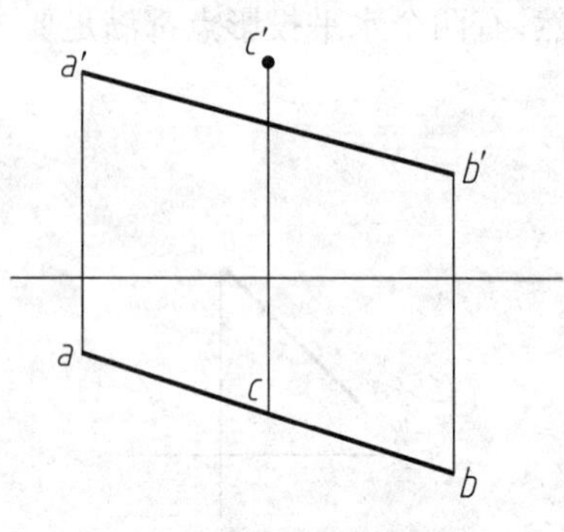

(b) 点C不在直线AB上

图 2-3-18　点与直线相对位置

例 2-3-2　在图 2-3-19 中，判断点 K 是否在线段 AB 上。

这是一条特殊位置的直线。因为 W 面上的投影 k'' 不在投影线 $a''b''$ 上，故点 K 不在直线 AB 上。由此可见，对于特殊位置的直线，即使点的投影有两个在直线的投影上，点本身也未必在直线上。

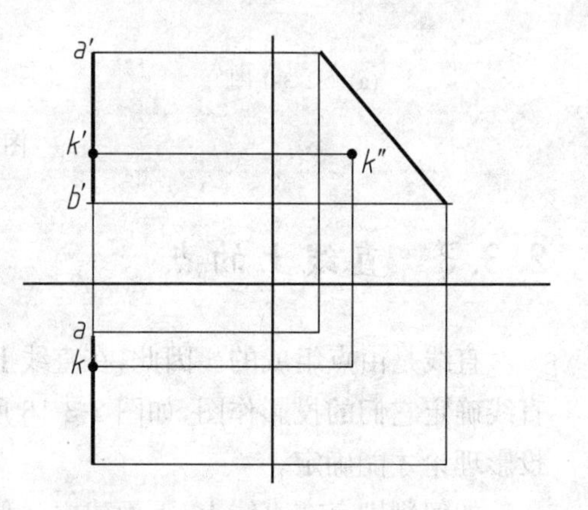

图 2-3-19　点与直线相对位置

例 2-3-3　如图 2-3-20(a)，已知线段 AB 的投影，试定出属于线段 AB 的点 C 的投影，使 BC 的实长等于已知长度 L。

作图过程如图 2-3-20(b)所示。首先，找到 AB 的实长，利用坐标作图可以定出。再在实长线上取 L 长度得到 C 点。最后，返回到投影图上即得到 C 点投影。

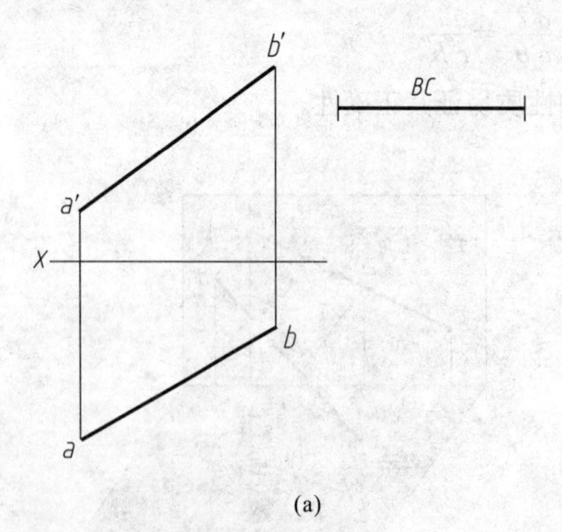

(a)

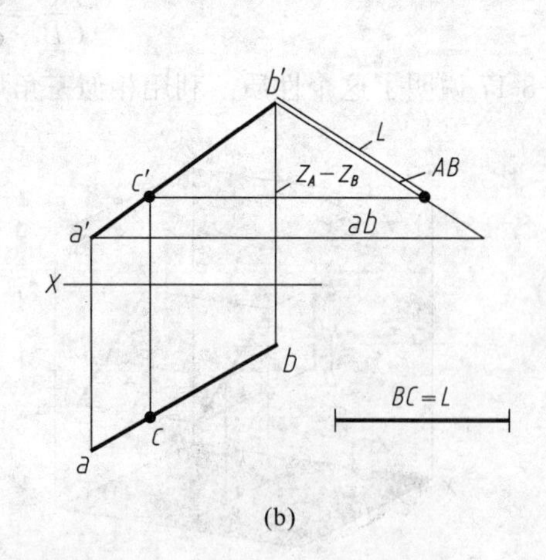

(b)

图 2-3-20　例 2-3-3 图

当直线延长将穿过投影面时，穿点称为直线的迹点，如图 2-3-21 所示。P_H是 H 面上的穿点，P_W是 W 面上的穿点。

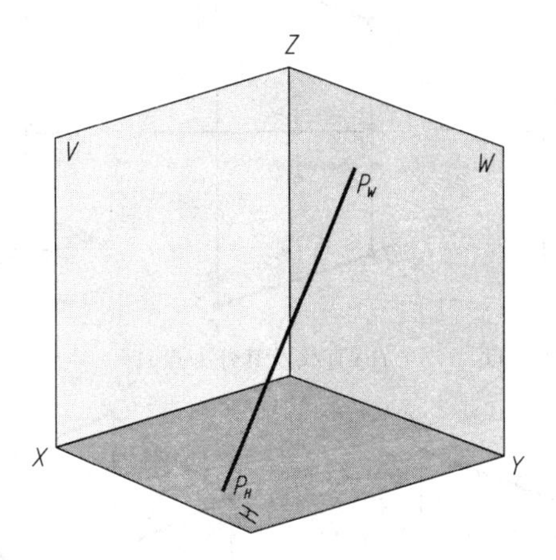

图 2-3-21　直线的投影面穿点

2.4　平面的投影

2.4.1　平面的表示法

平面是由直线或点构成的，因此，利用平面中的线或点及其投影来表示平面的投影是最自然的。图 2-4-1 中的几种元素都可以确定出平面 P。图 2-4-2 是平面元素的投影，它们都可以确定平面的投影。但最常见的是用多边形图形来表示平面。多边形的投影保持为多边形。多边形的边如果是平行的，则投影也是平行的。

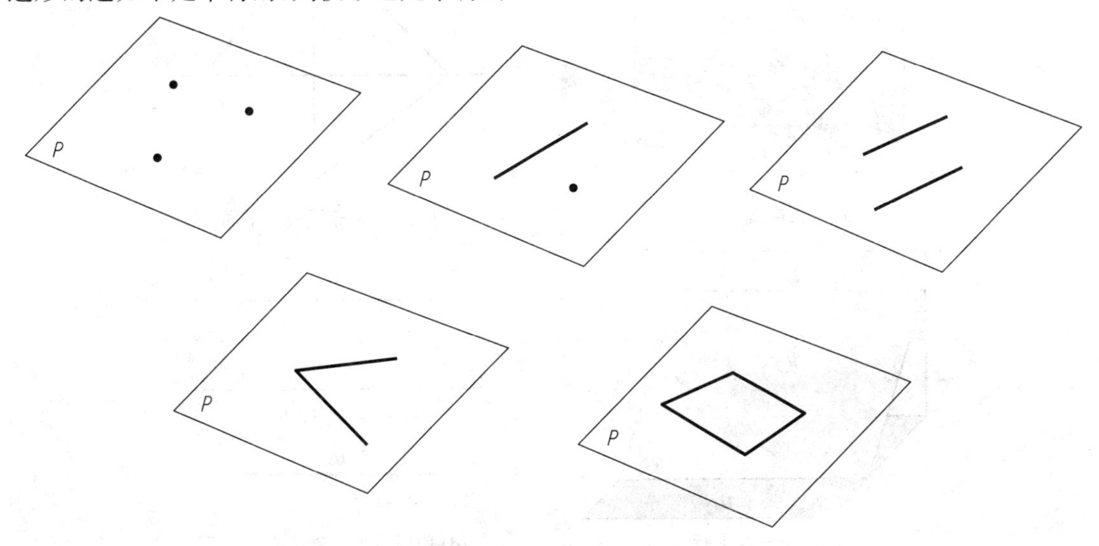

图 2-4-1　平面上的元素

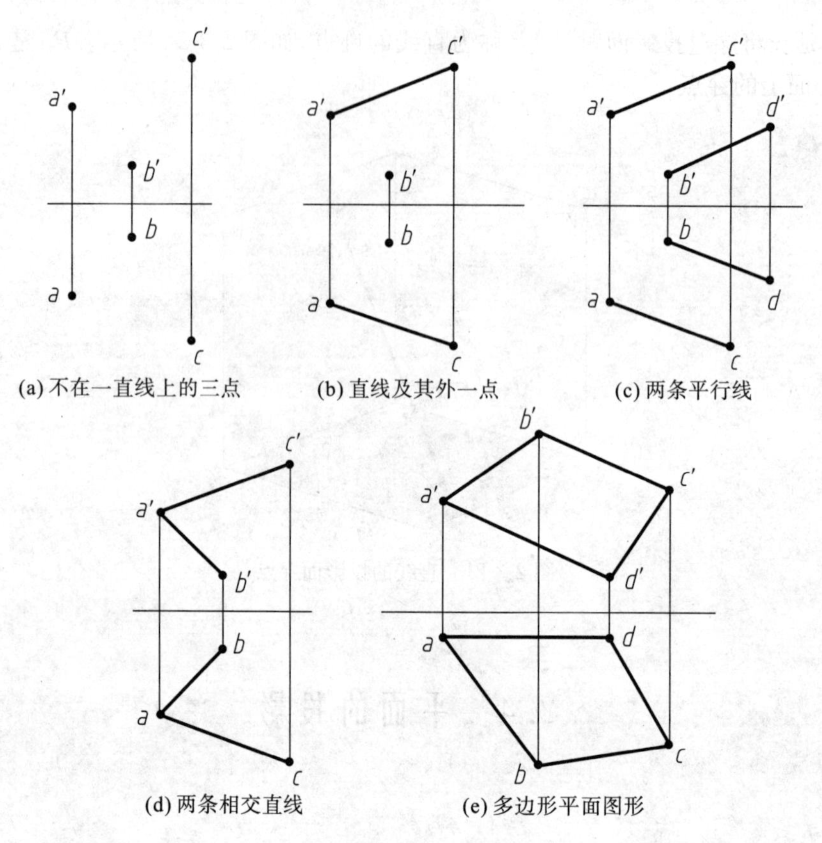

(a) 不在一直线上的三点　(b) 直线及其外一点　(c) 两条平行线

(d) 两条相交直线　(e) 多边形平面图形

图 2-4-2　确定平面投影的方法

平面与投影面的交线称为平面的迹线，平面投影也可以采用迹线来表示，如图 2-4-3 所示。平面的迹线具有下面的性质：

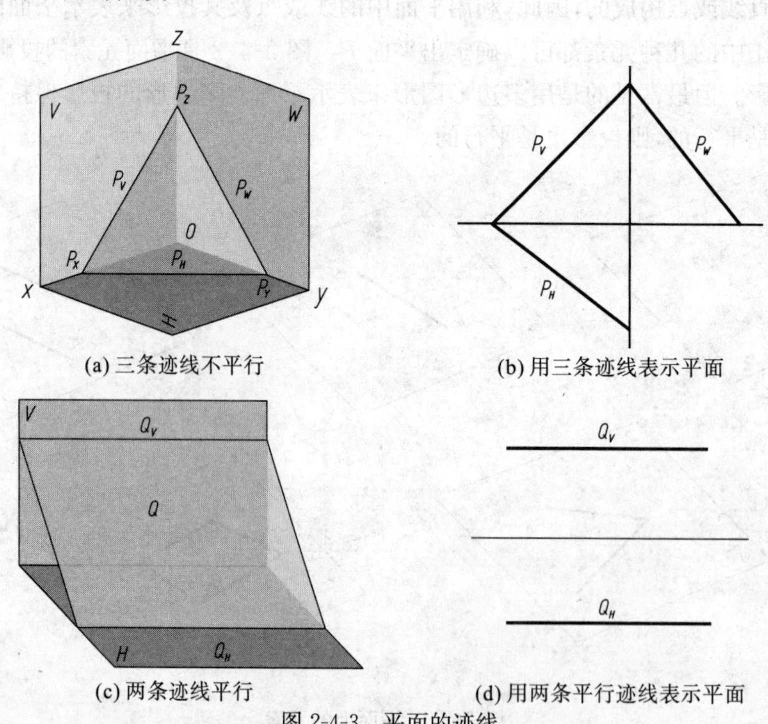

(a) 三条迹线不平行　(b) 用三条迹线表示平面

(c) 两条迹线平行　(d) 用两条平行迹线表示平面

图 2-4-3　平面的迹线

① 同一平面在各投影面上的迹线之间，不平行则相交，交点必在投影轴上。

② 平面内任何直线的迹点位于同名迹线上。

平面与 H、V、W 三个投影面之间的夹角分别记为 α、β、γ。

2.4.2　平面的投影特性

1. 平面对一个投影面的投影特性

平面与投影面的位置关系分为平行、垂直和倾斜三种情况。图 2-4-4 为这三种情况下的投影。

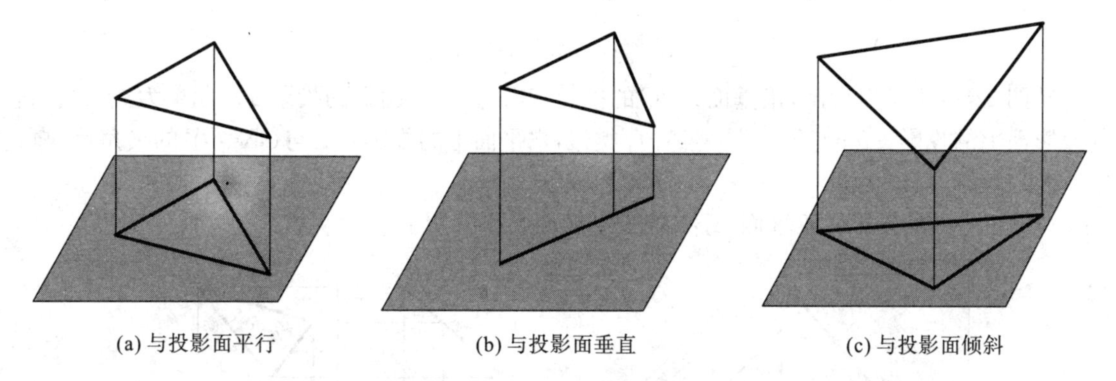

(a) 与投影面平行　　(b) 与投影面垂直　　(c) 与投影面倾斜

图 2-4-4　平面与一个投影面的投影特性

当平面与投影面平行时，其投影保持真实的平面形状，称投影具有实形特性；当平面与投影面垂直时，其投影变为一条直线，称投影具有积聚特性；当平面与投影面倾斜时，其投影为类似的形状，称投影具有类似特性。

2. 平面在三投影面体系中的投影特性

平面对于三投影面的位置可分为表 2-4-1 所列的几种情况。

表 2-4-1

<table>
<tr><td>垂直于某一投影面，倾斜于另两个投影面</td><td>投影面垂直面{正垂面
侧垂面
铅垂面</td><td rowspan="2">特殊位置平面</td></tr>
<tr><td>平行于某一投影面，垂直于另两个投影面</td><td>投影面平行面{正平面
侧平面
水平面</td></tr>
<tr><td>与三个投影面都倾斜</td><td colspan="2">一般位置平面</td></tr>
</table>

下面分别介绍这些平面的投影。

(1) 与投影面垂直的平面的投影

垂直面的投影的特点是在它所垂直的投影面上的投影积聚成直线。因此，如果从投影图判断平面的位置，若三个投影图中有一个是直线时，它就是垂直面。

(a) 铅垂面的投影　以三角形 ABC 为平面，图 2-4-5 所示为铅垂面及其投影。

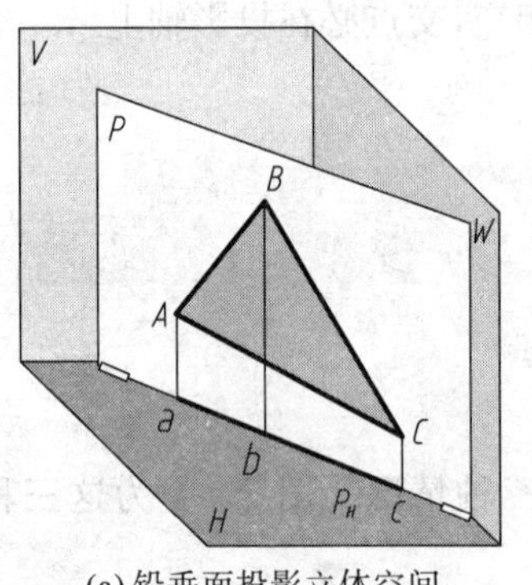

(a) 铅垂面投影立体空间

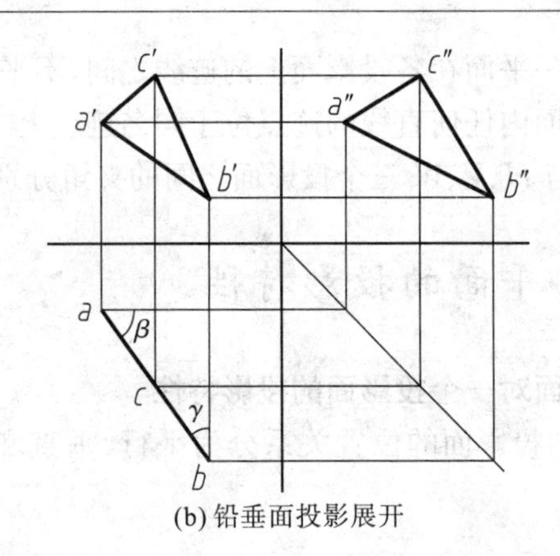

(b) 铅垂面投影展开

图 2-4-5　铅垂面投影

从图 2-4-5 中可以看出，铅垂面 ABC 的投影特性为：水平面上的投影 abc 积聚为一条线，其他投影面上的投影 $a'b'c'$、$a''b''c''$ 与△ABC 类似，水平面上的投影 abc 与 OX、OY 的夹角反映角 β、γ 的真实大小。

（b）正垂面的投影　正垂面 ABC 的投影如图 2-4-6 所示。

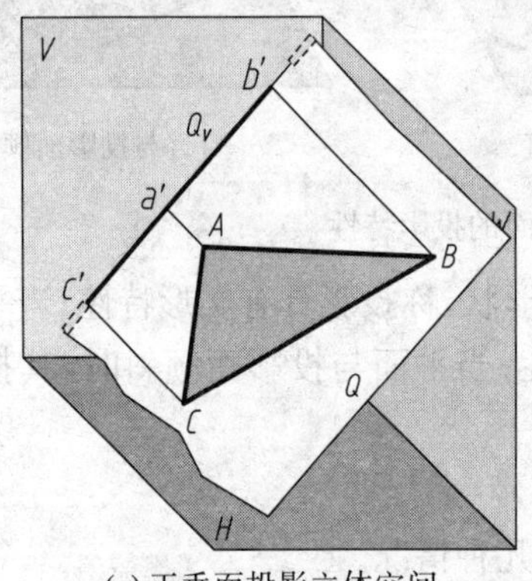

(a) 正垂面投影立体空间

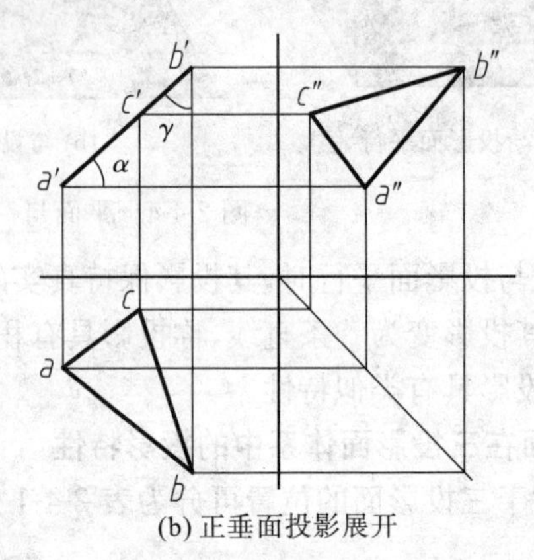

(b) 正垂面投影展开

图 2-4-6　正垂面投影

从图中可以看出，正垂面 ABC 的投影特性为：正面上的投影 $a'b'c'$ 积聚为一条线，其他投影面上的投影 abc、$a''b''c''$ 与△ABC 类似，投影 $a'b'c'$ 与 OX、OZ 的夹角反映角 α、γ 的真实大小。

（c）侧垂面的投影　侧垂面 ABC 的投影如图 2-4-7 所示。

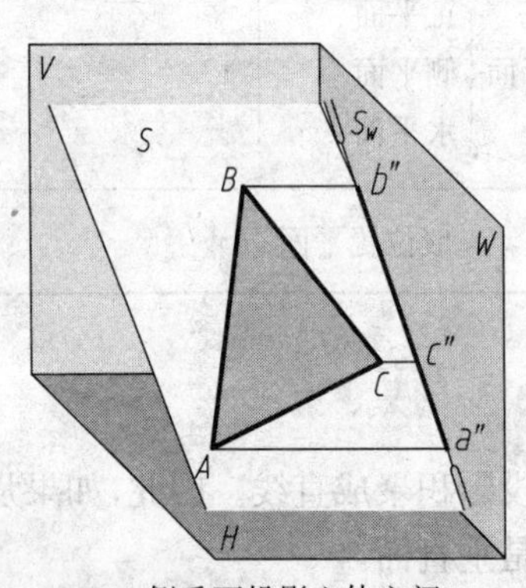

(a) 侧垂面投影立体空间

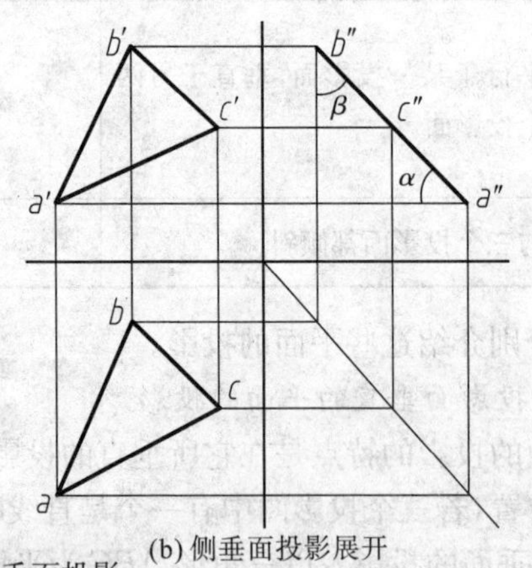

(b) 侧垂面投影展开

图 2-4-7　侧垂面投影

从图 2-4-7 中可以看出，侧垂面 ABC 的投影特性为：在侧面上的投影 $a''b''c''$ 积聚为一条线，其他投影面上的投影 abc、$a'b'c'$ 与△ABC 类似，侧面上的投影 $a''b''c''$ 与 OZ、OY 的夹角反映角 α、β 的真实大小。

(2) 与投影面平行的平面的投影

与投影面平行的平面分为：水平面、正平面和侧平面。它们的投影特性具有共同的特点：在它所平行的投影面上的投影反映实形，另两个投影面上的投影分别积聚成与相应的投影轴平行的直线，如图 2-4-8、图 2-4-9 所示的三角形平面。

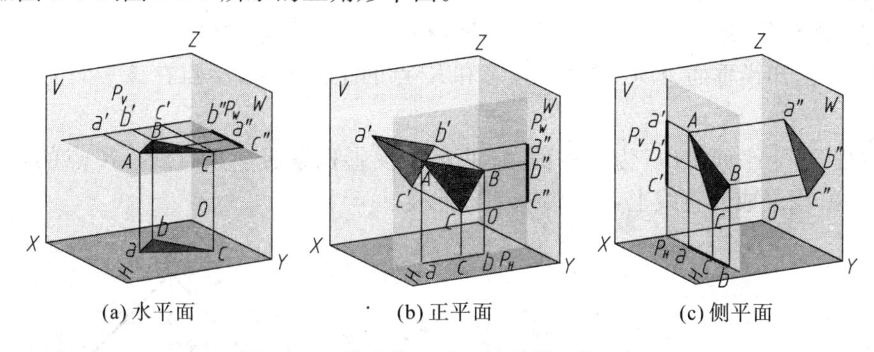

(a) 水平面　　(b) 正平面　　(c) 侧平面

图 2-4-8　特殊位置平面的投影立体空间

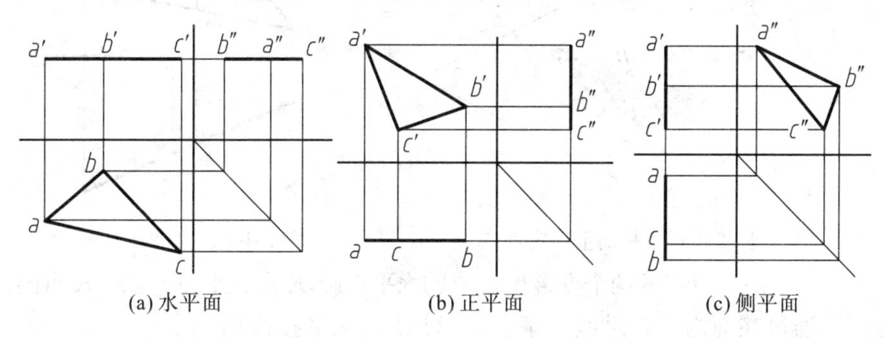

(a) 水平面　　(b) 正平面　　(c) 侧平面

图 2-4-9　特殊位置平面投影

因此，若平面三个投影图中出现两条直线时，它就是投影面的平行面。显然，投影面的平行面也是其他投影面的垂直面。

(3) 一般位置的平面的投影

一般位置的平面的投影如图 2-4-10 所示的三角形平面。它的投影特性是：三个投影都具

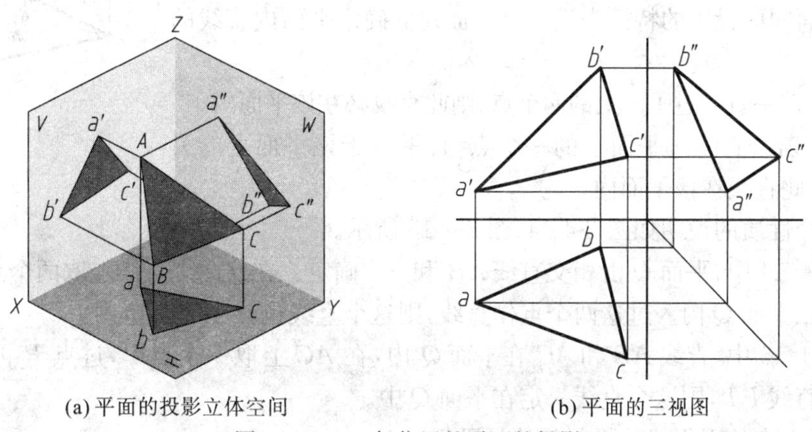

(a) 平面的投影立体空间　　(b) 平面的三视图

图 2-4-10　一般位置的平面的投影

有类似形。需要注意的是，平面上对应点的投影应该符合投影规则。

2.4.3 平面上的直线和点

平面上有无限多的线和点，如何确定线和点在平面内，则需要利用投影理论。

1. 平面上取点

如果要在平面上确定点，先找出过此点而又在平面内的一条直线作为辅助线，然后再在该直线上确定点的位置，或者利用平面内的两条线相交而得到该点，如图 2-4-11 所示。

例 2-4-1 已知铅垂面 ABC 的两个投影和 K 点的正面投影，K 点在该平面上。求 K 点的水平投影。

作图过程：由于平面 ABC 为铅垂面，它的水平投影积聚成一条直线。K 点的水平投影一定在平面 ABC 积聚成的直线上，如图 2-4-12 所示。

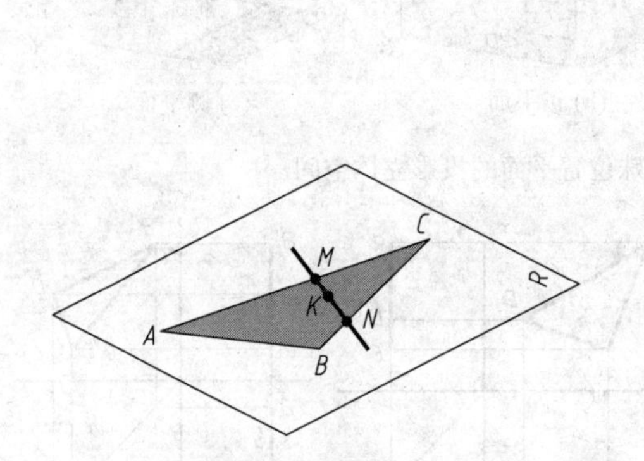

图 2-4-11 平面上确定点

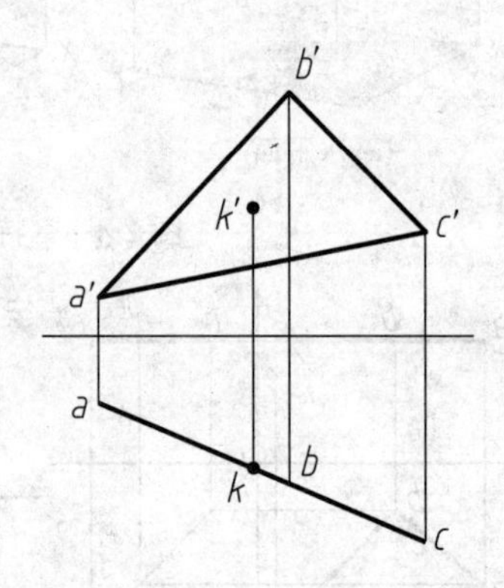

图 2-4-12 例 2-4-1 图

例 2-4-2 已知平面 ABC 的两个投影和 K 点的水平投影，K 点在平面上。求 K 点的正面投影。

作图过程：通过在面内作辅助线求解。在 ABC 的水平投影内，过 K 点的水平投影作辅助线，再作该辅助线的正面投影。最后，由 K 点的水平投影引线与辅助线的正面投影相交，即得到 K 点的正面投影，如图 2-4-13 所示。

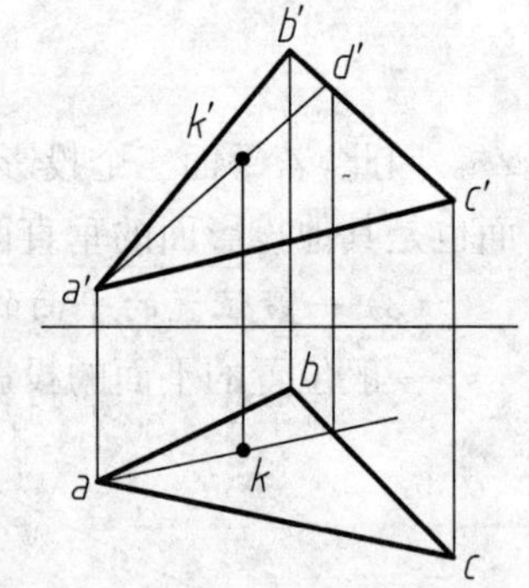

图 2-4-13 例 2-4-2 图

2. 平面上的任意直线

如果已经知道平面的投影，判断某一直线是否在平面内时，要利用直线在平面同面投影的特征来进行。下面建立确定平面内直线的方法。

性质 1 若一直线过平面上的两个点，则此直线必在该平面内。

性质 2 若一直线过平面上的一个点，且平行于该平面上的另一条直线，则此直线在该平面内。

上面两个性质的说明如图 2-4-14、图 2-4-15 所示。

在图 2-4-14 中，平面 Q 由相交直线 AB 和 AC 确定。在这两个直线上取两个点 P_1、P_2，则这两个点也在平面 Q 内。过这两个点作直线，则这个直线也就在平面 Q 内。

在图 2-4-15 中，直线 AB 和 AC 在平面 Q 内，在 AC 上取一个点 P，过点 P 再沿直线 AB 的方向作一直线 PT，则这个直线一定在平面 Q 中。

显然，平面中的平行线的投影仍然是平行线。

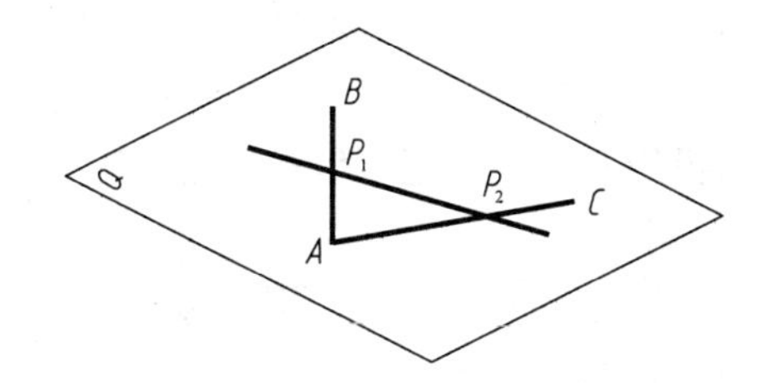

图 2-4-14　直线在平面内

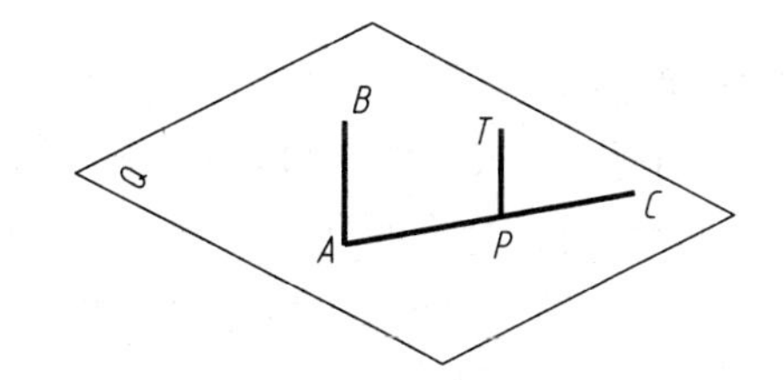

图 2-4-15　直线在平面内

例 2-4-3　已知平面由直线 AB、AC 所确定，试在平面内任做一条直线。

作法一：根据性质 1，在直线 AB、AC 上各取一点 M、N，连接这两个点得到的直线就在平面中了。作图如图 2-4-16 所示。

作法二：根据性质 2，在直线 AC 上取一点，AB 的平行线 CD，则 CD 线也在平面 ABC 中。作图如图 2-4-17 所示。

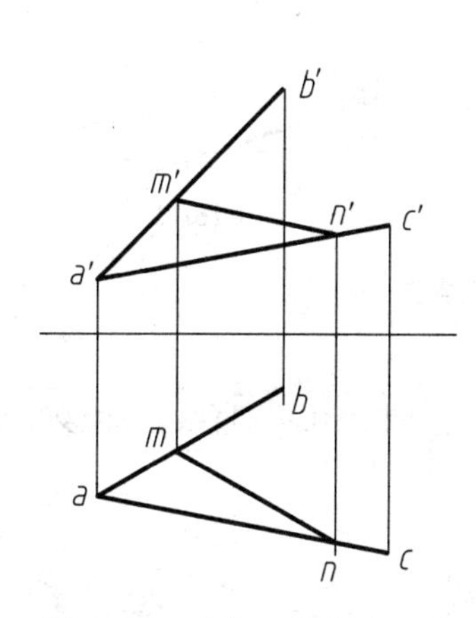

图 2-4-16　例 2-4-3 作法一图

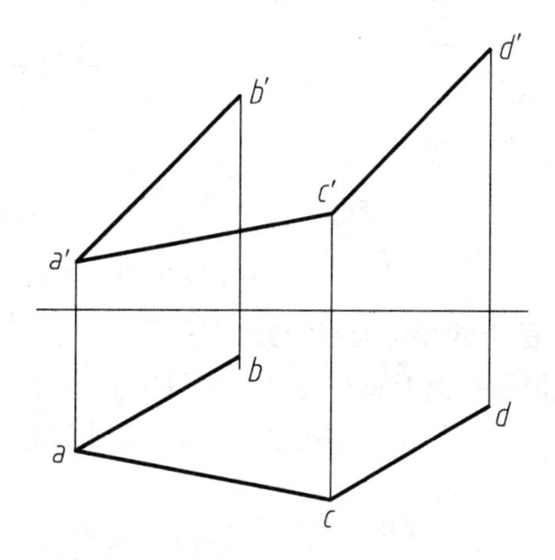

图 2-4-17　例 2-4-3 作法二图

例 2-4-4　在平面 ABC 内作一条水平线，使其到 H 面的距离为 50 mm。

作图过程：由于水平线的投影特征是在 V 面上的投影平行于投影轴的直线。距 H 面的距离为 50 mm，则可以确定这条直线在 V 面上的投影。再由其 V 面的投影与平面的同面投影的边线的交点来确定 H 面的直线的投影。作图如图 2-4-18 所示。

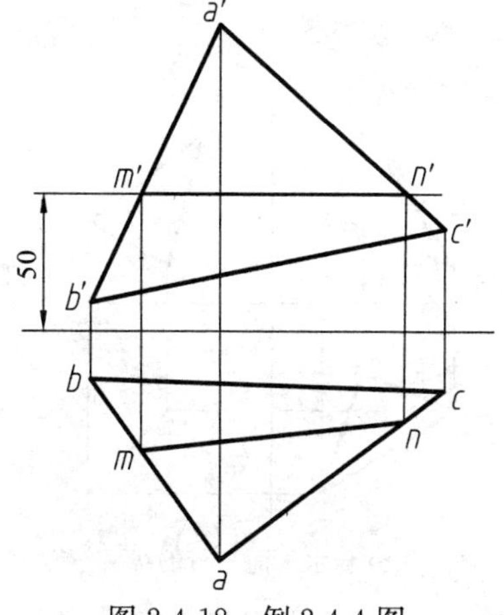

图 2-4-18　例 2-4-4 图

例 2-4-5 已知平行四边形 $ABCD$ 的正面投影，且 AC 为正平线，如图 2-4-19(a)所示，补全平行四边形的水平投影。

作法一：利用平行四边形对角线的交点的正面投影和 AC 为正平线的特点，先作出对角线的水平投影，再确定四边形的顶点，如图 2-4-19(b)所示。

作法二：利用平行四边形的对边平行和 AC 为正平线的特点，平行线的投影保持为平行线。作出对边平行线的水平投影，直接确定四边形的顶点，如图 2-4-19(c)所示。

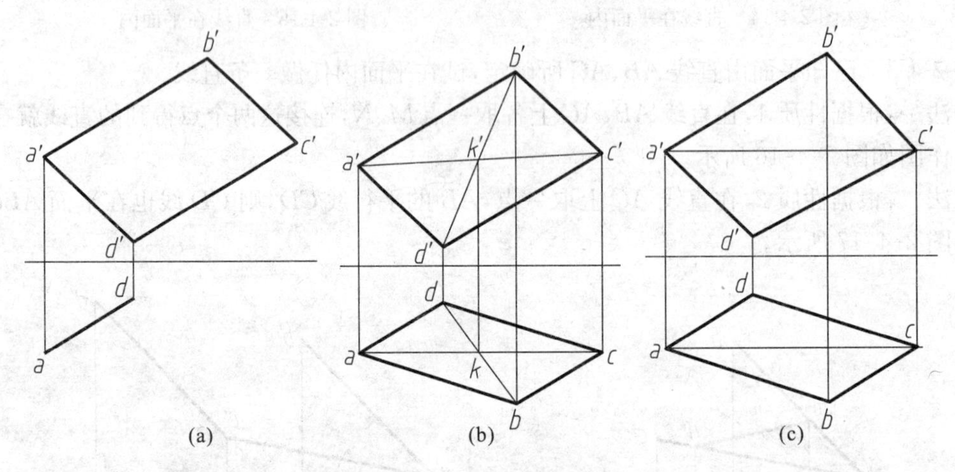

(a) (b) (c)

图 2-4-19 例 2-4-5 四边形投影图

3. 平面上的投影面平行线

一般位置平面上总存在直线和投影面平行，但不一定存在投影面垂直线。而这种平行线的投影特性是必须与投影轴相平行，如图 2-4-20 所示。

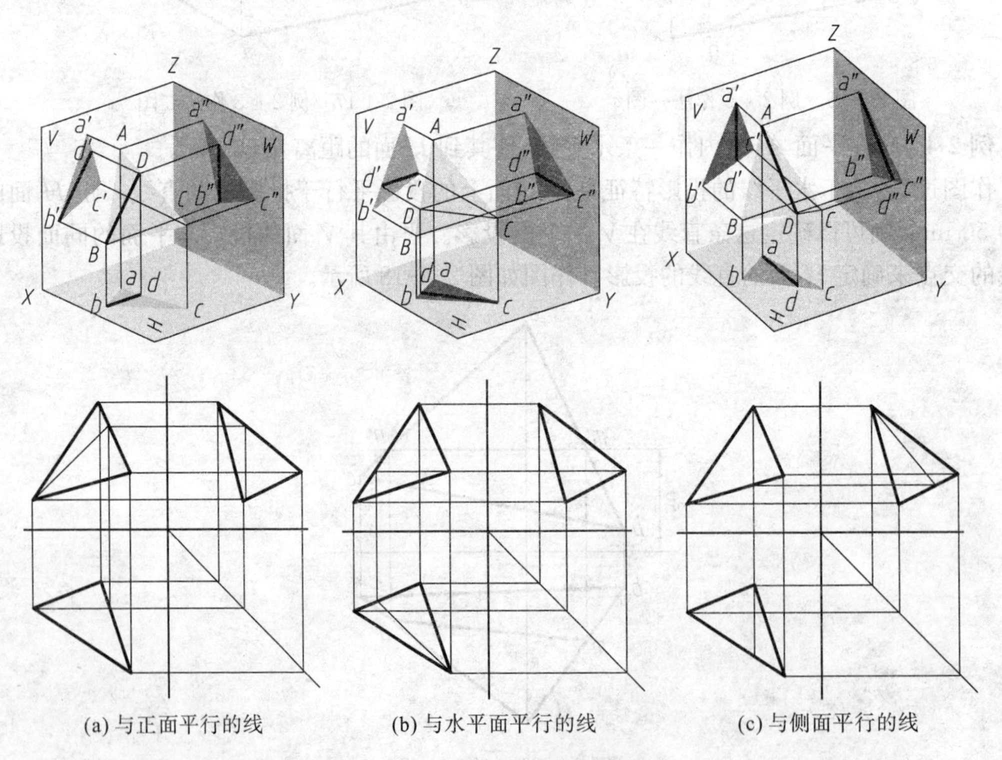

(a) 与正面平行的线 (b) 与水平面平行的线 (c) 与侧面平行的线

图 2-4-20 平面上投影面的平行线

4. 圆面的投影

作图中经常会碰到圆面的投影(图 2-4-21),圆面的投影有以下特性:

① 圆平面平行于投影面时投影反映实形,仍然保持为同样的圆。

② 圆平面垂直于投影面时投影是直线,其长度等于圆的直径。

③ 圆平面倾斜于投影面时投影是椭圆,椭圆长轴是圆的直径,短轴是与圆长轴直径垂直的直径的投影。

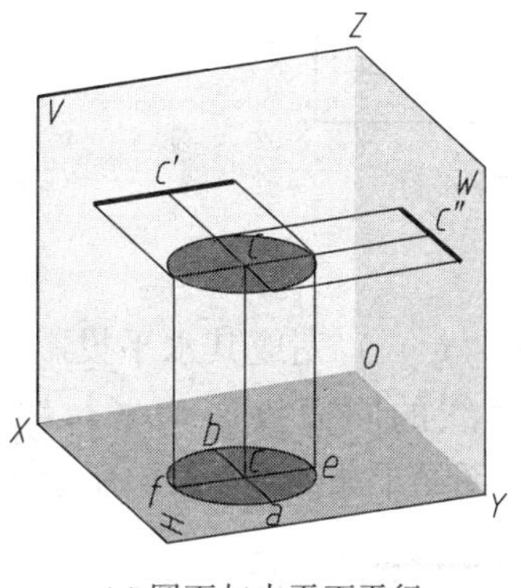

(a) 圆面与水平面平行

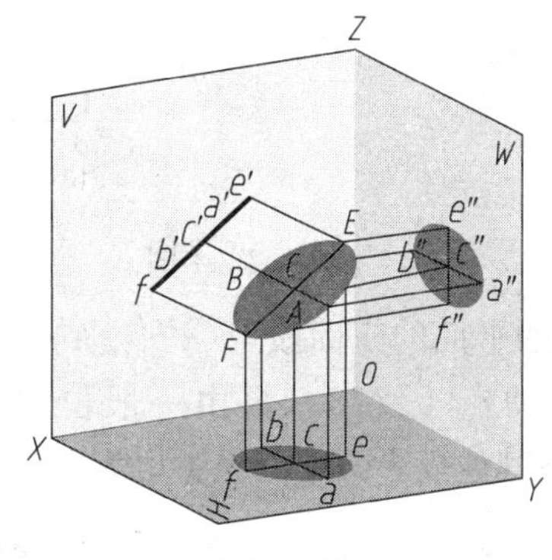

(b) 圆面与正面垂直

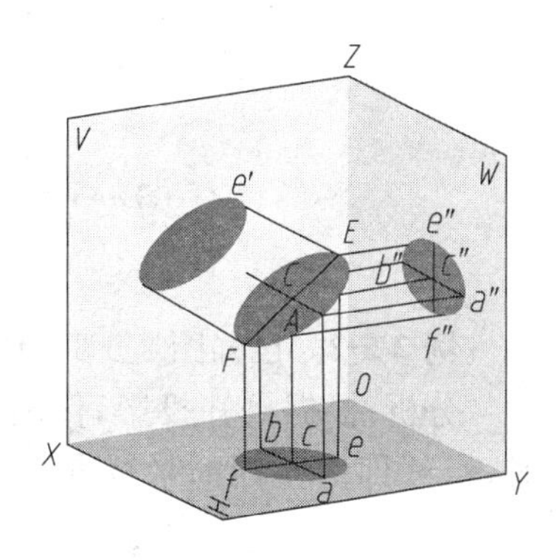

(c) 一般位置圆面

图 2-4-21　圆面的投影特性

2.5　几何元素的位置关系

空间几何元素的位置关系分为相交和平行关系,相交位置关系又可以细分为垂直关系和一般相交关系。下面分别介绍这些位置关系的投影特点。

2.5.1　两直线的相对位置

空间两直线的相对位置分为:平行、相交、交叉。

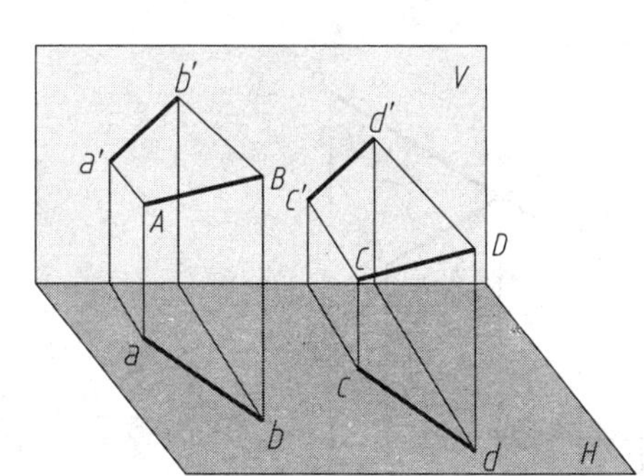

图 2-5-1　平行线投影

1. 两直线平行

空间两条平行线的投影特性为:两直线平行,则它们的各同面投影必相互平行,反之亦然,如图 2-5-1 所示,$AB // CD$。利用这个特性可以判断两条直线是否平行。

例 2-5-1　判断图 2-5-2 中的两条直线是否平行。

对于一般位置直线,只要有两个同面投影互相平行,空间两直线就平行。图 2-5-2(a)中 AB 平行于 CD。

对于特殊位置直线,只有两个同面投影互相平行,空间直线不一定平行。图 2-5-2(b)中,求出侧面投影后可知,AB 与 CD 不平行。

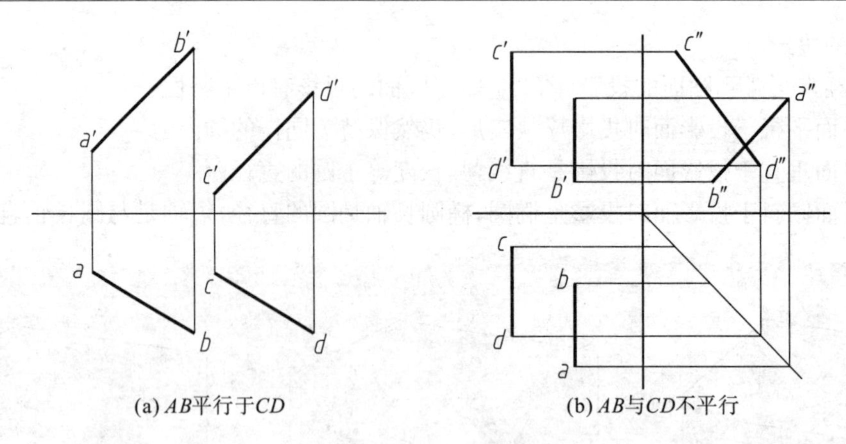

(a) *AB*平行于*CD*　　(b) *AB*与*CD*不平行

图 2-5-2　例 2-5-1 图

例 2-5-2　已知图 2-5-3(a)中的平面的正面投影($a'b' \parallel h'g'$,$b'c' \parallel g'f'$),完成其水平投影。

分析:根据已知投影,作出辅助点 1、2、3。再由一般位置的直线的同面投影为平行线时,直线即为空间的平行直线,在其他投影面中的投影也为直线。作图结果如图 2-5-3(b)所示。

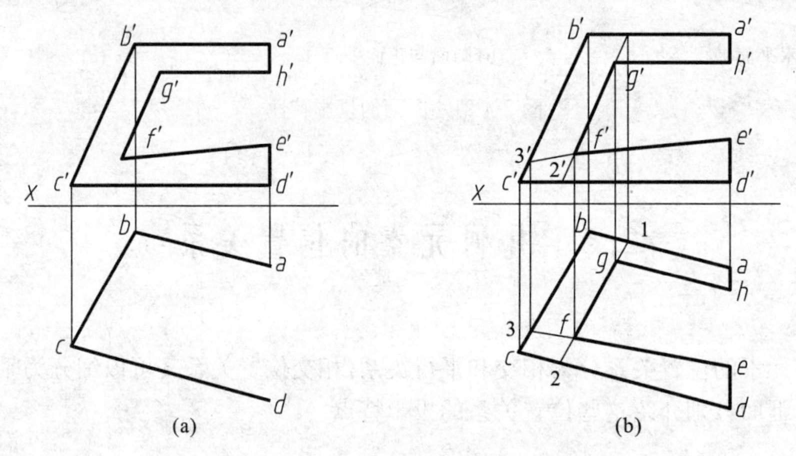

(a)　　(b)

图 2-5-3　例 2-5-2 图

2. 两直线相交

若空间两直线相交,则其同面投影必须相交,且交点的投影必符合空间一点的投影规律。反之亦然。如图 2-5-4 所示,交点 K 是两直线的共有点。

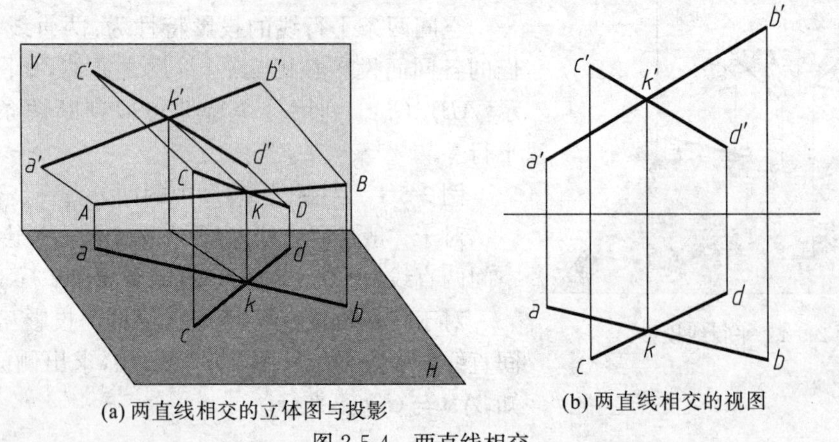

(a) 两直线相交的立体图与投影　　(b) 两直线相交的视图

图 2-5-4　两直线相交

例 2-5-3 已知直线和 C 点的投影,过 C 点作水平线 CD 与 AB 相交,如图 2-5-5(a)所示。

作图过程:先过 C 点作水平线的正面投影,得到交点 K 的正面投影,再求出交点的水平投影。D 点的位置没有要求,可以适当确定。作图结果如图 2-5-5(b)所示。

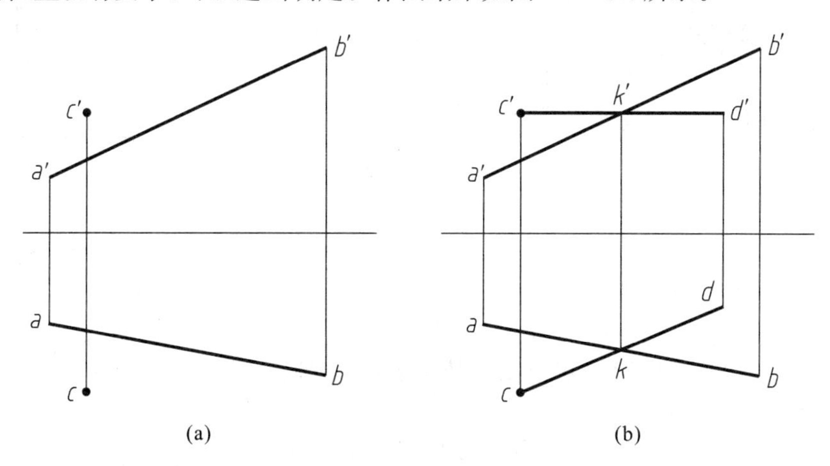

图 2-5-5 例 2-5-3 图

3. 两直线交叉

空间两交叉直线是没有公共点的。它们的同面投影可能相交,但"交点"不符合空间一个点的投影规律。"交点"是两直线上的一对重影点。根据重影点的投影可帮助判断两直线的空间位置,如图 2-5-6 所示。

为了便于判断,在"交点"的地方标上 1、2、3、4。对 1、2 点,在水平面是重投影。而正面上 1 点的 Z 坐标大于 2 点的 Z 坐标,所以 1 点在上,2 点在下,1 点可见。同样,3、4 点,在正面是重投影,水平面上 3 点的 Y 坐标小于 4 点的 Y 坐标,所以 3 点在后,4 点在前,4 点可见。

判断重影点的可见性时,需要看重影点在另一投影面上的投影,坐标值大的点投影可见,反之不可见,不可见点的投影加括号表示。

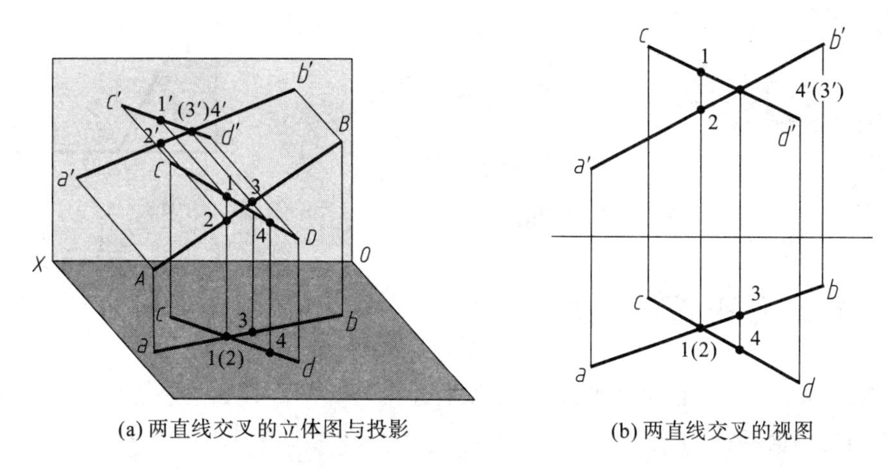

图 2-5-6 空间两交叉直线

例 2-5-4 判断图 2-5-7 中两直线的相对位置。

从图中可知,CD 线是侧平线,它与 AB 线的投影"交点"不能直接看出相互位置。在正投影面上两直线的投影"交点"记为 $1'$,它将 $c'd'$ 线分为两段。将 $c'd'$ 线移画到水平面中,利用平行线分段性质，可以得出“交点”1的水平投影。显然，它与两直线的水平投影的“交点”不重合。说明这两条直线是不相交的。

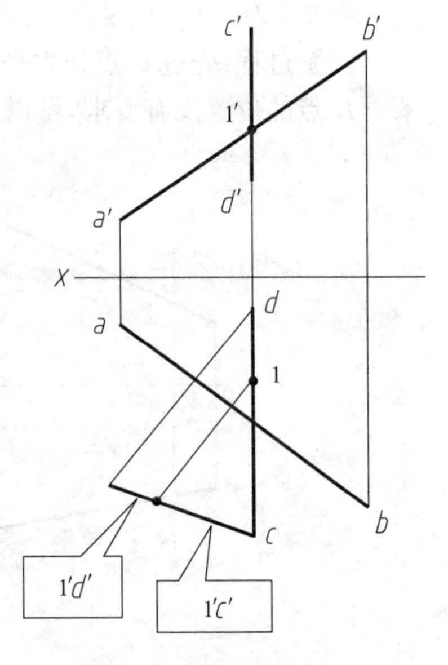

图 2-5-7　例 2-5-4 图

4. 两直线垂直相交

两条直线垂直相交是一种特殊位置情况。两条直线垂直相交就构成了直角，直角的投影特性比较重要。下面给出直角的投影性质。

性质 3　若直角有一边平行于投影面，则它在该投影面上的投影仍为直角。

图 2-5-8 说明了上面性质的内容。

由于直角边 $BC /\!/ H$ 面，$BC \perp AB$，同时 $BC \perp Bb$，所以 $BC \perp ABba$ 平面。又因 $BC /\!/ bc$，故 $bc \perp ABba$ 平面。因此 $bc \perp ab$，即$\angle abc$为直角。

例 2-5-5　AB 为正平线，过 C 点作直线与 AB 垂直相交。

如图 2-5-9 所示，由于 AB 为正平线，这样，垂直相交线在正面上的投影保持为直角。因此，在正面上过 c' 点向 $a'b'$ 线作垂线，得到垂足点 d'。再由点 d' 得到水平面上的垂足投影点 d。连接这两个同面投影点就得出垂直相交线的投影。

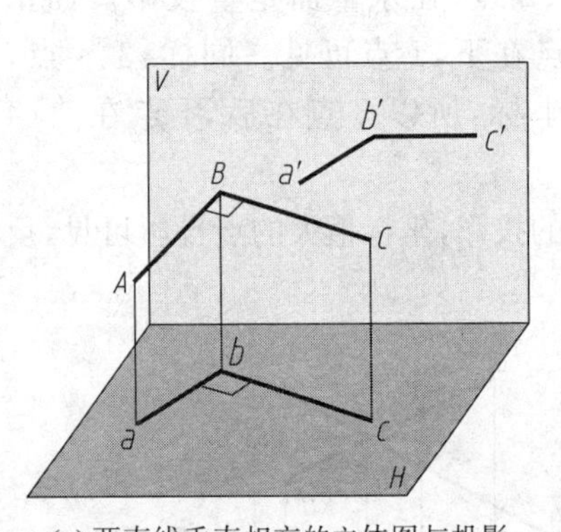

(a) 两直线垂直相交的立体图与投影

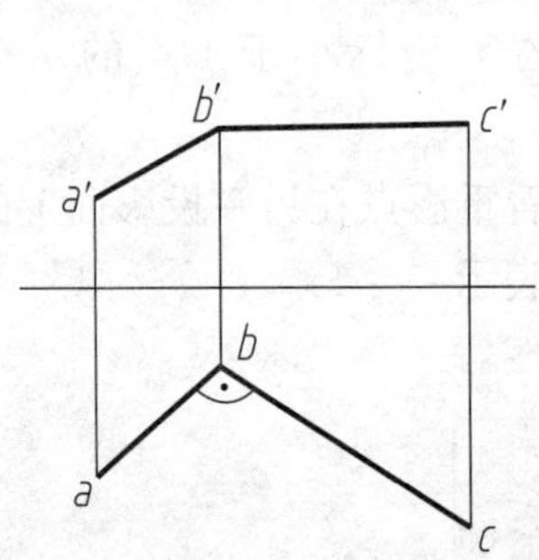

(b) 两直线垂直相交的视图

图 2-5-8　两条直线垂直相交

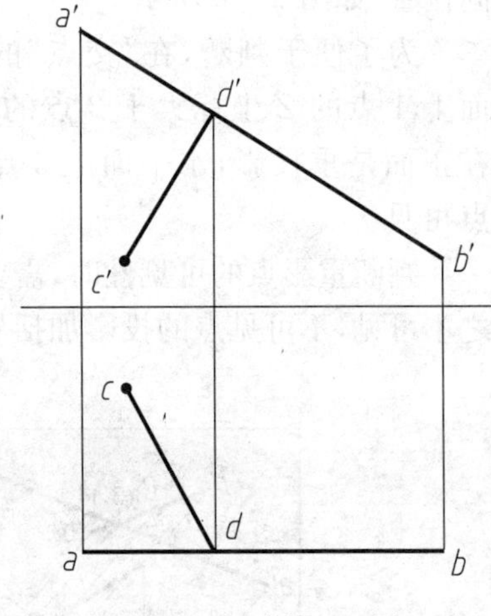

图 2-5-9　例 2-5-5 图

2.5.2　直线与平面的相对位置

直线与平面的相对位置包括平行、相交和垂直。

1. 直线与平面平行

若一直线平行于平面上的某一直线，则该直线与此平面必相互平行。这个结果从图 2-5-10 中得到验证。在图 2-5-10 中，过一点 M 作直线 MN 平行于平面 ABC。显然，这个问题有无数解。

另一方面，如果平面 P 与投影面垂直，直线 L 与平面 P 平行，则平面 P 的投影一定与直线

L 的投影平行，如图 2-5-11 所示。

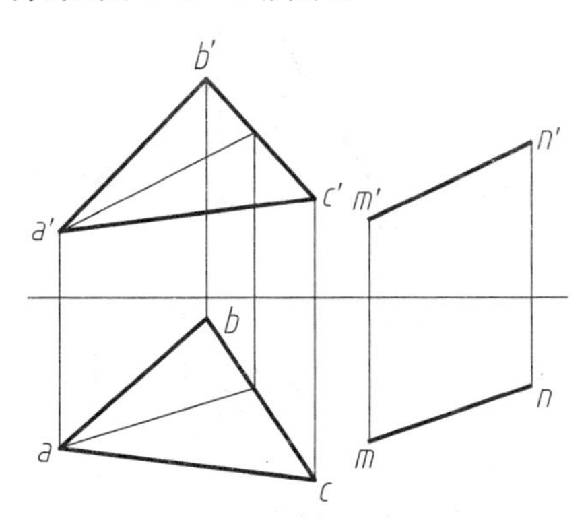

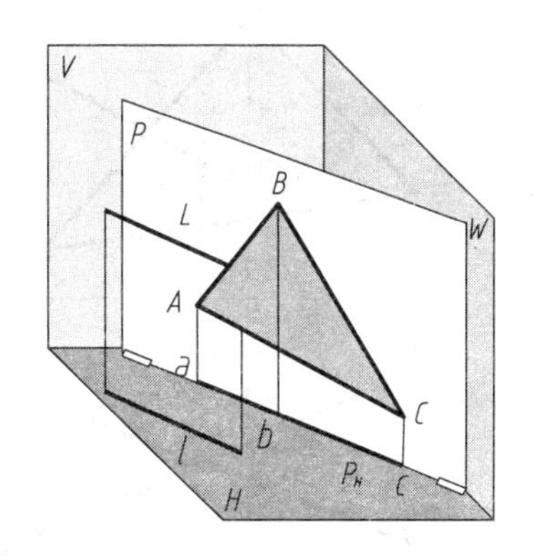

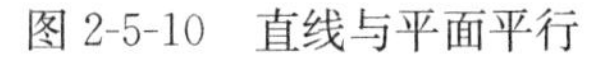

图 2-5-10　直线与平面平行　　　　图 2-5-11　直线与平面平行

例 2-5-6　已知平面 *ABC* 和 *M* 点的投影，过 *M* 点作直线 *MN* 平行于 *V* 面和平面 *ABC*。

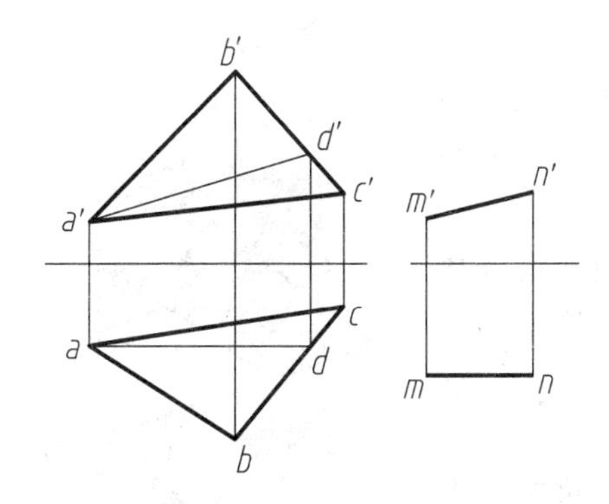

图 2-5-12　例 2-5-6 图

作图过程：首先，*V* 面的平行线在水平面中的投影是平行于投影轴的直线。因此，在水平面内 *ABC* 的投影中作一条平行于投影轴的直线作为参考线，再过 *M* 点的水平投影作这个参考线的平行线得到直线 *MN* 的水平投影。同样，将这个参考线引到正投影面中，再过 *M* 点的正投影作正投影面中的参考线的平行线得到直线 *MN* 的正投影。这就是要求的直线 *MN*，它既平行于 *V* 面又平行于平面 *ABC*。*N* 点的位置可以适当确定，如图 2-5-12 所示。

2. 直线与平面相交

直线与平面相交，其交点就是直线与平面的共有点，也称为穿点。下面要讨论的问题是求直线与平面的穿点的方法。同时判别两者之间的相互遮挡关系，即判别可见性。

(1) 平面为特殊位置，投影具有积聚性

这时，在这个投影面上，平面和直线的投影为相交线。这个交点就是直线穿过平面的点的投影。如图 2-5-13 所示，平面 *ABC* 是一铅垂面，其水平投影积聚成一条直线，该直线与 mn 的交点 *K* 就是直线穿过平面的点的水平投影。另外由水平投影可知，1 点 *Y* 坐标比 2 点的 *Y* 坐标大，所以 *KM* 段在平面后，*KN* 段就在平面前。故正面投影上，$k'n'$ 为可见线(不可见线用虚线表示)。

其他的特殊位置的平面也可以做类似的分析。

(2) 直线为特殊位置，在投影面上具有积聚性

这时，在这个投影面上，直线的投影为一个点。这个交点就是直线穿过平面的点的投影。如图 2-5-14 所示，直线 *MN* 为铅垂线，其水平投影积聚成一个点，这个点 k 就是直线穿过平面的点的水平投影点。再利用水平投影面内过 k 点的线引到正投影面上，就得到了正投影面上穿点的投影。另外，点 1 位于平面上，在前；点 2 位于 *MN* 上，在后；1 点的 *Y* 坐标比 2 点的 *Y* 坐标大，故 $k'2'$ 为不可见线(不可见线用虚线表示)。

其他的特殊位置的直线也可以做类似的分析。

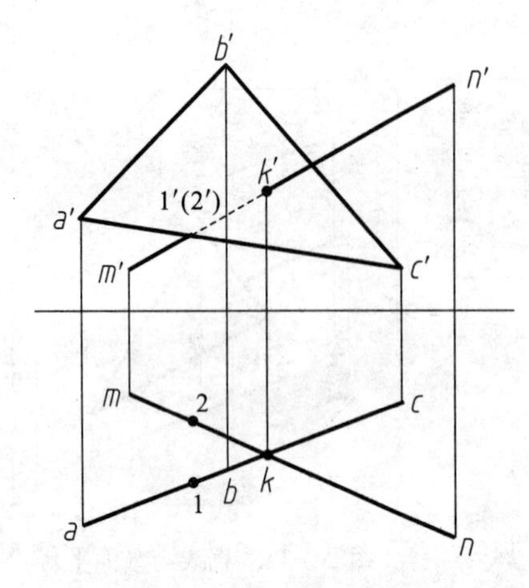

图 2-5-13　直线与平面相交

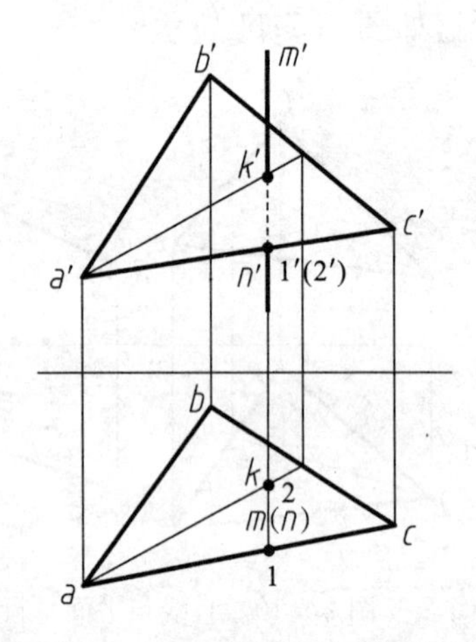

图 2-5-14　直线与平面相交

(3) 直线和平面都是处于一般位置

这时,应该选择一个辅助平面包含该直线,这样将问题转化为两平面相交得到直线,再由直线相交得到交点,也就是直线穿过平面的点。

具体的步骤是:① 选择一个包含直线的辅助平面。通常是选择投影面的垂直面,因为这种辅助面的投影积聚为线。同时,原来的直线也在这条线上了。② 求出辅助平面与原来已知平面的交线。③ 求出这个交线与原来已知直线的投影交点,如图 2-5-15 所示。

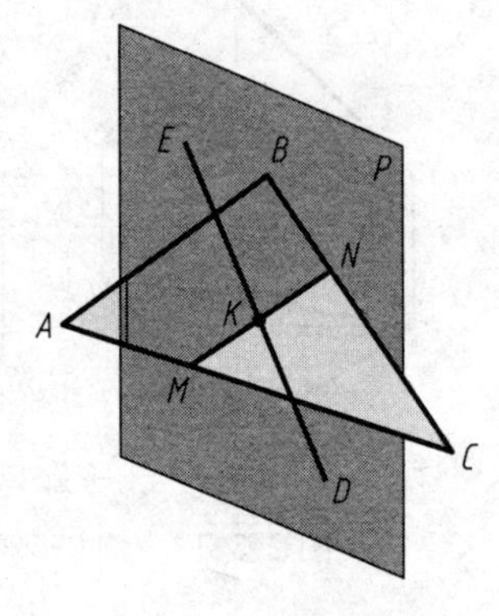

图 2-5-15　一般位置直线与平面相交

例 2-5-7　已知 ED 直线与 ABC 平面的投影,求它们的交点 K 的投影,如图 2-5-16(a)所示。

作图过程:首先选择铅垂面作为辅助面,同时包含直线 ED。这个辅助平面的水平投影与 ED 线的水平面投影重合。这个辅助平面与 ABC 平面的交线的两个投影 mn、$m'n'$ 也容易得到。而 $m'n'$ 与 $e'd'$ 的交点 k' 即为 ED 直线与 ABC 平面的穿点的正面投影。最后得出穿点的水平面投影点 k,如图 2-5-16(b)所示。

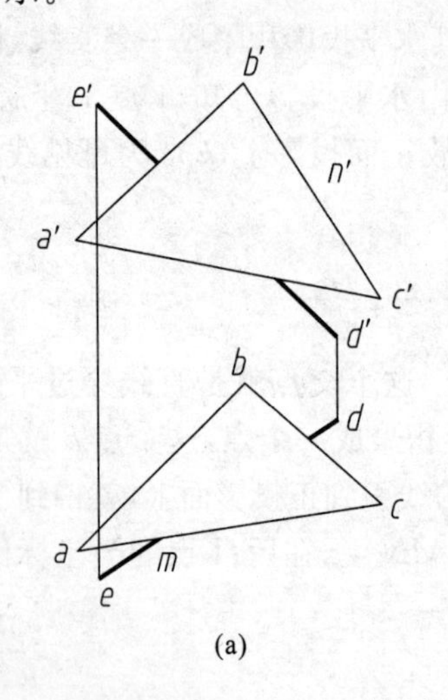

(a)

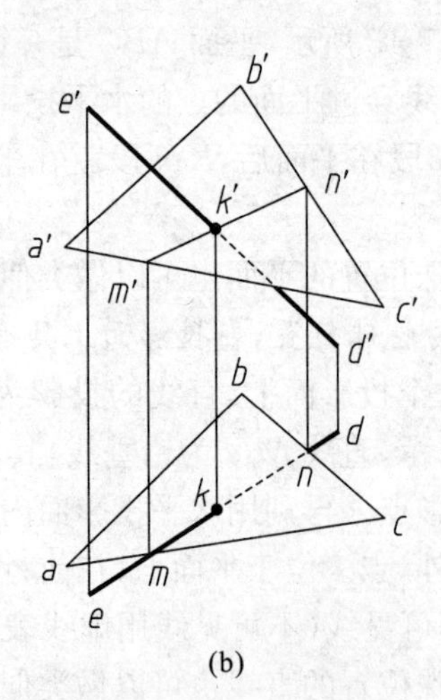

(b)

图 2-5-16　例 2-5-7 图

3. 直线与平面垂直

直线与平面垂直是相交的特殊情况，但它在投影分析中有着重要的作用。下面介绍它的性质：

① 若一直线垂直于某平面，则此直线必垂直于该平面内的一切直线。

② 若一直线垂直于某平面内两条相交直线，则此直线必垂直于该平面。

③ 若直线垂直于平面，则直线的三面投影垂直于平面内与投影面平行的同面投影，即直线的正面投影垂直于平面内正平线的正面投影等。

如图 2-5-17 所示，$AB \perp DCE$ 平面，$CD /\!/ V$，$CE /\!/ H$，则 $a'b' \perp c'd'$，$ab \perp ce$。

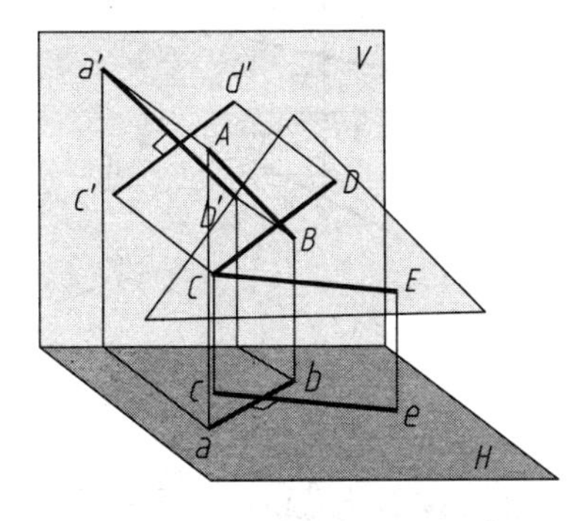

图 2-5-17　直线与平面垂直

例 2-5-8　已知平面 CDE 的投影，过点 A 作平面的垂线，如图 2-5-18(a)所示。

作图过程：根据垂线的性质，平面内水平线的水平投影和平面内正平线的正面投影，都与垂线的投影构成直角。这里，利用平面内水平线的水平投影得到 f 点。进一步得到正平线的水平投影 dfj，再过 a 点向 dfj 作垂线，这就是垂线的水平投影。同样，利用平面内正平线的正面投影得到 g'点。进一步得到水平线的正面投影 $g'c'i'$，再过 a'点向 $g'c'i'$作垂线，这就是垂线的正面投影，如图 2-5-18(b)所示。

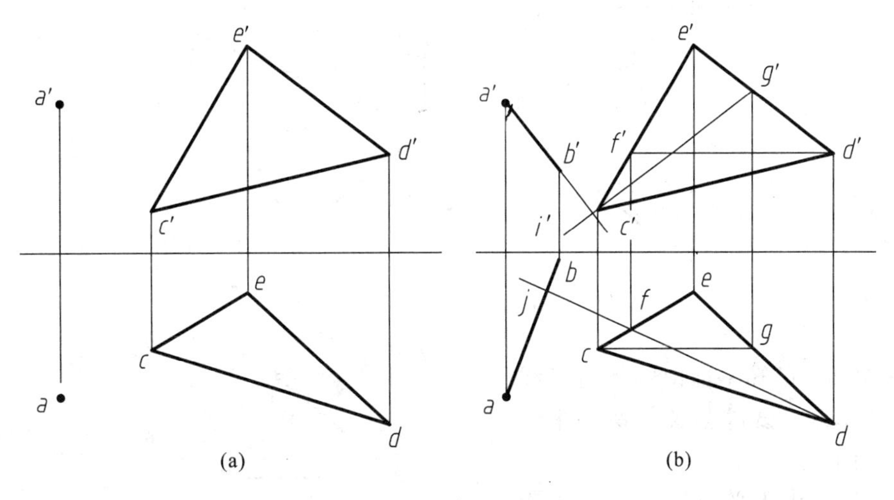

图 2-5-18　例 2-5-8 图

2.5.3　平面与平面的相对位置

1. 两平面平行

判断两个平面平行的方法有：若一平面上的两相交直线与另一平面上的两相交直线对应平行，则这两平面相互平行，如图 2-5-19 所示。

通过两平面平行的投影的特性可以推出，若两面相互平行，则它们具有积聚性的那组投影必相互平行，如图 2-5-20 所示。

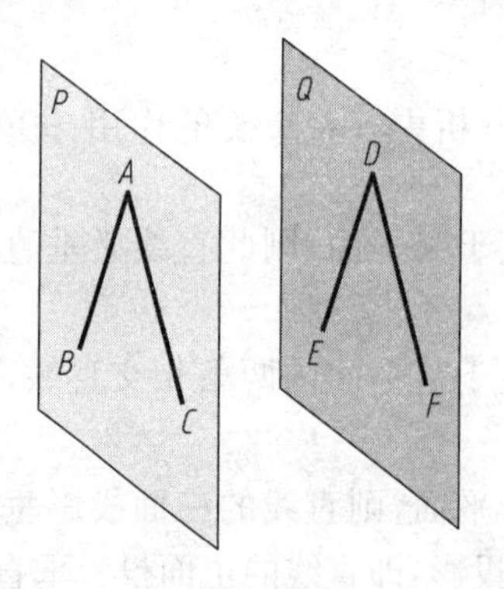

图 2-5-19　两个平面平行空间

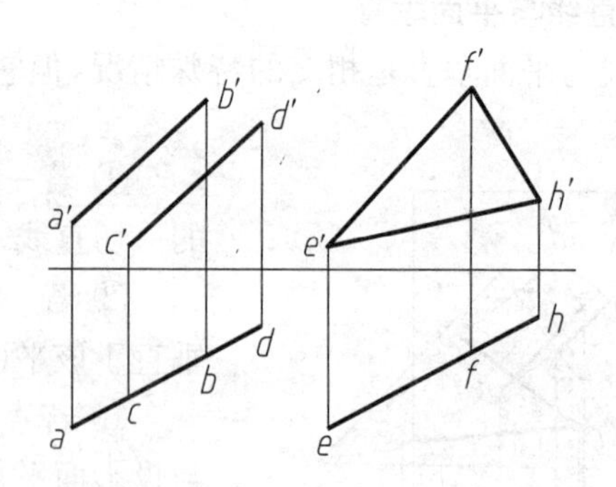

图 2-5-20　两个平面平行投影

例 2-5-9　判断图 2-5-21 中的两平面是否平行。

在两个平面的投影上作出直线 *AM*、*BN*、*DS*、*ER* 的投影，并且可以看出，*AM* 平行于 *ER*，*BN* 平行于 *DS*。所以，两平面平行。

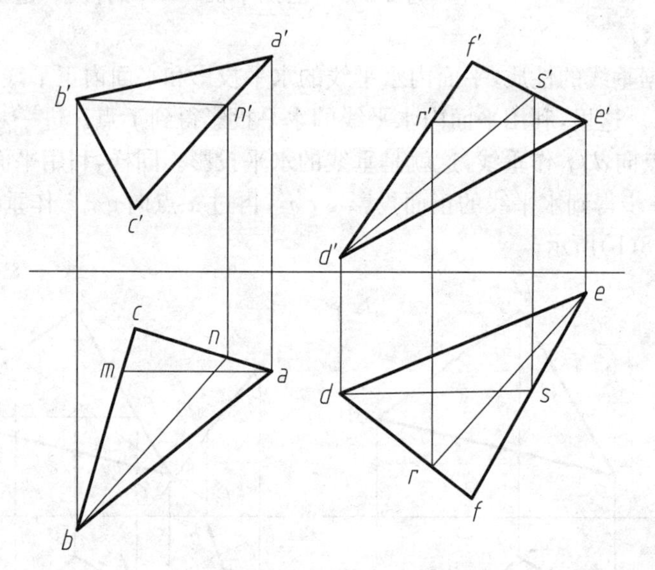

图 2-5-21　例 2-5-9 图

例 2-5-10　已知平面由两平行直线 *AB* 和 *CD* 给定。试过点 *K* 作另一平面与已知平面平行。

作图过程：由于平面和 *K* 点的投影是已知的。要找另外的平面与已知平面平行，只要找到两条线与已知平面内的两条线平行即可。这两条线构成平面的关键是要保证作出的线在已知的平面内和过 *K* 点。作图结果如图 2-5-22 所示。

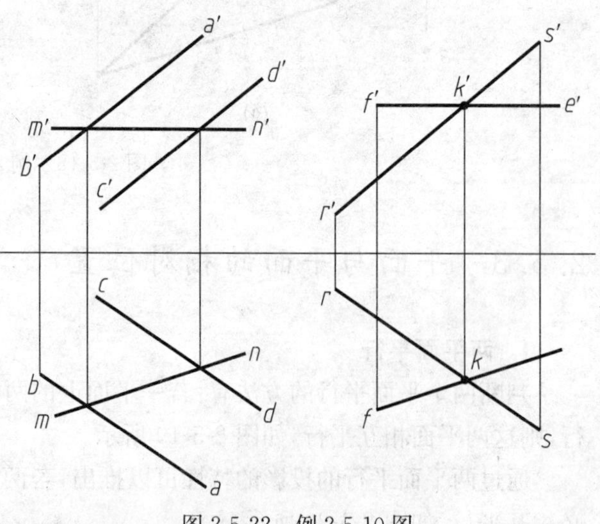

图 2-5-22　例 2-5-10 图

2. 两平面相交

两平面相交其交线一定为直线，交线是两平面的共有线，交线上的点都是两平面的共有点。下面要解决的问题是：① 如何求两平面的交线；② 判断两平面之间的相互遮挡关系，即判断可见性。

求两平面的交线，必须确定出两平面的两个共有点，或确定一个共有点及交线的方向。求两平面的交线的方法为：① 直接法；② 穿点法；③ 辅助平面法。

(1) 直接法

当平面有一个(或两个)是特殊位置平面时，可以直接定出交线上的点。

例 2-5-11　如图 2-5-23 所示两个平面，求两特殊平面的交线 MN，并判断可见性。

图 2-5-23 中平面 ABC 与 DEF 都是正垂面。在正投影面上，它们积聚为两条相交线。交点就是平面交线的投影。利用这个交点在水平面上找到交线的水平投影。再利用其他投影交点对应的坐标值就可以判断出平面相互遮挡的情况。从正面投影上可看出，在交线左侧，平面 ABC 在上，其水平投影可见，如图 2-5-23 所示。

例 2-5-12　如图 2-5-24 所示两个平面，EFH 为水平面。求两平面的交线 MN，并判别可见性。

分析：由于平面 EFH 是一水平面，它的正面投影有积聚性。$a'b'$ 与 $e'f'$ 的交点 m'、$b'c'$ 与 $f'h'$ 的交点 n' 即为两个面的共有点的正面投影，故 $m'n'$ 即交线 MN 的正面投影。再由正投影得到水平面投影 mn。取点 1 在 FH 上，点 2 在 BC 上，由于点 1 在上，点 2 在下，故 fh 可见，$n2$ 不可见。其他位置也可以作类似的分析，如图 2-5-24 所示。

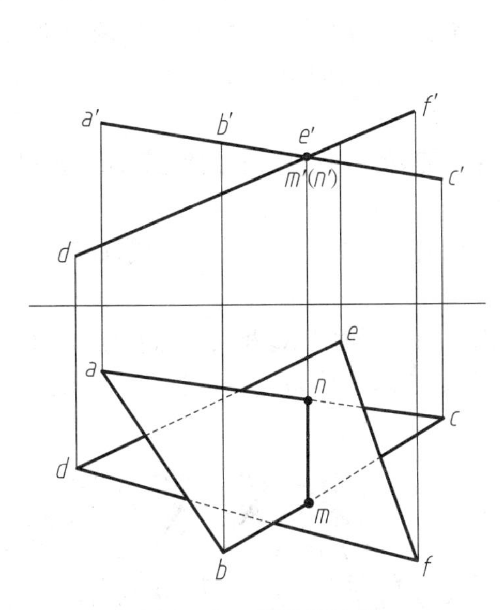

图 2-5-23　例 2-5-11 图

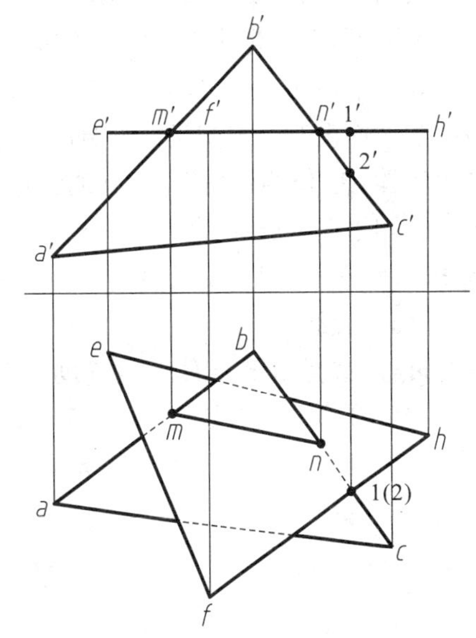

图 2-5-24　例 2-5-12 图

(2) 穿点法

如果两个平面都处于任意位置，且平面的边界线相互穿过时，可以利用一个平面的边界线穿过另外一个平面得到穿点，两个穿点的连线就是平面之间的交线。

例 2-5-13　如图 2-5-25(a)所示，求两任意平面 P、Q 的交线。

作图过程：由于两个平面的边线相互穿插，采用线穿面的交点的方法求解比较方便。在正投影面上取 P 面的两个边界线投影 S_v、R_v，利用包含 S_v、R_v 的正垂面与 Q 面相交得到交点 $1'$、$2'$，进而得到 S_v、R_v 穿过 Q 面的穿点为 m'、n'。相应的在水平面上的穿点为 m、n。这两个穿点的连线即是平面的交线，如图 2-5-25(b)所示。

可见性的判断：利用投影交叉点及对应另一个投影面的坐标值大小来进行。

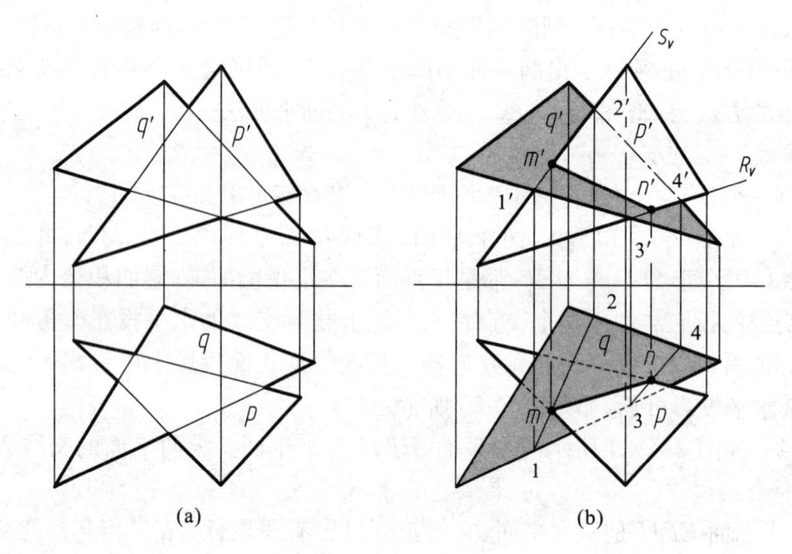

图 2-5-25　例 2-5-13 图

(3) 辅助平面法

它是利用“三面共点”的原理求解。如图 2-5-26 所示，P_1、P_2 平面相交。利用平面 R 截 P_1、P_2 两个平面，得到交线 12、34，它们又相交于 M 点。再用平面 S 截 P_1、P_2 两个平面，得到交线 56、78，它们又相交于 N 点。连接 MN 即为 P_1、P_2 平面的交线。

当两个平面没有给出交叉的部分时采用这种方法求交线。

作图步骤：① 作两个辅助平面(通常选择特殊平面，如垂直投影面的平面)；② 分别求辅助平面与二已知平面的交线；③ 求二交线的交点即为二平面交线上的点。

例 2-5-14　平面 P 由交叉直线 L_1、L_2 构成，平面 Q 由平行直线 L_3、L_4 构成，如图 2-5-27 所示，求两平面的交线。

作图过程：选择水平面 R、S 为辅助平面，它们分别与平面 P、Q 相交，得到交点 1、2、3、4、5、6、7、8。连接 12、34，得到交点 m，连接 56、78，得到交点 n，连接 mn，得到平面 P、Q 的交线的水平投影。再得到交线的正面平投影 $m'n'$，如图 2-5-27 所示。

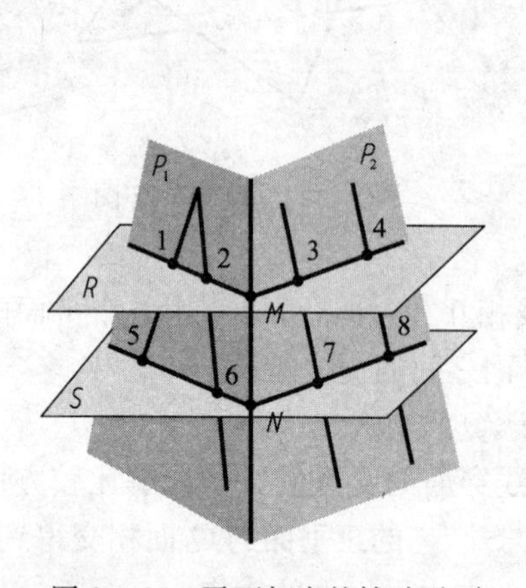

图 2-5-26　平面相交的辅助平面

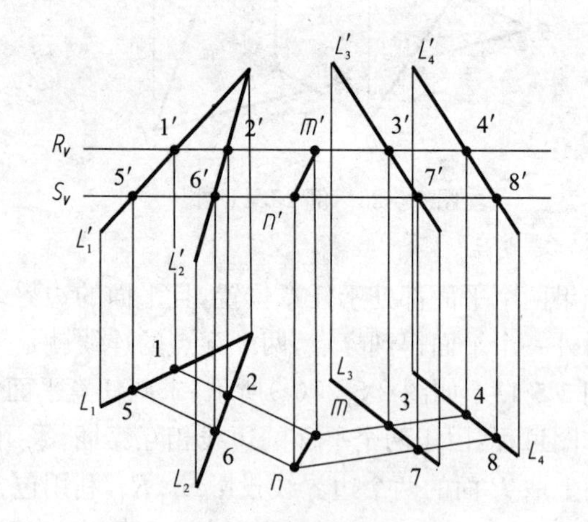

图 2-5-27　例 2-5-14 图

3. 两平面垂直

两平面垂直的性质：若一直线垂直于某平面，则包含此直线的一切平面均垂直于该平面。反之，若两平面相互垂直，则由一平面内任一点向另一平面所作的垂线必在第一平面内。

确定两平面垂直的方法有两种：① 使平面 Q 包含垂直于平面 P 的直线，则 Q 与 P 面就垂直了。② 使平面 Q 垂直于平面 P 内一直线，则 Q 与 P 面也就垂直了。

例 2-5-15　已知 CDE 平面的投影，过点 A 作平面垂直于 CDE 平面，如图 2-5-28(a)所示。

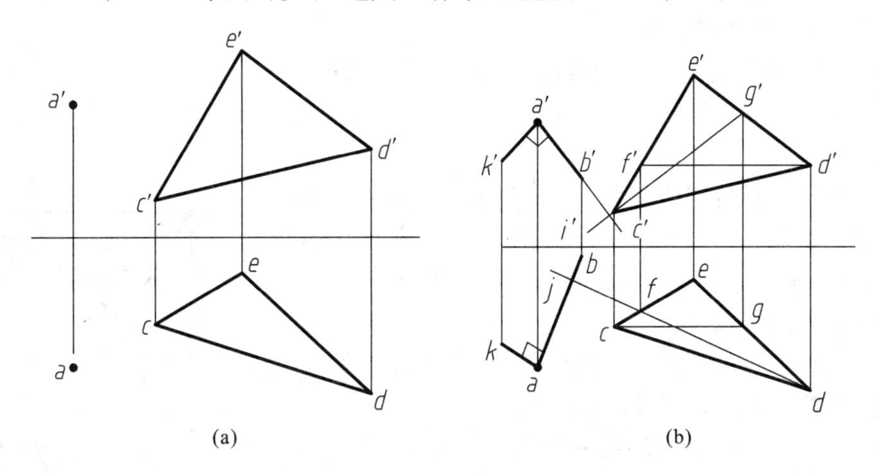

图 2-5-28　例 2-5-15 图

作图步骤：首先确定 CDE 平面的一条垂线，这可以利用上面的例子介绍的方法。再以这个垂线为边，作投影直角边。这两直角边构成一个新的平面 ABK，它与 CDE 平面垂直，如图 2-5-28(b)所示。

2.5.4　综合问题举例

综合问题包括：平行、相交、垂直等的综合，对应要解决的问题是定位、距离、角度的大小问题。采用的投影理论要点如下。

1. 各种位置平面的投影特性

① 一般位置平面：三个投影为边数相等的类似多边形(类似性)。

② 投影面垂直面：在其垂直的投影面上的投影积聚成直线(积聚性)。另外两个投影类似。

③ 投影面平行面：在其平行的投影面上的投影反映实形(实形性)。另外两个投影积聚为直线。

2. 平面上的点与直线

① 平面上的点，利用平面内的两条直线相交得出交点。

② 平面上的直线：(ⅰ) 过平面上的两个点决定直线。(ⅱ) 过平面上的一点并平行于该平面上的某个方向决定直线。

3. 平行问题

① 直线与平面平行：直线平行于平面内的一条直线。

② 两平面平行：必须是一个平面上的一对相交直线对应平行于另一个平面上的一对相交直线。

4. 相交问题

① 求直线与平面的交点的方法：(ⅰ) 一般位置直线与特殊位置平面求交点，利用交点的共有性和平面的积聚性直接求解。(ⅱ) 投影面垂直线与一般位置平面求交点，利用交点的共有性和直线的积聚性，采取平面上取点的方法求解。(ⅲ) 一般位置直线与平面求交点，利用辅助平面法求解。

② 求两平面的交线的方法：（ⅰ）两特殊位置平面相交，分析交线的空间位置，有时可找出两平面的一个共有点，根据交线的投影特性画出交线的投影。（ⅱ）一般位置平面与特殊位置平面相交，可利用特殊位置平面的积聚性找出两平面的两个共有点，求出交线。（ⅲ）一般位置平面相交，利用穿点法、辅助平面法求解。

5. 综合问题基本作图方法

此部分是点、直线、平面的投影规律和基本作图方法的综合应用。包括：在平面内取点、取线；过点作直线及平面平行已知直线或平面；求直线与平面的交点及两平面的交线；过点作直线及平面垂直线。

综合问题类型包括：定位问题——确定满足一定条件的几何元素的位置，常需利用轨迹求解；度量问题——确定距离、实形、角度的问题，解题的主要基础是作直线的垂面、作平面的垂线、求线面交点及求线段实长。

求解综合问题时，首先进行空间分析，想像空间模型，然后确定解题步骤，最后综合运用投影知识作图。

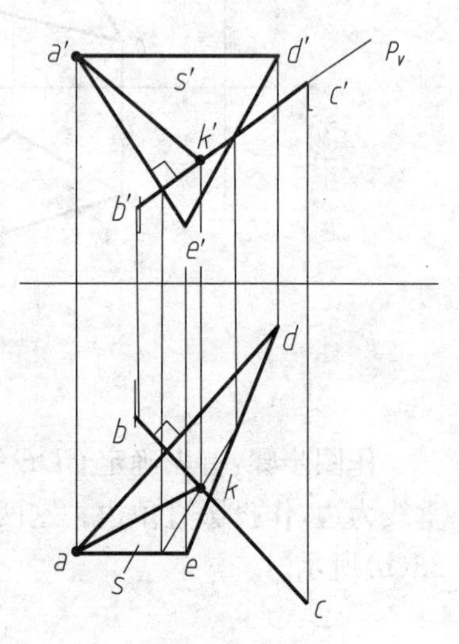

图 2-5-29　例 2-5-16 图

例 2-5-16　求点 A 到直线 BC 的距离。

分析：此例是作两一般位置直线垂直相交的方法。过点 A 与 BC 垂直相交的直线段即为点到直线之距离。需要作一个平面垂直于直线 BC。

作图步骤：① 过点 A 作平面 $ADE \perp BC$。根据垂线的性质，借助平面内水平线的水平投影、平面内正平线的正面投影，与垂线的投影构成直角的特点作出平面 ADE。② 求 BC 与 ADE 的交点 K。利用线穿面的方法得到 K 点。③ 连接 AK，即为所求的距离，如图 2-5-29 所示。

例 2-5-17　已知矩形的部分投影，如图 2-5-30(a)所示，完成矩形 $ABCD$ 的投影。

分析：矩形的对边相互平行，邻边相互垂直。本题关键是求投影 $b'c'$。

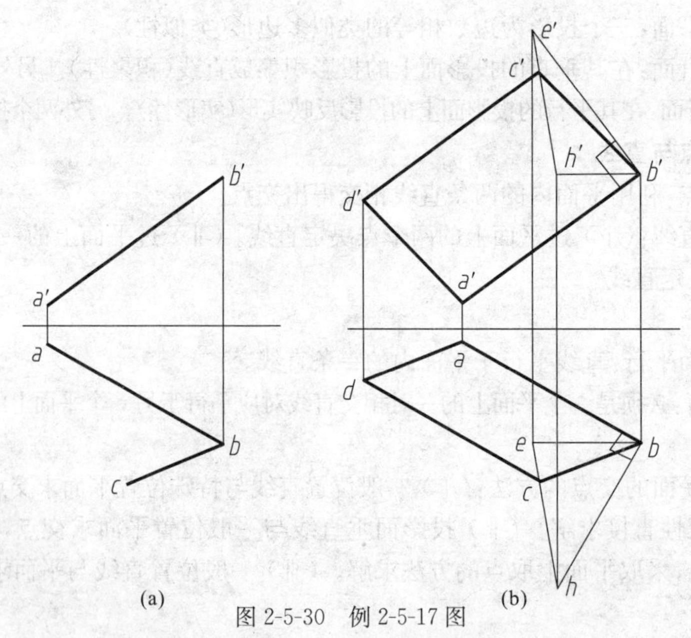

图 2-5-30　例 2-5-17 图

作图步骤：① 过点 B 作平面 $\perp AB$。根据垂线的性质，借助平面内水平线的水平投影、平面内正平线的正面投影，与垂线的投影构成直角的特点作出平面 BEH。② 在平面 BEH 内取直线 BC。③ 作 $AD/\!/BC$，$CD/\!/BA$。这样得到矩形 $ABCD$ 的投影，如图 2-5-30(b)所示。

2.6　投影变换

在建立投影系的时候，没有完全考虑物体与投影系之间的相互位置。这样，物体投影的长度就可能发生改变。这时，求一般位置直线的实长，或求一般位置平面的真实大小等问题就比较麻烦。可以通过两个途经方便地解决这样的问题：一种是物体不动，变换投影系，使物体与投影面处于特殊的位置，这种方法称为换面法。再一种是保持投影系不动，让物体绕某个轴线转动到相对于投影面的特殊的位置，这种方法称为旋转法。这两种方法都可使物体的投影反映真实情况，从而有利于解决形状、距离和角度等问题。本节主要介绍换面法，旋转法的内容可参看有关资料。

换面法的具体做法是：物体本身在空间的位置不动，而用某一新投影面（辅助投影面）代替原有投影面，使物体相对新的投影面处于解题所需要的有利位置，然后将物体向新投影面进行投影。

新投影面的选择原则：① 新投影面必须相对空间物体处于最有利的解题位置。② 新投影面必须垂直于某一保留的原投影面，以构成一个相互垂直的两投影面的新体系。③ 特殊的位置包括：平行于新的投影面或垂直于新的投影面。

2.6.1　点的换面投影

1. 更换一次投影面

① 如果选择换掉 V 面，建立新的投影体系如图 2-6-1(a)所示。在旧投影体系中，A 点的两个投影为：a、a'；在新投影体系中，A 点的两个投影为：a、a_1。新投影面 P_1 与 H 面相交得到新的投影轴 X_1，记为 $X_1\,\dfrac{P_1}{H}$。

② 新旧投影之间的关系。点的新投影与它的原投影的连线，必垂直于新投影轴。即 $aa_1 \perp X_1$。点的新投影到新投影轴的距离等于被代替的投影面的投影到原投影轴的距离。即 $a_1\,a_{x1} = a'\,a_x$，如图 2-6-1(b)所示。

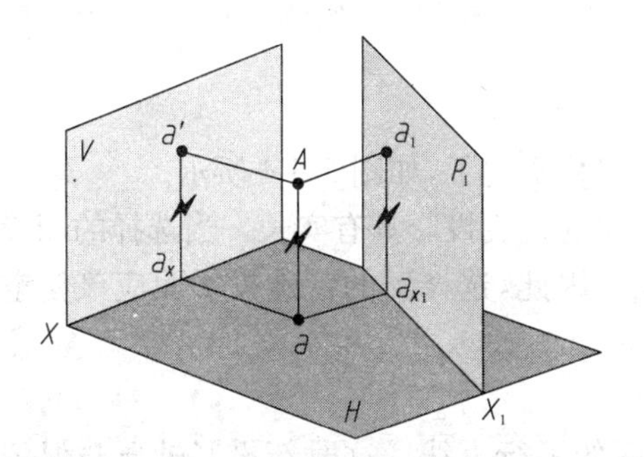

(a) 新旧的投影体系空间　　(b) 新旧的投影体系展开

图 2-6-1

③ 新投影的作图。更换 V 面如图 2-6-2(a)所示，更换 H 面如图 2-6-2(b)所示。

作图规律：由点的保留投影向新投影轴作垂线，并在垂线上量取一段距离，使这段距离等于被代替的投影到原投影轴的距离。

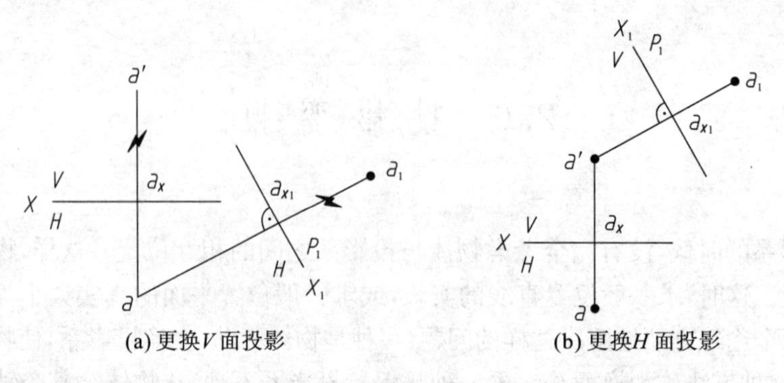

(a) 更换V面投影　　(b) 更换H面投影

图 2-6-2

2. 更换两次投影面

经过一次变换投影系后，再进行投影面更换就是两次投影变换。

① 如果选择换掉 V 面，建立新投影体系。先把 V 面换成平面 P_1，$P_1 \perp H$，得到中间新投影体系；再把 H 面换成平面 P_2，$P_2 \perp P_1$，得到新投影体系，如图 2-6-3(a)所示。投影面 P_1 与 P_2 面相交得到新的投影轴 X_2，记为 $X_2\ \dfrac{P_2}{P_1}$。

② 新投影的作图如图 2-6-3(b)所示。图中，$a_2a_1 \perp X_2$ 轴，$a_2a_{x2}=aa_{x1}$。

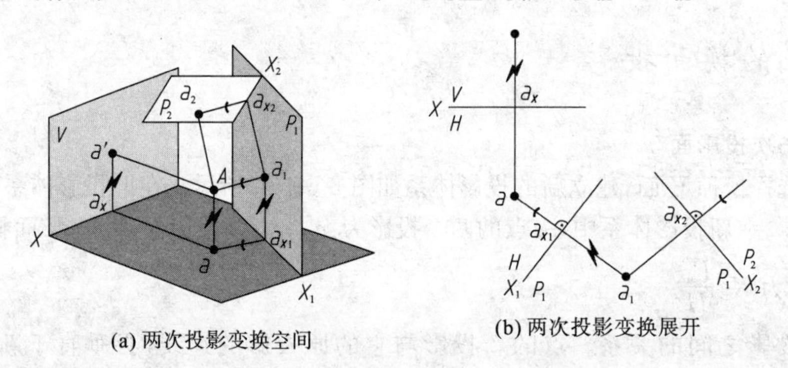

(a) 两次投影变换空间　　(b) 两次投影变换展开

图 2-6-3　投影变换空间

2.6.2　直线与平面的换面投影

有了点的投影变换，直线的投影变换就很容易实现了，如图 2-6-4 所示。

当选择新的投影面与直线平行时，新投影面的直线投影具有实长。当选择的新投影面与直线垂直时，新投影面的直线投影积聚为一个点。因此，选择新的特殊投影面应该使空间直线与其平行或垂直。

直线的换面投影特性：

一次换面可将一般位置直线变换为投影面的平行直线。这时新投影轴要与保留的原来投影面上直线的投影平行。一次换面也可将投影面平行的直线变换为另一投影面的垂直线。这时新投影轴要与保留的原来投影面上直线的投影垂直。

二次换面可将一般位置直线变换为投影面的垂直线。这时，先变换到平行位置，再变换到垂直位置。

平面的换面投影是指选择新的特殊的投影面使平面与其平行或垂直。它的作用主要是：① 求平面的定位；② 求两平面之间的相互距离、夹角大小。

当选择的新的投影面与平面平行时，新投影面的平面投影具有实形；当选择的新的投影面与平面垂直时，新投影面的平面投影积聚为一条直线。因此，选择新的特殊投影面应该使空间直线与其平行或垂直。

如果把平面内的一条直线变换成新投影面的垂直线，那么该平面则变换成新投影面的垂直面，如图 2-6-5 所示。

平面的换面投影特性：

一次换面可将一般位置平面变换为投影面的垂直平面。这时选择新投影轴要与替换的原投影面的平行线，在保留投影面上的投影相垂直。

二次换面可将一般位置平面变换为投影面的平行平面。这时，先变换到垂直位置，再变换到平行的位置。

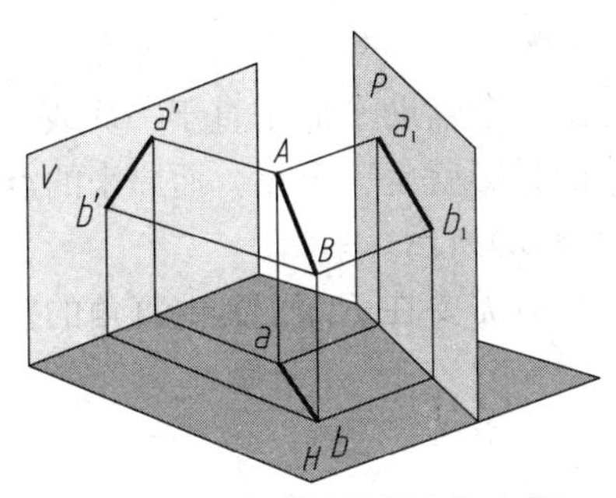

图 2-6-4　直线的投影变换空间

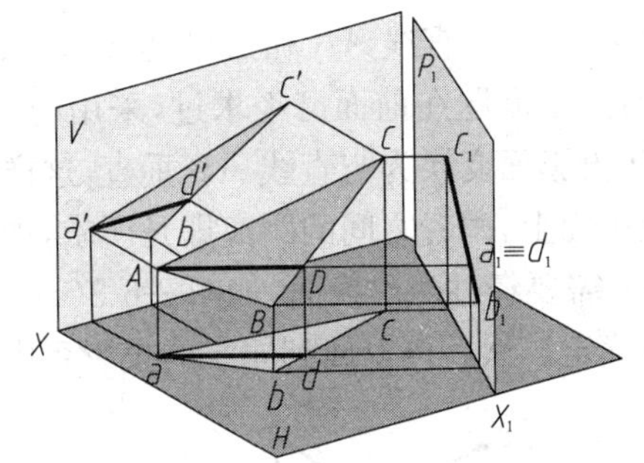

图 2-6-5　平面的一次换面投影

2.6.3　换面法的四个基本问题

1. 把一般位置直线变换成投影面平行线

这时需要一次投影变换。

例 2-6-1　求直线 AB 的实长及其与 H 面的夹角。

作图过程：用 P_1 面代替 V 面，在 P_1/H 投影体系中，$AB/\!/P_1$。其投影就是直线的实际长度。与新投影轴之间的角就是直线与 H 面的倾角，如图 2-6-6 所示。

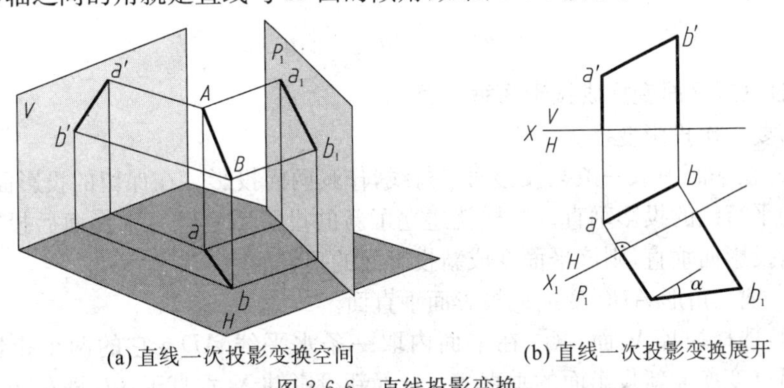

(a) 直线一次投影变换空间　　(b) 直线一次投影变换展开

图 2-6-6　直线投影变换

2. 把一般位置直线变换成投影面垂直线

这时需要两次投影变换。一次换面把直线变成投影面平行线；再次换面把投影面平行线变成投影面垂直线，如图 2-6-7 所示。

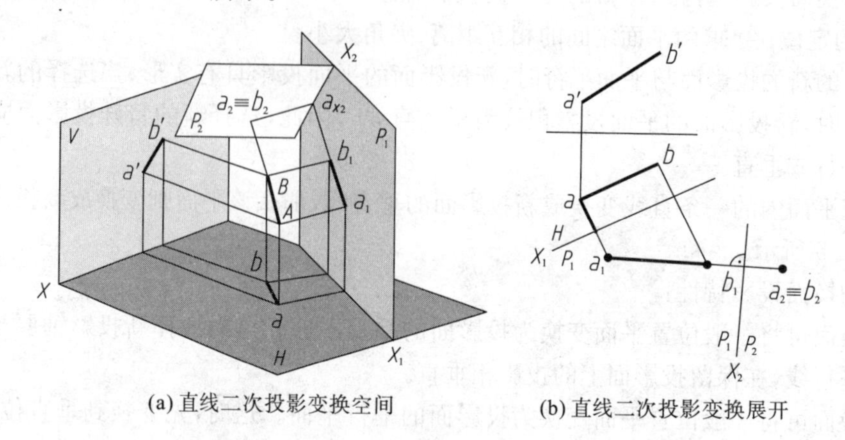

(a) 直线二次投影变换空间　　(b) 直线二次投影变换展开

图 2-6-7

例 2-6-2　已知直线 AB 和点 C 的投影，求点 C 到直线 AB 的距离，并求垂足 D。

分析：这个问题在前面已经求过，采用的方法是作一个辅助平面垂直于 AB 线。现在采用换面法，将投影面变换为与直线 AB 垂直，这样，直线的投影就是一个点。而原来的点 C 也投影到新的投影面上，两者之间的距离即是所求，如图 2-6-8(b)所示。

作图：需要经过两次换面，如图 2-6-8(a)。垂足点 d_1 需要在 P_1 面上，由直角的投影保持直角的特性确定。然后再返回到原来的投影系中。

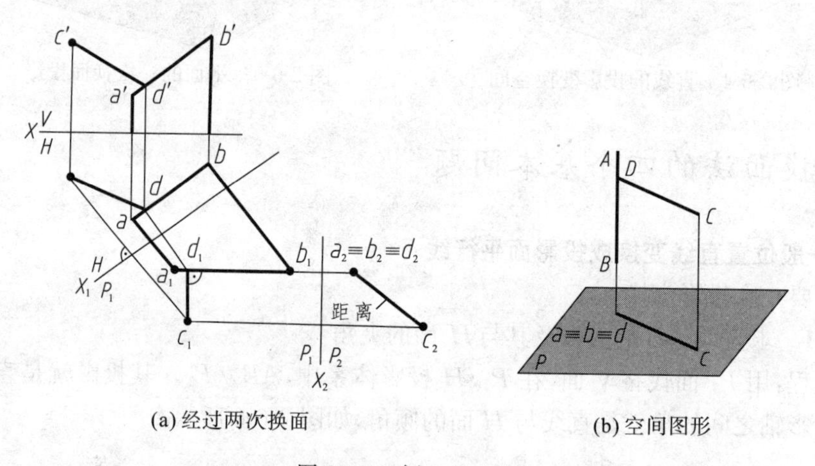

(a) 经过两次换面　　(b) 空间图形

图 2-6-8　例 2-6-2 图

3. 把一般位置平面变换成投影面垂直面

这时只需要一次投影变换。

作图方法：在平面内取一条某投影面平行线，作其两面投影。在保留的投影面上，取新投影轴与投影面的平行线的投影垂直。这样就建立了新的投影系。经一次换面后投影面的平行线就变换成与新投影面垂直，则该平面变成新投影面的垂直面。

例 2-6-3　把三角形 ABC 变换成投影面垂直面。

作图过程：选择换掉 V 面。① 在平面内取一条水平线 AD。它的两个投影分别为 ad、$a'd'$。② 将 AD 变换成新投影面的垂直线。选择新投影轴 X_1 垂直于 ad，将 a'、b'、c' 点移到 P_1

面上得到 a_1、b_1、c_1 点，这样它们就在一条直线上了。同时，反映出平面对 H 投影面的夹角，如图 2-6-9(a)所示。

也可以选择换掉 H 面。① 在平面内取一条正平线 BE。它的两个投影分别为 be、$b'e'$。② 将 BE 变换成新投影面的垂直线。选择新投影轴 X_1 垂直于 $b'e'$，将 a、b、c 点移到 P_2 面上得到 a_2、b_2、c_2 点，它们也在一条直线上了，如图 2-6-9(b)所示。

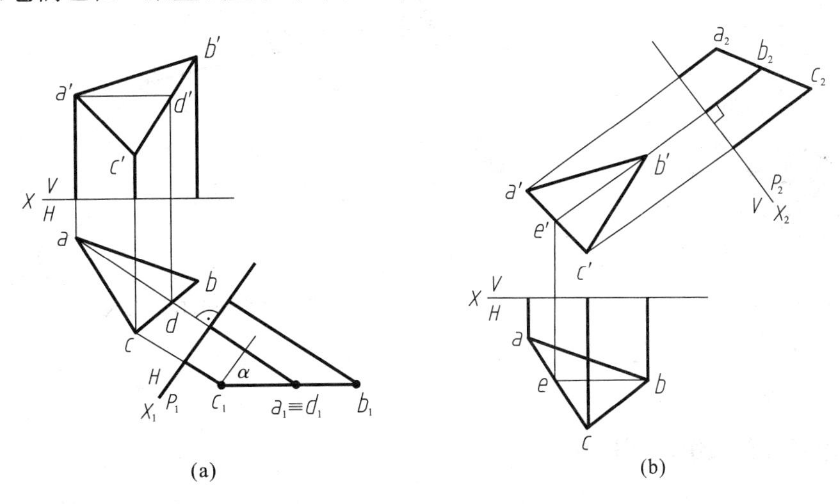

图 2-6-9　例 2-6-3 图

4. 把一般位置平面变换成投影面平行面

这时需要两次投影变换。一次换面把平面变成投影面垂直的平面；再次换面把投影面垂直面变成新投影面的平行面，如图 2-6-10、图 2-6-11 所示。

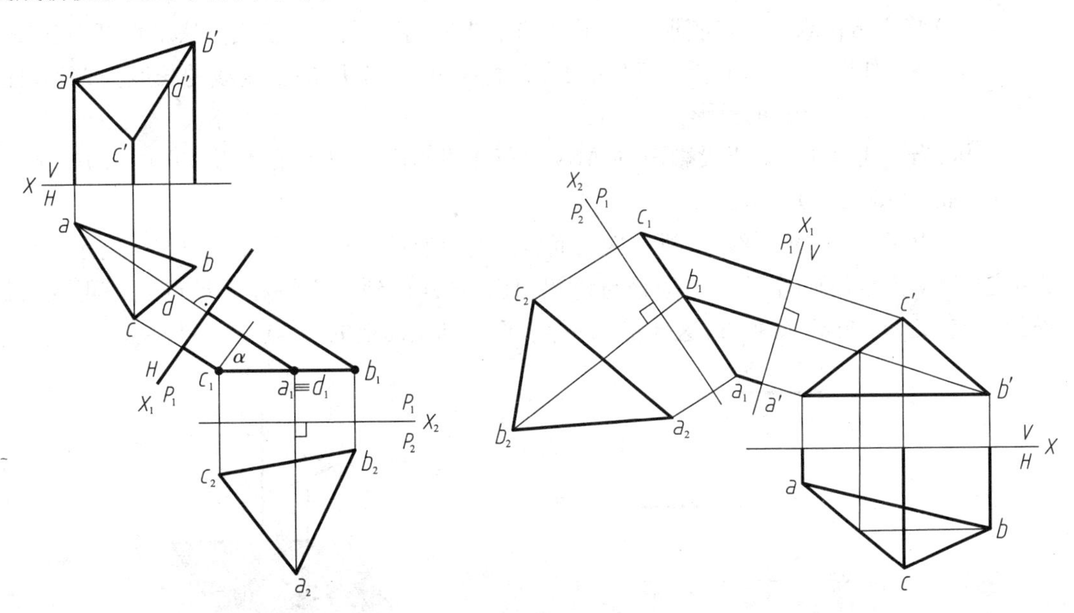

图 2-6-10　平面二次投影变换展开，依次换 V、P_1 面　　图 2-6-11　平面二次投影变换展开，依次换 H、P_1 面

例 2-6-4　求任意平面 ABC 和 ABD 的两面角。

分析：在投影图中，当两平面的交线垂直于投影面时，则两平面垂直于该投影面，它们的投影积聚成直线，直线间的夹角为所求的两面角，如图 2-6-12(a)所示。

作图:经过两次换面可以实现。一次变换将两平面的交线 AB 变换为投影面平行线 a_1b_1，再将投影面变换成与交线垂直,如图 2-6-12(b)所示。

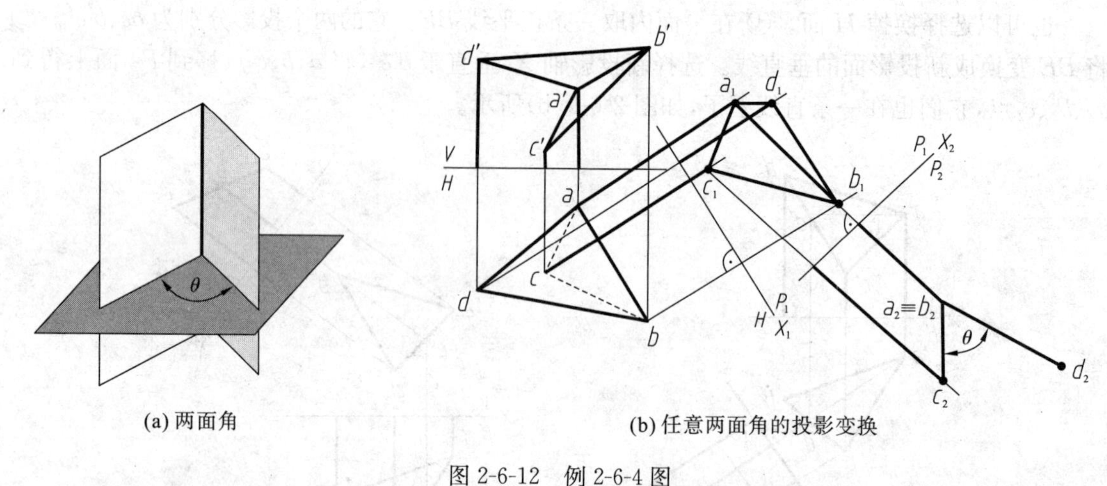

(a) 两面角　　(b) 任意两面角的投影变换

图 2-6-12　例 2-6-4 图

2.6.4　换面法的应用

换面法主要适用于:

1. 定位问题

如:① 利用从属性与换面方法求解。② 利用关联性与换面方法求解。

2. 度量问题

如:① 换面方法求实长与实形。② 换面方法求距离问题。③ 换面方法求角度问题等。

例 2-6-5　如图 2-6-13(a)所示,已知两交叉直线 AB 和 CD 的公垂线的长度为 MN，且 AB 为水平线,求 CD 及 MN 的投影。

分析:当直线 AB 垂直于投影面时,MN 平行于投影面,这时它的投影 $m_1n_1=MN$，且 $m_1n_1\perp c_1d_1$，如图 2-6-13(b)所示。

作图:由于 AB 为水平线,经过一次换面就成为垂直投影面,如图 2-6-13(c)所示。以 a 点为中心,MN 为半径画圆,而 c_1d_1 应该与该圆相切,这样得到 c_1d_1 线和垂足点 n_1。再返回到 H 面的 n 点,又 mn 与 ab 线垂直,这样得到 m 点,再得到正面上的 m' 点。

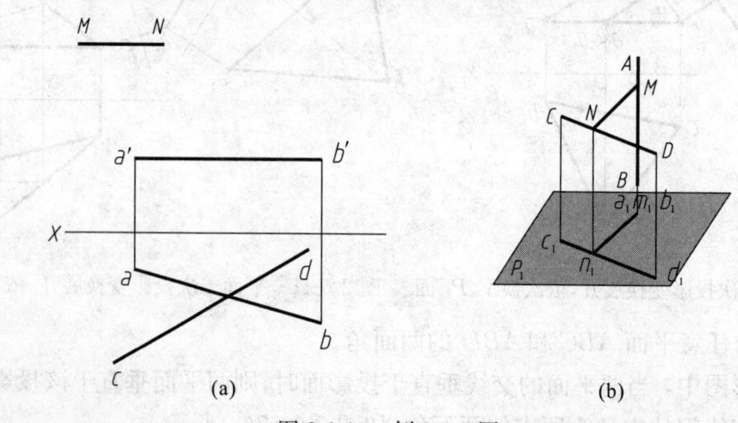

(a)　(b)

图 2-6-13　例 2-6-5 图

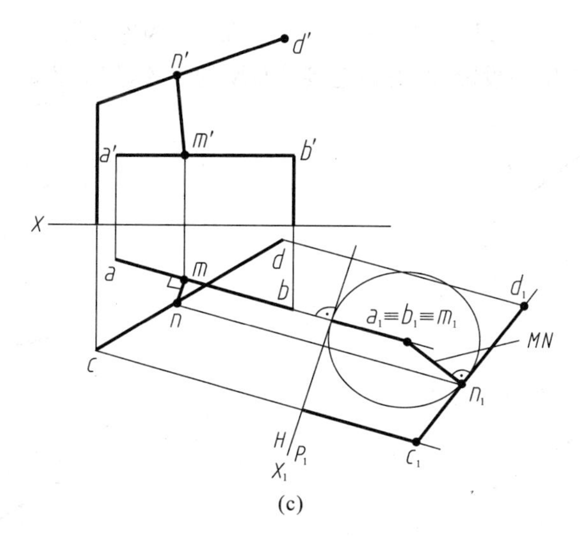

(c)

图 2-6-13(续)　例 2-6-5 图

例 2-6-6　已知直线 AB 和 C 点的投影，过 C 点作直线 CD 与 AB 相交成 60°角。

分析：当 AB 与 CD 都平行于投影面时，其投影的夹角才反映实大(60°)，因此需将 AB 与 C 点所确定的平面变换成投影面平行面。

作图：经过两次换面可以实现，如图 2-6-14 所示。D 点的投影返回到原来投影系中时要注意量取 d_2 到 X_2 的距离等于 d 到 X_1 的距离。符合条件的点有两个，如 e_2 点。实际上，$c_2d_2e_2$ 是等边三角形，相当于求等边三角形的投影。

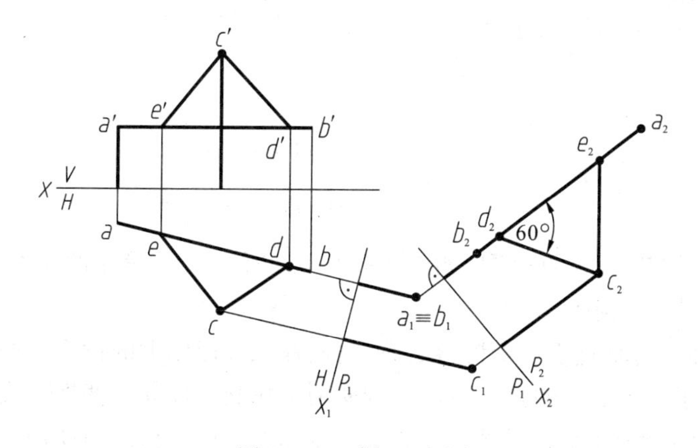

图 2-6-14　例 2-6-6 图

例 2-6-7　已知 AB、CD 是交叉两管道，用一最短的管子将它们连接，求出连接管的长度和位置，如图 2-6-15(a)所示。

分析：首先用空间两交叉直线 AB 和 CD 表示交叉两管道，问题的实质是求两交叉直线的最短距离及其在投影图中的位置。

由立体几何知，两交叉直线的最短距离是它们的公垂线。若两交叉直线中有一条直线(AB)为某一投影面的垂直线时，则两交叉直线的公垂线(KG)一定是该投影面的平行线，则在该投影面上投影反映公垂线的实长，如图 2-6-15(b)所示。

作图：① 作 o_1x_1 轴 $/\!/ ab$，求出 AB、CD 在 V_1 面上的投影。② 作 o_2x_2 轴 $\perp a_1'b_1'$，求出 AB、CD 在 H_2 面上的投影 a_2、b_2、c_2、d_2。③ 过 a_2、b_2 点作直线垂直于 c_2d_2，交点为 g_2。④ 求出 g_1'

点，过 g_1' 作直线 $g_1'k_1' \parallel x_2$ 轴，与 $a_1'b_1'$ 交于 k_1'。$g_1'k_1'$ 即为连接管在 V_1 面上的投影。⑤ 返回到原投影体系中，作出 GK 的投影，即得到连接管 GK 的位置，如图 2-6-15(c)所示。

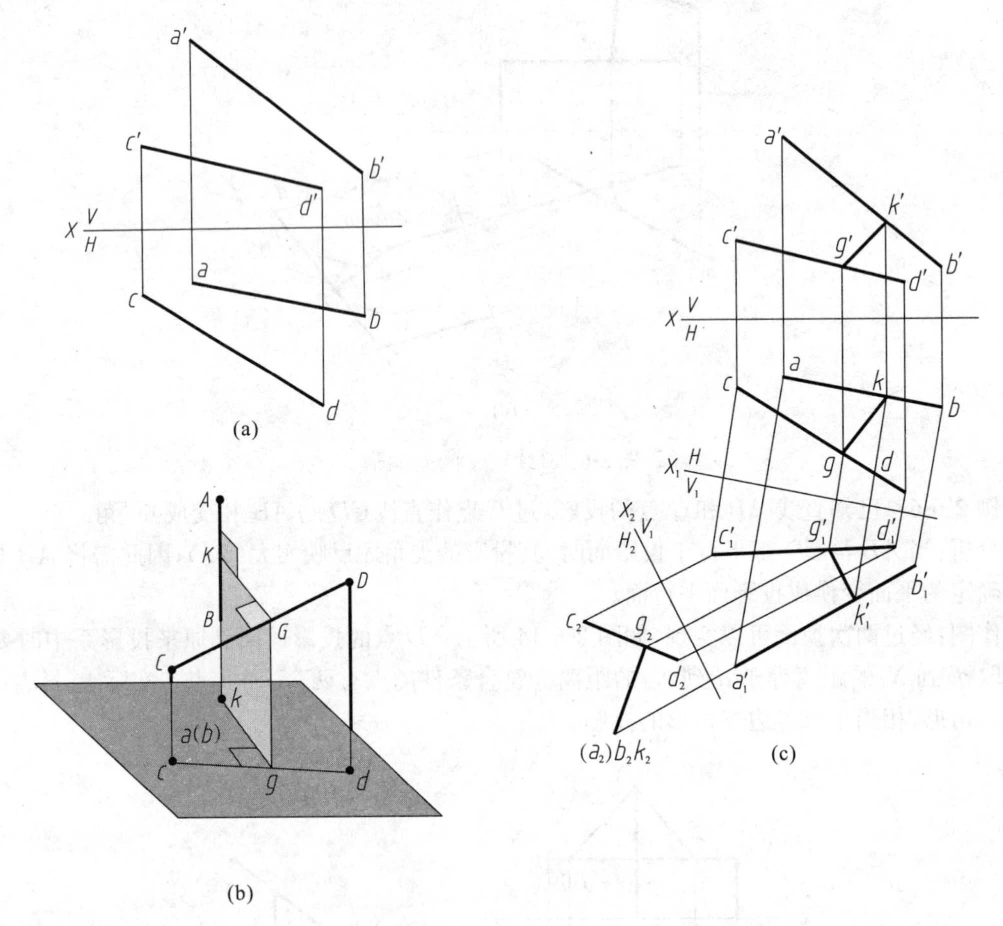

图 2-6-15　例 2-6-7 图

例 2-6-8　已知铁皮漏斗的视图，如图 2-6-16(a)所示。求漏斗两个相邻侧面 $ABCD$ 及 $ABFE$ 之间夹角的真实大小。

分析：当两平面同时垂直于一个投影面时，它们在该投影面上的投影均积聚为直线，此时两直线的夹角就反映了两平面间的真实夹角。若使两个相交平面同时变换为投影面的垂直面，只要将两个相交平面的交线变换为新投影面的垂直线即可。由于交线 AB 是一般位置，将其变换为投影面的垂直线需要经两次换面，如图 2-6-16(b)所示。

作图：以△ABC 和△ABE 分别代表两相交的侧面，AB 是它们的交线。

① 作 $o_1x_1 \parallel ab$，使直线 AB 变换为投影面的平行线；再求出两平面在 P_1 面上的投影。

② 作 $o_2x_2 \perp a_1'b_1'$，使直线 AB 变换为投影面的垂直线；$a_2b_2c_2$ 和 $a_2b_2e_2$ 各自积聚为直线，其夹角为两平面间的真实夹角，如图 2-6-16(c)所示。

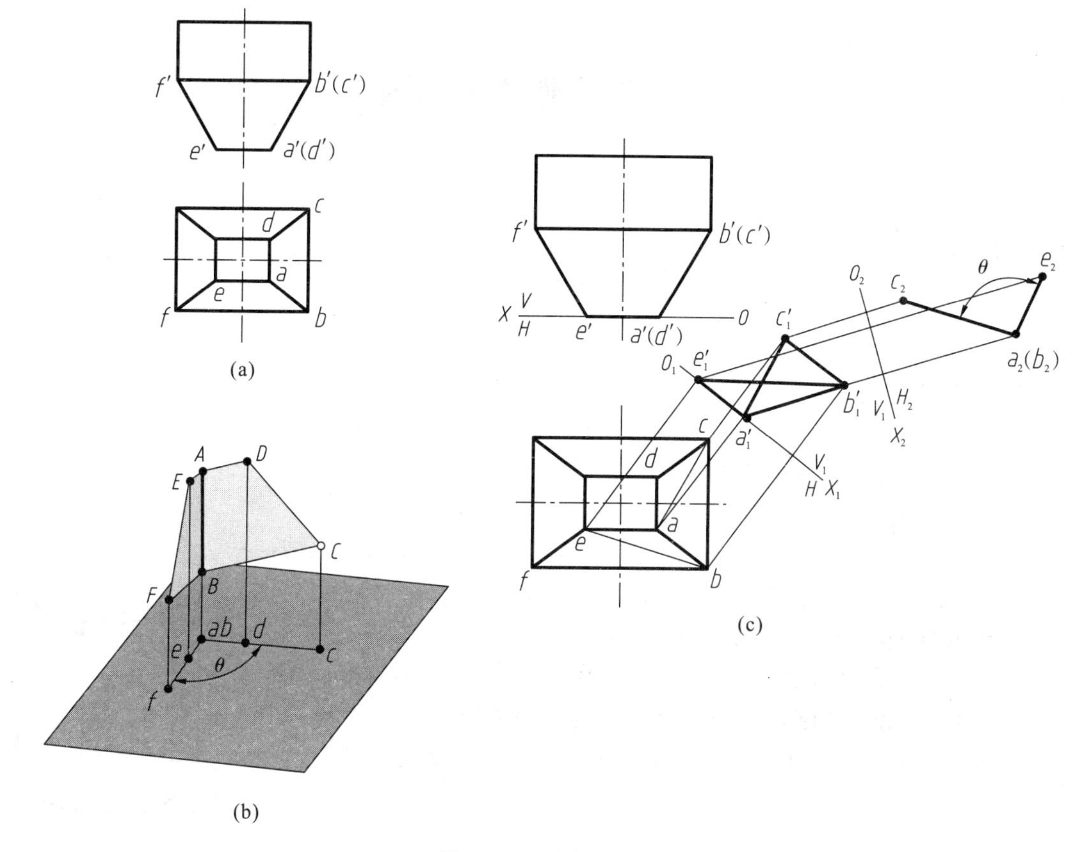

图 2-6-16　例 2-6-8 图

小结：

本节主要介绍了投影变换常用的一种方法——换面法。

① 换面法就是改变投影面的位置，使它与所给物体或其几何元素处于解题所需的特殊位置。

② 换面法的关键是要注意新投影面的选择条件，即必须使新投影面与某一原投影面保持垂直关系，同时又有利于解题需要，这样才能使正投影规律继续有效。

③ 点的变换规律是换面法的作图基础，四个基本问题的解题基本作图方法，必须熟练掌握。

换面法的四个基本问题：（ⅰ）把一般位置直线变成投影面平行线变换一次投影面；（ⅱ）把一般位置直线变成投影面垂直线变换两次投影面；（ⅲ）把一般位置平面变成投影面垂直面变换一次投影面，须先在面内作一条投影面平行线；（ⅳ）把一般位置平面变成投影面平行面变换两次投影面。

④ 解题时一般要注意下面几个问题：（ⅰ）分析已给条件的空间情况，弄清原始条件中物体与原投影面的相对位置，并把这些条件抽象成几何元素（点、线、面等）。（ⅱ）根据要求得到的结果，确定出有关几何元素对新投影面应处于什么样的特殊位置（垂直或平行），据此选择正确的解题思路与方法。（ⅲ）在具体作图过程中，要注意新投影与原投影在变换前后的关系，既要在新投影体系中正确无误地求得结果，又能将结果返回到原投影体系中去。

2.7 空间曲线和曲面

在现代设计中有很多产品需要曲面造型，因此，了解空间曲面和曲线的表达方法对今后的设计是有帮助的。但空间的曲线和曲面的投影是比较复杂的问题。这里只介绍几种常见的曲线、曲面的投影画法。

2.7.1 螺旋线

螺旋线分圆柱螺旋线和圆锥螺旋线。

1. 圆柱螺旋线

如图 2-7-1 所示，一动点 A 沿圆柱表面绕其轴线作等速回转运动，同时沿母线作等速直线运动所形成的轨迹称为圆柱螺旋线。动点 A 旋转一周沿轴向移动的距离称为导程 S。

将圆柱表面展开，螺旋线随之展成为一倾斜直线。该倾斜直线为直角三角形的斜边，底边为圆柱底圆的周长 πd，另一直角边为导程 S。斜边与底边的夹角 φ，称为导程角。导程角 φ 可由三角关系确定：

$$\tan \varphi=\frac{S}{\pi d}$$

直角三角形中的另一锐角 β 称为螺旋角，$\beta=90°-\varphi$。

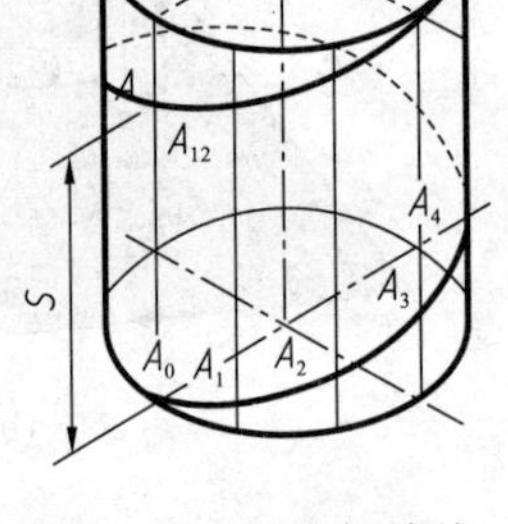

图 2-7-1 圆柱螺旋线

圆柱螺旋线投影作图：由于螺旋线在圆柱的表面上，所以，在俯视图中，螺旋线积聚到圆周上。将圆周等分，并展开圆周。因为螺旋线是等速旋转和上升得到，所以，它展开后成为一条斜直线，如图 2-7-2(b)所示。直线的倾斜角就是螺旋角。将斜直线作同样的等分，与圆周的等分点对应。把斜直线的点对应移到圆柱侧面上即得到螺旋线的正投影，如图 2-7-2(a)所示。

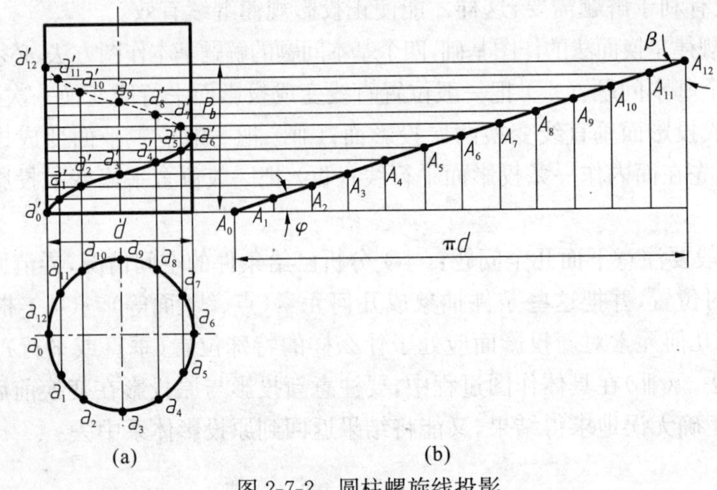

图 2-7-2 圆柱螺旋线投影

2. 圆锥螺旋线

如图 2-7-3 所示，一动点 A 沿圆锥表面绕其轴线作等速回转运动，同时沿母线作等速直线运动所形成的轨迹称为圆锥螺旋线。

圆锥螺旋线投影作图：将圆锥底边圆周等分，并展开圆锥侧面。作对应等分高度的水平面截圆锥，再利用圆锥表面的点的确定方法，定出螺旋线的投影。同时也能方便地绘出螺旋线的展开图，如图2-7-4 所示。在俯视图中是一条螺旋线。

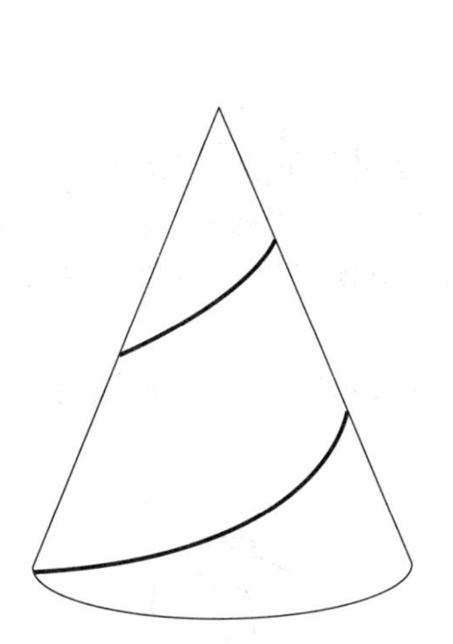

图 2-7-3　圆锥螺旋线投影

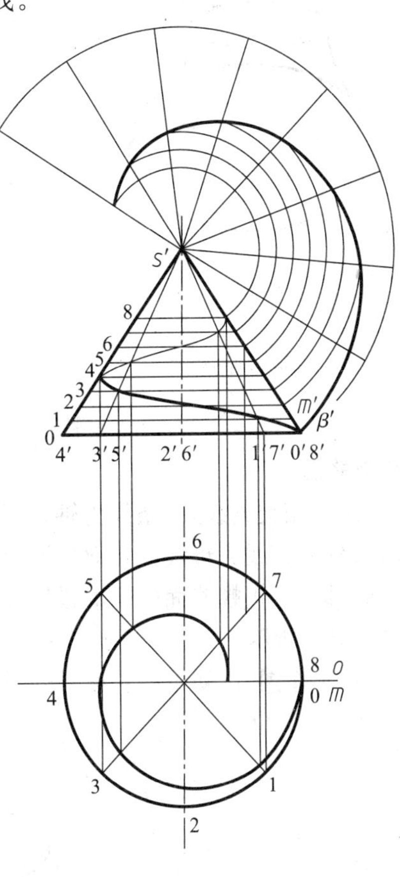

图 2-7-4　圆锥螺旋线投影

2.7.2　回转曲面

空间曲面的投影表达是非常复杂的，这里介绍几个回转曲面的投影方法。回转曲面主要是通过采用曲面上的母线和运动的导线或导面要素来表达，而投影也是绘制这些要素的投影。在回转曲面中，最常见的是双曲面和螺旋面。

1. 单叶双曲面

空间中的两条异面直线，一条绕着另外一条转动就形成了单叶双曲面。在双曲面上存在直母线并且可以展开。在直线上的每个点都做圆周运动。因此，双曲面的轮廓投影在一个投影面上就出现双曲线，而在另外的投影面中出现圆周。

双曲面投影作图：用不同的水平面截双曲面，得到的俯视图是一系列圆周。用正平面截双曲面，在主视图上得到斜直线。将对应的线的交点连接起来得到双曲面投影图，如图 2-7-5 所示。

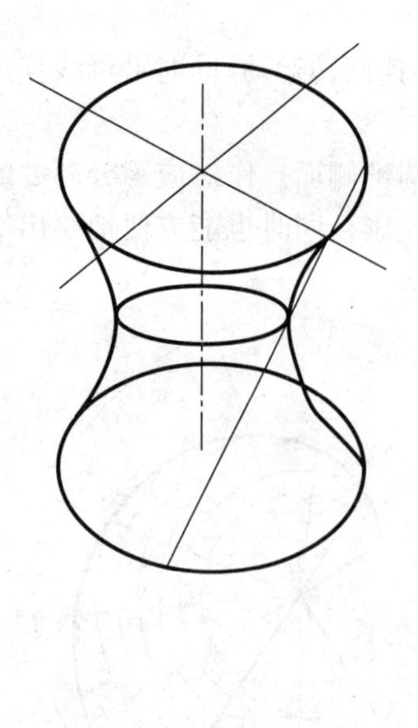

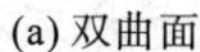

(a) 双曲面

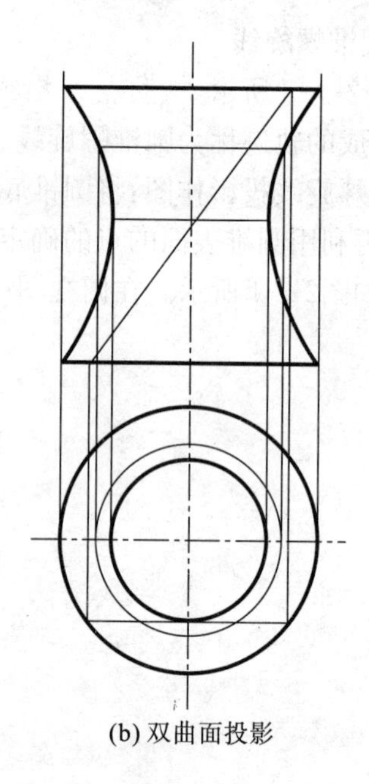

(b) 双曲面投影

图 2-7-5　双曲面投影

2. 正螺旋曲面

空间中的两条相交直线,一条线为轴,另外一条做螺旋运动就形成正螺旋面。这个轴和螺旋线叫导线,另外的直线为母线。在双曲面上也存在直母线但它不能展开。在直线上的每个点都做螺旋运动。因此,正螺旋面的轮廓投影在一个投影面上出现螺旋,而另外的投影面中出现圆周,如图 2-7-6(a)所示。

正螺旋面投影作图:已知母线长度、导圆柱面和螺线导程,将圆周等分,绘制母线上的点形成的螺旋线,如图 2-7-6(b)所示。

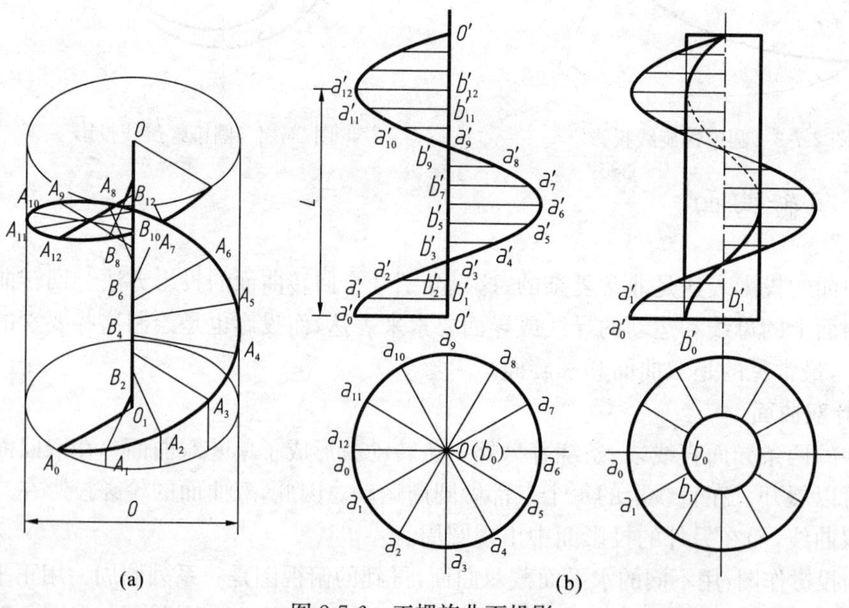

图 2-7-6　正螺旋曲面投影

第3章　几何体的视图

本章讨论的几何体包括平面体和曲面体，它们是设计产品零件的基础。为了便于介绍，将一般的几何体分为基本体和组合体。基本体是指单一的、简单的几何体，而组合体是由基本体组合变化而来。

3.1　三视图的基本概念

根据制图标准的有关规定，物体的视图，是由构成物体的所有表面以及形成该物体的特征线（如轴线等）投影的总和。在前面章节中已经介绍了三面投影方法，将物体向投影面投射所得的图形称为三视图，如图3-1-1所示。物体可见的棱线和轮廓线采用粗实线来画。

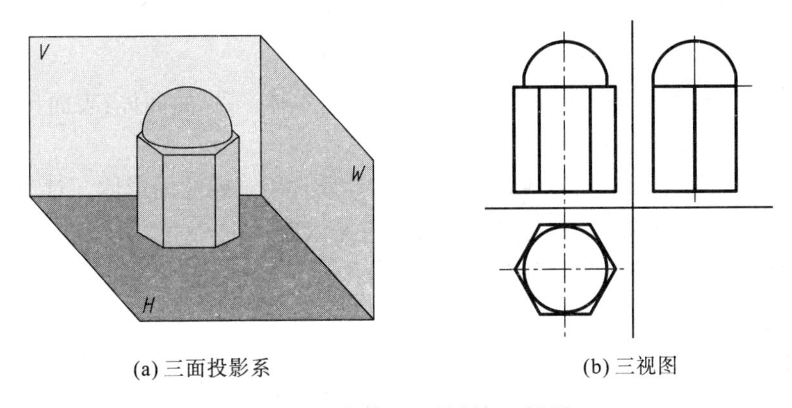

(a) 三面投影系　　(b) 三视图

图3-1-1　物体三面投影与三视图

这三个视图分别称为：

主视图——立体的正面投影；

俯视图——立体的水平面投影；

左视图——立体的侧面投影。

而三个视图之间的尺寸有下面的“三等”关系：

主视图与俯视图的相对长度大小相等，反映出视图中线条对正，简称“长对正”。

主视图与左视图的相对高度大小相等，表现出视图中线条平齐，简称“高平齐”。

俯视图与左视图的相对宽度大小相等，显示出视图中线条对应相等，简称“宽相等”。

利用上面的“三等”规律，可以将一个视图中的点直接引到另外一个视图中，这为画三视图提供了极大的便利。

三个视图之间反映物体的方位对应关系如下：

主视图边界反映物体上、下、左、右的形状；

俯视图边界反映物体前、后、左、右的形状；

左视图边界反映物体上、下、前、后的形状。

三视图的形状不但与物体的外形有关，还与投影面与物体的位置有关。为了利用三视图清晰地表达物体的形状，物体与投影面之间要选择好位置。

3.2 基本平面体的视图

单一的几何体称为基本体，如棱柱、棱锥、圆柱、圆锥、圆球、圆环等。它们是构成复杂形体的基本单元，在几何造型中又称为基本体素，如图 3-2-1 所示。

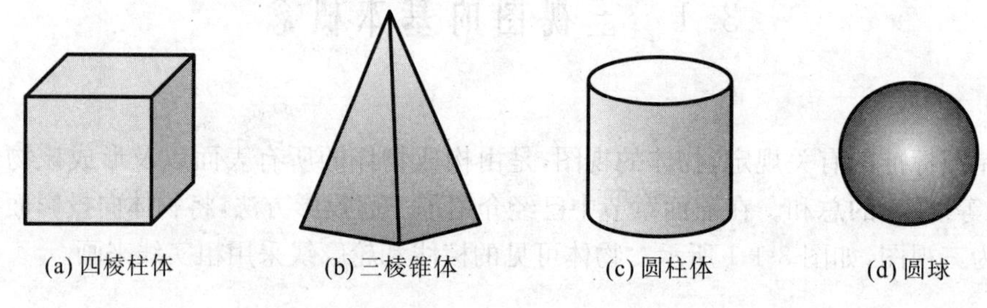
(a) 四棱柱体　(b) 三棱锥体　(c) 圆柱体　(d) 圆球

图 3-2-1　基本体

基本体又分为：① 平面体：表面仅由平面围成的基本体。② 曲面体：表面包含有曲面的基本体，如果曲面是由绕轴线旋转得到，又称为回转体。

本章讨论的曲面体主要是回转体，它是机械零件最常用到的曲面形体。对于其他复杂的曲面体，手工绘制图形非常麻烦，通常是利用设计软件来绘制。

基本平面体主要有：棱柱体与棱锥体。

3.2.1 棱柱体

最常见的棱柱体是长方体。将棱柱正对投影面放置得到的视图最简单，如图 3-2-2 所示。各个视图只有可见的平面棱线，其他部分的棱线都积聚到可见的棱线上了。

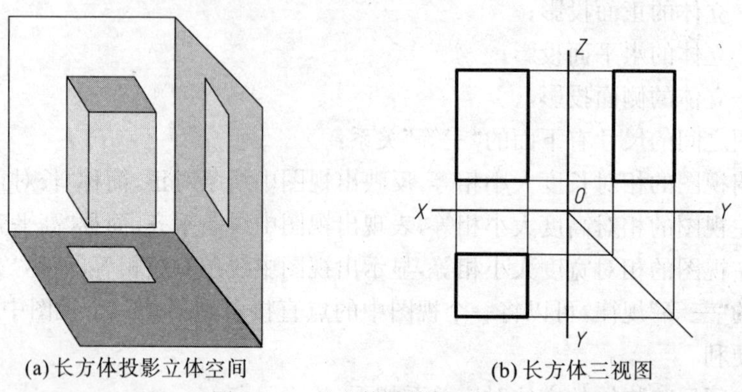

(a) 长方体投影立体空间　(b) 长方体三视图

图 3-2-2　长方体投影与三视图

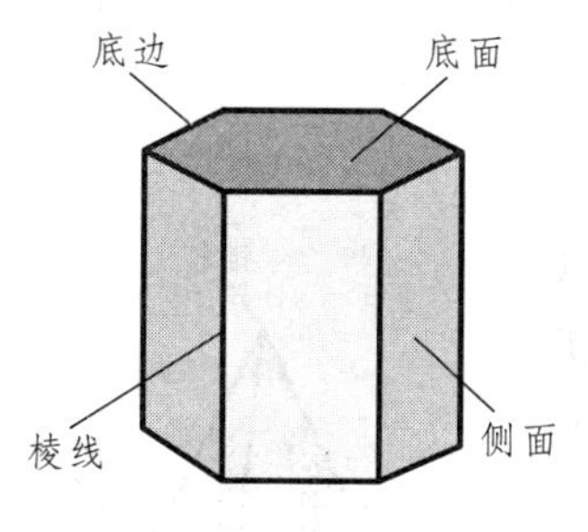

图 3-2-3　六棱柱体表面

一般的棱柱体可以看成是以多边形为底面沿轴拉伸而成的。上、下面为端面，其余为侧面，各面相交线为棱线。这里采用拉伸形成柱体的方法，便于以后理解如何用三维设计软件形成棱柱体(下面介绍其他基本体的形成方法也是考虑到这一点)。棱柱体分为正棱柱体和斜棱柱体。正棱柱体的棱线垂直于端面，例如，正六棱柱体，如图 3-2-3 所示。

通常，将棱柱的端面与投影面 H 平行，其他的侧面尽可能多地与投影面平行[图 3-2-4(a)]放置，其三视图画起来比较简单。三视图主要表达棱柱体的外轮廓，如图 3-2-4(b)所示。从图中可以看出，三视图主要画六棱柱的可见的棱线。而“三等”关系，不仅对外形满足，对内部的棱线也需要保证“三等”关系。在三视图中，“三等”关系是相对的尺寸度量，因此，视图中没有再画投影坐标轴。今后，如果没有特别需要，都不再画投影坐标系。

此外，如果物体具有对称性，还需要用点画线来表达对称轴。这一点要特别注意，不能漏掉，因为视图要包括实体的特性线条。同时，要注意视图反映物体的可见部位，而背后部分棱线不可见，要用虚线表达，但虚线与可见棱线重合(积聚性)时只画实线。

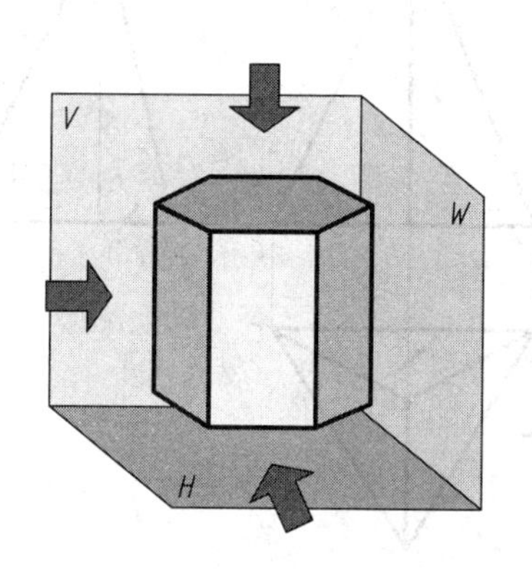

(a) 六棱柱体投影立体空间

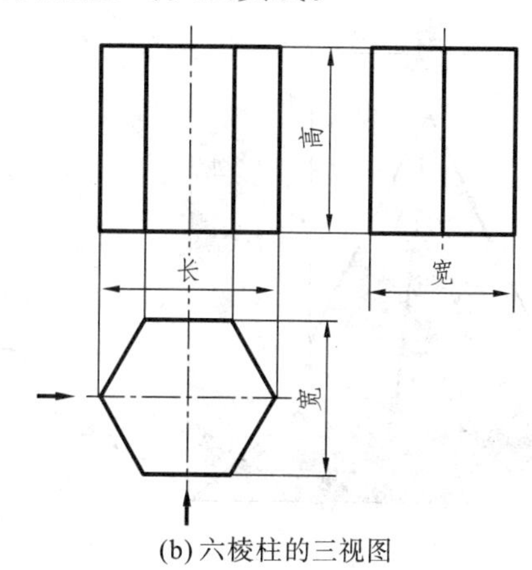

(b) 六棱柱的三视图

图 3-2-4

例 3-2-1　在棱柱表面上一点 A，已知 a'，画出 a、a''，如图 3-2-5(a)所示。

画法：在棱柱表面取点，需要分析点所在表面的位置，采用面上两条线相交来确定点的方法。利用投影原理和“三等”来作图。A 点在侧面上，投影也应该在边界面上，结果如图 3-2-5(b)所示。

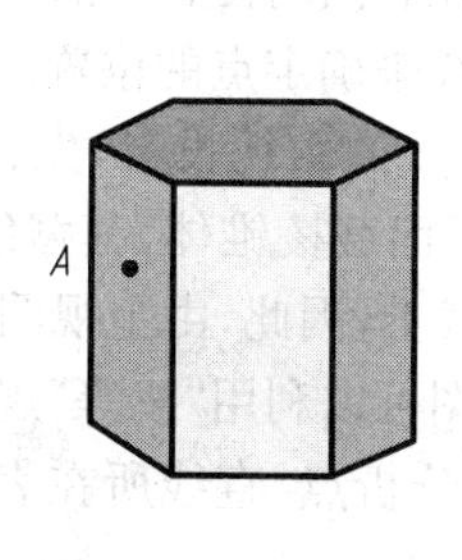

(a) 棱柱体表面上的点空间图

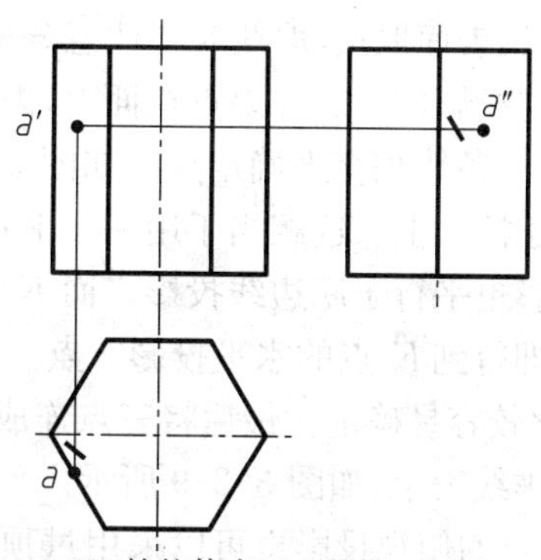

(b) 棱柱体表面上的点三视图

图 3-2-5　棱柱体表面上的点三视图

3.2.2 棱锥体

棱锥体的特点是侧边棱线汇交于一点，称为锥顶。它的形成可以看成是以多边形为底面沿轴拉伸，同时不断缩小底面而成的。棱锥体表面包括底面、侧面。各面相交线为棱线。棱锥体也分为正棱锥体和斜棱锥体，图 3-2-6 所示为正三棱锥体。

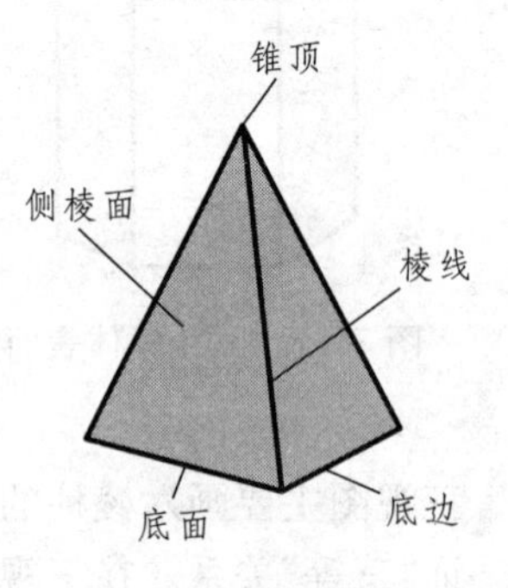

图 3-2-6　正三棱锥体

将棱锥的底面与 H 面平行，其他的侧面尽可能多的与投影面平行放置，如图 3-2-7(a)所示，其三视图如图 3-2-7(b)所示。在俯视图中，除底边外，还可以看到锥顶和侧棱线。同时，要注意视图反映棱锥体的棱线的位置。

显然，棱锥在投影系中的位置不同，得到的视图也会不一样。棱锥侧面上的点可以利用过顶点的侧面线和平行于底边的侧面线来确定。

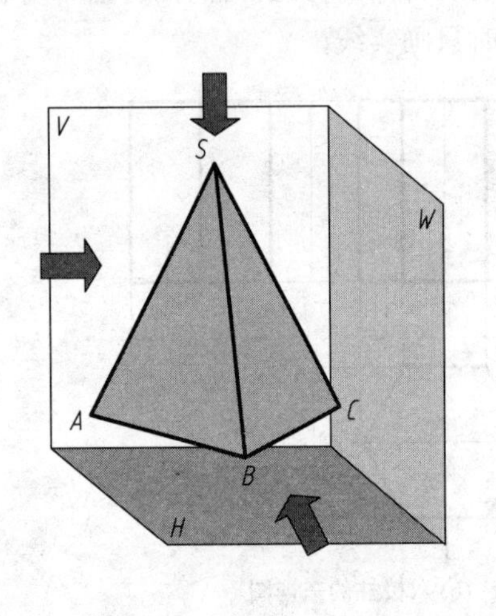

(a) 三棱柱体投影立体空间

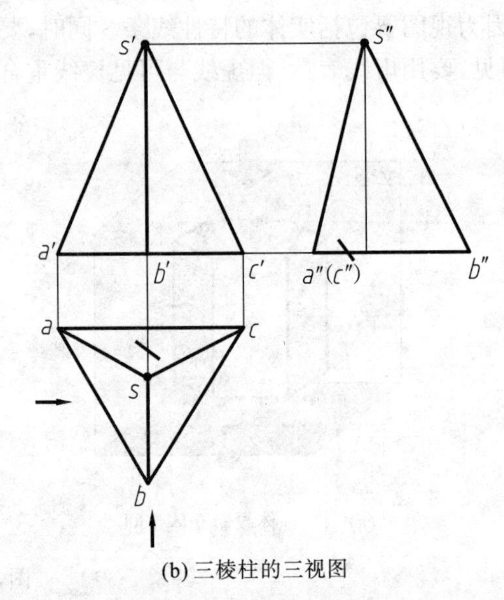

(b) 三棱柱的三视图

图 3-2-7

例 3-2-2　已知三棱锥表面的折线 MNK 的正投影($m'n'k'$)，求其余投影，如图 3-2-8 所示。

分析：在棱锥表面取点、取线时要注意分析点、直线所在表面的位置。点在棱线上可直接由“三等”规律确定投影位置。如果点在面上，需要采用辅助线来确定点的位置。

作图：采用两条线相交来确定点。如图 3-2-9 所示，K 点的俯视投影，先在主视图中，过 k' 点作水平线交于棱边上。这相当于用一个平行于底面的平面截棱锥体，其截线平行于底边，在俯视图中的投影也平行于底边线投影。而 K 点在这条截线上，因此，由主视图 k' 点引直线到俯视图的截线上即得到 K 点的水平投影 k 点。K 点的左视图可以利用“三等”规律求出。M 点和 N 点在棱上，比较容易确定。最后将三点连成线。要注意分析点、直线所在表面的可见性。不可见的线采用虚线表示，如图 3-2-9 所示。

本例的 K 点的俯视投影也可以采用过顶点与 k' 点的侧面线的俯视投影来确定，读者可自己作图试试。

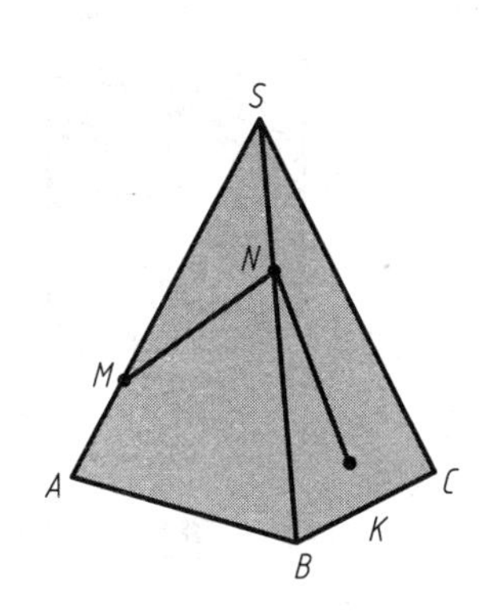

图 3-2-8　三棱锥表面的折线 MNK

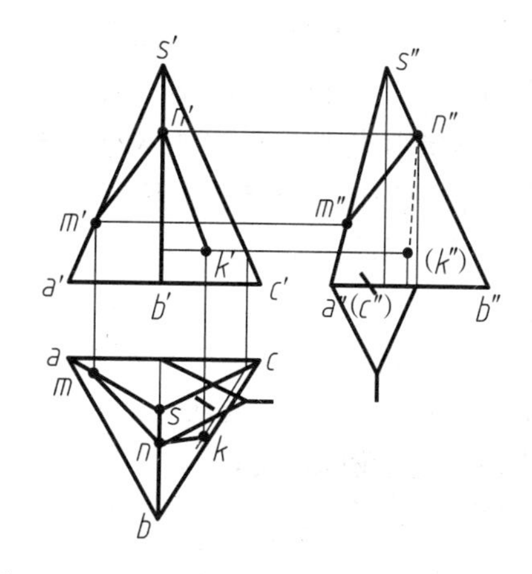

图 3-2-9　三棱锥表面的折线 MNK 的三视图

图 3-2-10　斜棱柱

例 3-2-3　求斜棱柱的投影，如图 3-2-10 所示。

对于斜棱柱，需要把它放置在投影系的适当的位置，视图才能比较简单。选择如图 3-2-11(a)所示的投影位置，三视图如图 3-2-11(b)所示。要注意底面的轮廓有部分是不可见的，采用虚线表示。

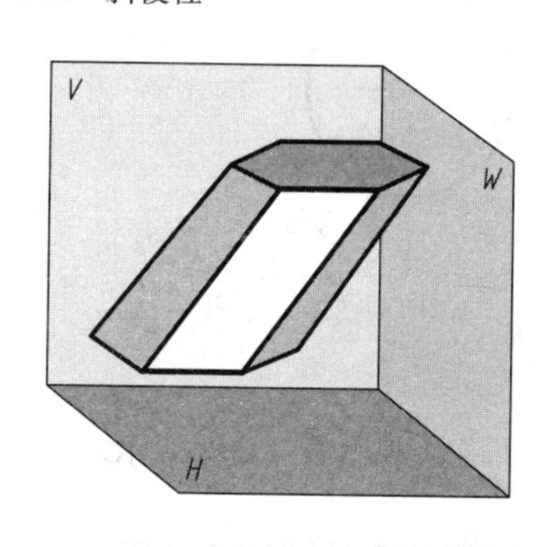

(a) 斜棱柱的投影空间

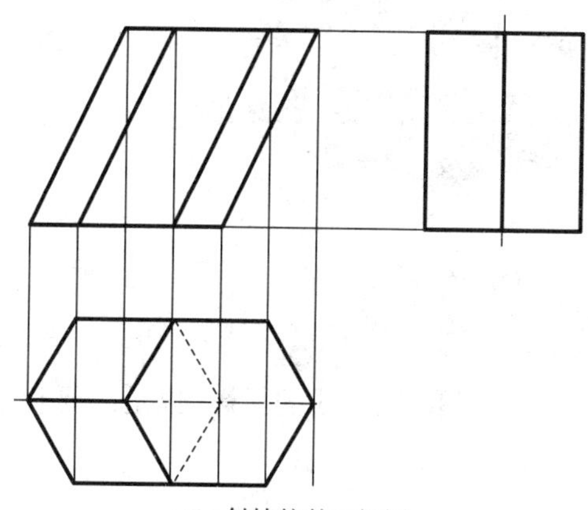

(b) 斜棱柱的三视图

图 3-2-11

由上面的各结果可以看出，任何平面体的三视图都是多边形。

3.3　基本回转体的视图

基本回转体包括：圆柱、圆锥、圆球和圆环等。

3.3.1　圆柱体

一般的圆柱体可以看成是矩形绕边旋转而成的，这个边为中心轴，上下面为圆形平面，其余为圆柱面，另外的边为圆柱面上的母线。当然，圆柱体也可以认为是由圆面拉伸形成的。在三维绘图时两种方法都可以采用。圆柱体分为正圆柱体和斜圆柱体。正圆柱体的轴线垂直于底面，如图 3-3-1 所示。斜圆柱体可以认为是圆斜拉伸形成的。圆柱体的两个重要参数是圆柱体的直径和长度。

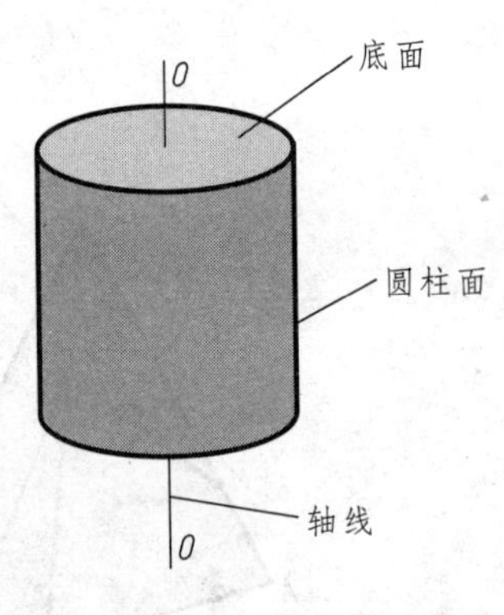

图 3-3-1　圆柱体

将正圆柱体底面平行于 H 面，如图 3-3-2(a)所示，放置在投影系中，它的三视图如图 3-3-2(b)所示。在三视图中，主视图和左视图是一样的，都是矩形，它表示圆柱体的轮廓边界。圆柱体侧面没有棱线，视图反映的是轮廓。同时，要注意视图反映物体的部位。再就是圆柱体的对称轴必须要用点画线画出。

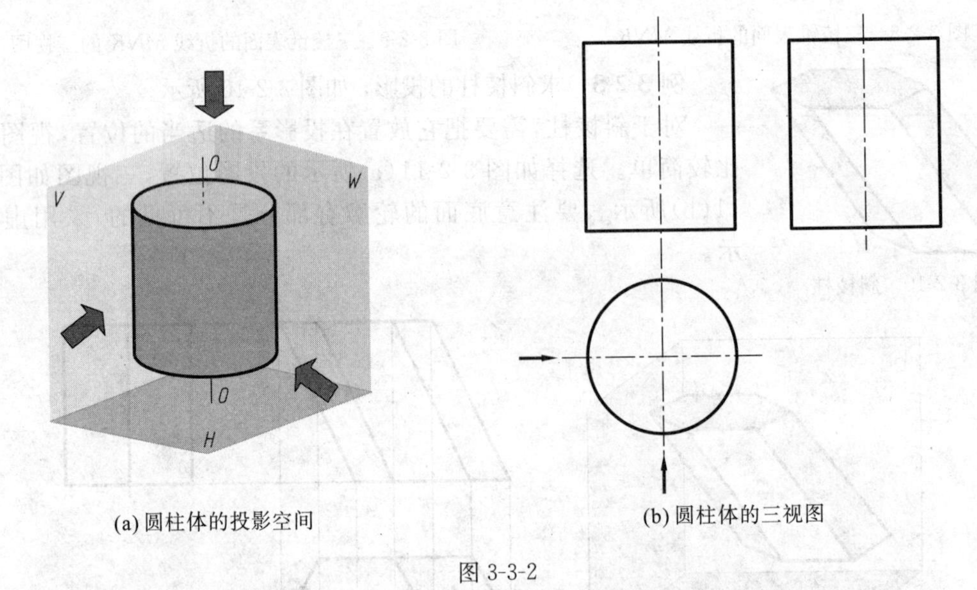

(a) 圆柱体的投影空间　　(b) 圆柱体的三视图

图 3-3-2

在圆柱体表面取点、取线的投影，也是需要利用"三等"规律，如图 3-3-3 所示。

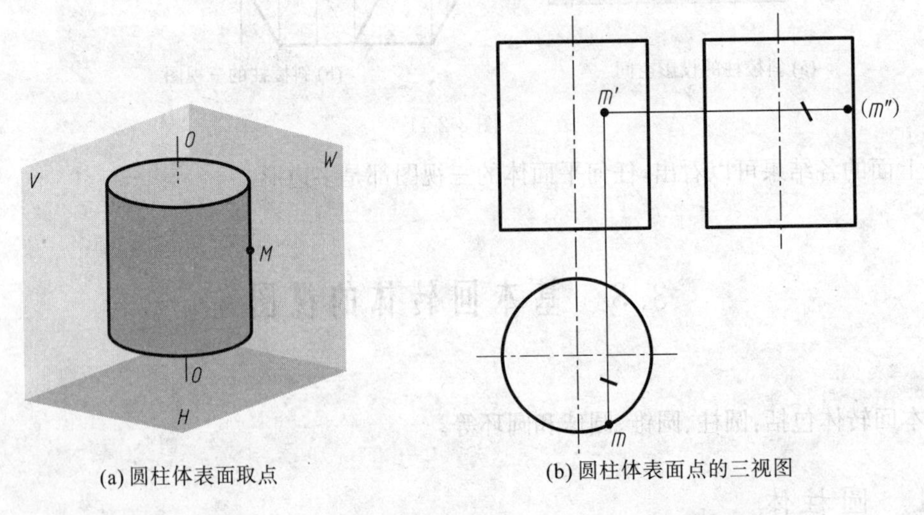

(a) 圆柱体表面取点　　(b) 圆柱体表面点的三视图

图 3-3-3

例 3-3-1　AC 线位于圆柱体表面，已知主视投影为直线，求其余视图，如图 3-3-4(a)所示。

分析：在主视图上 $a'c'$ 线不平行于轴线，故 AC 为曲线。由于 AC 线在圆柱体表面，所以它的俯视图都在圆周上。在左视图上 AC 线是曲线，需要描点作图。

作图：① 首先找特殊点，如 A、C 点，为了曲线能够光滑，再增加一些中间点，如 B、D 点。

② 先求各点的 H 投影，它们都在圆周上。

③ 利用“三等”规律，求各点的 W 投影。

④ 在左视图上，用光滑曲线连接这些点。

注意 AC 曲线上的各点的可见性。在左视图上，有部分曲线是不可见的，b'' 点是曲线投影的虚、实分界点，如图 3-3-4(b)所示。

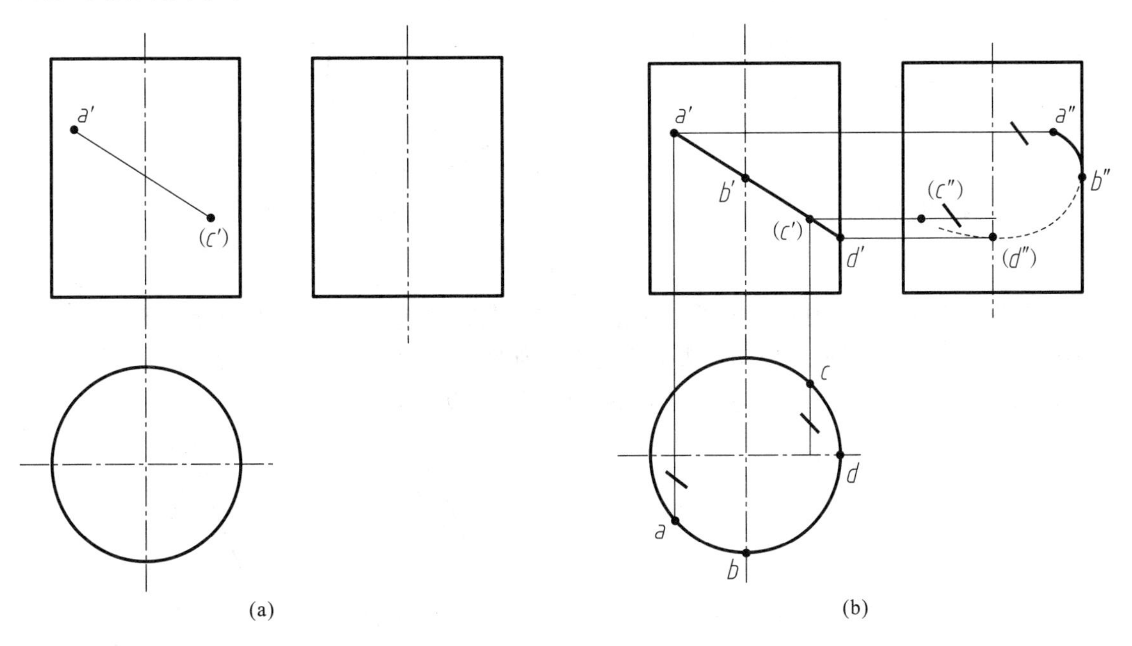

图 3-3-4　例 3-3-1 图

3.3.2　圆锥体

圆锥体可以看成是由三角形绕轴旋转而成的。下边形成底面，上面为锥顶，圆锥侧面上有母线即是三角形的斜边。圆锥体也分为正圆锥体和斜圆锥体。正圆锥体的轴线垂直于底面，如图 3-3-5 所示。将圆锥体底面平行于 H 面，如图 3-3-6(a)所示放置在投影系中，它的三视图如图 3-3-6(b)所示。

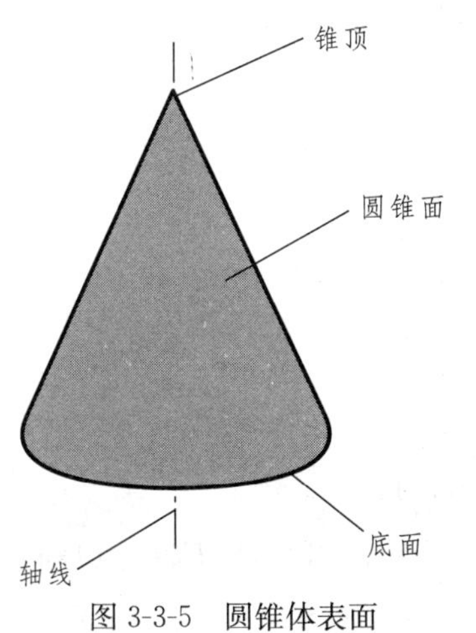

图 3-3-5　圆锥体表面

在三视图中，主视图和左视图是一样的三角形，它表示圆锥体的轮廓边界。在俯视图中，底边为圆周，圆心是锥顶，但侧面是光滑的，没有棱线。圆的半径线是圆锥母线的投影。要注意视图反映物体的部位。再就是圆锥体的对称轴必须要用点画线画出。

圆锥侧面上的点可以利用过顶点的母线和平行于底边的圆周线来确定。

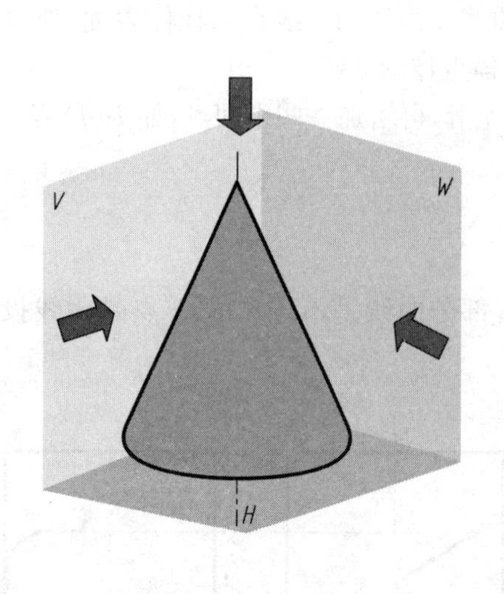

(a) 圆锥体投影立体空间

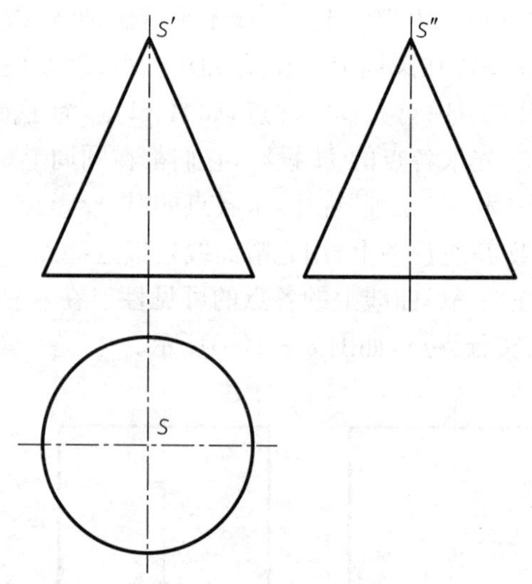

(b) 圆锥体三视图

图 3-3-6

过圆锥面上任一点可作一条直线通过锥顶，亦可在圆锥面上截一圆周，利用它们可以决定圆锥体表面点的位置，进而决定圆锥表面上的线。如图 3-3-7 所示，圆锥体表面一点 M，若已知主视图 m 点，可以通过 m 点作直母线，或截出水平圆，以此来求 m'、m''。

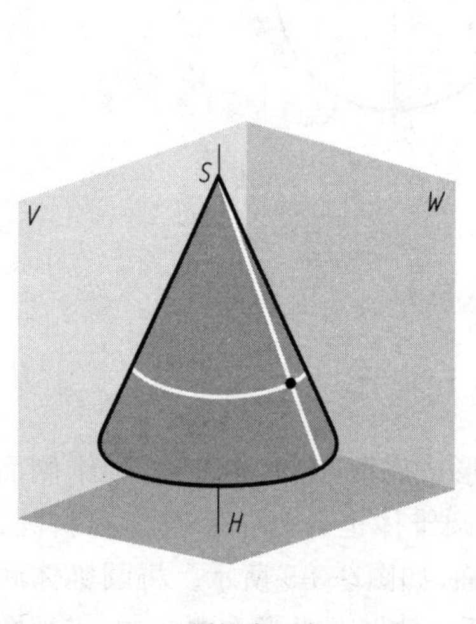

(a) 圆锥表面点

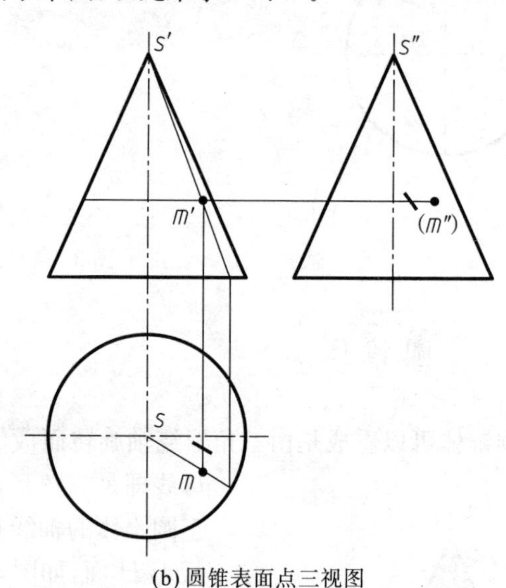

(b) 圆锥表面点三视图

图 3-3-7

例 3-3-2 曲线 ABC 位于圆锥体表面，已知 ABC 的 V 面投影为直线，求其 H、W 面的投影，如图 3-3-8(a)所示。

分析：由于曲线 ABD 不通过锥顶，所以需要通过描点来作图。

作图：① 首先找特殊点，在主视图中，在曲线上增加一些点，如 D、E。

② 利用特殊点的位置以及“三等”规律，求这些点在 H、W 面上的投影。

③ 采用光滑曲线，在 H、W 面上连接这些点成为曲线，要注意曲线的可见性，E、D 点是曲线可见与不可见的分界点，如图 3-3-8(b)所示。

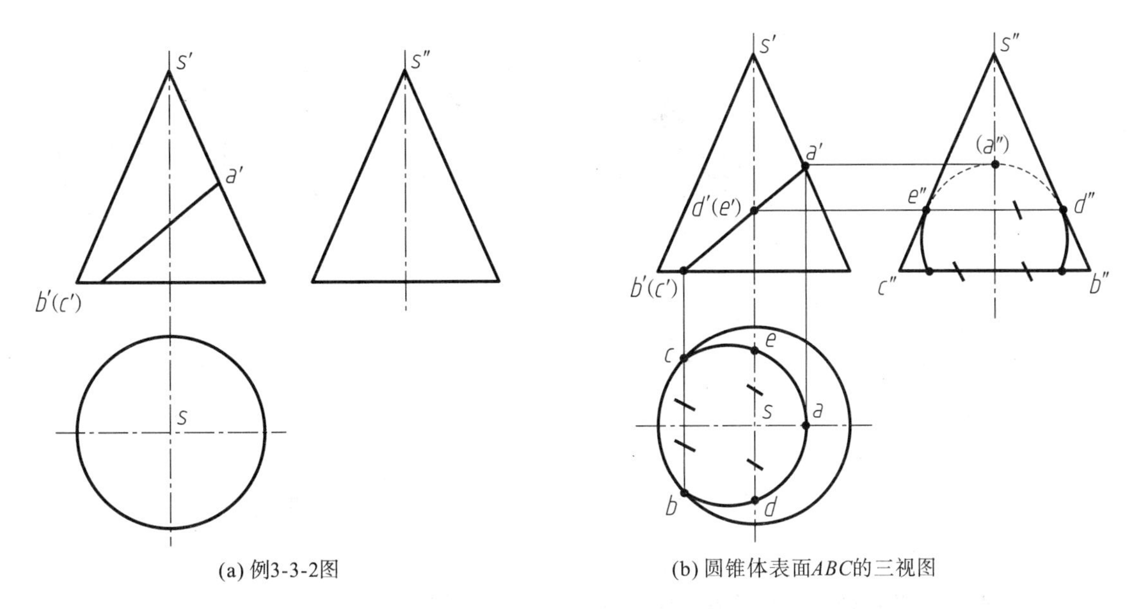

(a) 例3-3-2图　　(b) 圆锥体表面ABC的三视图

图 3-3-8　圆锥表面线的投影

例 3-3-3　绘制倾斜放置的圆台体表面的三视图。

由于倾斜的圆面的投影为椭圆，所以，倾斜放置的圆台体的轮廓线出现椭圆。同时，被挡住的部分的轮廓线要采用虚线画出，如图 3-3-9 所示。

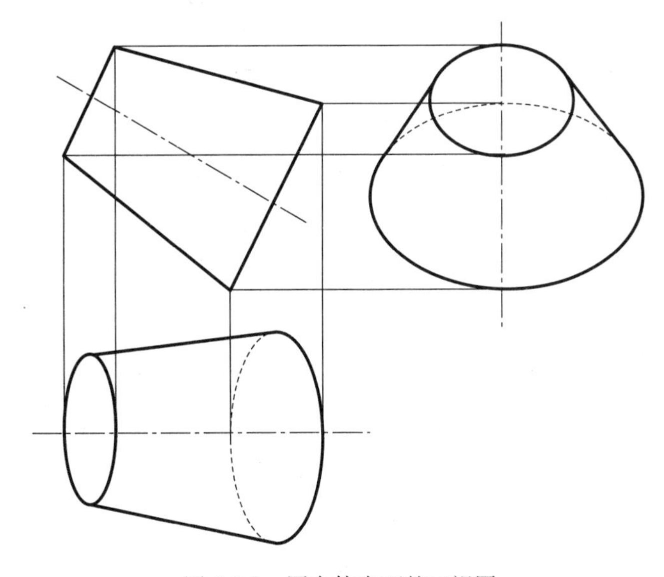

图 3-3-9　圆台体表面的三视图

3.3.3　圆球体

圆球体也可以看作是圆绕直径轴旋转而成的，如图 3-3-10 所示。圆球体的关键尺寸是球的直径。球体表面分经度线和纬度线，球体表面的点需要利用经纬度线来确定。圆球表面无直线。圆球体的对称轴必须要用点画线画出。如图 3-3-11 所示，其三视图比较简单。

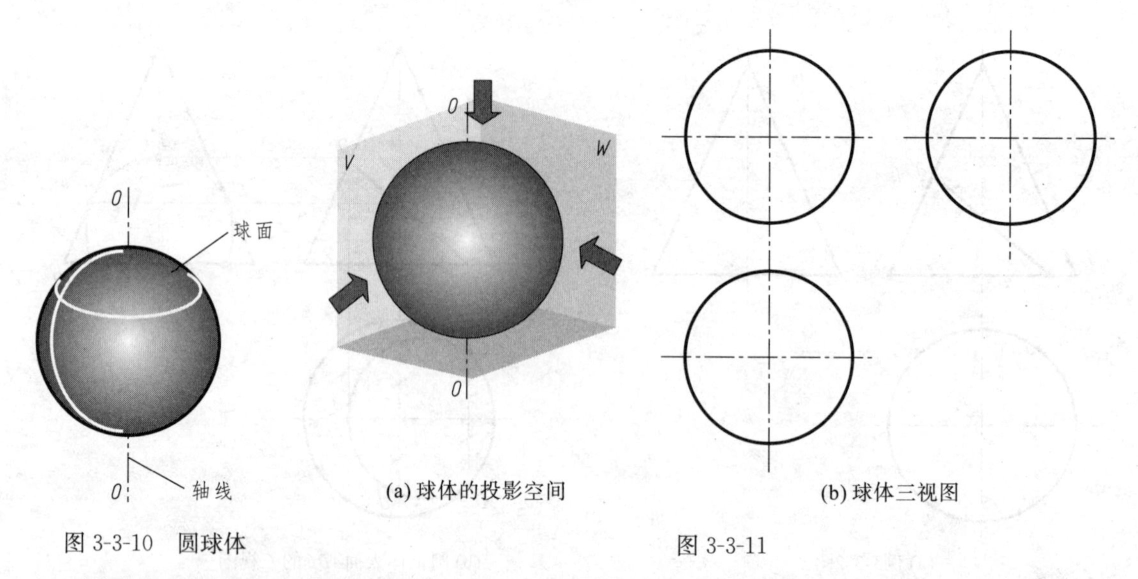

图 3-3-10　圆球体

(a) 球体的投影空间　　(b) 球体三视图

图 3-3-11

圆球表面取点及取线的投影方法,需要利用球面上经纬度交线,如图 3-3-12 所示。

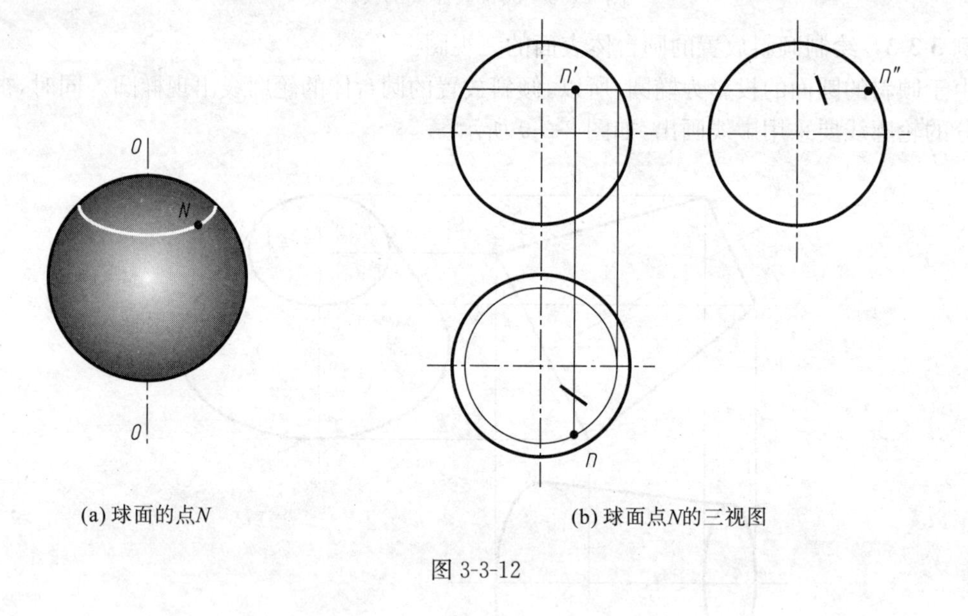

(a) 球面的点N　　(b) 球面点N的三视图

图 3-3-12

3.3.4　圆环体

圆环体可以看成是圆周母线绕圆外的轴旋转而成的。圆环表面比较复杂,有外表面和内表面之分。表面上有母线,也有圆环赤道线,如图 3-3-13 所示。将圆环体与 H 面平行放置在投影系中,如图 3-3-14(a)所示,它的三视图如图 3-3-14(b)所示。

在三视图中,主视图和左视图是一样的,它表示圆环体的轮廓边界。外环面是可见的,内环面是不可见的,采用虚线表达。在俯视图中,有赤道圆、喉圆。另外,圆周母线的圆心轨迹采用点画线表达。各圆的半径就是旋转半径。要注意视图反映物体的部位。圆环体的对称轴必须要用点画线画出。

在圆环表面找点与线,需要确定所在圆环截面与环回转圆周。

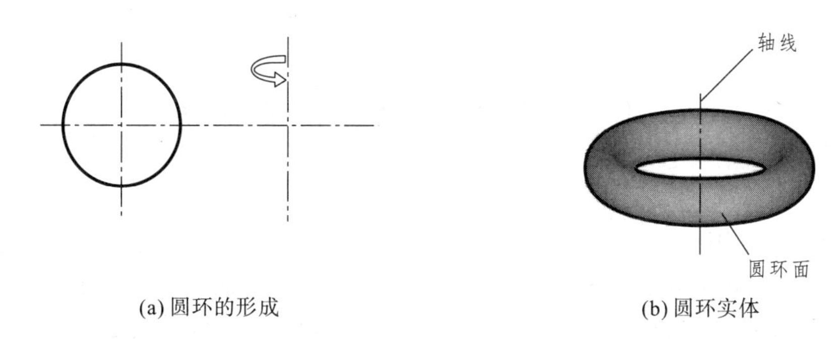

(a) 圆环的形成　　(b) 圆环实体

图 3-3-13　圆环实体形成

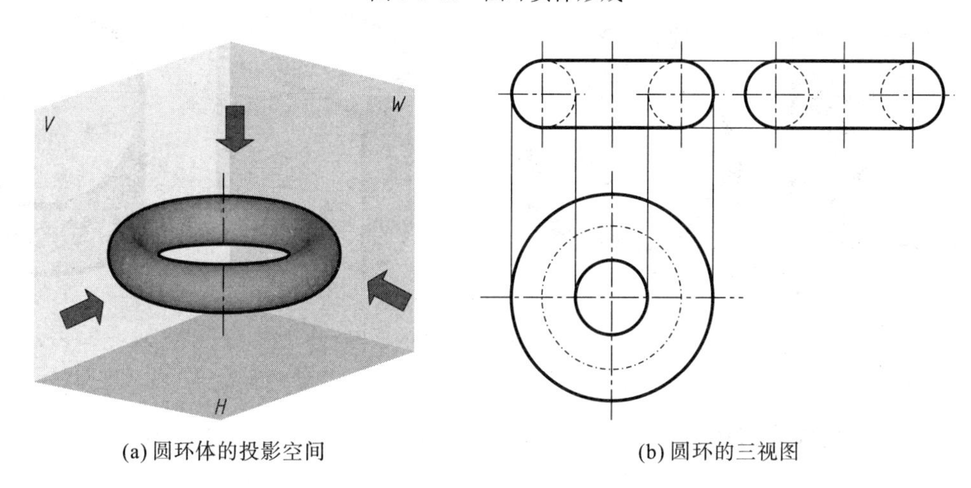

(a) 圆环体的投影空间　　(b) 圆环的三视图

图 3-3-14　圆环体投影

例 3-3-4　已知圆环表面点 A、B 在水平面的投影，求其他面上的投影。

分析：由水平投影知道，点 A 在内环面的上半部，点 B 在外环面的下半部（不可见）。利用 A、B 点所在的回转圆，用一水平面截圆环，确定回转半径，再根据表面点的位置确定主视图和左视图的投影。

作图：在俯视图上，过圆环表面 a、b 点均可作圆，再由水平半径上引线到主视图母圆上，作出水平面的截线。最后从俯视图中，过 a 点引线到主视图的水平截线上，得到交点，即为所求的点的主视投影。其他点的投影类似作出，如图 3-3-15 所示。

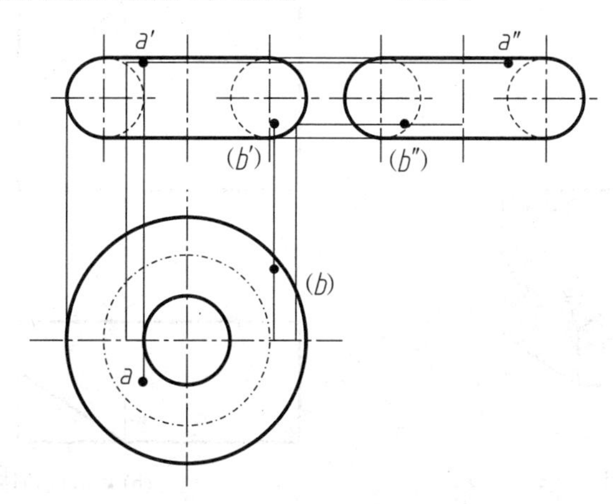

图 3-3-15　圆环表面点的三视图

3.4 立体与平面截切的视图

立体的截切是指用平面截除一部分立体，留下的部分形状发生了改变，从而出现复杂形状的立体。图 3-4-1 所示的就是几种基本体经过截切后的形状。确定截切体的形状，关键是要确定截切面边界的形状。这需要利用前面介绍的立体表面取点和取线的方法。

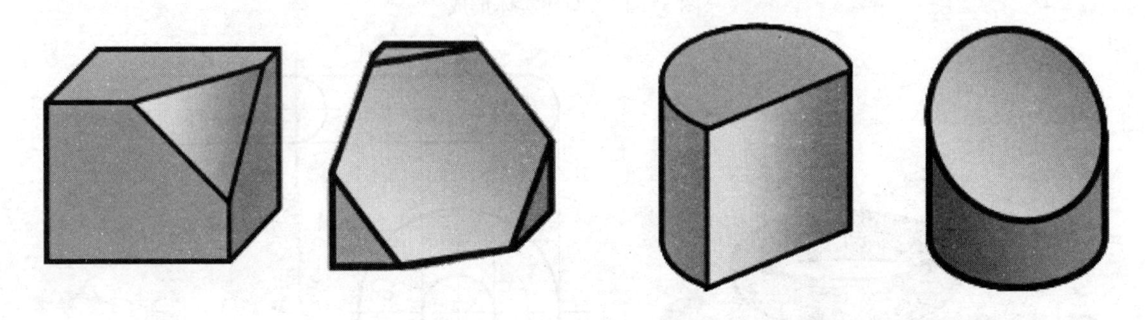

图 3-4-1 各种基本体的截切

3.4.1 平面体截切

由于平面体的表面都是由平面围成的，所以，用平面截切后仍然是平面体。截切的交线都是直线。求截交线就是求立体与截切面的共有的部分。截交线的投影可以利用两点定直线的思想来确定。具体的求法分为：

棱线法 利用平面与立体棱线相交，得到交点，再连成直线形成截平面。

棱面法 利用平面与立体的面相交，得到交线也即得到截平面。

图 3-4-2 所示是矩形体截除一角后的实物与视图。截交线有三条，但在投影图中只能看见一条线，其余都积聚到边界线上了。如图 3-4-3 所示是截切而成的螺母毛坯。

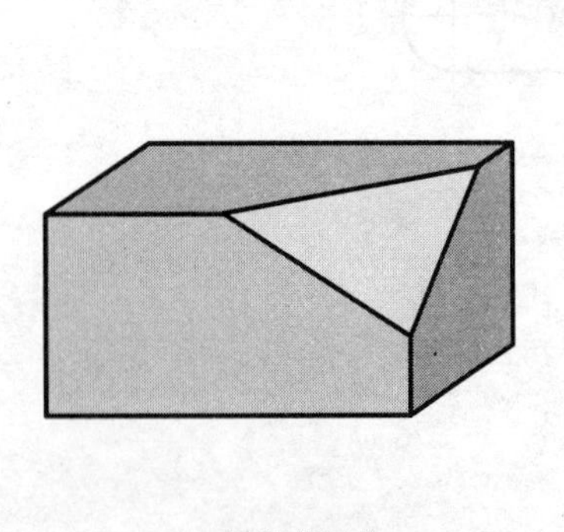

(a) 矩形截切体

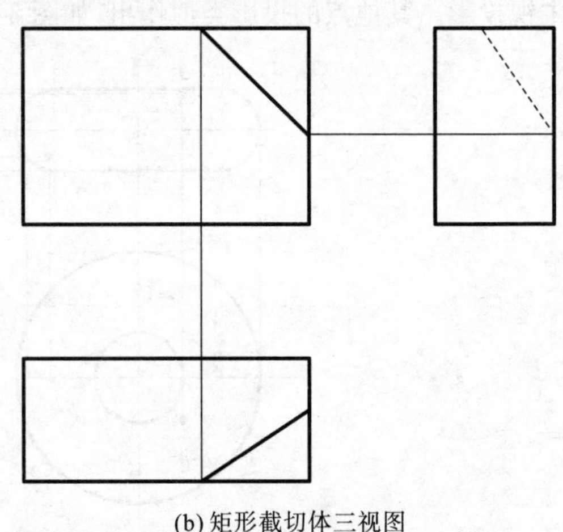

(b) 矩形截切体三视图

图 3-4-2

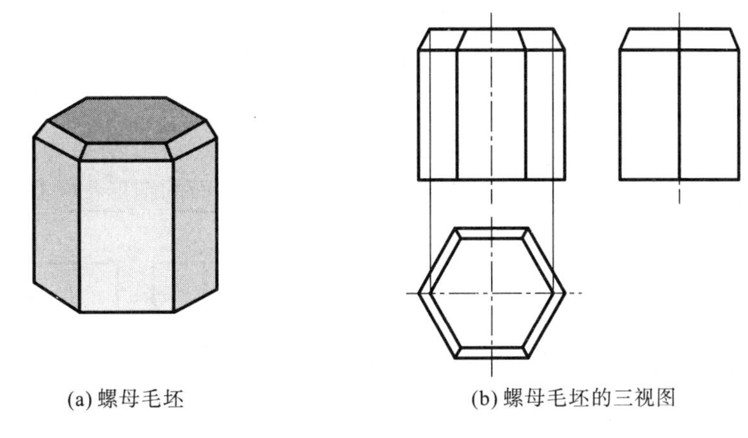

(a) 螺母毛坯　　(b) 螺母毛坯的三视图

图 3-4-3

例 3-4-1　求已知棱锥体被平面 P 截除后的视图，如图 3-4-4(a)所示。

作图：P 平面是一个正垂面，在主视图上截线是直线。它与棱锥线的交点分别为 a'、b'、c'。先可以画出未截切之前的视图。由于交点在棱线上，左视图上的 a''、b''、c''点由“高平齐”直接定出。俯视图中 a、c 点由“长对正”定出。b 点再利用左视图的 b''点宽相等来确定，如图 3-4-4(b)所示。最后连接关键点得到截线的投影，如图 3-4-4(c)所示。

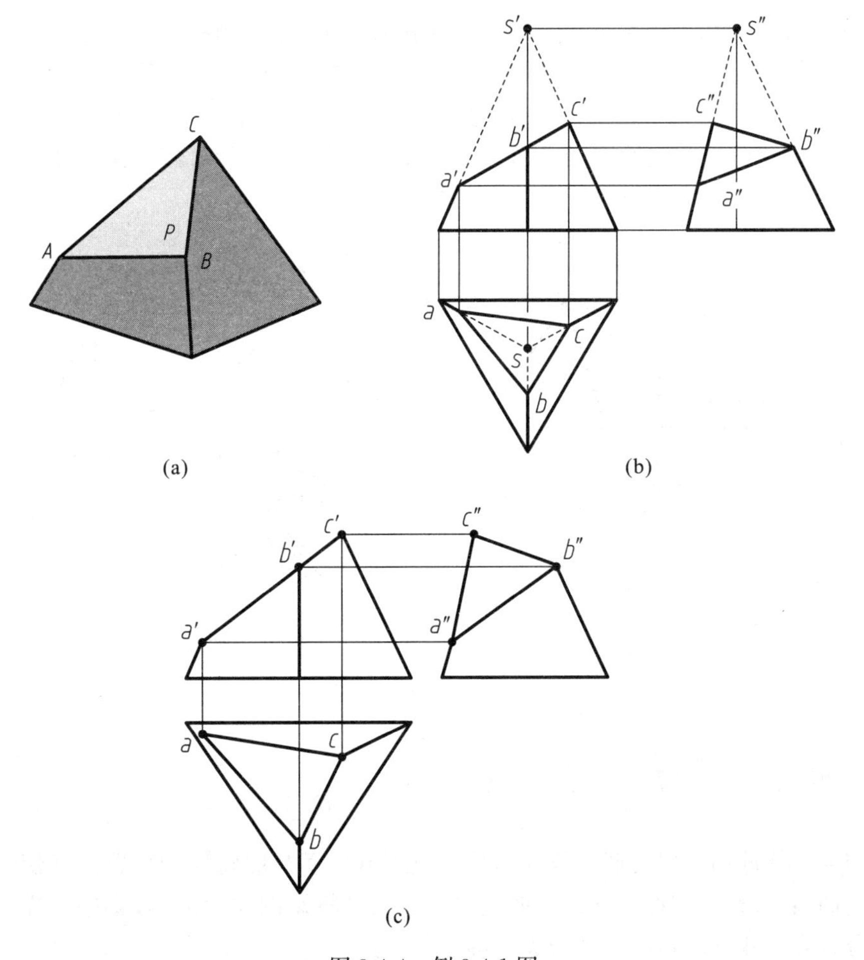

(a)　　(b)

(c)

图 3-4-4　例 3-4-1 图

例 3-4-2 四棱柱被 P、Q 面截切，求其投影，如图 3-4-5(a)所示。

分析：P 为正垂面，p''与 p'为类似图形，都为四边形；Q 为铅垂面，q''与 q'为类似图形，它们是五边形。

作图：为了便于绘图，将多边形的顶点编号，按“三等”关系作图，结果如图 3-4-5(b)所示。最后要检查“类似图形”与“三等”关系。从图中可以看出，截切面的图形都是封闭的多边形。

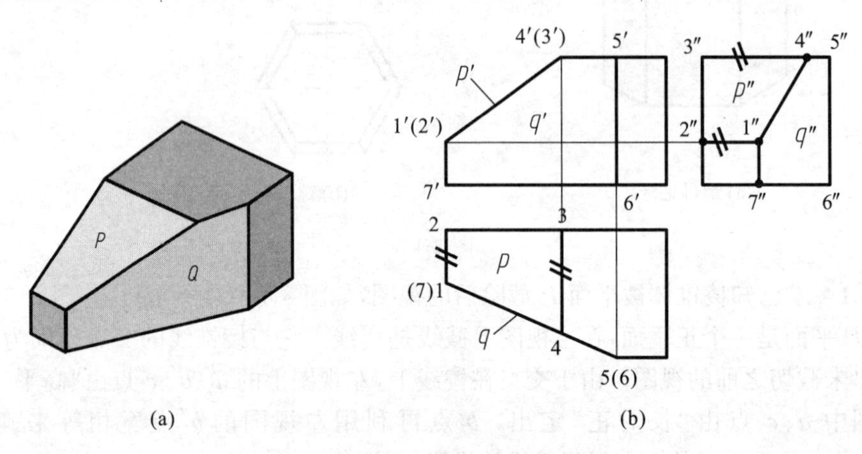

图 3-4-5　例 3-4-2 图

例 3-4-3 完成带切口的正三棱锥的水平投影和侧面投影，如图 3-4-6(a)所示。

作图：① 确定缺口正面投影的特殊点位置。由于缺口是由一个正垂面和一个水平面所形成，它们与棱线的交点就是特殊点，采用标号来区分它们。② 确定缺口的特殊点的水平投影及侧面投影。③ 连接各对应点的同面投影。④ 判断可见性，整理轮廓线。最后要检查“三等”关系。结果如图 3-4-6(b)所示，截切面的图形仍是封闭的多边形。

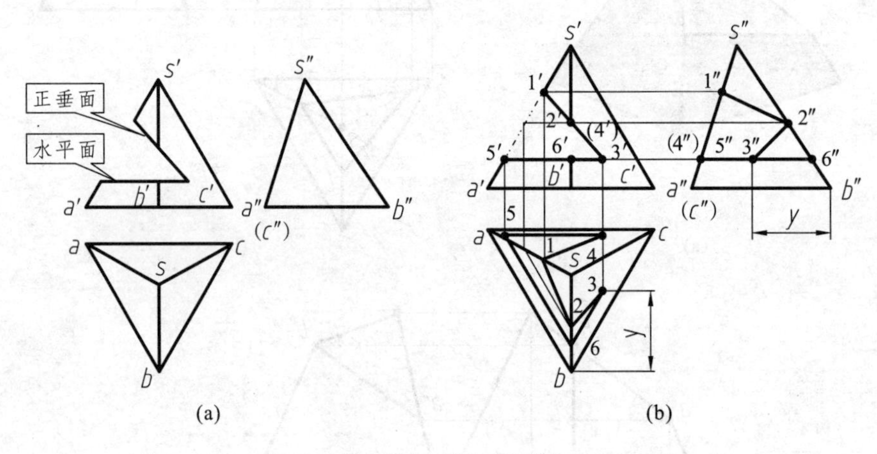

图 3-4-6　例 3-4-3 图

3.4.2　回转体截切

平面与回转体截切出现的截交线的形状取决于截切面与回转体的位置。截切线的图形一般是封闭的曲线图形，它们都应该位于曲面之上。而其投影图比较复杂，多采用描点的方法绘制。下面分别介绍几种回转体的截切面投影。

1. 圆柱体的截切

圆柱体的截切交线形状取决于截面与圆柱轴线的位置。图 3-4-7 所示为各种情况下的截交线的投影。当截切面 P 垂直于圆柱轴线时，截交线为圆；当截切面 P 平行于圆柱轴线时，截交线为矩形；当截切面 P 相交于圆柱轴线时，截交线为椭圆。

截切线具体的求法为：利用“三等”规律，找特殊点、辅助点（中间点），然后连接为光滑曲线。

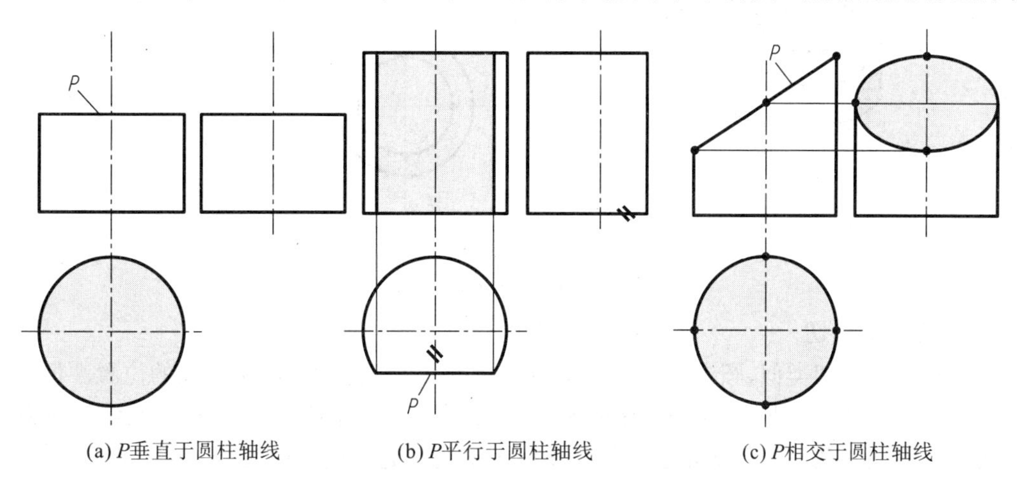

(a) P垂直于圆柱轴线　　(b) P平行于圆柱轴线　　(c) P相交于圆柱轴线

图 3-4-7　圆柱体的截切三视图

例 3-4-4　求圆柱体被平面 P、Q 截切后的投影，如图 3-4-8(a)所示。

分析：P 平面与圆柱轴线平行，截切面为矩形平面；Q 面与圆柱轴线斜相交，截交线为椭圆曲线。画这样的曲线需要找特殊点、辅助点（中间点），然后连接为光滑曲线。

作图：将圆柱体底面与水平面平行放置，P、Q 面垂直于正面。这样，主视图和俯视图比较简单。首先确定主视图与俯视图的截切线上的点（包括特殊点、中间点）。以这些点为基础，利用“三等”规律，画出左视图对应的点。最后连接为光滑曲线，如图 3-4-8(b)所示。

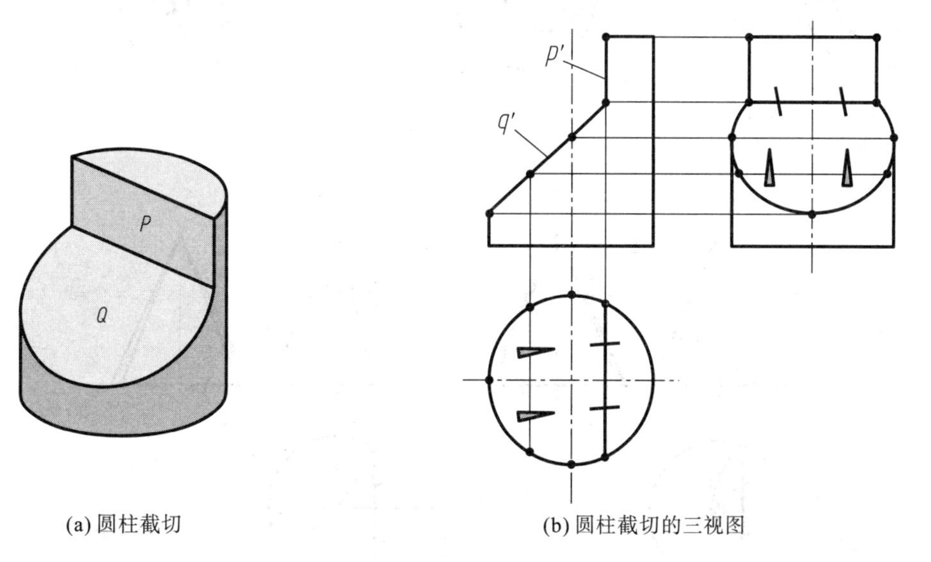

(a) 圆柱截切　　(b) 圆柱截切的三视图

图 3-4-8　例 3-4-4 图

如果将例 3-4-4 中的圆柱体换为空心圆筒，截切线除了外面的部分，内部表面也有截切线，视图如图 3-4-9 所示。内、外交线要分别画。需要注意检查孔的轮廓线投影的可见性。

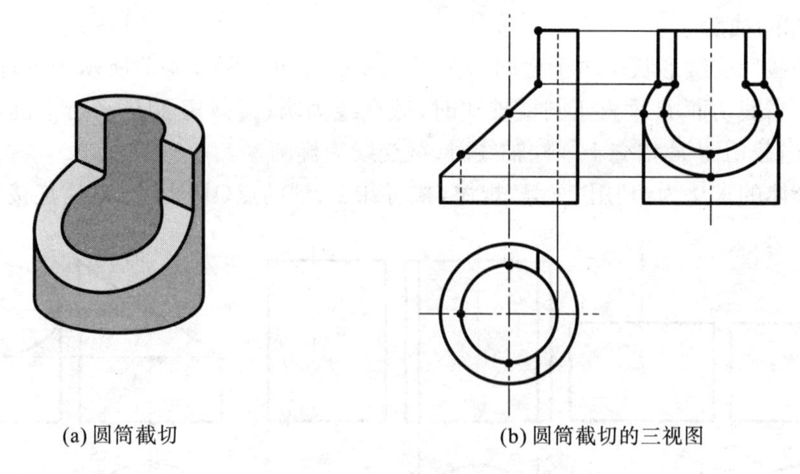

(a) 圆筒截切　　(b) 圆筒截切的三视图

图 3-4-9　圆筒截切线

2. 圆锥体的截切

与圆柱体的截切类似，圆锥体的截切交线形状也取决于截面与圆锥轴线的位置。但截切线要复杂一些。图 3-4-10 所示为各种情况下的截交线的投影。圆锥表面的截切线统称为圆锥二次曲线。由不同的截面的倾斜角 α 与圆锥顶角 θ，截切线是不同的曲线。

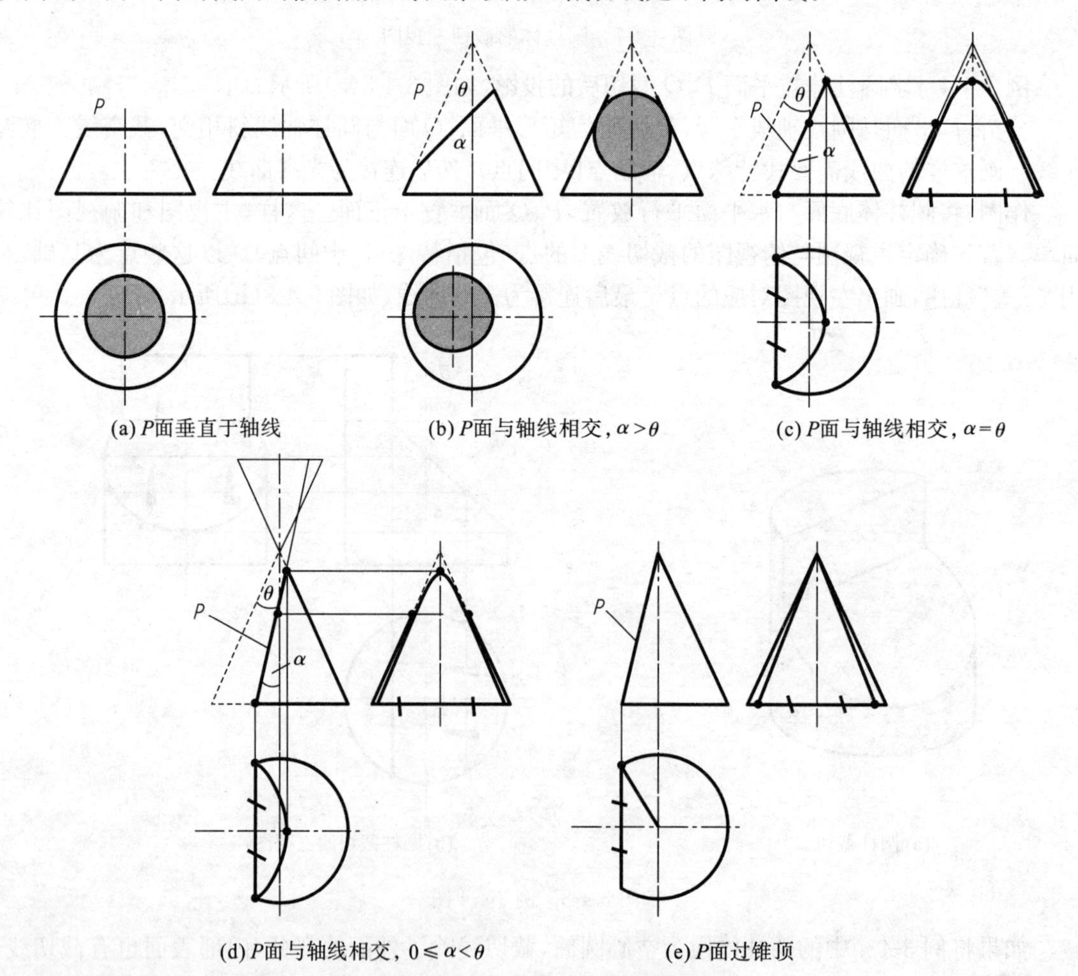

(a) P面垂直于轴线　　(b) P面与轴线相交，$\alpha>\theta$　　(c) P面与轴线相交，$\alpha=\theta$

(d) P面与轴线相交，$0\leqslant\alpha<\theta$　　(e) P面过锥顶

图 3-4-10　圆锥截切线投影

圆锥表面的截切线结果归纳如下：

① 截平面 P 垂直于圆锥轴线时，截切线为圆。

② 截平面 P 与圆锥轴线相交，且截面的倾斜角 $\alpha>\theta$，则截切线为椭圆。

③ 截平面 P 与圆锥轴线相交，且 $\alpha=\theta$，则截切线为抛物线。

④ 截平面 P 与圆锥轴线相交，且 $0\leqslant\alpha<\theta$，则截切线为双曲线。

⑤ 截平面 P 过锥顶，则截切线为直线。

圆锥表面上的非圆截切线的具体的求法为：过圆锥面上任一点可作一条母线，同时可在圆锥面上截出圆周，利用它们可以决定圆锥体表面点的位置，进而决定圆锥表面上的线。利用“三等”规律，找特殊点、辅助点（中间点），然后连接为光滑曲线。

例 3 4 5　圆锥体被一铅垂面所截，已知截线的俯视图，如图 3-4-11 所示，求其他视图。

分析：这种铅垂面截切出的交线是双曲线。要通过描点的方法绘图。利用一系列辅助水平面截圆锥，得到圆锥体上的圆周，利用它们决定圆锥体表面点的位置。

作图：在俯视图上，作一系列同心圆与截线相交，这些截交点就作为描图点。将同心圆的半径引到主视图斜边上，得到辅助水平面的投影，再从俯视图截线交点引线到主视图与水平线相交得到主视图的截线交点。各截线交点求出后连线得到截交线的主视图。左视图利用“三等”规律来求。结果如图 3-4-11 所示。

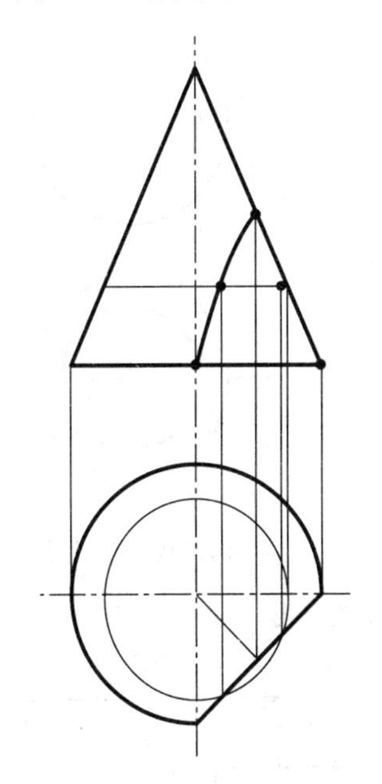

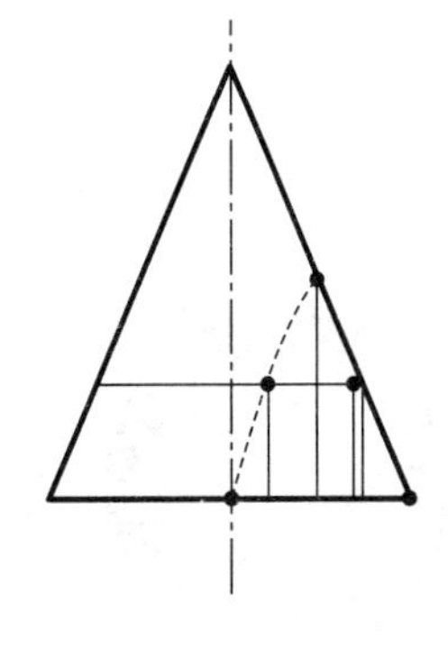

图 3-4-11　圆锥截交线视图

例 3-4-6　某机床的顶尖由两个不同半径的圆柱和一个圆锥组成，再用两个平面截除一部分，如图 3-4-12(a)所示，作三视图。

分析：这两个截平面 P、Q 分别截在不同的立体上，P 面截在大圆柱体上，与其轴线倾斜相交，截线是椭圆；Q 面与大、小圆柱和圆锥都相截，与它们的轴线都平行，因此在圆柱上截线是矩形，在圆锥上是双曲线。

作图：分别作每个实体的截切交线，如图 3-4-12(b)所示。需要注意的是，在圆锥和圆柱的结合处，虽然 Q 面截除了棱线，但其背面的棱线还存在，看不见部分用虚线表达。在大、小圆柱的结合处也是一样的情况。

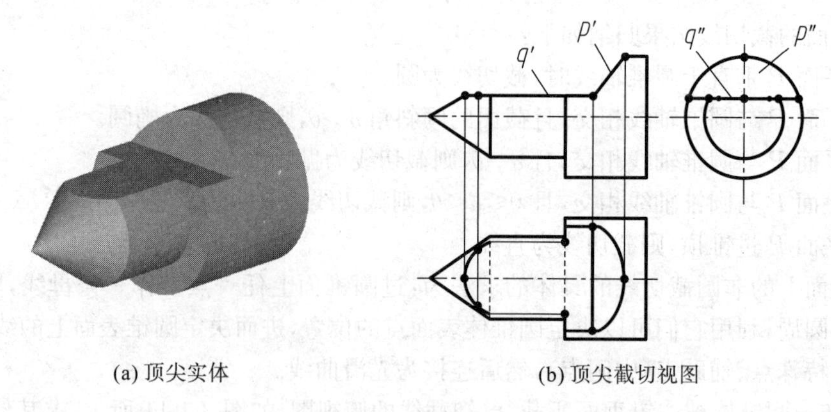

(a) 顶尖实体　　(b) 顶尖截切视图

图 3-4-12　例 3-4-6 图

3. 其他旋转体的截切

平面与圆球体相截，其截交线均为圆。但这种圆的半径需要通过截面的投影原理来确定。图 3-4-13 为球形手柄的视图，图 3-4-14 是半球带缺口实体的视图。

圆环体的截切线比较复杂，图 3-4-15 所示是圆环水平截除一部分后的实体投影。图 3-4-16 所示是圆环几种不同位置垂直截除一部分后的实体投影。

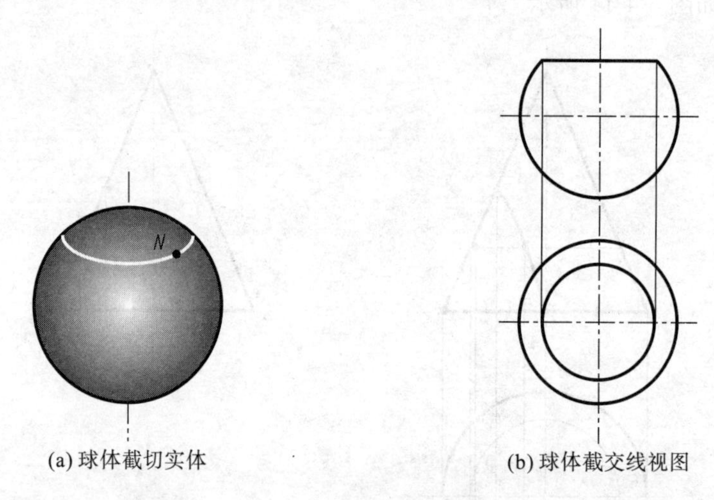

(a) 球体截切实体　　(b) 球体截交线视图

图 3-4-13　球体截交线

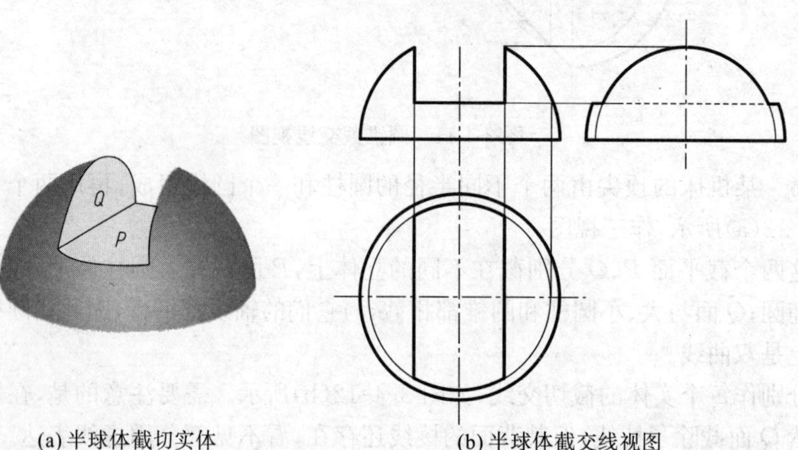

(a) 半球体截切实体　　(b) 半球体截交线视图

图 3-4-14　半球体截交线

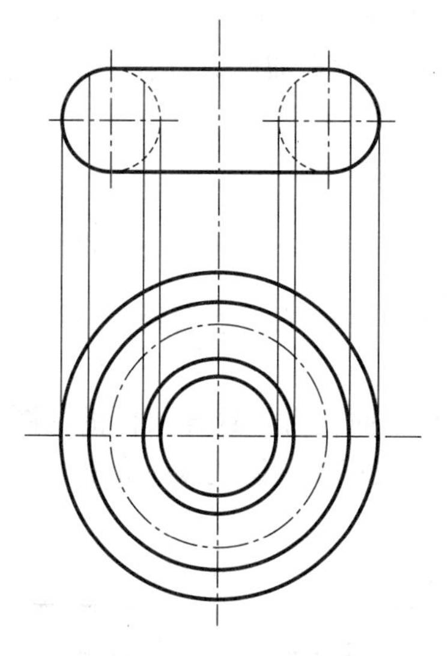

图 3-4-15　圆环体水平截

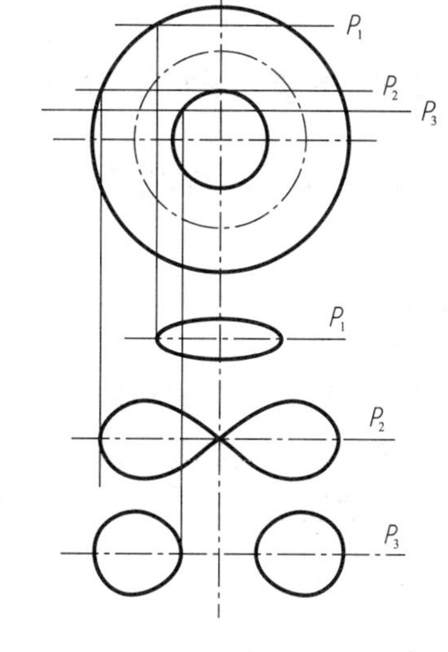

图 3-4-16　圆环体垂直截

总之，求截切线的本质就是求截平面与立体表面的共有部分。截切线的形状取决于立体的形状和截平面相对于立体的位置。截切线投影的形状取决于截平面相对于投影面的位置。

求截切线的基本步骤分为以下几步：

① 定性分析：分析截切线的形状与投影。

② 截切线作图方法：平面体截切线采用棱线法、棱面法。回转体截切线（非圆曲线）采用找特殊点与找中间点，用光滑曲线连线并判断可见性。

③ 最后，检查截切图形的类似性与"三等"关系。需要注意孔的截切线画法。

3.5　曲面体的相贯线

一般情况下曲面体的相交线是复杂的曲线，其投影也比较复杂。因此，绘制三视图多采用描点的方法。两个曲面体表面的相交线也称为相贯线，它是指一个实体贯入另外一个实体时形成的交线。有时，两个实体相切入，交线也叫截交线。图 3-5-1 所示为几种实体的相贯的形式。

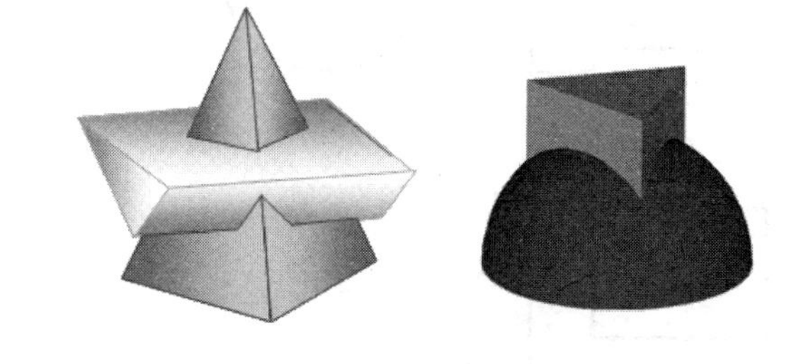

图 3-5-1　两个实体的相贯

相贯线的作图方法通常要根据两个实体的特征确定，首先绘制容易确定的投影视图，再利用特殊点，确定其他的视图。有些常见的相贯线要记住它们的形状。

平面体与平面体的相贯线一般是由若干段直线构成的空间封闭折线。根据平面体的面与面的交线、交点的投影确定这些线段的投影方法。作图方法在前面的章节已经介绍过。

曲面体与曲面体相贯线通常是空间封闭曲线。

3.5.1 平面体与曲面体相贯线

平面体与曲面体相贯线一般是若干段平面曲线或直线构成的空间封闭直线,例如,圆柱体与长方体的相贯线,如图 3-5-2 所示。

在图 3-5-2 中,将圆柱体的轴线平行于水平面和正面放置。这样实体的视图比较容易确定。主视图中两者的相贯线都是直线。左视图上相贯线积聚到圆周线上。俯视图中的相贯线积聚到长方体的轮廓线上。

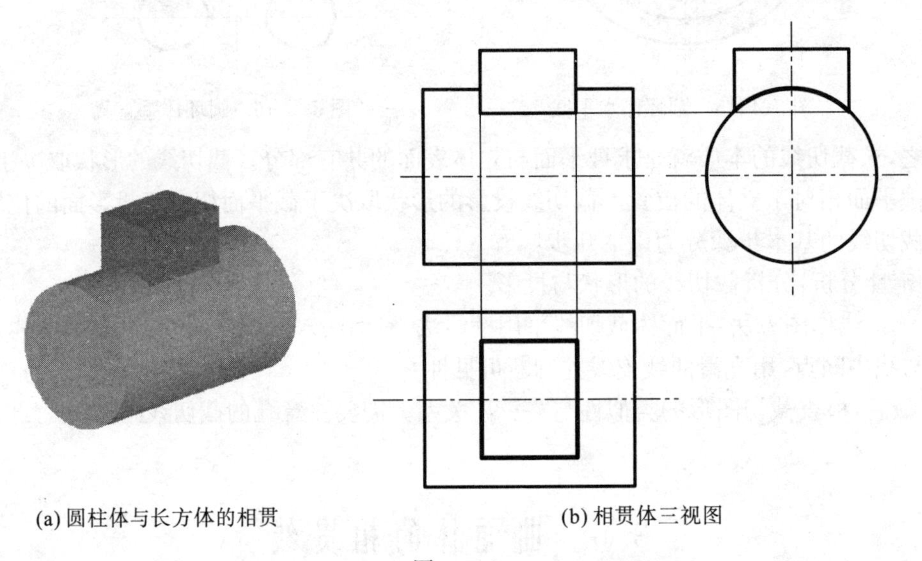

(a) 圆柱体与长方体的相贯　　(b) 相贯体三视图

图 3-5-2

如果上面例子中的长方体切入圆柱体,那么圆柱体中会出现一个长方形的孔,则截切线仍然是空间封闭直线,如图 3-5-3 所示,但是内部的轮廓线不可见要用虚线表达。

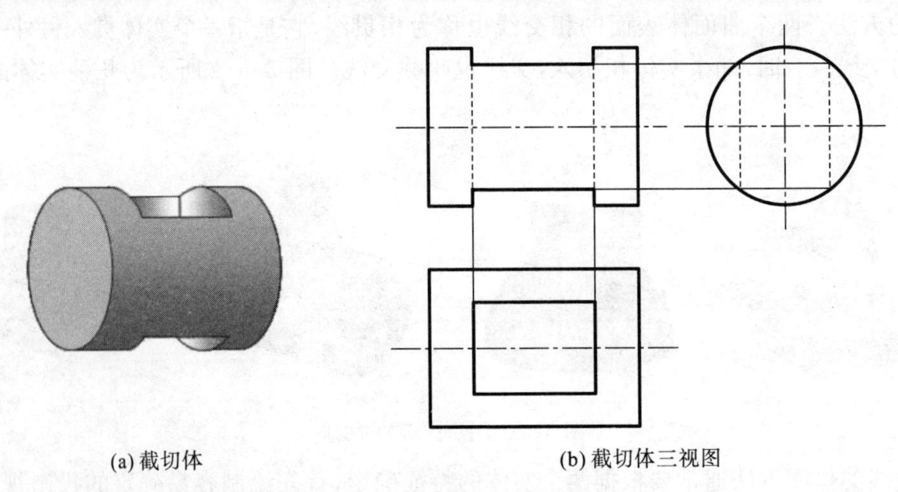

(a) 截切体　　(b) 截切体三视图

图 3-5-3　圆柱体与长方体截切

如果是中空的圆柱，则截切线如图 3-5-4 所示。内部的轮廓线更复杂一些，长方形的孔与圆孔相互截断，因此，虚线不完整。

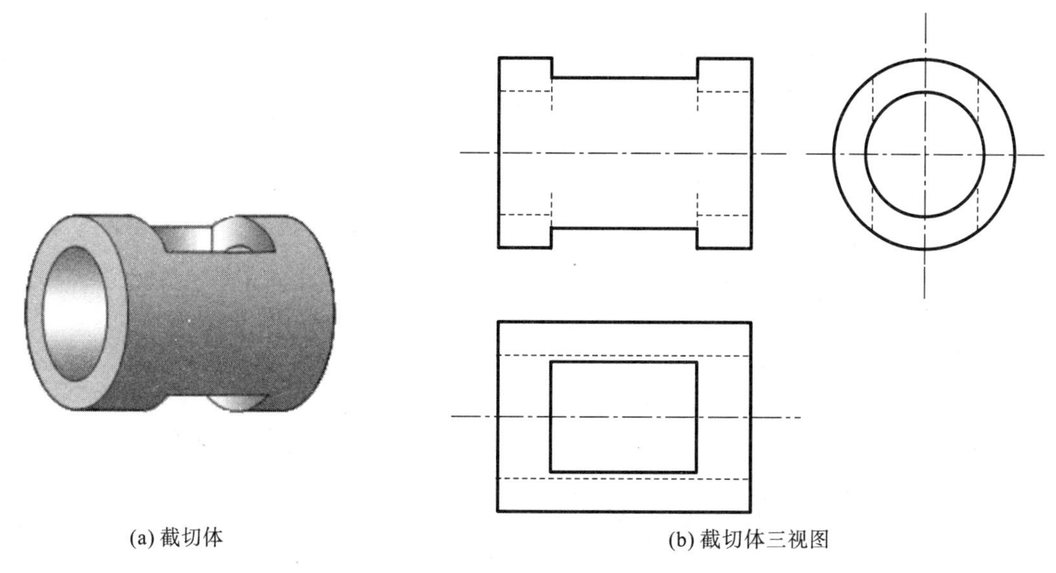

(a) 截切体　　(b) 截切体三视图

图 3-5-4　圆筒体与长方体截切

总之，平面体与曲面体相贯，可能是外表面与外表面相交、外表面与内表面相交或内表面与内表面相交等。交线是平面体与曲面体的公共部分。求平面体各表面与曲面体表面的交线时需要注意：① 线段的转折点，即为平面体棱线与曲面体表面的交点。② 外形轮廓线投影。③ 仔细判断轮廓的可见性。

3.5.2　两个回转体的相贯线

两个回转体相交的情况比较复杂，如图 3-5-5、图 3-5-6、图 3-5-7、图 3-5-8 所示，是两个圆柱体的并、差和交的视图。

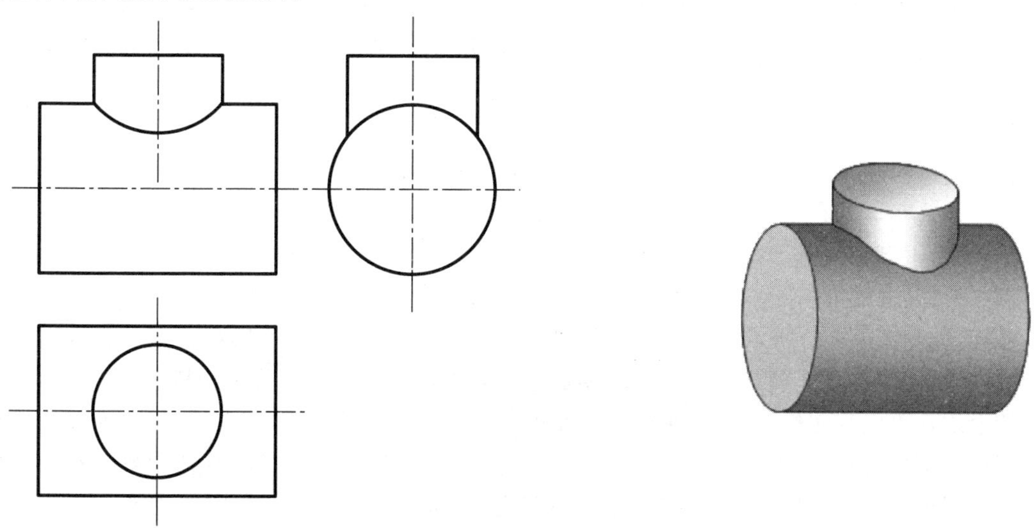

图 3-5-5　两个圆柱体直交(并)

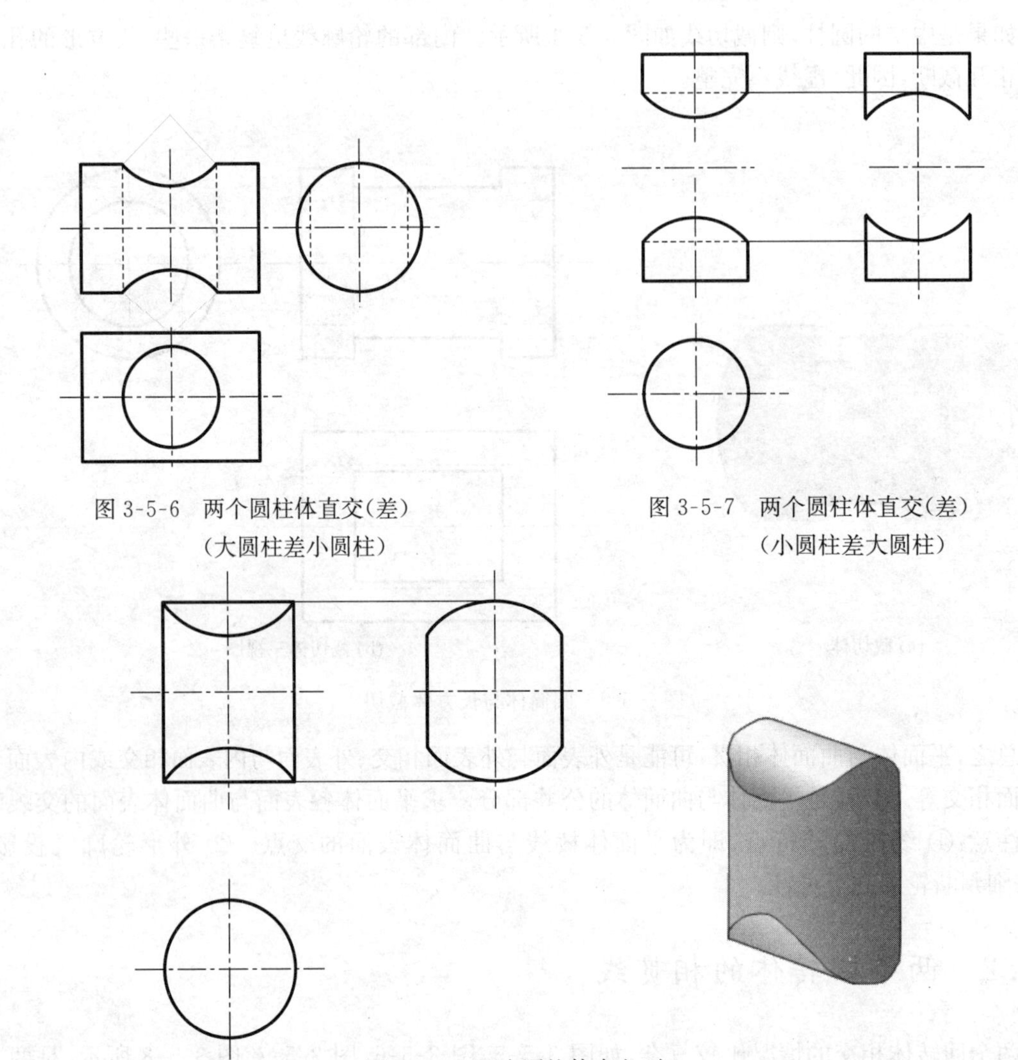

图 3-5-6　两个圆柱体直交(差)
(大圆柱差小圆柱)

图 3-5-7　两个圆柱体直交(差)
(小圆柱差大圆柱)

图 3-5-8　两个圆柱体直交(交)

两个曲面体的相贯线是一种空间的封闭曲线,不但外表面上出现相贯线,如果存在内表面,也会出现相贯线。它们的投影需要利用辅助面来决定。下面介绍两种用辅助面来确定相贯线的投影方法。

1. 辅助平面法

在曲面体出现相贯线的区域,用假设的特殊位置的平面去截实体。这样,相贯线与截平面就有交点。这实际是利用三面交点的原理来确定相贯线上的点。在不同的位置,采用一系列平面截相贯线,得到一组点。再用光滑的曲线连接这些点,得到封闭、光滑的空间曲线。

例 3-5-1　求两个不同半径的圆柱体的相贯线,如图 3-5-9(a)所示。

作图:如图 3-5-9(a)所示放置实体,则相贯线在水平面和侧面的投影都积聚到圆的边界线上,比较容易确定。需要确定主视图中的相贯线。采用辅助平面法来确定相贯线投影点。

假设用水平面截实体,这个水平面在主视图和左视图上都积聚为一水平直线,而左视图中的水平线与圆周线相交,得到相贯线的投影点。再由俯视图,利用“三等”规律得到主视图上相贯线的投影点。以此类推,换一系列的水平面截实体,再得到一组相贯线的投影点。最后连接所有的点得到相贯线的投影线,如图 3-5-9(b)所示。

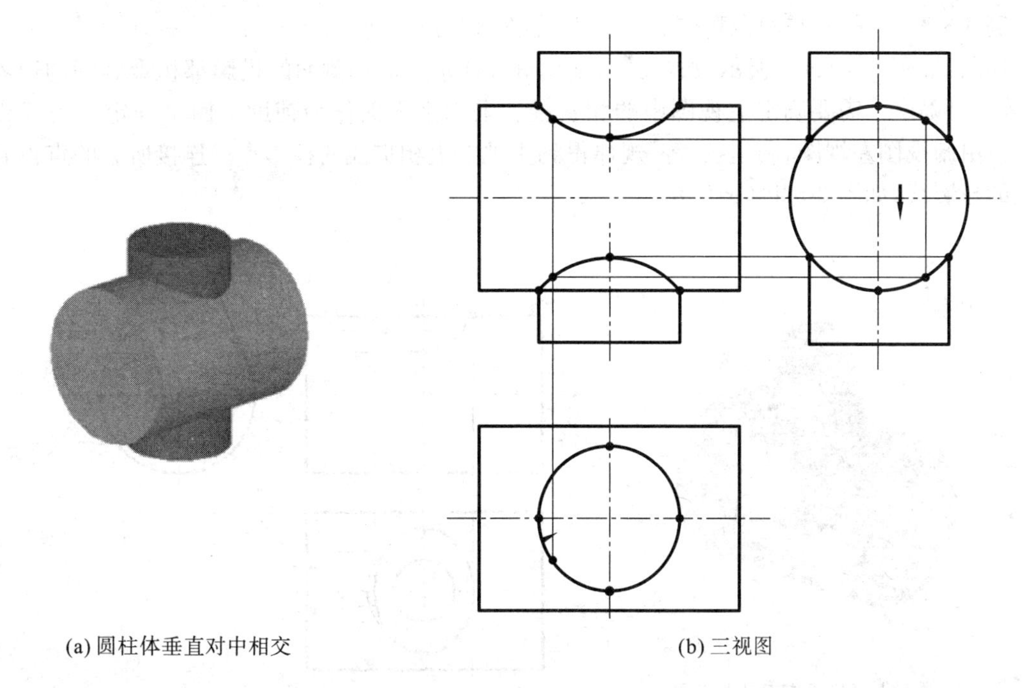

(a) 圆柱体垂直对中相交　　(b) 三视图

图 3-5-9　例 3-5-1 图

例 3-5-2　求两个圆柱体不对中相交的相贯线,如图 3-5-10(a)所示。

作图:如图 3-5-10(a)所示放置实体,则相贯线在水平面和侧面的投影都积聚到圆的边界线上,容易确定。需要确定主视图中的相贯线。采用水平面作为辅助平面来确定相贯线投影点。再由俯视图和左视图,利用“三等”规律得到主视图上相贯线的投影点。连接所有的点得到相贯线的投影线,如图 3-5-10(b)所示。最后检查实体的外形轮廓线投影,不可见的相贯线采用虚线表达。在局部的位置上,为了画清楚相贯线,可以采用放大的办法来绘图。

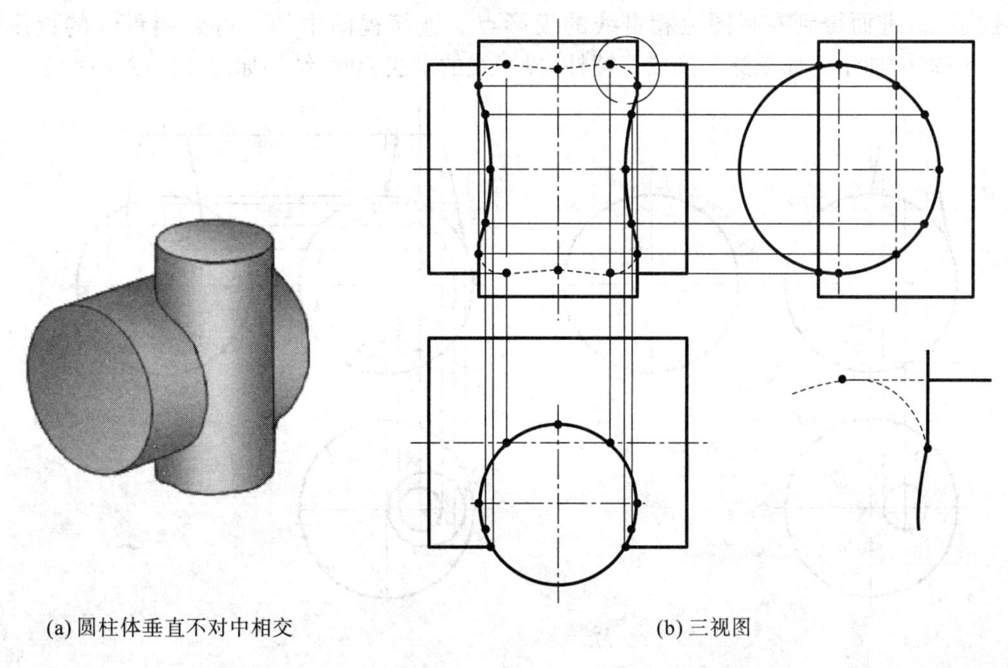

(a) 圆柱体垂直不对中相交　　(b) 三视图

图 3-5-10　例 3-5-2 图

例 3-5-3 求圆柱与圆台相交的相贯线，如图 3-5-11(a)所示。

作图：如图 3-5-11(a)所示放置实体，则相贯线在水平面和侧面的投影都积聚到圆的边界线上，故容易确定。需要确定主视图中的相贯线。采用水平面作为辅助平面来确定相贯线投影点。再由俯视图左视图，利用“三等”规律得到主视图上相贯线的投影点。连接所有的点得到相贯线的投影线，如图 3-5-11(b)所示。

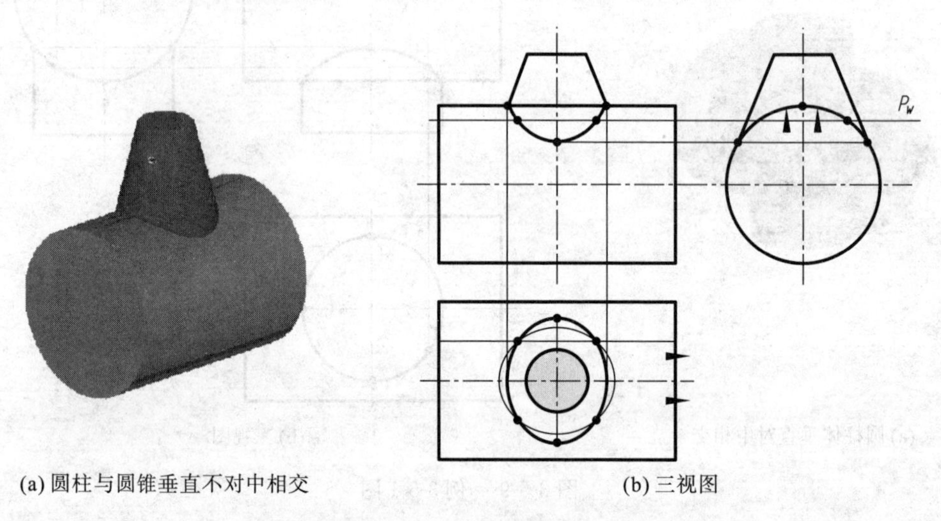

(a) 圆柱与圆锥垂直不对中相交　　(b) 三视图

图 3-5-11　例 3-5-3 图

综合上面的辅助平面法的作图过程，可知它是利用“三面共点”的原理确定相贯线的投影点。选择辅助平面的原则是：辅助面的投影必须为特殊的线，如直线或圆。

例 3-5-4 求圆球与圆台偏位相交的相贯线，如图 3-5-12(a)所示。

作图：首先确定主视图中的相贯线，它与球的轮廓相重合，故容易确定。再采用水平面作为辅助平面法来确定相贯线投影点。由俯视图，利用“三等”规律得到主视图上相贯线的投影点，进而得到左视图上相贯线的投影点。连接视图中的点得到相贯线的投影线，如图 3-5-12(b)所示。如果圆台换成三棱柱，投影线的求法相同，结果如图 3-5-12(c)所示。

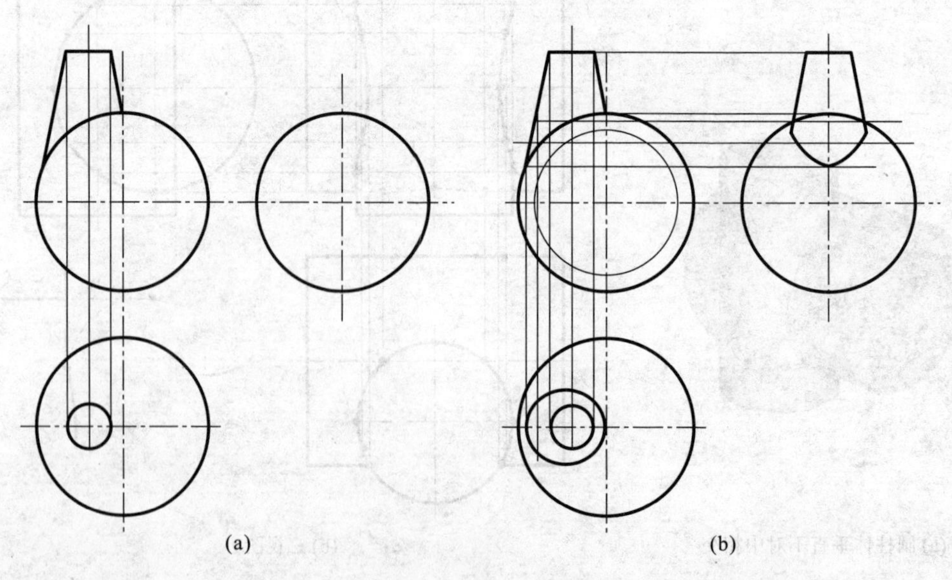

(a)　　(b)

图 3-5-12　例 3-5-4 图

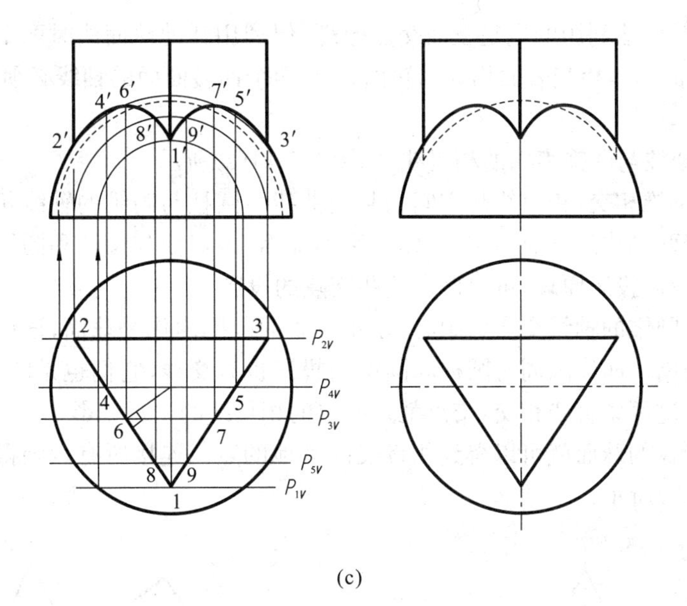

(c)

图 3-5-12(续)　例 3-5-4 图

2. 辅助球面法

由于球面是一种具有特殊投影的曲面,它与任何位置的平面相截,截切线都是圆周。而它与旋转曲面相交有时也可得到圆周,特别是当球面与回转面共轴时,其交线为垂直于轴线的圆,如图 3-5-13 所示。因此,如果采用球面作为辅助面也可以得到比较简单的截切线。

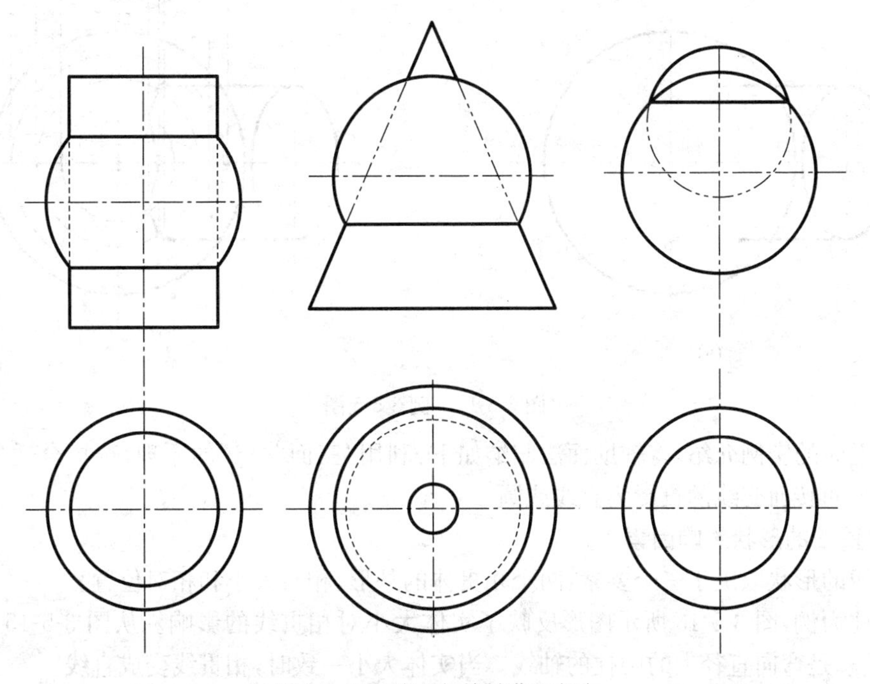

图 3-5-13　球面与旋转曲面相交

实际上,辅助球面法利用的也是三面交点原理,但利用辅助球面法时两个曲面体要满足下面的条件:① 两个曲面体相交表面均为回转面。② 两个回转曲面的轴线必须相交,其交点应选作辅助球面的球心。

例 3-5-5 求圆柱与圆锥表面的相贯线,如图 3-5-14(a)所示。

分析:圆柱与圆锥相交,相贯线是空间的封闭曲线。圆柱与圆锥的轴线相交,因此,可以采用辅助球面法。以两轴线的交点为中心,作一系列球面,该球面与圆柱和圆锥面的交点在相应的圆周上,利用"三等"投影原理,可以确定这些交点的投影。

作图:以圆柱、圆锥的轴线交点为中心,在相贯线的范围内作一球面,该球面在主视图和俯视图上的投影为圆周。而该圆周与圆柱和圆锥的投影也有交线,它们也是圆,且该圆在主视图上的投影为直线。这两条直线相交,交点就是所求的相贯线的主视投影。

再换另外的半径的球面就可以得到相贯线的其他的点。连接所有点则得出完整相贯线的投影,如图 3-5-14(b)所示。

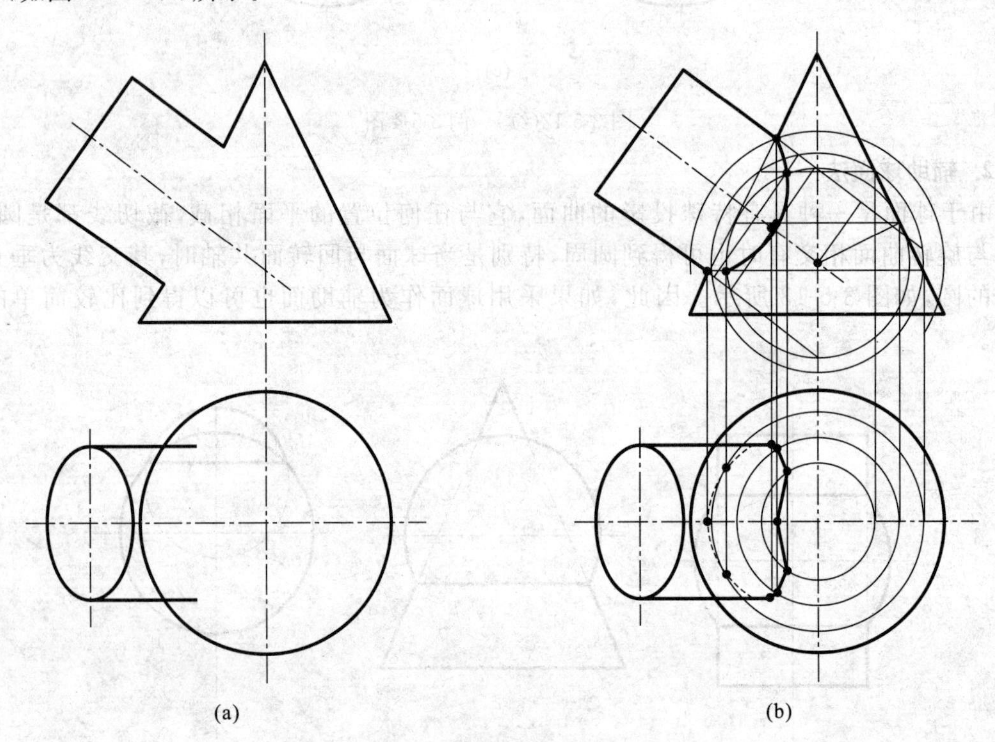

图 3-5-14 例 3-5-5 图

通过上面的实例介绍,将辅助面法归纳如下:利用"三面共点"的原理,选择合适的辅助面,使辅助面与回转面交线的投影为直线或圆。

3. 相贯线的形状影响因素

相贯线的形状取决于三个要素:两个相贯体的外形、相对大小和相对位置。

以圆柱为例,图 3-5-15 所示图形反映了实体大小对相贯线的影响。从图 3-5-15 中可以看出,相贯线总是弯向直径大的圆柱的轴线。当实体大小一致时,相贯线变成直线。

图 3-5-16 表达了实体相对位置对相贯线的影响。随着实体位置移动,相贯线由两支变成一支封闭曲线,同时出现了一部分不可见。

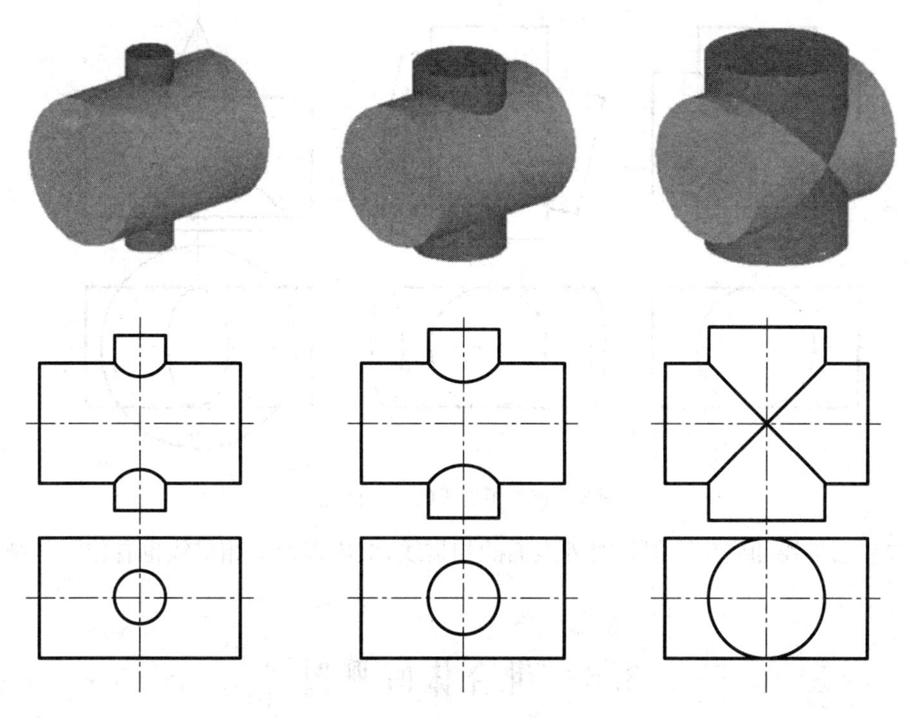

图 3-5-15　相贯线随相贯体大小而变化

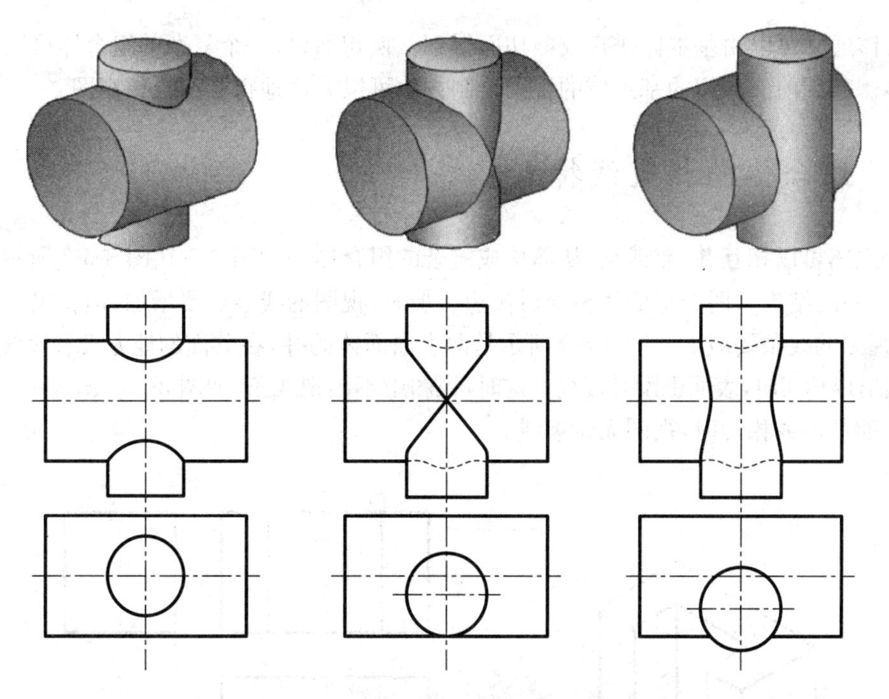

图 3-5-16　相贯线随相贯体相对位置的变化

从上面的例子可以看出，相贯线在某些情况下会变成特殊线条。当两回转面轴线相交，且外切于同一球时，交线为二平面曲线(G. Monge 定理)。如图 3-5-17 所示，两个相同的圆柱相贯线的水平投影为圆；圆柱与圆锥的相贯线的水平投影变为两个椭圆，在正面投影积聚为两条平面直线，直线的交点为重切点。

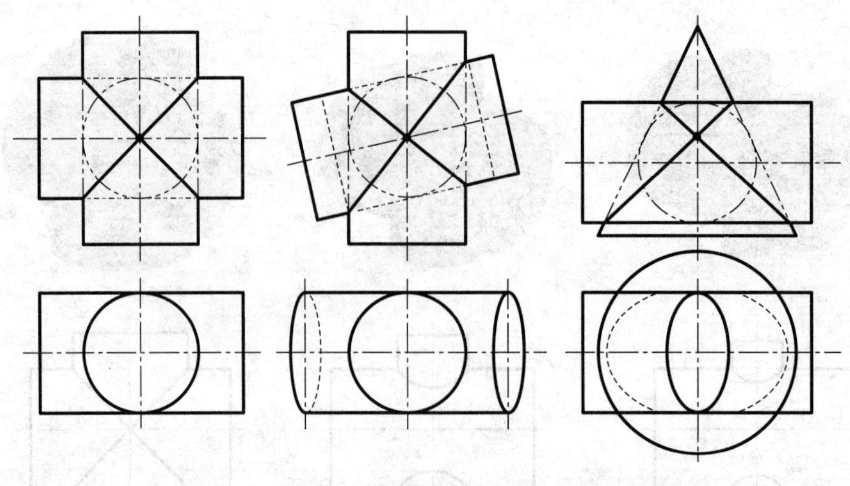

图 3-5-17　相贯线的特殊情况

上面这些相贯线的变化不但针对外表面的相贯线，对内表面的相贯线也有相同的结果。

3.6　组合体的视图

组合体通常可以由基本体拼接或截切而得到。换句话说，一个复杂的组合体可以拆分为几个基本体。利用前面介绍的基本体的视图绘制方法可以方便地得到组合体视图。

3.6.1　组合体的相交线特点

两个立体可以相互并、差或交，从而构成复杂的组合体。如图 3-6-1、图 3-6-2 所示是两个平面体的差、并的结果。两个平面体相交后棱边增加时，视图的线条也要增加，但若出现两个面共面时，则视图的线条要减少。图 3-6-3 所示是两个曲面体的并，在共面的地方没有棱线。当两个实体表面出现相切时，表面也没有棱线。这时，视图中不出现线条，如图 3-6-4、图 3-6-5 所示。这就是两个面共面或相切时，视图无轮廓线。

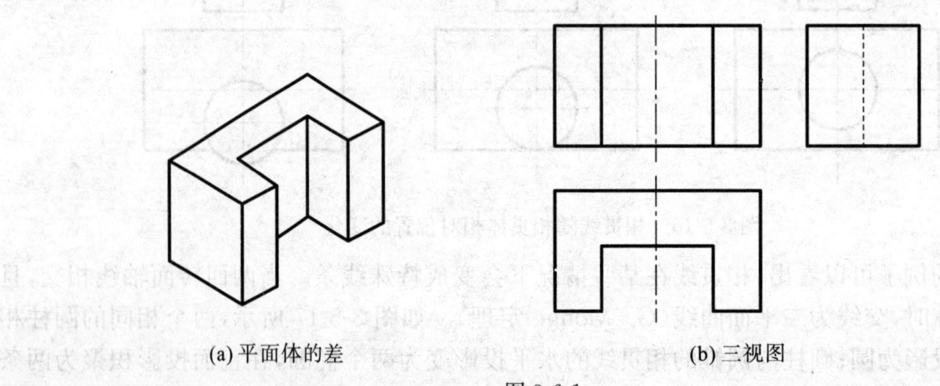

(a) 平面体的差　　(b) 三视图

图 3-6-1

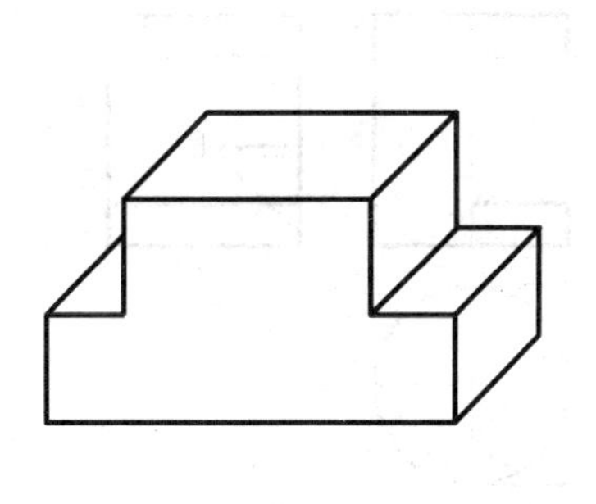

(a) 平面体的并

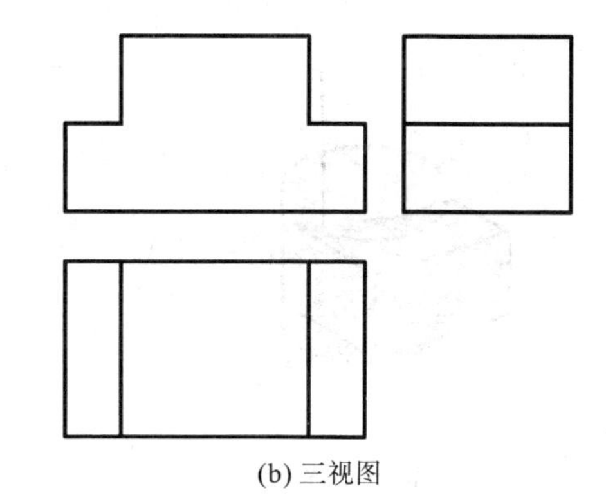

(b) 三视图

图 3-6-2

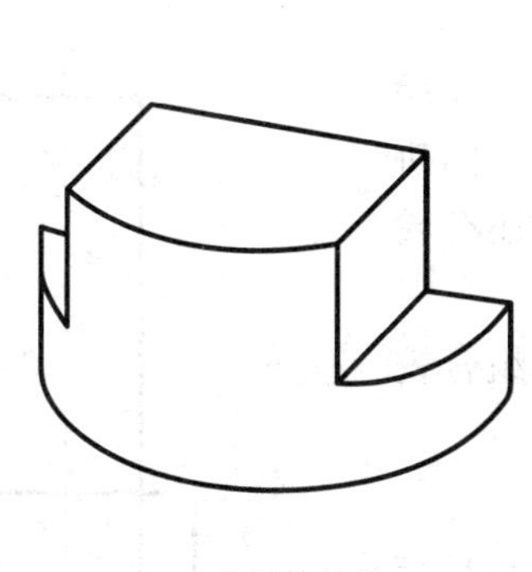

(a) 曲面体的并

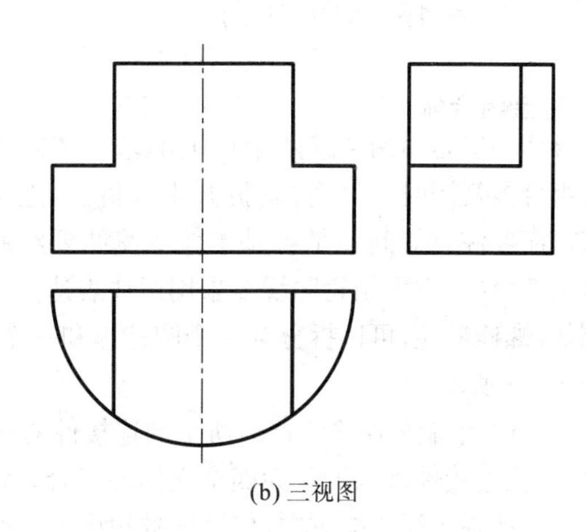

(b) 三视图

图 3-6-3

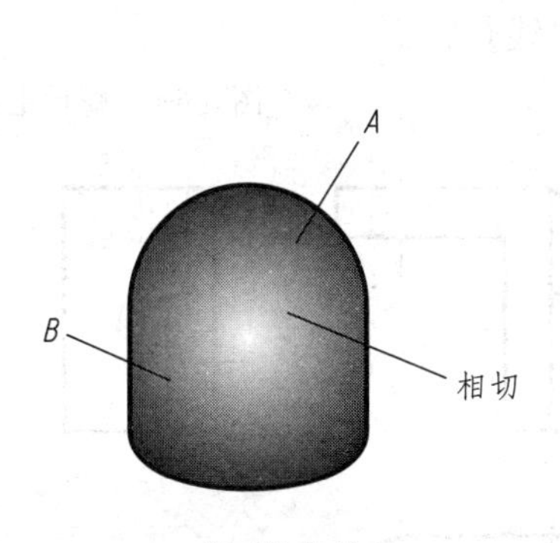

(a) 曲面体的并

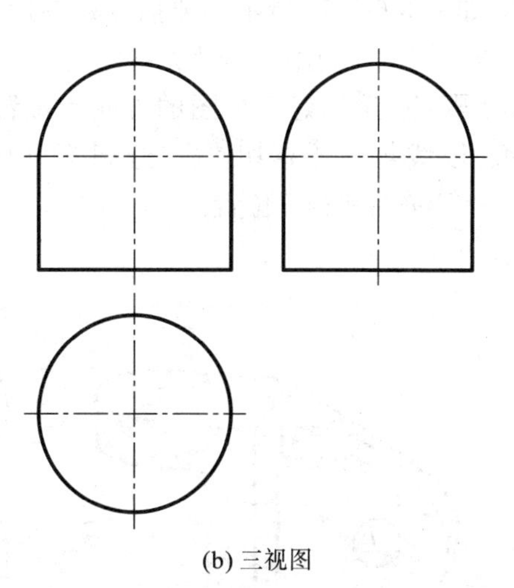

(b) 三视图

图 3-6-4

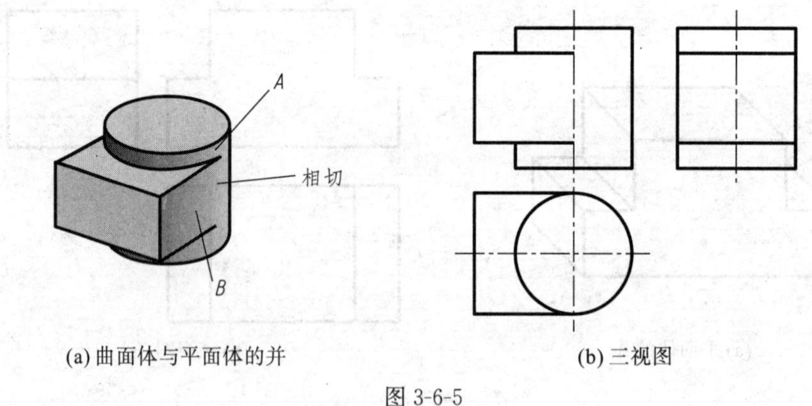

(a) 曲面体与平面体的并　　(b) 三视图

图 3-6-5

3.6.2 组合体视图绘图

1. 拼接组合体

组合体一般是由两个或两个以上的基本体拼接而成的。在绘制这种组合体视图时,可以将其拆开来分析,再把基本体的视图拼接起来。需要注意的问题是各基本体的交线要绘制准确。还有轮廓的可见性分析,不可见轮廓线要采用虚线表达。

例如,螺栓毛坯,可以拆分为一个圆柱体和一个六棱柱,组合视图如图 3-6-6 所示。

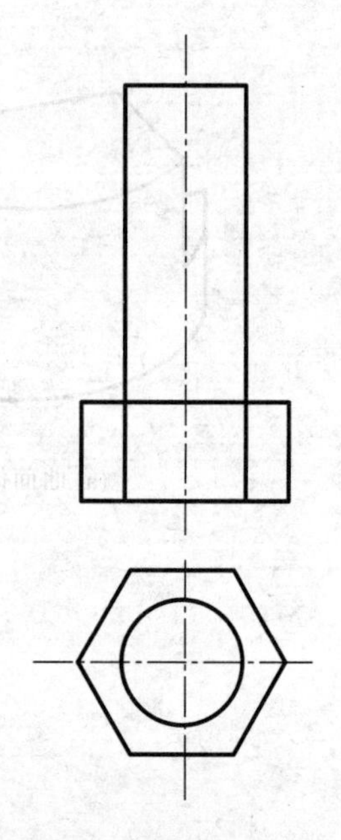

图 3-6-6　螺栓毛坯视图

例 3-6-1　绘制如图 3-6-7(a)所示的连接件的视图。

分析:该连接件可以拆分为四个立体的组合。每个立体都是简单的形体。选择主视图的方向,使圆弧的视图容易绘制。需要注意圆弧与直线相切的情况,还有圆孔的位置,孔的轮廓不可见要采用虚线表达,如图 3-6-7(b)所示。要抓住视图形状特征,其可能分散在不同的投影图中。利用"三等"关系确定每块的形状、位置。

画图步骤:① 选择好主视图的方向和位置,画孔的中心位置。② 画圆弧、棱线与圆弧相切。③ 绘制不可见的轮廓线(虚线)。④ 检查"三等"关系和相互位置。

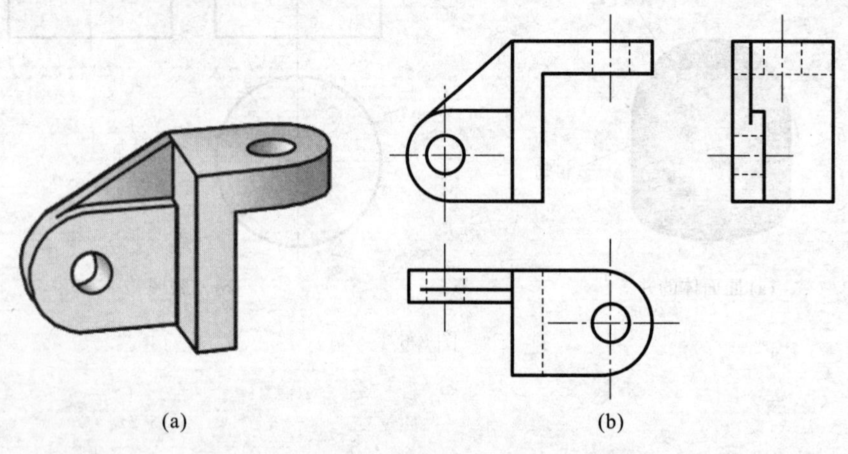

(a)　　(b)

图 3-6-7　例 3-6-1 图

例 3-6-2　绘制如图 3-6-8(a)所示的三个圆柱体相交的视图。

分析:多个圆柱体相交,分解为两两相交。而两个圆柱体的相贯线已经会求。首先求 1 号圆柱与 3 号圆柱的相贯线,这个相贯线是两圆柱体直交的相贯线的一部分,可以利用描点来确定。再求 2 号圆柱与 3 号圆柱的相贯线,它也是两圆柱体直交的相贯线的一部分,利用描点确定。最后是求 2 号圆柱与 1 号圆柱的连接,它们是两个不同直径的圆柱体对接,交线是圆弧。

画图步骤:① 选择好主视图的方向和位置,画中心线位置。② 绘制 1 号体与 2 号体的相贯线。③ 画 3 号体与 1 号体相贯线。④ 画 3 号体与 2 号体相贯线。⑤ 检查“三等”关系、相互位置和表面连接关系。绘出视图如图 3-6-8(b)所示。

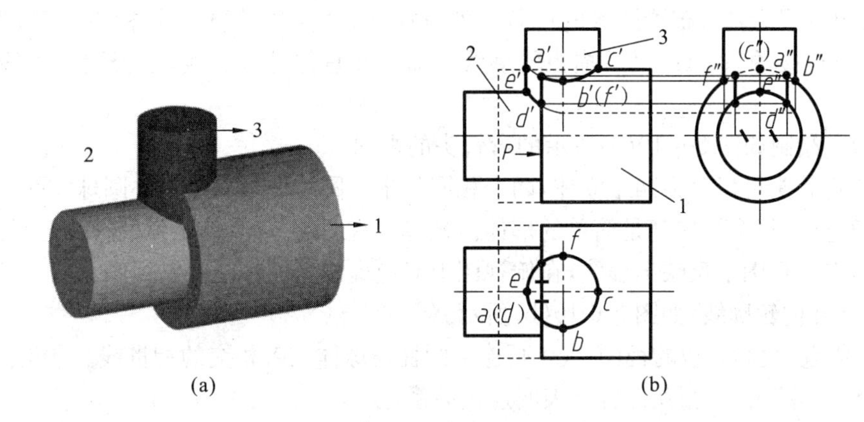

图 3-6-8　例 3-6-2 图

例 3-6-3　绘制如图 3-6-9(a)所示支座的视图。

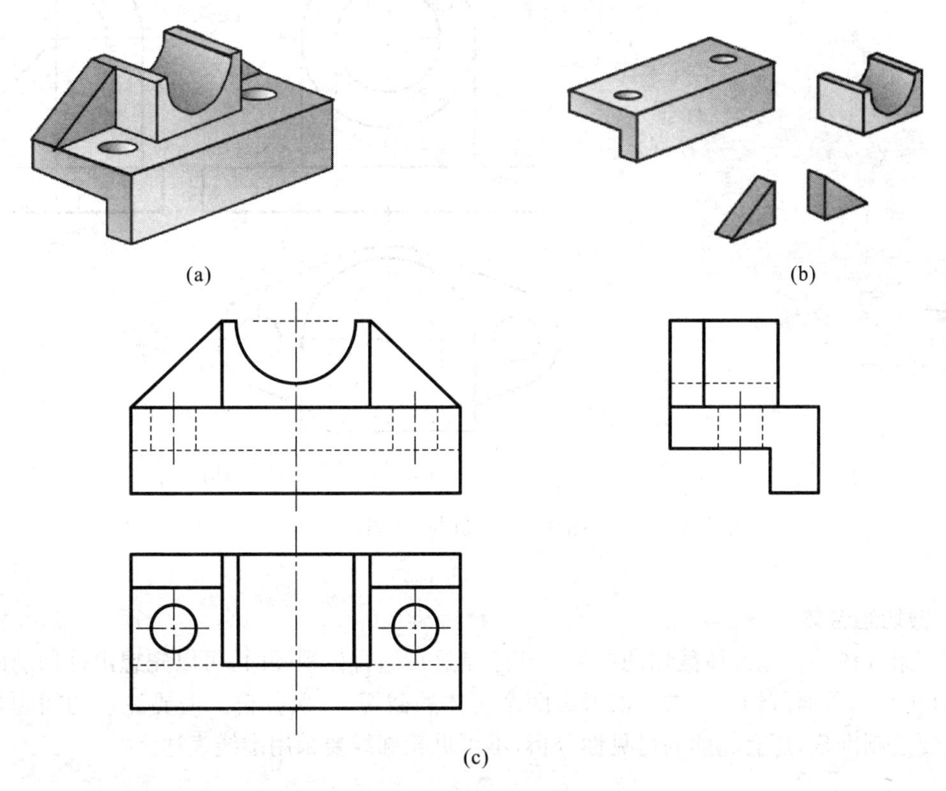

图 3-6-9　例 3-6-3 图

分析:该支座可以分为四个立体,每个立体都是简单的形体。选择主视图的方向,使圆弧的视图容易绘制。底板上有圆孔和台阶,在主视图上都反映出虚线,在俯视图上也对应虚线,左视图上有一条虚线对应圆柱孔的轮廓线,如图 3-6-9(c)所示。

画图步骤:① 选择好主视图的方向和位置,画孔的中心位置。② 绘制主视图、俯视图、侧视图中的棱线。③ 绘制不可见的棱线(虚线)。④ 检查"三等"关系和相互位置。

通过以上的例子,拼接组合体视图的绘图方法是:将组合体拆分为最简单的立体,分析各块间相对位置及表面连接关系,想像物体的整体形状。对每个简单的立体绘制出视图,综合起来绘制整体视图。

总的画图过程为:① 布置图区的位置。② 画底稿(用细实线)。③ 检查"三等"关系、相互位置和表面连接关系。④ 最后描粗轮廓线。需要注意何处有交线,是否漏画虚线,是否多画实线等。

例 3-6-4 绘制如图 3-6-10(a)所示的弯管头的视图。

分析:该弯管头可以分为四个立体,两个相同的带孔圆柱体与一个空心圆球相交,一个菱形底板与圆柱直交。每个立体都是简单的形体。选择主视图的方向,使圆弧的视图容易绘制。底板上有圆孔,在主视图上反映出虚线,在俯视图上对应虚线是圆柱孔。左视图上有一条相贯线,虚线对应圆柱孔的轮廓线,如图 3-6-10(b)所示。

画图步骤:① 绘制底板的视图。② 画连接圆柱与球体三者相交的相贯线。③ 绘制孔的虚线。④ 检查"三等"关系、相互位置和表面连接关系。

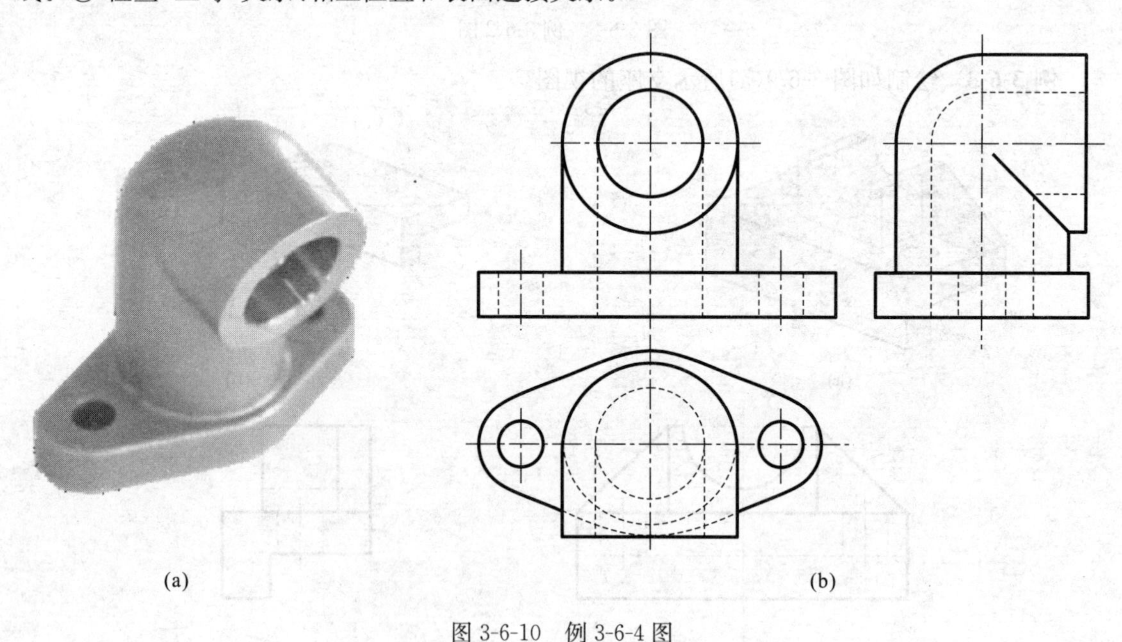

图 3-6-10 例 3-6-4 图

2. 截切组合体

截切组合体是从基本体截切的结果。在绘制这种组合体视图时,可以先想出截切前的基本体,再分析有几种面截切。通常一次考虑两个实体的截切,依次分析。需要注意的问题是各截切交线要绘制准确,还有轮廓的可见性分析,不可见轮廓线要采用虚线表达。

例 3-6-5　绘制图如 3-6-11(a)所示的联通件的视图。

分析:该联通件可以看作是由圆柱体截切而成的。1 号面是半个圆柱面,2 号面也是半个圆柱面,1 号与 2 号面截切(可以复原成完整的圆柱体截切),它们的截切线都在圆周上。如图 3-6-11(b)、图 3-6-11(c)所示。3 号和 4 号是完整的圆柱面。它们又是从 1 号与 2 号半圆柱体上截切出来,如图 3-6-11(d)所示。最后再画出左视图,如图 3-6-11(e)所示。注意外表面的截切相贯线和内孔表面的截切相贯线的形式。

画图步骤:① 绘制 1 号体与 2 号体的相交(c)。② 画 3 号体与 4 号体的相交(d)。③ 绘制侧视图的相交线。④ 检查"三等"关系、相互位置和表面连接关系。

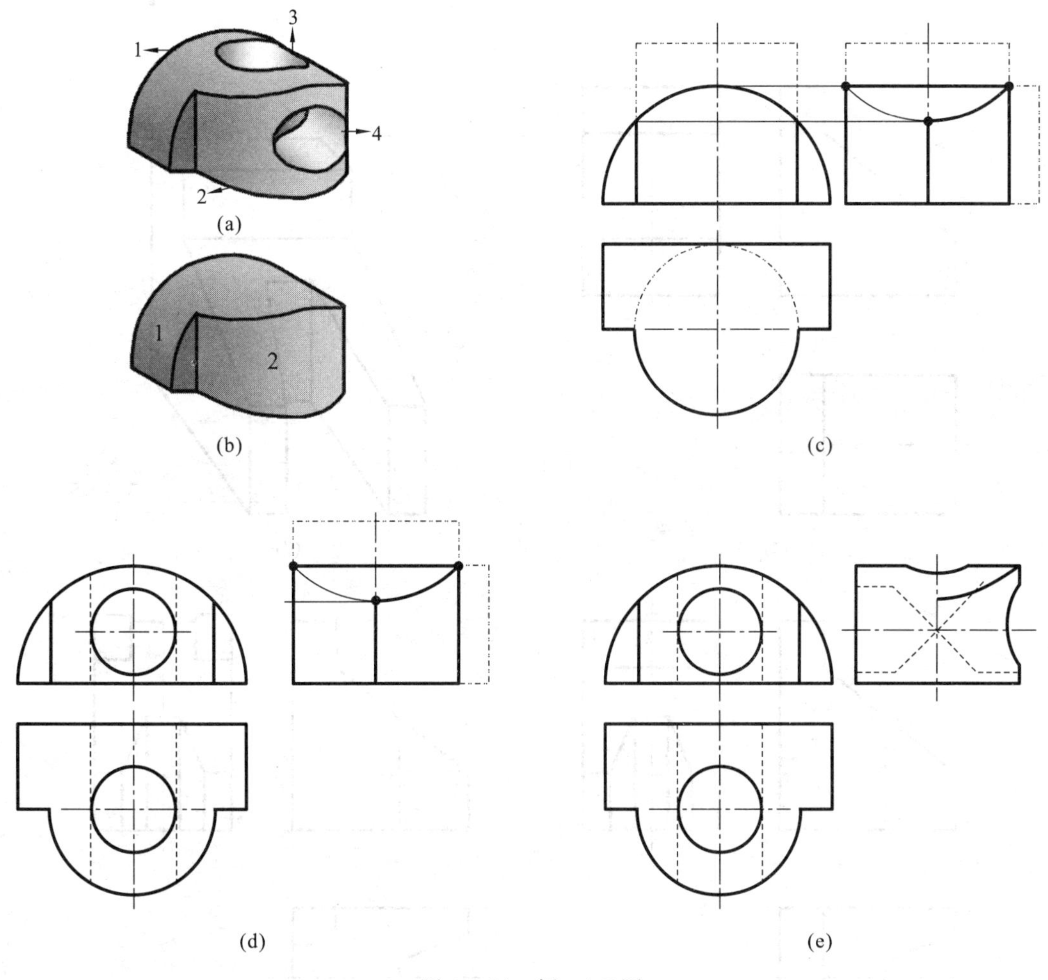

图 3-6-11　例 3-6-5 图

例 3-6-6　绘制挖切件[图 3-6-12(a)]的视图。

分析:该件的形状可以认为是由长方体截切出来的,经过三次截切。绘图过程为,第一次是从长方体上截切除一个角,如图 3-6-12(b)、图 3-6-12(c)所示。第二次再截切下方的槽,如图 3-6-12(d)、图 3-6-12(e)所示。最后截切除上部的槽,如图 3-6-12(f)所示。需要注意不可见轮廓线用虚线表达。图中可以找出截切出的多边形平面的形状,其投影保持形状类似特点。

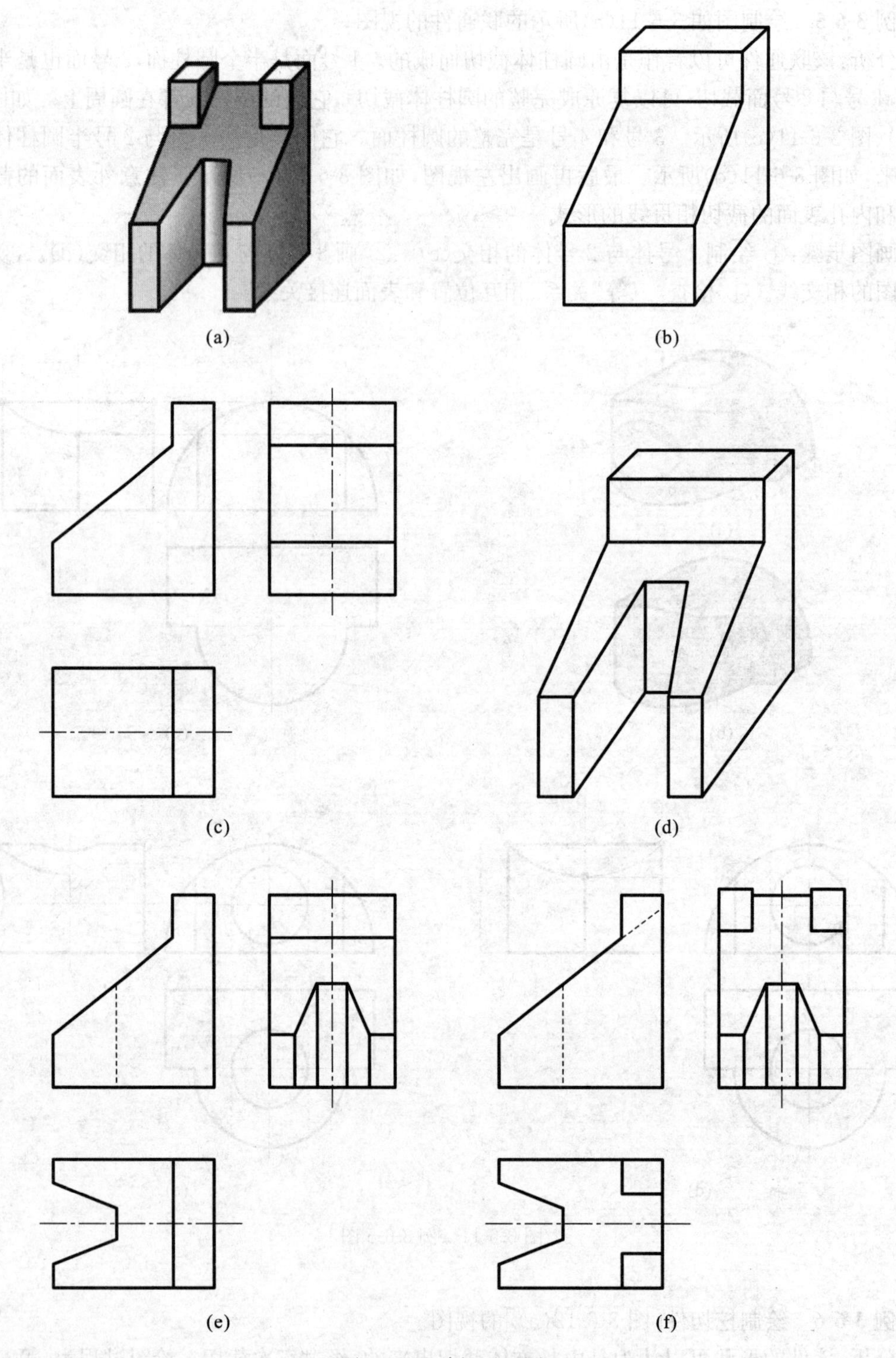

图 3-6-12　例 3-6-6 图

例 3-6-7　绘制机床压板件[图 3-6-13(a)]的视图。

这个件也是由多面截切出来的。在截切前是个长方体，经过 7 个平面截切，2 个圆柱面截切形成件。圆柱面截切出一个阶梯孔，用虚线表达，如图 3-6-13(b)所示。图中可以找出截切出的多边形平面的形状，其投影保持形状类似特点。

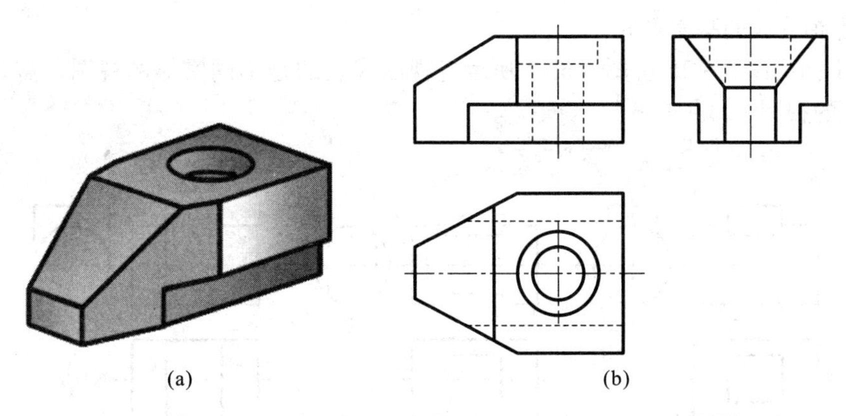

图 3-6-13　例 3-6-7 图

例 3-6-8　绘制机床导轨件[图 3-6-14(a)]的视图。

这是通常见的机床上使用的导轨，可以认为是由多面截切出来的。在截切前是个长方体。视图的画法与前面的相同，如图 3-6-14(b)所示。

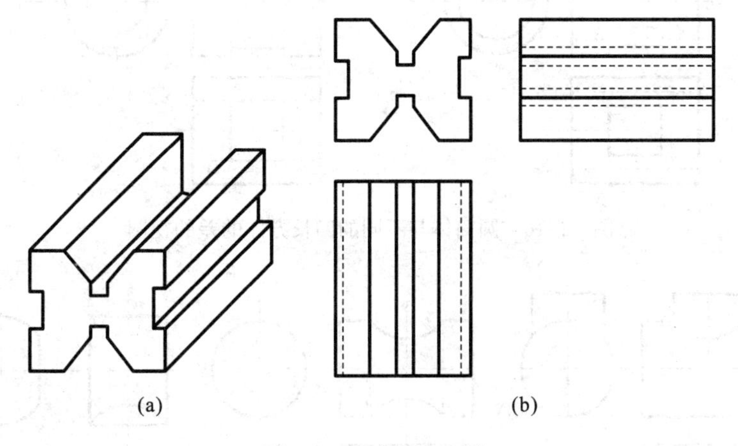

图 3-6-14　例 3-6-8 图

通过上面的这些例子我们可以知道，绘制截切组合体视图，可以先将其还原成简单形体，再依次“差”运算。过程是：分析原始的基本形体，找出形状与之最相近的简单形体；分析其经过几次截切而成。

画图过程为：先画出原始的简单形体投影，依次截切。每次切割应从反映特征的投影开始画。充分利用平面的投影特性，按“三等”关系作图。最后要检查：图形类似性、“三等”关系并描粗轮廓线。

一般情况下，平面与光滑曲面截切得到封闭的线框。不同线框之间的关系反映了形体表面的变化。可以利用这个规律分析截切形体表面形状。这种方法称为面形分析法。

3.6.3　组合体视图看图

由已知形体画出其投影的过程称为制图。由投影视图，经过分析，搞清其组成、形状和结构的过程称为看图。要能看懂一个复杂的组合体视图不是件简单的事，所以需要学会看图的一些方法。

1. 熟悉相交线的基本形式

例如,下面的图 3-6-15 至图 3-6-17 所示各视图代表的是不同实体的视图。需要记住一些典型的实体的视图。

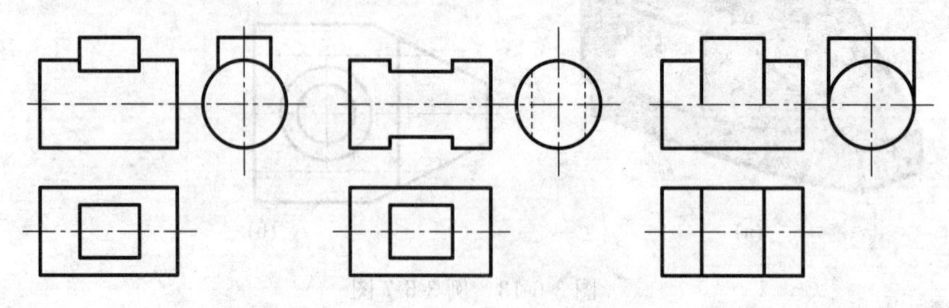

图 3-6-15　几种圆柱体与四长方体的并、差的视图

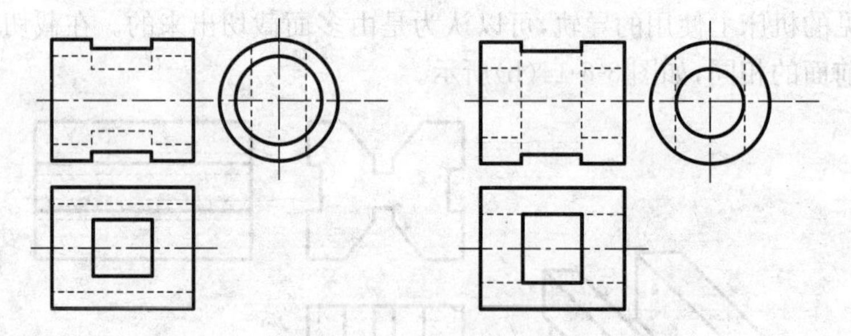

图 3-6-16　圆筒体与不同的四长方体的差的视图

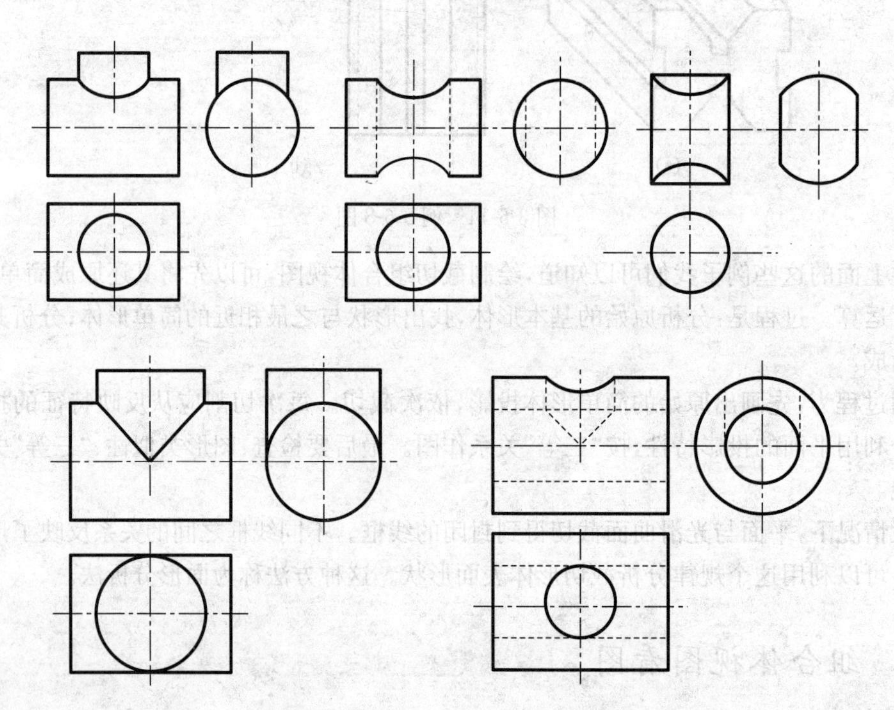

图 3-6-17　几种圆柱体的并、差的视图

2. 熟悉多形体相交的分析方法

搞清哪些形体相交的交线是什么形式,掌握求相交线的方法。对不完整的相交线,可以先

求完整的相交线，再取局部相交线。

采用的基本方法是形体分析法，即把复杂形体分解成若干基本形体，分析各基本体之间的相互关系、相互位置和布尔运算等。

对于容易引起误判的形体视图，看图时必须把几个投影图联系起来进行分析。要找出特征投影，抓住特征投影是看懂图的关键。下面的图 3-6-18 至图 3-6-21 所示的是几组可组合视图，不同组合对应不同的实体。

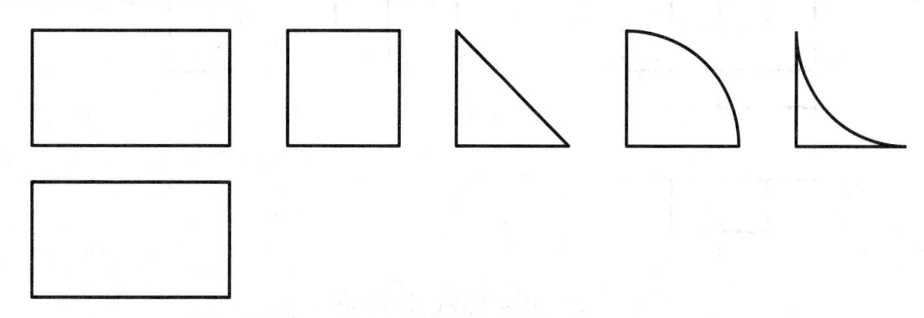

图 3-6-18　相同的主、俯视图与不同的左视图组成不同的实体

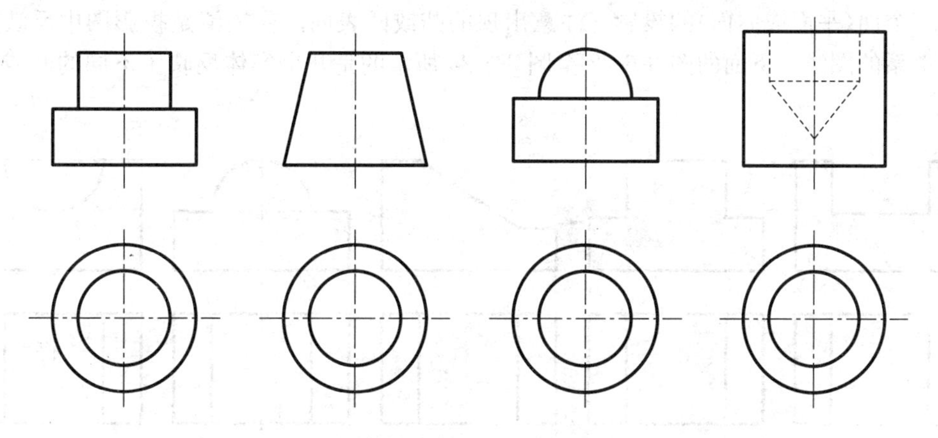

图 3-6-19　相同的俯视图与不同的主视图组成不同的实体

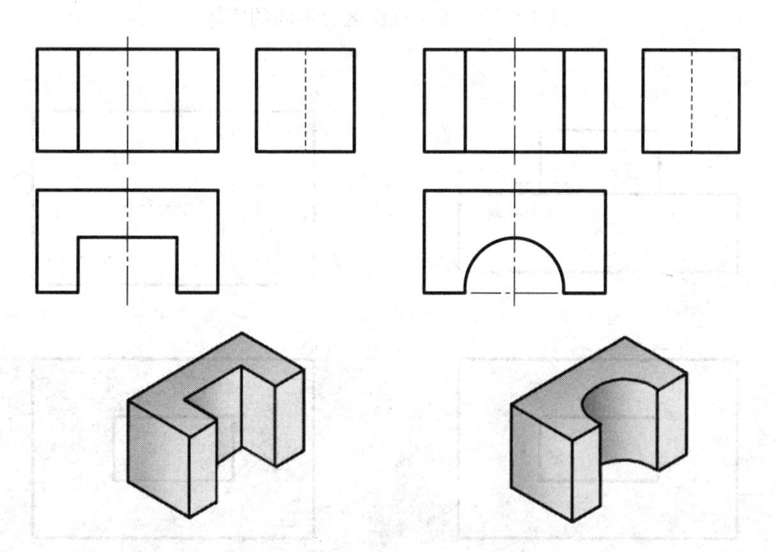

图 3-6-20　由俯视图区分不同的实体

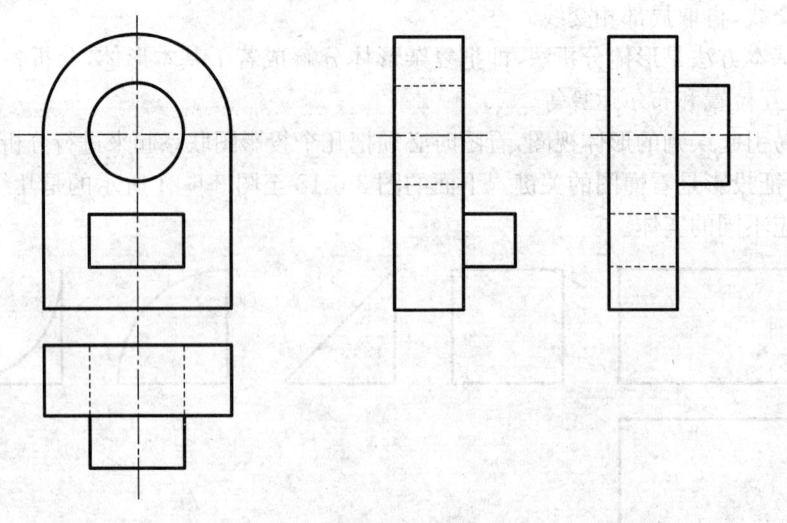

图 3-6-21　由左视图区分不同的实体

掌握线框分析方法。一般情况下,投影图中一个封闭线框代表空间一个面的投影,三个线框代表三个面(平面或曲面)的投影。注意出现的凸或凹表面。要搞清楚投影图中反映形体之间连接关系的图线。下面的图 3-6-22 至图 3-6-24 所示的是几个实体反映了不同的凸或凹表面的情况。

图 3-6-22　由主视图区分不同的实体

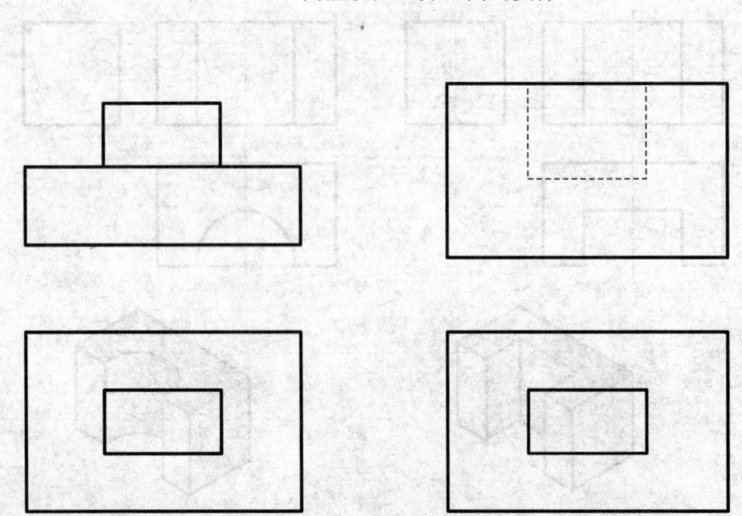

图 3-6-23　由主视图区分不同的凸或凹实体

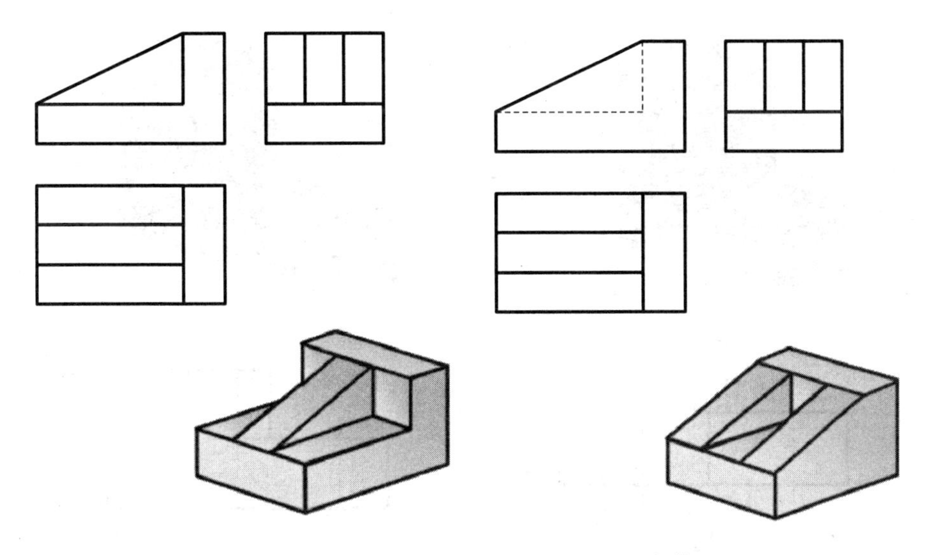

图 3-6-24　由主视图区分不同的凸或凹实体

3. 表面交线分析

由于形体不同、相对位置不同而产生不同的表面连接关系。对二次曲面的相贯线，需要进行形体间表面连接关系分析。

下面的图 3-6-25 至图 3-6-27 几种视图给出表面是否共面、是否相切、曲面相贯线的不同等情况。

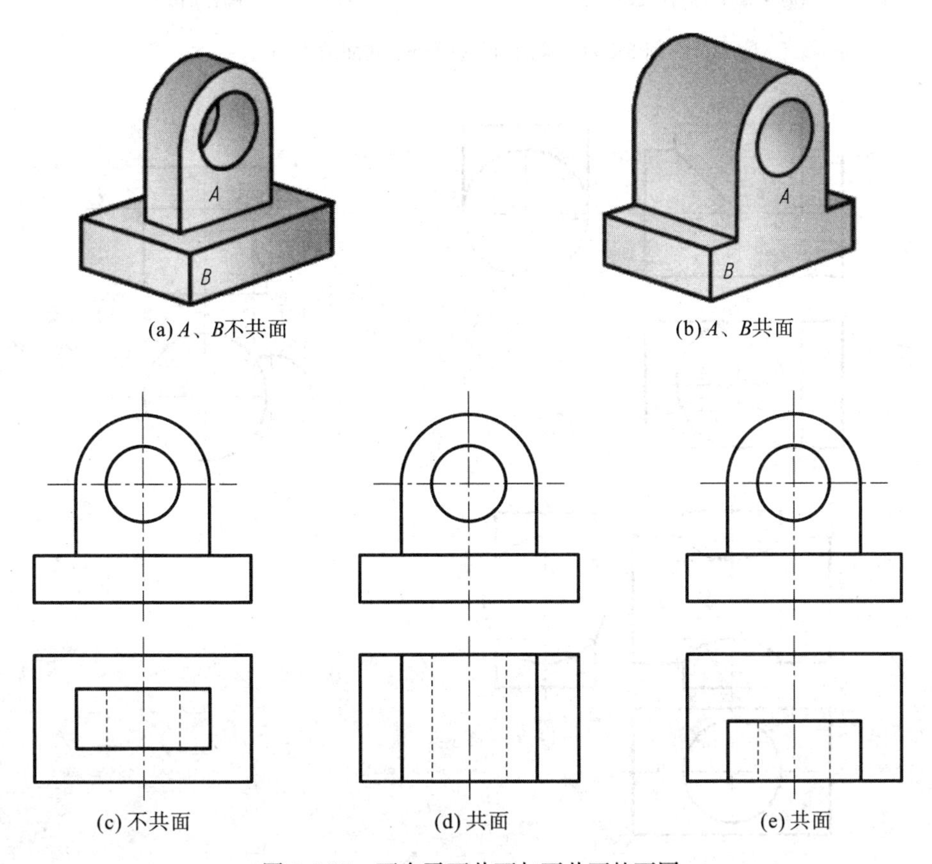

(a) A、B不共面　(b) A、B共面

(c) 不共面　(d) 共面　(e) 共面

图 3-6-25　两个平面共面与不共面的不同

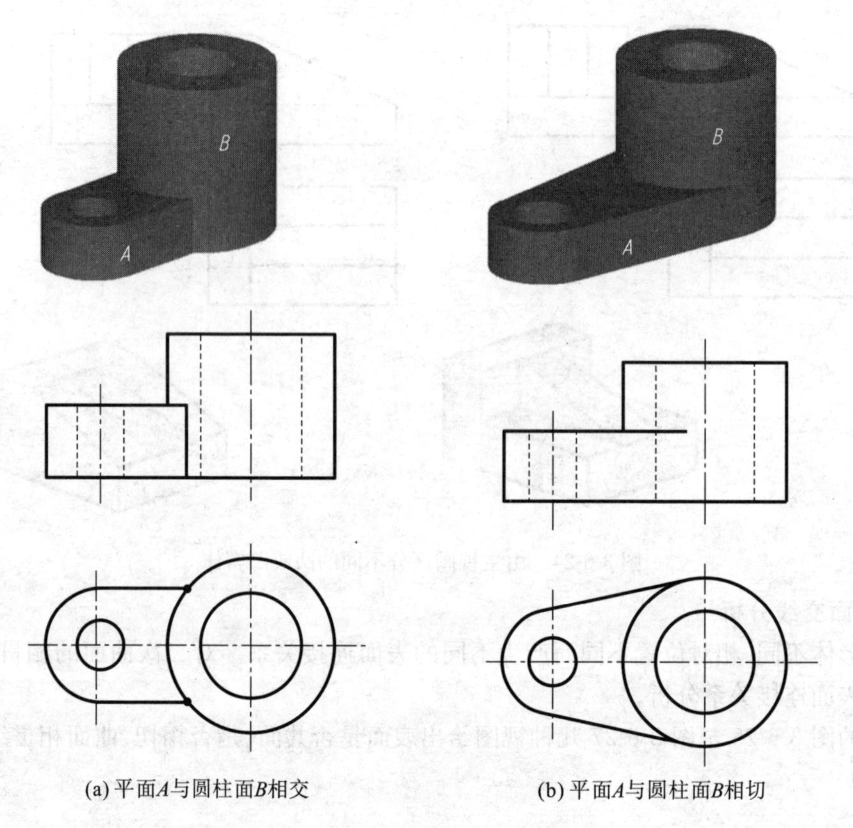

(a) 平面A与圆柱面B相交　　(b) 平面A与圆柱面B相切

图 3-6-26　两个面共面与不共面的不同

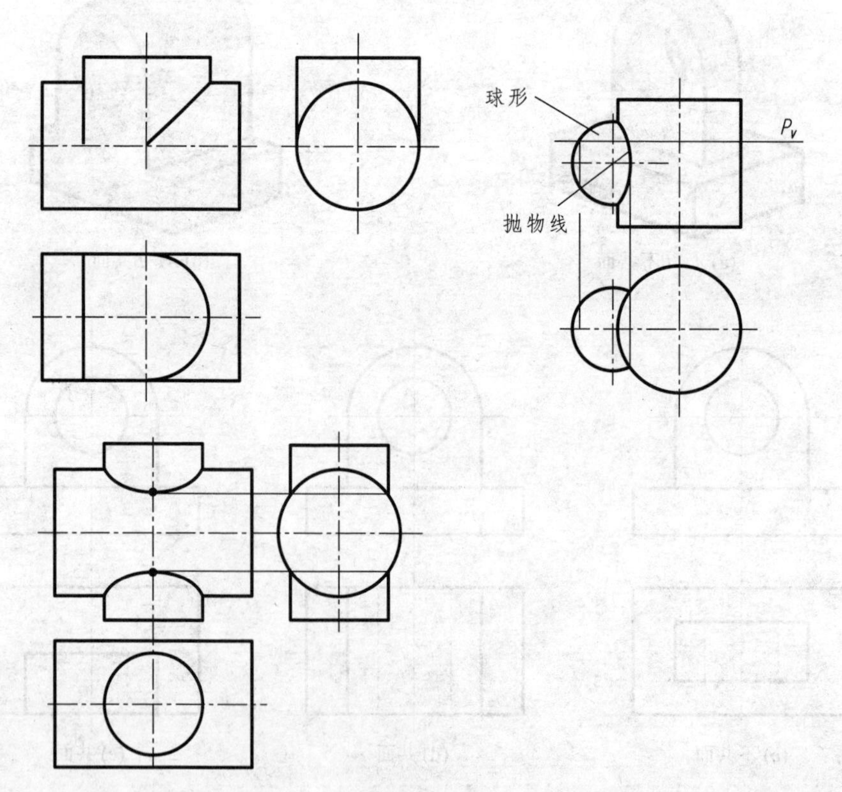

图 3-6-27　二次曲面的相贯线的不同

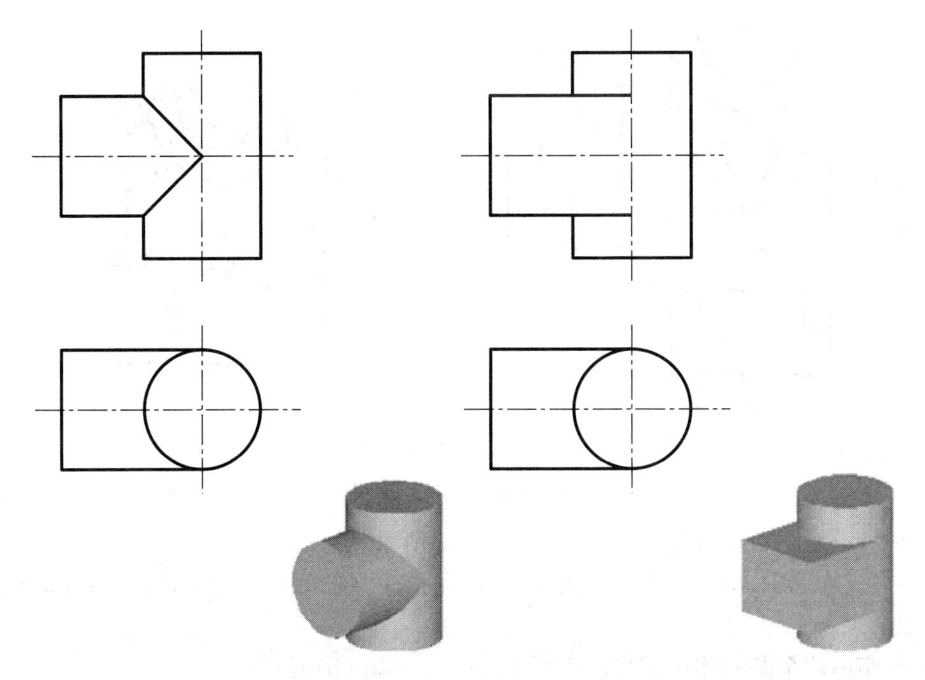

图 3-6-27(续)　二次曲面的相贯线的不同

例 3-6-9　判读轴承座的投影图，如图 3-6-28(a)所示。

看图方法：从特征投影入手，将形体分解成几部分。对确定的形状用“三等”关系检查投影，确定各部分的形状。

轴承座由 5 个简单立体组合而成(“并”)，如图 3-6-28(b)所示。

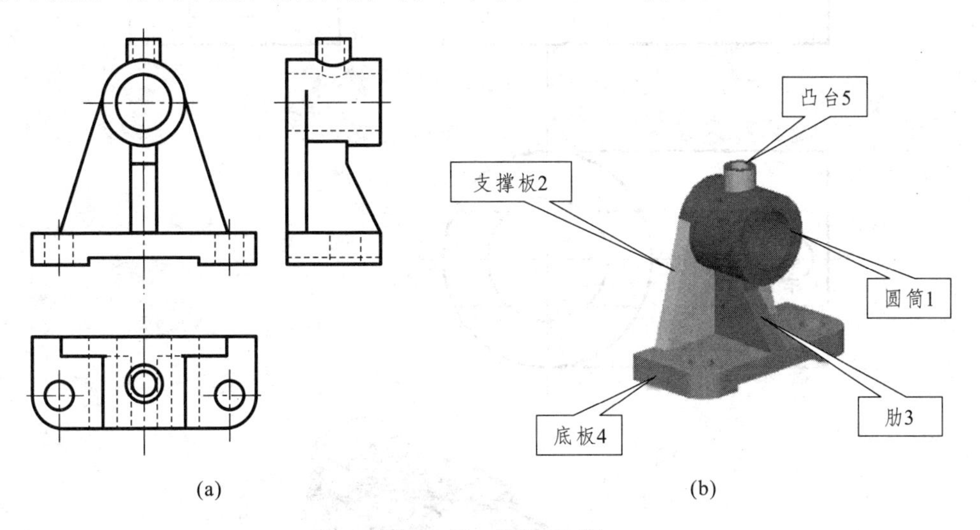

图 3-6-28　例 3-6-9 图

例 3-6-10　判读支座的投影图，如图 3-6-29(a)所示。

看图方法：从特征投影入手，将形体分解成几部分。对确定的形状用“三等”关系对投影进行检查，确定各部分的形状。取线框或投影面曲线，确定表面形状及相对位置关系，想像物体形状。

图中，支座由 5 个面截切而成(“差”)，如图 3-6-29(b)所示。

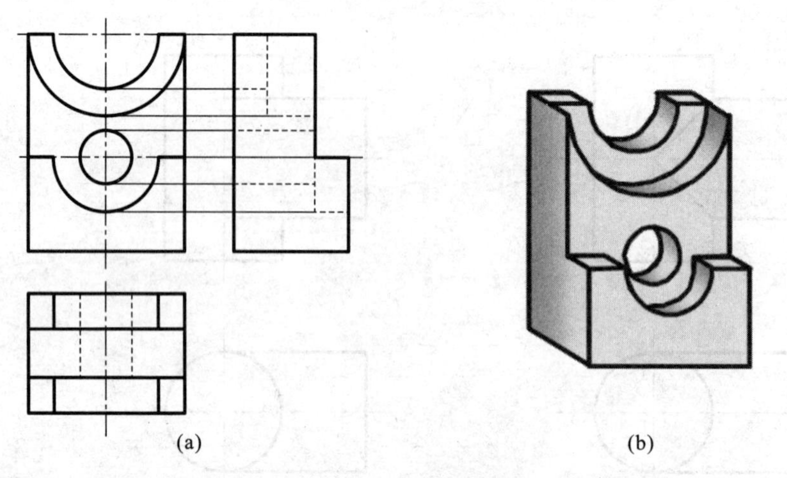

图 3-6-29　例 3-6-10 图

例 3-6-11　判读支座的投影图，如图 3-6-30(a)所示。

看图方法：本例中，出现较多的虚线，说明存在孔。要采用分层次分析，可以先假设实体形状，再验证结果。

图中支座由两个基本体拼接与截切而成，如图 3-6-30(b)所示。

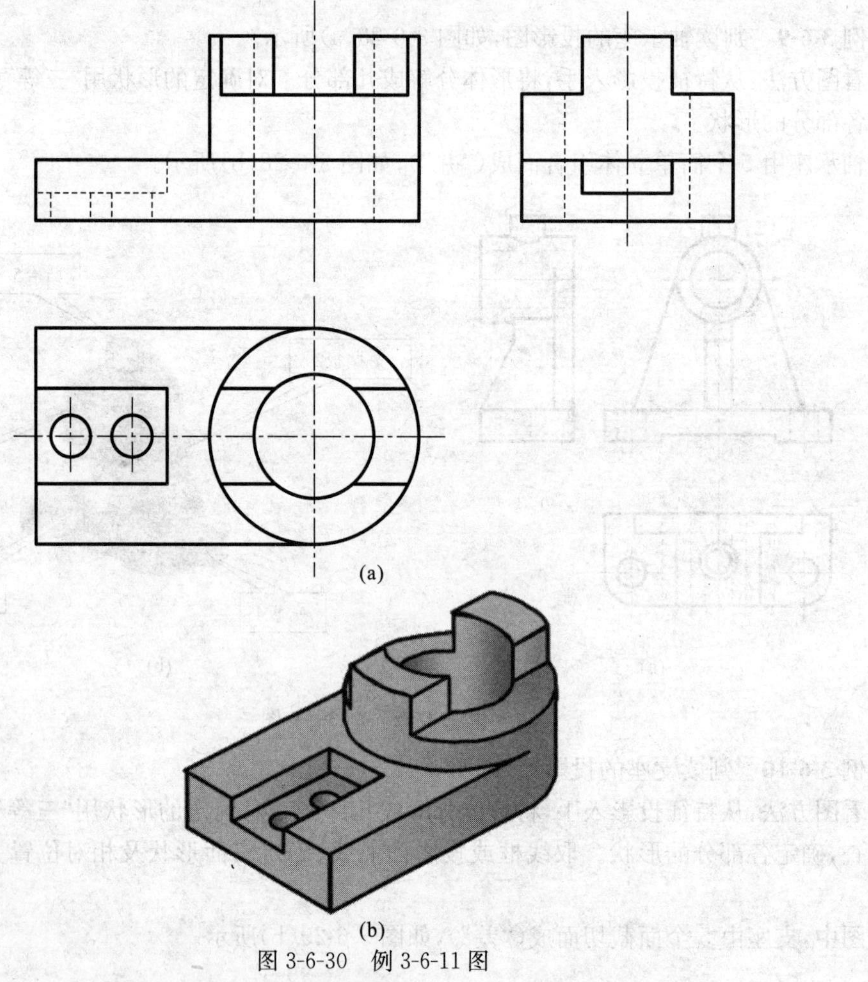

图 3-6-30　例 3-6-11 图

请读者自行分析图 3-6-31 所表达的实体。

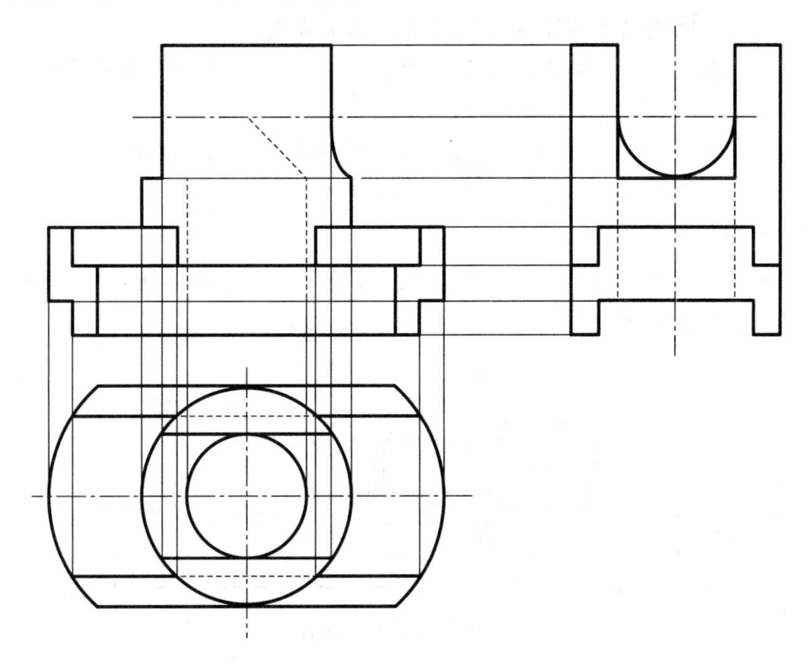

图 3-6-31　组合体的三视图

3.7　组合体的尺寸标注

组合体视图的尺寸标注是技术制图的重要内容。对尺寸标注方法，标准 GB/T 4458.4—2003 作出了规定，绘图时要按规定来标注。

3.7.1　尺寸标注的基本要求

视图的尺寸标注不仅与设计要求有关，也与制造过程有关。因此，有时要了解实体的制造方法。

1. 尺寸标注三要素

尺寸界线：尺寸界线为细实线，并应由轮廓线、轴线或对称中心线处引出，也可用这些线代替。

尺寸线：尺寸线为细实线，一端或两端带有箭头终端符号。尺寸线不能用其他图线代替，也不得与其他图线重合。标注线性尺寸时尺寸线必须与所标注的线段平行。

尺寸数值：尺寸数值为零件的真实大小（名义尺寸），与绘图比例及绘图的准确度无关。

2. 尺寸标注的基本要求

正确：指的是要符合国家标准的有关规定。

齐全：标注零件所需要的全部尺寸，不遗漏、不重复。

清晰：尺寸布置要整齐、清晰，便于阅读。

合理:标注的尺寸要符合设计要求及工艺要求。

除了这些要求外,标注尺寸还需要遵循以下的基本规则:

① 机械产品图纸的尺寸以毫米为单位,不用标明。如采用其他单位时,则必须注明。

② 图中所注尺寸为零件完工后的尺寸。

③ 每个尺寸一般只标注一次,并应标注在最能清晰地反映该结构特征的视图上。

④ 尽量避免在不可见的轮廓线上标注尺寸。

3. 基本尺寸标注方法

如图 3-7-1 所示。一般尺寸数字应标注在尺寸线的上方,也可标注在尺寸线的中断处。水平方向字头向上,垂直方向字头向左。

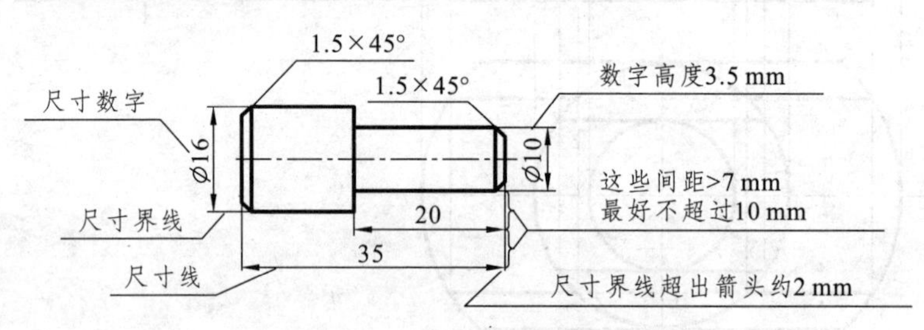

图 3-7-1　基本尺寸标注

倾斜方向的线性尺寸数字的方向,一般应按上图 3-7-2 所示方向标注,并尽可能避免在图示 30°范围内标注尺寸,无法避免时应引出标注。尺寸数字不可与任何图线交叉,如无法避免交叉必须将该图线断开。

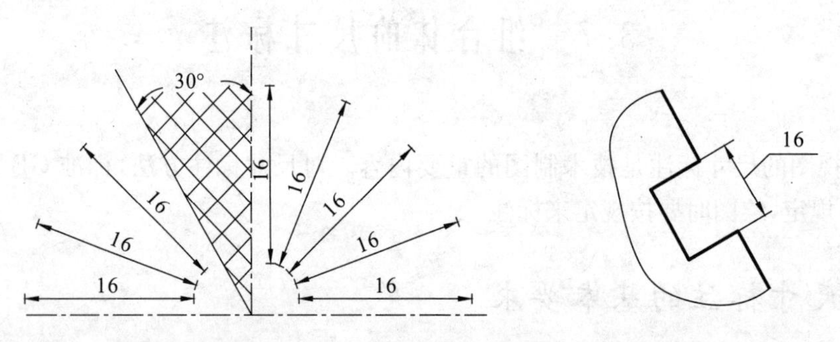

图 3-7-2　倾斜方向尺寸标注

4. 角度、直径、半径及狭小部位尺寸的标注方法

(1) 角度尺寸

① 尺寸线应画成圆弧,其圆心是该角的顶点。尺寸界线沿径向引出。② 角度数字一律水平写,如图 3-7-3 所示。

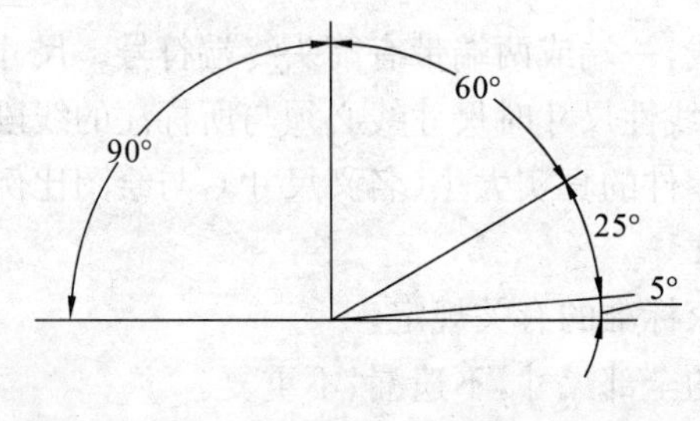

图 3-7-3　角度尺寸标注

(2) 完整圆的直径尺寸

① 标注直径尺寸时，应在尺寸数字前加注直径符号∅；② 标注球面直径时，应在符号∅前加注符号 S，如图 3-7-4 所示。此外，圆柱体的直径要标注在非圆的视图上。完整的圆周要标注直径。

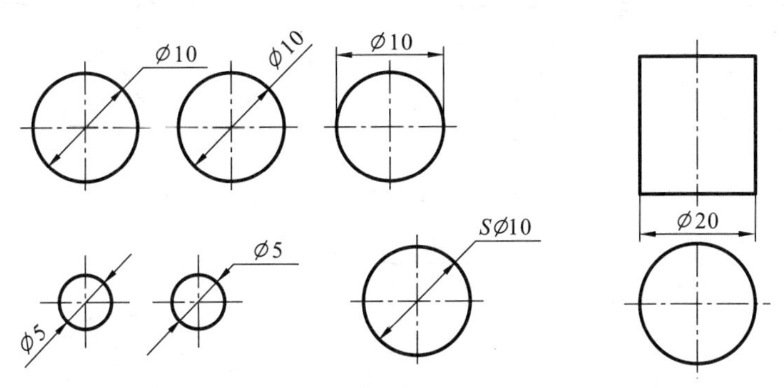

图 3-7-4　完整圆直径尺寸标注

(3) 半径尺寸

部分圆弧视图要标注半径。① 标注半径尺寸时，应在尺寸数字前加注符号 R；② 应标注在是圆弧的视图上；③ 标注球面半径时，应在符号 R 前加注符号 S，如图 3-7-5 所示。

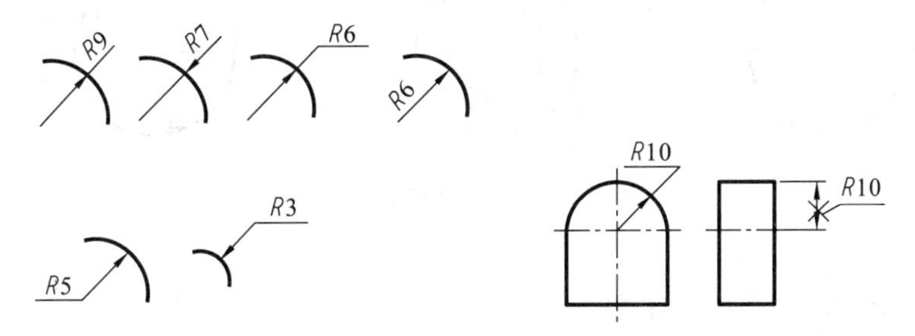

图 3-7-5　圆弧半径尺寸标注

(4) 狭小部位尺寸

其标注方法如图 3-7-6 所示。

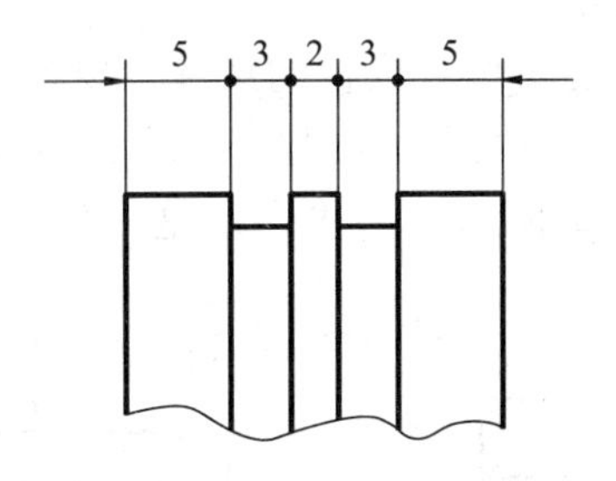

图 3-7-6　狭小部位尺寸标注

3.7.2　基本体的尺寸标注

基本体的尺寸主要包括基本体的长度、宽度和高度，还包括直径、半径和角度等尺寸。如图 3-7-7 和图 3-7-8 所示是一些常见的基本体的尺寸标注例子。

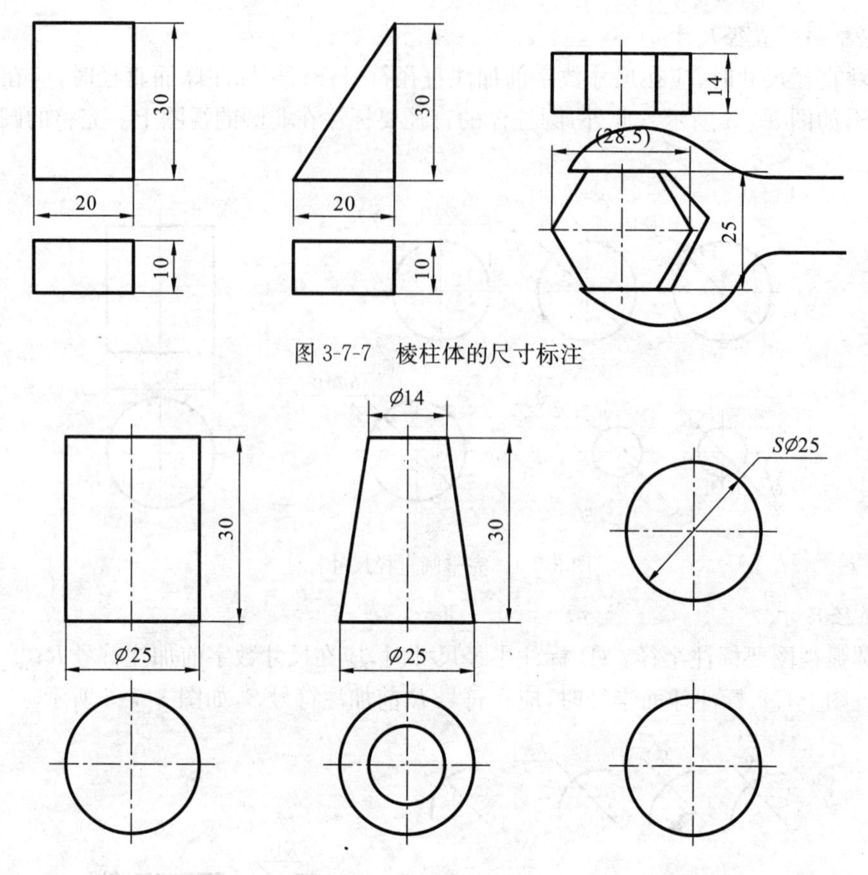

图 3-7-7　棱柱体的尺寸标注

图 3-7-8　旋转体的尺寸标注

3.7.3　组合体的尺寸标注

组合体一般是由几个基本体构成的。因此，首先进行形体分析，将组合体分解为若干个基本体。在形体分析的基础上标注三类尺寸：

① 定形尺寸：确定各基本体形状大小的尺寸。

② 定位尺寸：确定各基本体之间相对位置的尺寸。要标注定位尺寸，必须先选定尺寸基准。每个零件都有长、宽、高三个方向的尺寸，因此，每个方向至少要有一个基准。通常以零件的底面、端面、对称面和轴线作为基准。图 3-7-9 所示是一些常见形体的定位尺寸。

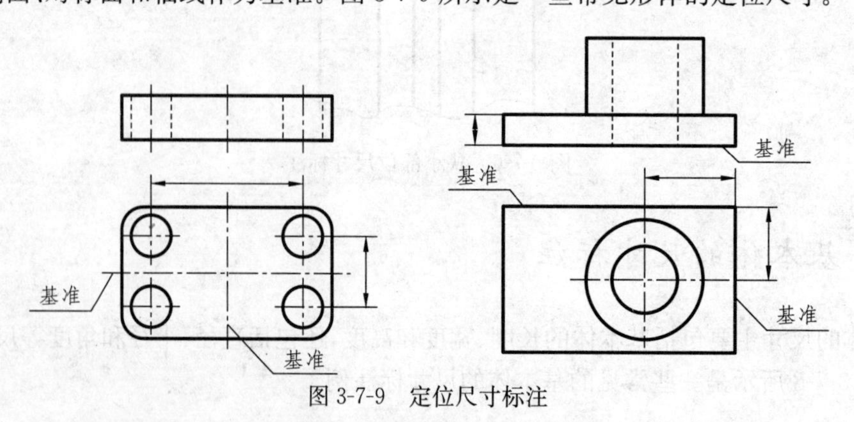

图 3-7-9　定位尺寸标注

③ 总体尺寸：零件总体的长、宽、高三个方向的最大尺寸。

总体尺寸、定位尺寸、定形尺寸可能重合一致，但要避免出现多余尺寸。如图 3-7-10 中所示的不合理尺寸标注。图 3-7-10(a)中的尺寸标注出现尺寸链封闭，图 3-7-10(b)中的尺寸标注是合理的。

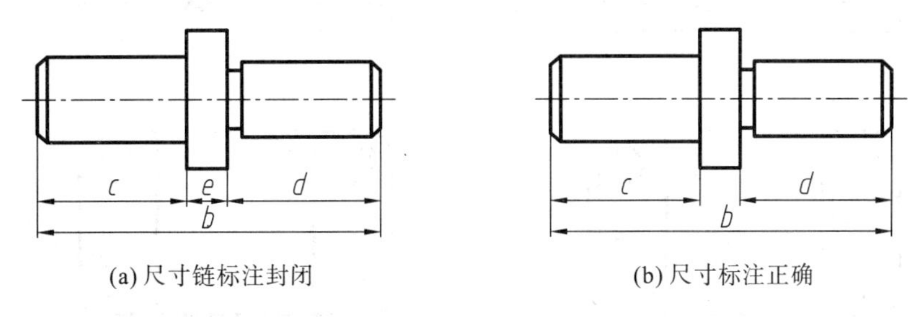

(a) 尺寸链标注封闭　　(b) 尺寸标注正确

图 3-7-10　组合体尺寸标注方法

组合体表面具有相贯线和截交线时一般不标注它的尺寸，而是标注它们的定位尺寸，如图 3-7-11 和图 3-7-12 所示。图 3-7-11(a)中截切线尺寸标注不正确，而图 3-7-11(b)的标注方法比较好。图 3-7-12(a)中相贯线尺寸标注不正确，而图 3-7-12(b)的标注方法比较好。

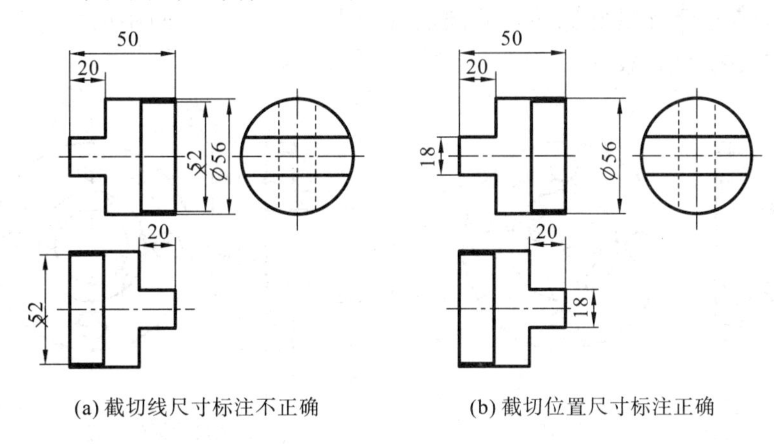

(a) 截切线尺寸标注不正确　　(b) 截切位置尺寸标注正确

图 3-7-11　具有截切线的组合体尺寸标注方法

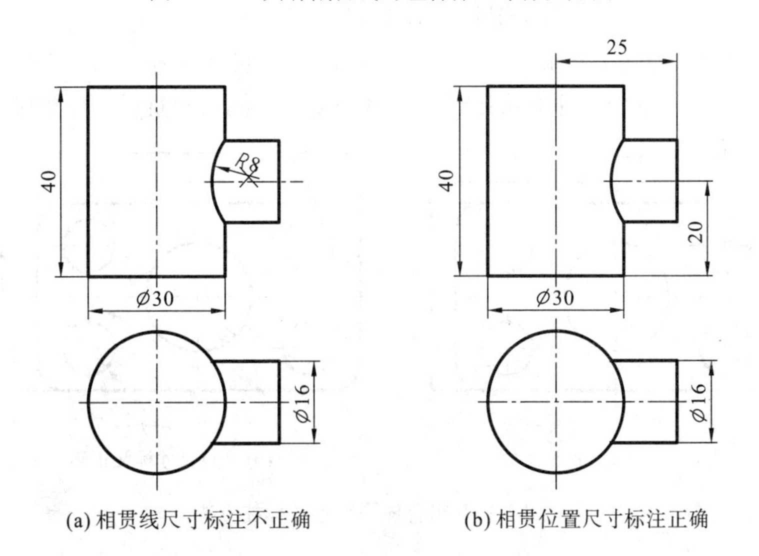

(a) 相贯线尺寸标注不正确　　(b) 相贯位置尺寸标注正确

图 3-7-12　具有相贯线的组合体尺寸标注方法

另外,尺寸应尽量标注在视图外面,以免尺寸线、尺寸数字与视图的轮廓线相交。图 3-7-13(a)中的尺寸标注不正确,而图 3-7-13(b)中的标注方法比较好。

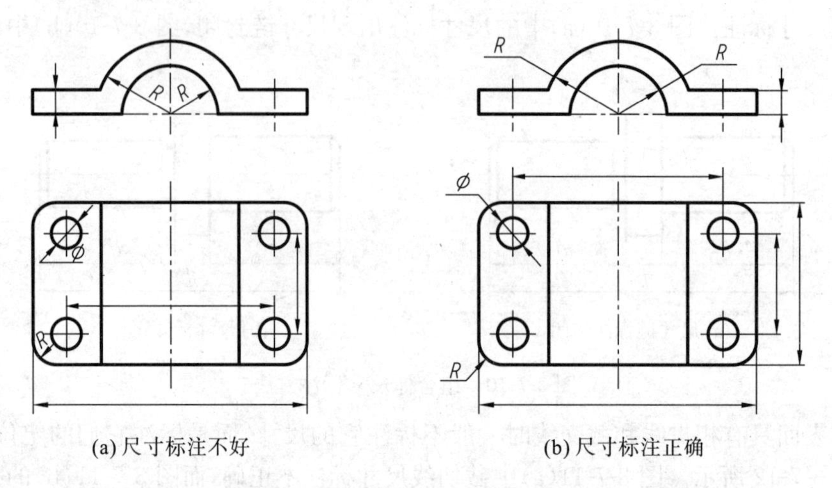

(a) 尺寸标注不好　　(b) 尺寸标注正确

图 3-7-13　组合体尺寸标注方法

同心圆柱的直径尺寸最好标注在非圆的视图上。图 3-7-14(a)中的尺寸标注不好,而图 3-7-14(b)中的标注方法比较好。

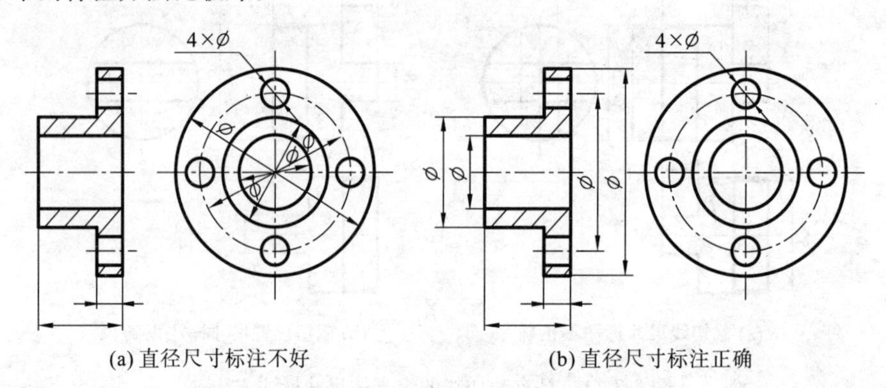

(a) 直径尺寸标注不好　　(b) 直径尺寸标注正确

图 3-7-14　组合体直径尺寸标注方法

相互平行的尺寸,应按大小顺序排列,小尺寸在内,大尺寸在外。图 3-7-15(a)中的尺寸标注不好,而图 3-7-15(b)中的标注方法比较好。其中 4 个相同的圆直径可以集中标注为4×∅。

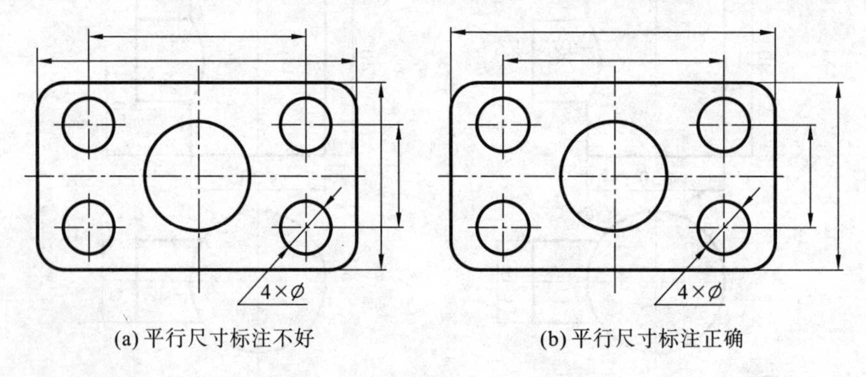

(a) 平行尺寸标注不好　　(b) 平行尺寸标注正确

图 3-7-15　组合体平行尺寸标注方法

下图 3-7-16 所示的是一个复杂的组合体的尺寸标注例子，其中包括每一基本体的定形、定位尺寸，还有总体尺寸标注。俯视图中的 4 个小圆表示 4 个小孔，直径为∅12，孔深为 16。

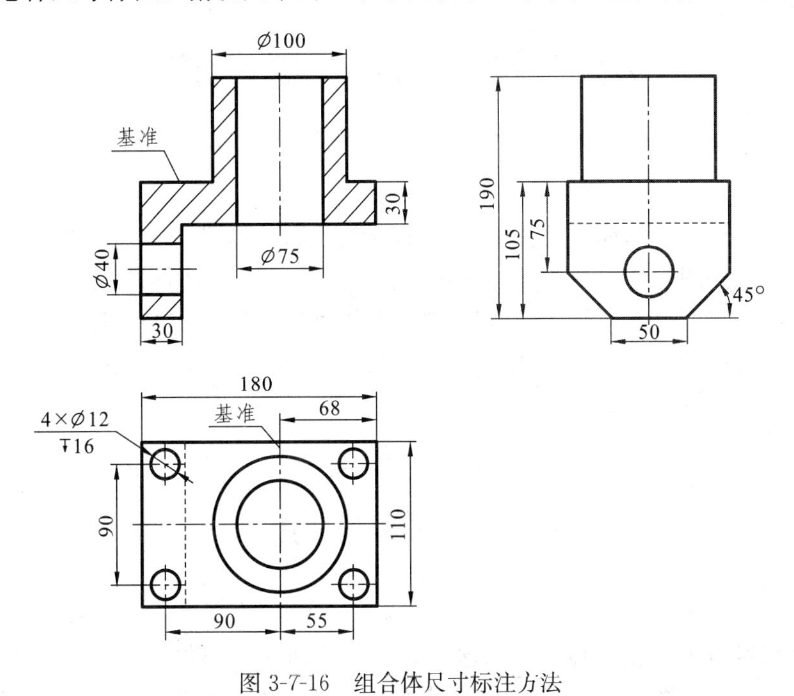

图 3-7-16　组合体尺寸标注方法

第4章　轴　测　图

人们日常观察到的物体都是具有立体感的，人们也喜欢看带有立体感的图形，因为它直观而且容易理解。轴测图和透视图就是具有立体感的图形。所以，轴测图和透视图在很多场合具有不可替代的作用。但是，绘制轴测图和透视图要用到斜投影和中心投影方法，不掌握这样的投影方法就不容易画好，且手工绘图比较麻烦，因此目前多采用计算机软件来绘制轴测图和透视图。本章简单介绍轴测图的绘图方法。

4.1　概　述

在前面介绍过斜投影和中心投影原理，如图4-1-1所示。斜投影法是一种平行投影，它的投影图形与实物之间会发生变化，投影度量性不好。中心投影法的投射中心、物体、投影面三者之间的相对距离对投影有影响，投影度量性较差。

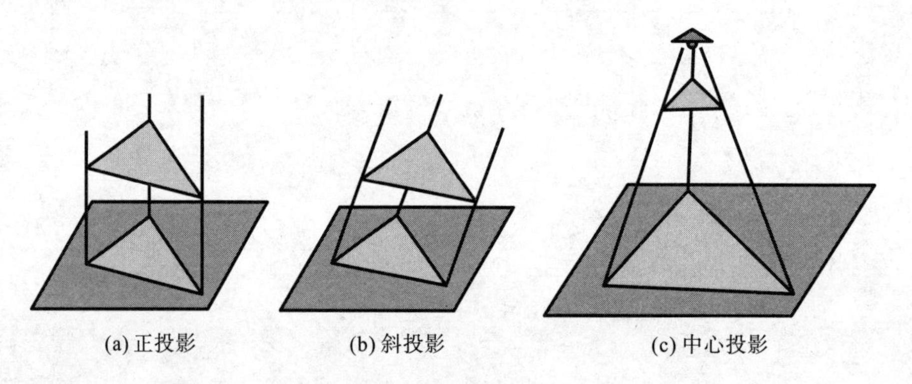
(a) 正投影　　(b) 斜投影　　(c) 中心投影

图4-1-1　几种投影方法

轴测图是采用平行投影方法绘制的，而且是单面投影。轴测图的特点是直观、立体感强。

轴测图的形成方法：将物体置于空间直角坐标系中，用平行投影法将物体及确定物体空间位置的直角坐标系一起向一个投影面投影得到轴测图，如图4-1-2所示。

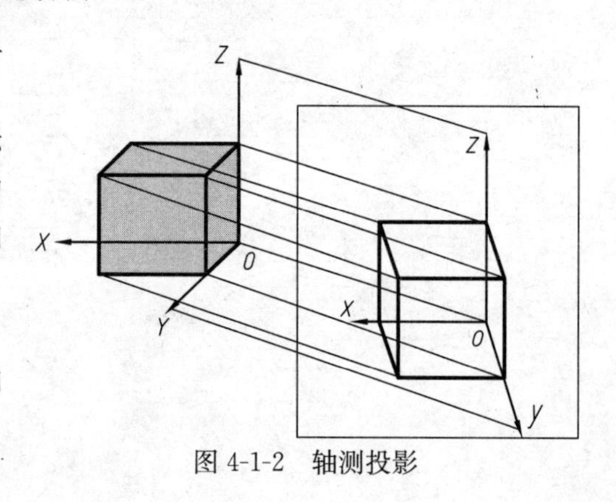

图4-1-2　轴测投影

1. 轴测图的基本特性

显示轴测投影图的投影面称为轴测投影面，如图4-1-3所示。

直角坐标轴的投影称为轴测投影轴。轴测投影轴之间的平面角称为轴间角。

在轴测投影系中，直线保持为直线。由于投影长度与实际长度之间相比发生了变化，所以采用伸缩系数来表示这种变化。三个坐标方向的轴向伸缩系数定义为：

$$p=\frac{ox}{OX},\quad q=\frac{oy}{OY},\quad r=\frac{oz}{OZ}$$

这里，OX、OY、OZ 为原坐标轴上单位长度，ox、oy、oz 为投影轴测轴上单位长度。

由于轴测投影是平行投影，它具有如下的基本特性。① 平行线保持平行。② 同一线段的各段长度之比，在轴测投影中保持比例不变。③ 平行线段的伸缩保持不变。

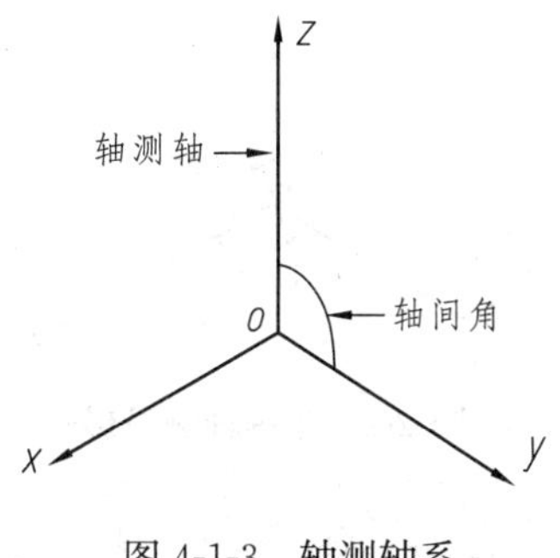

图 4-1-3　轴测轴系

轴测图按投射方向分为：① 正轴测图。② 斜轴测图。

轴测图按轴向变形系数（轴向伸缩系数）分为：

等轴测图：$p=q=r$。三个方向上伸缩相同，简称为“等轴测”。又分为正等轴测图、斜等轴测图。

二等轴测图：$p\neq q=r$。两个方向上伸缩相同，简称为“二等轴测”。又分为正二等轴测图、斜二等轴测图。

三轴测图：$p\neq q\neq r$。又分为正三轴测图、斜三轴测图。

显然，由于物体的位置和投影方向可以有很多种变化，所以，轴测图也就会有很多种。它们的区别在于轴间角与轴向伸缩系数的不同。但轴间角与轴向伸缩系数的选择不能太复杂，否则不利于绘图。工程制图上通常只选择 2～3 种轴测图：正等轴测图、正二等轴测图和斜二等轴测图。本章主要介绍正等轴测图、斜二等轴测图的绘制方法。

2. 透视图的基本特性

透视图采用中心投影方法绘制。它主要用于建筑设计的效果图、产品宣传的效果图等方面。它的投影规律比较复杂。这里不详细介绍，有兴趣的可以查看有关的资料。

4.2　正等轴测图画法

将物体的正面、顶面、侧面与投影面倾斜，用正投影法投影得到的图形称为正轴测图，如图 4-2-1 所示。

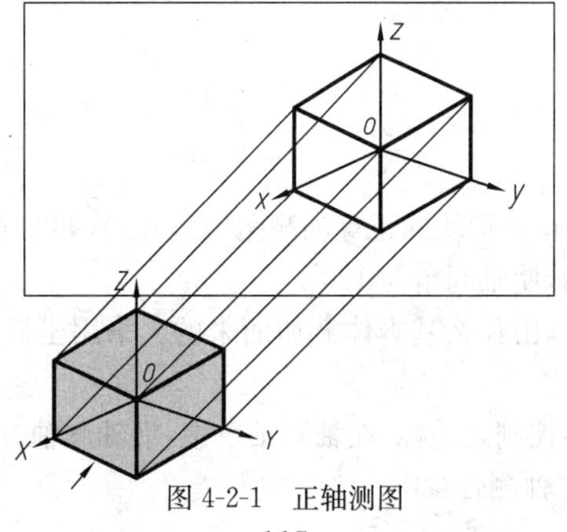

图 4-2-1　正轴测图

当取伸缩系数 $p=q=r$ 时，称为正等轴测投影。这时，轴向伸缩系数和轴间角有下列关系：

$$p^2+q^2+r^2=2$$

$$p=q=r=\sqrt{\frac{2}{3}}\approx 0.82\text{（三个方向上伸缩系数相同，称为“等”）}$$

轴间角相等且为

$$\theta=\arccos\frac{-\sqrt{(1-p^2)(1-r^2)}}{pr}=120^\circ$$

如图 4-2-2 所示。

由于理论轴向变形系数 $p=q=r=0.82$，这给作图带来不便。实际作图时取简化轴向变形系数 $p=q=r=1$。这样绘制的轴测图看上去比实际的要大一点，放大的倍数为 $\frac{1}{0.82}=1.22$。

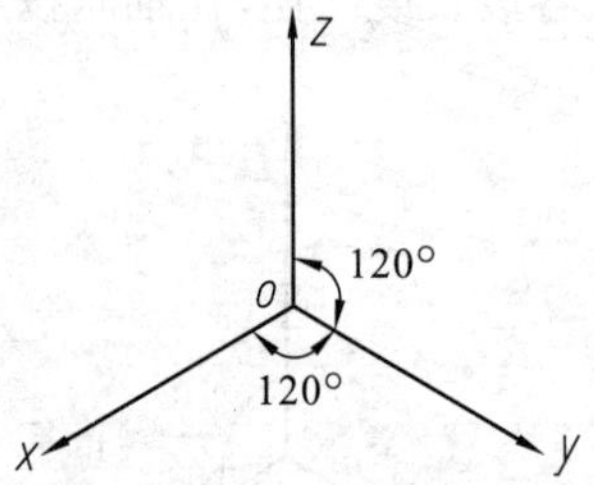

图 4-2-2　正等轴测投影轴

4.2.1　平面体的正等轴测图

正等轴测图作图方法可以分为：① 坐标法；② 叠加法；③ 截切法，它们也是绘制其他轴测图的基本方法。

例 4-2-1　根据三视图作四棱锥的正等轴测图（坐标法），如图 4-2-3(a)所示。

绘图步骤：① 画轴测轴，使轴间角为 120°，如图 4-2-3(b)所示。

② 在三视图中选择控制点，量取各控制点坐标，在轴测系中，沿轴测轴方向度量相同的坐标。这样将三视图中的点移到了轴测轴系中。

③ 在正等轴测投影系中，直线保持为直线。在有棱线的位置连接端点为线，得到正等轴测图。注意，在正等轴测图中，不可见的轮廓线不画虚线，如图 4-2-3(c)所示。

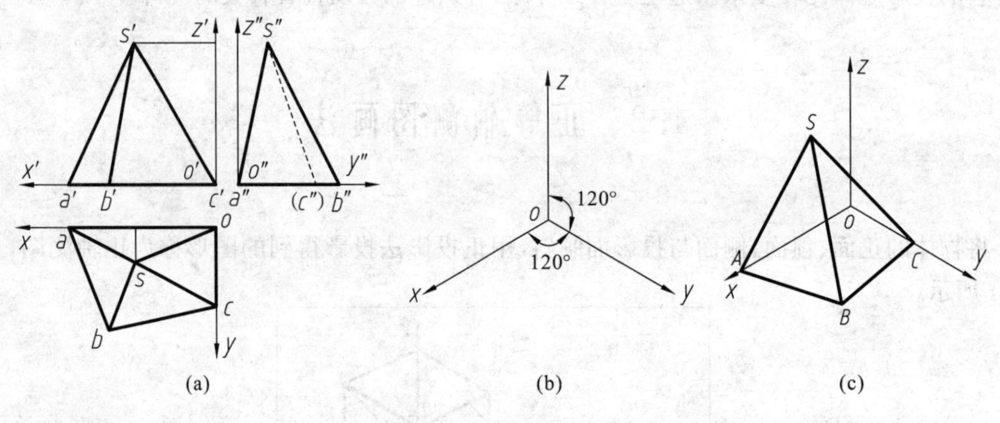

图 4-2-3　例 4-2-1 图

例 4-2-2　根据三视图作 V 形块的正等轴测图（截切法），如图 4-2-4(a)所示。

绘图步骤：① 画轴测轴，使轴间角为 120°。

② 分析三视图的实体是由什么基本体截切而来的。采用坐标点法，画出基本体的正等轴测图，如图 4-2-4(b)所示。

③ 选择控制点，量取各控制点坐标，在轴测轴系中，沿轴测轴方向度量相同的坐标，这样就将三视图中的控制点移到了轴测轴系中。

④ 在正等轴测投影系中，直线保持为直线。画截切棱线，得到正等轴测图，如图 4-2-4(c)所示。

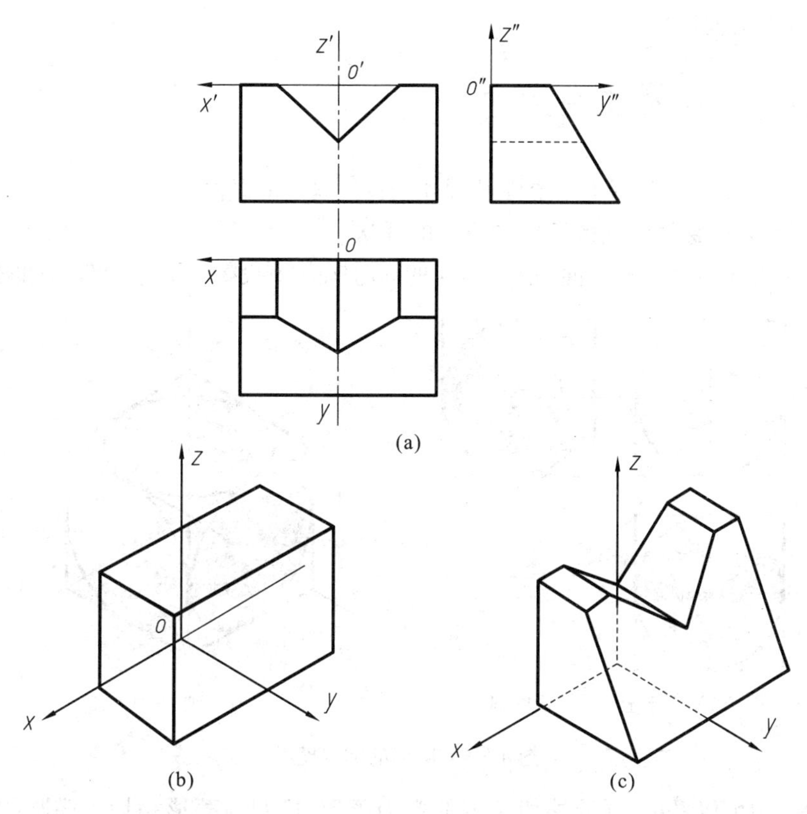

图 4-2-4 例 4-2-2 图

例 4-2-3 根据三视图作组合体的正等轴测图(叠加法)，如图 4-2-5(a)所示。

绘图步骤：① 画轴测轴，使轴间角为 120°。

② 分析三视图的实体是由什么基本体拼接而来的。采用坐标点法，画出基本体的正等轴测图。上面是一个带槽的长方体。利用坐标取点，再截切即可得到。

③ 下面是一个截角的平板体，选择控制点，量取各点坐标，在轴测轴系中，沿轴测轴方向度量相同的坐标，这样就将三视图中的点移到了轴测轴系中。

④ 在轴测投影系中，直线保持为直线。画组合体棱线，得到正等轴测图，如图 4-2-5(b)所示。

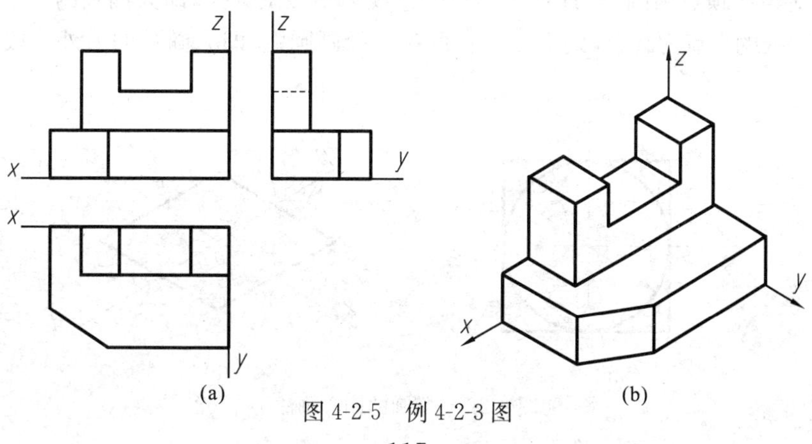

图 4-2-5 例 4-2-3 图

归纳上面的绘图过程,需要注意:选择直角坐标轴应考虑形体的特征,将轴测轴与坐标轴相对应,凡与直角坐标轴平行的线段,其变形系数与相应的轴向变形系数相同,则沿轴度量。注意斜线画法(不能直接度量)。

4.2.2 回转体的正等轴测图

绘制回转体的正等轴测图中主要涉及圆周的轴测投影的画法。

1. 平行于实际坐标面的圆的正等轴测图的画法

在三视图中,平行于坐标投影面的圆是真实的圆,但在轴测投影中要变为椭圆,如图 4-2-6 所示。

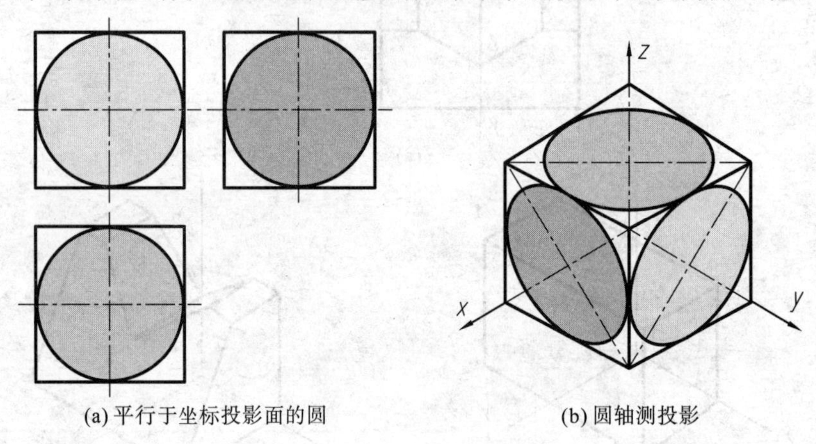

(a) 平行于坐标投影面的圆　　(b) 圆轴测投影

图 4-2-6　圆周的轴测投影

从图 4-2-6 中可以看出,圆的外切正方形变为菱形,椭圆与菱形相切。椭圆的长轴与短轴相在菱形对角线上,且互垂直。椭圆长轴长度等于圆的直径 d,短轴等于 $d\sqrt{1-p^2}=0.58d$。采用简化的伸缩系数时,椭圆长轴长度相对于圆的直径为 $1.22d$,短轴等于 $0.7d$。

利用菱形与椭圆相切的关系,可以建立椭圆的近似画法——四心法,即以四段圆弧来代替椭圆。四段圆弧的圆心采用下面的方法确定:

① 根据圆的外切正方形,在轴测投影面中作菱形,菱形的边长为圆的直径。菱形长对角线对应椭圆长轴,短对角线对应椭圆短轴。

② 连接菱形的短对角线的顶点和与对边的切点(中点),得到辅助线。

③ 以短对角线顶点为圆心,顶点与切点的连线为半径画圆弧,即为椭圆的一段。

④ 以辅助线的交点为圆心,到切点的长度为半径画圆弧,即为椭圆的另外一段。如图 4-2-7 所示。

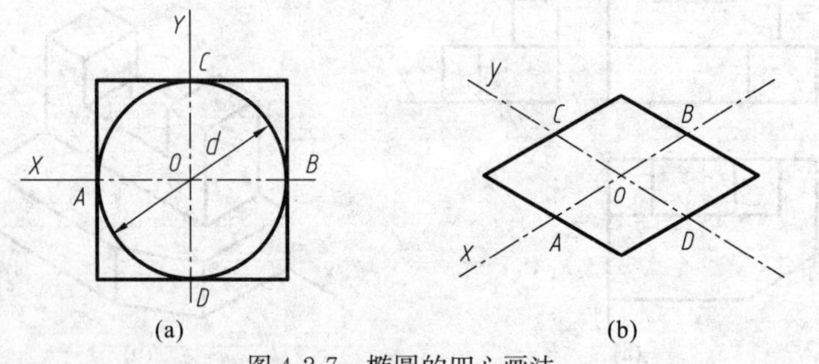

(a)　　(b)

图 4-2-7　椭圆的四心画法

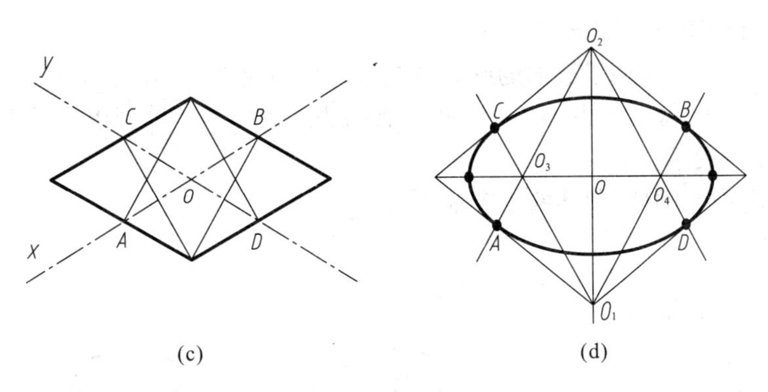

图 4-2-7(续) 椭圆的四心画法

2. 带圆弧体的正等轴测图的画法

在三视图中，平行于坐标投影面的部分圆弧在轴测投影中也要变为椭圆弧。

例 4-2-4 根据截切的圆柱体三视图作正等轴测图，如图 4-2-8(a)所示。

首先利用四心法作完整圆周的正等轴测图，再取所需要的部分线条，其他直线保持为直线，如图 4-2-8(b)所示。

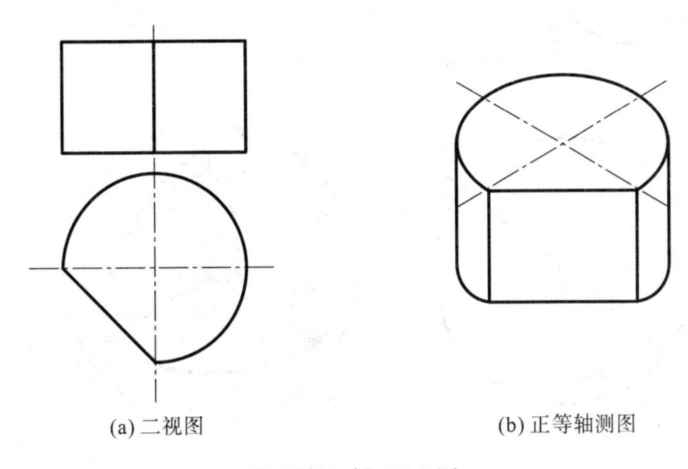

图 4-2-8 例 4-2-4 图

例 4-2-5 根据带圆弧角的实体三视图作正等轴测图，如图 4-2-9(a)所示。

简便画法：在长方体的边角线上，取圆角半径长度，作边线的垂线，两条边线的垂线相交于一点，以该点为圆心，到圆角切点的距离为半径画圆弧，即为圆角的投影。其他直线保持为直线，如图 4-2-9(b)所示。

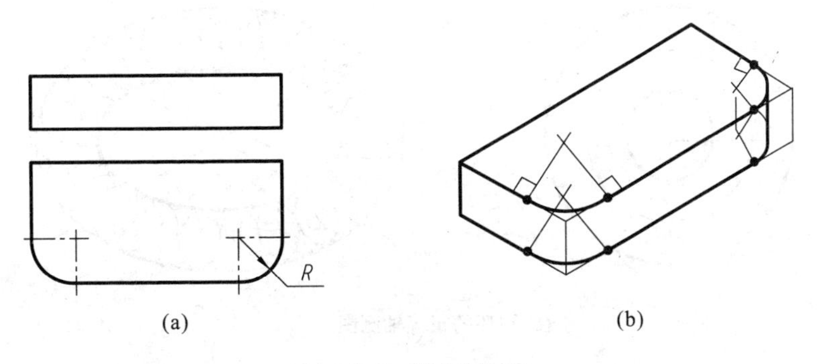

图 4-2-9 例 4-2-5 图

3. 回转体的正等轴测图的画法

在三视图中，平行于坐标投影面的圆到轴测投影中也要变为椭圆。直线保持为直线，圆球体保持为圆。为了显示立体效果，可采用截切面画法。对于圆环体利用一系列球体的轴测投影，取它们的包络线表示。

例 4-2-6 画圆台、圆球、圆环的正等轴测图。

绘制方法如图 4-2-10 所示。

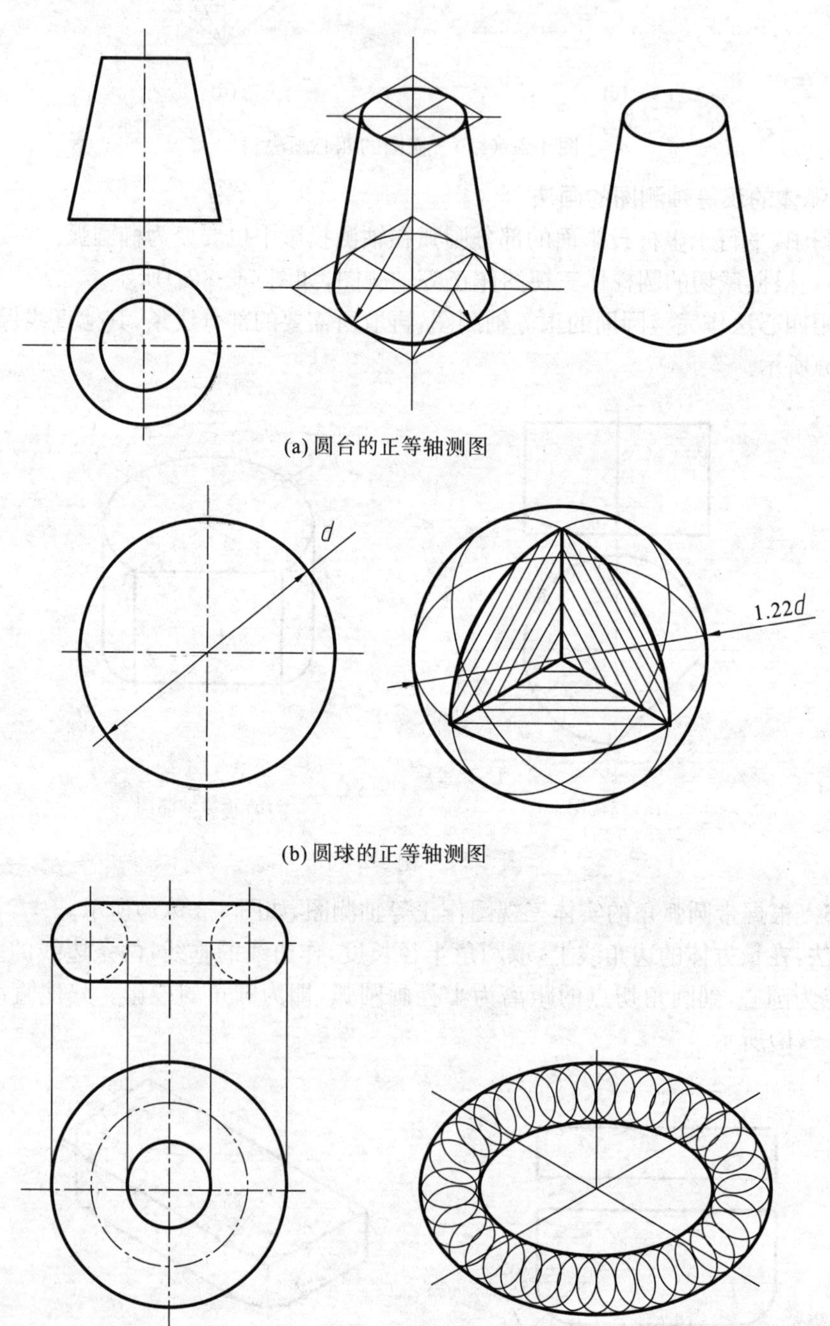

(a) 圆台的正等轴测图

(b) 圆球的正等轴测图

(c) 圆环的正等轴测图

图 4-2-10 例 4-2-6 图

4. 组合体的正等轴测图的画法

例 4-2-7 画组合体的正等轴测图，如图 4-2-11(a)所示。

采用拼接、截切和圆弧的简单画法得到正等轴测图，过程如图 4-2-11(b)、(c)、(d)、(e)所示。

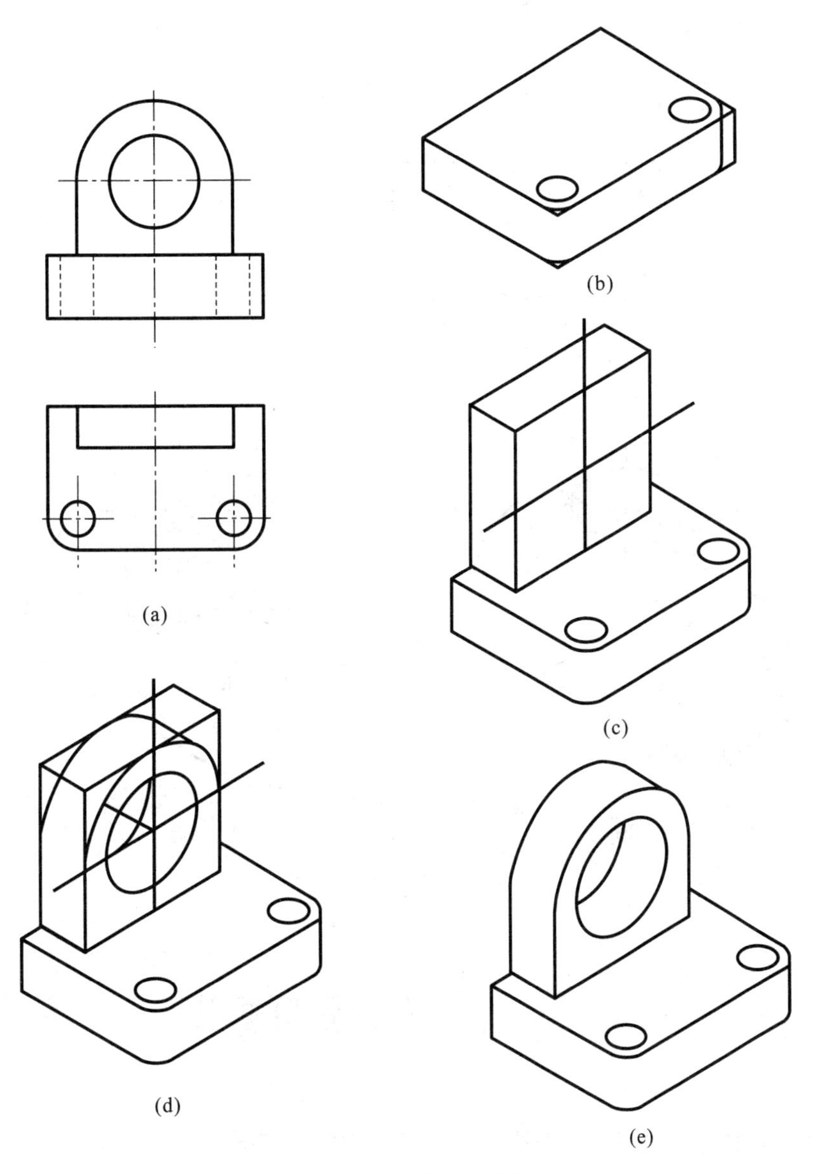

图 4-2-11 例 4-2-7 图

4.2.3 曲线正等轴测图

在三视图中的曲线，采用坐标法绘制轴测投影。

例 4-2-8 画出圆柱体相贯线的正等轴测图，如图 4-2-12 所示。

首先画出圆柱体的正等轴测投影，再利用曲线上点的坐标，对应绘制到轴测投影系中。绘图过程见图 4-2-12(b)、图 4-2-12(c)。

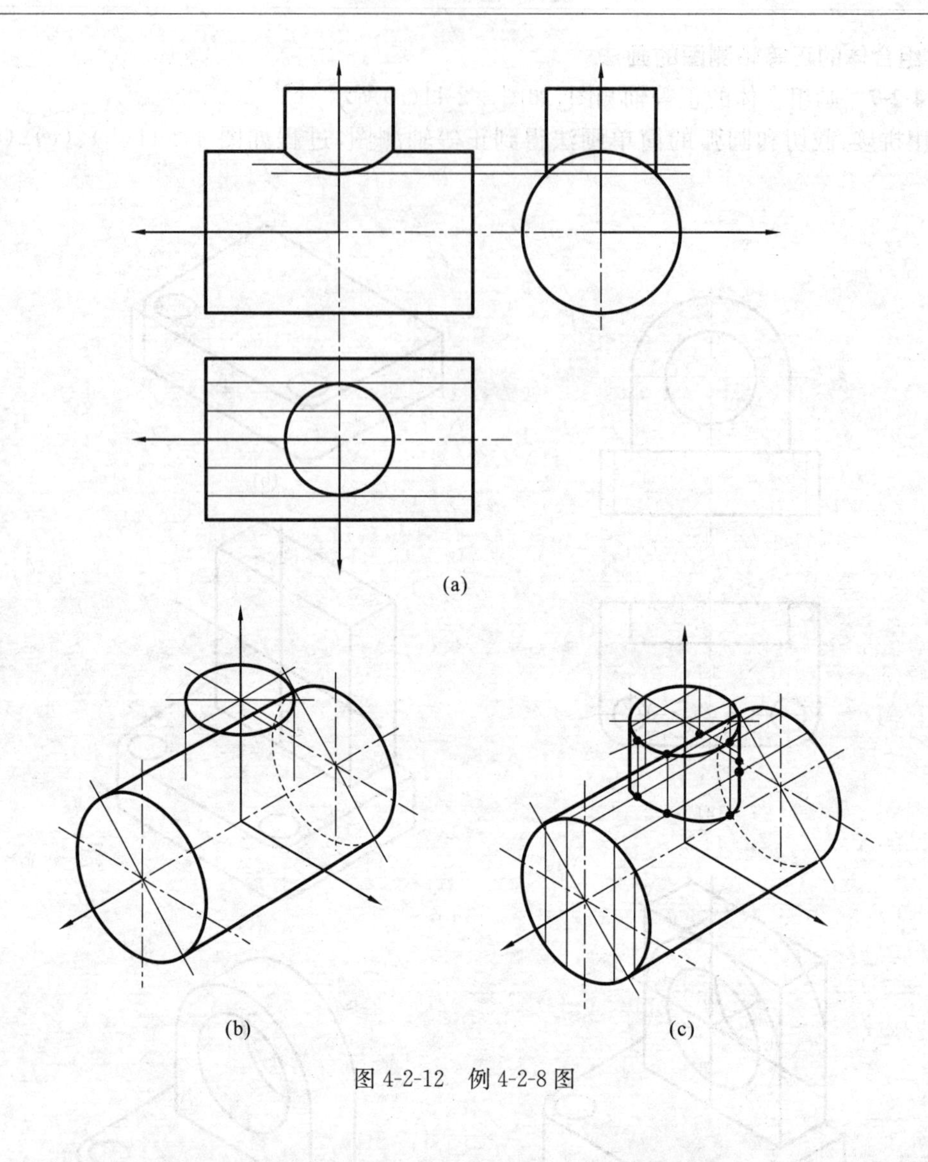

图 4-2-12　例 4-2-8 图

4.3　斜二等轴测图画法

当投射方向倾斜于投影面，投影得到的图形称为斜轴测图，如图 4-3-1 所示。

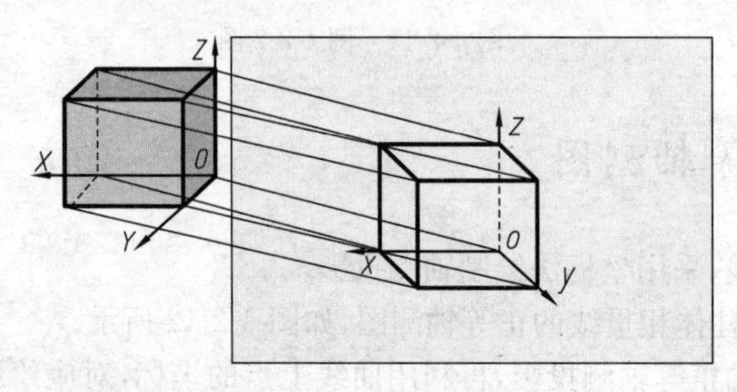

图 4-3-1　斜轴测图

工程中,最常采用的是斜二等轴测投影。采用坐标面 XOZ 与轴测投影面平行。这时,伸缩系数:

$$p=r=1,\quad q=0.5\ (\text{两个方向上伸缩相同,称为“二等”})$$

轴间角不同:

$$\theta_1=90°,\quad \theta_2=135°$$

斜二等轴测投影轴通常有两种取法,如图 4-3-2 所示。

在斜二等轴测投影系中,直线保持为直线,平行于正面的圆保持为圆,其他坐标面上圆要变为椭圆。椭圆长轴为 $1.06d$,椭圆短轴为 $0.33d$,并偏转 7°。可以采用圆弧近似画椭圆。

斜二等轴测图的画法也可以借用正等轴测图的绘制方法。

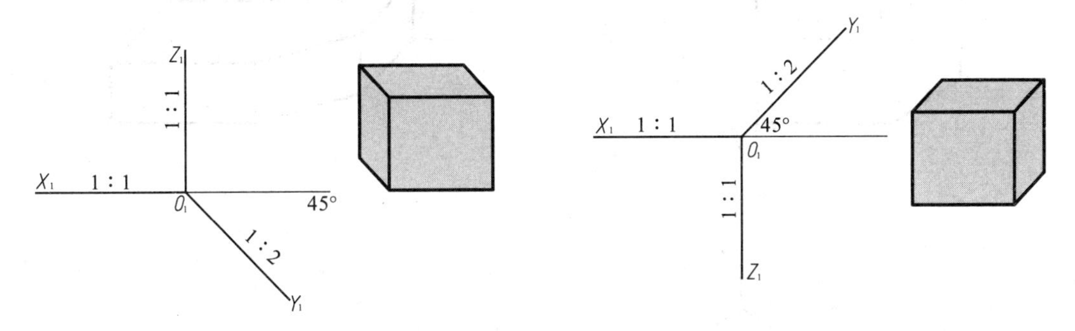

图 4-3-2 斜二等轴测投影轴

例 4-3-1 画出组合体的斜二等轴测图,如图 4-3-3 所示。

图 4-3-3 中有一个方向有圆弧,将圆弧线所在的面与正投影面平行,这样圆弧线仍然是圆弧,绘图比较简单。其他线条采用坐标法绘制。在圆柱体的外边,圆弧公切线平行于 Y 轴,画出轮廓线。最后要判断后面的孔的可见性,如图 4-3-3 所示。

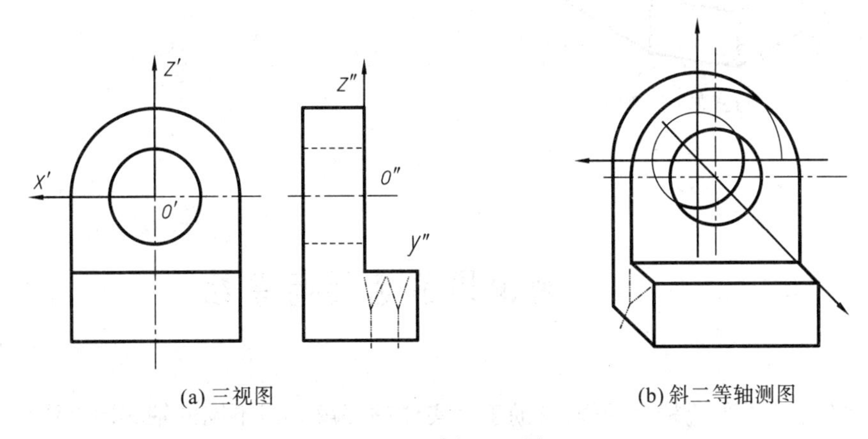

(a) 三视图　(b) 斜二等轴测图

图 4-3-3 例 4-3-1 图

例 4-3-2 根据三视图作组合体的斜二等轴测图,如图 4-3-4(a)所示。

比较斜二等轴测图(图 4-3-4(b))与正等轴测图(图 4-3-4(c)),可以看出它们之间的差异。

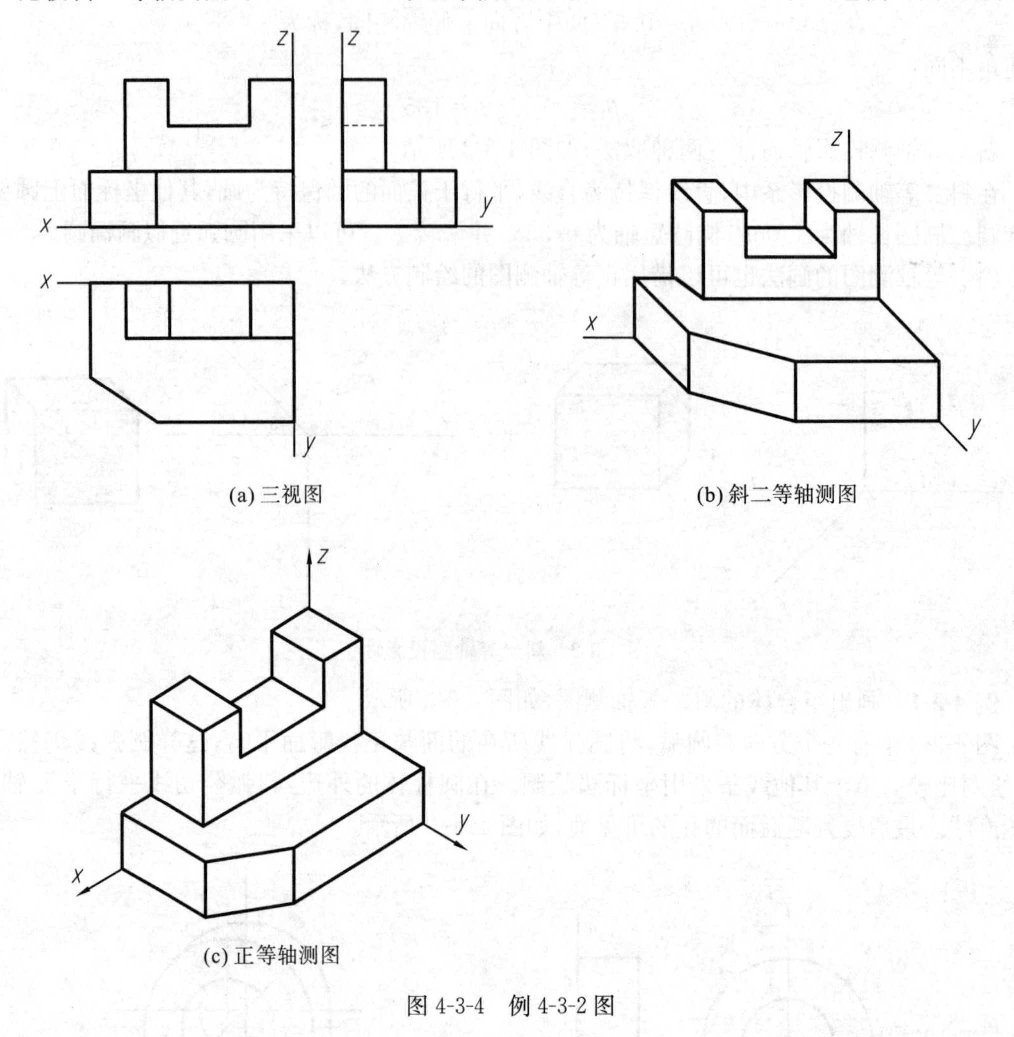

(a) 三视图

(b) 斜二等轴测图

(c) 正等轴测图

图 4-3-4 例 4-3-2 图

4.4 轴测图的选择与草绘

轴测图在工程上作为辅助图样,有助于对实体的理解。但不同的轴测图画法难易不同,因此,应该选择合适的轴测图来表达。

轴测图类型应该根据它们的特性来选择。由于斜二等轴测投影有一个正等面,其投影图适用于在某一方向上形状较复杂的物体。正等测投影图适用于在多个方向上均有圆的实体。通常采取“先斜后正”、“先等后二”的原则。

例如,在图 4-4-1 中,选择正等轴测图会比较清楚。在图 4-4-2 中,轴测图投射方向的选择也很重要,采用图 4-4-2(c)所示的方向比较合适。

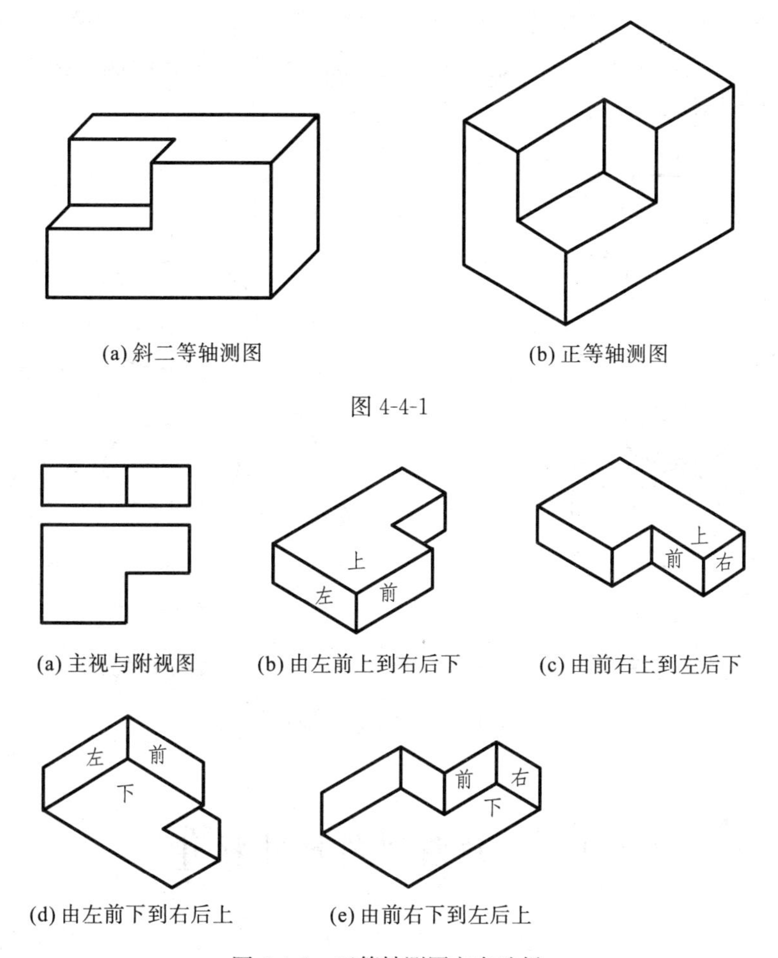

(a) 斜二等轴测图　(b) 正等轴测图

图 4-4-1

(a) 主视与附视图　(b) 由左前上到右后下　(c) 由前右上到左后下

(d) 由左前下到右后上　(e) 由前右下到左后上

图 4-4-2　正等轴测图方向选择

例 4-4-1　根据三视图作组合体的轴测图，如图 4-4-3(a)所示。

由于实体中没有圆弧，并且内部有槽，所以轴测图类型选择为斜二等轴测图会比较方便绘图。为了表现内部形状，切去 1/4 物体。投射方向选择为：由前左上到后右下，结果如图 4-4-3(b)所示。

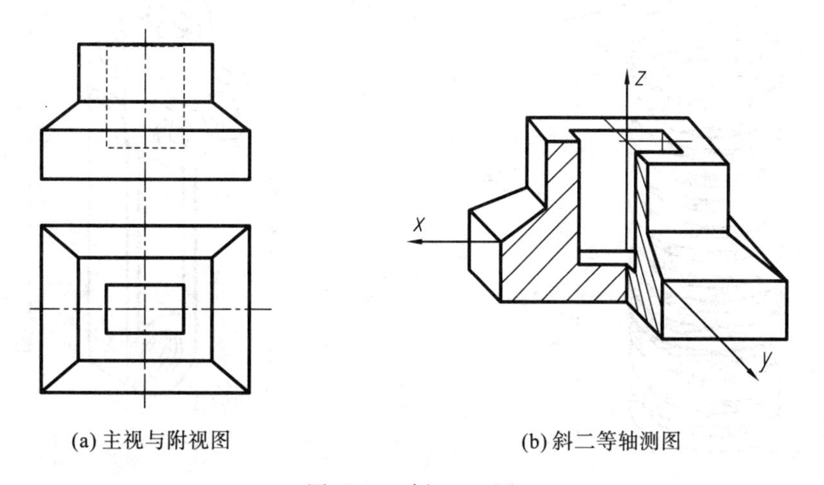

(a) 主视与附视图　(b) 斜二等轴测图

图 4-4-3　例 4-4-1 图

由于轴测图主要用于表达效果，所以，不一定要画得很精确。在一定的条件下，可以用手工草绘。为了提高手工绘图的能力，开始时可以在轴测坐标纸上进行绘制。图 4-4-4 所示即为手工绘制的正等轴测图。

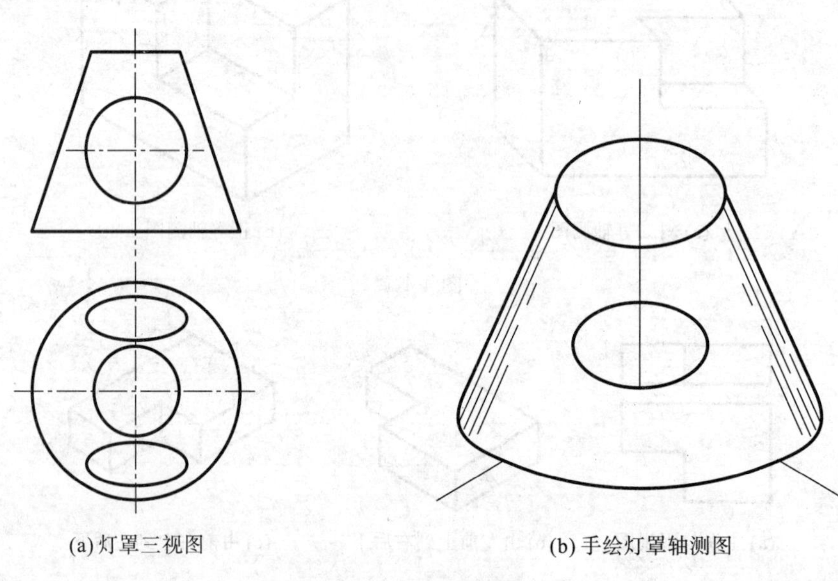

图 4-4-4　手工绘制轴测图

4.5　轴测图的尺寸标注

轴测图的尺寸标注内容与三视图的尺寸标注基本相似，但它的尺寸线要与轴测投影轴平行。图 4-5-1 至图 4-5-3 所示是轴测图尺寸标注的例子。

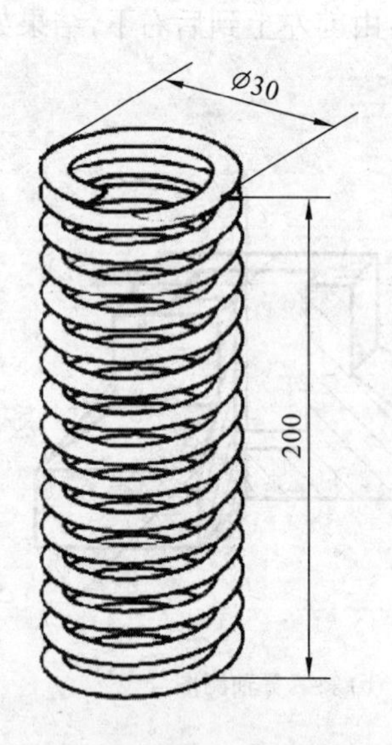

图 4-5-1　弹簧的轴测图外形尺寸标注

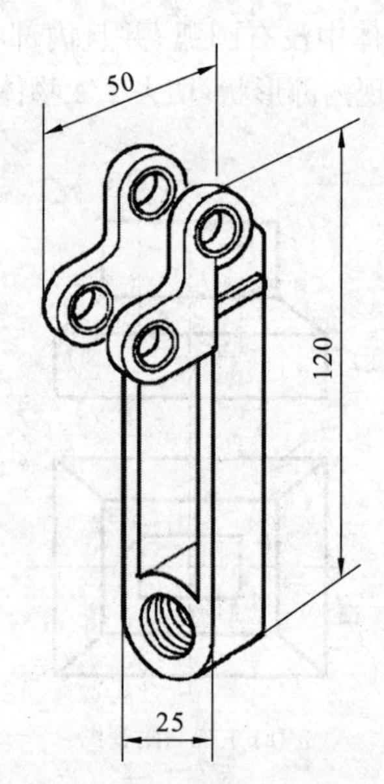

图 4-5-2　连接件的轴测图外形尺寸标注

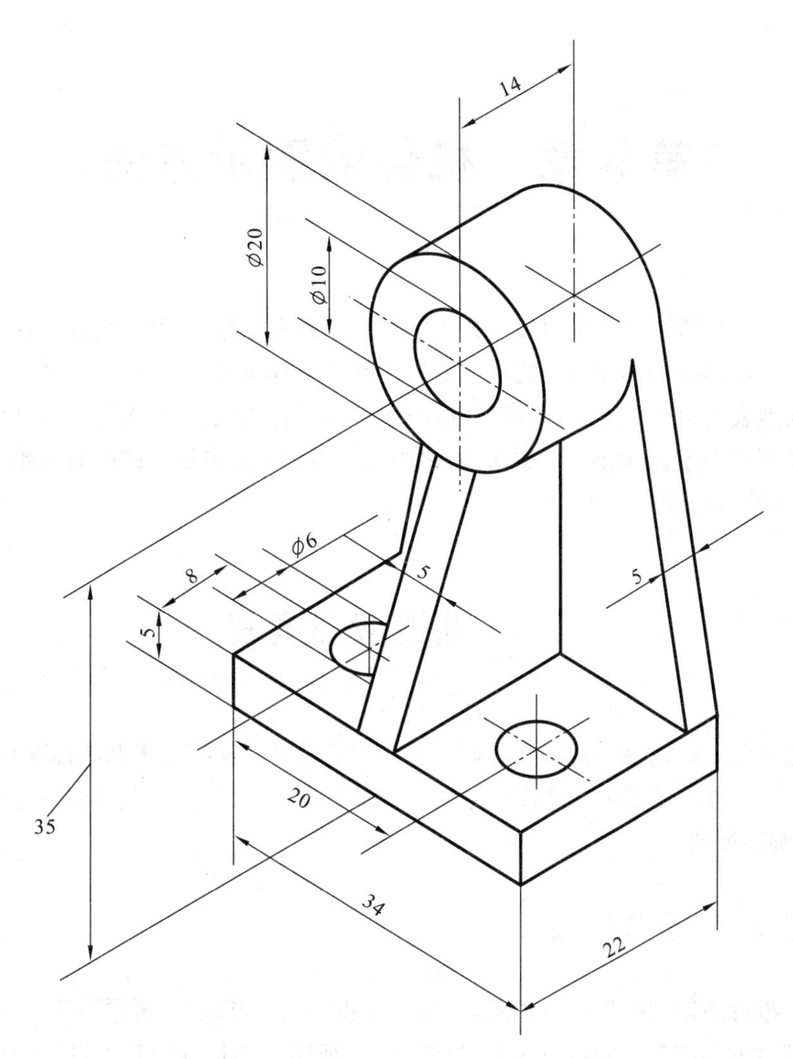

图 4-5-3　轴承座轴测图尺寸标注

第5章　机件的图示方法

前面几章已经介绍了用三视图表示物体的方法。但在工程实际中，机件(包括零件、部件和机器)的结构形状是多种多样的，有的机件的外形和内部都比较复杂，仅用三视图往往不能将内外形完整清晰地表达出来。为此，国家标准《技术制图》与《机械制图》规定了机件的各种表达方法。本章将介绍向视图、剖视图、断面图、简化画法等常用表达方法。画图时应根据机件的结构形状特点，选用恰当的表达方法。

5.1　机件投影视图

工程中的实体，通常又称为机件，它们具有一定的功能。根据技术制图标准规定，机件的视图主要用以表达机件的外部形状和内部结构。制图标准将视图分为：基本视图、向视图、局部视图、斜视图和旋转视图。

5.1.1　基本视图与配置

利用三个投影面得到机件的三视图，在这三个投影面的基础上，再增设三个投影面，将组成一个由六个基本投影面组成的投影面系，如图5-1-1所示。将机件向基本投影面投射所得的图

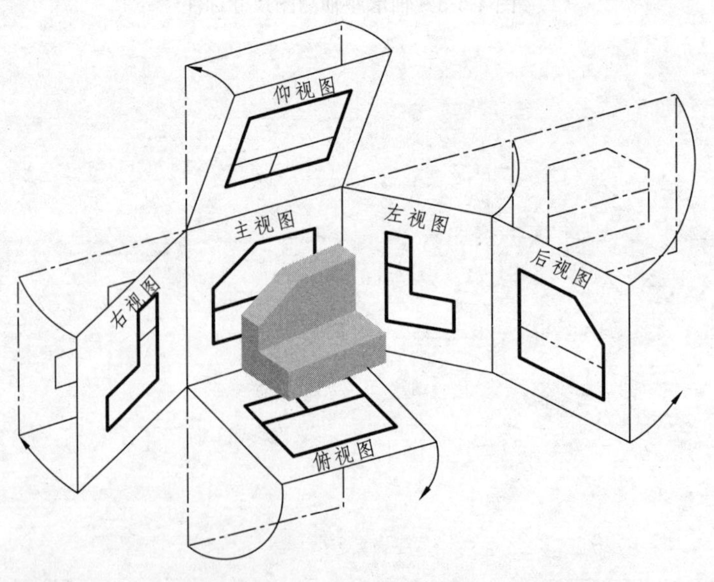

图5-1-1　六个基本投影面的展开

形，即为基本视图。将六个基本投影面展开到一个平面上的方法是：正立面保持不动（主视），其他投影面按图5-1-1中箭头所示方向展开到与正立面成同一平面。展开后各基本视图的配置关系如图5-1-2所示。

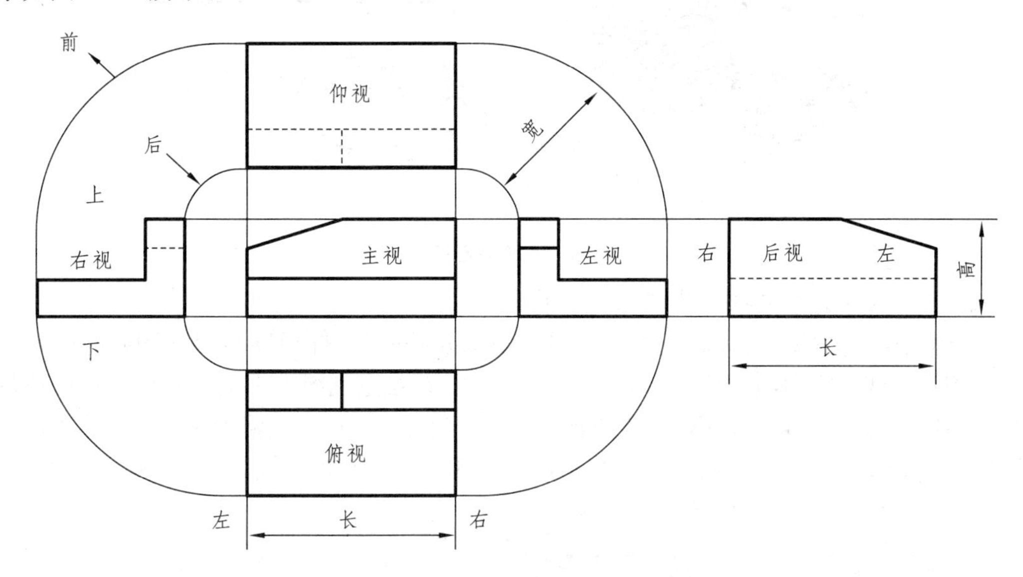

图5-1-2　六个基本视图的相互关系

六个基本视图的名称及投射方向规定如下：

主视图——由前向后投射所得的视图；

俯视图——由上向下投射所得的视图；

仰视图——由下向上投射所得的视图；

左视图——由左向右投射所得的视图；

右视图——由右向左投射所得的视图；

后视图——由后向前投射所得的视图。

六个基本视图之间仍保持着与三视图相同的投影规律，遵守投影“三等”关系：即主、俯、仰视图的长对正；主、左、右、后视图高平齐；俯、左、右、仰视图宽相等。

六面视图的方位对应关系是左、右、俯、仰视图靠近主视图的一边代表物体的后面，而远离主视图的一边代表物体的前面，如图5-1-2所示。

为了显示这种等量关系，这六个视图必须放置在规定的位置。在绘制机件的图样时，应根据机件的复杂程度，可选用其中必要的几个基本视图，选择的原则是：

① 选择表示机件信息量最多的视图作为主视图，通常是机件的工作位置或加工位置或安放位置的主方向投影为主视图。

② 在机件表示明确的前提下，使视图的数量越少越好。

③ 尽量少用虚线表达机件的轮廓。

④ 避免不必要的重复表达。

⑤没有特殊情况，优先选用主视图、俯视图和左视图。

例5-1-1　连杆体的三视图，如图5-1-3所示。

采用三个视图可以完全反映实体的形状，直立正面为主视图，俯视图中出现圆孔。视图中用虚线画出了连杆体内孔结构，没有必要再画其他视图。

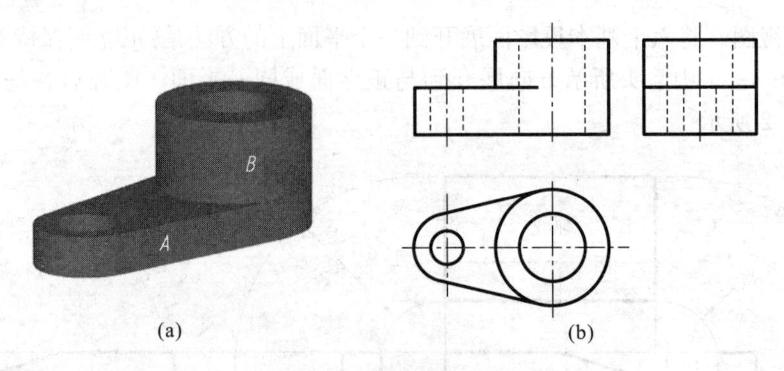

(a) (b)

图 5-1-3 连杆体基本视图

例 5-1-2 阀体的基本视图，如图 5-1-4 所示。

在阀体六个视图（图 5-1-4）中，主视图与后视图几乎一样，仰视图与俯视图几乎一样。因此，可以简化为四个视图，如主视、俯视、左视、右视图，并在主视图中用虚线画出显示阀体的内腔结构以及各个孔的不可见投影。将这四个视图对照起来阅读，就能清晰完整地表达出阀体各部分的结构和形状，因此，在其他三个视图中的不可见投影都可省略，不用再画出虚线，如图 5-1-5 所示。试想一想实体的形状。

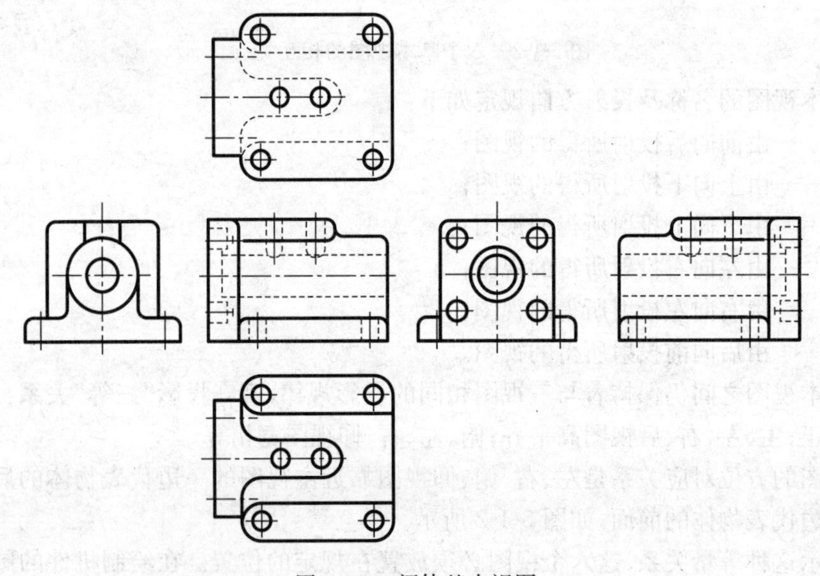

图 5-1-4 阀体基本视图

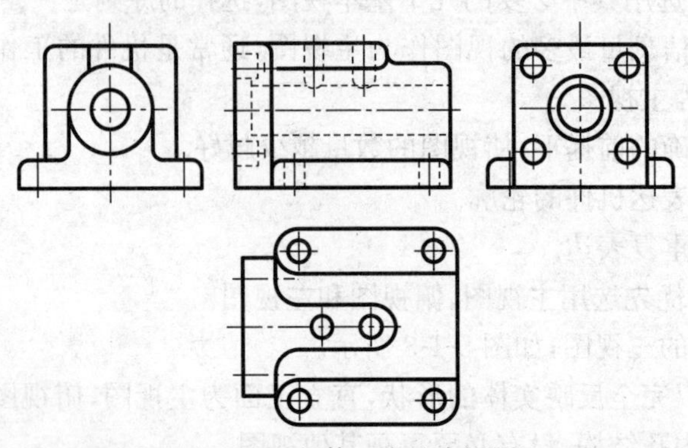

图 5-1-5 阀体四个基本视图

5.1.2　向视图

当六个基本视图不能按规定的位置配置时，可移到其他的位置，这时，变为向视图的表达方式。向视图是带有投影方向的视图。为了指明视图的投影方向，必须对投影方向进行标注。标注时可采用下列表达方式中的一种：

① 在向视图的上方标注大写字母，并在相应的其他视图附近用箭头指明投射方向，并标注相同的字母，如图 5-1-6 所示。

② 在视图下方(或上方)标注图名。标注图名的各视图的位置，应根据需要和可能，按相应的规则布置。

向视图是可以自由配置的视图。通常，选择好主视图的位置，将其他视图移动到合适的位置。采用向视图可以合理地利用图纸的幅面。例如，将基本视图(图 5-1-2)重新排列就成为向视图，如图 5-1-6 所示。图 5-1-7 所示的是阀体的向视图。

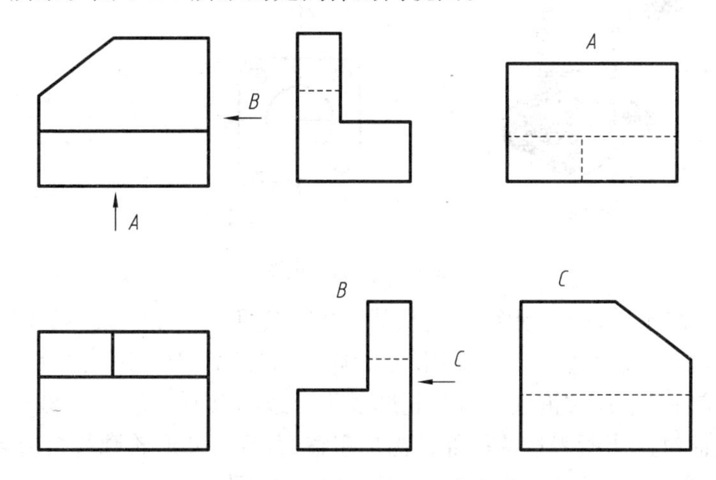

图 5-1-6　向视图的配置与标注

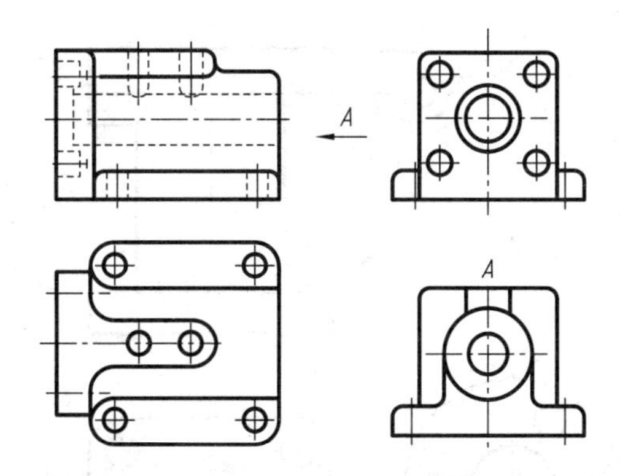

图 5-1-7　阀体四个向视图

5.1.3　局部视图

将机件的某一部分向基本投影面投射所得的视图，称为局部视图。

当机件某一局部形状没有表达清楚，而又没有必要用一个完整的基本视图表达时，可单独将这一部分投影到基本投影面上，从而避免了结构的重复表达。如图 5-1-8 所示的弯管机件。在确定主视图之后，再采用局部视图“A”、“B”、“C”可以说明零件的特点，没有再画仰、左、右基本视图的必要。这样，整个视图实体的各个部分都表达清楚了，而且画图的工作量很小，图面整洁。

利用局部视图可以减少基本视图的数量，可使图形重点突出，表达简练、灵活。通常，将局部视图的表达方法与向视图的表达方法结合使用。

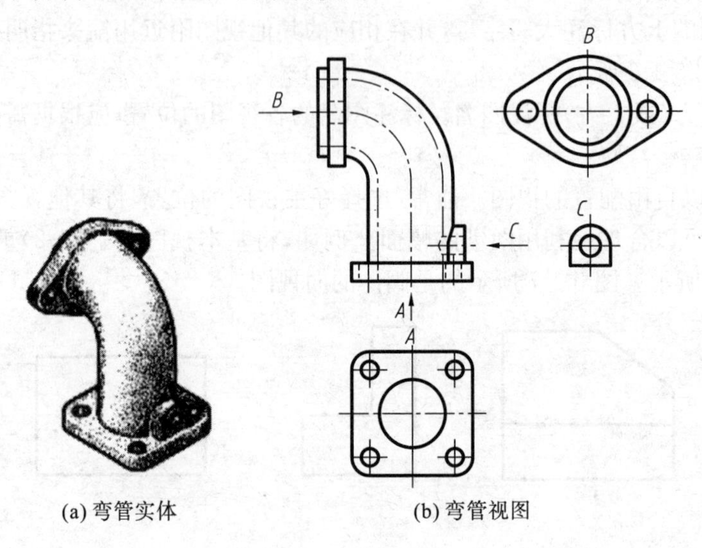

(a) 弯管实体　　(b) 弯管视图

图 5-1-8　局部视图

局部视图是一个物体部分的视图，它是从基本体中挖切出来的部分。局部视图的挖切边界线需要用波浪线或双折线表示，如图 5-1-9 中所示的局部视图“A”、“B”中的挖切边界线。

画波浪线时应注意：① 波浪线不应与轮廓线重合或在其延长线上。② 不应超出机件轮廓线。③ 不应穿空而过。当所表达的局部结构是完整的，且其外形轮廓线自成封闭，与其他部分截然分开时，波浪线可省略不画，如图 5-1-9 中的 C 向视图。

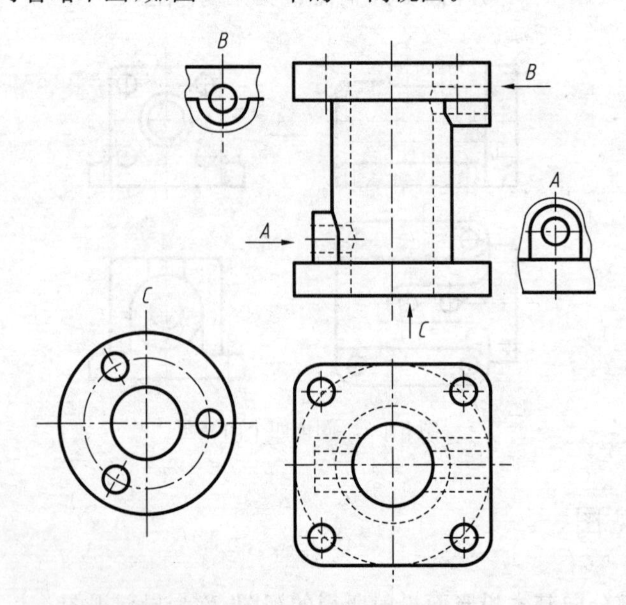

图 5-1-9　局部视图

为了看图方便，局部视图应尽量配置在箭头所指向的一侧，并与原基本视图保持投影关系，如图 5-1-9 中所示的局部视图“*A*”、“*B*”。有时为了合理利用图纸幅面，也可将局部视图按向视图配置在其他适当位置，如图 5-1-9 中所示的局部 *C* 向视图。

5.1.4　斜视图

如图 5-1-10(a)所示的机件，其倾斜部分在俯视、左视图上均得不到真形。这时，可用变换投影面方法，设立一个与该倾斜部分平行且又与正立投影面垂直的新投影面，将该倾斜部分向这个新投影面进行投射，并将投射后的新投影面旋转到原来的投影面重合位置，即得到斜视图，如图 5-1-10(b)所示。

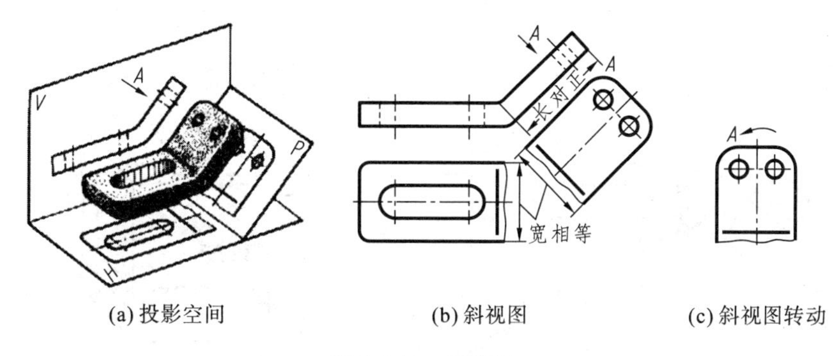

(a) 投影空间　　(b) 斜视图　　(c) 斜视图转动

图 5-1-10　斜视图

斜视图通常只画出机件倾斜部分的真形，其余部分不必在斜视图中画出，而用波浪线断开实体，如图 5-1-10(b)所示的斜视图“*A*”。当所表达的倾斜部分的结构是完整的，且外轮廓线自成封闭，与实体其他部分截然分开，波浪线可省略不画，如图 5-1-11 中所示的斜视图“*A*”。

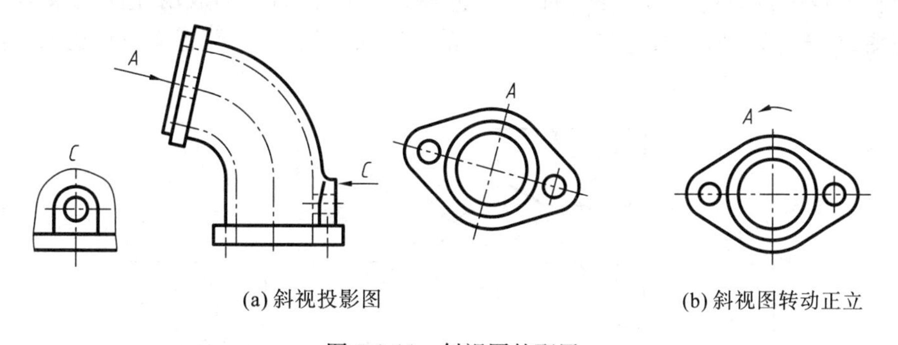

(a) 斜视投影图　　(b) 斜视图转动正立

图 5-1-11　斜视图的配置

画斜视图时，必须在斜视图的上方位置标出其名称，并在相应的视图附近用垂直于斜面的箭头指明投射方向，并注上同样的字母。应特别注意的是，字母一律按水平位置书写，字头朝上。

斜视图一般配置在箭头所指的方向的一侧，且符合投影方向配置。有时为了合理利用图纸幅面，也可按向视图的形式配置在其他适当位置。在不致引起误解时，为了画图方便，也允许将其图形旋转正立配置，其旋转角度，一般以不大于 90°为宜。表示该视图名称的大写拉丁字母应靠近旋转符号的箭头端，也允许将旋转角度标注在字母之后，如图 5-1-10(b)和图 5-1-11 (b)所示。

5.1.5 第三角投影简介

除了采用第一角投影方法外，也可采用第三角投影画法。

采用第三角投影画法时，将物体置于第三分角内，投影面处于观察者与物体之间，投影面看做透明的进行投影，如图 5-1-12 所示。

在 V 面上形成由前向后投射得到前视图；在 H 面上形成由上向下投射得到顶视图；在 W 面上形成由右向左投射得到右视图。令 V 面保持正立位置不动，将 H 面、W 面分别绕它们与 V 面的交线向上、向右转 90°，使这三个面展成同一个平面，得到物体的三视图，如图 5-1-13 所示。

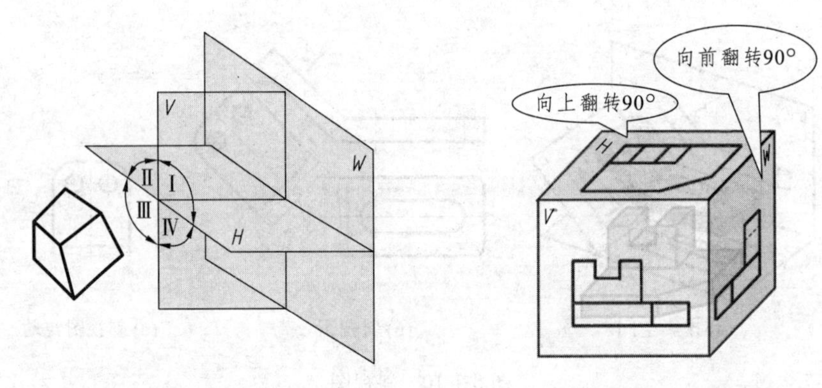

图 5-1-12　第三角投影系　　　　图 5-1-13　第三角投影

与第一角投影画法相类似，采用第三角投影画法的三视图也具有多面正投影的投影规律：前、顶视图长对正；前、右视图高平齐；顶、右视图宽相等，且前后位置对应。

六个基本视图：前视图、顶视图、右视图、左视图（在 W 面上形成由左向右投射所得的视图）、底视图（在 H 面上形成由下向上投射所得的视图）、后视图（在 V 面上形成由后向前投射所得的视图），如图 5-1-14 所示。

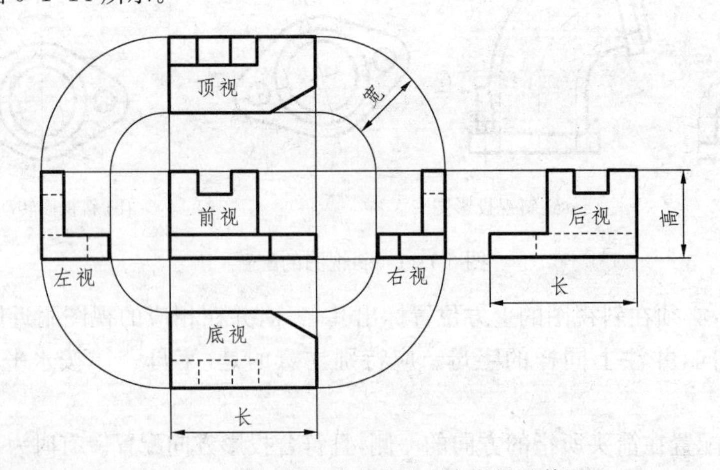

图 5-1-14　第三角画法的六个基本视图及其配置

采用第三角画法时，必须在图样中画出第三角画法的识别符号。当采用第一角画法时，在图样中一般不画出第一角画法的识别符号，必要时画出第一角画法的识别符号，如图 5-1-15 所示。第三角画法与第一角画法的比较见图 5-1-16。

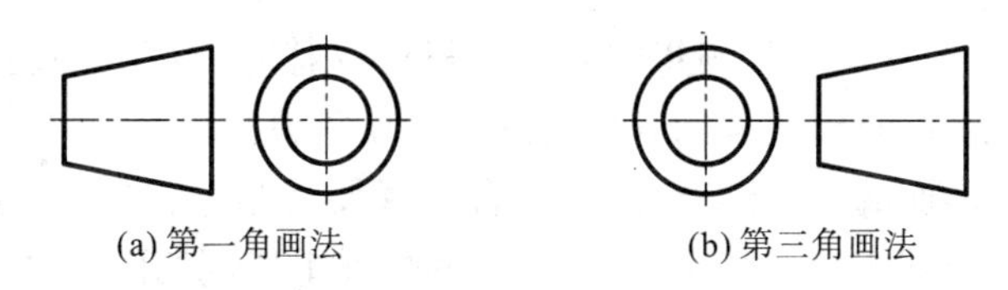

(a) 第一角画法　　(b) 第三角画法

图 5-1-15　第三角和第一角画法和识别符号

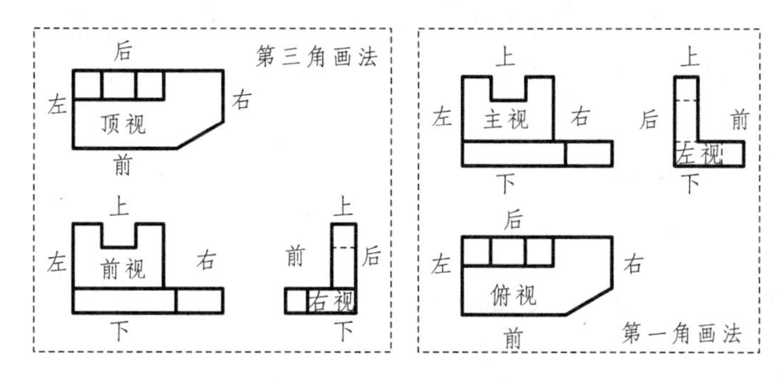

图 5-1-16　第三角和第一角画法比较

5.2　剖　视　图

5.2.1　剖视图的形成

当机件的内部形状比较复杂时，在视图中就会出现许多虚线。视图中的各种图线纵横交错在一起，会导致层次不清，影响视图的清晰，且不便于绘图、标注尺寸和读图。为了解决机件内部形状的表达问题，减少虚线，制图标准规定：采用假想切开机件的方法将内部结构由不可见变为可见，从而将虚线变为粗实线。这样对看图和标注尺寸都比较方便、清晰。

用假想剖切面从适当的位置剖开机件，将处在观察者和剖切面之间的部分移去，而将其余部分向投影面投影所得到的图形，称为剖视图，如图 5-2-1 所示。

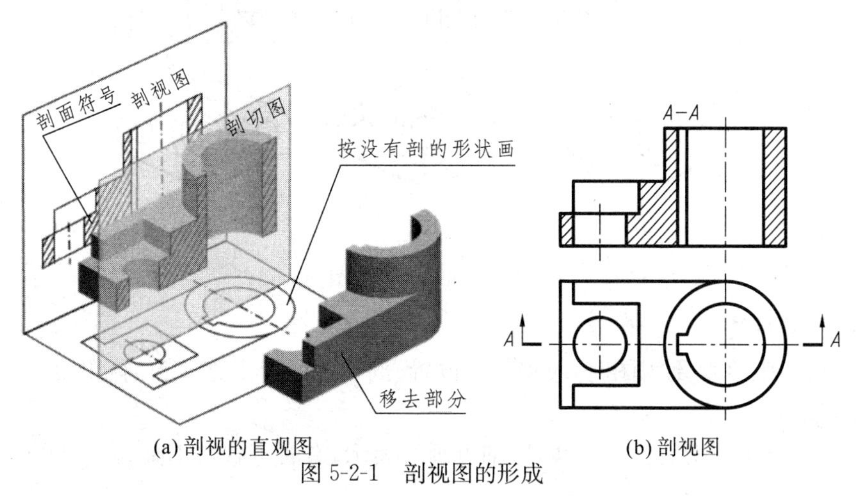

(a) 剖视的直观图　　(b) 剖视图

图 5-2-1　剖视图的形成

值得注意的是，剖视图是用一种假想的面剖切机件并移除一部分的表达方法，机件并没有被真正切开。因此，除剖视图外，机件的其他视图仍然要完整画出。

一般采用平行于投影面的平面剖切，剖切位置选择要得当。首先，应通过内部结构的轴线或对称平面来剖出它的内部实形。其次，应在可能的情况下使剖切面通过尽量多的内部结构。

剖视图是机械制图中经常用到的一种表达方法，需要高度重视它的画法。在剖视图中，包括几方面内容：一方面剖切面是机件的切断面，规定在切断面上画出剖面符号；另一方面是画出剖面后的可见轮廓线；再就是要注明剖切位置。

5.2.2 剖视图的画法

1. 画剖视图的步骤

① 完整画出机件视图，注意视图中的虚线。

② 选择适当的剖切位置，剖切开内部虚线结构。

③ 在剖切面上画剖面线。按规定金属机件在断面上应画出与水平方向成45°的剖面线，且同一个零件在不同的剖视图中的剖面线方向应相同，间隔应相等。

④ 补画切剖面后的可见轮廓线。检查无误后加深粗实线。

例 5-2-1 将图 5-2-2(a)所示的端盖视图画成剖视图。

画图步骤：① 从端盖的完整主、俯视图出发，看清虚线的位置与含义。

② 选择俯视图的对称线为剖切位置。将虚线结构剖切开。因三个内孔的轴线处在一个平面内，则应让剖切平面通过这个平面。且用剖切符号标出剖切位置，即在俯视图两端画粗短线，并标注“A”。

③ 从剖切平面的左端或右端开始，依次画出剖切面线。孔的轮廓线由虚线变为实线。按规定金属机件在断面上应画出与水平方向成45°的剖面线，且同一个零件在不同的剖视图中的剖面线方向应相同，间隔应相等。

④ 补画断面后的可见轮廓线。底板左右两端孔的上下轮廓线，中间孔的上下轮廓线和圆台圆柱的交线。检查无误后加深粗实线。

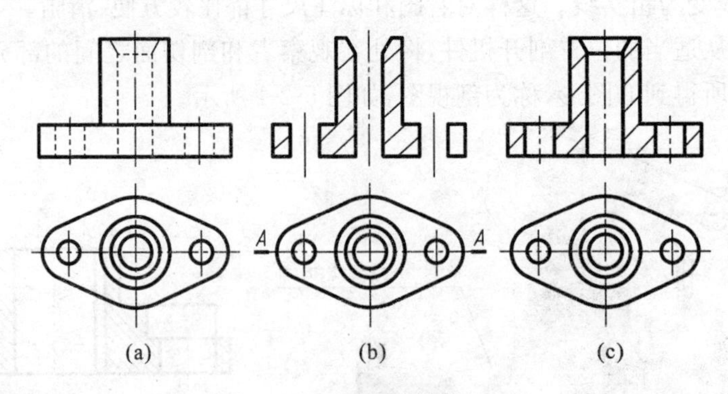

图 5-2-2 端盖的剖视图画法

2. 剖视图的标注

为了便于看图，在画剖视图时，应将剖切位置、剖切后的投影方向和剖视图的名称标注在相应的视图上(图 5-2-2)。

① 剖切线：指明剖切面位置的线，以细点画线表示，有时可省略不画。

② 剖切符号：用线宽 1～1.5 倍粗实线宽、长 5～10 mm 的粗实线（粗短画）表示剖切面的起讫和转折位置。剖切符号尽可能不要与图形的轮廓线相交。

③ 投影方向：在表示剖切平面起讫的粗短画外侧，画出垂直的箭头，表示剖切后的投影方向。

④ 剖视图名称：在表示剖切平面起讫和转折位置的粗短画线外侧，写上相同的大写拉丁字母"×"，并在相应的剖视图上方位置，用同样的字母标注出剖视图的名称"×—×"。字母一律按水平位置书写，字头朝上。在同一张图纸上，同时有几个剖视图时，其名称应按顺序编写，不得重复（图 5-2-3）。

剖视图省略标注有以下两种情况：

① 当剖视图按投影关系配置，中间又没有其他图形隔开时，可略去投影箭头。

② 当单一剖切平面通过机件的对称平面，或者通过基本对称平面且剖切后的剖视图按投影关系配置，中间又没有其他图形隔开时，可省略标注。

③ 当单一剖切平面的局部剖视图的剖切位置明确时，不必标注。

3. 剖面符号

在剖视图中，被剖切面剖切到的实体部分，出现剖面。为了在剖视图上区分剖面和其他表面，应在剖面上画出剖面符号（也称剖面线）。机件的材料不相同，采用的剖面符号也不相同。各种材料的剖面符号如表 5-2-1 所示。

表 5-2-1　剖面符号（摘自 GB/T 17453—2005）

材料类型		剖面符号	材料类型	剖面符号
金属材料（已有规定剖面符号者除外）			木质胶合板（不分层数）	
非金属材料（已有规定剖面符号者除外）			基础周围的泥土	
转子、电枢、变压器和电抗器等的叠钢片			混凝土	
线圈绕组元件			钢筋混凝土	
型砂、填砂、粉末冶金、砂轮、陶瓷刀片、硬质合金、刀片等			砖	
玻璃及供观察用的其他透明材料			格网、筛网、过滤网等	
木材	纵剖面		液体	
木材	横剖面		液体	

画金属材料的剖面符号时，应遵守下列规定：

① 同一机件的零件图中，剖面图的剖面线，应画成间隔相等、方向相同且为与水平方向成

45°(向左、向右倾斜均可)的细实线,如图 5-2-3(a)所示。

② 当图形的主要轮廓线与水平线成 45°时,该图形的剖面线应画成与水平线成 30°或 60°的平行线,其倾斜方向一致,如图 5-2-3(b)所示。

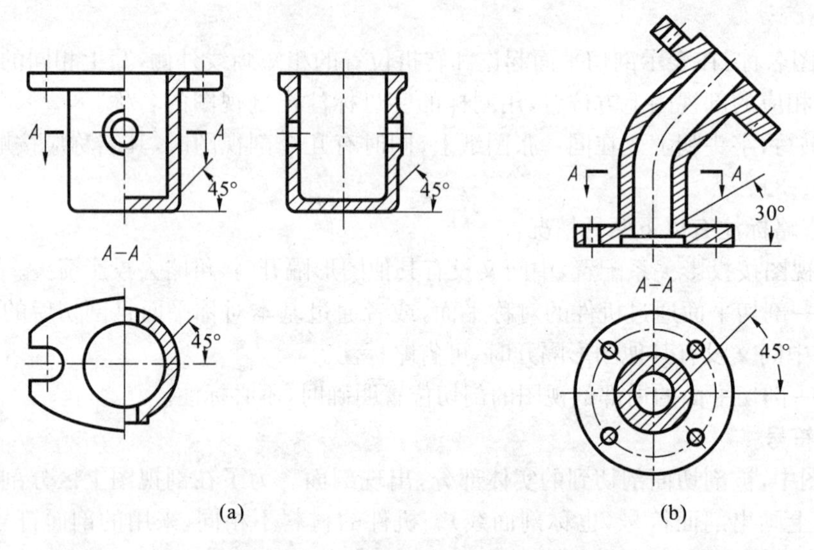

图 5-2-3 金属材料的剖面线画法

图 5-2-4 表达了几种常见的剖面线画法。剖面线的倾斜角可以多种选择,常用的是 45°。对于同一个实体,不管它的剖面是否相连,剖面线必须画成一样,而不同的实体的剖面即使相邻也要画成不同。大面积的剖面线可以不填满,只画出周边的剖面线。

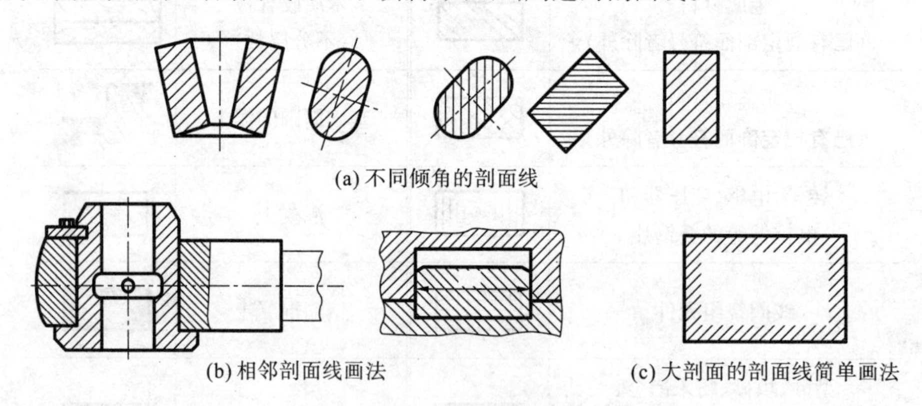

(a) 不同倾角的剖面线

(b) 相邻剖面线画法

(c) 大剖面的剖面线简单画法

图 5-2-4 几种剖面线形式

4. 画剖视图应注意的问题

① 画剖视图时,剖切机件是假想的,并不是把机件真正切掉一部分。因此,当机件的某一视图画成剖视图后,其他视图仍应按完整的机件画出。图 5-2-5 所示的俯视图只画出一半是错误的。

② 剖切平面应通过较多的内部结构的轴线或对称平面(如机件上的对称平面或孔、槽的中心线),并平行于选定的投影面。

③ 剖切平面后方的可见轮廓线应全部画出,不能遗漏。图 5-2-5 中所示的主视图上漏画了后一半可见轮廓线。同样,剖切平面前方已被切去部分的可见轮廓线则不应画出,图 5-2-5 中所示的主视图多画了已剖去部分的轮廓线。

④ 剖视图上一般不画不可见部分的轮廓线。当需要在剖视图上表达这些结构，又能减少视图数量时，允许画出必要的虚线，如图 5-2-6 所示。

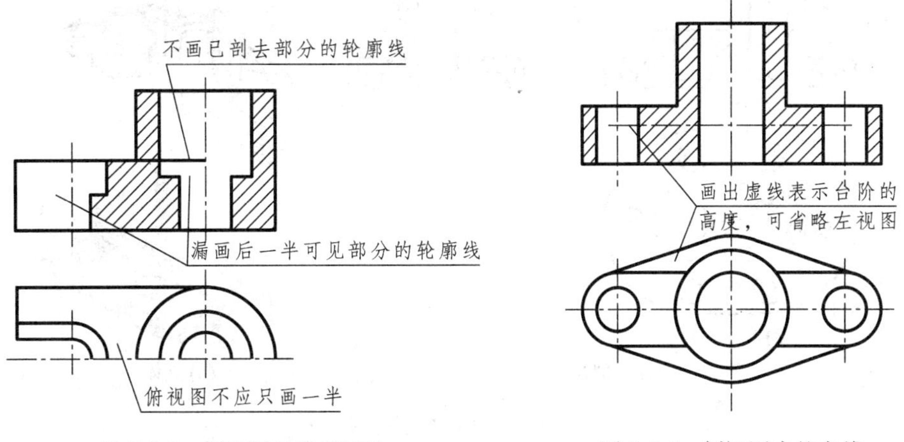

图 5-2-5　剖视图的错误画法　　　图 5-2-6　剖视图中的虚线

例 5-2-2　几种结构不同的剖视图画法，如图 5-2-7 所示。

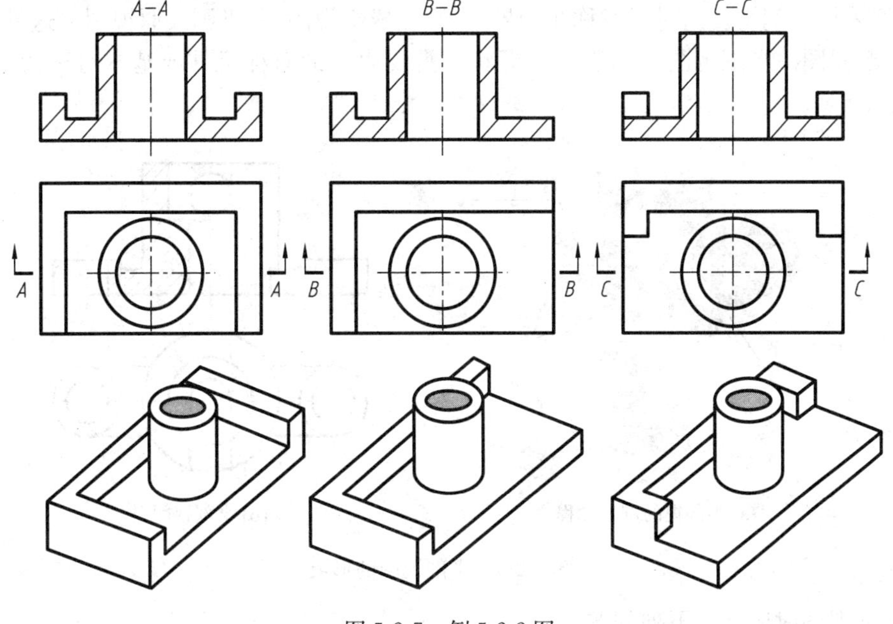

图 5-2-7　例 5-2-2 图

5.2.3　剖视图的类型及适用条件

根据机件内部结构表达的需要以及剖切范围大小不同，剖视图可分为全剖视图、半剖视图和局部剖视图。

1. 全剖视图

用剖切平面完全地剖开机件所得的剖视图，称为全剖视图。当不对称的机件的外形比较简单，或外形已在其他视图上表达清楚，而内部结构形状复杂时，常采用全剖视图表达机件的内部结构形状，如图 5-2-8 所示。

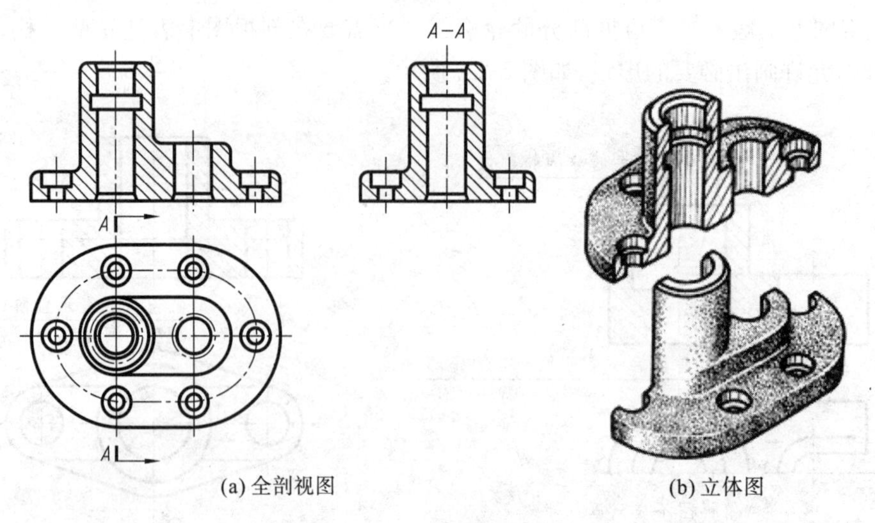

(a) 全剖视图　　(b) 立体图

图 5-2-8　全剖视图

2. 半剖视图

当机件具有对称平面，内、外结构都比较复杂时，如果采用全剖视时则会丢掉外部结构的信息，故最好采用半剖视。这时以对称线为界，一半画成剖视图，一半画成原视图。这种组合的图形称为半剖视图。半剖视图适用于内外形状都需要表达的对称机件或基本对称的机件，如图5-2-9所示。

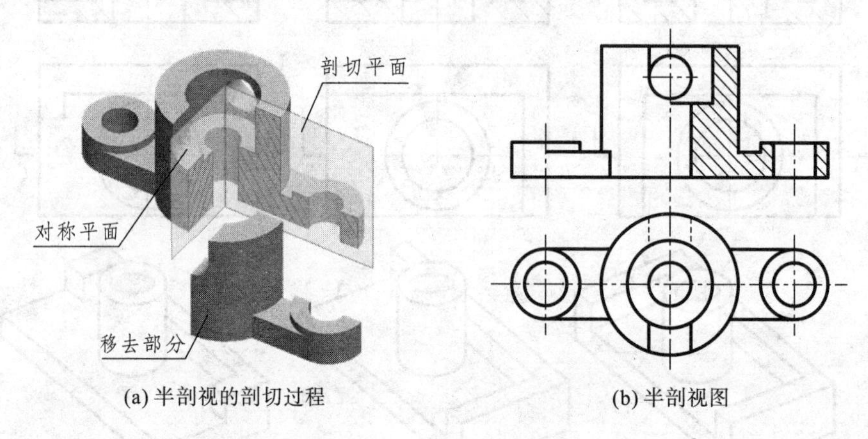

(a) 半剖视的剖切过程　　(b) 半剖视图

图 5-2-9　半剖视图的形成

画半剖视图时应注意下列问题：

① 半剖视图的分界线应以对称中心的细点画线为界，不能画成其他图线，更不能理解为机件被两个相互垂直的剖切面共同剖切，将其画成粗实线。由于图形对称，零件的内部形状已在半个剖视图中表示清楚，所以在表达外部形状的半个视图中，虚线应省略不画。但如果机件的某些内部形状在半剖视图中没有表达清楚，则在表达外部形状的半个视图中，应该用虚线画出。

② 画对称机件的半剖视图时，应根据机件的实际情况，将半剖视图画在主、俯视图的右一半；或俯、左视图的前一半；或主、左视图的上一半。当机件的形状接近于对称，且不对称部分已另有图形表达清楚时，也可以画成半剖视，如图 5-2-10 所示。

③ 有时机件虽然对称，若采用半剖视图表达，则半个外形视图和半个剖视图的分界线无法画成点画线，只能是粗实线，因此不宜画成半剖视图，而应该用局部剖视图代替半剖

视图，并尽可能将该粗实线反映出来。图 5-2-11、图 5-2-12 中剖视画法有不正确的地方。

半剖视图的标注方法及省略标注的情况与全剖视图完全相同。

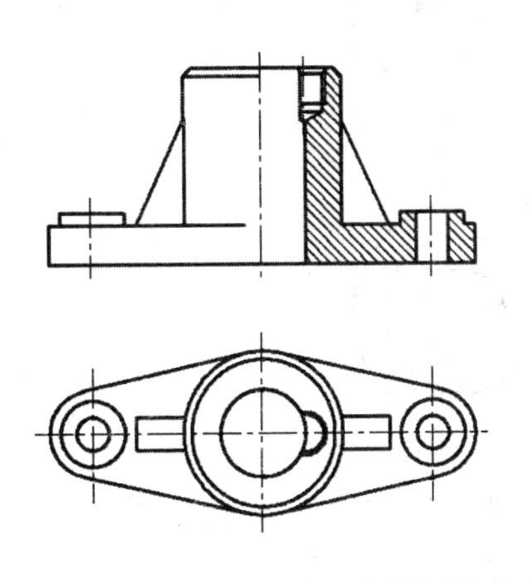

图 5-2-10　基本对称的半剖视图

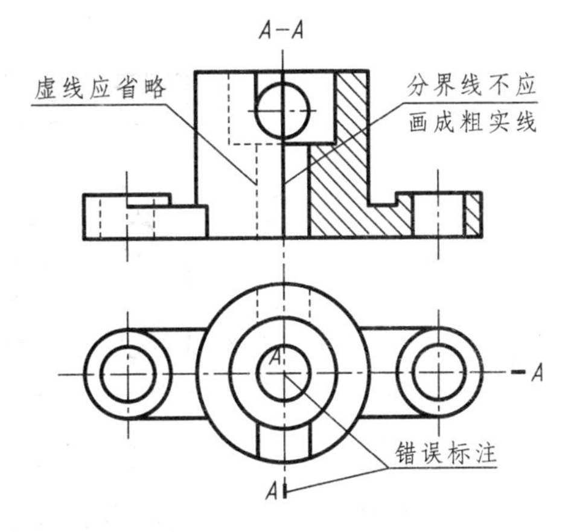

图 5-2-11　半剖视图的错误画法与标注

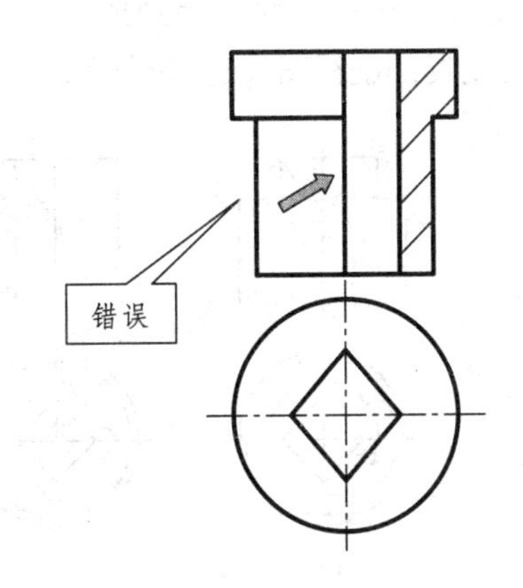

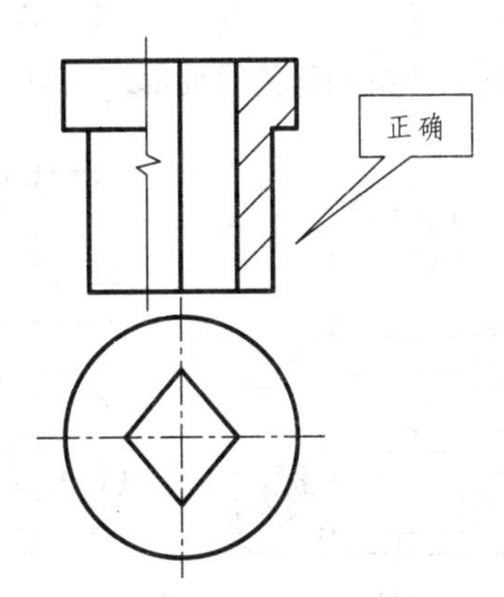

图 5-2-12　半剖视图的画法

3. 局部剖视图

用剖切平面局部地剖开机件所得的剖视图称为局部剖视图。

为了使机件的内部和外部都能表达清楚，有时在剖视图中既不宜用全剖视图表达，也不能用半剖视图来表达，则可以采用局部剖视图表达，如图 5-2-13 所示。

(a) 局部剖视剖切立体图

图 5-2-13　局部剖视图

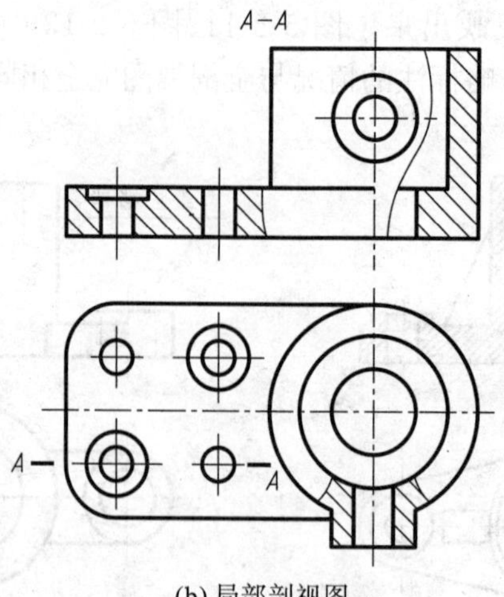

(b) 局部剖视图

图 5-2-13(续)　局部剖视图

局部剖视图主要用于不对称机件的内、外形状均要在同一视图上兼顾表达，或对称机件不宜作半剖视，或机件的轮廓线与对称中心线重合，无法以对称中心线为界画成半剖视图时的情况。当实心机件上有孔、凹坑和键槽等局部结构时，也常用局部剖视图表达，如图 5-2-14 所示。

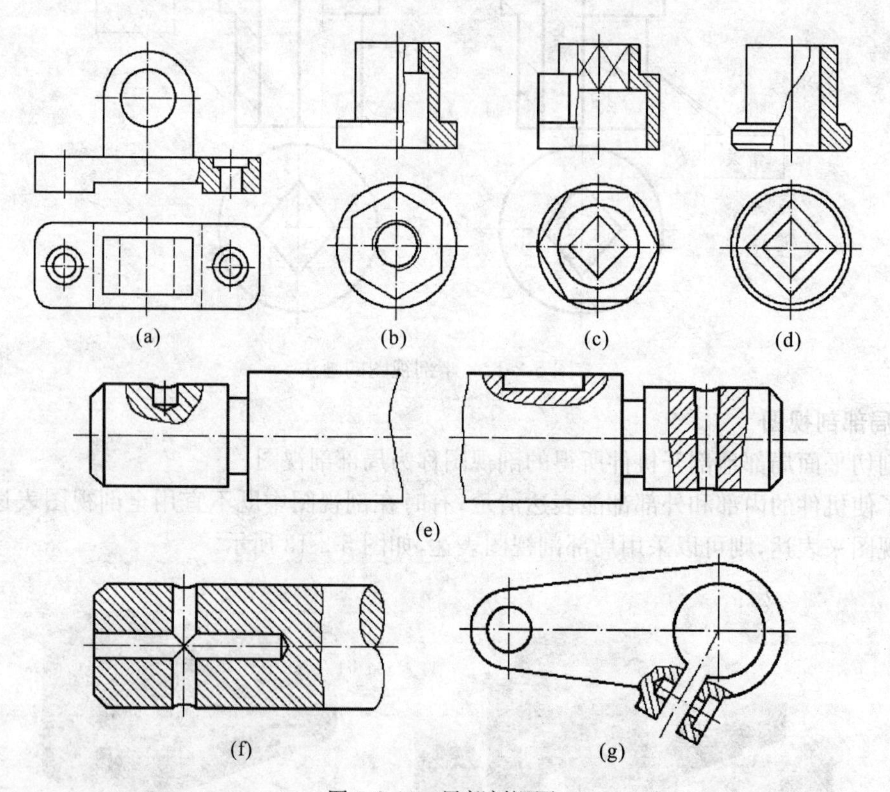

图 5-2-14　局部剖视图

局部剖视是一种比较灵活的表达方式，但画局部剖视图应注意下列问题：

① 局部剖视图中，视图与剖视图部分之间应以波浪线分开，画波浪线时不应超出视图的轮廓线；不应与轮廓线重合或在其轮廓线的延长线上；不应穿空而过，如图 5-2-15、图 5-2-16、图 5-2-17 所示。

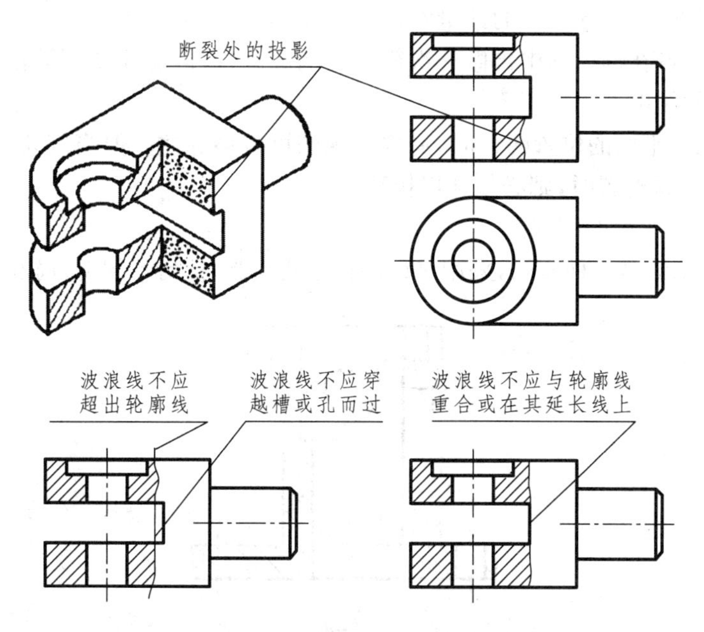

图 5-2-15　局部剖视图中波浪线截切的画法

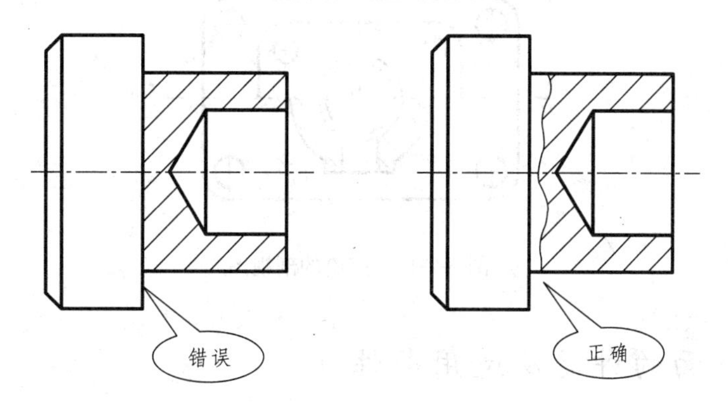

图 5-2-16　局部剖视图中波浪线截切的画法

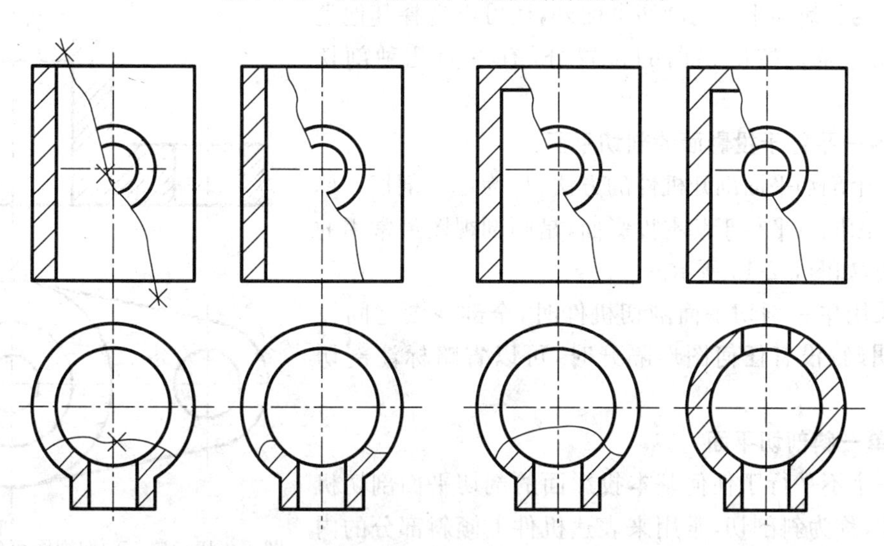

图 5-2-17　局部剖视图中波浪线截切的画法

② 在一个视图中，局部剖视的数量不宜过多，以免图形过于杂乱。

③ 必要时，允许在剖视图中再做一次简单的局部剖视，但应注意用波浪线分开，剖面线同方向、同间隔错开画出。

④ 当单一剖切平面的位置明显时，局部剖视图可省略标注。但当剖切位置不明显或局部剖视图未按投影关系配置时，则必须加以标注。

例 5-2-3 绘制座筒的剖视图。

图 5-2-18 所示的是一种座筒，采用多种剖视方法绘制，包括半剖视、局部剖视。

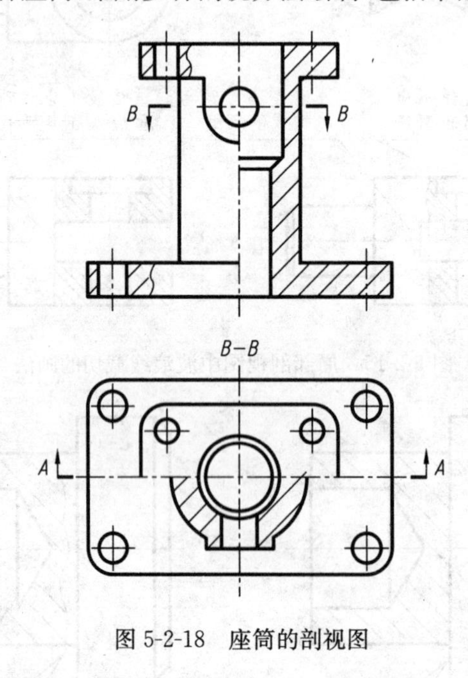

图 5-2-18 座筒的剖视图

5.2.4 剖切面的种类及适用条件

除了与投影面平行的剖切平面外，还可以选择其他类型的剖切平面。按剖切面的位置分，有下面几种剖切方法。

1. 单一平行于投影面的剖切平面

用一个剖切平面剖开机件的方法，称为单一剖切。单一剖切平面同时平行于基本投影面，是画剖视图最常用的一种方法，如图 5-2-19 所示。

当采用单一剖切平面剖切机件时，全剖视图之间投影关系明确，没有任何图形隔开时，可以省略标注剖切位置。

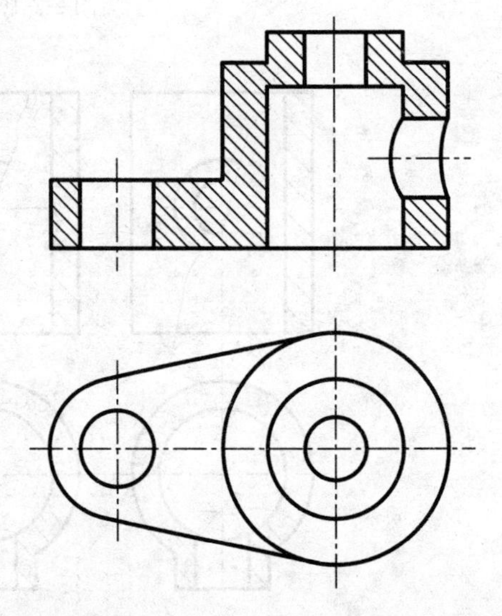

图 5-2-19 单一剖切视图可省略标注

2. 单一斜剖切平面

用一个不平行于任何基本投影面的剖切平面剖切机件的方法，称为斜剖切，常用来表达机件上倾斜部分的内部形状结构，如图 5-2-20(b)所示。

采用斜剖视时，剖视图可按投影关系配置在与剖切符号相对应的位置，也可将剖视图平移至图纸的适当位置。在不至于引起误解时，还允许将图形旋转，但旋转后的标注形式应为"×—×"和旋转符号，如图 5-2-20(c)、图 5-2-21 所示。

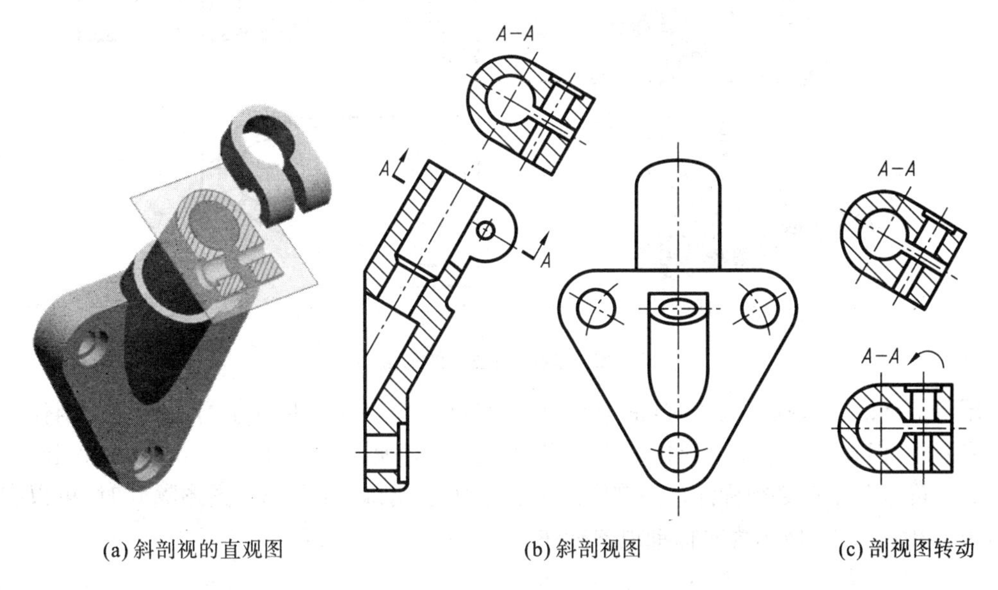

(a) 斜剖视的直观图　(b) 斜剖视图　(c) 剖视图转动

图 5-2-20　斜剖视图的形成

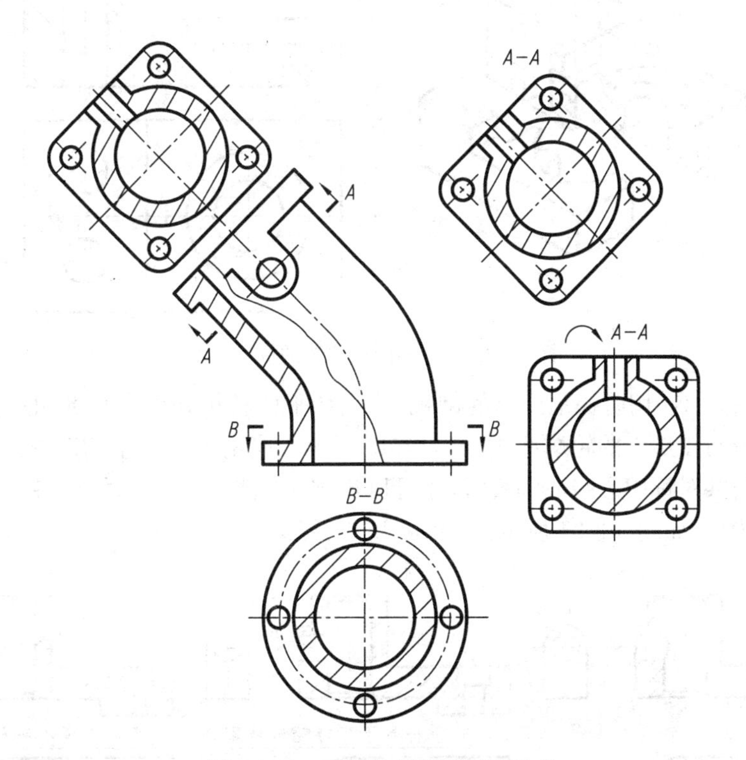

图 5-2-21　弯管的斜剖视图的形成

3. 多个平行的剖切平面

用几个平行的剖切平面剖开机件的方法，称为阶梯剖，如图 5-2-22 所示。阶梯剖适用于表达几种不同位置的内部结构的机件。

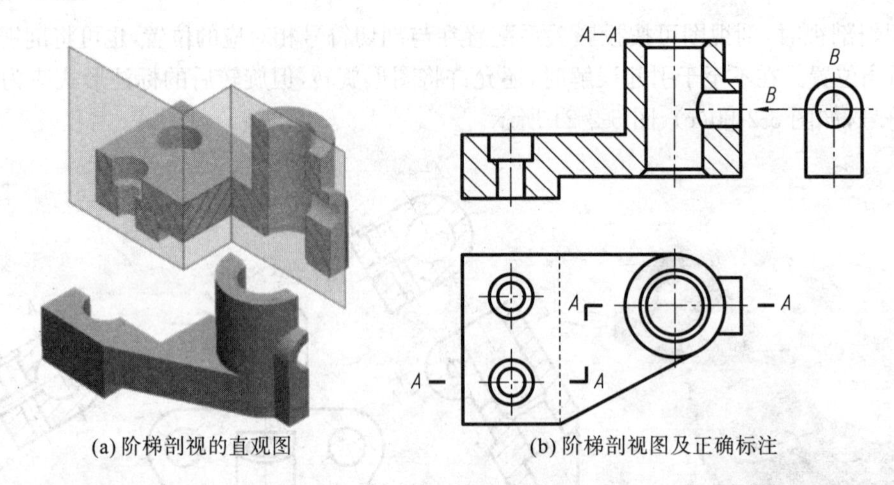

(a) 阶梯剖视的直观图　　(b) 阶梯剖视图及正确标注

图 5-2-22　阶梯剖视图的形成及标注

用阶梯剖的方法画剖视图时，由于剖切是假想的，应将几个相互平行的剖切面当作一个剖切平面处理，但在视图中标注转折的剖切位置符号时必须相互垂直。表示剖切位置起讫、转折处的剖切符号和字母必须标注。当视图之间投影关系明确，没有任何图形隔开时，可以省略标注箭头，如图 5-2-23 所示为阶梯剖视图标注。

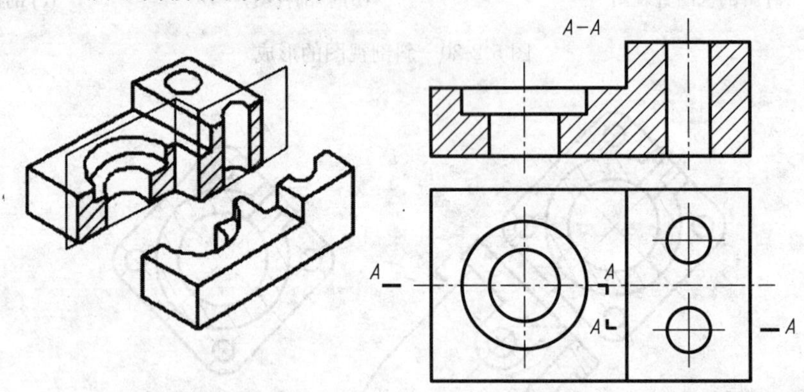

图 5-2-23　阶梯剖切位置的标注方法

需要注意的是：① 用阶梯剖画出的剖视图，剖切平面转折处不应画剖切边界线，剖切平面的转折处也不应与图形中的轮廓线重合，且在图形内不应出现不完整的图形。② 当两个要素在图形上具有公共对称中心线或轴线时，才可以出现不完整要素，这时，应各画一半，并以对称中心线或轴线为界，如图 5-2-24 所示。

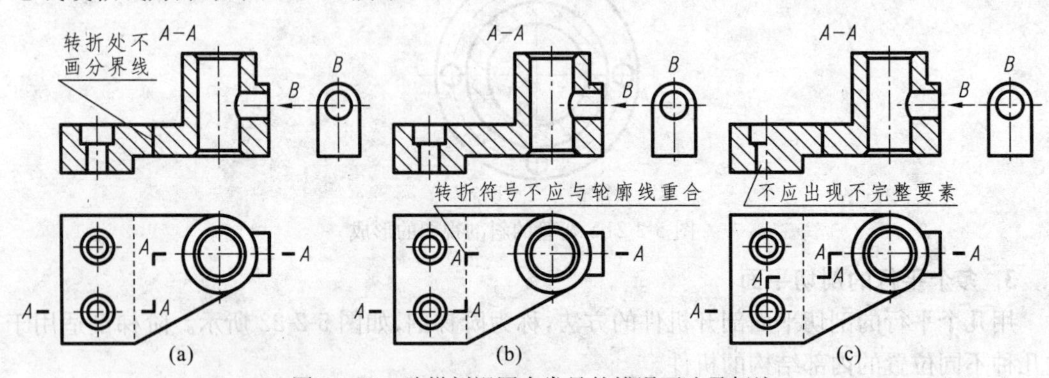

图 5-2-24　阶梯剖视图中常见的错误画法及标注

4. 相交的剖切平面

用几个相交的剖切平面(交线垂直于某一投影面)剖开机件的方法,称为旋转剖,如图 5-2-25 所示。用旋转剖的方法画剖视图时,两相交的剖切平面的交线应与机件上的回转轴线重合,其中一个剖切面与某一投影面平行,另外的剖切面是倾斜面。画图时应先画平行于投影面的剖切面的投影,再用换面法画倾斜剖切面的投影,从而反映被剖切内部结构的实形。在倾斜剖切平面后的其他结构轮廓仍按原来位置投射,如图 5-2-25(b)中所示的小孔。当剖切后产生不完整要素时,应将该部分按不剖绘制。

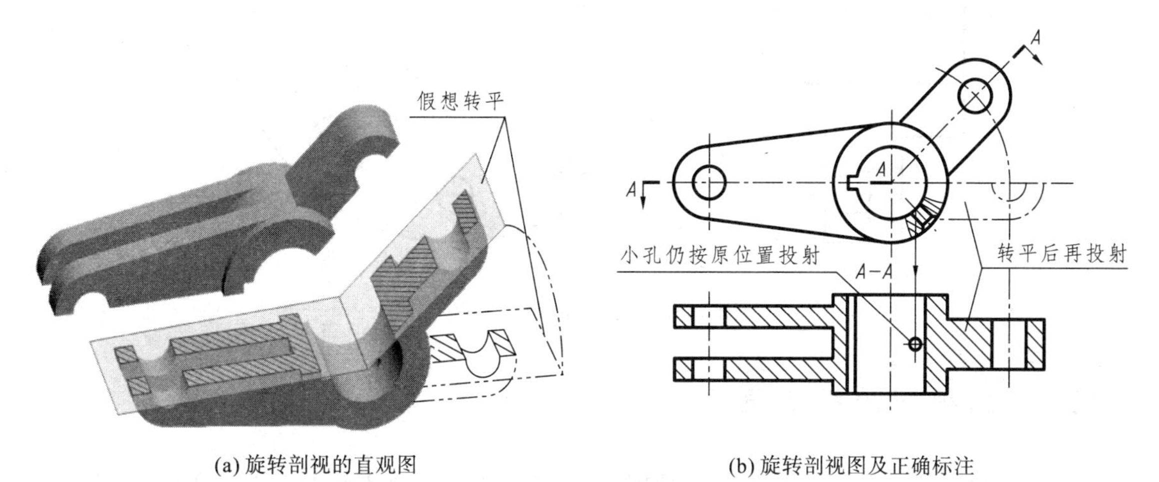

(a) 旋转剖视的直观图　　(b) 旋转剖视图及正确标注

图 5-2-25　旋转剖视图的形成及标注

画旋转剖时,应画出剖切位置和剖切符号,在剖切符号的起讫和转折处标注字母,在剖切符号两端画表示剖切后的投影方向的箭头,并在剖视图上方注明剖视图的名称。应注意标注中的箭头所指的方向是与剖切平面垂直的投射方向,而不是旋转方向。当转折处空间有限又不致引起误解时,允许省略标注转折处的字母。标注字母时一律按水平位置书写,字头朝上。

其他的旋转剖画剖视图的例子如图 5-2-26、图 5-2-27、图 5-2-28 所示。

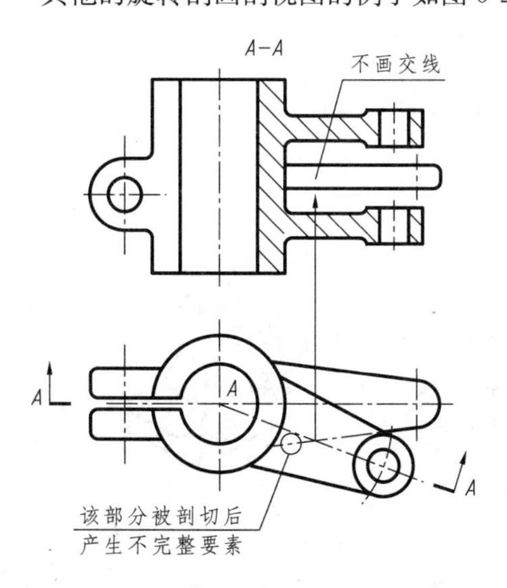

图 5-2-26　剖切产生的不完整要素的处理

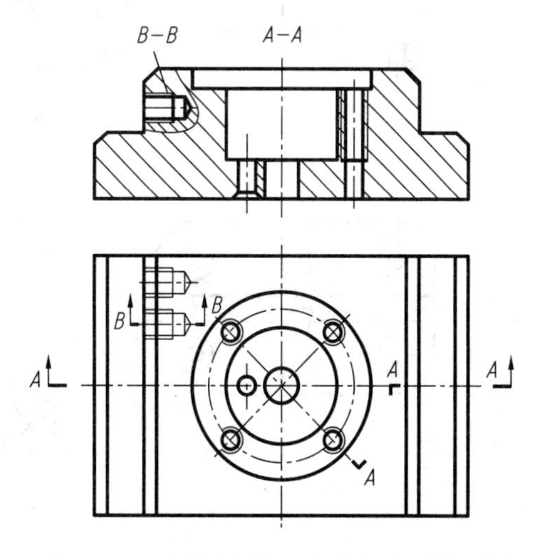

图 5-2-27　旋转剖视图中再作一次局部剖视

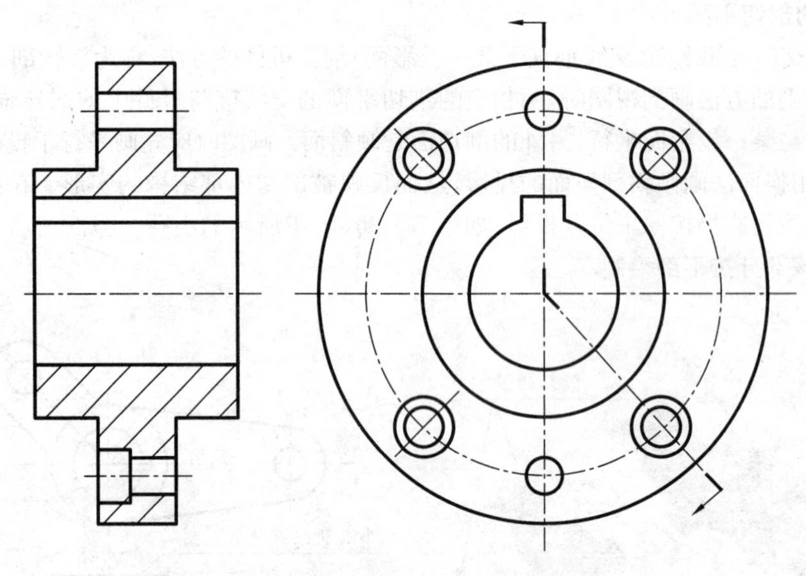

图 5-2-28　法兰盘旋转剖视图

5.2.5　剖视图的规定画法

① 对于机件的肋、轮辐及薄壁等，如按纵向剖切，这些结构都不画剖面线，而用粗实线将它们与邻接部分分开，如图 5-2-29 所示。

② 当零件回转体上均匀分布的肋、轮辐、孔等结构不处于剖切平面上时，可将这些结构旋转到剖切平面上画出。

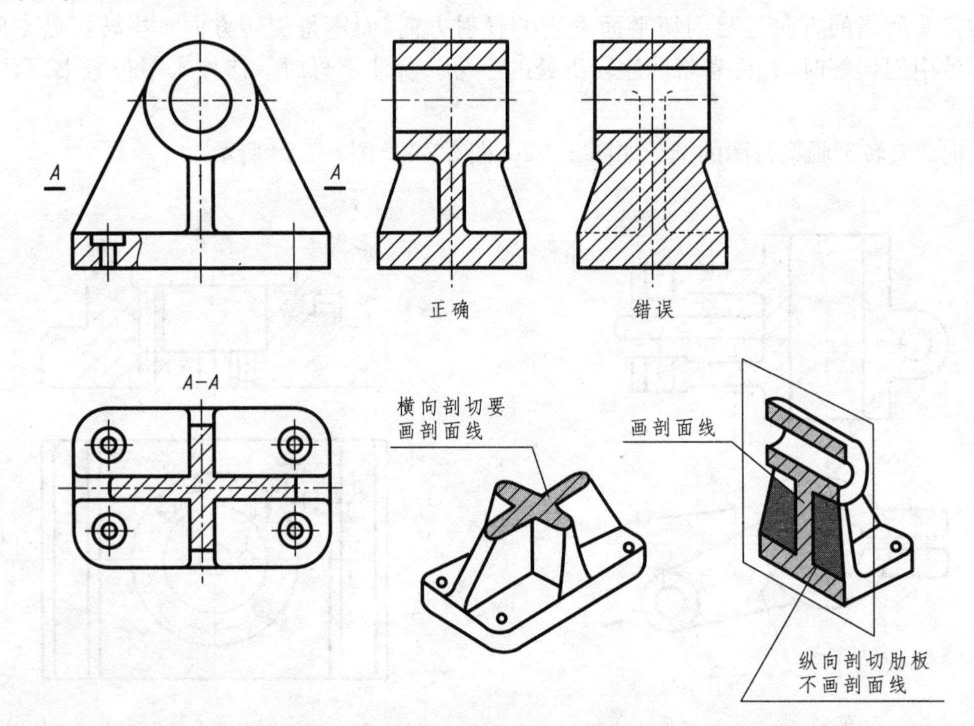

图 5-2-29　肋板的规定画法

5.3　断　面　图

5.3.1　断面图的概念

假想用剖切平面将机件的某处剖切断，仅画出断面的图形，这个图形称为断面图，简称断面，亦称为剖面图。用断面图来表达机件上的某些结构，如：键槽、小孔、轮辐及型材、杆件的断面等，比一般的视图清晰、比剖视图简便，如图 5-3-1 所示。

断面图与剖视图之间的区别在于：断面图只画出机件的断面形状，而剖视图除了剖面形状以外，还要画出机件留下部分的投影。

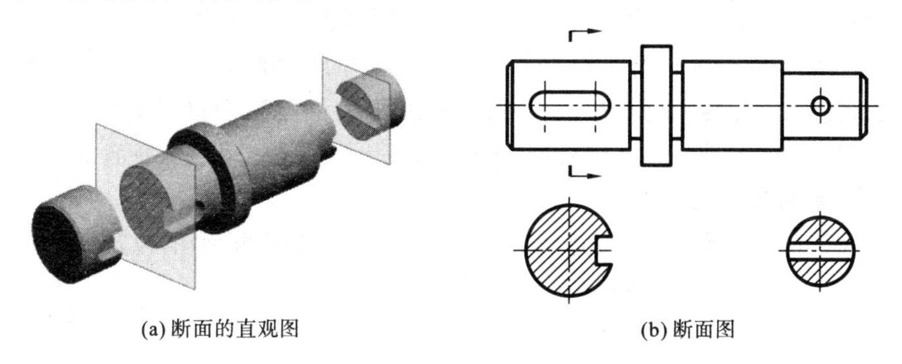

(a) 断面的直观图　　(b) 断面图

图 5-3-1　断面图

5.3.2　断面图的种类

根据断面图在绘制时所配置的位置不同，断面图分为移出断面图和重合断面图两种。

1. 移出断面图

画在视图外的断面图，称为移出断面图，如图 5-3-2、图 5-3-3 所示。

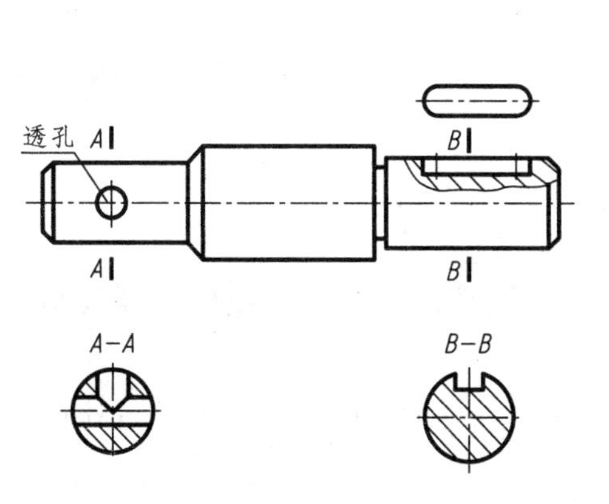

图 5-3-2　移出断面图

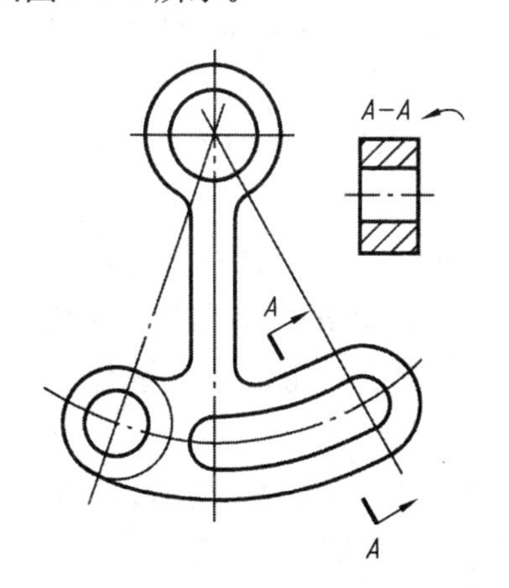

图 5-3-3　移出断面图的画法和标注

画移出断面图时应注意如下问题：

① 移出断面图的轮廓线用粗实线绘制(图 5-3-2)。

② 移出断面图应尽量配置在剖切符号或剖切平面迹线(剖切平面与投影面的交线，用细点划线表示)的延长线上。

③ 当断面图形对称时，也可画在视图中断处(图 5-3-4)。必要时，也可配置在其他适当位置。

④ 由两个或多个相交的剖切平面剖切得出的移出断面图，中间应用波浪线断开(图 5-3-5)。

⑤ 当剖切平面通过回转面形成的孔或凹坑的轴线时，这些结构按剖视图绘制，如图 5-3-2 所示。

⑥ 当剖切平面通过非圆孔，会导致完全分离的两个断面图时，则此结构应按剖视图绘制，如图 5-3-3 所示。

⑦ 移出断面图一般应用剖切符号表示剖切位置，用箭头表示投射方向，并注上字母，在断面图的上方用同样的字母标出相应的名称，如图 5-3-3 中的移出断面图。

⑧ 配置在剖切符号延长线上的不对称的移出断面图，可省略字母(图 5-3-2)。

⑨ 不配置在剖切符号延长线上的对称的移出断面图以及按投影关系配置的不对称的移出断面图，均可省略箭头(图 5-3-2)。

⑩ 配置在剖切符号或剖切平面迹线延长线上的对称的移出断面图，以及配置在视图中断处的对称的移出断面图均可省略标注。

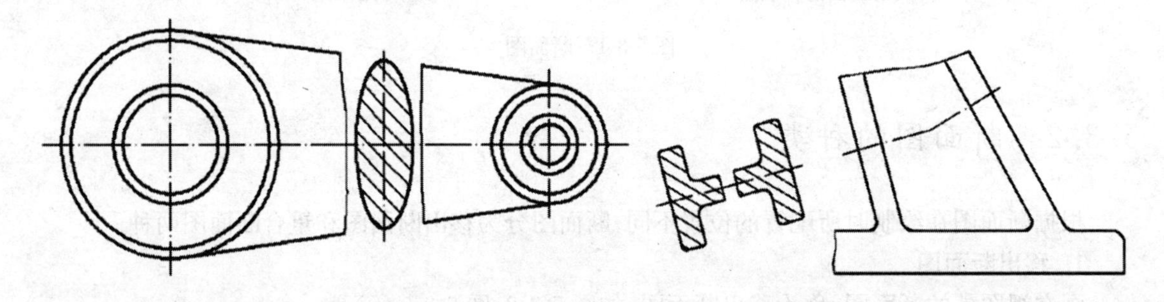

图 5-3-4　配置在视图中断处的移出断面图　　　图 5-3-5　断开的移出断面图

2. 重合断面图

在不影响图形清晰的条件下，断面也可画在视图内。画在视图内的断面图称为重合断面图。

画重合断面图时应注意下面的问题：

① 重合断面图的轮廓线用细实线绘制。

② 当视图中的轮廓线与重合剖面图形重叠时，视图中的轮廓线仍应连续画出，不可间断。

③ 配置在剖切符号上的不对称重合断面，不必标注字母，但仍要在剖切符号处画出表示投影方向的箭头，如图 5-3-6 所示。

④ 对称的重合断面，不必标注，如图 5-3-7。

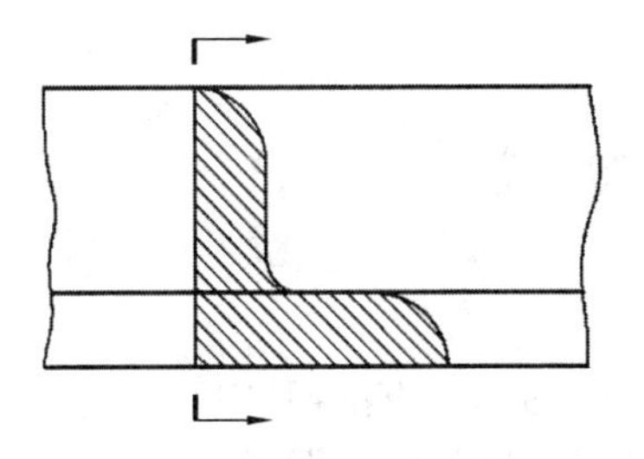

图 5-3-6　不对称的重合断面图

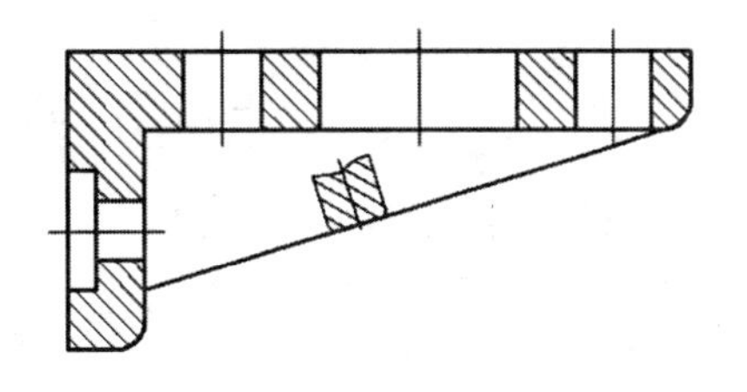

图 5-3-7　对称的重合断面图

5.4　局部放大图

当机件上的某一细小结构表达不清楚或难于标注尺寸时，可以将机件的部分结构用大于原图形所采用的比例画出。

1. 局部放大图的概念

将机件的部分结构，用大于原图形的比例所画出的图形，称为局部放大图。

局部放大图可画成视图、剖视图、断面图，它与被放大部分的原表达方式无关。局部放大图应放置在被放大图的附近。

2. 局部放大图的画法及标注

局部放大图可以画成视图、剖视图、断面图等形式，与被放大部位的表达形式无关，且与原图采用的比例无关。为看图方便，局部放大图应尽量配置在被放大的部位的附近、必要时可用几个图形来表达同一个被放大部分的结构，如图 5-4-1 所示。

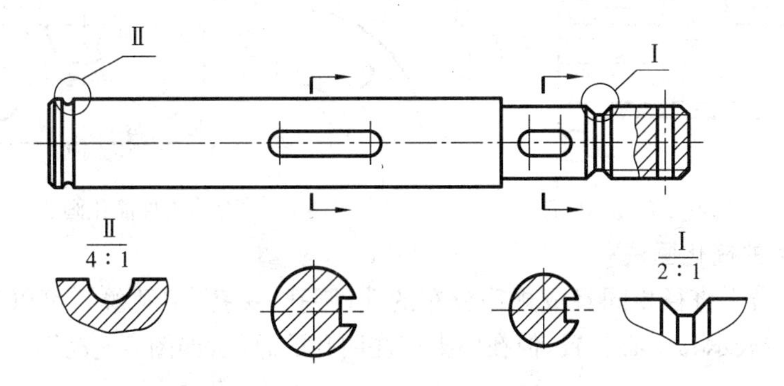

图 5-4-1　局部放大图

局部放大图的标注内容如下：

① 当同一机件上有几个须放大的部位时，必须用罗马数字依次标明被放大的部位，并在局部放大图的上方标注出相应的罗马数字和所采用的比例(图 5-4-1)。用细横线上下分开标出。而机件上只有一处放大时，局部放大图只须注明所作的比例。

② 画局部放大图时，除螺纹牙型、齿轮和链轮的齿形时外，应用细实线圈出被放大的部位。

③ 当机件上被放大的部位仅有一个时，在局部放大图的上方只须注明所采用的比例。

④ 同一机件上不同部位的局部放大图，当图形相同或对称时，只需要画出一个。

⑤ 必要时可用几个图形表达同一被放大部分的结构。

5.5 简化画法

简化画法包括规定画法、省略画法、示意画法等在内的图示方法，其中：

规定画法是指标准中规定的某些特定的表达对象所采用的特殊图示方法，如机械图样中对螺纹、齿轮的表达。

省略画法是通过省略重复投影、重复要素、重复图形等达到使图样简化的图示方法，本节所介绍的简化画法多为省略画法。

示意画法是用规定符号、较形象的图线绘制图样的表意性图示方法，如滚动轴承、弹簧的示意画法等。

下面介绍国家标准中规定的几种常用简化画法。

1. 相同结构要素的简化画法

当机件具有若干相同结构（齿、槽等），并按一定规律分布时，只需要画出几个完整的结构，其余用细实线连接，在零件图中则必须注明该结构的总数，如图 5-5-1 所示。

2. 对称机件的简化画法

在不致引起误解时，对称机件的视图可只画一半或四分之一，并在对称中心线的两端画出两条与其垂直的平行细实线，如图 5-5-2 所示。

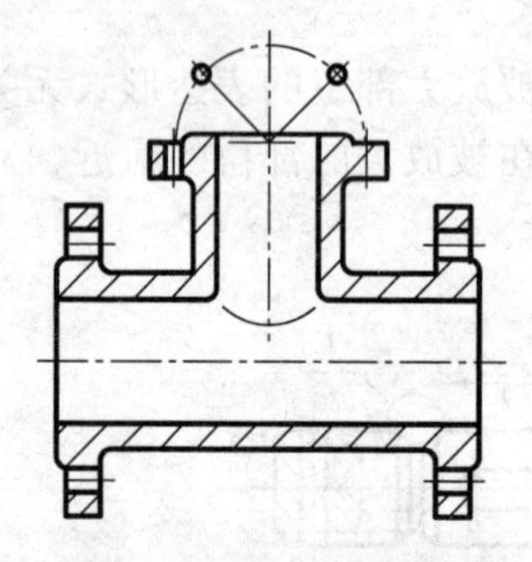

图5-5-1　均匀分布孔的画法

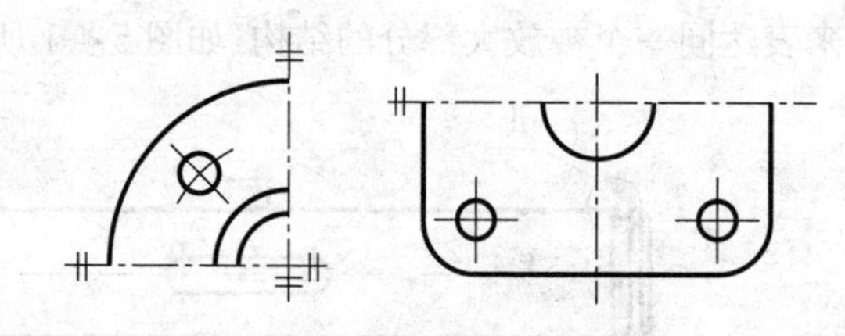

图 5-5-2　对称机件简化画法

3. 多孔机件的简化画法

对于机件上若干直径相同且成规律分布的孔（圆孔、螺孔、沉孔等），可以仅画出一个或几个，其余用点画线表示其中心位置，但在图上应注明孔的总数，如图 5-5-3、图 5-5-4 所示。

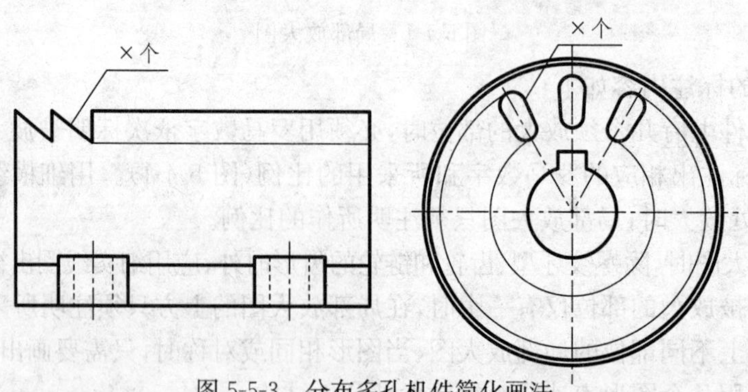

图 5-5-3　分布多孔机件简化画法

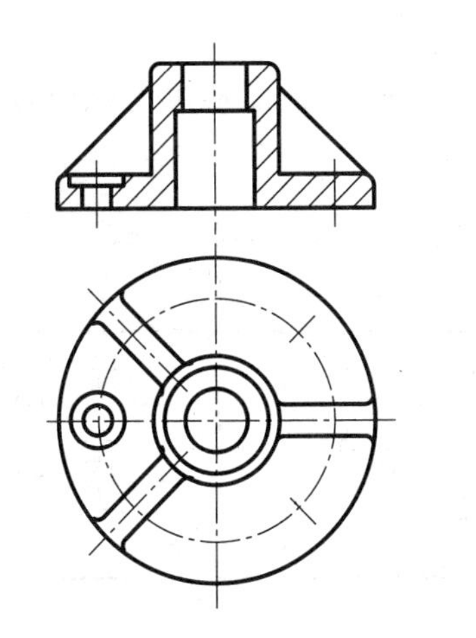
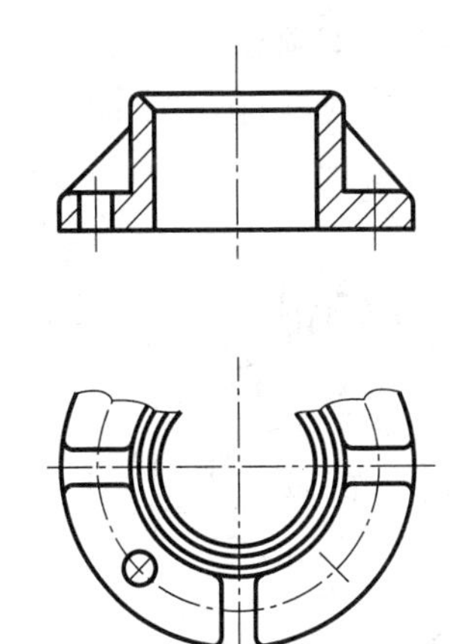

图 5-5-4　均布孔机件简化画法

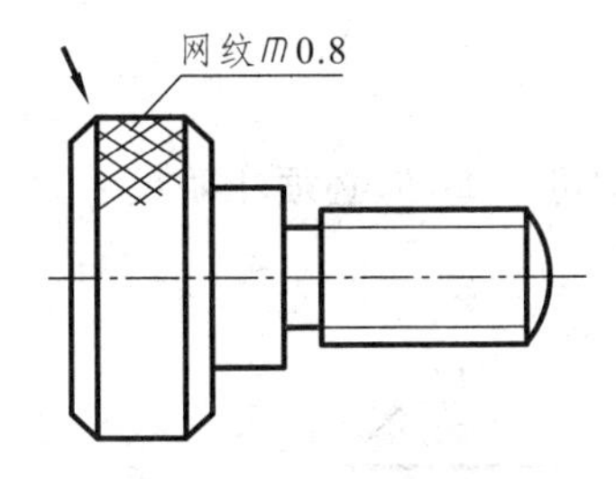

图 5-5-5　网状表面的画法

4. 网状物及滚花的示意画法

网状物、编织物或机件上的滚花部分，可在轮廓线附近用细实线示意画出，并在零件图上或技术要求中注明这些结构的具体要求，如图 5-5-5 所示。

5. 平面的表达方法

当图形不能充分表达平面时，可用平面符号(两相交细实线)表示，如图 5-5-6 所示。

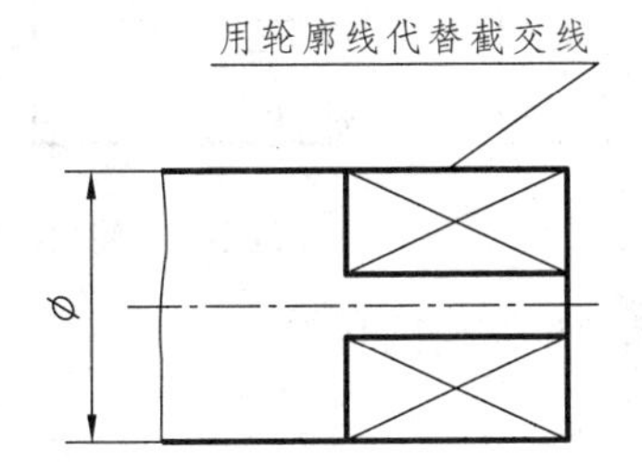

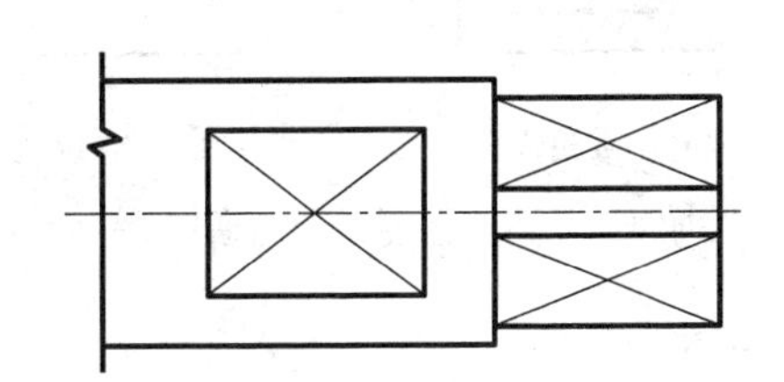

图 5-5-6　平面的画法

6. 移出断面图的简化画法

在不致引起误解的情况下，零件图中的移出断面图，允许省略剖面符号，但须按标准规定标注，如图 5-5-7 所示。

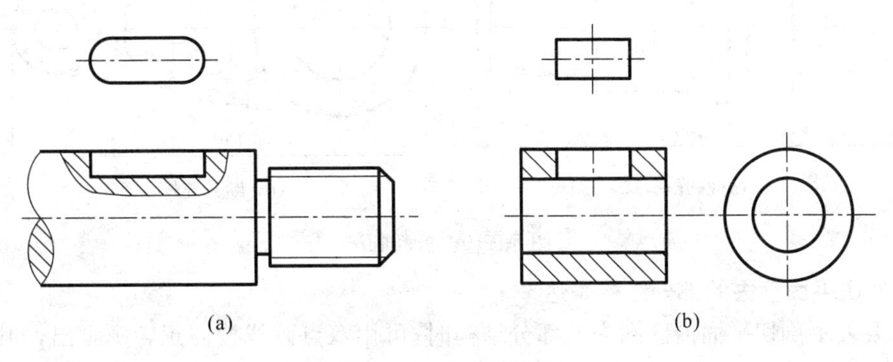

图 5-5-7　移出断面图

7. 细小结构的省略画法

机件上较小的结构，如在一个图形上已表示清楚时，其他图形可简化或省略，如图 5-5-8 所示。

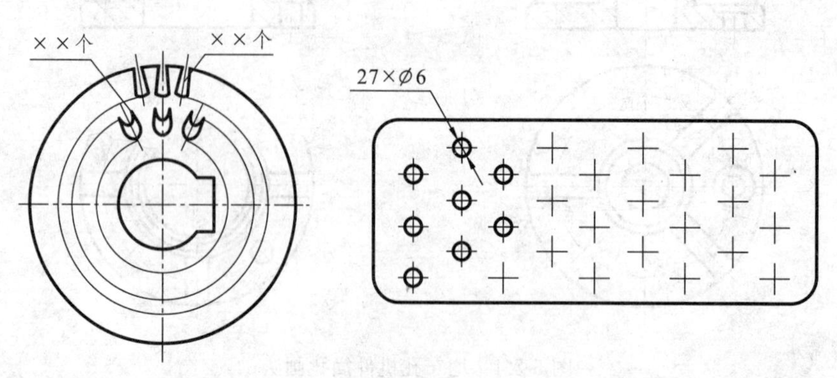

图 5-5-8 细小重复结构的省略画法

8. 小圆角、小倒圆、小倒角的简化画法

除了确系需要表示的圆角、倒角外，一般小的圆角、倒角在图上均可不画，但必须注明尺寸，或在技术要求中加以说明，如图 5-5-9 所示。

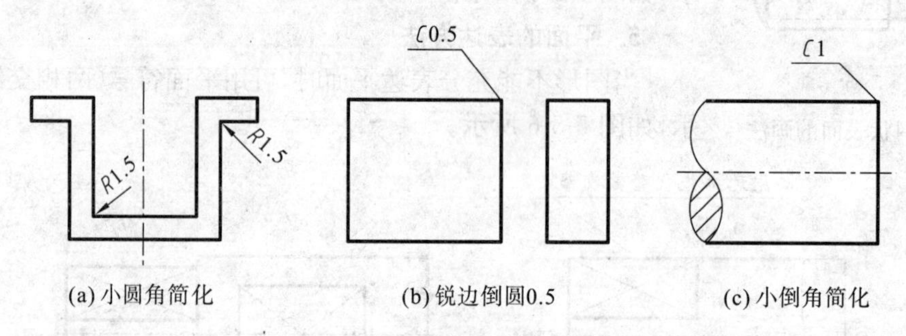

图 5-5-9 小圆角、小倒圆、小倒角的简化画法和标注

9. 折断画法

当较长机件（如轴、杆、型材等）沿长度方向的形状一致或按一定规律变化时，可断开后缩短绘制，如图 5-5-10 所示。采用这种画法时，尺寸应按原长标注。

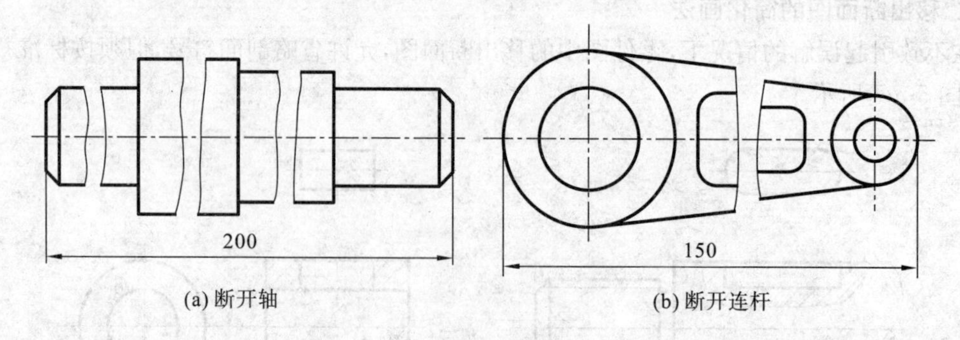

图 5-5-10 折断画法

10. 剖切平面移去的部分结构表达

当需要表示剖切平面前已剖去的部分结构时，可用双点画线按假想轮廓画出，如图 5-5-11 所示。

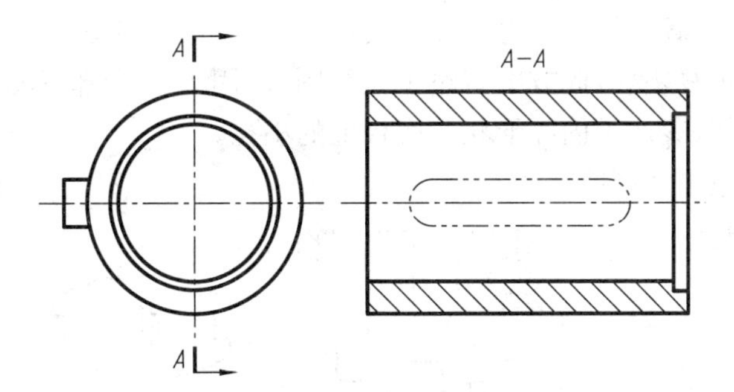

图 5-5-11　剖切平面前已剖去部分画法

除了上面介绍的几种简化画法外，还有很多其他简化画法。请参考国家标准《技术制图》和《机械制图》。随着科学技术和工业生产的飞速发展，工程技术中的绘图工作量也大大增加，为提高绘图效率、降低绘图劳动强度，就需要采用简便的方法绘制工程图样。

5.6　综合应用举例

机件的结构形状多种多样，表达方法也各不相同。在实际的应用中，应当根据机件的不同结构特点，在完整、清晰地表达机件各部分结构形状的前提下，力求制图简便。在确定一个机件的表达方案时，要恰当地选用各种表达方法，对于同一个机件来说可能有几种表达方法，经比较之后，确定较好的方案。

例 5-6-1　绘制三通管的视图，如图 5-6-1(a)所示。

分析：列出了两种表达方案，如图 5-6-1 所示。

① 第一种方案是主视图采用全剖视，表达了内腔的结构形状；俯视图作了 $A-A$ 半剖视，表达了顶部外形圆盘形状和小孔结构，同时也表达了中间圆柱体与底板的形状和小孔结构。肋板的结构形状采用了重合剖面。左视图也为半剖视，表达了凸缘的形状与阀体的内腔形状。

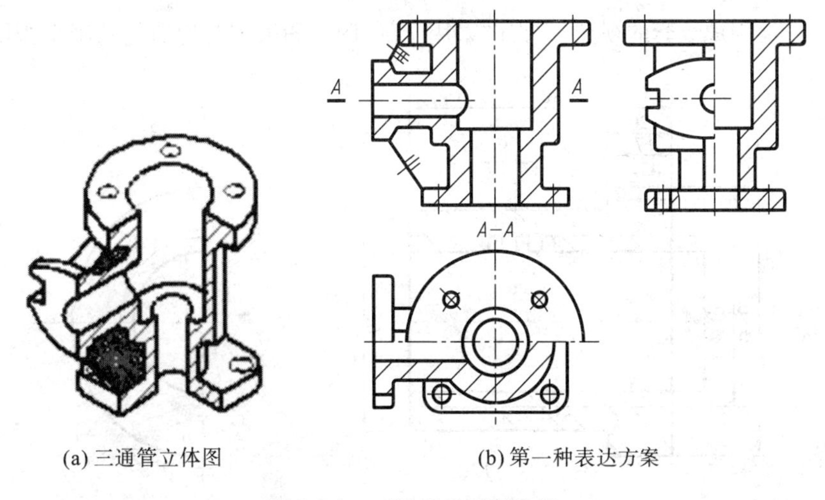

(a) 三通管立体图　　(b) 第一种表达方案

图 5-6-1　三通管的视图选择

② 第二种方案是在第一种方案的基础上改进的，由于第一种表达方案的左视图与主视图所表达的内容有不少重复之处，此方案省略了左视图，而用 B 向局部视图表达凸缘的形状。主视图采用了局部剖视图，表达了内腔形状和底板上的小孔。

经比较第二种方案更为简明。

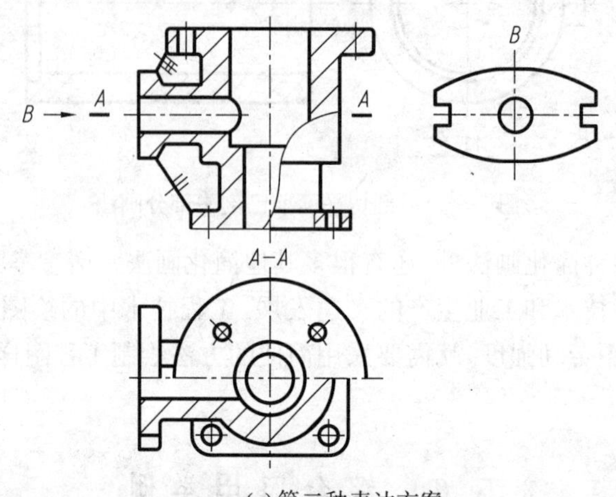

(c) 第二种表达方案

图 5-6-1(续)　三通管的视图选择

例 5-6-2　绘制皮带轮的视图，主视图采用全剖视图，侧视图中的虚线省略不画，因为主视图中已经表达清楚，如图 5-6-2 所示。

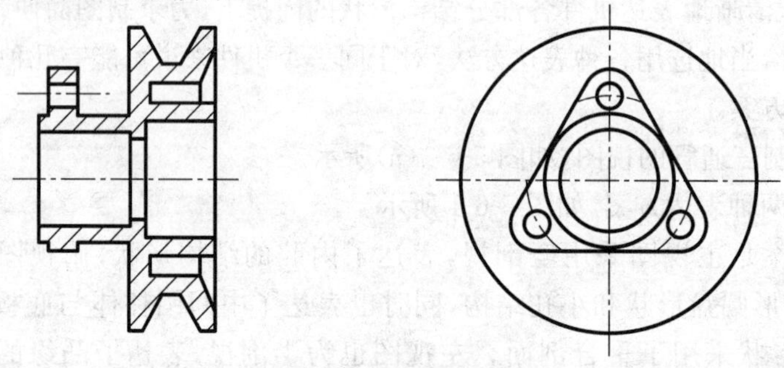

图 5-6-2　皮带轮的视图

例 5-6-3　绘制螺纹套的视图，主视图采用全剖，俯视图采用对称简化的半个视图，如图 5-6-3 所示。

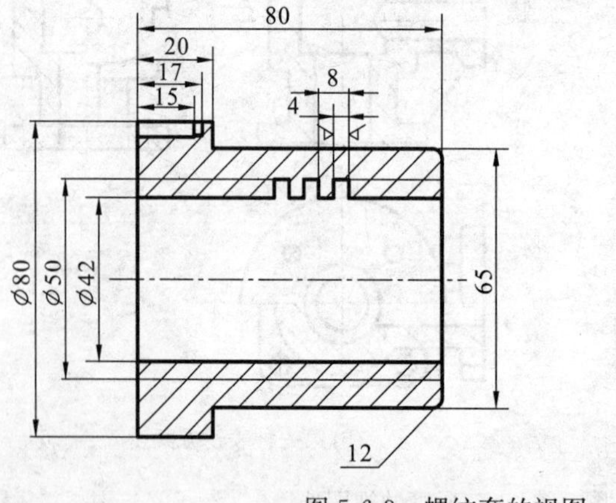

图 5-6-3　螺纹套的视图

例 5-6-4　绘制缸盖的视图，主视图采用全剖，侧视图采用阶梯剖，俯视图采用局部视图，如图 5-6-4 所示。

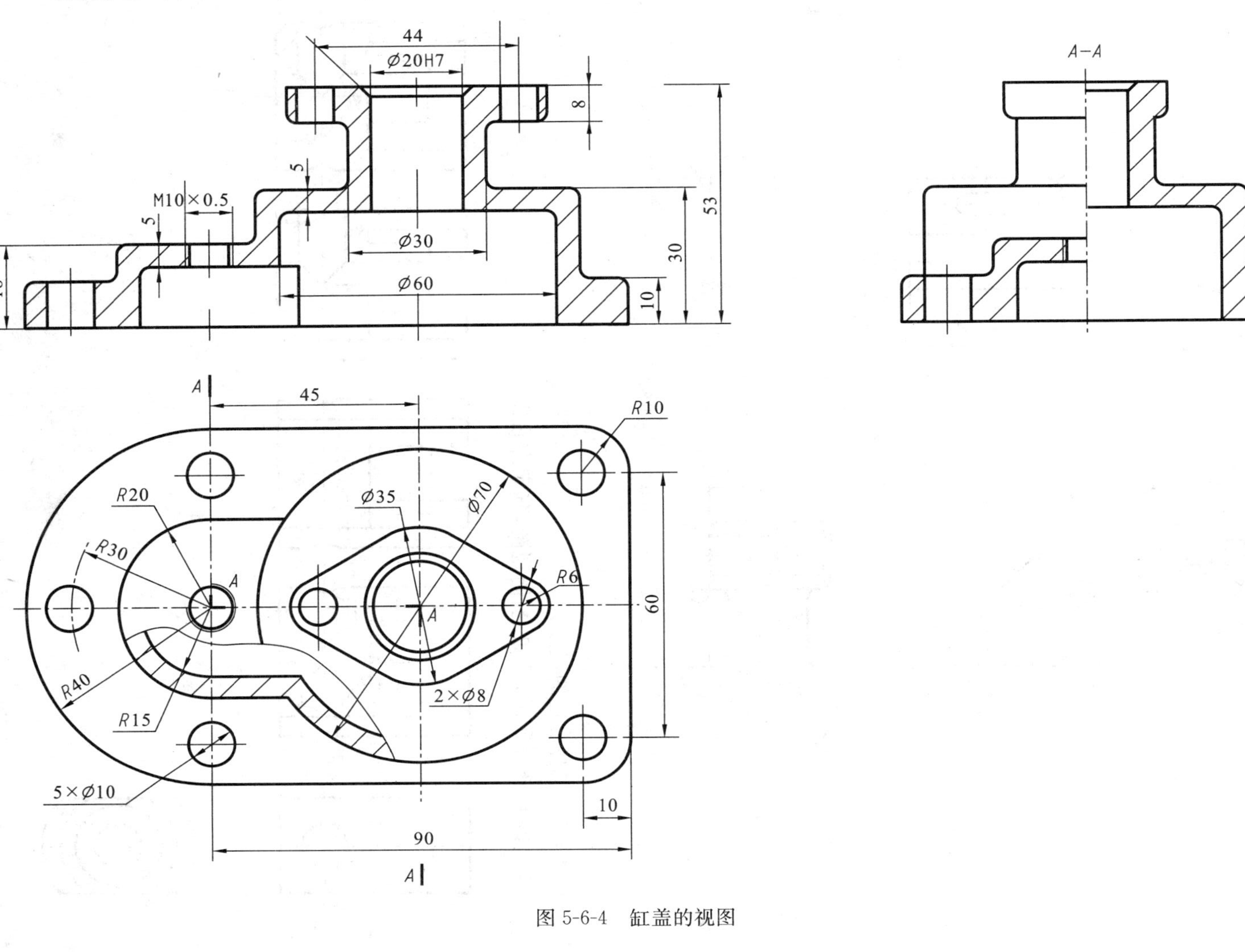

图 5-6-4　缸盖的视图

例 5-6-5 绘制支架的视图,主视、俯视图采用局部剖视图,再有采用向视图和断面图,如图 5-6-5 所示。

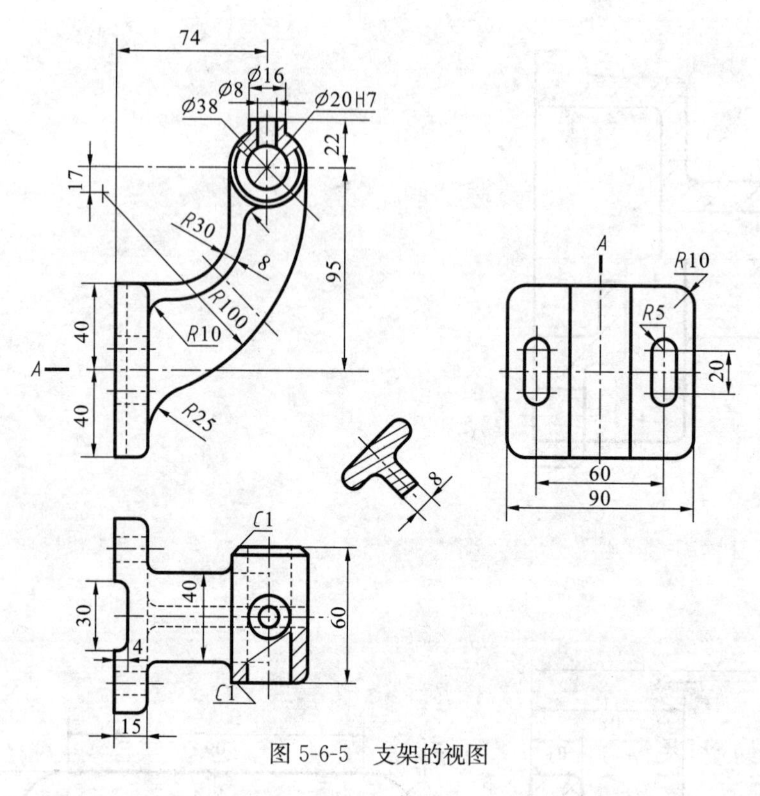

图 5-6-5　支架的视图

例 5-6-6 选择合适的视图。

(1) 如图 5-6-6 所示,已知主、俯视图,确定左视图。

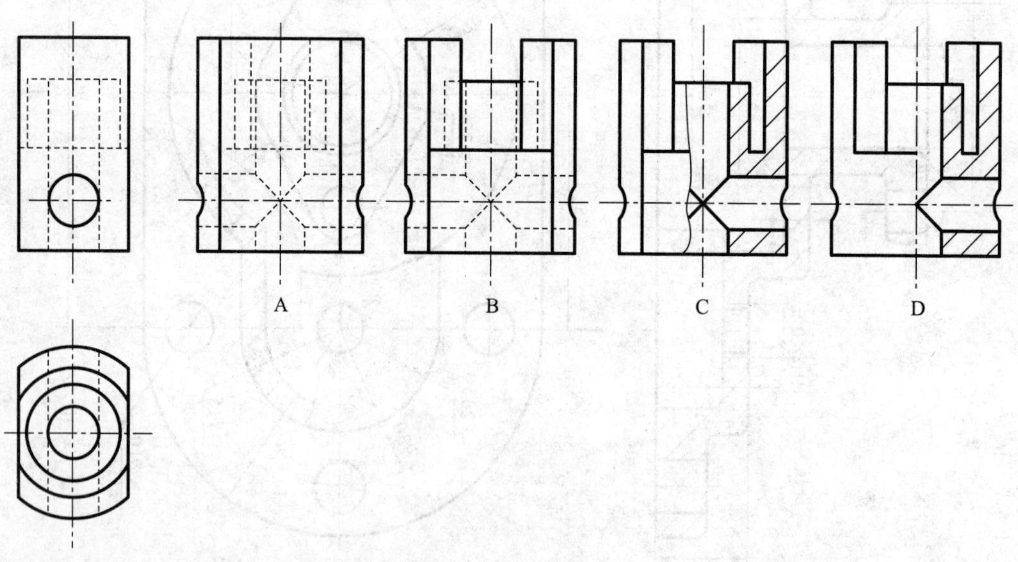

图 5-6-6　选择视图

(2) 如图 5-6-7 所示,已知主、俯视图,确定左视图。

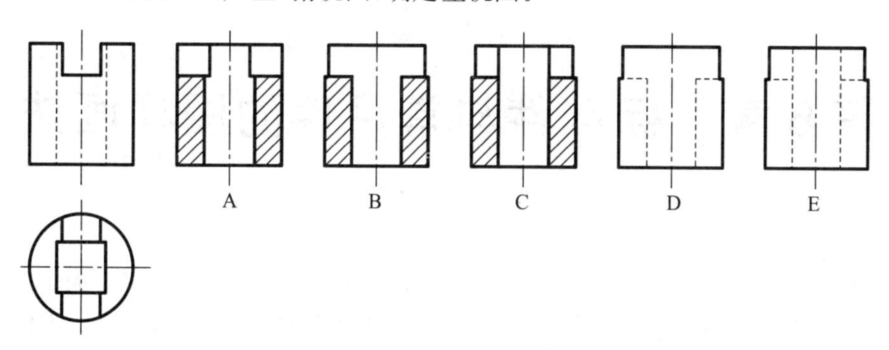

图 5-6-7　选择视图

(3) 如图 5-6-8 所示,在下列断面图和局部放大图中,判断正确画法。

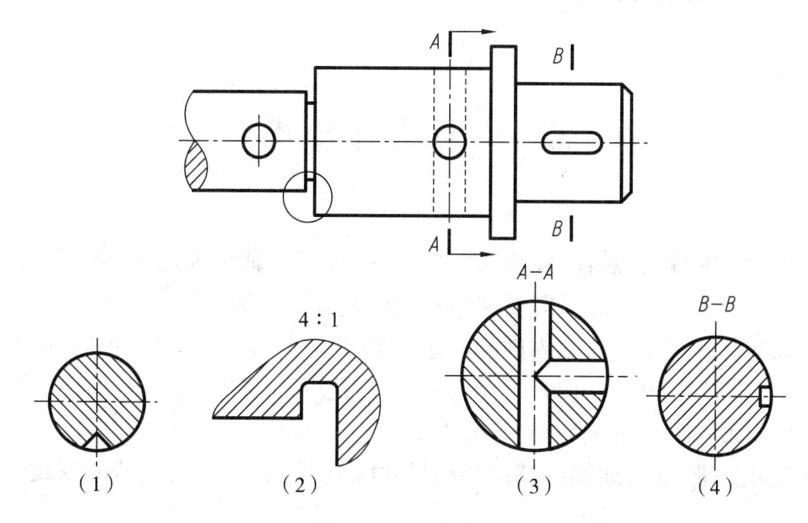

图 5-6-8　选择视图

(4) 如图 5-6-9 所示,从下列 A 向斜视图中,判断正确画法。

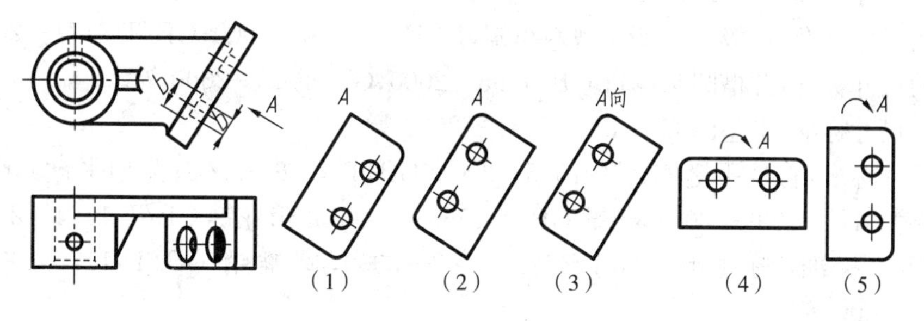

图 5-6-9　选择视图

第6章 标准件与常用件的图样画法

本章主要介绍机械设计中经常遇到的标准零件和通用零件的绘图知识。为了方便于机器或部件的设计、制造和使用，有些零件的结构和尺寸已完全实行了标准化，这些零件称为标准件，如螺栓、螺母、螺钉、垫圈、键、销、轴承等。还有些零件的结构和参数实行了部分标准化，这些零件称为常用件，如齿轮和蜗轮蜗杆等。对这些标准化的零件结构绘图时必须按照标准要求来进行。

6.1 标准件概述

机械零件中的标准件，如螺栓、螺母、螺钉、垫圈、键、销、轴承等，已经由国家标准规定了它们的结构、尺寸和制图要求。因此，需要熟悉有关标准内容。例如：

螺纹画法标准有螺纹及螺纹紧固件的画法(GB/T 4495.1—1995)。螺纹标记：普通螺纹标记与简化画法(GB/T 4459.1—1995)，梯形螺纹标记(GB/T 5796.4—2005)，锯齿螺纹标记(GB/T 13576—1992)，60°圆锥螺纹标记(GB/T 12716—2002)等。

螺纹还有尺寸标准，如普通螺纹基本牙型尺寸(GB/T 196—2003)、普通螺纹公差带(GB/T 197—2003)等。

螺栓的尺寸标准：六角头粗牙 GB/T 5782—2000，细牙 GB/T 5785—2000 等。

螺柱的尺寸标准：双头螺柱 GB/T 898—1988，GB/T 900—1988 等。

螺母的尺寸标准：A级与B级Ⅰ型六角螺母 GB/T 6170—2000，GB/T 6171—2000 等。

螺钉的尺寸标准：开槽圆头螺钉 GB/T 65—2000，GB/T 67—2000 等。

垫圈的尺寸标准：平垫圈 GB/T 97.1～2—2002 等。

键的尺寸标准：普通平键 GB/T 1095—2003、GB/T 1096—2003；薄型平键 GB/T 1566—2003，半圆键 GB/T 1999—2003，契键 GB/T 1563—2003，矩形花键 GB/T 1144—2001 等。

销的尺寸标准：圆柱销 GB/T 119.1～2—2000，圆锥销 GB/T 117—2000，开尾销 GB/T 877—2000 等。

滚动轴承尺寸标准：深沟球轴承 GB/T 276—1994，圆柱滚子轴承 GB/T 283—2007，角接触球轴承 GB/T 292—2007，圆锥滚子轴承 GB/T 297—1994，推力球轴承 GB/T 301—1995 等。

常用件指在机械设计中最常用到的零件。它们的结构和参数实行了部分标准化，如齿轮、蜗轮、蜗杆等。轴也是一种常用的机械零件，其上的键槽也是标准尺寸。

在这些标准零件和常用零件设计中，需要查找有关数据，有时要计算它们的尺寸参数才能绘图。本书的附录中收集了部分标准数据，以备简单设计时查用。

6.2　螺纹件

螺纹件分紧固件和传动件。螺纹紧固件主要包括螺栓、螺母、螺钉、垫圈等，它们主要靠螺纹来连接和紧固，螺纹也用于传动。螺纹紧固件大多数是标准件。非标准的螺纹紧固件主要用在一些特殊的场合，如英制螺纹、特种螺纹等。

6.2.1　螺纹结构要素

1. 螺纹的形成

在第2章中介绍了圆柱螺旋线是由一动点沿圆柱表面绕其轴线作等速回转运动，同时沿母线作等速直线运动所形成的。现在，利用一平面轮廓图形(如三角形、矩形、梯形等)绕一回转面做螺旋运动，得到具有相同轴向剖面的连续凸起和沟槽就成为螺纹。螺纹可以起连接或传动作用。在圆柱(或圆锥)外表面上的螺纹为外螺纹，在圆柱(或圆锥)孔内表面上的螺纹称为内螺纹。如图6-2-1所示为外螺纹。

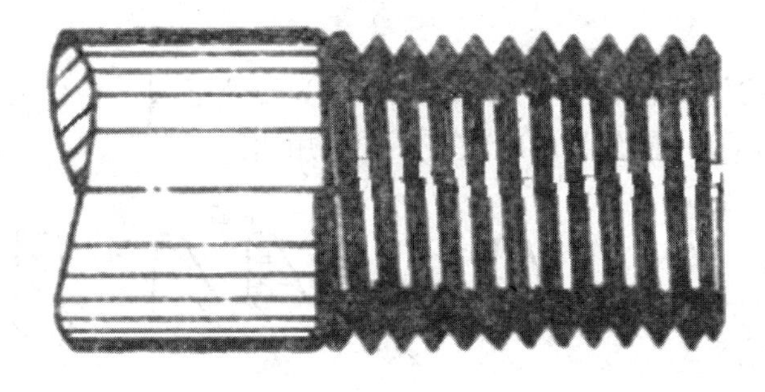

图6-2-1　外螺纹

螺纹的加工方法很多，可以车制螺纹，也可以攻丝螺纹。图6-2-2所示就是在车床上车制内、外螺纹的示意图。车削螺纹时，由于工件和刀具的相对运动，形成圆柱螺螺纹。按圆柱螺旋线的形成规律，动点的等速旋转运动是由车床的主轴带动工件的转动来实现的，而动点沿圆柱素线方向的等速直线运动，则是由刀尖的移动来实现的。

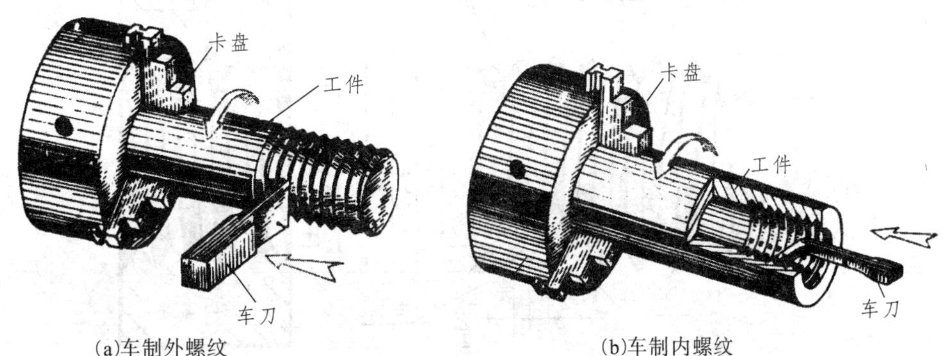

(a)车制外螺纹　　(b)车制内螺纹

图6-2-2　在车床上车制内、外螺纹

加工直径较小、不穿通的螺孔，可先用钻头钻出光孔，再用丝锥攻丝，如图 6-2-3 所示。由于钻头的钻尖顶角接近 120°，所以不穿通孔的锥顶角画成 120°。

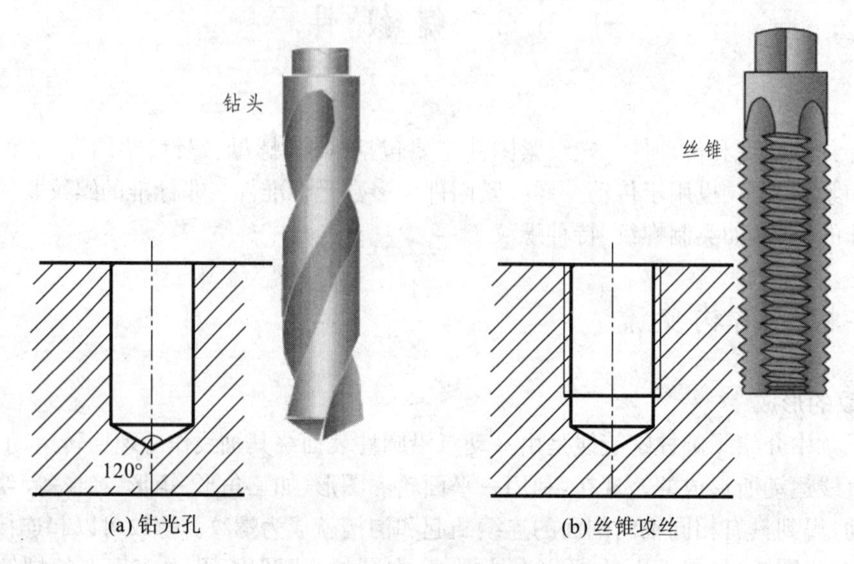

图 6-2-3　加工不穿通螺纹孔

2. 螺纹的要素

(1) 牙型

在通过螺纹轴线的剖面上，螺纹的轮廓形状，称为螺纹牙型。它分为三角形、梯形、锯齿形和方形，如图 6-2-4 所示。不同牙型的螺纹有不同的用途。

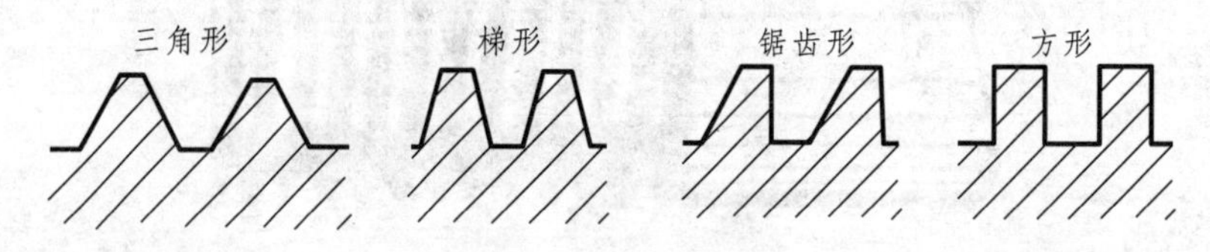

图 6-2-4　螺纹牙型

(2) 公称直径

指螺纹大径的基本尺寸。螺纹大径是与外螺纹牙顶或内螺纹牙底相重合的假想圆柱面的直径。螺纹小径是与外螺纹牙底或内螺纹牙顶相重合的假想圆柱面的直径，如图 6-2-5 所示。

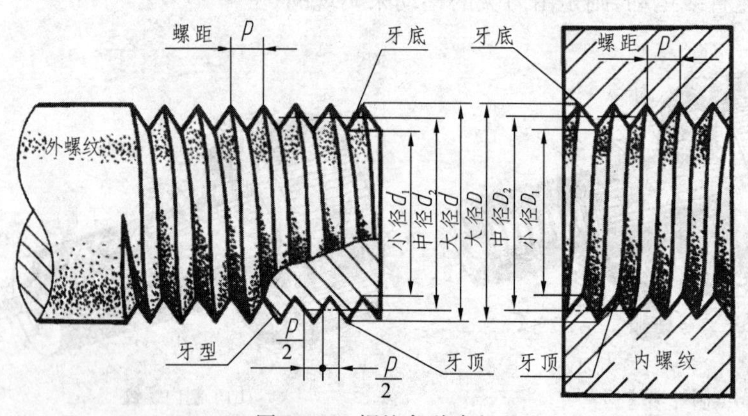

图 6-2-5　螺纹各种直径

螺纹的中径指一个假想圆柱的直径。该圆柱的母线通过牙型上沟槽和凸起宽度相等的地方，如图 6-2-6 所示。

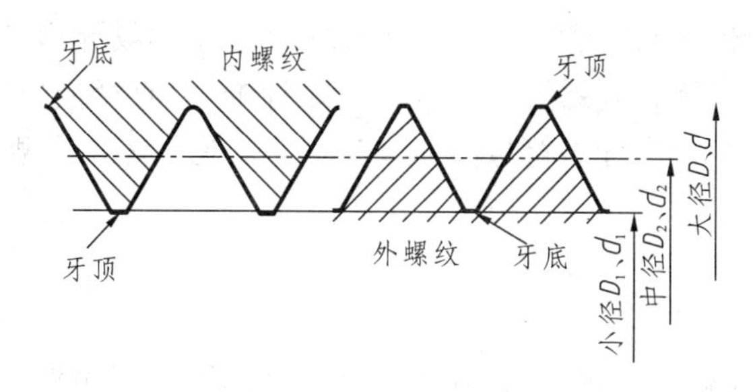

图 6-2-6　螺纹中径

(3) 螺纹线数 n

螺纹有单线和多线之分。沿一条螺纹线形成的螺纹为单线螺纹；沿轴向等距分布的两条或两条以上的螺旋线所形成的螺纹为多线螺纹，如图 6-2-7 所示。

(4) 螺距 P 和导程 S

螺纹上相邻两牙在中径线上对应两点间的轴向距离，称为螺距 P。同一条螺旋线上的相邻两牙在中径线上对应两点间的轴向距离，称为导程 S，如图 6-2-8 所示。单线螺纹 $S=P$，多线螺纹 $S=nP$。

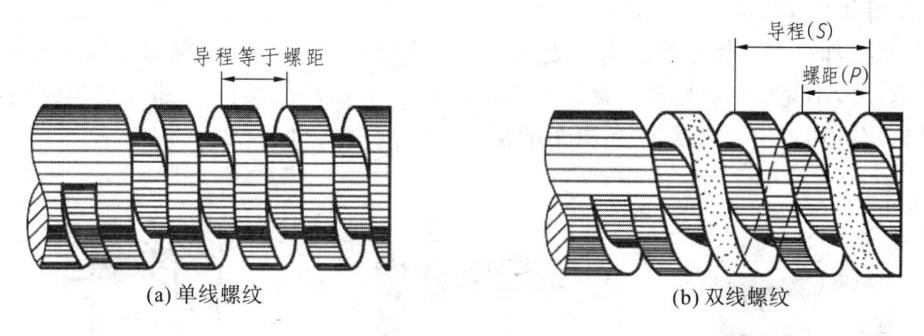

(a) 单线螺纹　　(b) 双线螺纹

图 6-2-7　螺纹的螺距和导程

(5) 螺纹旋向

螺纹分右旋和左旋两种。顺时针旋转旋入的螺纹称为右旋螺纹；逆时针旋转旋入的螺纹称为左旋螺纹。亦可采用右手法则或左手法则来判断，如图 6-2-8 所示。工程上常用右旋螺纹。

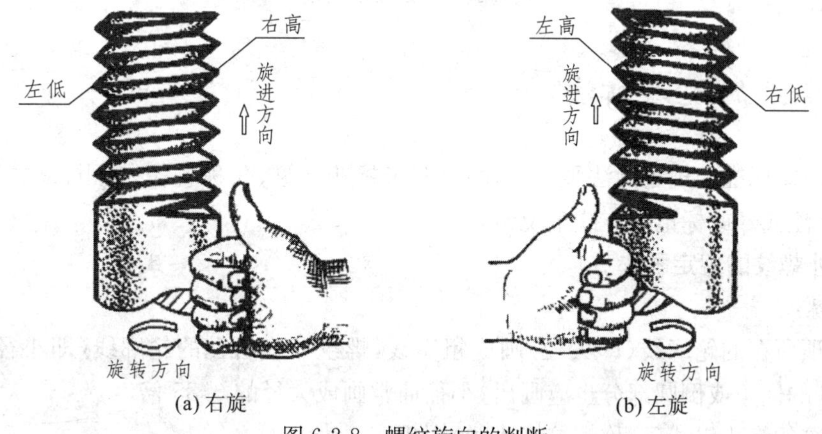

(a) 右旋　　(b) 左旋

图 6-2-8　螺纹旋向的判断

注意:只有上述各要素完全相同的内、外螺纹才能旋合在一起。改变上述五项要素中的任何一项,就会得到不同规格的螺纹。为了便于设计计算和加工制造,国家标准对有些螺纹(如普通螺纹、梯形螺纹等)的牙型、直径和螺距都做了规定。凡是螺纹牙型、直径和螺距都符合国家标准的螺纹,称为标准螺纹。凡是螺纹牙型符合国家标准,但直径或螺距不符合国家标准的螺纹称为特殊螺纹。标注时,应在牙型符号前加注“特”字。凡是螺纹牙型不符合国家标准的螺纹称为非标准螺纹。

3. 紧固件螺纹的结构

(1) 紧固件螺纹的末端结构

为了便于装配和防止螺纹起始圈损坏,常将紧固件的螺纹起始处加工成一定的形式,如倒角、倒圆球等,如图 6-2-9 所示。

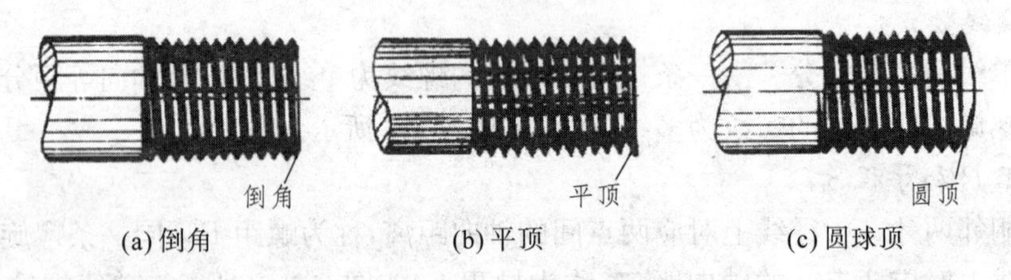

图 6-2-9　紧固件螺纹的末端结构

(2) 紧固件螺纹的收尾和退刀槽

在车削螺纹时,刀具接近螺纹末尾处要逐渐离开工件,因此,螺纹尾部分的牙型是不完整的。螺纹这一段不完整的收尾部分称为螺尾,如图 6-2-10(a)所示。为了避免产生螺尾,可以预先在螺纹末尾处加工出退刀槽,然后再车削螺纹,如图 6-2-10(b)所示。

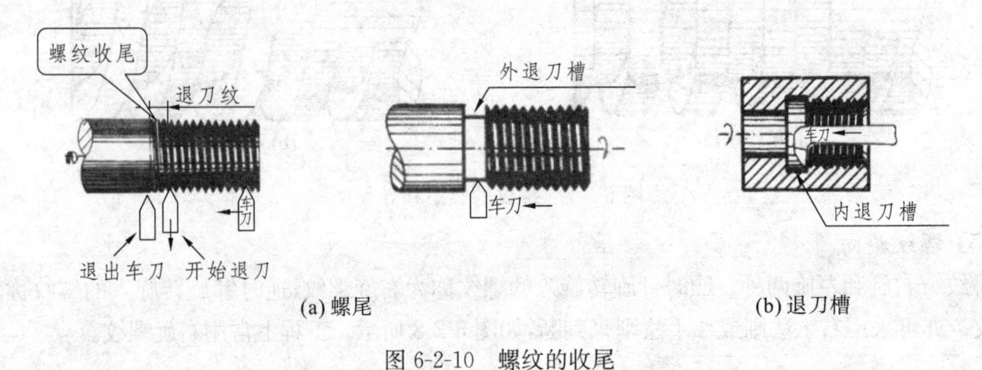

图 6-2-10　螺纹的收尾

6.2.2　螺纹的规定画法

螺纹按国家标准的规定画法画出后,图上并未标明牙型、公称直径、螺距、线数和旋向等要素,需要用标注代号或标记的方式来说明。

1. 内、外螺纹的规定画法

(1) 外螺纹

螺纹牙顶所在的轮廓线(即大径)画成粗实线,螺纹牙底所在的轮廓线(即小径)画成细实线,且在螺杆的倒角或倒圆部分也应画出;小径通常画成大径的 0.85 倍。

完整螺纹的终止界线(简称螺纹终止线)用粗实线表示。

在垂直于螺纹轴线的投影面上的视图中，表示牙底的细实线圆只画约 3/4 圈，倒角圆省略不画，如图 6-2-11 所示。

需要指出的是，不论外螺纹还是内螺纹，都是在圆柱体的表面上，所以，体现圆柱体特征的轴线(对称线)必须画出。

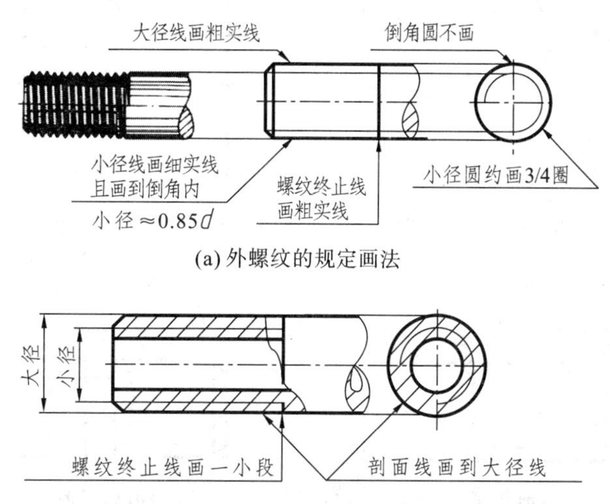

(a) 外螺纹的规定画法

(b) 外螺纹的剖视图规定画法

图 6-2-11

(2) 内螺纹

内螺纹需要采用剖视图表达，螺纹牙顶所在的轮廓线(即小径)画成粗实线。在剖视图中，螺纹牙底所在的轮廓线(即大径)画成细实线。完整螺纹的终止界线(简称螺纹终止线)用粗实线表示。

在垂直于螺纹轴线的投影面上的视图中，表示牙底的细实线圆或虚线圆，也只画约 3/4 圈，倒角圆省略不画，如图 6-2-12 所示。

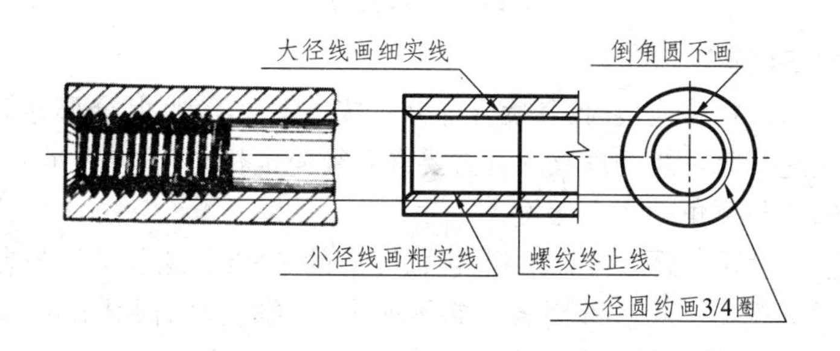

图 6-2-12　内螺纹的剖视图规定画法

(3) 其他规定

对于不穿孔的螺纹，钻孔深度应比螺孔深度大 $0.2d$～$0.5d$，如图 6-2-13 所示。钻孔底部以下的圆锥坑和锥角应画成 120°。

无论内螺纹或外螺纹，在剖视或剖面图中的剖面线都必须画到粗实线。

在不可见的螺纹中，所有图线均按虚线绘制，如图 6-2-14 所示。

螺尾部分一般不必画出。当需要表示螺纹收尾时，螺尾部分的牙底用与轴线成 30°的细实线绘制，如图 6-2-15 所示。有退刀槽的需要画出，螺纹倒角如果需要画出，则如图 6-2-16 所示。

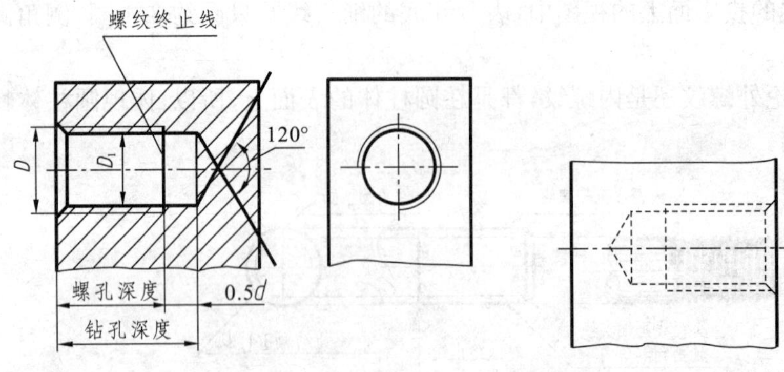

图 6-2-13　内螺纹孔的规定画法

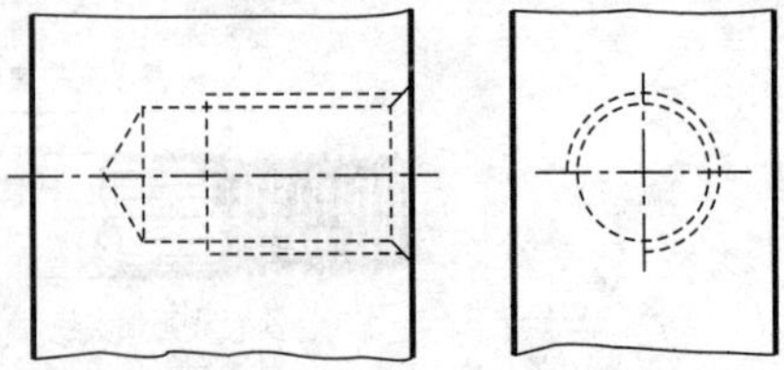

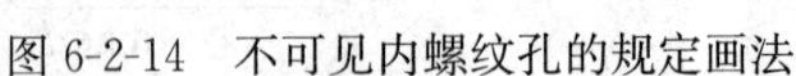

图 6-2-14　不可见内螺纹孔的规定画法

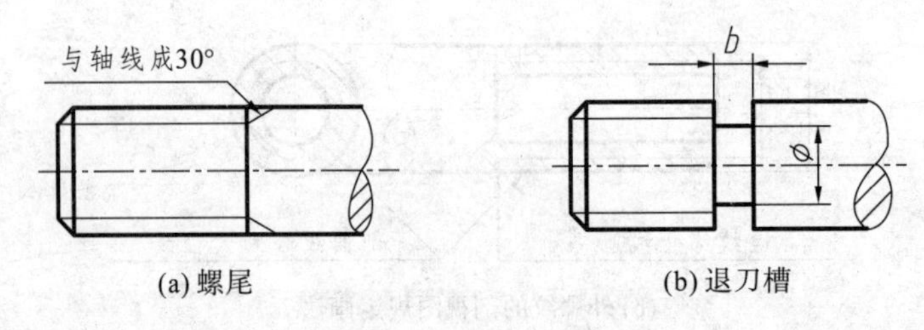

(a) 螺尾　　(b) 退刀槽

图 6-2-15　螺纹的尾画法

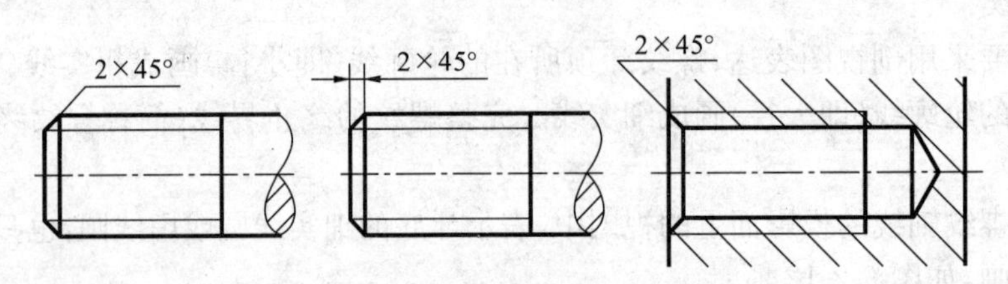

图 6-2-16　螺纹的倒角画法

2. 螺纹连接的规定画法

以剖视图表示内、外螺纹连接时，其旋合部分应按外螺纹绘制，其余部分仍按各自的画法表示。由于内、外螺纹连接时，内、外螺纹的五大要素必须完全相同，所以表示大、小径的粗实线和细实线应分别对齐，而与倒角的大小无关。

画图时必须注意，表示外螺纹牙顶的粗实线、牙底的细实线，必须分别与表示内螺纹牙底圆投影的细实线、牙顶圆投影的粗实线对齐。它表明内、外螺纹具有相同的大径和相同的小径。按规定，当实心螺杆通过轴线剖切时按不剖处理，如图 6-2-17 所示。

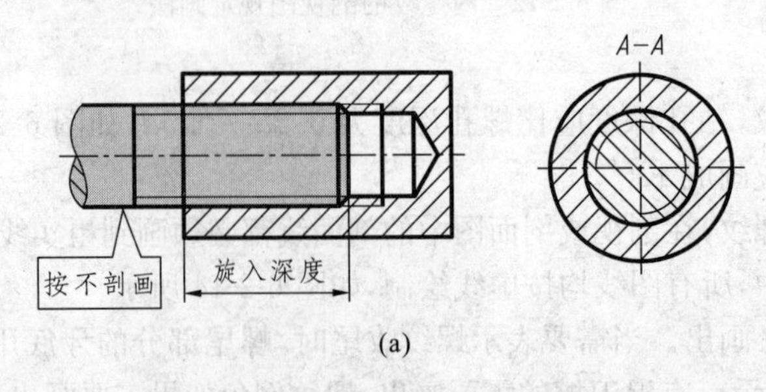

(a)

图 6-2-17　螺纹连接的规定画法

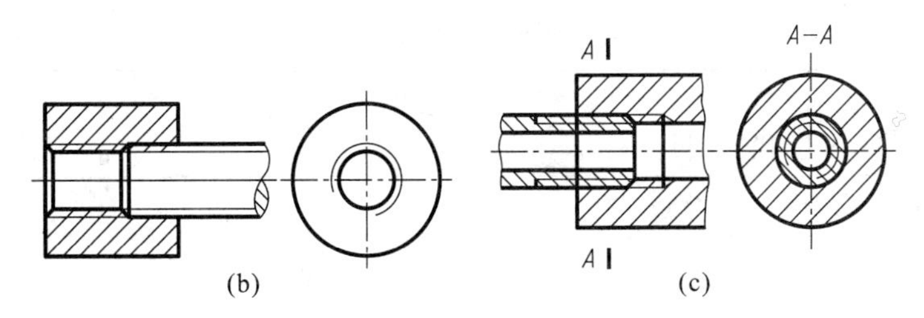

图 6-2-17(续)　螺纹连接的规定画法

画图步骤:首先画出中心线(点划线),依次画外螺纹,确定内螺纹的端面位置,画内螺纹及其余部分投影。内外螺纹重合的地方按外螺纹画。

3. 螺纹牙型的表示法

普通螺纹分为粗牙与细牙,特殊螺纹有很多种牙型。当需要表示牙型时可采用局部剖视图表示,如图 6-2-18(a)所示,或以局部放大图 6-2-18(b)所示的形式绘制。

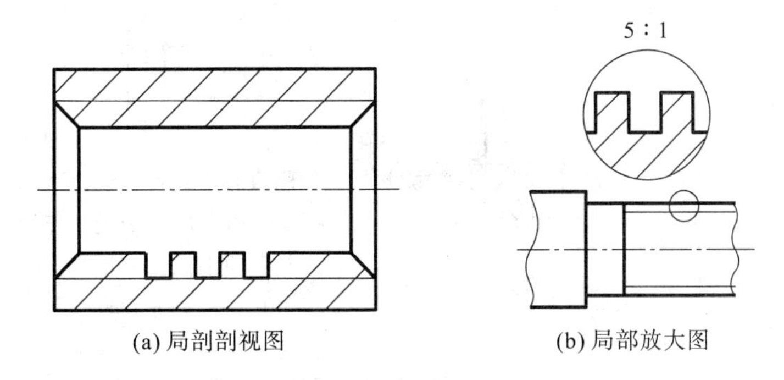

(a) 局剖剖视图　(b) 局部放大图

图 6-2-18　螺纹牙型表示法

6.2.3　螺纹类型代号与标注

螺纹按用途分为连接螺纹和传动螺纹。连接螺纹起连接作用,传动螺纹用于传递动力和运动。连接螺纹除普通螺纹和管螺纹外还有许多种,诸如米制锥螺纹(ZM)、60°圆锥管螺纹(NPT)、小螺纹(S)以及各种行业专用螺纹等。传动螺纹有梯形螺纹、锯齿形螺纹,还有矩形螺纹,该螺纹为非标准螺纹。表 6-2-1 给出螺纹的分类。

表 6-2-1　螺纹的分类

螺　纹										
连接螺纹							传动螺纹			特种螺纹
普通螺纹		小螺纹	米制锥螺纹	管螺纹			梯形螺纹	锯齿形螺纹	自攻螺钉用螺纹	
粗牙螺纹	细牙螺纹			用螺纹密封的管螺纹	非螺纹密封的管螺纹	60°圆锥管螺纹				

为了显示不同的螺纹特征,这里采用代号表示。不同的螺纹有不同的用途,表 6-2-2 列出了主要的螺纹标志和用途。

表 6-2-2　常用标准螺纹的类型与标志

螺纹类型			特征代号	牙型略图	标注示例	用途说明
连接紧固用螺纹	粗牙普通螺纹		M		M16−6g 公称直径 16 mm,右旋。中径公差带和大径公差带均为 6 g。中等旋合长度	粗牙普通螺纹用于紧固连接
	细牙普通螺纹		M		M16×1−6H 公称直径 16 mm,螺距 1 mm,右旋。中径公差带和小径公差带均为 6 H。中等旋合长度	细牙普通螺纹用于精密的零件或薄壁零件连接
管用螺纹	55°非密封管螺纹		G		G1A　G1 G 为螺纹特征代号； 1 为尺寸代号； A 为外螺纹公差带代号	55°非密封管螺纹用于管道连接
	55°密封管螺纹	圆锥内螺纹	R_C		R_C11/2　$R_2$11/2 R_1—与圆柱内螺纹旋合的圆锥外螺纹； R_2—与圆锥内螺纹旋合的圆锥外螺纹； 11/2—尺寸代号	55°密封管螺纹用于管道密封连接
		圆柱内螺纹	R_P			
		圆锥外螺纹	R_1、R_2			

续表

螺纹类型		特征代号	牙型略图	标注示例	用途说明
传动螺纹	梯形螺纹	T_r	内螺纹 30° P 外螺纹 d d_2 d_3	$T_r36\times12(P6)-7H$ 公称直径 36 mm，双线螺纹，导程 12 mm，螺距 6 mm，右旋。中径公差带 7H。中等旋合长度	梯形螺纹用于丝杆，作传动
	锯齿形螺纹	B	内螺纹 3° P 30° 外螺纹 d d_2 d_1	B70×10LH−7e 公称直径 70 mm，单线螺纹，螺距 10 mm，左旋。中径公差带为 7e。中等旋合长度	锯齿形螺纹用于单方向传力

1. 普通螺纹的代号

普通螺纹的代号格式为

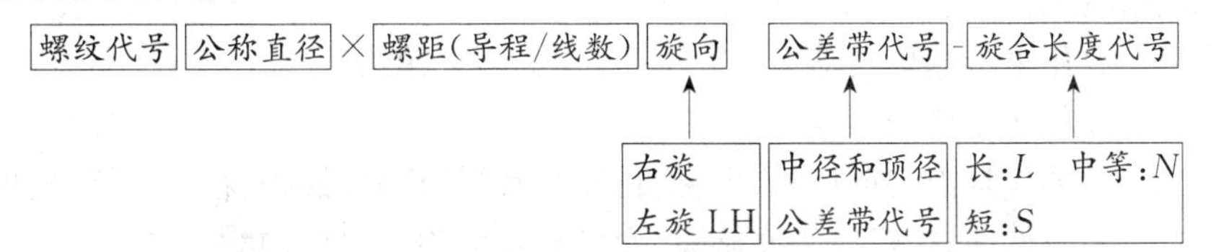

在螺纹的代号中，粗牙螺纹允许不标注螺距，单线螺纹允许不标注导程与线数，右旋螺纹省略，左旋时则标注“LH”，旋合长度为中等时，“N”可省略。示例如下：

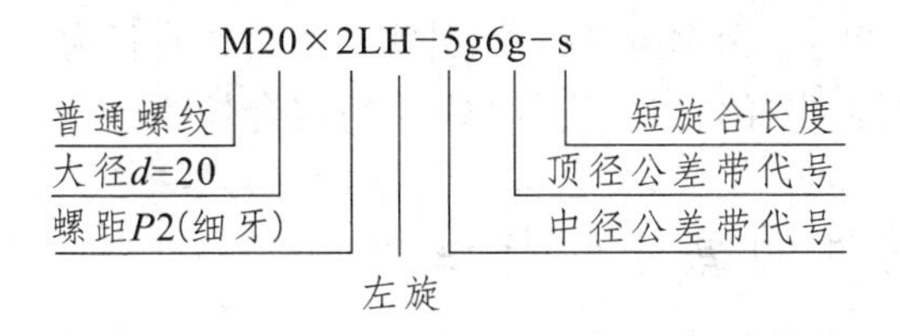

2. 管螺纹

管螺纹位于管壁上用于各种管道连接，有 55°非密封管螺纹和 55°密封管螺纹。非密封管螺纹连接用于圆柱外螺纹和圆柱内螺纹旋合。密封管螺纹连接用于圆锥外螺纹和圆锥内螺纹或圆柱内螺纹旋合。

圆锥管螺纹设计牙型的锥度为 1∶16。管螺纹的尺寸代号与带有外螺纹管子孔径的英寸数相近。管螺纹的设计牙型、尺寸代号及基本尺寸(包括每 25.4 mm 内所含的牙数、螺距、牙高、大径、中径、小径等),圆锥螺纹还有基准距离和外螺纹的有效长度。

55°非密封螺纹的内、外螺纹的特征代号用 G 表示。55°密封管螺纹的特征代号分别是:与圆锥外螺纹旋合的圆柱内螺纹 R_p;与圆锥外螺纹旋合的圆锥内螺纹 R_c;与圆柱内螺纹旋合的圆锥外螺纹 R_f;与圆锥内螺纹旋合的圆锥外螺纹 R_2。

管螺纹的标记由特征代号、尺寸代号组成,当螺纹为左旋时,在尺寸代号后需注明代号 LH。由于 55°非密封管螺纹的外螺纹的公差等级有 A 级和 B 级,所以标记时需在尺寸代号之后或尺寸代号与左旋代号 LH 之间,加注公差等级 A 或 B。

示例如下:

G1-LH:表示尺寸代号是 1、左旋、非密封的内螺纹。

G4B:表示尺寸代号为 4、右旋、公差等级为 B 级、非密封的外螺纹。

$R_2$3:表示尺寸代号为 3、右旋、与圆锥内螺纹旋合的密封的圆锥外螺纹。

R_c3/4LH:表示尺寸代号为 3/4、左旋、与圆锥外螺纹旋合的圆锥内螺纹。

3. 梯形螺纹

梯形螺纹的完整标记由螺纹代号、公差带代号和旋合长度代号所组成。

公差带代号只标中径公差带代号,小写字母表示外螺纹,大写字母表示内螺纹。

旋合长度按公称直径和螺距的大小分为中等旋合长度(N),长旋合长度(L)两组。在中等旋合长度时,不标注旋合长度代号;在长旋合长度时,应将旋合长度代号“L”写在公差带代号的后面。

螺纹代号、公差带代号、旋合长度代号之间,分别用“-”分开。示例如下:

Tr40×7-7H:表示公称直径为 40 mm,螺距为 7 mm 的单线右旋梯形螺纹;

Tr40×14(P7)LH-8e-L:表示公称直径为 40 mm,导程为 14 mm,螺距为 7 mm 的双线左旋梯形螺纹。

4. 锯齿形螺纹

锯齿形螺纹用来传递单向动力,如千斤顶中的螺杆螺纹。

锯齿形螺纹的牙型代号为“B”。

锯齿形螺纹的代号由特征代号、公称直径、导程(螺距)或螺距、精度等级、旋向等组成。

右旋螺纹不注旋向;当螺纹为左旋时,在螺纹尺寸规格之后加“左”。

单线螺纹不注导程,仅注螺距。

示例如下:

B40×10(P5) LH-2C:表示锯齿形螺纹(外螺纹),公称直径为 40 mm,螺距为 5 mm,导程为 10 mm,双线螺纹,左旋,中径公差带代号 2C,中等旋合长度。

6.2.4 螺纹紧固件的画法和标注

螺纹紧固件是运用一对内、外螺纹的连接作用来连接和紧固一些零部件。常用的螺纹紧固件有螺钉、螺栓、螺柱(亦称双头螺柱)、螺母和垫圈等。常见的螺纹紧固件,如图 6-2-19 所示。

螺钉:连接螺钉(有头):开槽圆柱头、开槽盘头、开槽沉头、内六角圆柱头;紧定螺钉(无头):锥端、平端、圆柱端。

螺栓:有头(六角头螺栓),杆身全螺纹或半螺纹。

螺柱：无头螺栓，两端均为螺纹。

螺母：六角螺母、圆螺母、方螺母。

垫圈：平垫圈、弹簧垫圈。

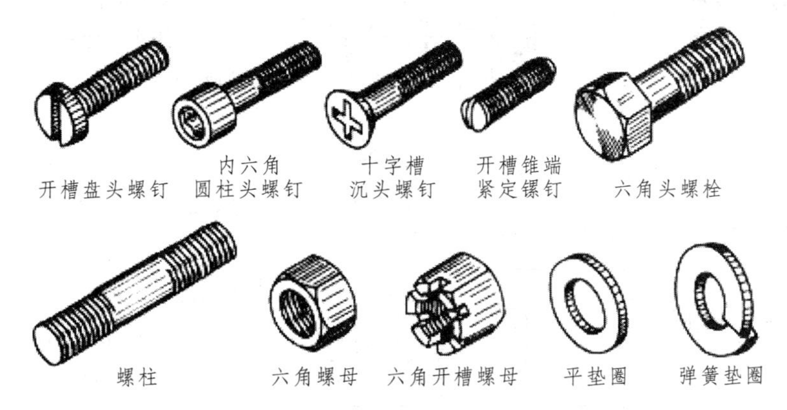

图 6-2-19　常用螺纹表示法

螺纹紧固件的结构、尺寸都已标准化，并由有关专业工厂大量生产。根据螺纹紧固件的规定标记，就能在相应的标准中查出有关的尺寸。因此，对符合标准的螺纹紧固件，不需再详细画出它们的零件图。

紧固件的标记方法见 GB/T 1237—2000，表 6-2-3 中所列的是一些常用的螺纹紧固件的视图、主要尺寸及规定标记示例。GB/T 1237—2000 规定紧固件有完整标记和简化标记两种标记方法。本书采用简化标记，完整标记的内容可查阅有关标准或参考书。

表 6-2-3　常用螺纹紧固件及其标记示例

名称及国标号	图例	标记及说明
六角头螺栓 A 级和 B 级 GB/T 5782	M10 60	螺栓 GB/T 5782 M10×60 表示 A 级六角头螺栓，螺纹规格 M10，公称长度 l=60 mm
双头螺柱 ($b_n=d$) GB/T 897	M10 10　50	螺柱 GB/T 897 M10×50 表示 B 型双头螺柱，两端均为粗牙普通螺纹，规格是 M10，公称长度 l=50 mm
开槽沉头螺钉 GB/T 68	M10 60	螺钉 GB/T 68 M10×60 表示开槽沉头螺钉，螺纹规格是 M10，公称长度 l=60 mm
开槽长圆柱端 紧定螺钉 GB/T 75	M5 25	螺钉 GB/T 75 M5×25 表示长圆柱端紧定螺钉，螺纹规格是 M5，公称长度 l=25 mm

续表

名称及国标号	图例	标记及说明
I型六角螺母 A级和B级 GB/T 6170		螺母 GB/T 6170 M12 表示A级I型六角头螺母,螺纹规格M12
平垫圈 A级 GB/T 97.1		垫圈 GB/T 97.1 12=140HV 表示A级平垫圈,公称尺寸(螺纹规格)12 mm,性能等级为140 HV级
标准型弹簧垫圈 GB/T 93		垫圈 GB/T 93 20 20表示标准弹簧垫圈的规格(螺纹大径)是20 mm

螺纹紧固件的简化标记的主要内容如下所示:

产品名称	标准代号	螺纹尺寸公差代号	×	性能等级材料代号

例如:螺栓 GB/T 5782 M20×45 代表六角螺栓公称直径为20 mm,长度为45 mm。

比较完整的标记内容是:

"名称"+"国标号及年号"+"螺纹规格(或螺纹规格×公称长度)"+"—"+"性能等级或硬度"。

如表6-2-2中所示的平垫圈,"HV"表示维氏硬度,"140"为硬度值。由于产品等级为A级的平垫圈的标准所规定的硬度等级为200HV和300HV级,而当性能等级或硬度符合规定时可以省略不标。

采用现行标准规定的各螺纹紧固件时,国标中的年份号可以省略。在国标号后,螺纹代号或公称规格前,要空一格。

当性能等级或硬度是标准规定的常用等级时,可以省略不注明;在其他情况下则应注明。

当写出了螺纹紧固件的国标号后,不仅可以省略年号,还可省略螺纹紧固件的名称,如表中的开槽锥端紧定螺钉的标记简化为 GB/T 71 M12×40。

1. 螺栓连接画法和标注

螺栓由头部和杆部组成。头部形状为六棱柱的六角头螺栓,图样如图6-2-20所示。根据螺纹的作用和用途,六角头螺栓有"全螺纹"、"部分螺纹"、"粗牙"和"细牙"等多种规格。螺栓的规格尺寸指螺纹的大径 d 和公称长度 l。螺栓的尺寸标注如图6-2-20所示。

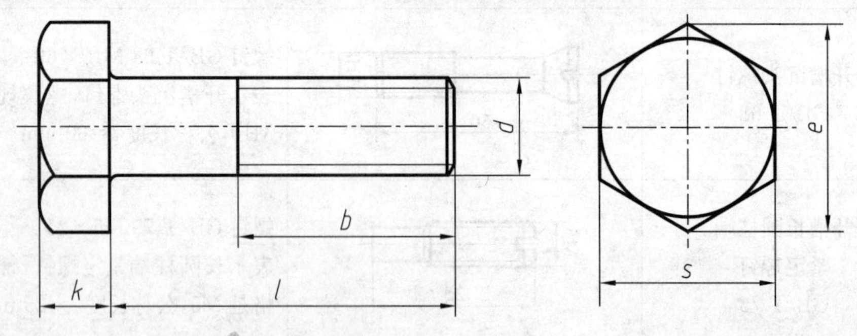

图6-2-20 螺栓图样

螺栓连接零件时，在较薄的零件上钻孔，在较厚的零件上加工出螺孔（孔径＝1.1d）。一般以螺栓的头部抵住被连接板的下端面，然后，在螺栓上部套上垫圈，以增加支承面积和防止损伤零件的表面，最后，用螺母拧紧。螺栓连接两块板的装配画法见图 6-2-21。

螺栓主要用于连接不太厚，并能钻成通孔的零件。

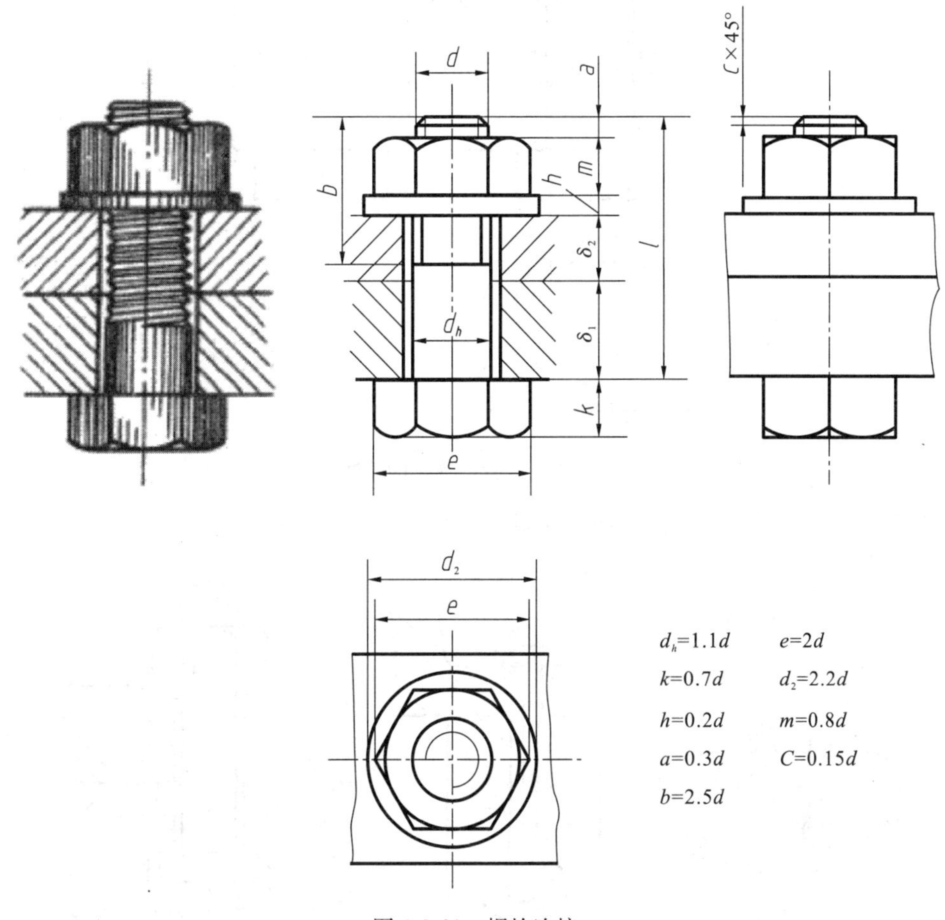

图 6-2-21　螺栓连接

计算螺栓的公称长度 l：

$$l=\delta_1+\delta_2+h+m+a$$

其中，δ_1、δ_2是板的厚度，h 是垫圈厚度，m 是螺母厚度，a 是螺栓伸出螺母的长度，一般可取 0.3d 左右（d 是螺栓的螺纹规格，即公称直径）。上式计算得出数值后，再从相应的螺栓标准所规定的长度系列中，选取合适的 l 值。

螺栓规定的标记形式为：

“名称”＋“标准编号”＋“螺纹代号”＋“×”＋“公称长度”

例如：螺栓 GB/T 5782—2000 M10×40。

根据标注查标准 GB/T 5782 可知：螺栓为粗牙普通螺纹，螺纹规格 d＝10 mm，公称长度 l＝40 mm，性能等级为 4.8 级，不经表面处理，杆身为半螺纹，C 级的六角头螺栓。其他尺寸可从相应的标准中查得（见附录）。

螺栓连接的绘图步骤为：首先画出中心线，再依次画出连接板厚度、螺栓、垫圈、螺母，画板的剖面线，如图 6-2-22 所示。

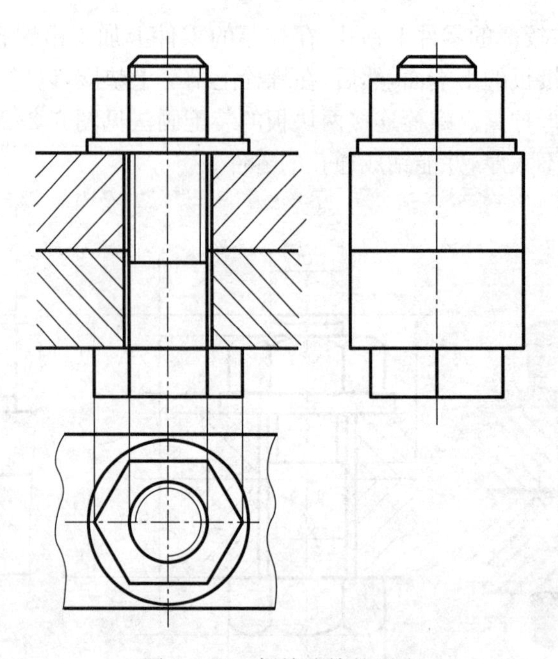

图 6-2-22　螺栓连接的画法

除以上螺栓外，还有特殊用途的螺栓，如图 6-2-23 所示。

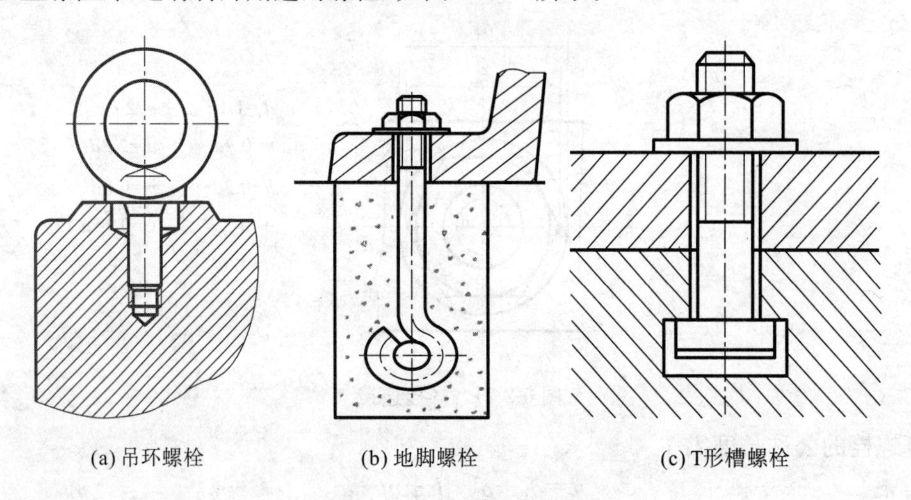

(a) 吊环螺栓　(b) 地脚螺栓　(c) T形槽螺栓

图 6-2-23　特殊螺栓的画法

2. 双头螺柱连接画法和标注

双头螺柱画法：双头螺柱连接的上半部与螺栓连接相似，而下半部则与螺钉连接相似，双头螺柱的图样与标注如图 6-2-24 所示。

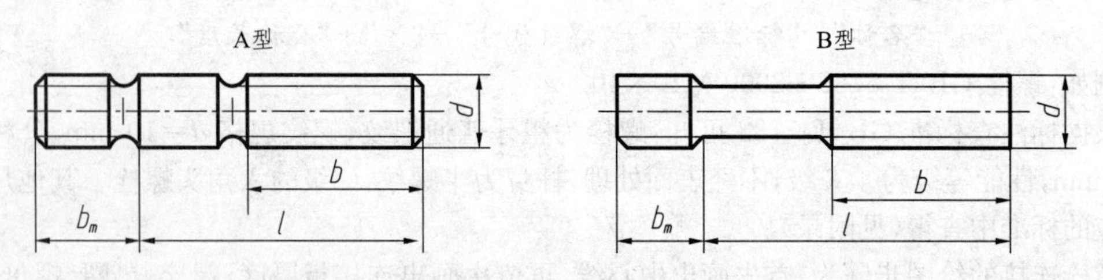

图 6-2-24　双头螺柱图样

双头螺柱的型式、尺寸和规定标记：螺柱 GB/T 897(～900)—1988 A M $d\times l$。

双头螺柱以及被连接零件的近似画法，如图 6-2-25 所示，按双头螺柱的螺纹规格 d 进行比例折算。

双头螺柱紧固端的螺纹长度为 $2d$，倒角为 $0.15d\times45°$，旋入端的螺纹长度为 b_m。

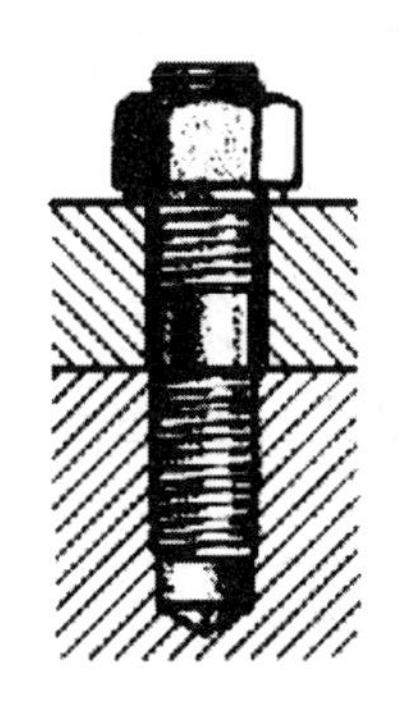

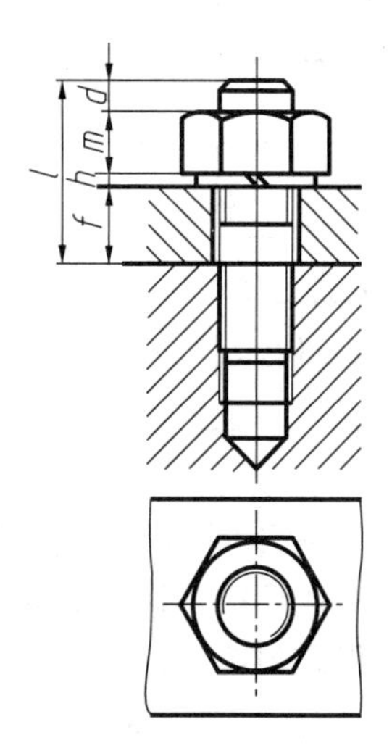

图 6-2-25　螺纹紧固件连接

根据标准规定，有四种长度可根据螺纹孔的材料选用。

$b_m=d$(GB/T 897—1988)

$b_m=1.25d$(GB/T 898—1988)

$b_m=1.5d$(GB/T 899—1988)

$b_m=2d$(GB/T 900—1988)

通常当被旋入零件的材料为钢和青铜时，取 $b_m=d$；为铸铁时，取 $b_m=1.25d$ 或 $1.5d$；为铝时，取 $b_m=2d$。螺孔的长度为 $b_m+0.5d$，光孔长度为 $0.5d$。

双头螺柱的有效长度 l 也应通过计算选定：

$$l=\delta+h+m+a$$

其中，δ 是板的厚度，h 是垫圈厚度，m 是螺母厚度，a 是螺栓伸出螺母的长度。各项数值与螺栓连接相似，计算得出 l 值后，仍应从双头螺柱标准中所规定的长度系列里，选取合适的 l 值(见附录)。

双头螺柱使用场合：当两个被连接零件中，有一个较厚或不适宜用螺栓连接。

双头螺栓连接的绘图步骤为：首先，画出中心线，依次画出连接板螺纹、双头螺栓、垫圈、螺母，最后画板的剖面线，如图 6-2-26 所示。

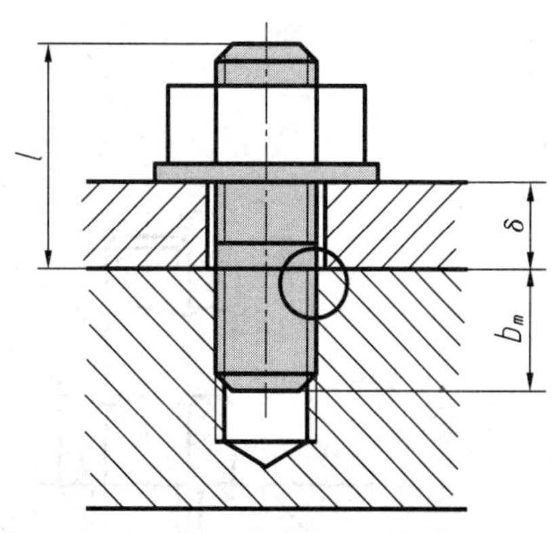

图 6-2-26　双头螺纹紧固件连接的画法

3. 螺母画法和标注

螺母与螺栓等外螺纹零件配合使用，起连接作用，其中以六角螺母应用最为广泛。六角螺母图样和标注如图 6-2-27 所示。

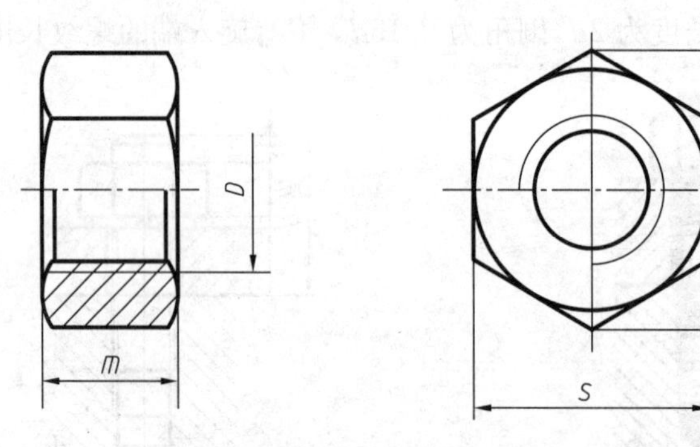

图 6-2-27　普通六角螺母

六角螺母根据高度 m 不同，可分为薄型、1 型、2 型。根据螺距不同，可分为粗牙、细牙。根据产品等级，可分为 A、B、C 级。螺母的规格尺寸为螺纹大径 D。

螺母规定的标记形式为：

“名称”+“标准编号”+“螺纹代号”

例如：螺母 GB/T 6170—2000 M10。

根据标记可知：螺母为粗牙普通螺纹，螺纹规格 $D=10$ mm，性能等级为 5 级，不经表面处理，C 级六角螺母。其他尺寸可从相应的标准中查得(见附录)。

在变载荷或连续冲击和振动载荷下，螺纹连接常会自动松脱，这样很容易引起机器或部件不能正常使用，甚至发生严重事故。因此，在使用螺纹紧固件进行连接时，有时还需要有防松装置。具体如下所列：

双螺母防松(图 6-2-28)，是依靠两螺母拧紧后，相互之间所产生的轴向作用力使内、外螺纹之间的摩擦力增大，来防止螺母自动松脱。

开口销防松(图 6-2-29)：用开口销直接将六角开槽螺母与螺杆穿插在一起，以防止松脱。

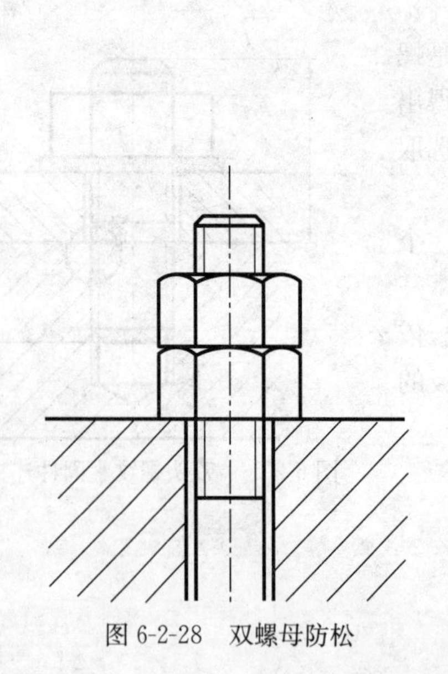

图 6-2-28　双螺母防松

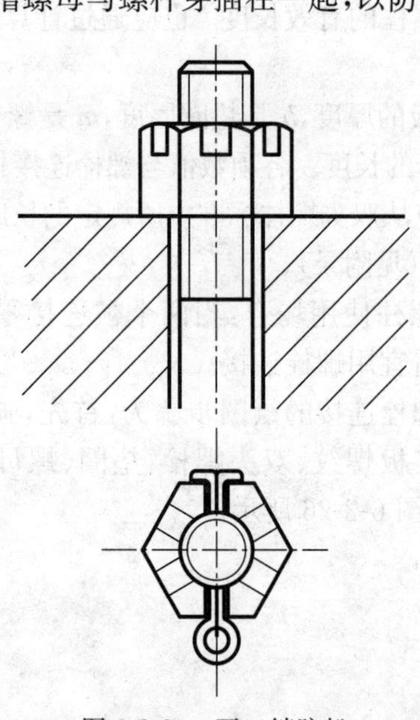

图 6-2-29　开口销防松

止动垫片防松(图 6-2-30):在拧紧螺母后,把垫片的一边向上敲弯与螺母贴紧,而另一边向下敲弯与机件贴紧。这样螺母就被垫片卡住,不能松脱。

止动垫圈:这种垫圈为圆螺母专用,用来固定轴端零件(图 6-2-31),防止螺母松脱。在轴端开出一个方槽,把止动垫圈套在轴上,使垫圈上突起的小舌片卡在槽中。然后,拧紧螺母,并把垫圈外圈上的某小舌片弯入圆螺母外面的方槽中。这样,圆螺母就不能自动松脱。

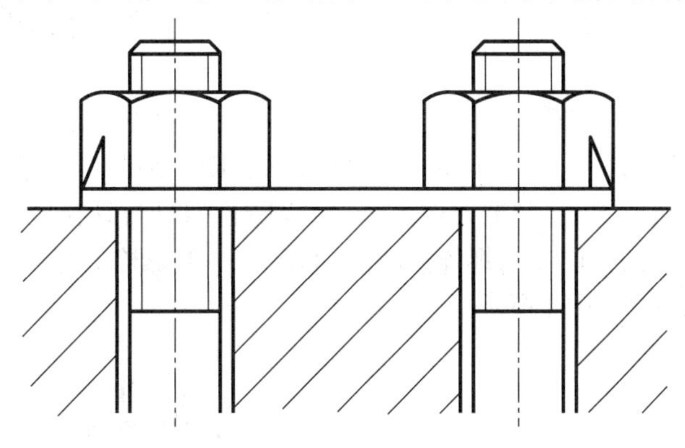

图 6-2-30　止动垫片防松

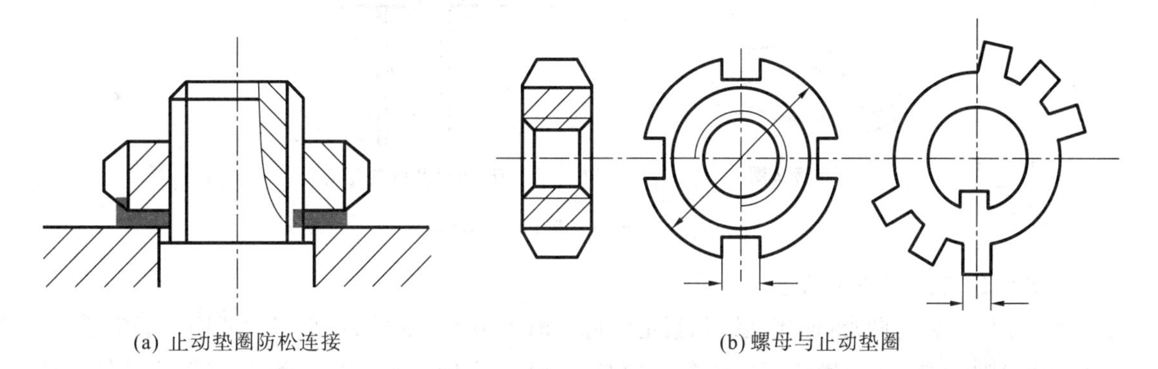

(a) 止动垫圈防松连接　　(b) 螺母与止动垫圈

图 6-2-31　止动垫圈防松

4. 垫圈画法与标注

垫圈有平垫圈、斜垫圈和弹簧垫圈之分。平垫圈一般放在螺母与被连接零件之间,用于保护被连接零件的表面,以免拧紧螺母时刮伤零件表面;同时又可增加螺母与被连接零件之间的接触面积。弹簧垫圈可以防止因振动而引起的螺纹松动现象。

平垫圈有 A 级和 C 级两个标准系列,在 A 级标准系列平垫圈中,又分为带倒角和不带倒角两种类型,如图 6-2-32 所示。用于同一螺纹直径的垫圈又分为特大、大、普通和小的四种规格,特大垫圈主要在铁木结构上使用。垫圈的公称尺寸是用与其配合使用的螺纹紧固件的螺纹直径 d 来表示。

垫圈规定的标记形式为:

"名称"+"标准编号"+"公称尺寸"

例如:垫圈 GB/T 95—2002 10。

根据标注可知:平垫圈为标准系列,公称尺寸(螺纹规格)$d=10$ mm,性能等级 100HV 级,不经表面处理。其他尺寸可从相应的标准中查得(见附录)。

另有一种斜垫圈(图 6-2-33)只用于倾斜的支承面上。

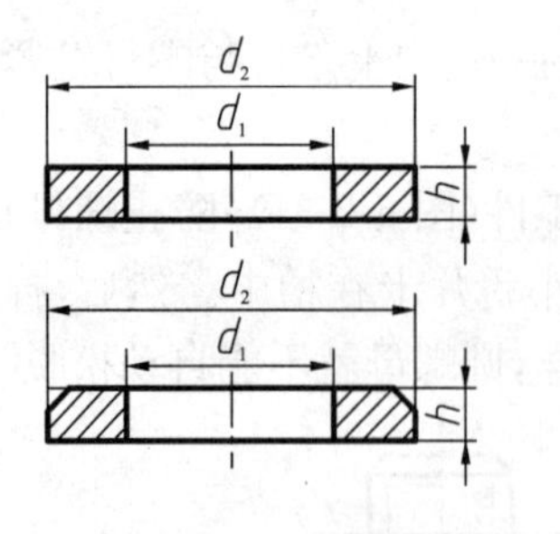

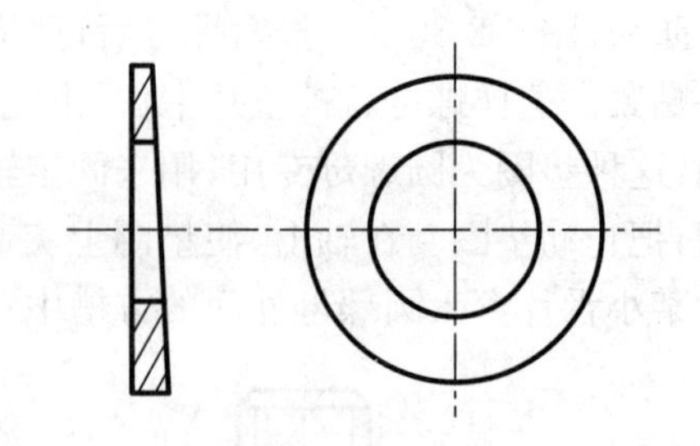

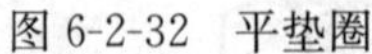

图 6-2-32　平垫圈　　　　图 6-2-33　斜垫圈

弹簧垫圈是一个开有斜口、形状扭曲、具有弹性的垫圈。当螺母拧紧后，垫圈受压变平，产生弹力，作用在螺母和机件上，使摩擦力增大，就可以防止螺母自动松脱。在画图时，斜口可以涂黑表示，但要注意斜口的方向应与螺栓螺纹旋向相反（一般螺栓上螺纹为右旋，则垫圈上斜口的斜向相当于左旋），如图 6-2-34 所示。

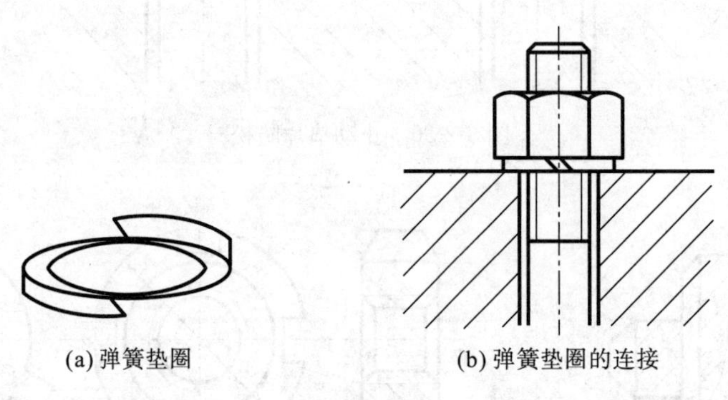

(a) 弹簧垫圈　　(b) 弹簧垫圈的连接

图 6-2-34　弹簧垫圈的防松结构

5. 螺钉连接的画法和标注

螺钉按用途分为两类：连接螺钉和紧定螺钉。前者用来连接零件，后者主要用来固定零件。连接的部分画法为：① 连接两零件接触表面画一条线，不接触表面画两条线。② 两零件连接时，不同零件的剖面线方向应相反，或者方向一致但间隔不等。③ 对于紧固件和实心零件（如螺钉、螺栓、螺母、垫圈、键、销、球、轴等），若剖切平面通过它们的基本轴线时，则这些零件都按不剖绘制，仍画外形。④ 需要时，可采用局部剖视。

（1）连接螺钉画法

螺钉头部形状有圆头、扁圆头、六角头、圆柱头和沉头等。头部有一字槽、十字槽和内六角孔等形式，图样如图 6-2-35 所示，螺钉头部的尺寸标注如图 6-2-36 所示。

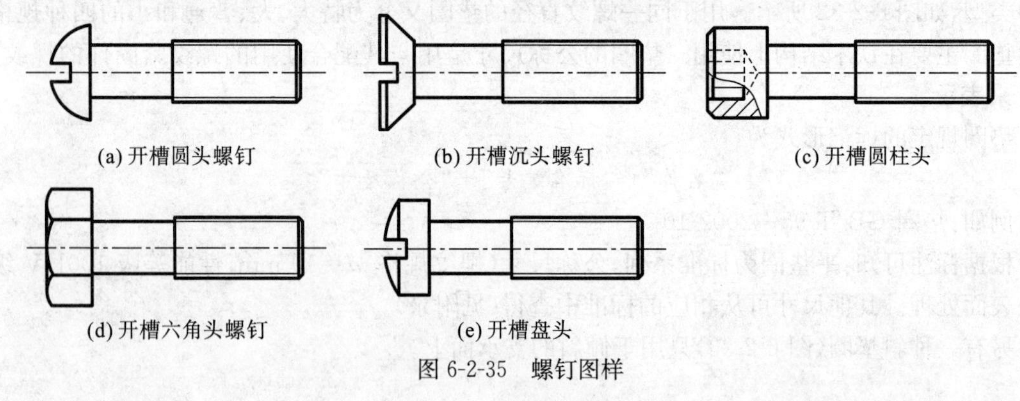

(a) 开槽圆头螺钉　　(b) 开槽沉头螺钉　　(c) 开槽圆柱头

(d) 开槽六角头螺钉　　(e) 开槽盘头

图 6-2-35　螺钉图样

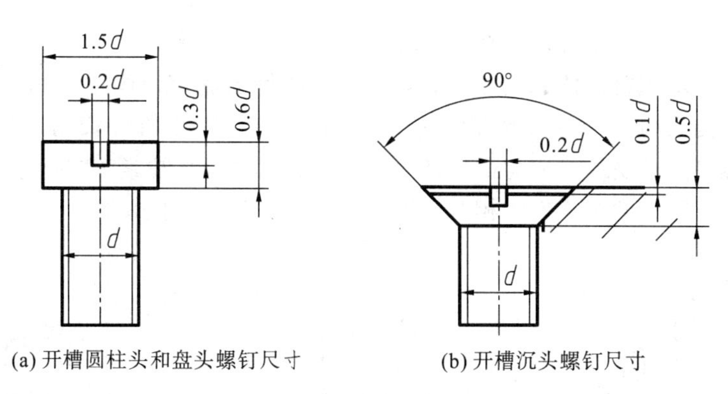

(a) 开槽圆柱头和盘头螺钉尺寸　　(b) 开槽沉头螺钉尺寸

图 6-2-36　螺钉头部近似画法与标注

在螺钉连接的装配图中，螺钉头部的一字槽，可用加粗的粗实线绘制，并在俯视图中画成与水平线成 45°。被连接零件中，一个零件钻光孔，一个零件加工出螺纹孔。通孔的直径比螺钉的大径 d 稍大(孔径＝1.1d)，以便装配。对于垫片这样的零件，宜用涂黑的方式代替，如图 6-2-37 所示。

螺钉用于连接不经常拆卸，并且受力不大的零件。

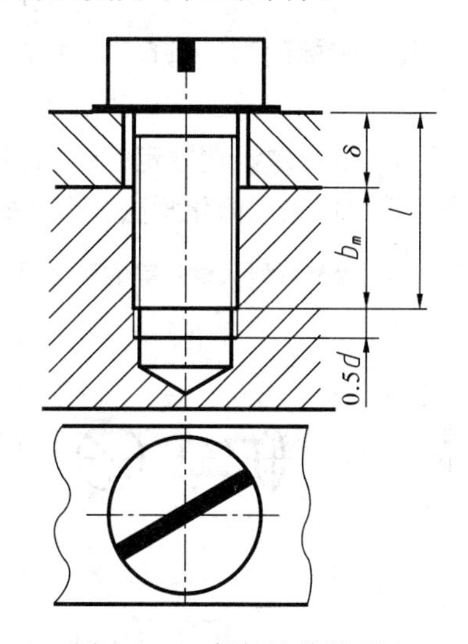

图 6-2-37　螺钉连接的画法

(2) 紧定螺钉

紧定螺钉分为柱端、锥端和平端三种，如图 6-2-38 所示。这三种紧定螺钉固定机件的原理各自不同，其中锥端适用于被紧定零件的表面硬度较低或不经常拆卸的场合；平端接触面积大，不伤零件表面，常用于紧定硬度较大的平面或经常拆卸的场合；圆柱端压入轴上的凹坑中，适用于紧定空心轴上的零件位置。

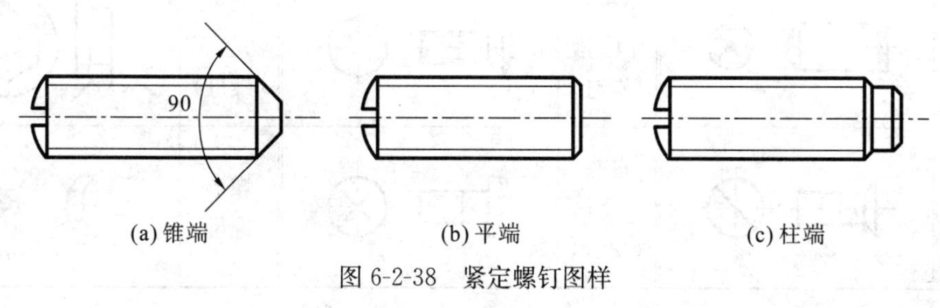

(a) 锥端　　(b) 平端　　(c) 柱端

图 6-2-38　紧定螺钉图样

紧定螺钉连接的两个零件都钻孔。锥端紧定螺钉利用端部锥面顶入机件上小锥坑起定位固定作用。平端紧定螺钉则依靠其端平面与机件的摩擦力起定位固定作用。柱端紧定螺钉利用其端部小圆柱插入机件小孔或环槽中起定位固定作用,阻止机件移动,图样如图 6-2-39 所示。柱端紧定螺钉能承受的横向力最大,锥端紧定螺钉次之,平端紧定螺钉最小。

紧定螺钉用于固定两个零件的相对位置,使它们不产生相对运动。

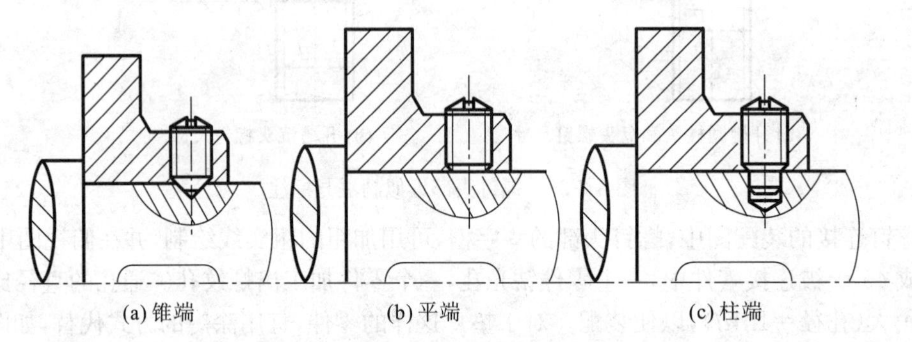

图 6-2-39　紧定螺钉连接的画法

(3) 螺钉的规定标记

螺钉的规定标记类似于螺纹,其规定标记为:螺钉 GB/T 70.1 M $d \times l$。

它表示粗牙普通螺纹,大径为 d,长度为 l。GB/T 70.1 是内六角圆柱头螺钉的国标号。

螺钉 GB/T 71 M $d \times l$,GB/T 71 是开槽锥端紧定螺钉的国标号。

在很多情况下,螺栓、螺母、螺钉等可以采用简化画法。表 6-2-4 列出了标准中的部分内容。

表 6-2-4　螺栓、螺母、螺钉等的简化画法

形式	简化画法	形式	简化画法	形式	简化画法
六角头(螺栓)	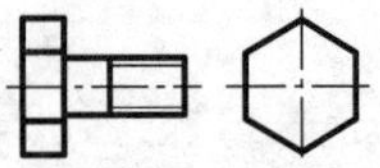	半沉头开槽(螺钉)	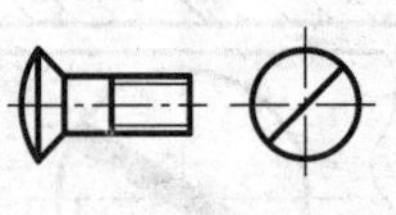	六角(螺母)	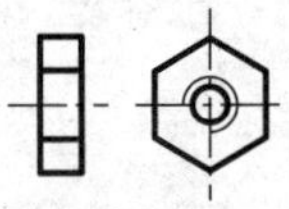
方头(螺栓)	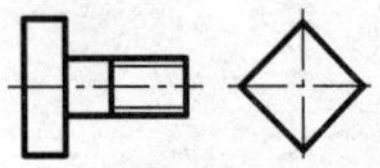	盘头开槽(螺钉)	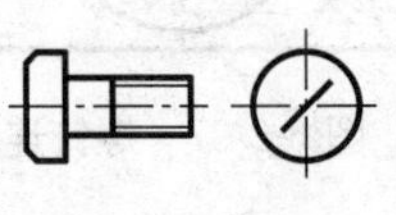	方头(螺母)	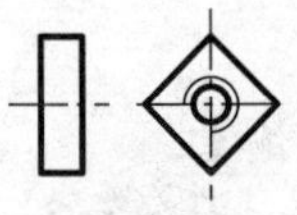
圆柱头内六角(螺钉)	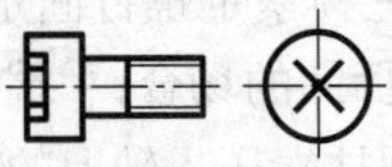	沉头十字槽(螺钉)	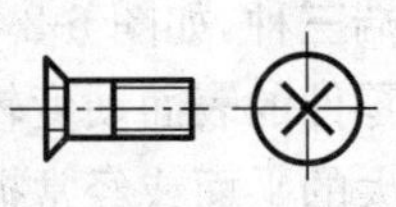	六角开槽(螺母)	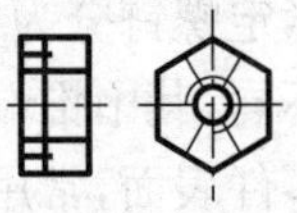
无头内六角(螺钉)	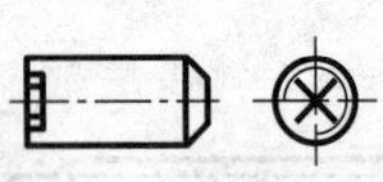	半沉头十字槽(螺钉)	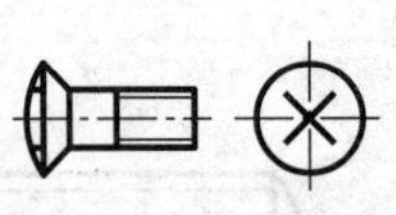	六角法兰面(螺母)	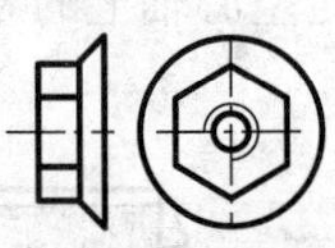
沉头开槽(螺钉)	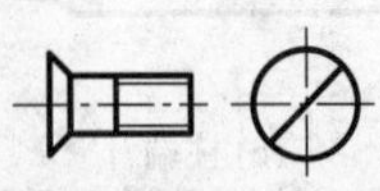	盘头十字槽(螺钉)	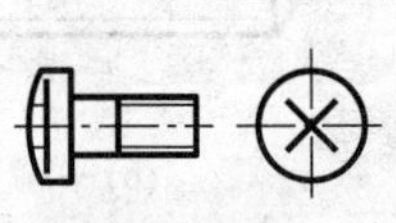	蝶形(螺母)	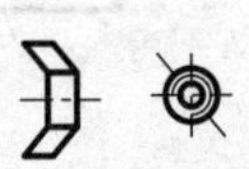

6.3　齿　　轮

在机器中齿轮是用于传递动力、改变旋向和改变转速的零件。根据两个啮合齿轮轴线在空间的相对位置不同，齿轮分为三种形式：圆柱齿轮、圆锥齿轮和蜗轮蜗杆，如图 6-3-1 所示。其中，图 6-3-1(a)所示的圆柱齿轮用于两平行轴之间的传动；图 6-3-1(b)所示的圆锥齿轮用于垂直相交两轴之间的传动；图 6-3-1(c)所示的蜗杆蜗轮则用于两交叉轴之间的传动。

本节主要介绍具有渐开线齿形的标准直齿齿轮的有关知识和规定画法。齿轮的参数要涉及较多的计算，因此，画好齿轮之前要进行必要的参数计算。

(a) 直齿圆柱齿轮

(b) 直齿圆锥齿轮

(c) 蜗杆蜗轮

图 6-3-1　常见齿轮的传动形式

6.3.1　圆柱齿轮

1. 圆柱齿轮参数

圆柱齿轮分直齿、斜齿和人字齿。图 6-3-1(a)所示为直齿轮，图 6-3-2 所示为斜齿和人字齿轮。圆柱齿轮的轮分为平板型、腹板型。为了减轻重量，有时在腹板上挖多个孔。腹板型齿轮有轮毂，齿轮与轴之间有键连接。因此，齿轮孔上有键槽。

图 6-3-2　斜齿轮和人字齿轮

直齿圆柱齿轮的轮齿位于圆柱面上，其齿平行于轴线。齿轮的各个参数有专用名称和专门的计算方法，下面依次介绍：

① 齿数 z：轮齿的个数，它是齿轮计算的主要参数之一。

② 分度圆 d：在该圆上齿槽宽 e 与齿厚 s 相等，即 $e=s$。

③ 齿距 p、齿厚 s、齿槽 e：在分度圆上，相邻两齿廓对应点之间的弧长为齿距；在标准齿轮中，分度圆上 $e=s$，$p=s+e$。

④ 模数 m：当齿轮的齿数为 z 时，分度圆的周长

$$L=\pi d=zp$$

令

$$m=p/\pi$$

则

$$d=zm$$

式中，m 即为齿轮的模数。模数的单位是毫米。

一对啮合齿轮的齿距 p 必须相等，所以，它们的模数也必须相等。模数是设计、制造齿轮的重要参数。模数越大，则齿距 p 也增大，随之齿厚 s 也增大，齿轮的承载能力也增大。不同模数的齿轮要用不同模数的刀具来制造。

为了便于设计和加工，模数已经标准化，我国规定的标准模数数值见表 6-3-1。

表 6-3-1　圆柱齿轮标准模数(摘自 GB/T 1357—2008)

	模数 m
第一系列	0.1,0.12,0.15,0.2,0.25,0.3,0.4,0.5,0.6,0.8,1,1.25,1.5,2,2.5,3,4,5,6,8,10,12,16,20,25,32,40,50
第二系列	0.35,0.7,0.9,1.75,2.25,2.75,(3.25),3.5,(3.75),4.5,5.5,(6.5),7,9,(11),14,18,22,28,(30),36,45

注：选用时，优先采用第一系列，括号内的模数尽可能不用。

有了齿轮模数就可以计算齿轮的其他参数。

⑤ 齿顶圆 d_a：通过齿轮各齿顶端的圆，称为齿顶圆。

⑥ 齿根圆 d_f：通过齿轮各齿槽根部的圆，称为齿根圆。

⑦ 齿高 h、齿顶高 h_a、齿根高 h_f：轮齿在齿顶圆与齿根圆之间的径向距离为齿高；齿顶圆与分度圆的径向距离为齿顶高；分度圆与齿根圆的径向距离为齿根高。

⑧ 压力角(啮合角)α：在节点处，两啮合齿轮齿廓曲线的公法线与两节圆的公切线所夹的锐角，称为压力角，我国采用的压力角一般为 20°。

⑨ 中心距：齿轮副的两轴线之间的最短距离，称为中心距。

当齿轮的模数 m 确定后，就可计算出齿轮其他部分的基本尺寸，见表 6-3-2。圆柱齿轮的图形与尺寸如图 6-3-3 所示。

表 6-3-2　标准直齿圆柱齿轮各部分尺寸关系 (单位：mm)

名称及代号	公　式	名称及代号	公　式
模数 m	$m=p\pi=d/z$	齿根圆直径 d_f	$d_f=m(z-2.5)$
齿顶高 h_a	$h_a=m$	齿形角 α	$\alpha=20°$
齿根高 h_f	$h_f=1.25m$	齿距 p	$p=\pi m$

续表

名称及代号	公　　式	名称及代号	公　　式
全齿高 h	$h = h_a + h_f$	齿厚 s	$s = p/2 = \pi m/2$
分度圆直径 d	$d = mz$	槽宽 e	$e = p/2 = \pi m/2$
齿顶圆直径 d_a	$d_a = m(z+2)$	中心距 a	$a = (d_1 + d_2)/2 = m(Z_1 + Z_2)/2$

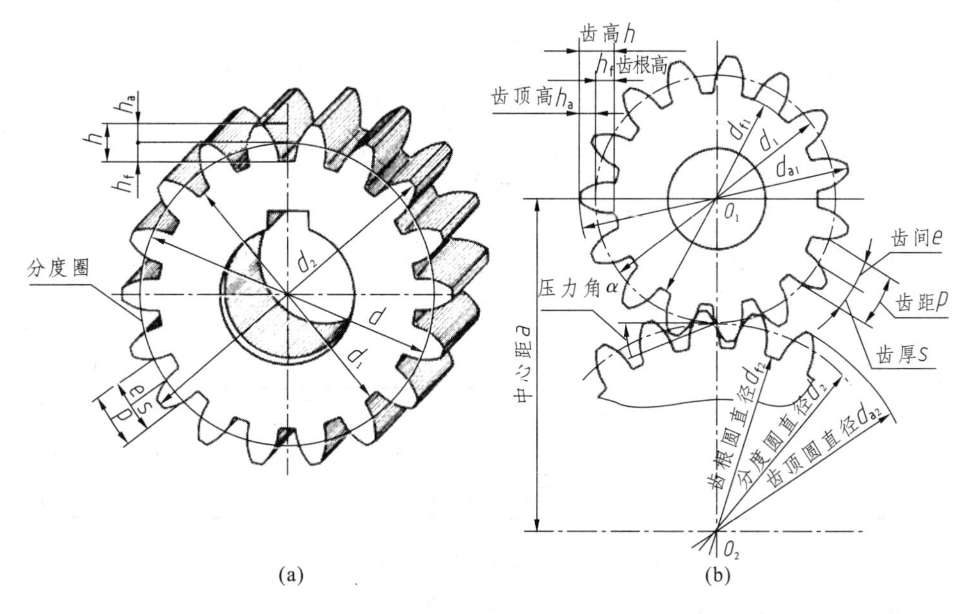

图 6-3-3　直齿圆柱齿轮各部分的名称和代号

斜齿圆柱齿轮的轮齿位于圆柱面上，其齿向倾斜于轴线。斜齿圆柱采用法面模数，它是斜齿圆柱齿轮的主要参数，设计时从标准数值中选取。斜齿圆柱齿轮参数的具体计算可参考有关资料。

2. 圆柱齿轮的规定画法

(1) 单个齿轮的规定画法

国家标准 GB/T 4459.2—2003 规定齿轮的简易画法为：分度圆和分度线用点画线绘制，齿顶圆和齿顶线用粗实线绘制，齿根圆和齿根线用细实线绘制，也可省略不画。在剖视图中，齿顶、齿根线用粗实线绘制。当剖切平面通过齿轮轴线时，轮齿一律按不剖处理，见图 6-3-4。

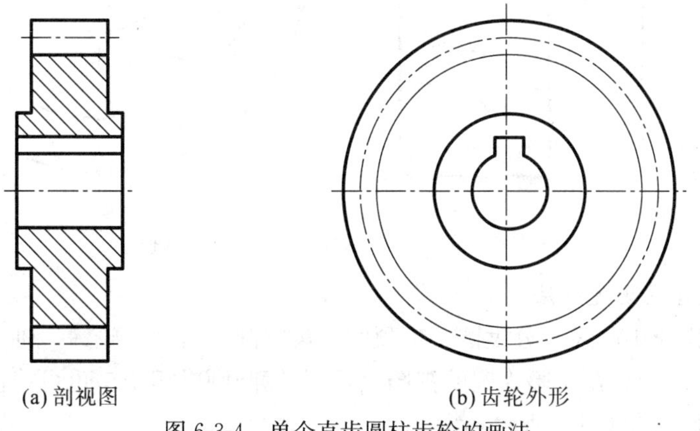

(a) 剖视图　　(b) 齿轮外形

图 6-3-4　单个直齿圆柱齿轮的画法

在完整的齿轮图纸中，除了按规定画出齿轮外，有齿轮尺寸标注，还需要列出齿轮的计算参数表。完整的齿轮零件图纸如图 6-3-5 所示。

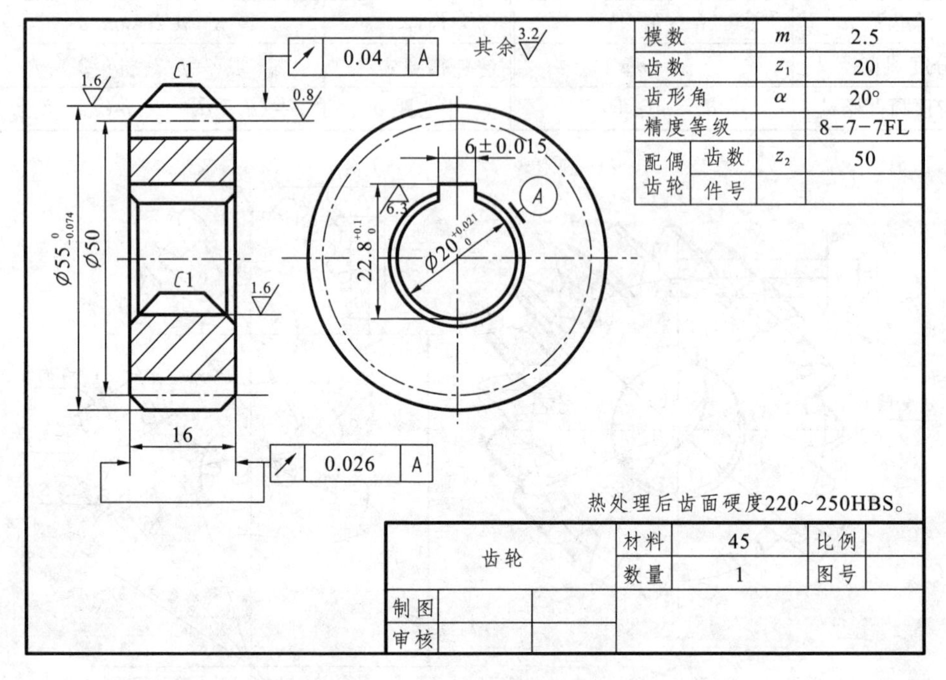

图 6-3-5　直齿圆柱齿轮的零件图

(2) 单个斜齿轮的规定画法

斜齿轮的规定画法是，采用半剖或部分剖视，斜齿用斜线表示，其他部分与直齿画法相同，人字齿用折线表达，如图 6-3-6 所示。

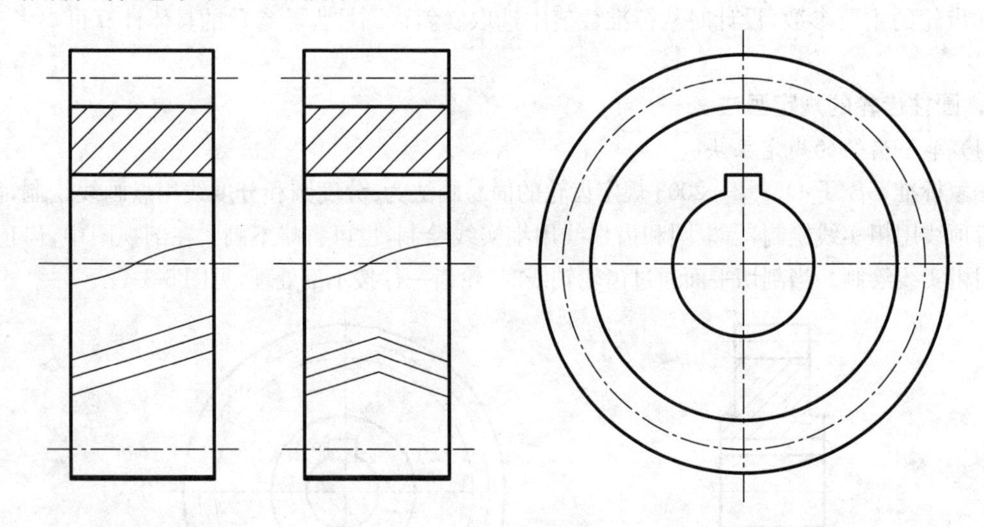

图 6-3-6　单个斜齿、人字齿圆柱齿轮的画法

(3) 两齿轮啮合的规定画法

作图步骤：依次作中心线—分度圆—齿顶圆—齿根圆—齿宽—轮毂—轴孔—其他投影线—剖面线—整理加深图线。在投影为圆的视图上，两分度圆画成相切。也可将齿根圆及啮合区内的齿顶圆省略不画，如图 6-3-7 所示。

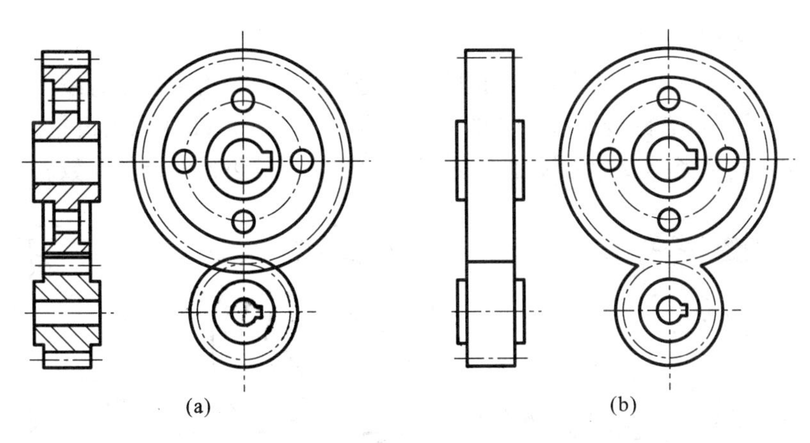

图 6-3-7　圆柱直齿轮的啮合画法

在表示齿轮端面的视图中，齿根圆可省略不画，啮合区的齿顶圆均用粗实线绘制。啮合区的齿顶圆也可省略不画，但相切的分度圆必须用点画线画出。若不作剖视，则啮合区内的齿顶线不画，此时分度线用粗实线绘制，如图 6-3-7(b)所示。

在啮合区，一个齿轮的齿顶线与另一个齿轮的齿根线之间有 0.25 m 的间隙，被遮挡的齿顶线用虚线画出，也可省略不画，如图 6-3-8 所示。

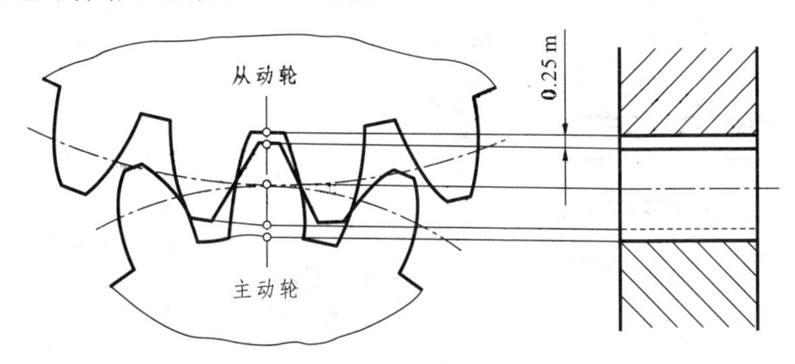

图 6-3-8　轮齿啮合区在剖视图上的画法

斜齿轮与人字齿轮的啮合视图如图 6-3-9 所示，而啮合端面图与直齿的相同。

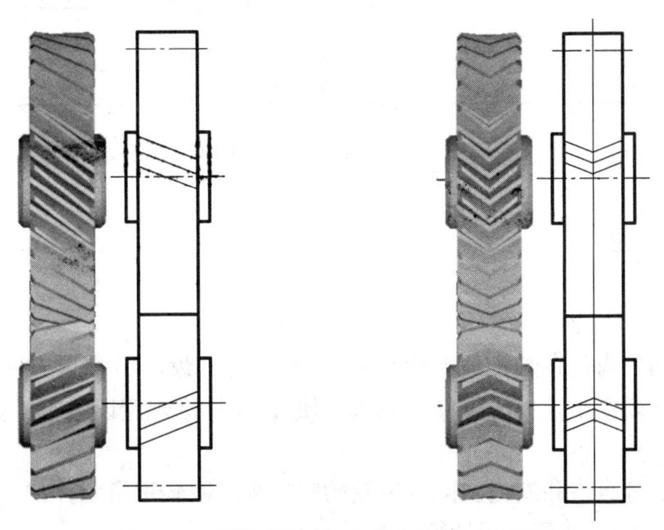

图 6-3-9　圆柱斜齿轮、人字齿轮的啮合画法

(4) 齿轮齿条啮合的画法

齿条可以看成直径无穷大的齿轮，齿顶圆、分度圆、齿根圆和齿廓都是直线。标准齿条的压力角为 20°。齿轮齿条啮合的规定画法如图 6-3-10 所示。图 6-3-11 所示为齿轮齿条啮合图纸。除了按规定画出齿轮齿条外要标注尺寸，另外还需要列出齿轮齿条的计算参数表。

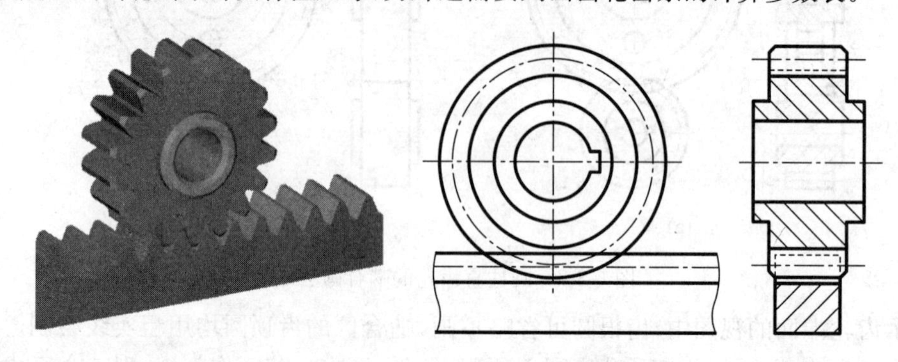

图 6-3-10　齿轮齿条啮合的画法

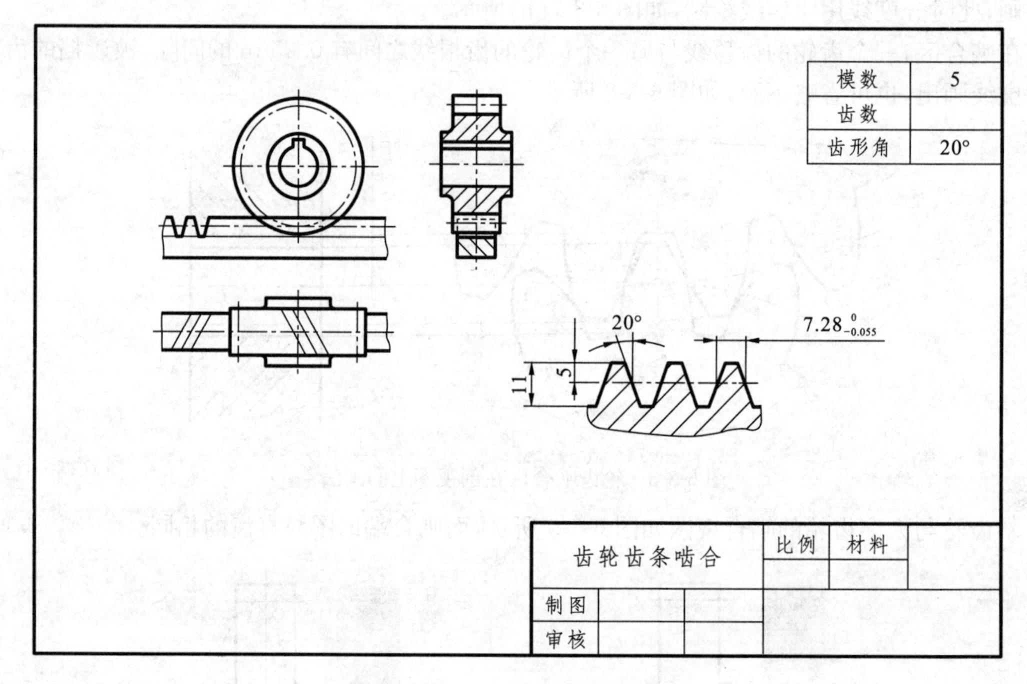

图 6-3-11　齿轮齿条啮合图纸

6.3.2　圆锥齿轮

1. 圆锥齿轮的尺寸参数

由于圆锥齿轮的轮齿是在圆锥面上切制出来的，因此其齿厚沿锥顶方向逐渐变小，其模数也是从大端到小端逐渐变小。为了设计和制造方便，国家标准规定以大端模数来计算它的各部分尺寸。

圆锥齿轮的齿也分直齿和斜齿。圆锥齿轮的锥轮为了减轻重量，有时挖孔。圆锥齿轮的尺寸如图 6-3-12 所示，表 6-3-3 列出了计算方法。

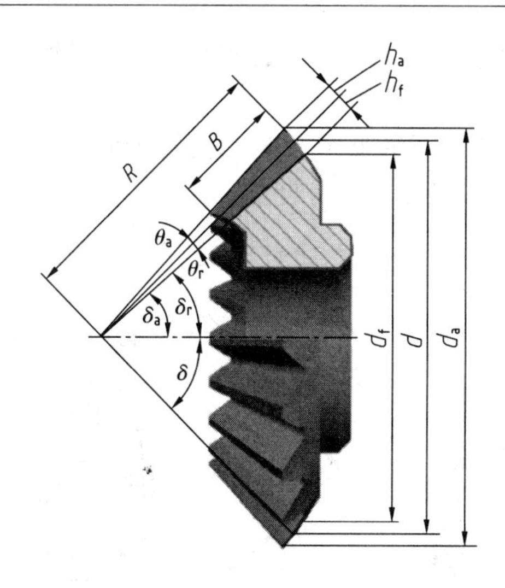

图 6-3-12　圆锥齿轮的尺寸

表 6-3-3　圆锥齿轮的尺寸计算

分度圆锥角	δ	$\tan\delta_1=\dfrac{Z_1}{Z_2}$，$\tan\delta_2=\dfrac{Z_2}{Z_1}$或 $90°-\delta_1$
齿顶高	h_a	$h_a=m$
齿根高	h_f	$h_f=1.2m$
齿高	h	$h=2.2m$
分度圆直径	d	$d=mZ$
齿顶圆直径	d_a	$d_a=d+2h_a\cos\delta=m(Z+2\cos\delta)$
齿根圆直径	d_f	$d_f=d-2h_a\cos\delta=m(Z-2.4\cos\delta)$
锥距	R	$R=\dfrac{d_1}{2\sin\delta_1}=\dfrac{d_2}{2\sin\delta_2}$
齿顶角	θ_a	$\cot\theta_a=\dfrac{h_a}{R}$
齿根角	θ_f	$\cot\theta_a=\dfrac{h_f}{R}$

2. 单个圆锥齿轮画法

锥齿轮常用于垂直相交轴齿轮副传动。轮齿分布在圆锥面上，齿厚、模数和直径，由大端到小端是逐渐变小的。直齿圆锥齿轮的齿坯如图 6-3-13 所示。其基本形体结构由前锥、顶锥、背

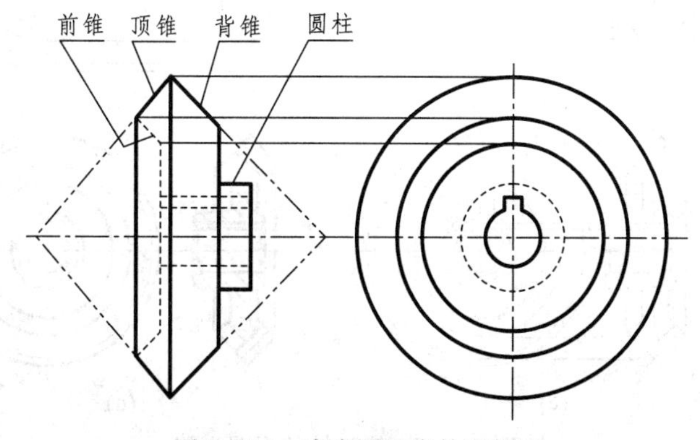

图 6-3-13　直齿圆锥齿轮不剖图

锥等组成。由于圆锥齿轮的轮齿在锥面上,所以齿形和模数沿轴向是变化的。大端的法向模数为标准模数,法向齿形为标准渐开线。

直齿圆锥齿轮剖视图及三维图形见图 6-3-14。在轴向剖面内,大端背锥素线与分度锥素线垂直,轴线与分度锥素线的夹角 δ 称为分度圆锥角。

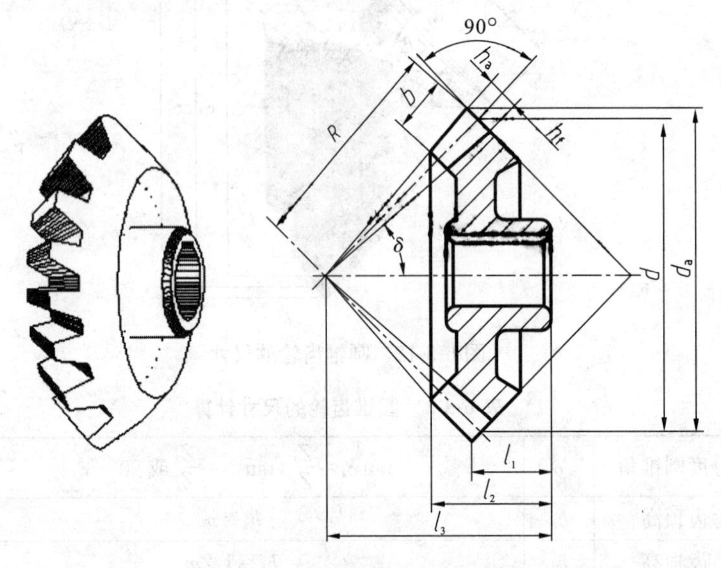

图 6-3-14　圆锥齿轮剖视图

直齿圆锥齿轮的画法如图 6-3-15 所示。直齿圆柱齿轮的计算公式仍适用于圆锥齿轮大端法线方向的参数计算。单个锥齿轮一般用两个视图或一个视图加一个局部视图表示,轴线水平,主视图可采用剖视,剖切平面通过齿轮轴线时,轮齿按不剖处理。在平行锥齿轮轴线的投影面的视图中,用粗实线画出齿顶线及齿根线,用点划线画出分度线,在垂直于锥齿轮轴线的投影面的视图中,规定用点划线画出大端分度圆,用粗实线画出大端齿顶圆和小端齿顶圆,齿根圆省略不画。

作图步骤:依次作中心线—分度圆锥—背锥—齿顶高—齿根高—齿宽—锥齿—轮毂—轴孔—其他投影线—剖面线—整理加深图线。

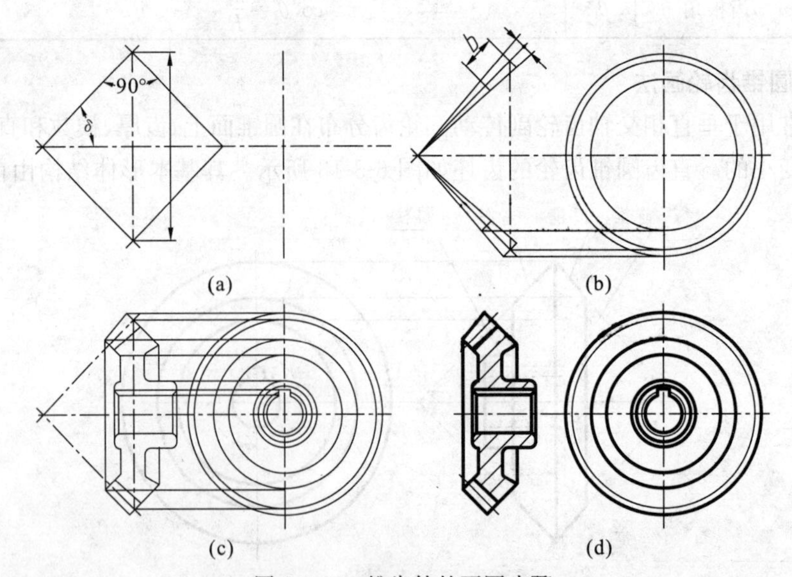

图 6-3-15　锥齿轮的画图步骤

在完整的圆锥齿轮图纸中，除了按规定画出齿轮外，标准齿轮尺寸，还需要列出齿轮的计算参数表。如图 6-3-16 所示为直齿圆锥齿轮的零件图。

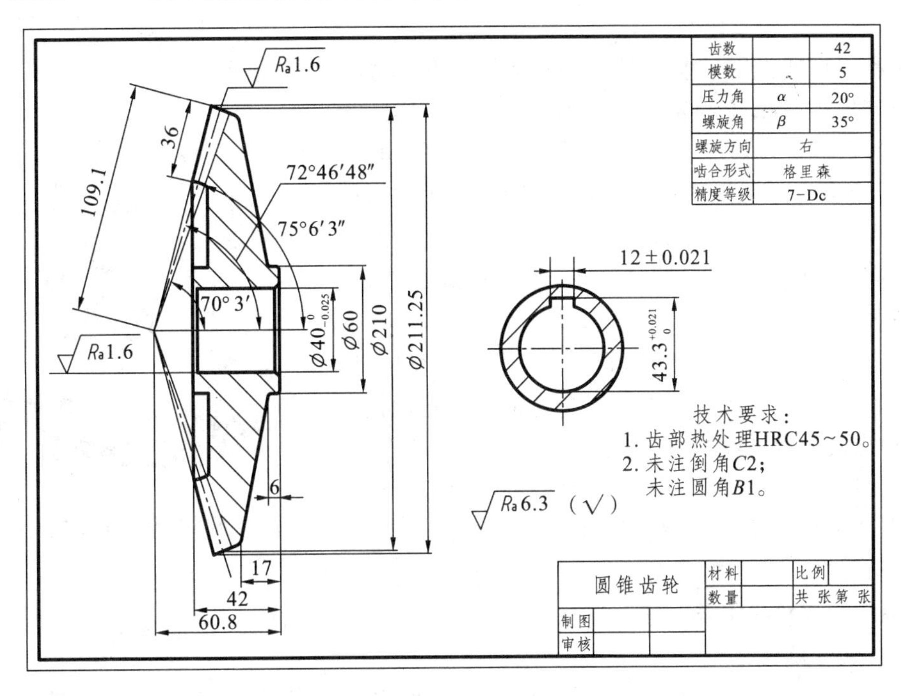

图 6-3-16　锥齿轮图纸

3. 圆锥齿轮啮合画法

一对安装准确的标准圆锥齿轮啮合时，它们的分度圆锥应相切(分度圆锥与节圆锥重合，分度圆与节重圆重合)，其啮合区的画法与圆柱齿轮的类似：

① 在剖视图中，将一齿轮的齿顶线画成粗实线，将另一齿轮的齿顶线画成虚线或省略。

② 在外形视图中，一齿轮的节线与另一齿轮的节圆相切。

圆锥齿轮啮合的画图步骤如图 6-3-17 所示。安装准确的标准齿轮，两分度圆锥相切，分度锥角 δ_1 和 δ_2 互为余角，啮合区轮齿的画法同直齿圆柱齿轮。

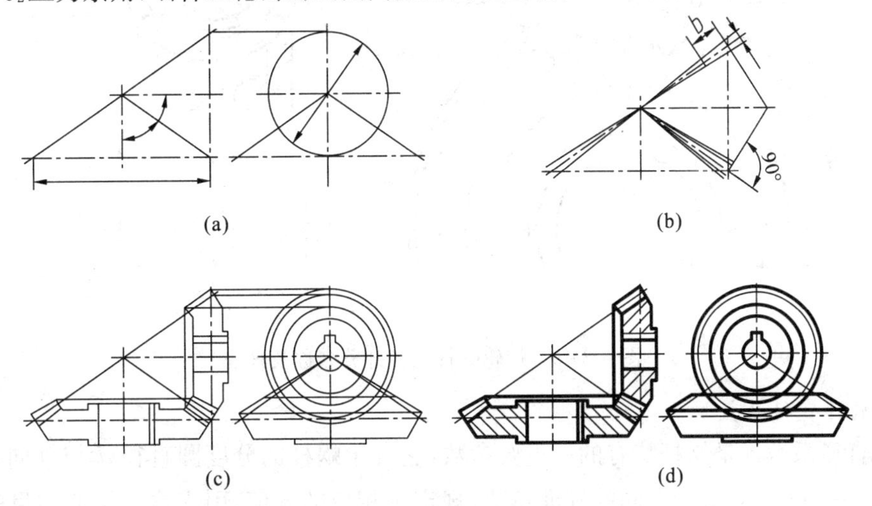

图 6-3-17　锥齿轮啮合的画图步骤

6.3.3 蜗杆与蜗轮

蜗轮和蜗杆通常用于垂直交叉的两轴之间的传动，蜗杆是主动件，蜗轮是从动件。它们的齿形是螺旋形的。蜗轮的轮齿顶面常制成环面，实际上它是一个斜齿的圆柱齿轮。蜗杆实际上是一个螺旋角很大、分度圆较小、轴向很长的斜齿圆柱齿轮。常用的蜗杆为圆柱形阿基米德蜗杆(压力角为 20°)。这种蜗杆的轴向齿廓是直线，轴向断面呈等腰梯形，与梯形螺纹相似。蜗杆的齿数称为头数，相当于螺杆上螺纹的线数，有单头和多头之分。蜗轮的齿分布在圆环面上，使齿能包住蜗杆，以改善接触状况，这是蜗轮形体的一个特征。蜗轮蜗杆传动，其传动比较大，且传动平稳，但效率较低。图 6-3-18 所示为蜗轮蜗杆啮合的情况。相互啮合的蜗轮蜗杆，其模数必须相同，蜗杆的导程角与蜗轮的螺旋角大小相等，方向相同。

图 6-3-18 蜗轮蜗杆啮合

1. 蜗杆与蜗轮的主要参数

(1) 齿距与模数

在包含蜗杆轴线并垂直于蜗轮轴线的中间平面内，蜗杆的轴向齿距 p_x 应与蜗轮的端面齿距 p_t 相等，所以蜗杆的轴向模数 m_x 与蜗轮的端面模数 m_t 也相等，并规定为标准模数。蜗杆分度圆直径 d_1，喉圆直径 d_{a2}、齿根圆直径 d_f 均在中间平面内度量，如图 6-3-19 所示。

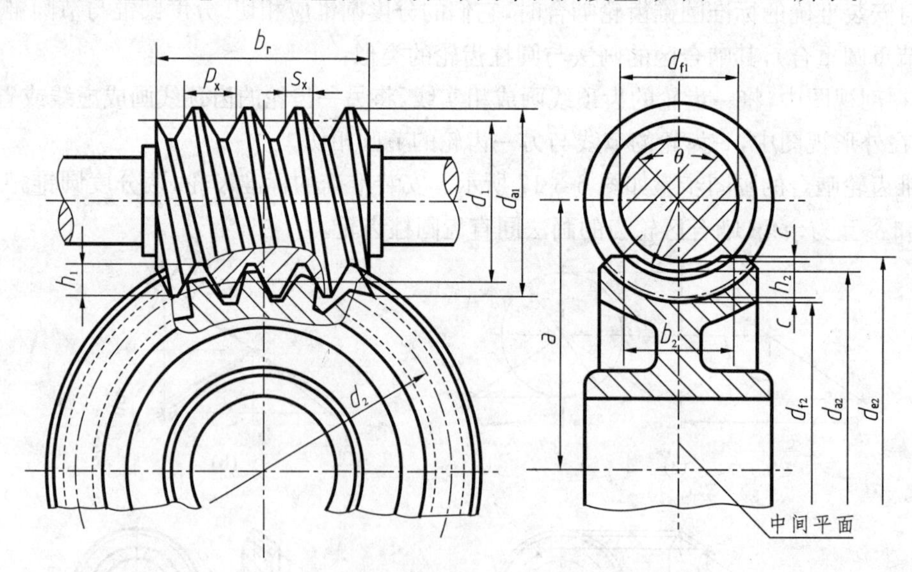

图 6-3-19 蜗轮蜗杆的各部分名称及画法

(2) 蜗杆直径系数

蜗杆直径系数 q 是蜗杆特有的一重要参数，它等于蜗杆的分度圆直径 d 与轴向模数 m_x 的比值，即 $q=d/m_x$。对应于不同的标准模数，规定了相应的 q 值，引入这一系数的目的，主要是为了减少加工刀具的数目。

(3) 导程角

沿蜗杆分度圆柱面展开,螺旋线展成倾斜直线,斜线与底线间的夹角称为蜗杆的导程角 γ。当蜗杆直径系数 q_1 和头数 z_1 选定后,导程角 γ 就唯一确定了。它们之间的关系为 $\tan\gamma=z_1/q_1$。

一对相互啮合的蜗杆和蜗轮,除了模数和齿形角必须相同外,蜗杆导程角 γ 与蜗轮螺旋角 β 也应大小相等,旋向相同,即 $\gamma=\beta$。

蜗杆与蜗轮各部分尺寸与模数 m、蜗杆直径系数 q、导程角 γ 和齿数 z 有关,其具体关系见表 6-3-4。

表 6-3-4　标准蜗杆、蜗轮各部分尺寸计算公式

基本参数:模数 $m=m_x=m_t$　导程角 γ,蜗杆直径系数 q,蜗杆头数 z_1,蜗轮齿数 z_2			
序　号	名　称	符　号	计 算 公 式
1	轴向齿距	p_x	$p_x=\pi m$
2	齿顶高	h_a	$h_a=m$
3	齿根高	h_f	$h_f=1.2m$
4	齿高	h	$h=2.2m$
5	蜗杆分度圆直径	d_1	$d_1=mq$
6	蜗杆齿顶圆直径	d_{a1}	$d_{a1}=m(q+2)$
7	蜗杆齿根圆直径	d_{f1}	$d_{f1}=m(q-2.4)$
8	导程角	γ	$\tan\gamma=\frac{z_1}{q}$
9	蜗杆导程	p_z	$p_z=z_1 p_x$
10	蜗杆齿宽	b_1	当 $z_1=1\sim2$ 时,$b_1=(11+0.06z_2)m$ 当 $z_1=3\sim4$ 时,$b_1\geqslant(12.5+0.09z_2)m$
11	蜗轮分度圆直径	d_2	$d_2=mz_2$
12	蜗轮喉圆直径	d_{a2}	$d_{a2}=m(z_2+2)$
13	蜗轮顶圆直径	d_{e2}	当 $z_1=1$ 时,$d_{e2}\leqslant d_{a2}+2m$ 当 $z_1=2\sim3$ 时,$d_{e2}\leqslant d_{a2}+1.5m$ 当 $z_1=4$ 时,$d_{e2}\leqslant d_{a2}+m$
14	蜗轮齿根圆直径	d_{f2}	$d_{f2}=m(z_2-2.4)$
15	蜗轮齿宽	b_2	当 $z_1\leqslant3$ 时,$b_2\leqslant0.75d_{a1}$ 当 $z_1=4$ 时,$b_2\leqslant0.67d_{a1}$
16	蜗轮咽喉母圆半径	r_{a2}	$r_{a2}=\frac{d_1}{2}-m$
17	中心距	a	$a=\frac{m}{2}(q+z_2)$

2. 蜗杆与蜗轮的画法

蜗杆一般选用一个视图，其齿顶线、齿根线和分度线的画法与圆柱齿轮系相同，以细线表示的齿根线也可省略，齿形可用局部视图或局部放大图表示，如图 6-3-20 所示。

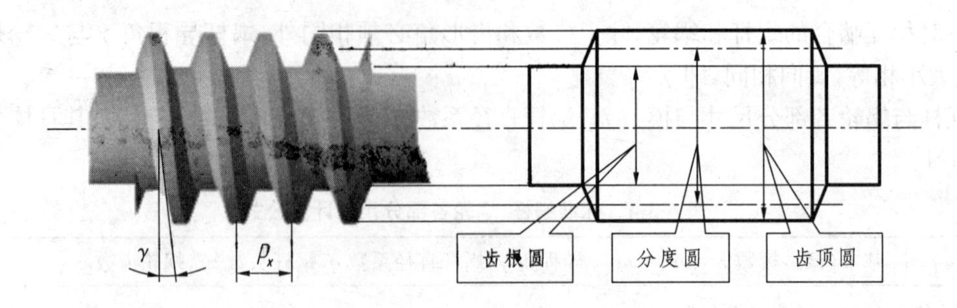

图 6-3-20 蜗杆视图

蜗轮的画法与圆柱齿轮画法基本相同。为了表达蜗轮上的牙型，可采用局部放大图。蜗轮的画法如图 6-3-21 所示。

① 在投影为非圆的视图中常用全剖或半剖视，并在其相啮合的蜗杆轴线位置画出点画线圆和对称中心线，以标注有关尺寸和中心距。

② 在投影为圆的视图中，只画出最大顶圆和分度圆，喉圆和齿根圆省略不画，投影为圆的视图也可用表达键槽轴孔的局部视图取代。

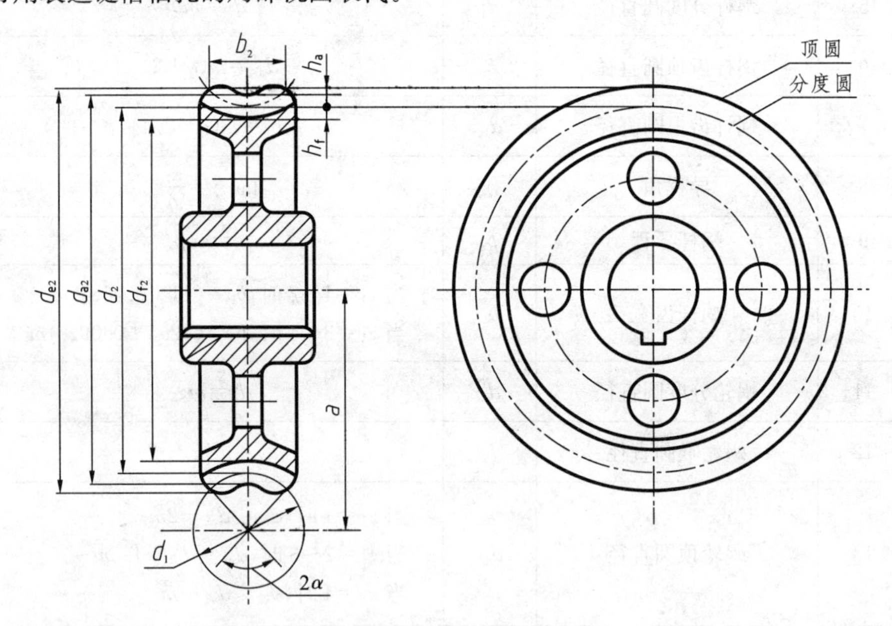

图 6-3-21 蜗轮的画法

图 6-3-22、图 6-3-23 所示分别为蜗轮和蜗杆的图纸。除了按规定画出齿轮外，有尺寸标注，还需要列出齿轮的计算参数表。

蜗轮蜗杆啮合的画法如图 6-3-24 所示，在蜗轮投影为非圆的视图上，蜗轮与蜗杆重合的部分只画蜗杆不画蜗轮。在蜗轮投影为圆的视图上，蜗杆的节线与蜗轮的节圆画成相切。在剖视图中，当剖切平面通过蜗杆的轴线时，齿顶圆或齿顶线均可省略不画。

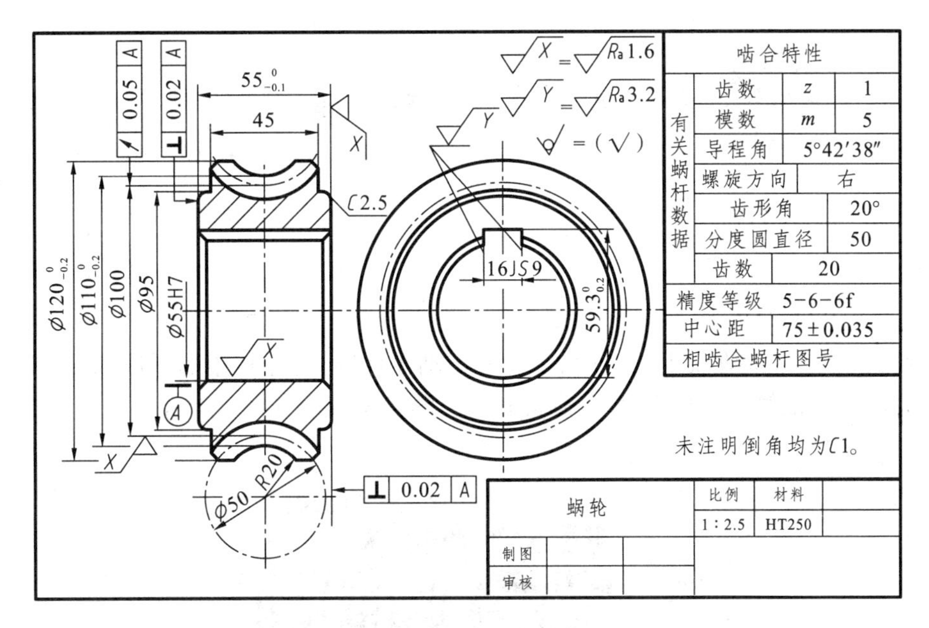

图 6-3-22　蜗轮图纸

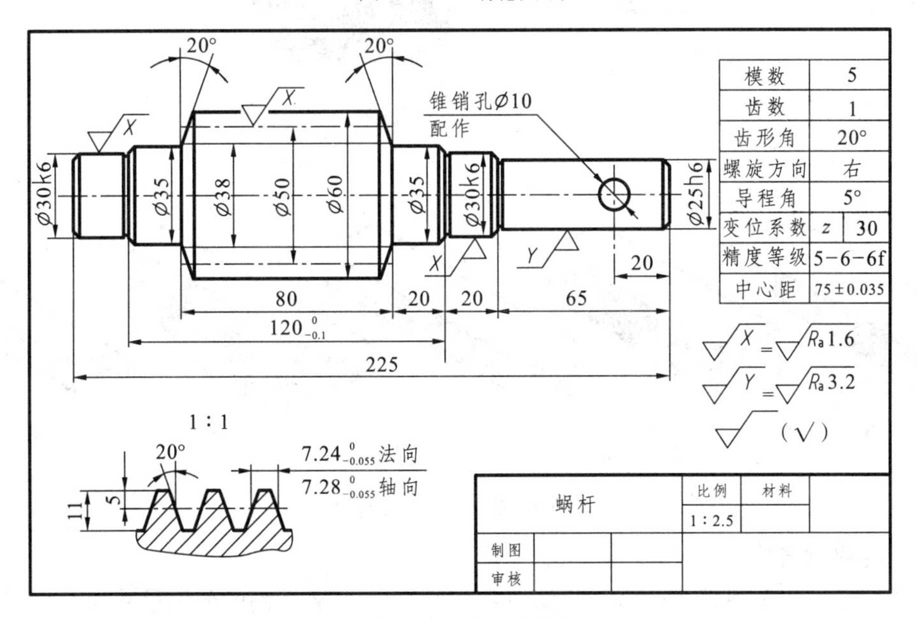

图 6-3-23　蜗杆图纸

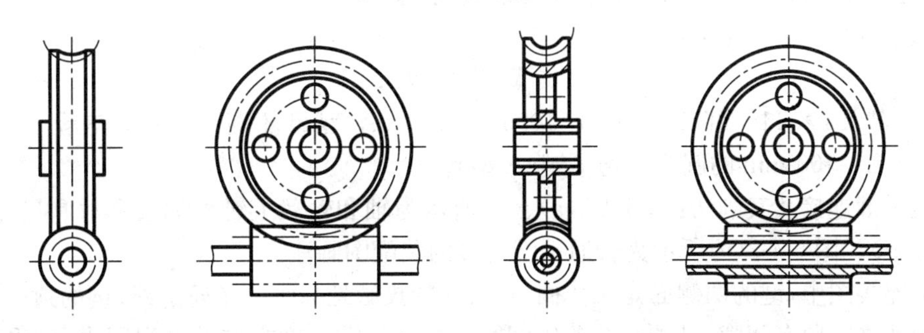

图 6-3-24　蜗轮蜗杆啮合的画法

6.4 键和销

6.4.1 键

键用来连接轴和装在轴上的齿轮、带轮等传动零件，起传递转矩的作用，如图 6-4-1 所示。键是标准件，常用的键有普通平键、半圆键和钩头楔键等，如图 6-4-2 所示。

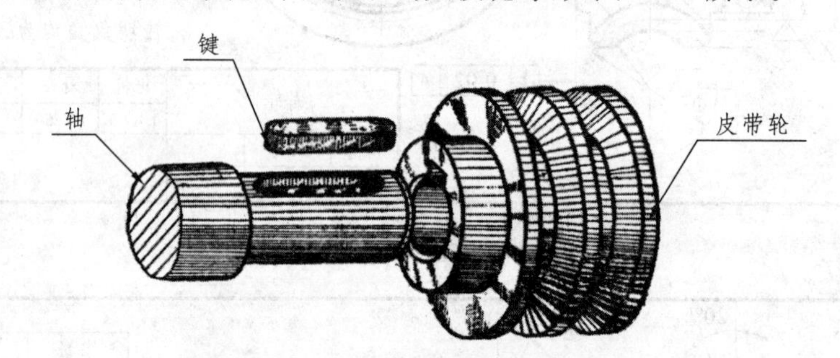

图 6-4-1 键连接

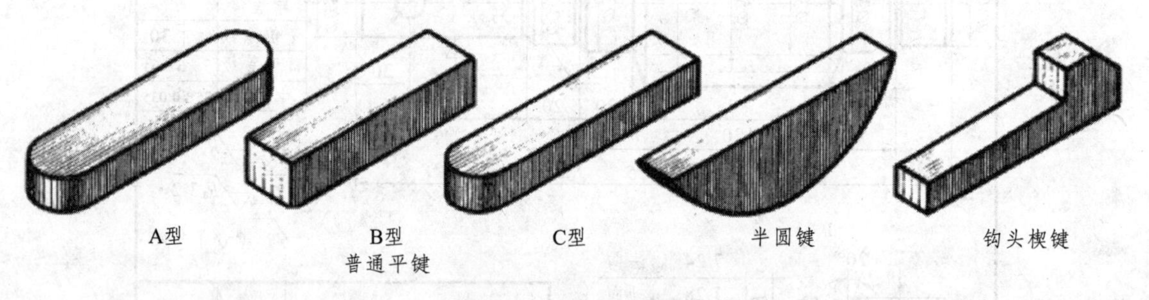

图 6-4-2 常用的几种键

1. 普通平键连接

普通平键分为 A 型、B 型和 C 型，如图 6-4-2 所示。普通平键的公称尺寸为 $b\times h$(键宽×键高)，可根据轴的直径在相应的标准中查得(见附录)。

普通平键的规定标记为：

"键宽 b"×"键长 L"

例如：键 18×11×100 (GB/T 1096—2003)(A 型可不标出 A)，表示 $b=18$ mm，$h=11$ mm，$L=100$ mm 的圆头普通平键(A 型)。

普通平键连接及其画法：图 6-4-3(a)、(b)所示为轴和轮毂上键槽的表示法和尺寸注法(未注尺寸数字)。图 6-4-3(c)所示为普通平键连接的装配图画法。

在键连接图中，键的两侧面是工作面，接触面的投影处只画一条轮廓线；键的顶面与轮毂上键槽的顶面之间留有间隙，必须画两条轮廓线。在反映键长度方向的剖视图中，轴采用局部剖视，键按不剖视处理。在键连接图中，键的倒角或小圆角一般省略不画。

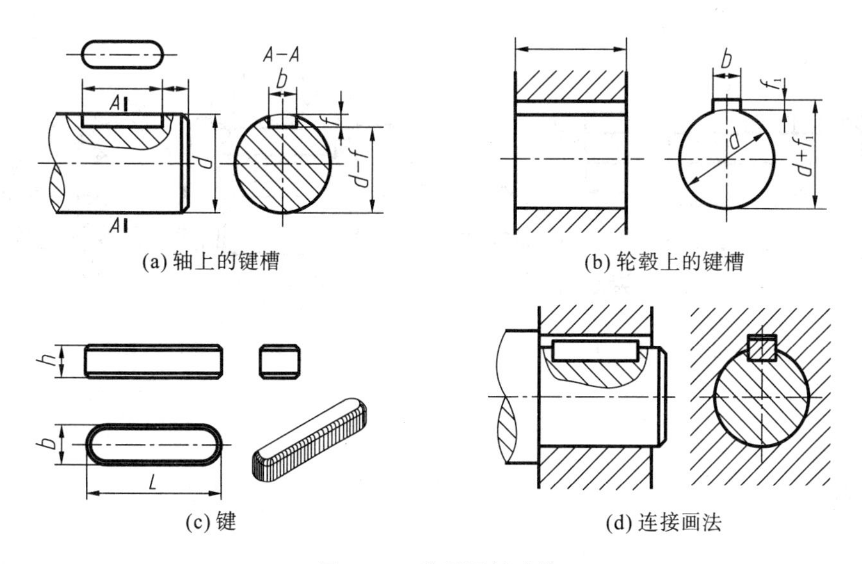

(a) 轴上的键槽　(b) 轮毂上的键槽　(c) 键　(d) 连接画法

图 6-4-3　普通平键连接

2. 半圆键连接

半圆键的基本尺寸有键宽 b、高 h、直径 d_1。例如：键 6×10×25(GB/T 1099—2003)，表示 b=6 mm，h=10 mm，d_1=24.5 mm 的半圆键。轴上键槽的深度 t 可在相关手册中查出。轴、轮毂键槽的表示方法和尺寸标注见图 6-4-4。

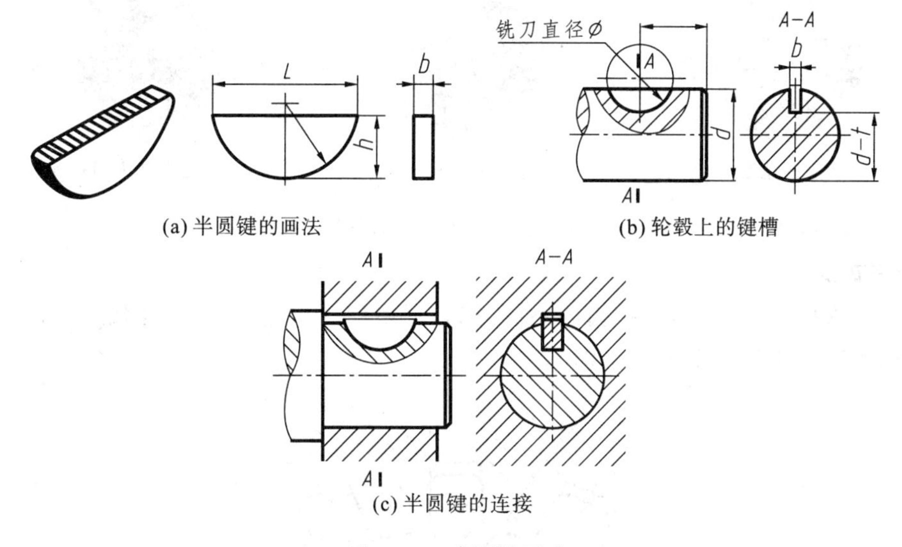

(a) 半圆键的画法　(b) 轮毂上的键槽　(c) 半圆键的连接

图 6-4-4　半圆键画法

3. 钩头楔键连接

钩头楔键的基本尺寸有键宽 b、高 h 和长度 L，例如：键 18×100(GB/T 1565—2003)，代表 b=18 mm，h=11 mm，L=100 mm 的钩头楔键。轴、轮毂和键的连接画法见图 6-4-5。

钩头楔键的顶面有 1∶100 的斜度，连接时将键打入键槽。因此，键的顶面和底面同为工作面，与槽底和槽顶都没有间隙，键的两侧与键槽的两侧面有配合关系$\left(\frac{\mathrm{D10}}{\mathrm{h9}}\right)$。

钩头楔键的两个侧面是工作面，在装配图中，键与键槽侧面之间应不留间隙，而键的顶面为非工作面，它与轮毂的键槽顶面之间应留有间隙。

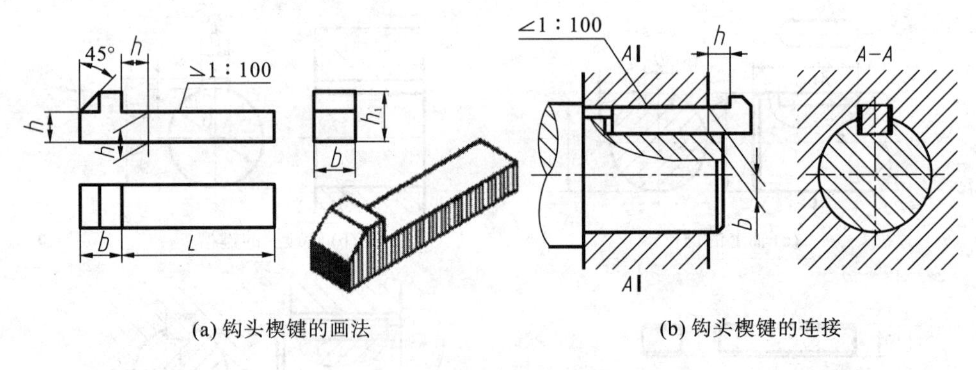

(a) 钩头楔键的画法　　(b) 钩头楔键的连接

图 6-4-5　钩头楔键的画法

6.4.2　花键

花键是一种特殊的结构零件。花键连接由内花键和外花键组成。内、外花键均为多齿零件，在内圆柱表面上的花键为内花键，在外圆柱表面上的花键为外花键。显然，花键连接是平键连接在键数目上的发展，如图 6-4-6 所示。

花键连接按齿形的不同，可分为矩形花键、渐开线花键、三角形花键等。

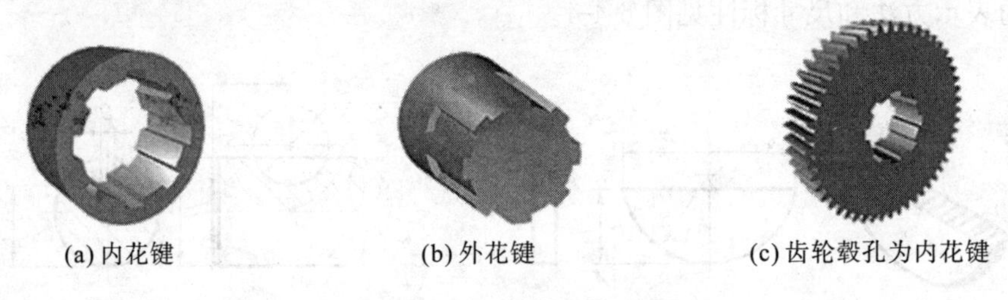

(a) 内花键　　(b) 外花键　　(c) 齿轮毂孔为内花键

图 6-4-6　花键的类型

1. 矩形花键

矩形花键如图 6-4-7 所示。按齿高不同分为：轻系列，用于静连接或轻载连接；中系列，用于中等载荷的连接(GB/T 1144—2001)。

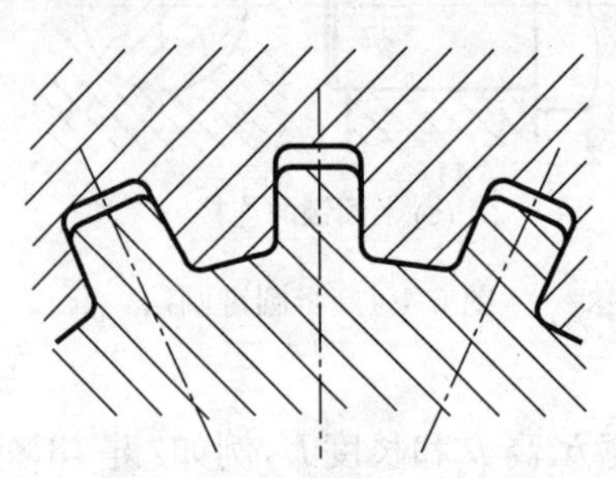

图 6-4-7　矩形花键连接

花键的定心方式为小径定心(外花键和内花键的小径为配合面，大径处有间隙)，定心精度高，定心面可磨削，稳定性好。

2. 渐开线花键

渐开线花键如图 6-4-8 所示。它的特点是：齿廓为渐开线，加工方便，齿的根部强度高，应力集中小，承载能力高，对中性好，适用重载或轴径较大的连接。定心方式为齿形定心，内、外花键的齿顶和齿根处有间隙。

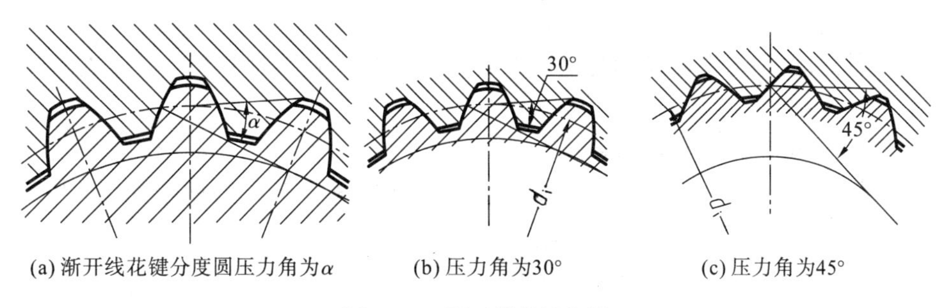

(a) 渐开线花键分度圆压力角为α　(b) 压力角为30°　(c) 压力角为45°

图 6-4-8　渐开线花键齿形

渐开线花键分度圆压力角有 30°（应用较广）和 45°（齿钝而短，适用于载荷较小和直径较小的静连接）（GB/T 3478.1—2008）。

3. 花键连接

外花键的画法和螺纹相似，大径用粗实线绘制，小径用细实线绘制。但是，大小径的终止线用细实线表示，键尾用与轴线成 30°的细实线表示。当采用剖视时，若剖切平面平行于键齿，键齿按不剖绘制，且大小径均采用粗实线画出。在反映圆的视图上，小径用细实线圆表示。

外花键的标注可采用一般尺寸标注法和代号标注法两种。应标注出大径 D、小径 d、键宽 B（及齿数 n）、工作长度 L。用代号标注时，指引线应从大径引出，代号组成为：

"齿数"×"小径"×"小径公差带代号"×"大径"×"大径公差带代号"×"齿宽公差带代号"

内花键的画法与标注和外花键相似，只是表示公差带的代号用大写字母表示。

花键连接的画法和螺纹连接的画法相似，即公共部分按外花键绘制，不重合部分按各自的规定画法绘制，如图 6-4-9 所示。

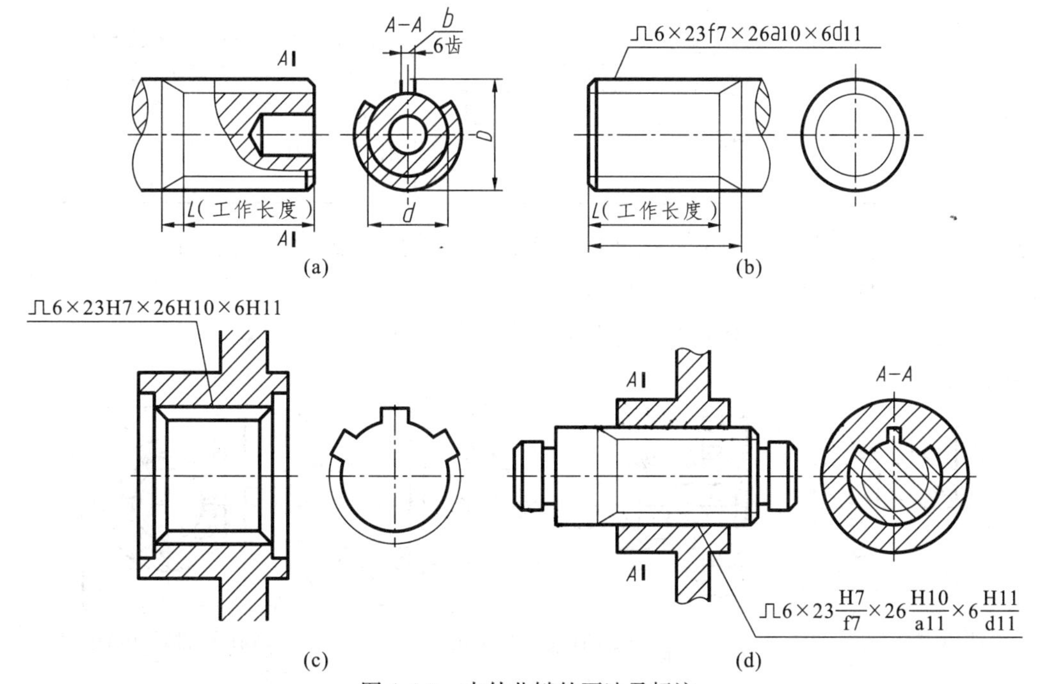

图 6-4-9　内外花键的画法及标注

6.4.3　销

销用于零件之间的连接、定位和防松。常见的有圆柱销、圆锥销和开口销等，它们都是标准件。表 6-4-1 所列为销的形式和标记示例及画法。

图 6-4-10(a)、(b)所示的圆柱销和圆锥销可以连接零件，也可以起定位作用(限定两零件间的相对位置)。图 6-4-10(c)所示的开口销常用在螺纹连接的装置中，以防止螺母的松动。

表 6-4-1　销的形式、标记示例及画法

名称	标准号	图　例	标　记　示　例
圆锥销	GB/T 117	$R_1\approx d, R_2\approx d+\frac{L-2a}{50}$	直径 $d=10$ mm，长度 $L=100$ mm，材料 35 钢，热处理硬度 28～38 HRC，表面氧化处理的圆锥销。 销 GB/T 117 A10×100。 圆锥销的公称尺寸是指小端直径
圆柱销	GB/T 119.1		直径 $d=10$ mm，公差为 m6，长度 $L=80$ mm，材料为钢，不经表面处理。 销 GB/T 119.1　10m6×80
开口销	GB/T 91		公称直径 $d=4$ mm(指销孔直径)，$L=20$ mm，材料为低碳钢，不经表面处理。 销 GB/T 91 4×20

绘销连接图时，销的有关尺寸从标准中查找并选用。在剖视图中，当剖切平面通过销的回转轴线时，按不剖处理，如图 6-4-10 所示。

在销连接中，两零件上的孔是在零件装配时一起配作的。因此，在零件图上标注销孔的尺寸时，应注明"配作"。

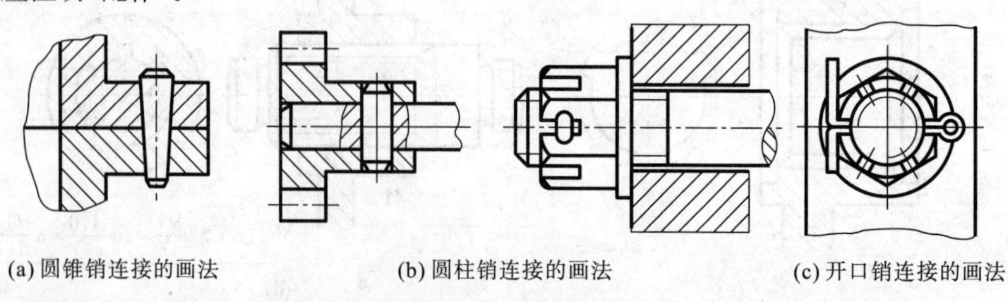

(a) 圆锥销连接的画法　　(b) 圆柱销连接的画法　　(c) 开口销连接的画法

图 6-4-10　键连接的画法

6.5　滚动轴承

滚动轴承是用来支撑轴的组件。由于它具有摩擦阻力小、结构紧凑等优点，在机器中被广泛应用。滚动轴承的结构形式、尺寸均已标准化，由专门的工厂生产，使用时可根据设计要求进行选择。

6.5.1　滚动轴承的结构与种类

滚动轴承一般由外圈、内圈、滚动体和保持架组成，如图6-5-1所示。

按承受载荷的方向不同，滚动轴承可分为三类：

① 主要承受径向载荷的向心轴承，如图6-5-1(a)所示的深沟球轴承。

② 主要承受轴向载荷的推力轴承，如图6-5-1(b)所示的推力球轴承。

③ 同时承受径向载荷和轴向载荷的向心推力轴承，如图6-5-1(c)所示的圆锥滚子轴承。

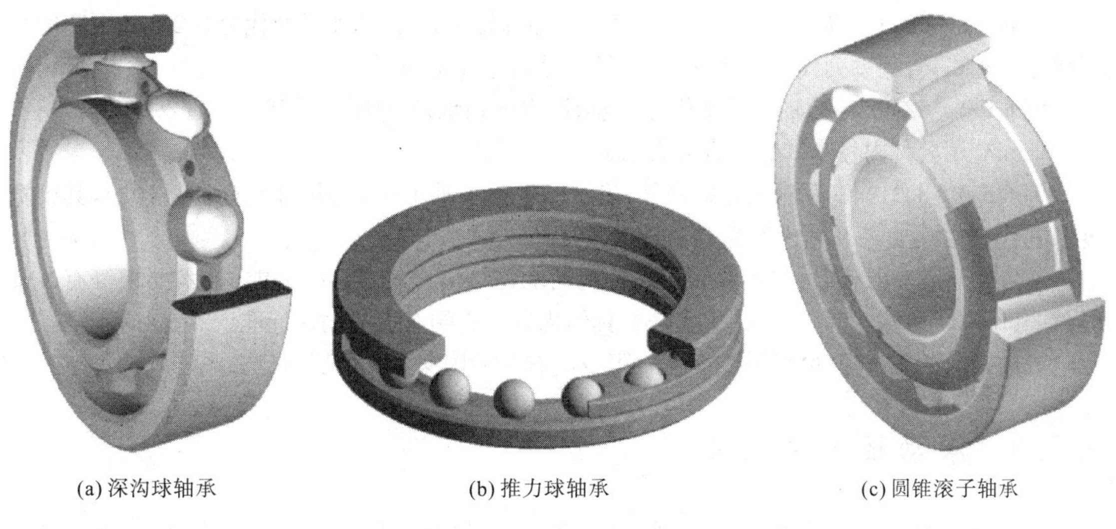

(a) 深沟球轴承　(b) 推力球轴承　(c) 圆锥滚子轴承

图6-5-1　滚动轴承的结构

6.5.2　滚动轴承的代号

由于滚动轴承类型繁多，所以采用代号来表示。滚动轴承的代号由基本代号、前置代号和后置代号组成，其排列顺序为：

“前置代号”+“基本代号”+“后置代号”

滚动轴承的基本代号由类型代号、尺寸系列代号、内径代号构成。类型代号用阿拉伯数字或大写拉丁字母表示，尺寸系列代号和内径代号用阿拉伯数字表示。表6-5-1给出轴承类型代号。

表 6-5-1　轴承类型代号（摘自 GB/T 272—1993）

代号	0	1	2		3	4	5	6	7	8	N	U	QJ
轴承类型	双列角接触球轴承	调心球轴承	调心滚子轴承	推力调心滚子轴承	圆锥滚子轴承	双列深沟球轴承	推力球轴承	深沟球轴承	角接触球轴承	推力圆柱滚子轴承	圆柱滚子轴承	外球面球轴承	四点接触球轴承

尺寸系列代号：由轴承宽（高）度系列代号和直径系列代号组合而成，一般用两位数字表示（有时省略其中一位）。它的主要作用是区别内径（d）相同而宽度和外径不同的轴承，具体代号需查阅相关标准（见附录）。

内径代号：表示轴承的公称内径，一般用两位数字表示。

① 代号数字为 00、01、02、03 时，分别表示内径 10 mm、12 mm、5 mm、17 mm。

② 代号数字为 04～96 时，代号数字乘以 5，即得轴承内径。

③ 轴承公称内径为 1～9 mm、22 mm、28 mm、32 mm、500 mm 或大于 500 mm 时，用公称内径毫米数值直接表示，但与尺寸系列代号之间用“/”隔开。

轴承基本代号举例：

例 6-5-1　6209，6 为轴承类型代号，表示深沟球轴承；2 为尺寸系列代号（02），其中宽度系列代号 0 省略，直径系列代号为 2；09 为内径代号，$d=45$ mm。

例 6-5-2　62/22，6 为轴承类型代号，表示深沟球轴承；2 为尺寸系列代号（02）；22 为内径，$d=22$ mm（用公称内径毫米数值直接表示）。

例 6-5-3　30314，3 为轴承类型代号，表示圆锥滚子轴承；03 为尺寸系列代号（03），其中宽度系列代号为 0，直径系列代号为 3；14 为内径代号，$d=70$ mm。

前置代号和后置代号：前置和后置代号是轴承在结构形状、尺寸、公差、技术要求等有改进时，在其基本代号左、右添加的补充代号。具体内容可查阅有关的国家标准。

滚动轴承的外形尺寸已经标准化了，可查阅有关的国家标准（见附录）。

6.5.3　滚动轴承的画法

国家标准对滚动轴承的画法作了统一规定，有简化画法和规定画法之分，简化画法又分为通用画法和特征画法。在装配图中，滚动轴承的轮廓按外径 D、内径 d、宽度 B 等实际尺寸绘制，其余部分用简化画法或用示意画法绘制。在同一图样中，一般只采用其中的一种画法。

国家标准《机械制图・滚动轴承表示法》（GB/T 4459.7—1998）作了如下规定：

滚动轴承的外框轮廓的大小应与滚动轴承的外形尺寸（由手册中查出）一致，并与所属图样采用同一比例。各种画法中的矩形线框和轮廓线均用粗实线绘制。

1. 通用画法

在不需要确切地表示轴承的外形轮廓和结构特征时，可用矩形线框及位于线框中央正立的十字形符号表示。矩形线框和十字形符号均用粗实线绘制，十字形符号不应与矩形线框接触。

通用画法应绘制在轴的两侧，如图 6-5-2 所示。在绘制剖视图时，通用画法和特征画法绘制滚动轴承一律不画剖面符号(剖面线)。

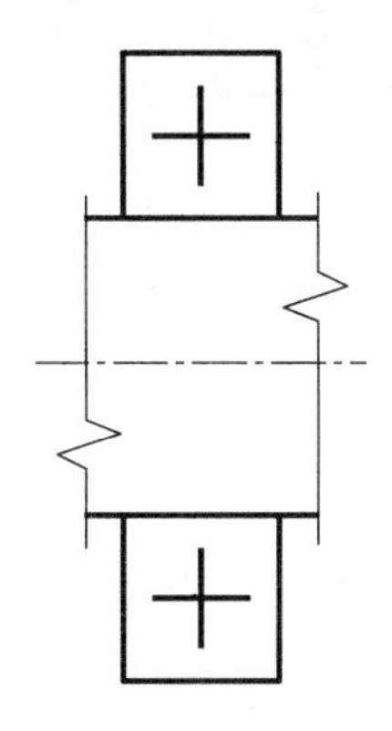

图 6-5-2　轴承通用画法

防尘盖和密封圈画法，在需要表示轴承的防尘盖和密封圈时，按图 6-5-3(a)、(b)所示绘图。在需要表示滚动轴承内圈或外圈有、无挡边时，在十字符号上附加一短画表示内圈或外圈无挡边的方向，如图 6-5-3(c)、(d)所示。

轴承尺寸标注方法，通用画法的尺寸标注如图 6-5-4 所示。

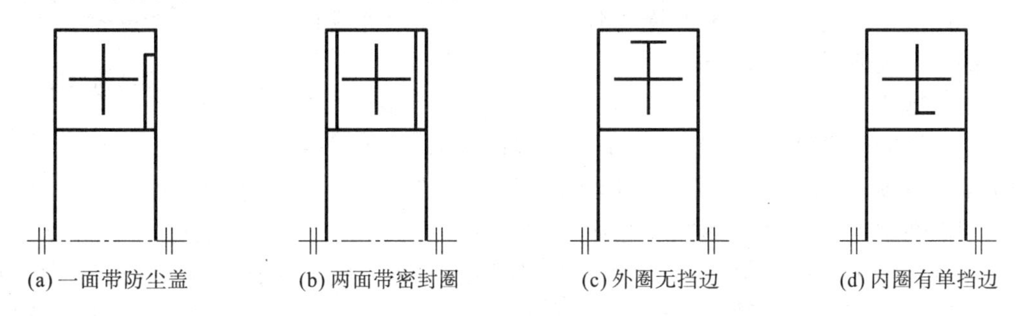

(a) 一面带防尘盖　(b) 两面带密封圈　(c) 外圈无挡边　(d) 内圈有单挡边

图 6-5-3　防尘盖和密封圈画法

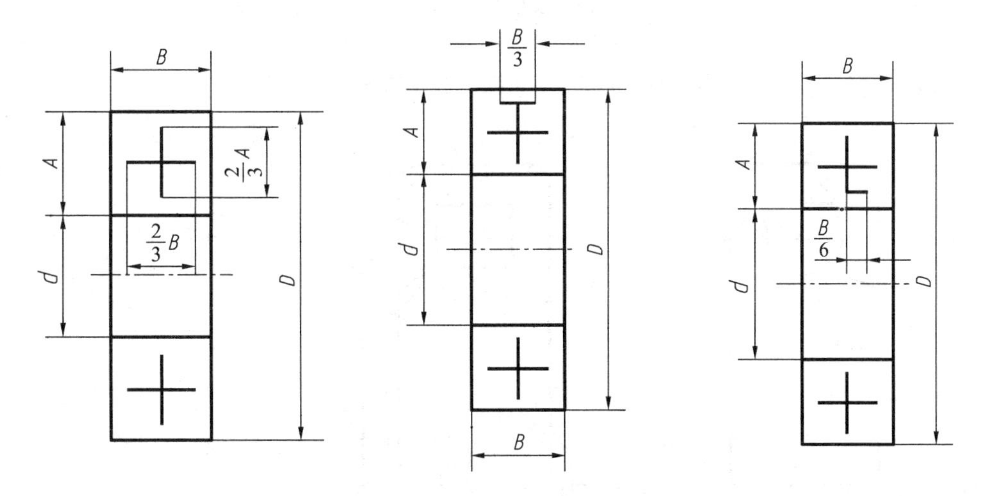

图 6-5-4　轴承尺寸标注画法

轴承的外形轮廓画法，在需确切地表示轴承的外形时，应画出其剖面轮廓，同时在轮廓中央画出正立的十字形，十字形不应与剖面轮廓线接触，如图 6-5-5 所示。

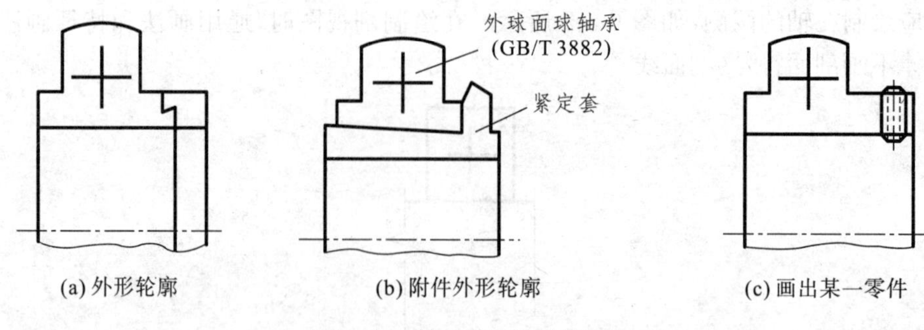

图 6-5-5 轴承的外形轮廓画法

附件画法,轴承带有附件时,只画出其外形轮廓,也可以为了表达轴承的安装方法而将某些零件详细画出(图 6-5-5)。

2. 特征画法

如果要形象地表示轴承结构,可采用在矩形线框内画出其结构要素符号的方法。常用滚动轴承的特征画法在下页的表 6-5-2 中给出。

在轴承的投影圆面视图上,无论滚动体的形状(球、柱、针等)及尺寸如何,均按图 6-5-6 的方法画图。

通用画法中有关防尘盖、密封圈、挡边、剖面轮廓和附件或零件画法的规定也适用于特征画法。

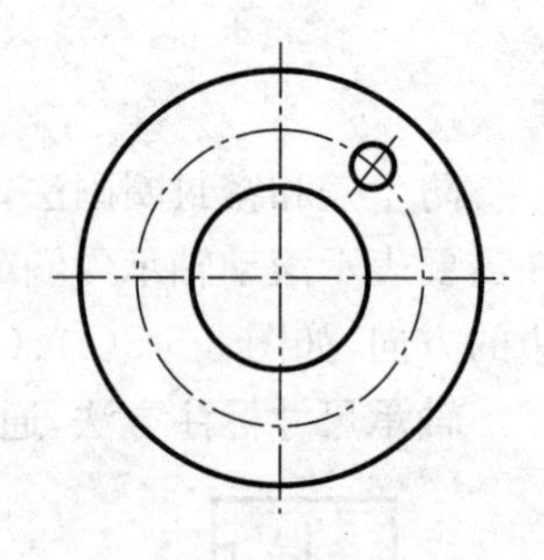

图 6-5-6 滚动轴承特征画法

3. 规定画法

规定画法能较形象地表达滚动轴承的结构形状,有助于了解滚动轴承中各零件的尺寸。在装配图中滚动轴承的保持架及倒角、圆角等可省略不画。规定画法一般绘制在轴的一侧,另一侧按通用画法绘制。

采用规定画法绘制时,轴承的滚动体不画剖面线,其各套圈可画成方向和间隔相同的剖面线,如图 6-5-7(a)所示。如轴承带有其他零件或附件(如偏心套、紧定套、挡圈等),其剖面线应与套圈的剖面线呈现不同方向或不同间隔,如图 6-5-7(b)所示。在不致引起误解时也允许省略不画。

圆柱轴承的规定画法和特征画法的比较如图 6-5-8 所示。

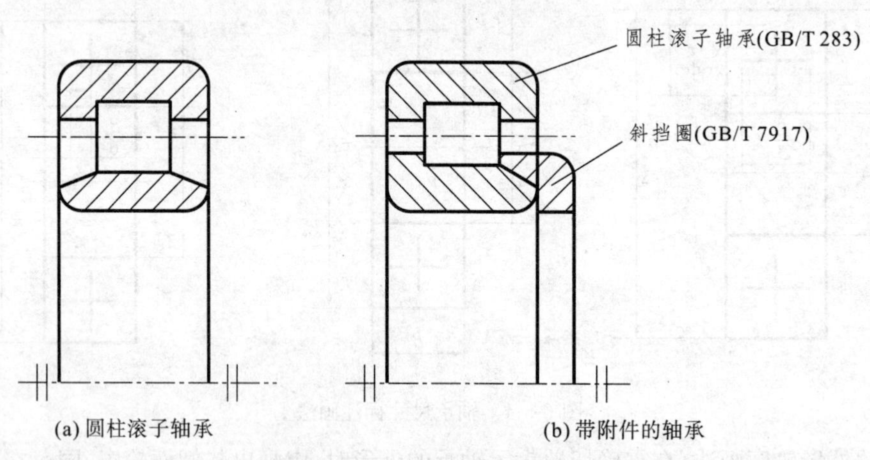

图 6-5-7 滚动轴承剖面线画法

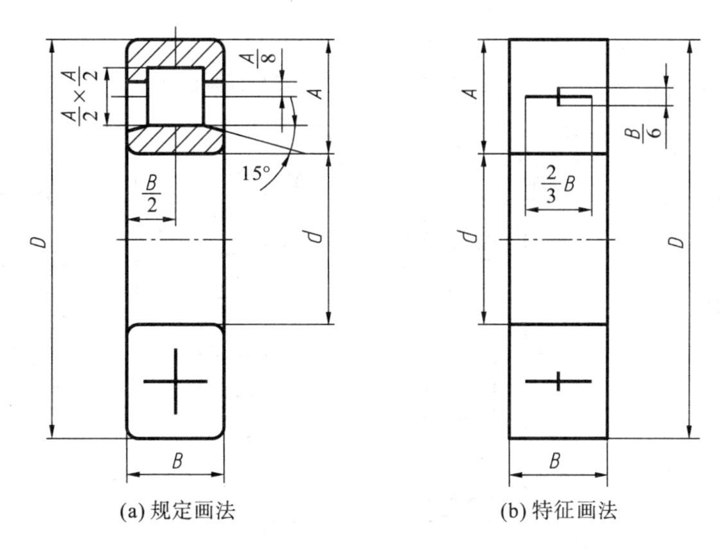

(a) 规定画法　　(b) 特征画法

图 6-5-8　圆柱轴承的规定画法和特征画法的比较

常用的滚动轴承的画法见表 6-5-2。

表 6-5-2　常用滚动轴承的画法（摘自 GB/T 4459.7—1998）

名称、标准号和代号	主要尺寸数据	规定画法	特征画法	装配示意图
深沟球轴承 60000 型	D d B	B, B/2, DW, A/2, A, 60°, D, d	A, B/6, 2/3B, d, D, B	
角接触球轴承 70000 型	D d B	B, B/2, DW, A/2, A, α, D, d	2B/3, A, d, D, 30°, B	

续表

名称、标准号和代号	主要尺寸数据	规定画法	特征画法	装配示意图
圆柱滚子轴承 N0000 型	D d B	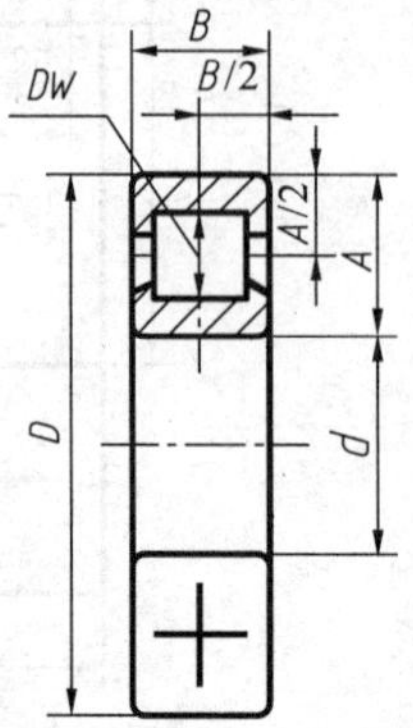	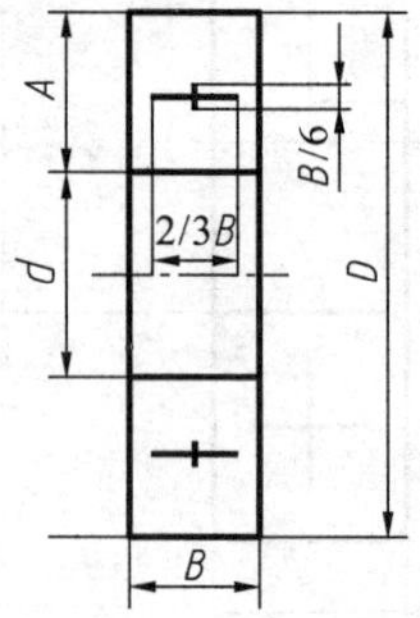	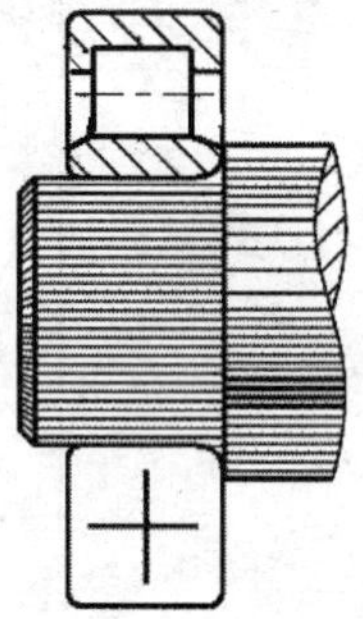
圆锥滚子轴承 30000 型	D d B T C	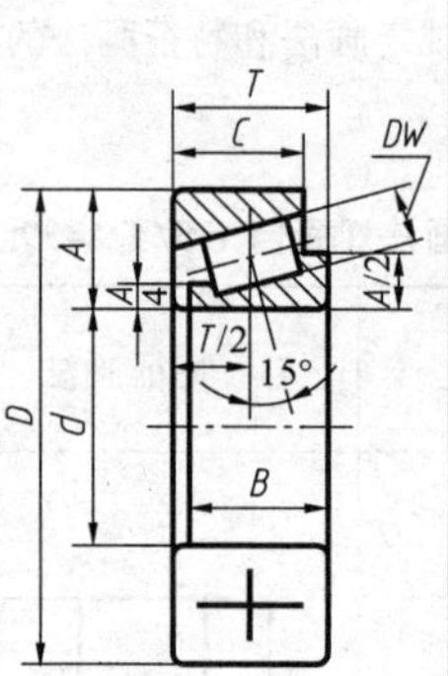	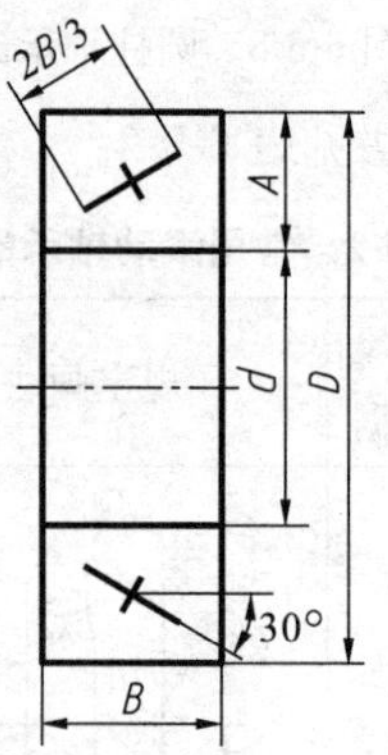	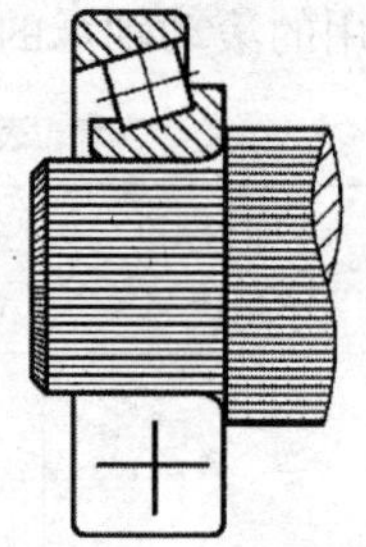
推力球轴承 50000 型	D d T	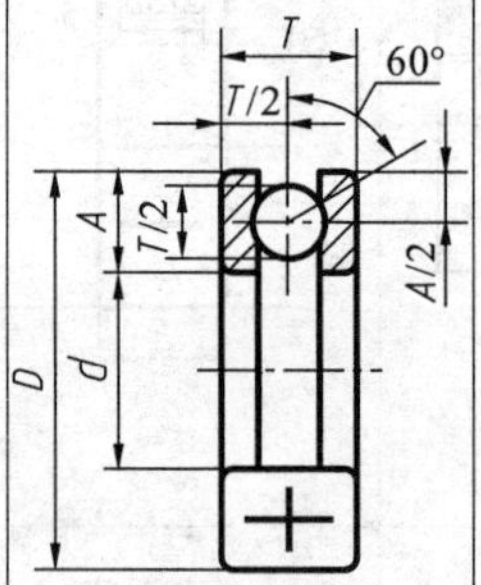	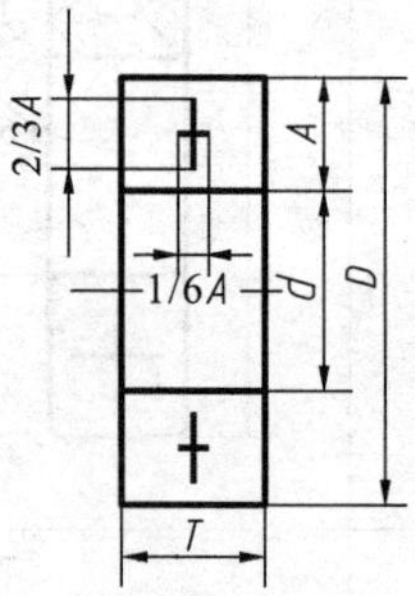	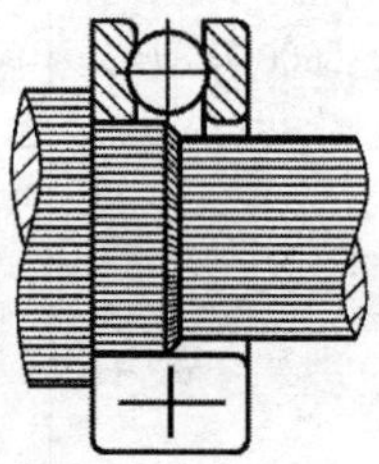

6.6 轴

将轴作为专门的机件来介绍，一是考虑到轴是常用的机械零件，二是因为前面介绍的齿轮、轴承和键都是安装到轴上，由轴把这些机件联系到一起。这里主要介绍轴的绘图。轴根据功能不同可分为主轴和芯轴。主轴由轴承支撑，用于传递扭矩；芯轴通常是带锥度的轴，直接由锥孔来支撑。轴的结构有很多种，但大多数轴都是台阶轴，也就是由不同直径的圆柱体组成。

画轴的步骤：首先在图纸的合适位置画轴的中心线，用点画线来画。再根据轴的直径和长度画出轴的轮廓。接下来画出轴的退刀槽、倒角等细节。在需要画断面的位置画出断面图，需要放大的细节处画出放大图。最后描粗可见轮廓。

图 6-6-1 所示的是台阶式主轴，图 6-6-2 所示的是台阶式芯轴。

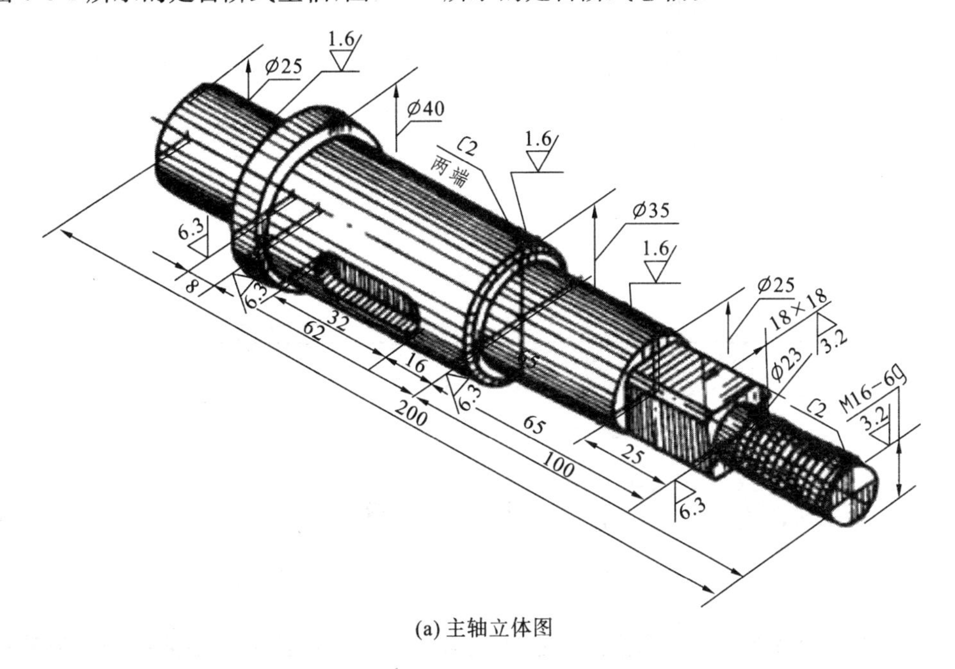

(a) 主轴立体图

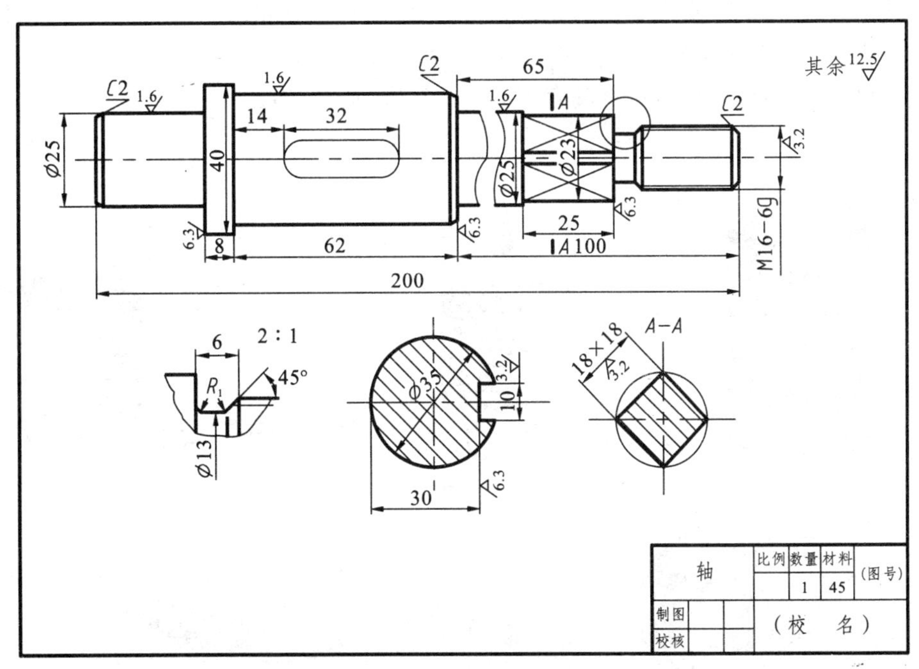

(b) 主轴图纸

图 6-6-1

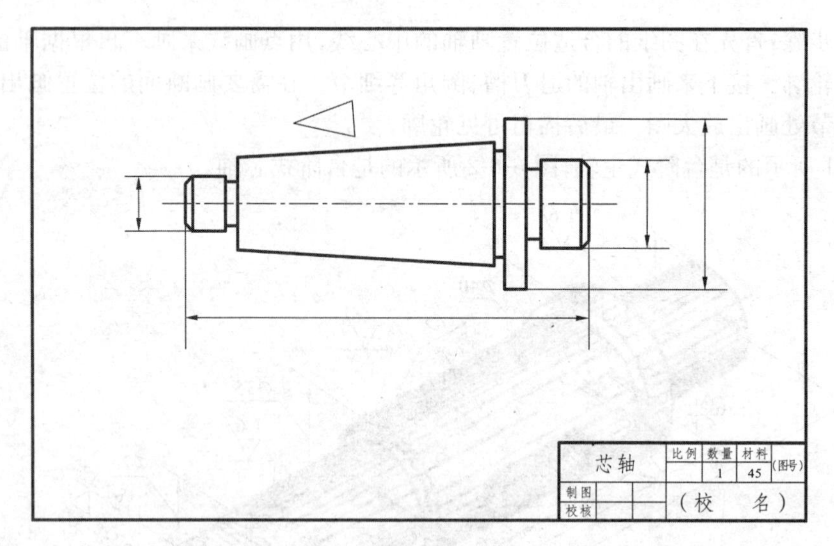

图 6-6-2 芯轴图纸

6.7 弹 簧

弹簧是机械中常用的零件,可用于减震、测力、压紧与复位、调节等多种场合。弹簧种类很多,常见的有圆柱螺旋弹簧、板弹簧、平面涡卷弹簧等,如图 6-7-1 所示。

按受载荷特性不同,弹簧主要分为压缩弹簧(Y 型)、拉伸弹簧(L 型)和扭转弹簧(N 型)等种类。本节主要介绍普通圆柱螺旋压缩弹簧的有关名称和规定画法。

弹簧的尺寸已经标准化了,可查阅有关的国家标准(见附录)。

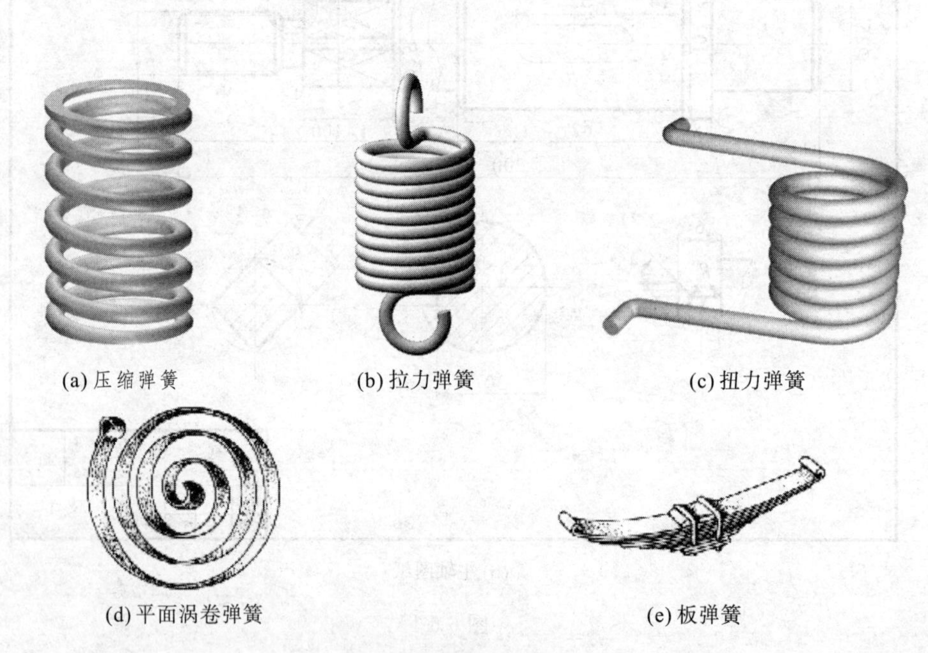

(a) 压缩弹簧 (b) 拉力弹簧 (c) 扭力弹簧

(d) 平面涡卷弹簧 (e) 板弹簧

图 6-7-1 圆柱螺旋弹簧

6.7.1　圆柱螺旋弹簧

1. 弹簧各部分的名称及尺寸

簧丝直径 d:制造弹簧所用金属丝的直径。

弹簧外径 D:弹簧的最大直径。

弹簧内径 D_1:弹簧的内孔最小直径,$D_1=D-2d$。

弹簧中径 D_2:簧轴剖面内簧丝中心所在柱面的直径

$$D_2=\frac{D_1+D_2}{2}=D_1+d=D-d$$

有效圈数 n:保持相等节距且参与工作的圈数。

支承圈数 n_0:为了使弹簧工作平衡,端面受力均匀,制造时将弹簧两端的$\frac{3}{4}$至$1\frac{1}{4}$圈压紧靠实,并磨出支承平面。这些圈只起支承作用而不参与工作,所以称为支承圈。支承圈数 n_0 表示两端支承圈数的总和,一般为 1.5 圈、2 圈、2.5 圈。

总圈数 n_1:有效圈数和支承圈数的总和。

节距 t:相邻两有效圈上对应点间的轴向距离。

自由高度 H_0:未受载荷作用时的弹簧高度(或长度),

$$H_0=nt+(n_0-0.5)d$$

展开长度 L:制造弹簧时所需的金属丝长度,按螺旋线展开 L 可按下式计算:

$$L\approx n_1\sqrt{(\pi D_2)^2+t^2}$$

旋向:与螺旋线的旋向意义相同,分为左旋和右旋两种。

圆柱螺旋压缩弹簧的尺寸如图 6-7-2 所示。

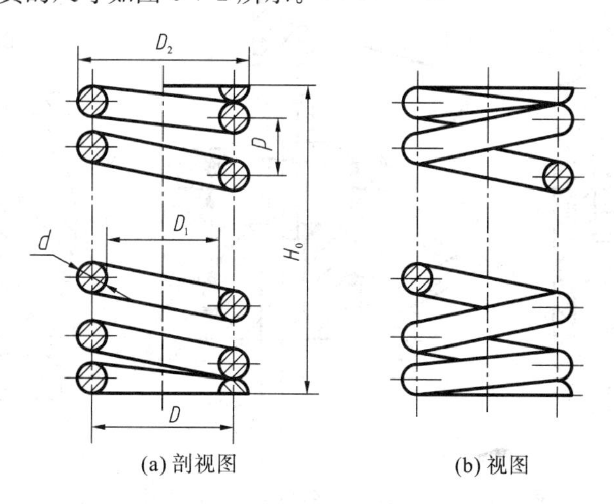

图 6-7-2　圆柱螺旋压缩弹簧的尺寸

2. 圆柱螺旋压缩弹簧的规定画法

国标 GB/T 4459.4—2003 对弹簧画法作了如下规定:

在平行于螺旋弹簧轴线的投影面的视图中,其各圈的轮廓应画成直线。有效圈数在 4 圈以上时,可以每端只画出 1～2 圈(支承圈除外),其余省略不画。螺旋弹簧均可画成右旋,但左旋弹簧不论画成左旋或右旋，一律要注写出旋向“左”字。螺旋压缩弹簧如要求两端并紧且磨平时，不论支承圈多少均按支承圈为 2.5 圈绘制，必要时也可按支承圈的实际结构绘制。

圆柱螺旋压缩弹簧的画图步骤，如图 6-7-3 所示。制造弹簧用的金属丝直径用 d 表示；弹簧的外径、内径和中径分别用 D_2、D_1 和 D 表示；节距用 p 表示；高度用 H_0 表示。

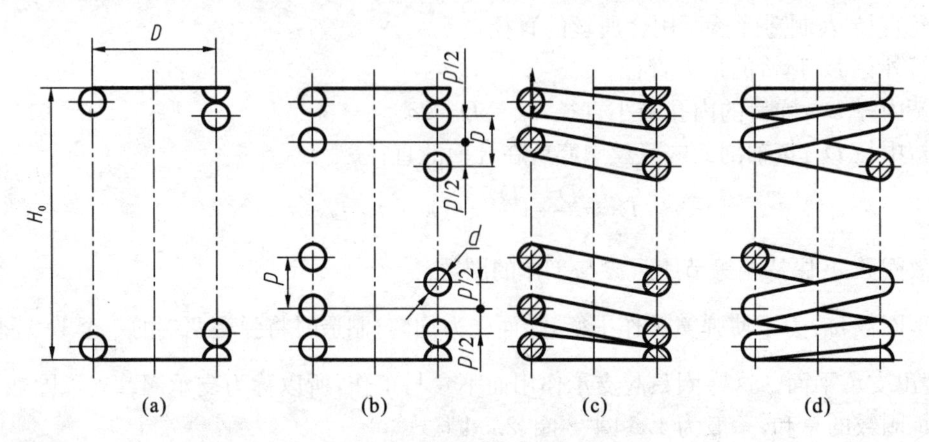

图 6-7-3　圆柱螺旋压缩弹簧的画图

弹簧在装配图中的画法，如图 6-7-4 所示。

① 弹簧后面被遮挡住的零件轮廓不必画出。

② 当弹簧的簧丝直径小于或等于 2 mm 时，端面可以涂黑表示，如图 6-7-4(b)所示，也可采用示意画法画出，如图 6-7-4(c)所示。

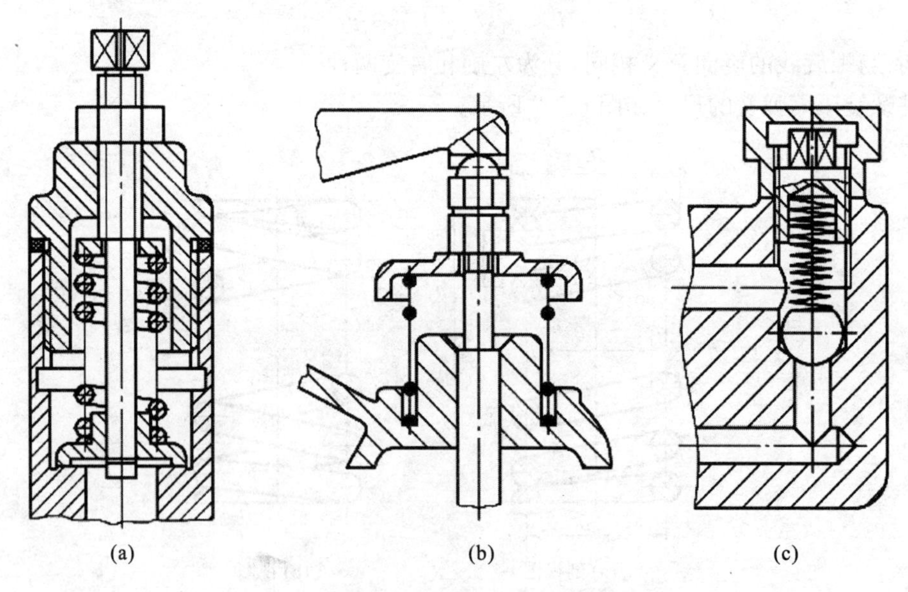

图 6-7-4　圆柱螺旋压缩弹簧在装配图中的画法

6.7.2 其他弹簧

1. 锥弹簧

锥弹簧的画法，见图 6-7-5。

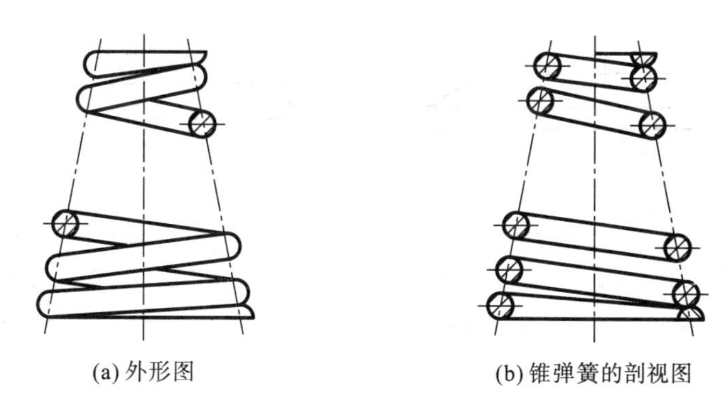

图 6-7-5　锥弹簧

2. 平面涡卷弹簧

平面涡卷弹簧又称为发条弹簧，其一端固定而另一端作用有扭矩，图样如图 6-7-6 所示。

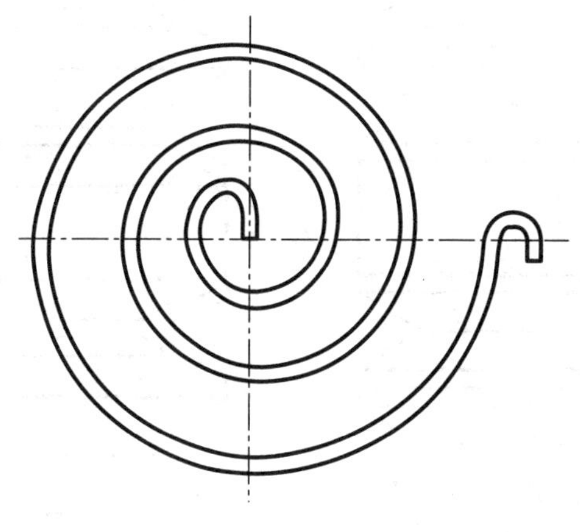

图 6-7-6　涡卷弹簧

3. 截锥涡卷弹簧

截锥涡卷弹簧又称为笋形弹簧或宝塔弹簧，其外形呈空间截锥状，图样如图 6-7-7 所示。

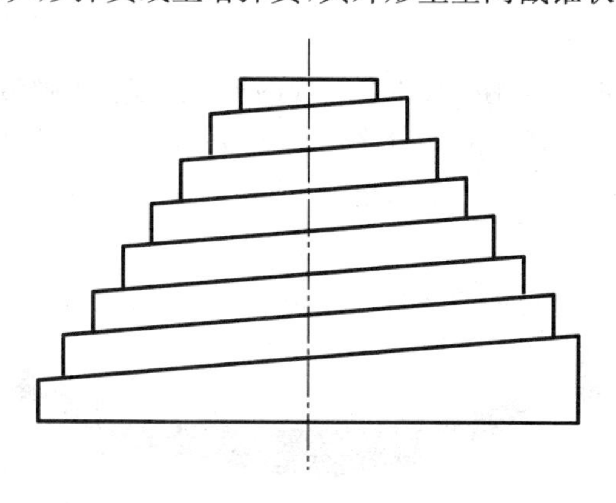

图 6-7-7　截锥涡卷弹簧

4. 碟形弹簧

外形似圆环碟片的弹簧，图样如图 6-7-8 所示。它是通过相当数量的叠加来提供足够的弹性伸展而发挥作用的。

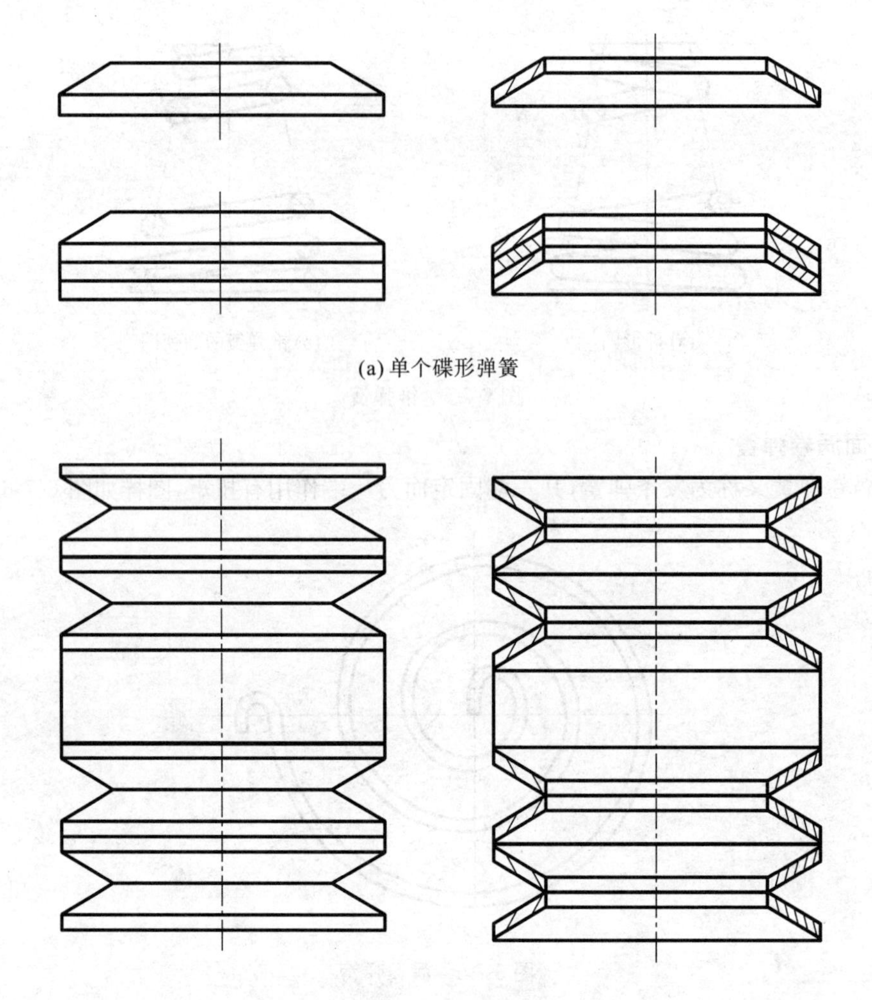

(a) 单个碟形弹簧

(b) 多个碟形弹簧叠加

图 6-7-8　碟形弹簧

5. 板弹簧

板弹簧由不少于 1 片的弹簧钢叠加组合而成的板状弹簧。板弹簧按外形分类可分为：① 椭圆形板弹簧；② 半椭圆形板弹簧 ；③ 四分之一椭圆形板弹簧；④ 片弹簧。

如图 6-7-9 所示的片弹簧依靠板与板之间的摩擦力而具有较高的缓冲和减振性能，广泛应用于汽车的悬架系统。

此外，还有多种形式的卡簧，如图 6-7-10 所示。

图 6-7-9　板弹簧

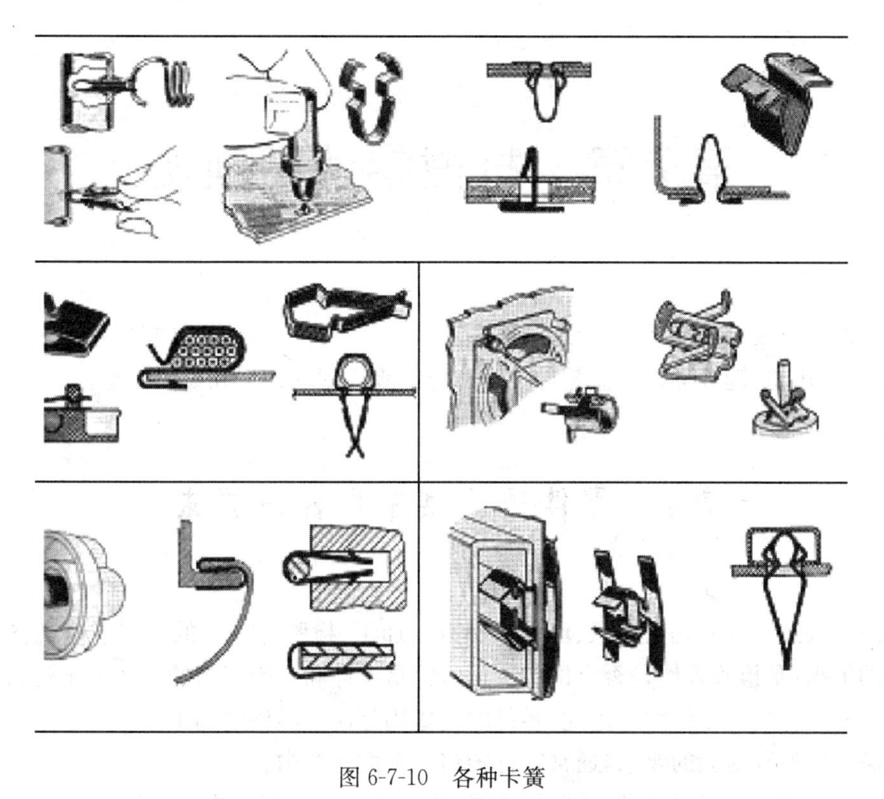

图 6-7-10　各种卡簧

第7章　机械零件图画法

机械零件是组成机械产品的单元，一般不能再拆分。每个零件都具有特殊功能。前面介绍的螺纹连接件、齿轮、键等都是机械零件。本章介绍零件图的知识和绘图方法。

7.1　零件图的基本内容与要求

零件图是表达零件的几何形状、尺寸大小以及加工、检验等方面的技术要求的图样。它是制造零件的依据，是检验零件是否合格的判据。它是设计和生产部门的重要技术资料。制造一个产品零件时必须要有零件图。由此，零件图的作用是用于零件的加工制造、尺寸检验和测量。

为了满足制造和检验的要求，通常零件图包括下面一些内容。

① 图框和标题栏。图框是限制绘图区域，图形必须绘在图框内。标题栏用来表明零件的名称、材料、数量、绘图比例和图号以及设计责任人等。

② 一组视图。用来表达零件的形状和内部结构。采用前面介绍的表达方法来绘制。

③ 必要的尺寸。确定零件的大小和相对位置。为了便于制造和检验，尺寸需要留出公差。

④ 技术要求。主要说明零件在制造完成后需要达到的质量要求，包括：表面质量、尺寸公差、形状与位置公差、材料及热处理要求等。

图 7-1-1 所示为一种端盖的零件图。

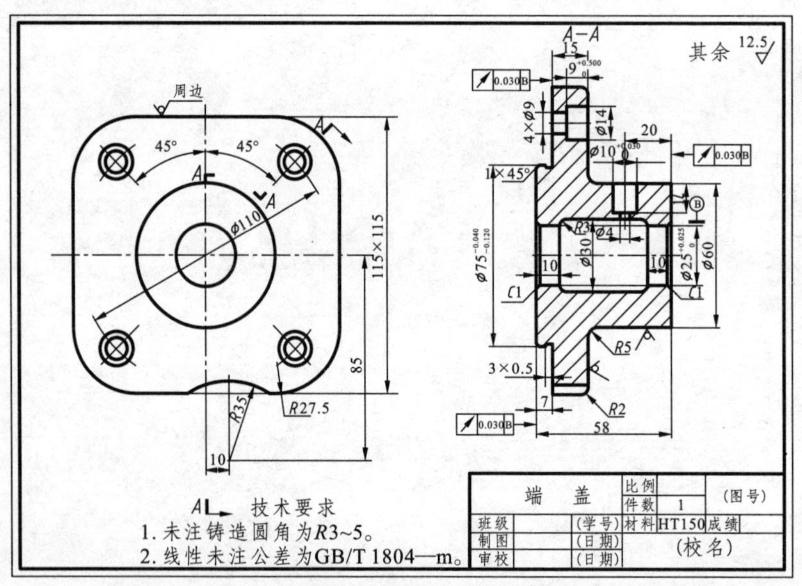

图 7-1-1　端盖零件图

对零件图总的要求有以下几点。

① 正确表达:符合投影关系,符合国家标准的规定。

② 完整唯一:图形完整,尺寸确定,具有唯一性。

③ 清楚合理:零件图要整洁,易于阅读理解和进行空间想像。

为了达到这些要求,除了基本视图外,零件图经常还要采用多种表达手段,如向视图、剖视图、局部放大视图等。

实际中,在两种情况下需要绘制零件图:一是根据实物零件测绘尺寸,然后绘制零件图;二是设计产品,根据装配图的要求,拆分为零件,绘制零件图。

7.2　零件分析与视图选择

画好零件图首先要了解零件的特征、用途、使用的材料以及加工方法。而用途、材料和加工方法等,在其他专业课程中会详细介绍。这里主要介绍零件的特征和视图的选择。

7.2.1　零件特征分类

根据零件的外形特征,可以分为杆状、板状、块状和壳体等零件;根据使用的功能特征,可以分为轴套类、轮盘类、基座类和箱体类等。薄板冲压零件和镶合零件是近些年迅速发展起来的一类零件。不同类型的零件在绘制它们的零件图时要求有所不同。另外,根据零件的标准化程度不同,可将零件分为标准零件和非标准零件。标准零件是具有统一规格、具有标准代号的通用零件,它由专业厂生产。一般的产品设计涉及标准件时只需要选用标准件,绘图时采用简单的规定画法即可。因此,通常的零件图都是非标准零件的图样。

大多数产品会包括多种类型的零件。如图7-2-1所示为发动机和减速器产品包括的零件,其中包括有轴类、盘类和箱体基座类等。这些零件由两条装配线将各种零件连接在一起。

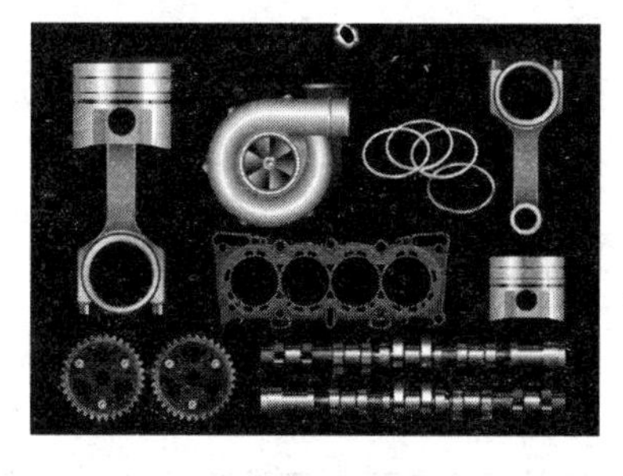

(a)发动机的主要零件

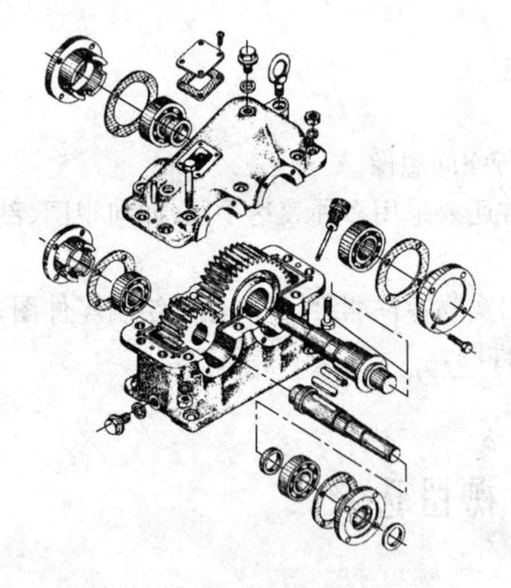

(b)减速器的零件

(c)机械零部件

图 7-2-1(续)

7.2.2 零件分析

零件分析包括结构分析和功能分析。结构分析主要是搞清楚零件的主要结构和细部结构。功能分析是明白零件的作用和使用特点。

1. 零件的功能分析

绘制零件图需要知道零件的功能,也就是了解零件在产品中所起的作用。从设计的角度来说,知道了零件的功能才能设计出合适的零件。从制图的角度来说,明白了零件的功能才能更清楚地表达好零件的细节。例如,轴的功能,一方面是用于传动,另一方面是承受载荷,其上安装有轮子,也安装有轴承。因此,轴设计成台阶的形状就是为了便于安装。了解零件的功能后,绘制零件图时能够有所侧重。这些需要很好地体会和掌握。

2. 零件的结构分析

零件的结构可以分为主体结构、细部结构和局部工艺结构。

(1) 主体结构

指零件的整体形状,也包括一些大的特征轮廓,如图 7-2-2(a)所示的齿轮轴。整个轮廓是阶梯轴形状,带有锥形段,也包括轮齿的形状,如图 7-2-2(b)所示。

(2) 细部功能结构

指一些局部的特征结构,如螺纹、键槽等。仍以齿轮轴为例,其上的齿轮轮廓、键槽、螺纹等都是细部的结构,如图 7-2-2(a)所示。

(3) 局部工艺结构

指在制造过程中必须设计出来的结构,在绘图中要体现出来。如倒角、圆角、退刀槽、越程槽。对于铸造零件,要考虑铸造圆角、过渡轮廓线、壁厚均匀性、起模斜度等,如图 7-2-3～图 7-2-6 所示。

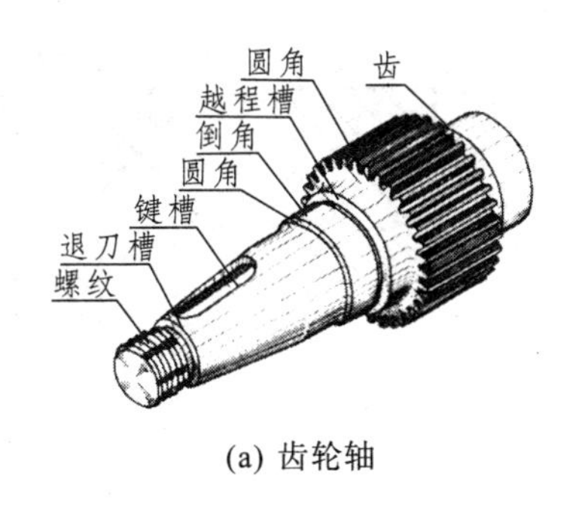

(a) 齿轮轴

(b) 齿轮轴坯料

图 7-2-2

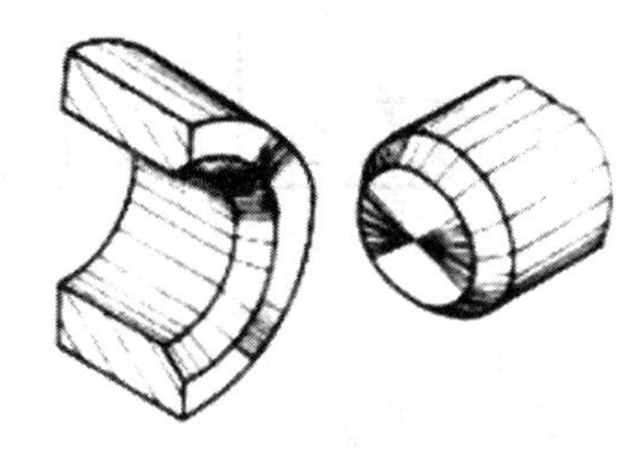

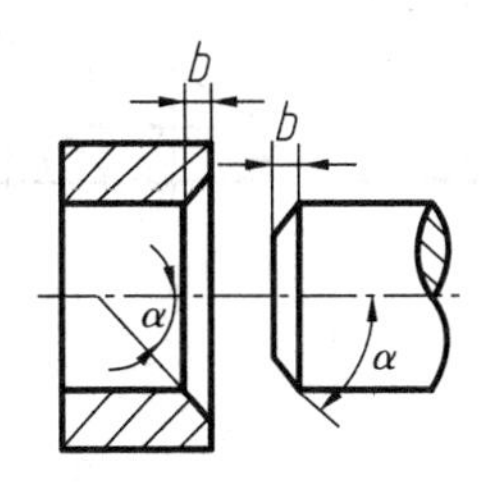

图 7-2-3　装配倒角

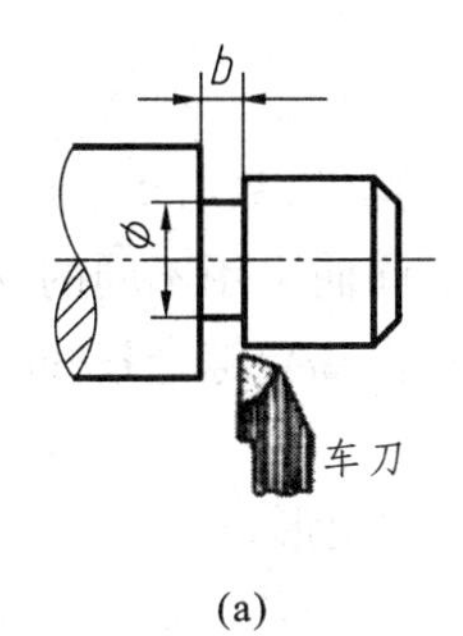

(a)

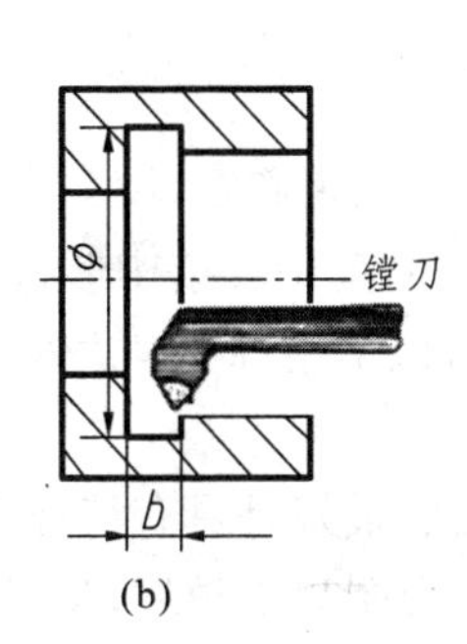

(b)

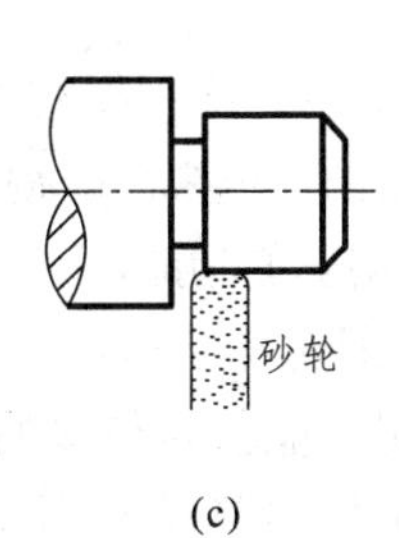

(c)

图 7-2-4　退刀槽与越程槽

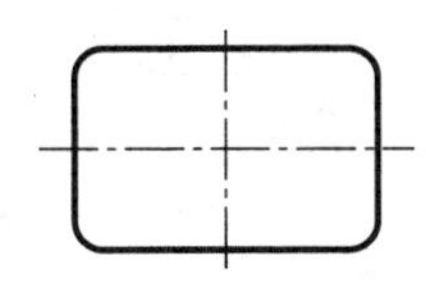

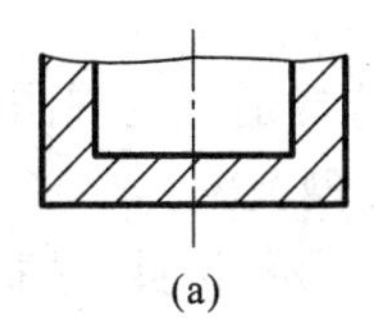

(a)

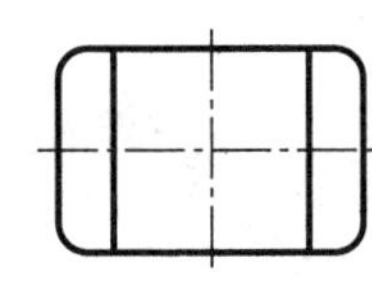

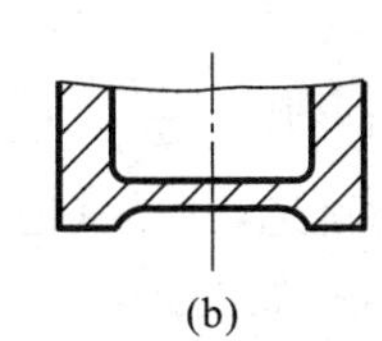

(b)

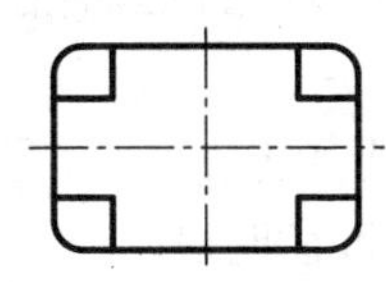

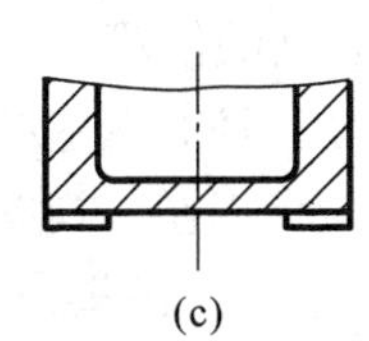

(c)

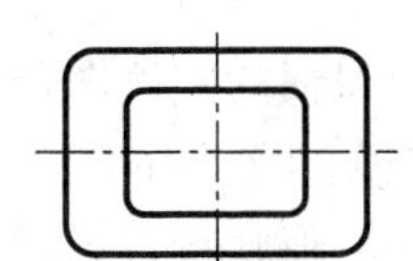

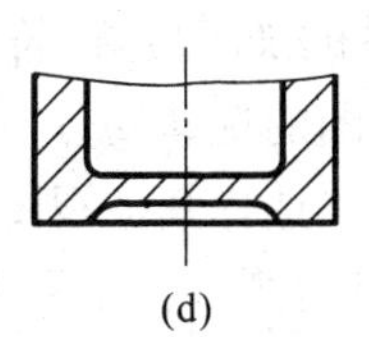

(d)

图 7-2-5　底座结构

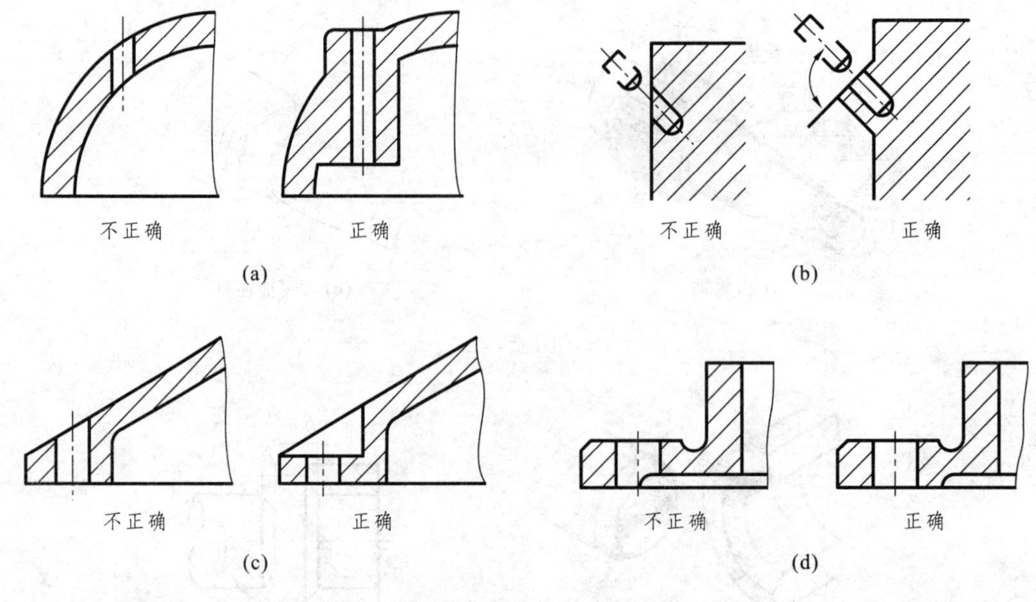

图 7-2-6　孔的工艺性结构

7.2.3　零件视图选择

零件视图的选择需要根据零件的特点来确定，没有唯一的选择，只有更好的选择。为满足生产的需要，零件图的一组视图应视零件的功用及结构形状的不同而采用不同的视图及表达方法。零件的视图要有明确的功能，零件图可以采用各种表达方法，视图需要综合各种因素。

零件图的视图选择原则：

① 主视图尽可能包含最多的信息，最好是具有特征形状的图形。

② 在表达清楚的前提下，采用的视图越少越好，从而使图面简洁。

③ 避免视图中不必要的重复。

④ 视图中尽量少出现虚线，避免表达不清楚。

⑤ 符合习惯的阅读图形方法。

具体来说，主视图的选择要考虑：

① 零件的形状特点，要使特征明显。

② 零件的表现姿态，适合工作时的状态。

③ 零件的加工位置，符合装夹的位置。

其他视图的选择要分析该零件还有哪些结构形状需要表达，选择适当的视图（剖视、断面）及表达方式。选择其他视图时应该以基本视图为首选，辅助其他类型视图。

例如：轴类零件。主视图考虑加工的姿态位置，如图 7-2-7(a)所示，因此，选择水平放置的轴为主视图比较合适，如图 7-2-7(b)所示。

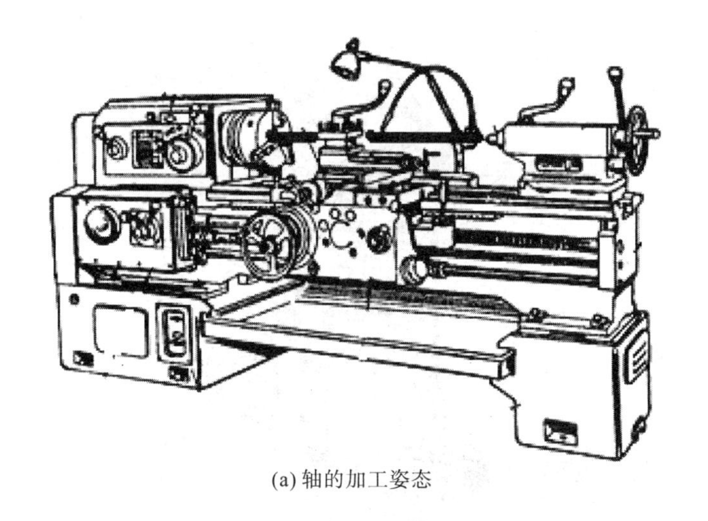

(a) 轴的加工姿态

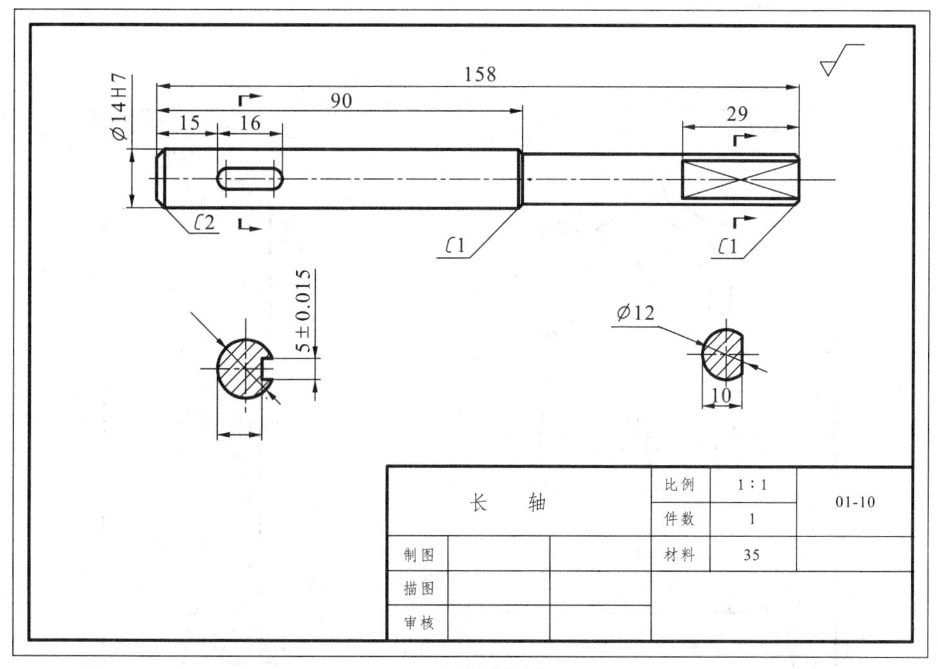

(b) 轴的零件图

图 7-2-7

再例如轴承座，如图 7-2-8(a)所示。它的加工工序很多，不易突出加工方法，因而主要考虑它的使用姿态。因此，采用直立的位置，主视图按工作位置放置，稳定性好。投射方向选择以能最清楚地显示零件的形状特征的方向为主视图的投射方向。对照实物，比较从哪个方向投影最能显示零件的形状特征。选择正方向投影最能显示零件的形状特征，如图7-2-8(b)所示。

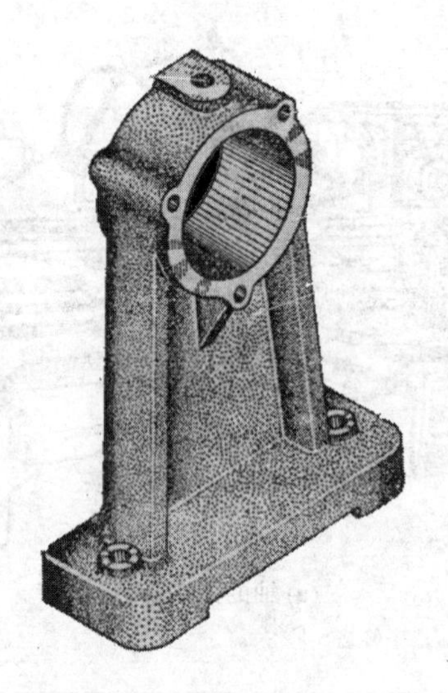

(a) 轴承座

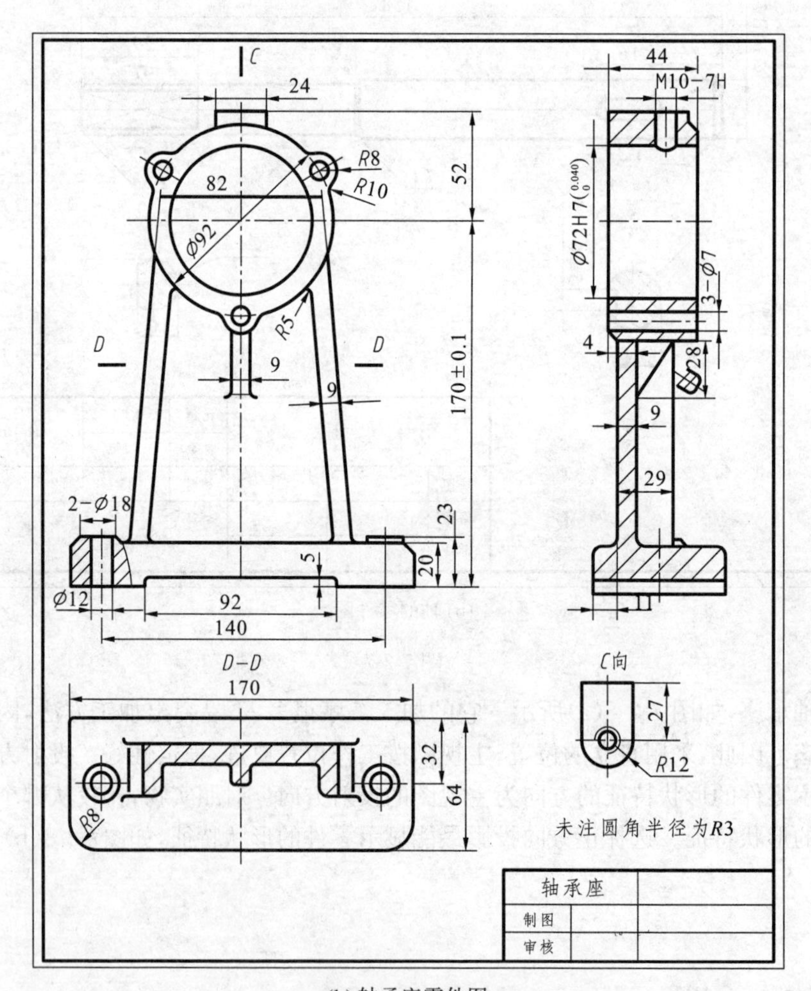

(b) 轴承座零件图

图 7-2-8

7.3　零件图绘图

绘制零件图时需要利用前面章节已经介绍过的方法。

这里主要介绍零件图绘制的步骤。

① 根据零件的用途、形状特点、加工方法等选取主视图和其他视图。

② 选择合适的标准图幅，根据图纸和实物大小确定适当的比例。

③ 画出图框和标题栏。

④ 做好视图布局，画出各视图的中心线、轴线、基准线，把各视图的位置确定下来。各图之间要注意留有充分的标注尺寸的空间。

⑤ 从主视图开始，画各视图的主要轮廓线，画图时要注意各视图间的投影关系。先画草图。

⑥ 将需要剖视的区域画出剖面线。

⑦ 画出各视图上的细节，如螺钉孔、销孔、倒角、圆角等。

⑧ 仔细检查草稿无误后，描粗轮廓线。

⑨ 画出完整的尺寸线，注写尺寸数字。

⑩ 注出公差配合及表面粗糙度要求。

⑪ 标明加工技术要求和填写标题栏。

⑫ 检查、签字。

以套筒零件为例，零件图如图 7-3-1 所示。

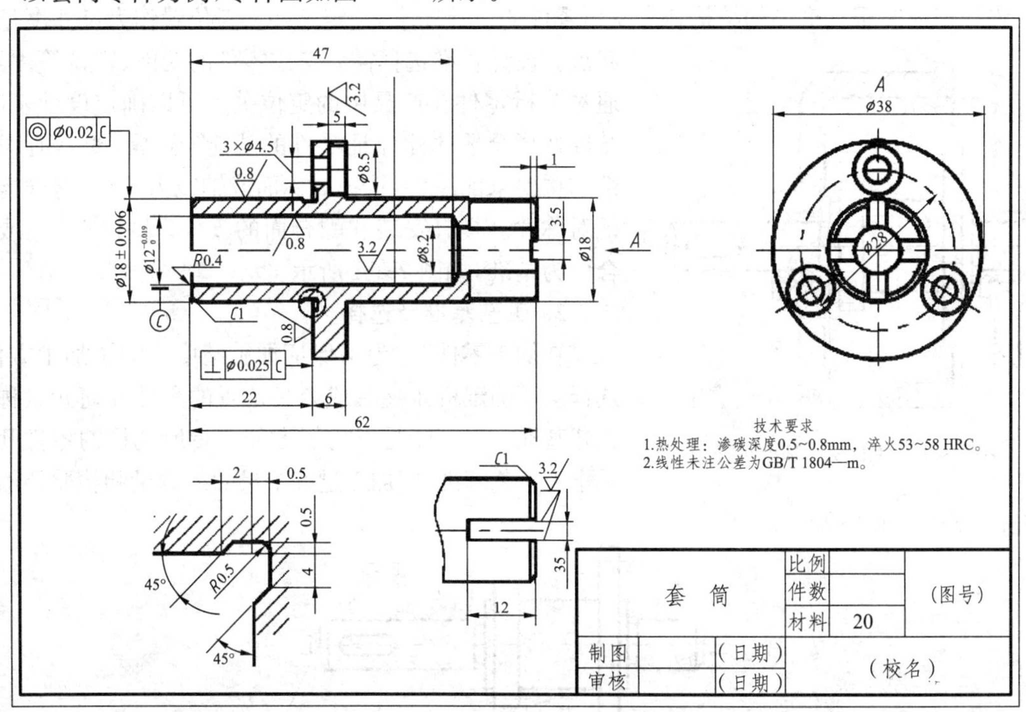

图 7-3-1　套筒零件图

7.4 零件图尺寸标注

第3章中已经介绍过基本体和组合体的尺寸标注方法。它们也适用于零件图中的尺寸标注。本节主要介绍零件图尺寸标注的一些原则。

在零件图上标注尺寸需要符合下面的基本要求:

① 零件尺寸标注要正确。尺寸注法要符合国家标准的规定,不能随意标注。

② 零件尺寸标注必须完全。尺寸必须标注齐全,不能遗漏,也不能重复。

③ 零件尺寸标注要合理。所注尺寸既能保证设计要求,又能符合加工、装配、测量等工艺要求。

④ 零件尺寸标注要清晰。尺寸的布局要整齐清晰,便于阅读。

为了能够达到标注要求,将零件图的尺寸分为定形尺寸和定位尺寸,在某些方向上各部分的尺寸会构成首尾相连的尺寸链。尺寸链上的尺寸不能封闭、多余。

7.4.1 尺寸基准与选择

尺寸基准是指度量尺寸的起点,是用来确定几何元素的一组线或面。在图纸上标注尺寸应当从基准出发。根据基准的用途不同,通常把基准分成设计基准和工艺基准两类。

1. 设计基准与选择

设计产品时根据产品的结构特点及对零件的设计要求,选定某些参考位置作为尺寸度量的起点。设计基准选择需要考虑零件的功能、定位等因素。通过分析零件在产品中的定位关系可以确定设计基准。基准选择合适才能保证零件的功能。通常,对具有对称性结构要求的零件,选择对称面或轴线为基准,这样能保证对称性。具有安装和配合面的零件,选择安装面或配合面为基准,如图7-4-1所示。

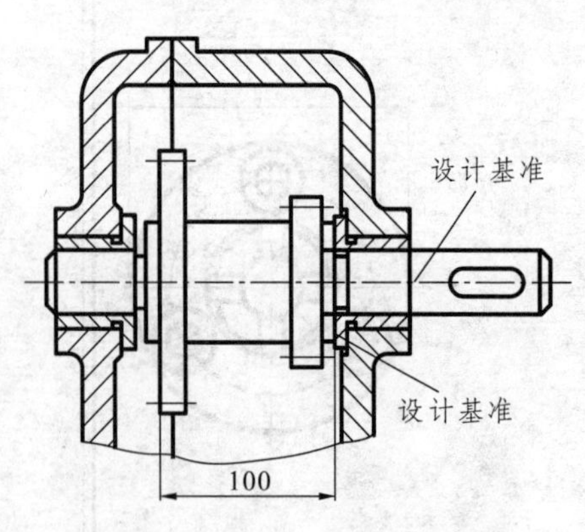

图7-4-1 轴的设计基准选择

2. 工艺基准及选择

在加工零件时,为了保证加工精度或为了加工方便,选择用于确定机床夹具或刀具位置的零件几何元素称为工艺基准。也可能是以为了方便测量所选择的零件几何元素为工艺基准,使加工过程中尺寸的测量和检验能够顺利进行,如图7-4-2所示。

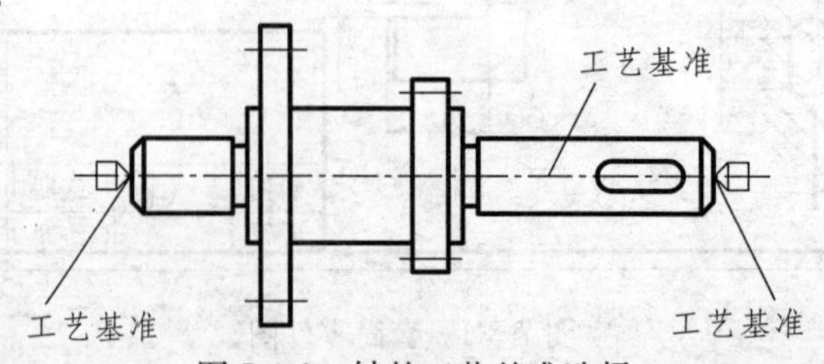

图7-4-2 轴的工艺基准选择

3. 合理选择基准

在选择尺寸基准时，必须根据零件在机器中的作用、装配关系以及零件的加工方法、测量方法等情况来确定。从设计基准开始标注尺寸能够直接反映设计要求，容易保证零件在产品中的位置和功能。从工艺基准出发标注尺寸可以方便制造和测量。因此，通常希望将设计基准和工艺基准选择在一处，但有时不能实现重合。

由于零件在三个方向上的尺寸标注都需要基准，所以，每个方向的尺寸标注至少要有一个基准。但有时为了方便，会选择多个基准。这时需要确定一个主要基准，其余为辅助基准。如图 7-4-2 所示，两端的顶尖基准就是辅助基准。工艺基准多作为辅助基准。

尺寸标注既要考虑结构设计的要求，又要考虑加工工艺的要求。零件的主要功能尺寸应从设计基准出发来标注，一般要求的尺寸为了方便可以从辅助基准或者工艺基准出发来标注。

7.4.2　定形与定位尺寸标注

零件的定形尺寸是指确定零件外形的尺寸，它需要直接标注在图上。如零件的长、宽、高三个方向的大小是定形尺寸。零件的定位尺寸是用于确定零件上某个结构的，如孔、台阶等的位置的尺寸。

1. 零件的定位与定形尺寸标注

一般地，组合体零件的尺寸都可分为两类：

① 定形尺寸：决定组成简单物体的各基本体形状及大小的尺寸。

② 定位尺寸：决定各基本体在简单物体上相对位置的尺寸。

对于简单的零件，先将其分解为基本体，注出各基本体所需要的尺寸，然后再分别标注出变化部分的尺寸。

如在图 7-4-3 中，基准选择的是对称线，尺寸 20、30、$R5$、$\varnothing5$ 都是定形尺寸，尺寸 10、22 是定位尺寸。在图 7-4-4 中，基准选择的是轮子轴线和端面，尺寸 $\varnothing60$、12 是定位尺寸，其余都是定形尺寸。

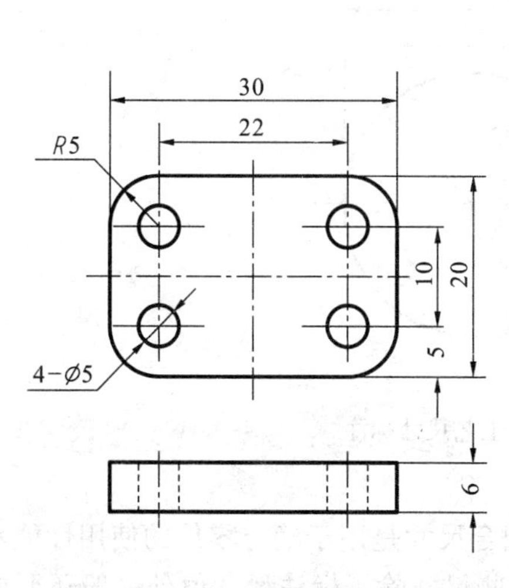

图 7-4-3　薄片零件的尺寸标注

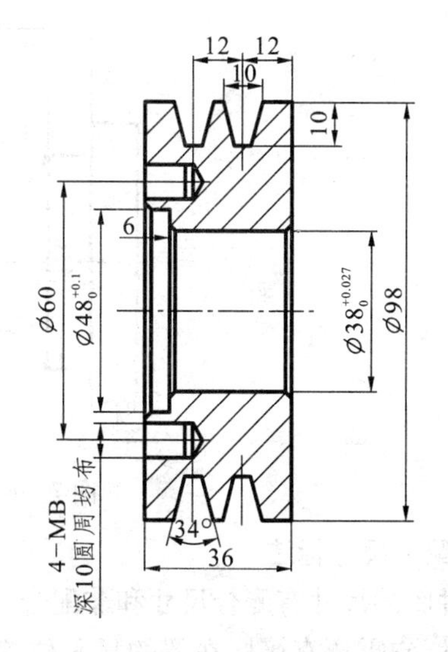

图 7-4-4　带轮零件的尺寸标注

对于复杂的组合体零件的尺寸标注，可利用形体分析法标注组合体尺寸，如图 7-4-5 所示，将零件分成几个简单的形体，每个形体标注它的定形尺寸和定位尺寸。基准选择的是对称线和零件底面，其中，尺寸 86、52、56、46 是定位尺寸，其余是定形尺寸。图 7-4-6 所示的球端是工艺定位基准。

当组合体零件具有相交线时，要注意不要直接标注交线的尺寸，而应该标注产生交线的形体或截面的定形及定位尺寸，如图 7-4-5 中的尺寸 20。

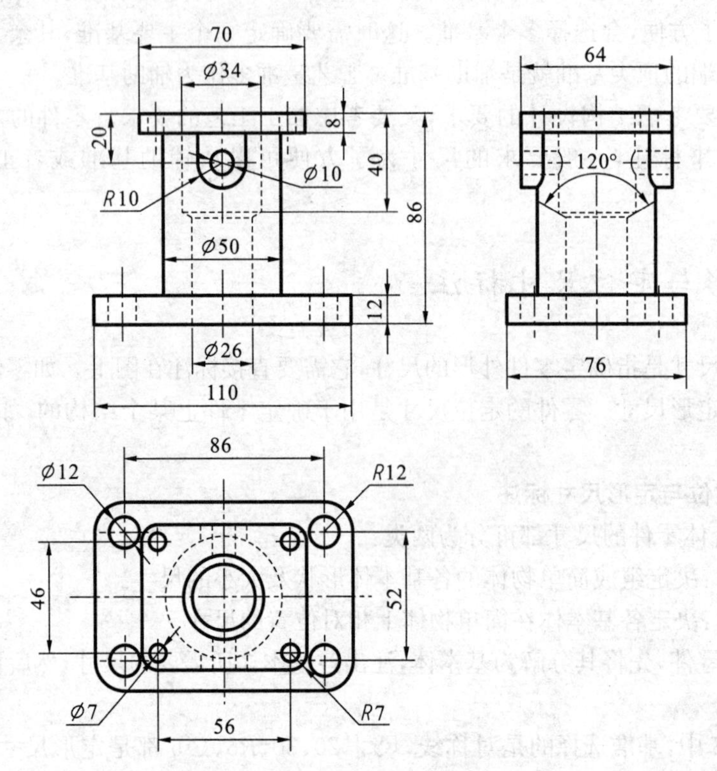

图 7-4-5　复杂零件的尺寸标注

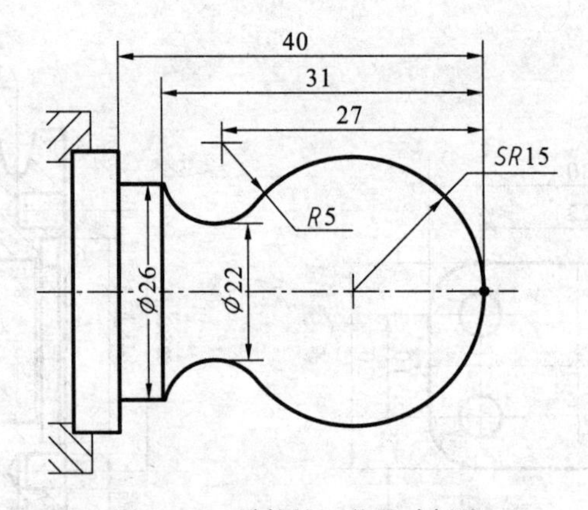

图 7-4-6　零件的工艺尺寸标注

2. 配合尺寸标注

零件图的尺寸有配合尺寸和非配合尺寸。配合尺寸是用于确定零件的使用性能和配合精度的尺寸，它需要直接标在图的显著位置上。这些尺寸除了标注尺寸值外一般还要标注公差值，如图 7-4-7 所示。尺寸 8.5、12、11、8.5、∅18、∅14 都是配合尺寸，对于配合精度的选择请参考本书第 9 章的有关内容。

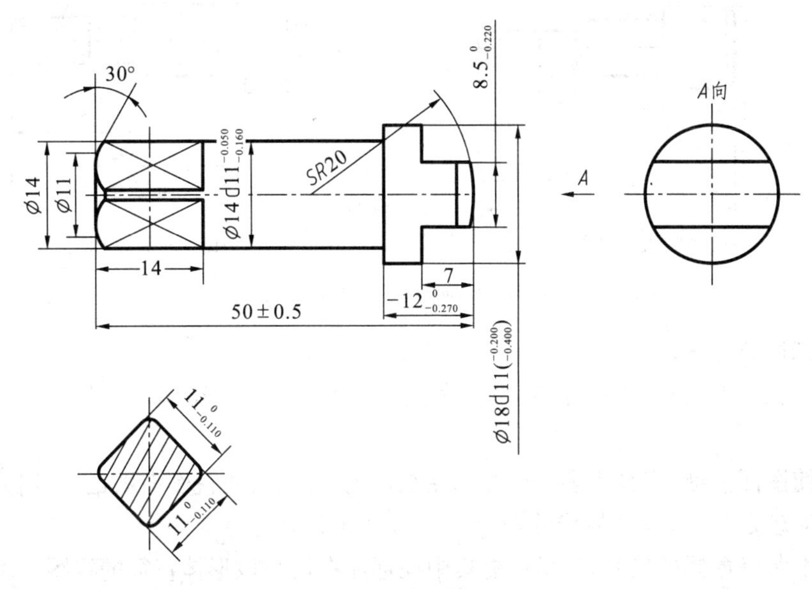

图 7-4-7　阀杆零件的尺寸标注

7.4.3　零件尺寸的合理标注

1. 零件结构上的主要尺寸必须直接注出

无论是铸造或是切削加工，都不可能把零件的尺寸做得绝对精确。因此从经济上考虑，在生产中一般是保证图样上所标注的尺寸。

2. 避免出现封闭的尺寸链

当一个方向上的几个尺寸构成一个封闭的尺寸链时，应当在尺寸链中，挑选一个最不重要的尺寸空出不注，而所有尺寸的加工误差，全都积累在这个不要求检验的尺寸上，如图 7-4-8 所示。在螺钉轴向上的尺寸不能出现多余。

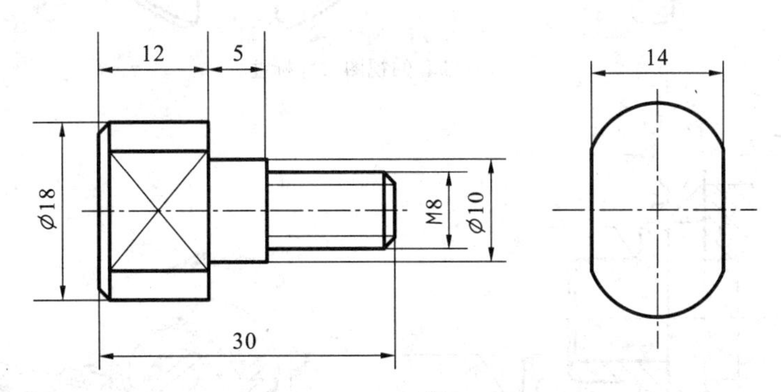

图 7-4-8　螺钉的尺寸链标注

3. 应尽量符合加工顺序

如果在结构上没有特殊要求，则应当根据加工顺序来进行标注。例如，轴的加工顺序如图 7-4-9(a)所示，尺寸标注按图 7-4-9(b)所示则比较合理。

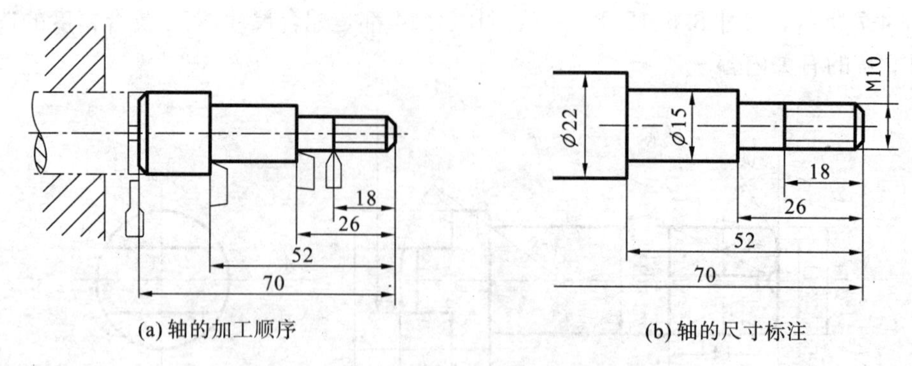

(a) 轴的加工顺序　　(b) 轴的尺寸标注

图 7-4-9　轴零件的尺寸标注

4. 几种标注处理方法

为了看图方便，在标注尺寸时，应当考虑使尺寸的布置整齐清晰。一般有以下几种处理方法。

① 为了使图面清晰，应当将多数尺寸标注在视图外面，与两视图有关的尺寸标注在两视图之间。尽量避免尺寸线与尺寸界线的相交，如图 7-4-9(b)所示。

② 零件上每一形体的尺寸，应尽可能集中地标注在反映该形体特征的视图上。

③ 同心圆柱的尺寸，最好注在非圆的视图上，如图 7-4-10 所示。

④ 内形尺寸与外形尺寸最好分别标注在视图的两端，如图 7-4-11 所示。

⑤ 尺寸标注要考虑到加工和测量的方便，如图 7-4-10 所示。

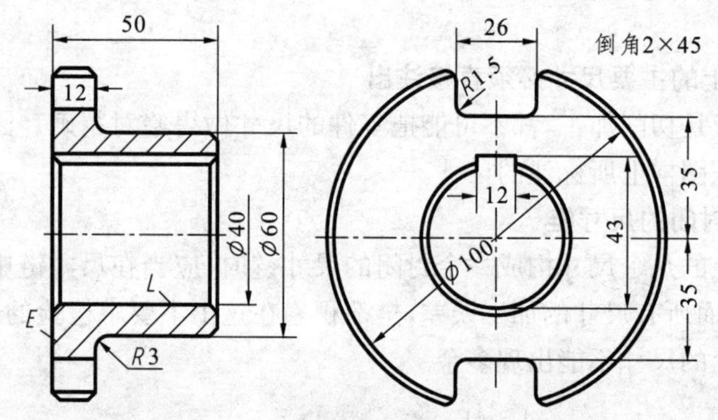

(a) 轴套的视图尺寸标注

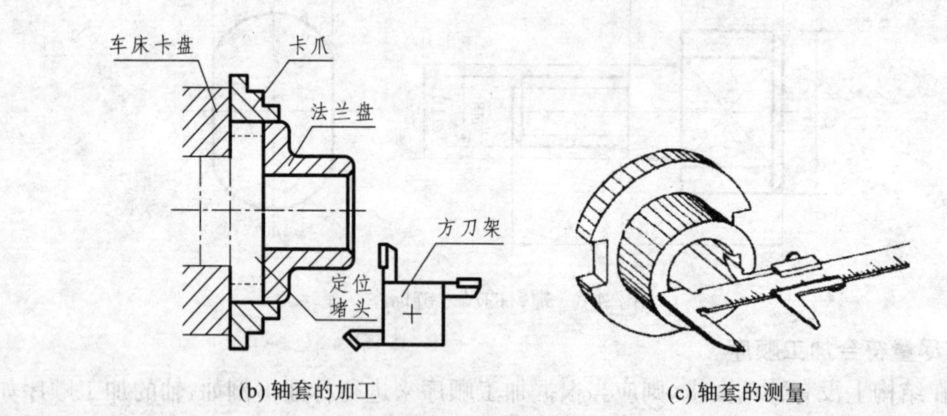

(b) 轴套的加工　　(c) 轴套的测量

图 7-4-10　轴套零件的尺寸标注

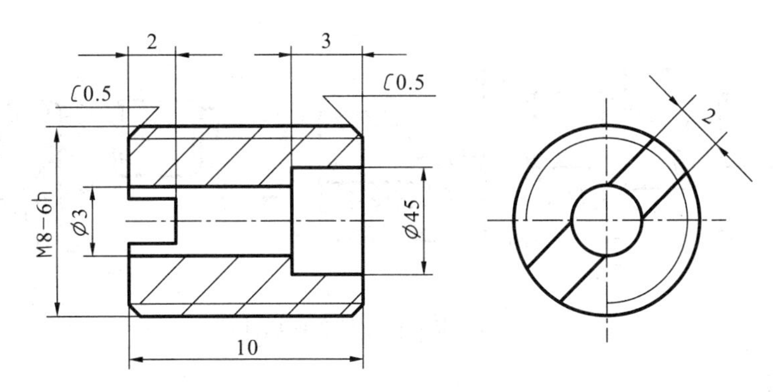

图 7-4-11　螺塞零件的尺寸标注

7.4.4　常见结构的尺寸简化标注

零件上常常遇到的结构有：① 圆角；② 倒角；③ 退刀槽及越程槽；④ 各种形式的孔；⑤ 尺寸相近而又重复的孔；⑥ 片状零件；⑦ 燕尾导轨等。这些结构的尺寸标注有规定的标法。

1. 装配倒角尺寸

为了便于装配和操作安全，常在零件上作出倒角。若图样中倒角尺寸全部相同或某个尺寸占多数时，同样可在图样空白处作总的说明。如："全部倒角 2×45°"。对于 45°的倒角也可以不画出，而用符号"*C*"表示。如"2×45°"表示为"*C*2"，如图 7-4-12 所示。

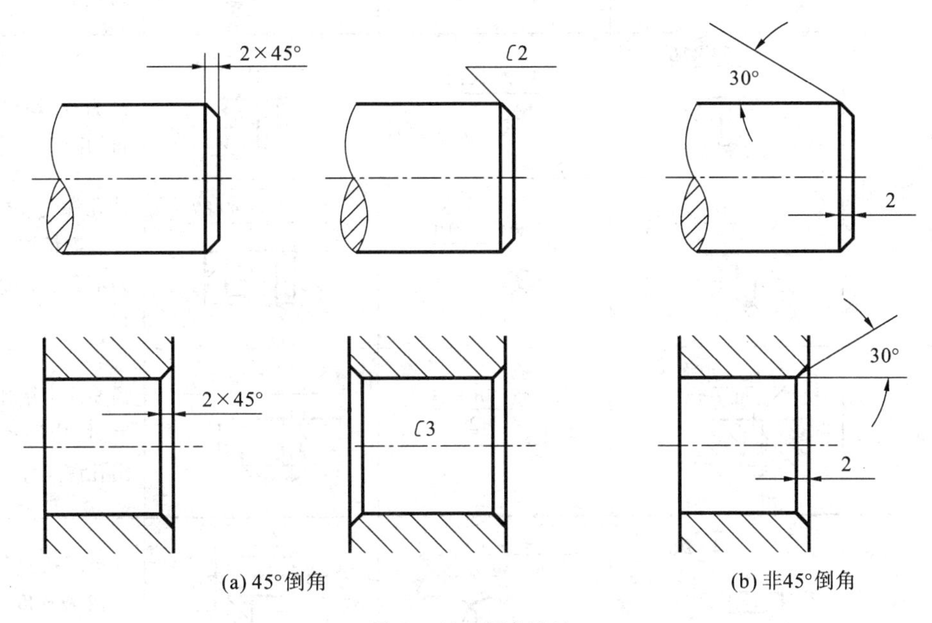

图 7-4-12　倒角注法

2. 退刀槽及越程槽尺寸

切削过程中，为了加工到位又不使刀具损坏，并易退出刀具，要在被加工零件上预先加工出退刀槽(轴)或越程槽(孔)，这样被加工的表面的根部就不会有残留部分，与相关零件装配时易于靠紧，一般又叫"清根"。退刀槽一般可按"槽宽×直径"或"槽宽×槽深"的形式标注，如图 7-4-13 所示。

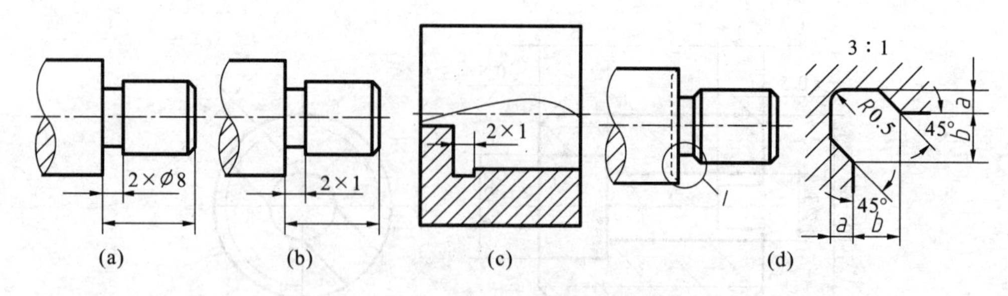

图 7-4-13　退刀槽及越程槽标注法

3. 孔的尺寸

螺孔、沉孔及圆锥销孔等可采用旁注的方法标注，表 7-4-1 给出常见的几种孔的标注方法。

表 7-4-1　孔的旁注方法(标准 GB/T 16675.2—1996)

结构类型		旁注法		普通注法	说明
通孔	螺孔	3-M6-7H	3-M6-7H	3-M6-7H	3－$M6$ 表示直径为 6，均匀分布的三个螺孔
通孔	锥销孔	锥销孔∅4 配作	锥销孔∅4 配作	锥销孔∅4 配作	∅4 为与锥销孔相配的圆锥销小头直径
不通孔	光孔	4-∅4深10	4-∅4深10	4-∅4 10	4－∅4 表示直径为 4，均匀分布的四个光孔
不通孔	光孔	4-∅4H7深10 孔深12	4-∅4H7深10 孔深12	4-∅4H7 10 12	钻孔深为 12；钻孔后需精加工至∅4H7，深度为 10
不通孔	螺孔	3-M5-7H深15 孔深20	3-M5-7H深15 孔深20	3-M5-7H 15 20	需要注出钻孔深度时，应明确标出孔深尺寸
沉孔	柱形	4-∅6 沉孔∅12深4.5	4-∅6 沉孔∅12深4.5	∅12 4.5 4-∅6	柱形沉孔的直径∅12 及深度 4.5 均需标注
沉孔	锪平面	4-∅10锪平∅20	4-∅10锪平∅20	∅20锪平 4-∅10	锪平∅20 的深度不需标注，一般锪平到不出现毛坯面为止

4. 尺寸相近而又重复的孔尺寸

在同一图中,有几种尺寸相近而又重复的孔时,可以采用涂色或作标记的方式来区别,如图 7-4-14 所示。

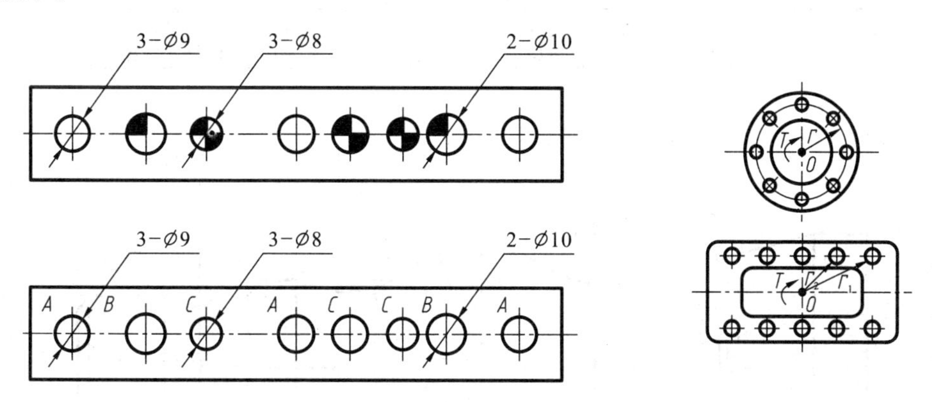

图 7-4-14　重复孔尺寸标注

5. 片状零件尺寸

仅用一个视图表示的片状零件,其厚度可用“t”字样标注,如图 7-4-15 所示。

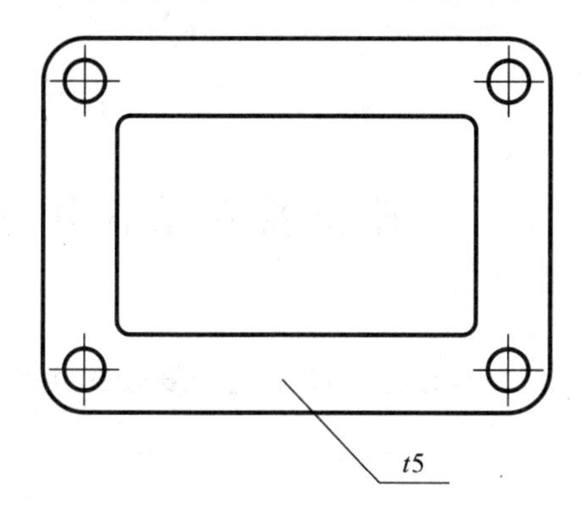

图 7-4-15　薄板厚度尺寸标注

6. 中心定位孔尺寸

在加工轴时,经常需要在轴上做定位孔,它的尺寸标注如图 7-4-16 所示。

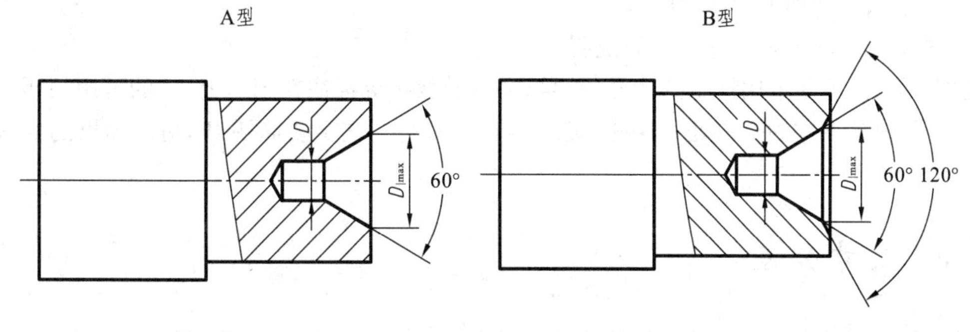

图 7-4-16　轴的中心定位孔尺寸标注

7. 连续小区间尺寸

对于连续的小区间上的尺寸,可以用如图 7-4-17 所示的标注。

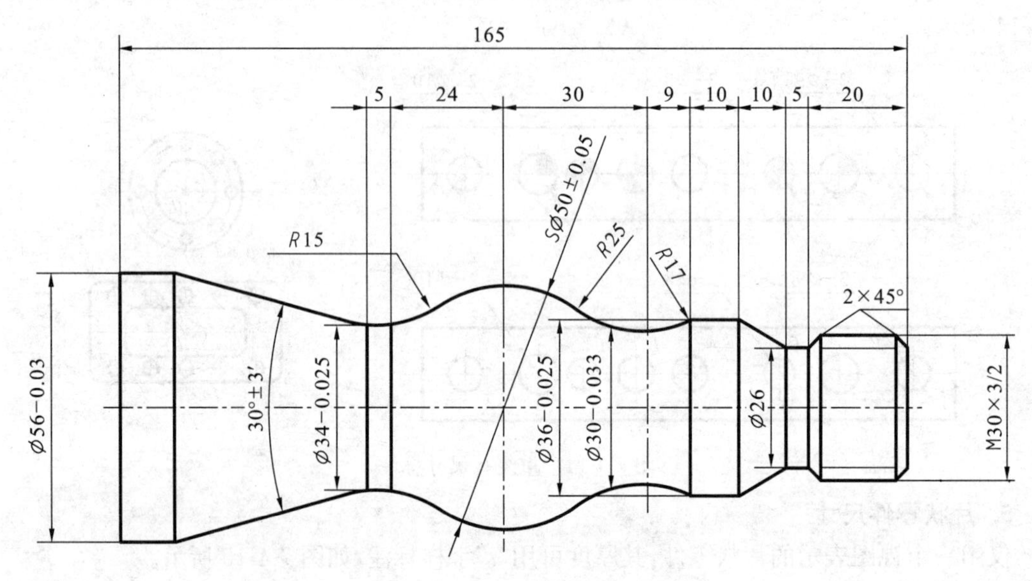

图 7-4-17 连续小区间尺寸标注

7.5 零件图技术条件标注

在零件图上,应该注写技术要求,这是制图中比较复杂的问题。制图中的技术要求包括以下各条:

① 尺寸公差要求。

② 形状和位置公差要求。

③ 零件的各个表面的质量要求。

④ 零件的材料要求。

⑤ 关于热处理和表面修饰的说明。

⑥ 关于特殊加工和检查试验的说明。

这些要求内容多采用规定的代号、符号、文字及数字等标注在图形上,有的可用简明的文字分条注写在图纸下方的空白处。这些标注要明确、清楚。文字要简明、确切。提出的要求要切实可行。

7.5.1 尺寸公差

尺寸公差由标准公差和基本偏差组成。例如,对孔的直径尺寸,采用偏差系列为 H 系列,公差等级为 IT6,构成公差为 H6(IT 符号省略)。对轴的直径尺寸,选取偏差系列为 n 系列,公差等级为 IT8,构成公差为 n8。关于尺寸公差的选择请参照本书第 9 章有关内容。

零件图上尺寸公差的标注方法有下列几种。

① 在基本尺寸后注出基本偏差代号和公差等级。这种方法标注简单，但数值不直观，适用于量规检测的尺寸，如图 7-5-1 所示。

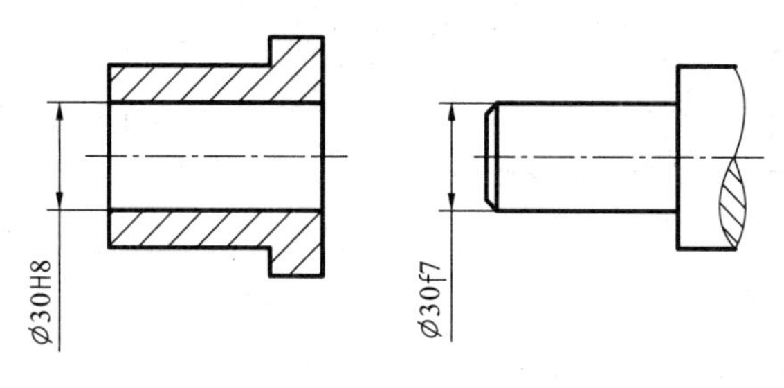

图 7-5-1　尺寸公差标注形式

② 在基本尺寸后注出上、下偏差值(常用方法)。这一方法数值直观，检测方便，试制单件及小批生产时用此法较多，如图 7-5-2 所示。

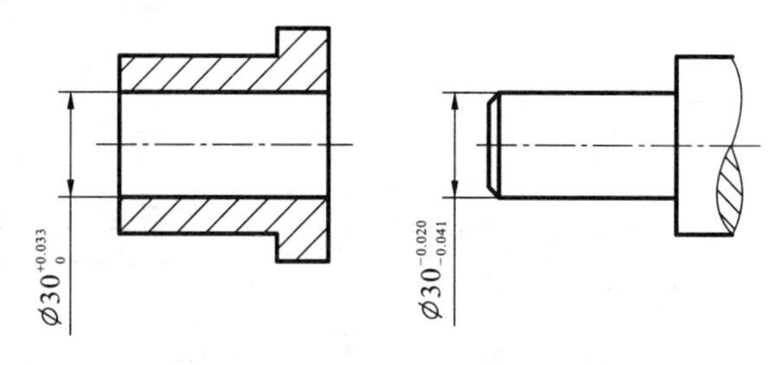

图 7-5-2　尺寸公差标注形式

③ 在基本尺寸后，注出基本偏差代号、公差等级以及上、下偏差值，偏差值要加上括号。这种方法既明确配合精度又有公差数值，适用于生产规模不确定的情况，如图 7-5-3 所示。

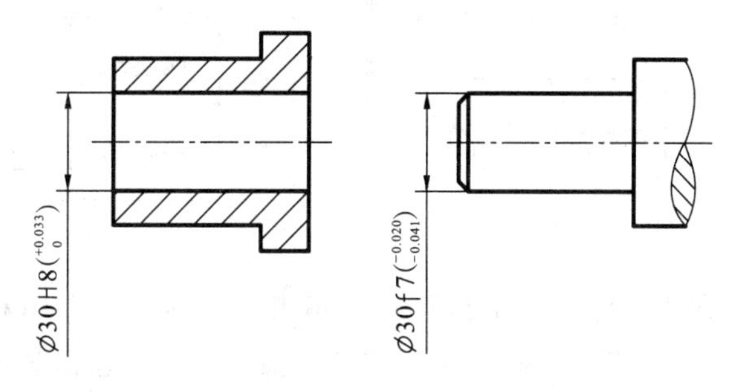

图 7-5-3　尺寸公差标注形式

在零件图上，如果尺寸不注公差，说明是采用自由公差。自由公差的大小可以从标准中查到，也可以由制造工艺水平来确定。

7.5.2　几何公差

由于制造条件的限制，零件加工完成后不可能是理想的所需要的几何形状，这就产生了形状误差，如图 7-5-4 所示。为了控制这种误差的范围，零件设计时需要确定公差值，也就是规定允许的误差范围。

因此，定义零件上被测要素的实际形状相对其理想形状的变动量称为形状误差，形状误差的最大允许值称为形状公差。定义零件上被测要素的实际位置相对其理想位置的变动量称为位置误差，位置误差的最大允许值称为位置公差。形状和位置公差又称为形位公差。此外，还有方向公差、跳动公差。形位公差、方向公差和跳动公差，总称为几何公差。

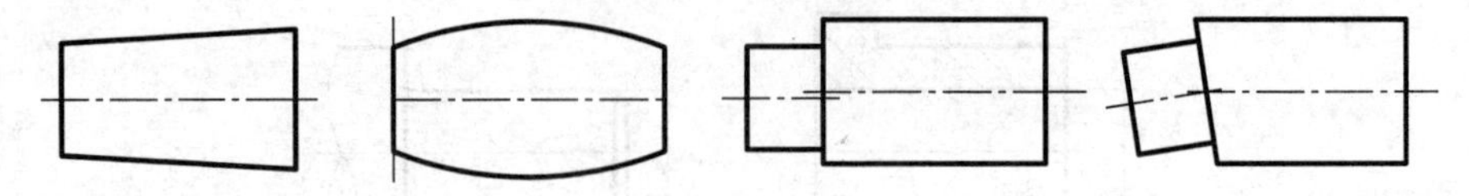

图 7-5-4　形状与位置误差示意图

1. 几何公差的名称及符号

形状和位置公差有很多种，常用的如表 7-5-1 所示。

表 7-5-1　几何公差的名称及符号(摘自 GB/T 1182—2008)

分　类	项　目	符　号	分　类		项　目	符　号
形状公差	直线度	—	位置公差	定向	平行度	//
	平面度	▱			垂直度	⊥
	圆　度	○			倾斜度	∠
	圆柱度	⌭		定位	同轴度	◎
	线轮廓度	⌒			对称度	⌯
	面轮廓度	⌓			位置度	⌖
				跳动	圈跳动	↗
					全跳动	⌰

2. 几何公差值

几何公差按级给出数值。标准 GB/1184—1996 规定了未注公差值和标注公差值。未注公差值指图中不标明公差，而直接参考标准规定的公差值。标注公差值是在图中直接标明公差大小。附录 F. 5～F. 7 中给出了标准的公差值。

3. 几何公差标注

几何公差采用一个矩形框格标注，大小与尺寸数字相适应，如图 7-5-5 所示。

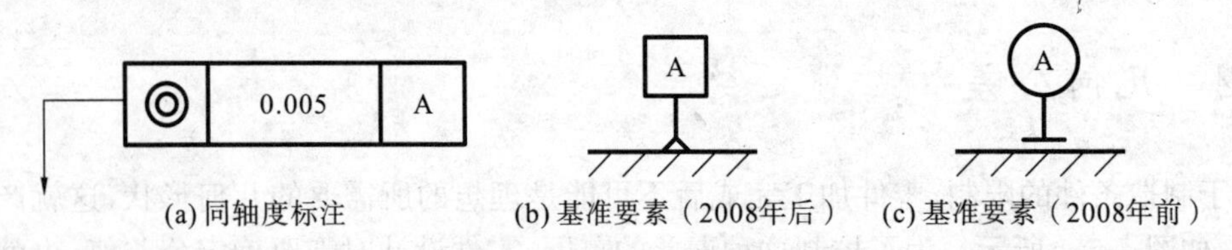

(a) 同轴度标注　(b) 基准要素（2008年后）　(c) 基准要素（2008年前）

图 7-5-5　圆度公差标注

第一格中标注几何公差符号，第二格中标注形位公差数值及有关符号，第三格及以后各格中标注参考基准符号。在框格一端引指引线，指引线上箭头指在被测要素的可见轮廓线或其延长线上。当被测要素是轴心线或中心平面时，箭头位置与该要素的尺寸线对齐。

位置公差、方向公差和跳动公差需要有参照基准。基准图形符号的连线与基准要素垂直，基准符号需靠近基准要素的轮廓线或其引出线。在几何公差框格的第三格中填写与基准代号相同的字母。

图 7-5-6 中给出了顶杆零件的形位公差标注的例子。

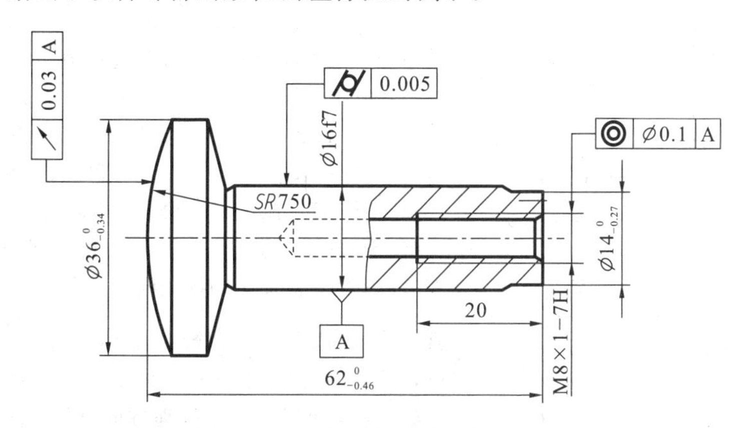

图 7-5-6　顶杆零件的形位公差标注

零件图上如果不注几何公差，说明是采用自由几何公差。自由几何公差的大小可以从标准中查到，也可以由制造的工艺水平来确定。

7.5.3　表面粗糙度

表面粗糙度是规定零件表面质量的一种技术指标。粗糙度采用图形符号表示，图形符号中的数字方向应与尺寸数字的方向一致，符号的尖端必须从外指向表面。表 7-5-2 给出了粗糙度图形符号的意义。

表 7-5-2　粗糙度图形符号(GB/T 131—2006)

符　号		意义说明
基本图形符号		基本图形符号的两条线一长一短，它们之间的角度为 60°，只用于简化代号标注，不能单独使用
扩展图形符号		基本图形符号上增加一横线，适用于去除材料的表面，经过机械加工的表面
		基本图形符号上增加一圆圈，适用于不去除材料的表面，冲压、铸造的表面
完整图形符号		实际使用的粗糙度符号，同时标注参数值
		表示所有表面具有相同的粗糙度
文章中采用的代号	报告文本中可以采用缩写字母表示：APA 表示允许以任何工艺得到表面；MRR 表示采用去除材料方法得到表面；NMR 表示利用不去除材料方法得到表面	

2006 年以后，表面粗糙度标准标注方法发生了较大的变化，标准 GB/T 131—2006 规定的标注内容如表 7-5-3 所示。为了比较新旧标准的不同，表中也给出了标准 GB/T 131—1993 规定的标注方法。

表 7-5-3　完整的粗糙度标注符号

标　准	图形符号	说　明
GB/T 131—2006	c a b e d	其中，a、b 为表面结构粗糙度的允许值，a 为第一个要求的极限值，b 为第二个要求的极限值。可以只标注一个极限值。c 表示加工方法。d 为加工表面的纹理方向符号。e 为加工余量(mm)(c、d、e 可省略不标注)。 在标注粗糙度上限值或上限值与下限值时，允许实测值中有 16%的测值超差。当不允许任何实测值超差时，应在参数值的右侧加注 max 或同时标注 max 和 min
GB/T 131—1993	a b c L(f) e d	其中，a、b 为表面结构粗糙度的允许值，a 为要求的上限值，b 为要求的下限值。可以只标注上限值。c 表示加工方法。d 为加工表面的纹理方向符号。e 为加工余量(mm)。L 为取样长度(mm)，f 为粗糙度间距(mm)(c、d、e、f 可省略不标注)。 在标注粗糙度上限值或上限值与下限值时，允许实测值中有 16%的测值超差。当不允许任何实测值超差时，应在参数值的右侧加注 max 或同时标注 max 和 min

在图样上每一表面只注一次粗糙度符号，且应标注在可见轮廓线或尺寸界线或引出线或它们的延长线上，并尽可能靠近有关尺寸线。当零件的大部分表面具有相同的粗糙度要求时，对其中使用最多的一种符号，可统一注在图纸的空白处。在不同方向的表面上标注时，代号中的数字及符号的方向必须按规定标注。

图 7-5-7 给出按新标准标注的小轴零件的表面粗糙度标注示例。图 7-5-8 给出的轴零件的表面粗糙度是按旧标准标注的。

零件图上如果表面不注粗糙度要求，说明是采用默认的粗糙度要求。粗糙度的大小可以从标准中查到(见附录)，也可以由制造的工艺水平来确定。

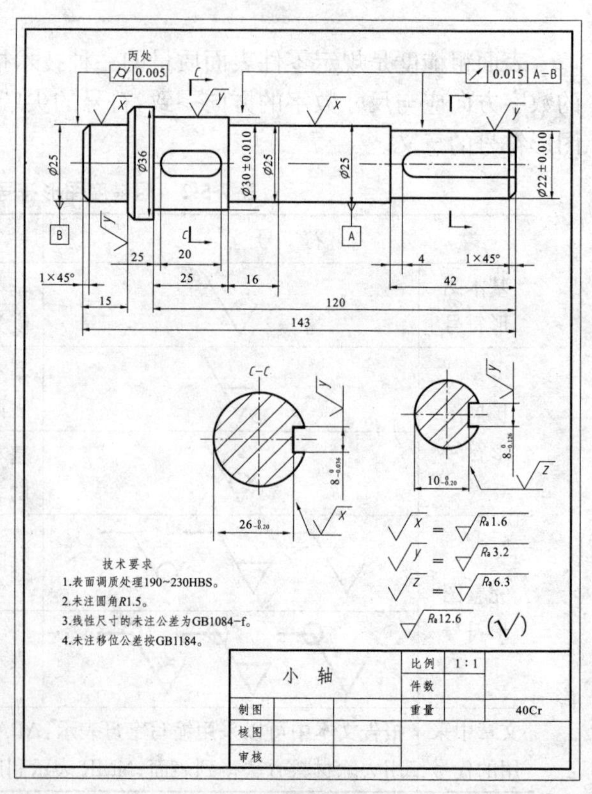

图 7-5-7　小轴零件的表面粗糙度标注(GB/T 131—2006)

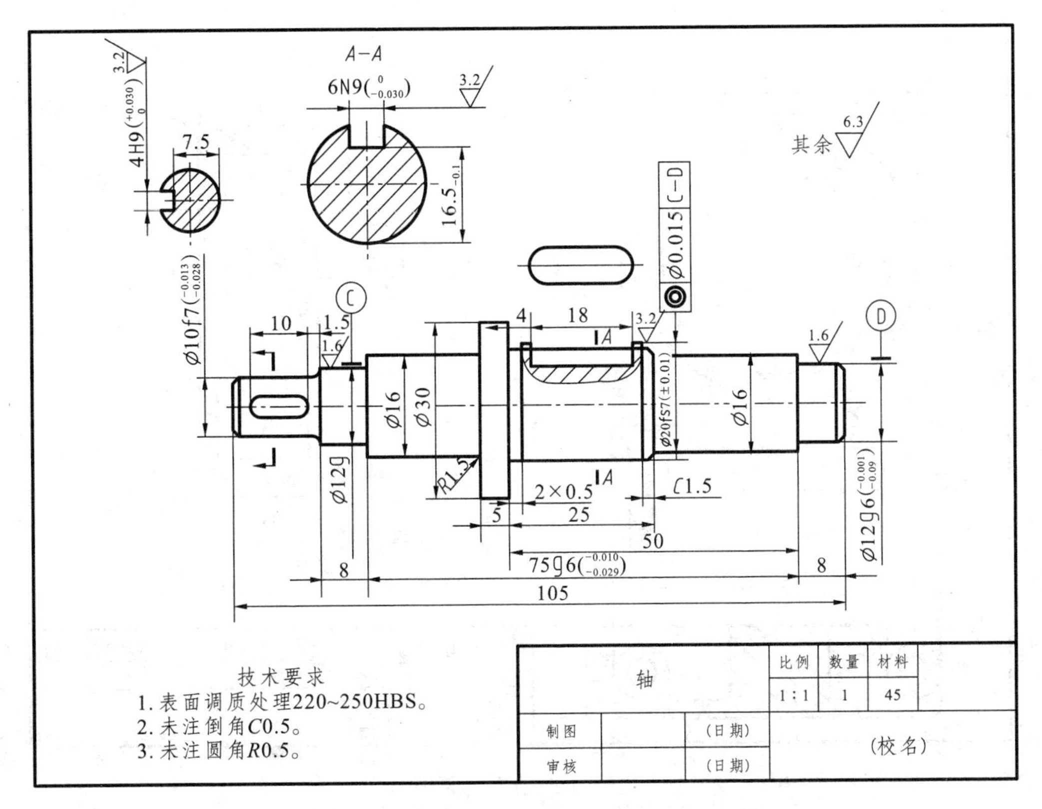

图 7-5-8　小轴零件的表面粗糙度标注(GB/T 131—1993)

7.5.4　零件图的其他技术要求

零件图中,需要标注的其他技术条件主要包括:

① 对零件毛坯的要求。

② 对材料热处理的要求。

③ 对零件表面处理的要求。

④ 对某些尺寸的统一的要求。

⑤ 对零件检查、试验与方法的要求。

上面这些要求只是在需要的时候加注。

7.6　阅读零件图方法

零件制造要依据零件图,从事工艺设计者必须会阅读零件图。另外,设计人员时常要与别人交流设计思想,也需要会读零件图。阅读零件图是指看懂别人绘制的零件图。由于实际的机械零件图多是复杂的,不容易让人立即看明白。因此,要多看一些实例,掌握看图的方法,更应该了解制图的表达习惯。下面根据图 7-6-1 所示图例介绍主要的零件图阅读方法与步骤。

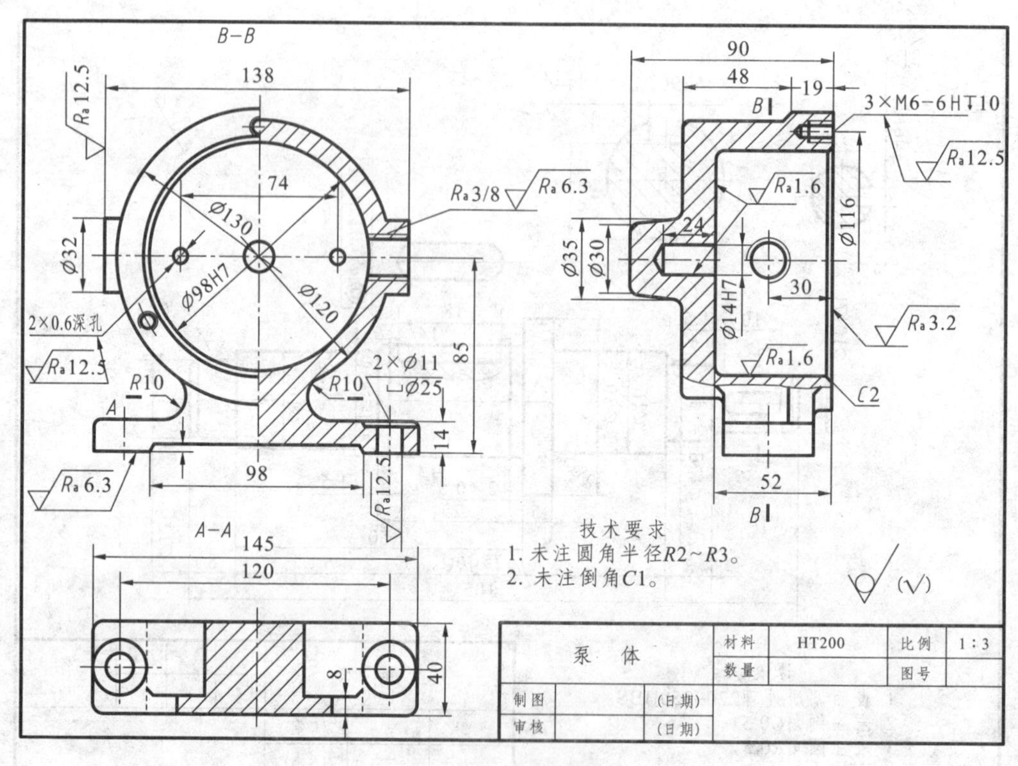

图 7-6-1　泵体零件图

1. 首先看标题栏,了解零件的概貌

标题栏中会标明零件名称,这有助于理解零件图。通过零件使用的材料有助于了解制造方法。通过比例值,对零件实物与图形之间的大小对比有个初步的概念。再看零件的轮廓,了解零件的类型。在图 7-6-1 中,标题栏中标明零件名称为泵体,说明这是一种泵的主体座,是采用铸铁材料制造的。于是它的形状就容易理解了。

2. 分析视图方案,了解零件的主要内容

找出主视图,通过主视图了解零件的特征信息,通过其他视图联合想像零件的外形。在图 7-6-1 中,主视图是半剖视图,为中空的圆形腔,带有侧面出口,有底座,端面壁上有螺纹孔。由左视图知道,泵体的一端是封闭的,中间有轴承孔。

3. 仔细分析细节,理解零件图的局部内容

如,通过剖视了解内部结构,通过向视图理解局部结构,想像出完整的零件实物。在图 7-6-1 中,通过不同位置的剖切视图,反映了泵体的壁厚变化,侧面出口形状,底座孔的位置等。

4. 分析尺寸,确定零件的真实形状和大小

零件图中的尺寸不但标明了零件的大小,也会说明零件的形状,如出现“∅”一定是圆周。

5. 技术要求分析,了解零件加工方法

通过技术要求可以知道零件哪些部分重要,哪些部分有配合要求,这样能深入理解零件的功能。

6. 对照阅读整个产品的零件图

特别是联合阅读相互连接的零件图纸有助于了解零件的作用。再对照产品装配图,就能够完整理解零件图了。

7.7　典型零件图例

熟练地绘制零件图和读懂零件图都需要经过长期实践。因此，多看多画是唯一的途径。本节给出一些典型的零件图用于对照阅读和练习。

1. 轴类零件

轴一般用来安装齿轮、皮带轮等传动件，传递运动或动力。它由轴承支撑，由若干段直径不同的同轴圆柱体组成，称为阶梯轴。轴又分为转轴与芯轴。

轴类零件的视图选择多考虑轴在加工时的位置，轴线水平放置。轴为柱体，以主视图为主，其他视图可能选取断面图，或表达键槽局部结构的放大图。轴的尺寸标注主要是长度尺寸和直径尺寸。选择一端为主要基准，另外一端为辅助基准。技术要求一般有配合面的尺寸公差要求、表面粗糙度要求、热处理要求等，见图 7-7-1。

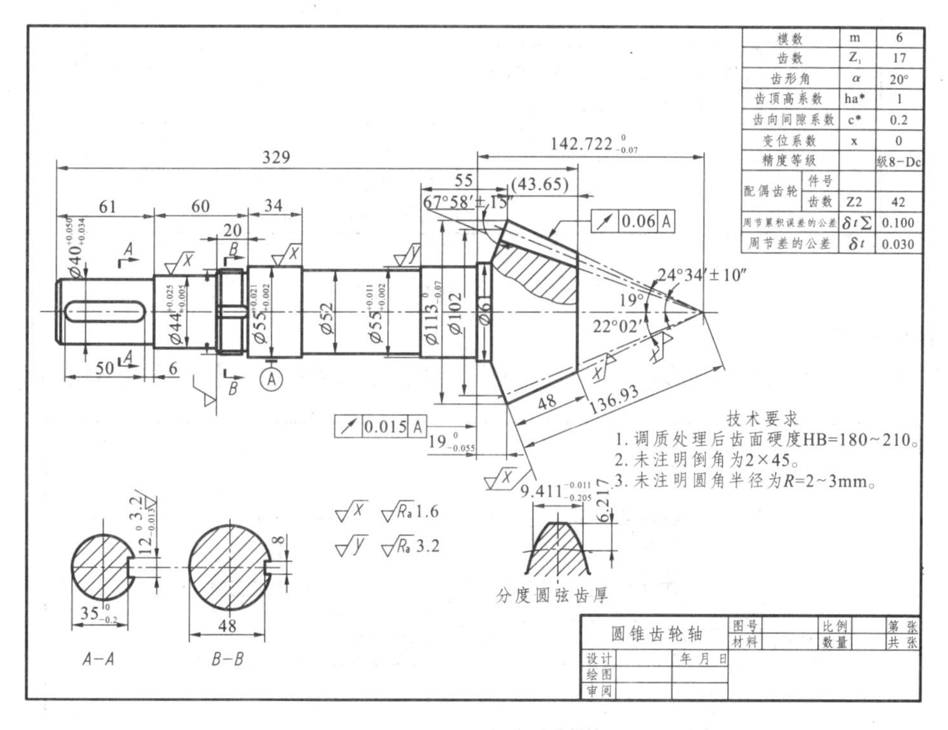

图 7-7-1　圆锥齿轮轴零件图

2. 支座类零件

支座零件如果是用来支撑轴的，则它的结构一般有轴承孔、底板、支承板、肋板、凸台等。支座类零件的视图选择多考虑它的工作位置。主视图主要表达圆筒、支承板、肋、底板、螺孔、凸台。其他视图表达轴承孔、底板形状、支承板形状、肋板断面形状、凸台形状等。有些部位需要剖视和局部视图表达。尺寸标注要考虑定形尺寸和定位尺寸。尺寸基准多选择支座底面和对称面。技术要求包括配合尺寸公差、表面粗糙度等。示例可见图 7-7-2。

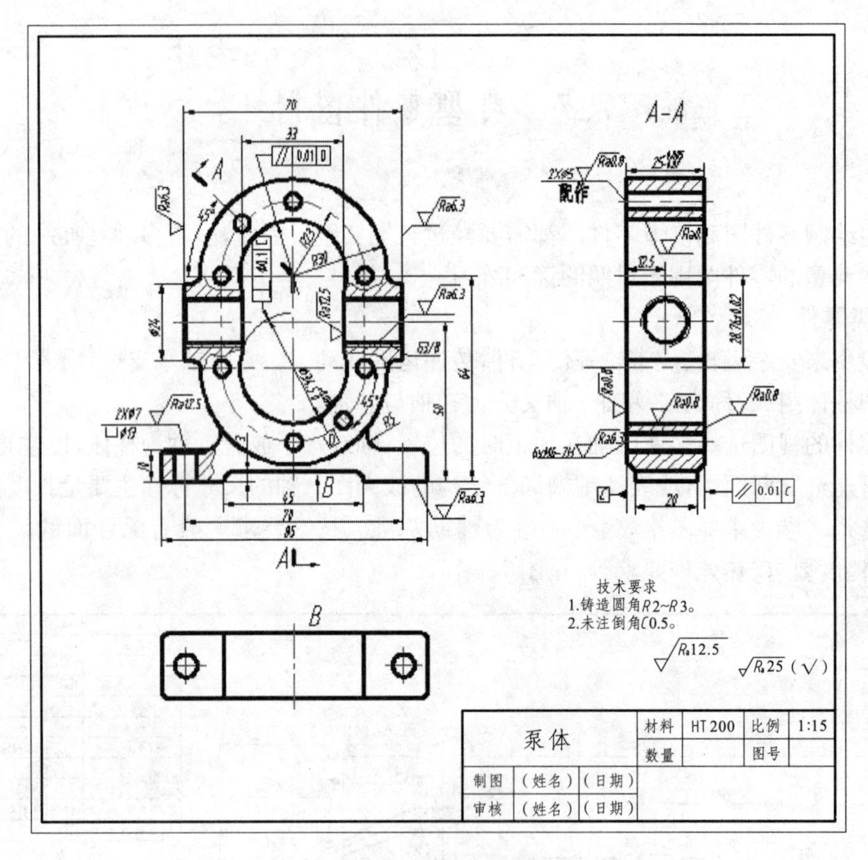

图 7-7-2　泵体支座零件图

3. 盘体类零件

盘体零件主要形状为扁圆形，多作为端盖使用。其上有多种孔和定位台阶等结构，见图 7-7-3。

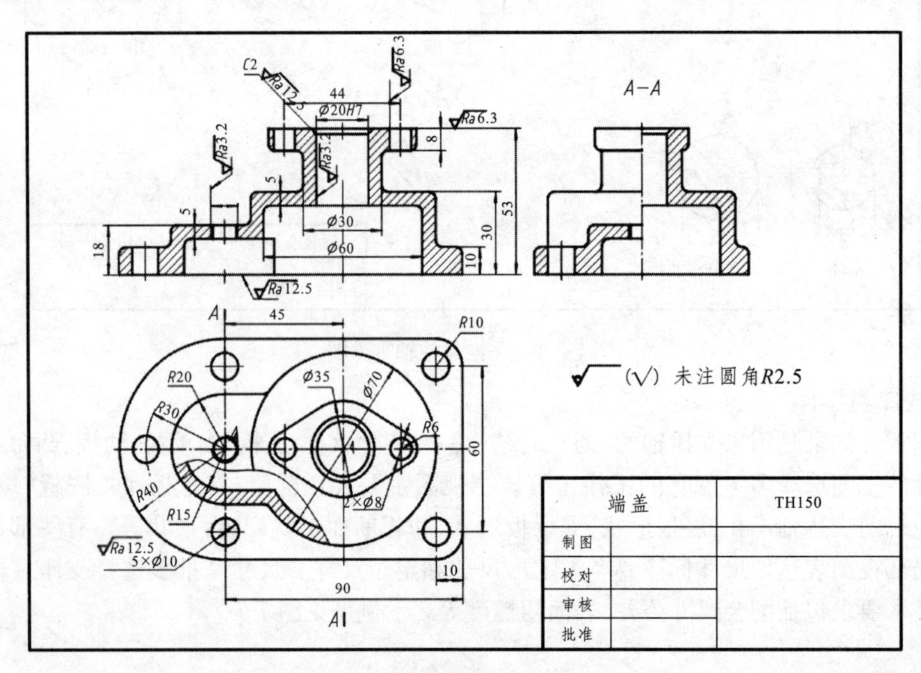

图 7-7-3　端盖零件图

4. 箱壳体类零件

外壳类零件主要起保护和支撑作用,通常内部结构比较复杂。以齿轮箱壳体为例,见图 7-7-4。

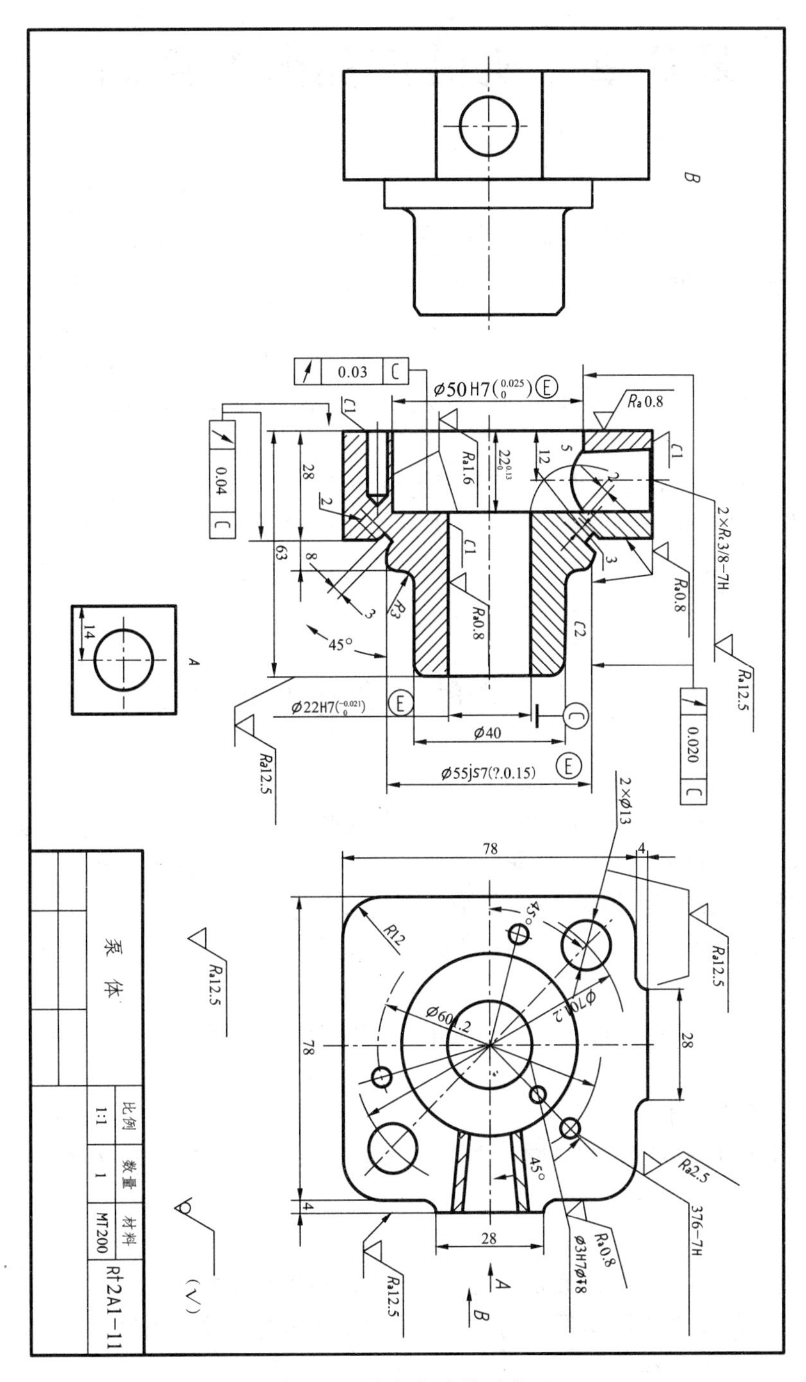

图 7-7-4　齿轮箱壳体零件图

第8章　机械产品装配图画法

装配图是表达完整产品或机器的图样,显示出产品各零件的相互位置、连接及装配关系。因此,装配图是生产产品不可缺少的技术资料。通过装配图可以了解产品的结构,分析产品的工作原理和功能。它是进行产品装配、检验、安装调试、维修的主要依据。

凡是涉及零件的装配关系的视图都是装配图。装配图分为部件装配图和总装配图。表达部分零件的装配内容的图样就是部件装配图,包括完整产品的零件装配内容的称为总装配图。

产品设计时通常是首先绘制装配图,再拆分为零件图。这样就知道应该绘制什么样的零件图。对于不太复杂的产品,有时也会由零件图组装绘制装配图。本章主要介绍装配图的画法。

8.1　装配图的基本内容

装配图主要是表明零件之间的装配关系,其作用是指导产品装配。一般的复杂产品都是由很多零件组成的,零件间的装配特性非常重要。它是产品能否达到性能指标的关键之一,是制定装配工艺规程,进行装配、检验、安装及维修的技术文件。

与零件图相比较,装配图画法有相似之处,也有不同之处。一般的装配图内容包括:

(1) 一组视图

这与零件图相似,用来表达产品全部零件的有机组成和相互关系。用于分析产品的工作原理、安装要求等。

(2) 标注必要的尺寸

装配图标注尺寸的内容与零件图不同,只需要标注产品的外形尺寸、安装尺寸、装配尺寸以及涉及使用性能的关键尺寸。

(3) 技术要求

装配图的技术要求与零件图有很大的不同,它要标明产品装配后需要达到的质量标准,包括装配精度要求、表面处理要求、实验与检查要求以及包装与运输要求等。

(4) 零件编号及明细栏

标明零件的名称、数量、材料和技术要求。

(5) 标题栏

标明产品名称、设计责任者等内容。通常标题栏与明细栏连在一起,便于查看。

图 8-1-1 所示的是节流阀产品立体图。节流阀是一种控制液体流量的装置,图 8-1-2 所示是节流阀的装配图。

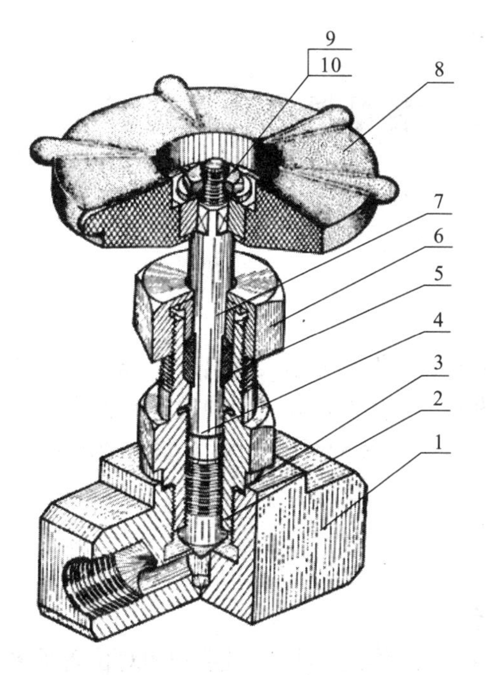

零件名称
1. 阀体
2. 阀盖
3. 垫片
4. 阀杆
5. 填料
6. 压盖螺母
7. 压盖
8. 手轮
9. 螺母
10. 垫圈

图 8-1-1　节流阀立体图

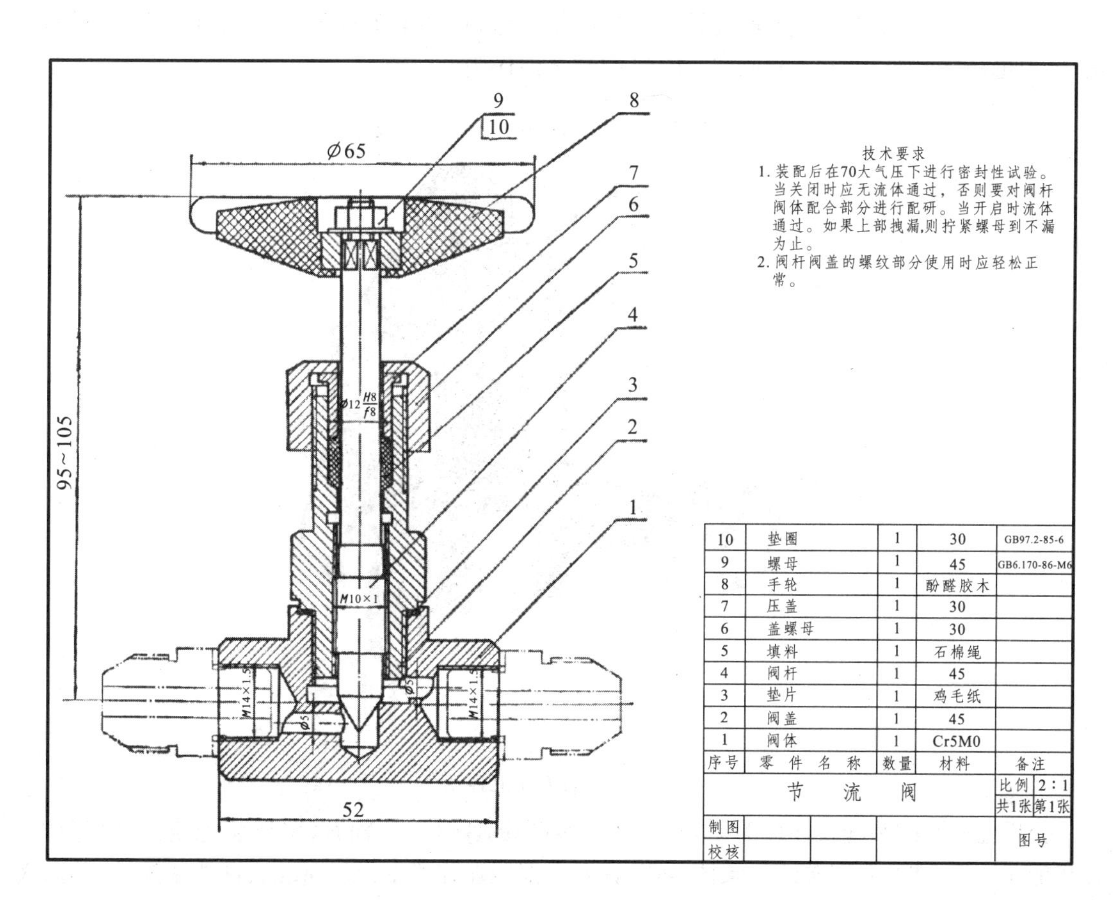

10	垫圈	1	30	GB97.2-85-6
9	螺母	1	45	GB6.170-86-M6
8	手轮	1	酚醛胶木	
7	压盖	1	30	
6	盖螺母	1	30	
5	填料	1	石棉绳	
4	阀杆	1	45	
3	垫片	1	鸡毛纸	
2	阀盖	1	45	
1	阀体	1	Cr5M0	
序号	零件名称	数量	材料	备注
节流阀			比例 2:1	共1张 第1张
制图				图号
校核				

图 8-1-2　节流阀装配图

8.2 装配图的视图选择

8.2.1 装配图的要求

① 装配图的内容要完全。能够确定性地完整表达出产品(部件)的功用、工作原理、装配关系及安装关系等内容。② 装配图表达方法要正确。图中的投影视图、剖视、规定画法及装配关系等的表示方法正确,符合国标规定。③ 装配图表达内容清楚,读图时清楚易懂。

8.2.2 装配图的选择

1. 首先进行产品(部件)分析

分析产品的工作原理、结构、配合关系、连接固定关系和相对位置关系等。

以图 8-2-1 所示的柱塞泵为例。柱塞泵是用于机床供油的装置,它的工作原理为:上面的小轮受凸轮(未画出)压力,凸轮旋转时升程改变,使得柱塞上下往复移动,引起泵腔容积的变化,压力也随之改变,油被不断吸进、排出,起到泵油作用。

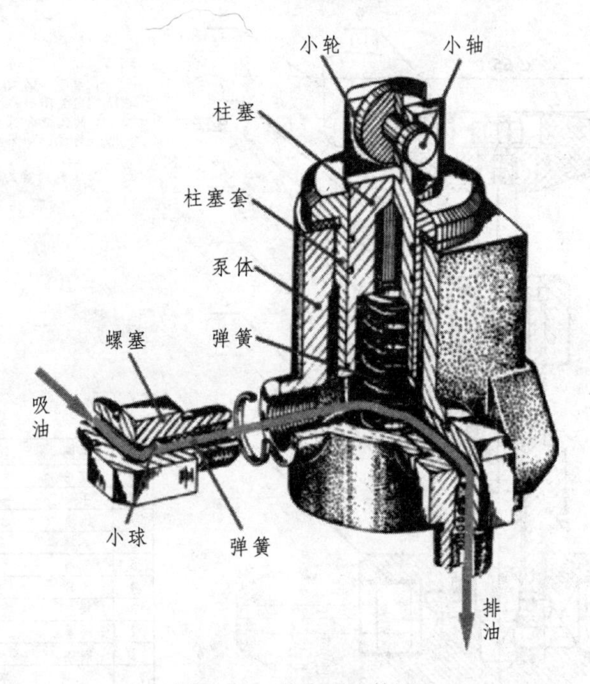

图 8-2-1　柱塞泵立体图

分析柱塞泵的装配及连接关系,它有 3 条装配线:① 柱塞、轴套、泵体装配线:柱塞与柱塞套装配在一起,柱塞套用螺纹与泵体连接,柱塞下部压在弹簧上。② 吸油、排油装配线:单向阀体由小球、弹簧和螺塞等组成装配线。③ 小轮、小轴装配线:用开口销固定在柱塞上部。

2. 选择主视图

选择主视图的原则有：① 符合部件的工作位置。② 能清楚表达部件的工作原理、主要的装配关系或其结构特征，达到最好的表达效果。

图 8-2-1 所示柱塞泵的主视图选择如图 8-2-2 所示。

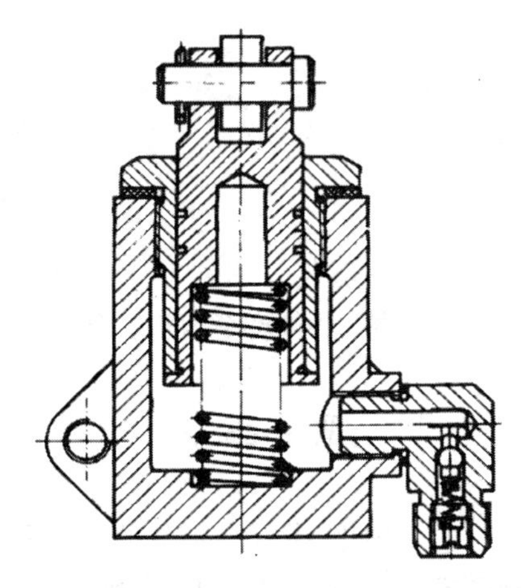

图 8-2-2　柱塞泵主视图

3. 其他视图选择

选择其他视图，表达主视图没能表达的内容。

对于上例柱塞泵，为了将吸油系统的装配关系及工作原理表达完全，可在俯视图中选择局部剖视。为了清楚表明柱塞在凸轮作用下上下往复运动的动作原理，可增加 A 向视图。

8-2-1 所示柱塞泵的完整视图选择如图 8-2-3 所示。

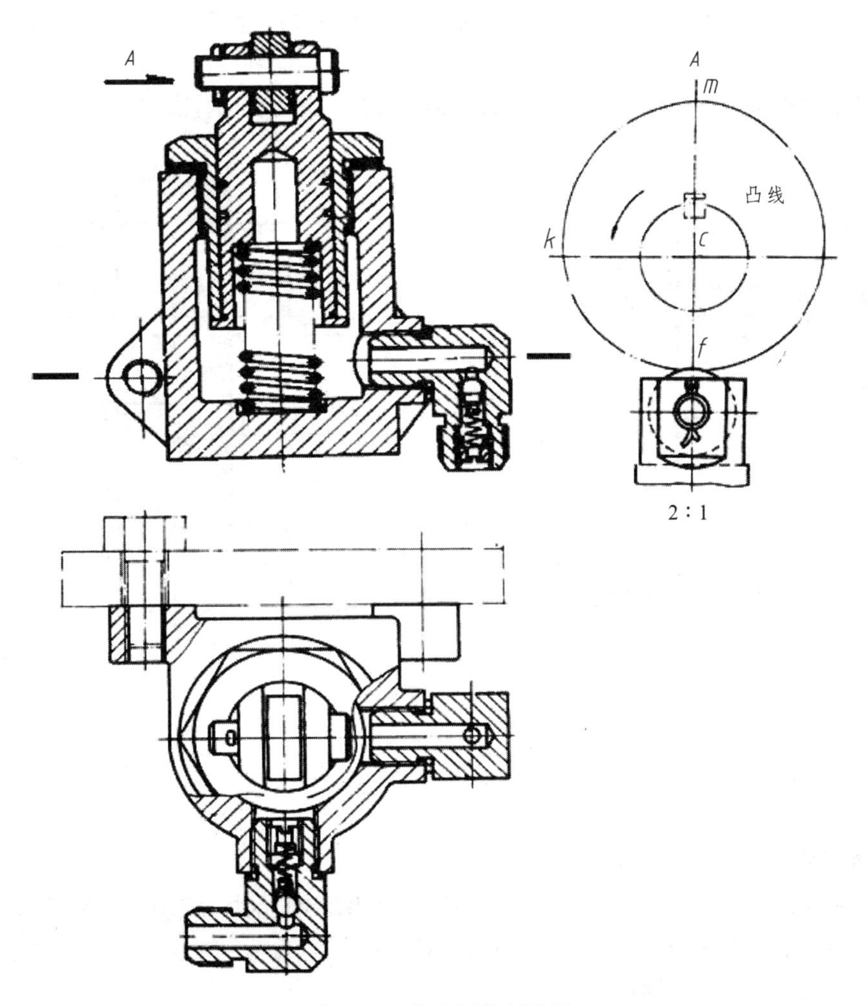

图 8-2-3　柱塞泵装配视图

8.3 装配图绘图

由于一般装配图的零件比较多，装配关系比较复杂，而图纸表达的区域有限，因此，装配图中有些零件不可能完全照样绘制，只能采用简化画法或规定画法等方法来表达。

8.3.1 规定画法

① 装配图中两个零件的接触表面和配合表面只画一条线；两个不接触表面和非配合表面画两条线，如图 8-3-1 所示的轴与孔的配合面用一条线表达，图 8-3-2 中的螺栓接触面也只画一条线。

② 两个(或两个以上)零件相邻接时，剖面线的倾斜方向应相反或间隔不同，以区分不同的零件。但同一零件在视图上处在不同位置时，它的剖面线方向和间隔必须一致。

③ 标准件和实心件，如轴、连杆、手柄、键、销钉、球等，一般不剖视，如图 8-3-2 所示。

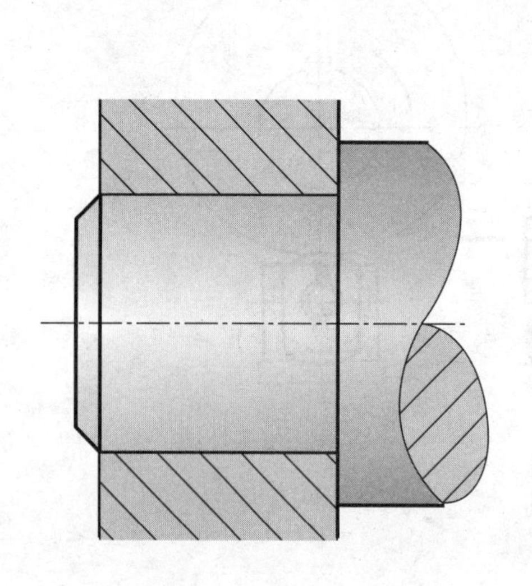

图 8-3-1 轴与孔配合

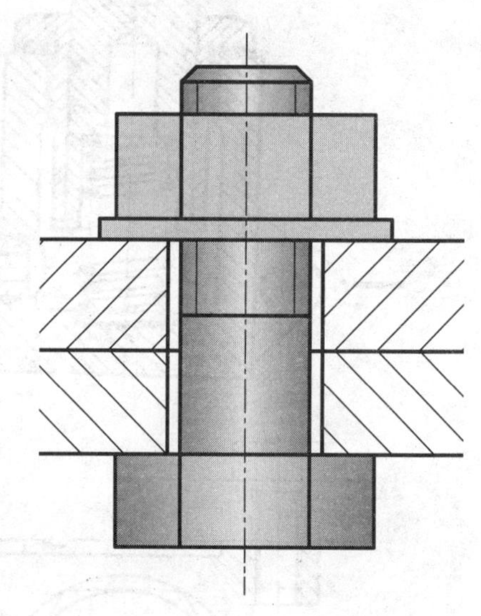

图 8-3-2 螺栓连接

8.3.2 特殊画法

1. 沿零件指定面的剖切画法

为了将被遮挡的部分表达出来，可以沿某些零件的结合面剖切，绘出其图形，以表达装配体内部零件间的装配情况。如图 8-3-3 所示的轴承座，沿轴承盖与轴承底座的结合面剖开，拆去上面部分以表达轴瓦与轴承座的装配情况。

2. 沿零件指定方向与位置剖切展开画法

有时为了表达多个位置的结构，可以沿指定的方向和位置剖切，然后绘制展开的剖面图。

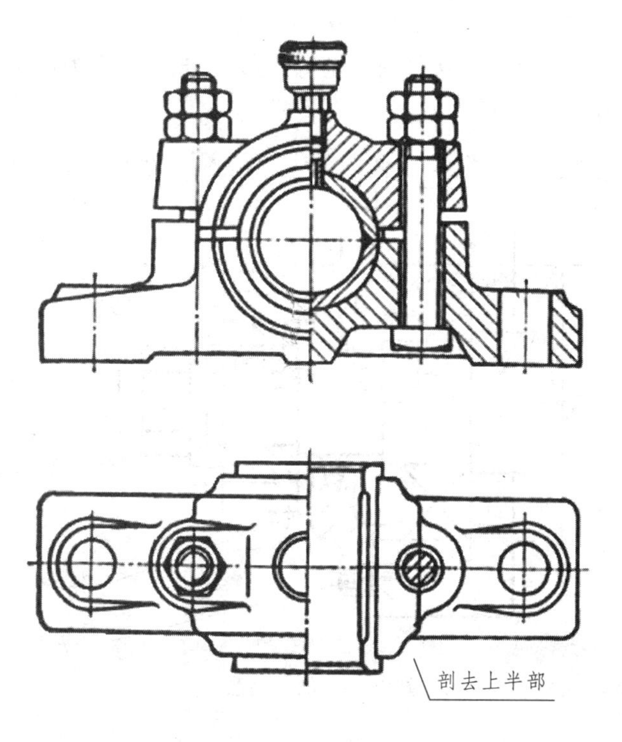

图 8-3-3　轴承座装配图

3. 限位画法

当产品中包括的运动机件有运动范围时，其中一个运动的极限位置可用双点画线表示，用以标明零件运动限位。如图 8-3-4 所表达的摇杆的两个极限位置。有些情况下，装配体与相邻的零部件有接触关系，为了显示工作关系，也可以用双点画线表示相邻的零部件。

4. 夸大画法

对于薄垫片的厚度、小间隙等可不按比例适当夸大画出。如图 8-3-5 所示，两个轴承之间的隔圈被夸大画出，以显示该隔圈的定位作用。

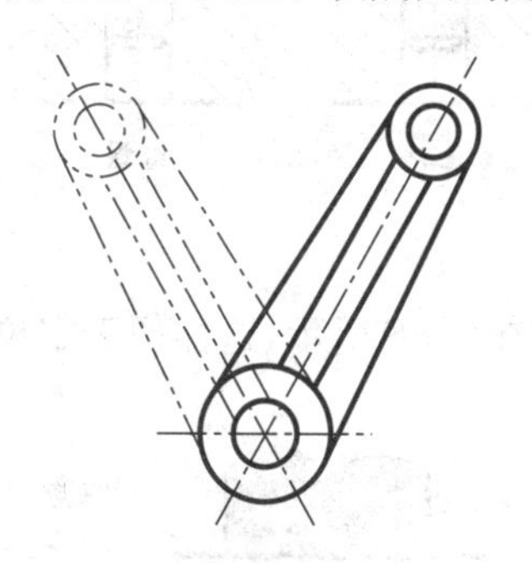

图 8-3-4　摇杆的两个极限位置

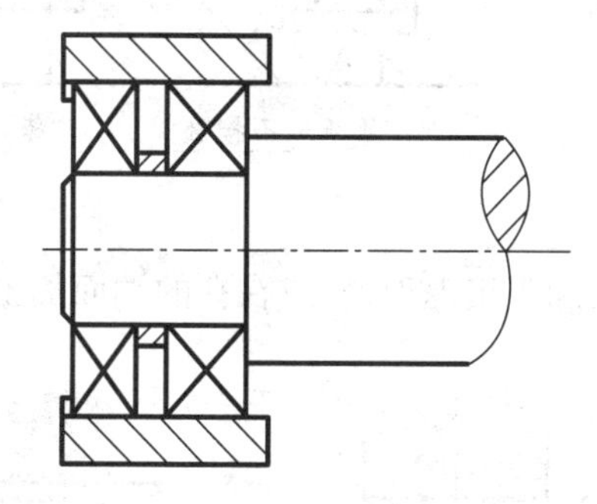

图 8-3-5　夸大画法

8.3.3　简化画法

很多零件的工艺结构，如倒角、圆角、退刀槽等，由于空间位置关系，无法细化表达，可不画出或示意画出。

对于滚动轴承、螺栓连接等可采用简化画法，如图 8-3-6 所示。

对于均布的相同结构，如螺栓连接件、孔，销等，可以只画一个作为代表，其余画出其位置中心即可(见前面章节内容)。

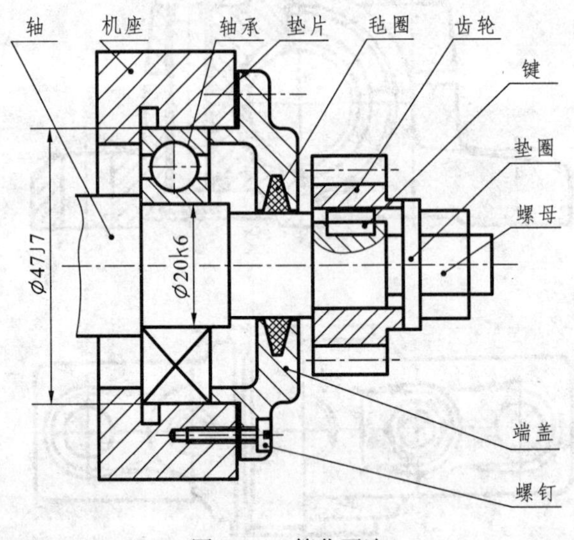

图 8-3-6　简化画法

8.3.4　装配结构的合理性

为了保证装配关系能够到位，在配合零件的结构上需要考虑一些专门的设计。

两个零件在同一个方向上，只能有一个接触面或配合面。如图 8-3-7 示例，有合理的设计，也有需要避免的错误设计。

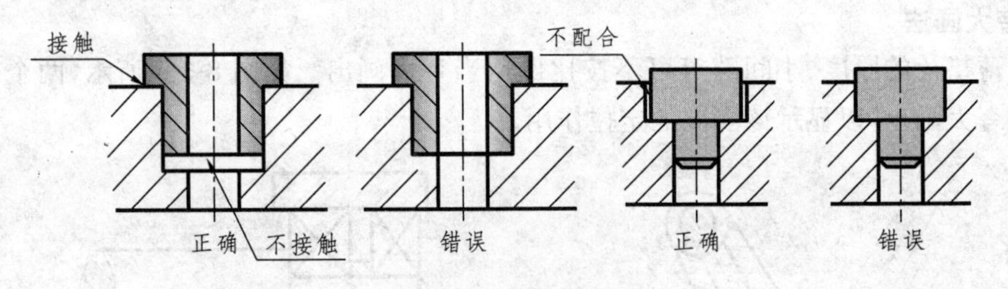

图 8-3-7　装配结构

轴肩处加工出退刀槽，或在孔的端面加工出倒角，如图 8-3-8 所示，这样便于定位和安装。

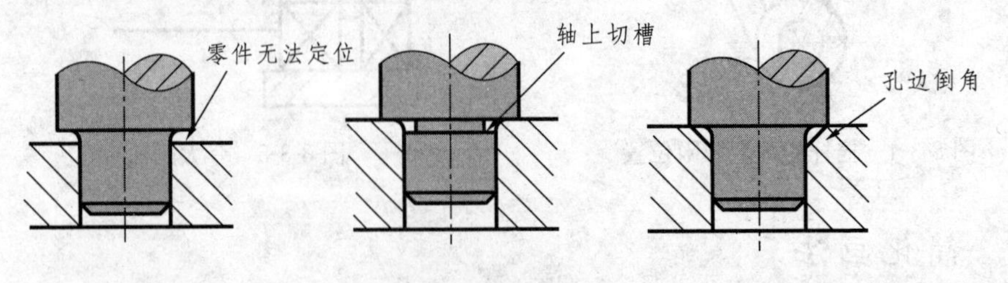

图 8-3-8　装配结构

需要适当的定位措施，如图 8-3-9 所示。

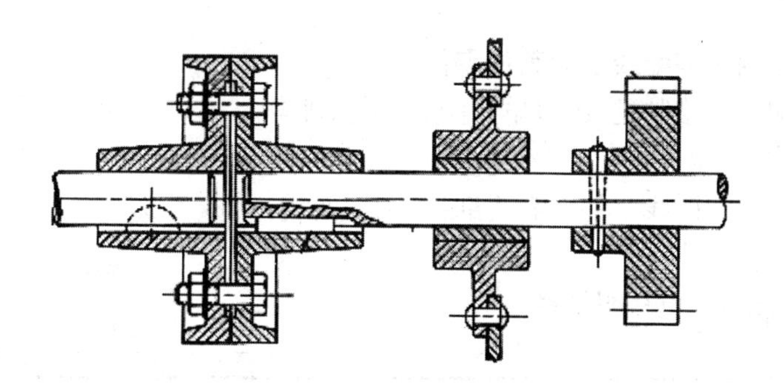

图 8-3-9　装配定位结构

8.3.5　画装配图的步骤

以柱塞泵为例，在分析部件，确定视图表达方案的基础上，按下列步骤画装配图。

① 确定图幅。根据部件的大小、视图数量确定画图的比例、图幅的大小。画出图框，留出标题栏和明细栏的位置。

② 布置视图。画各视图的主要基线，并注意各视图之间留有适当间隔，以便标注尺寸和对零件进行编号，如图 8-3-10(a)所示。

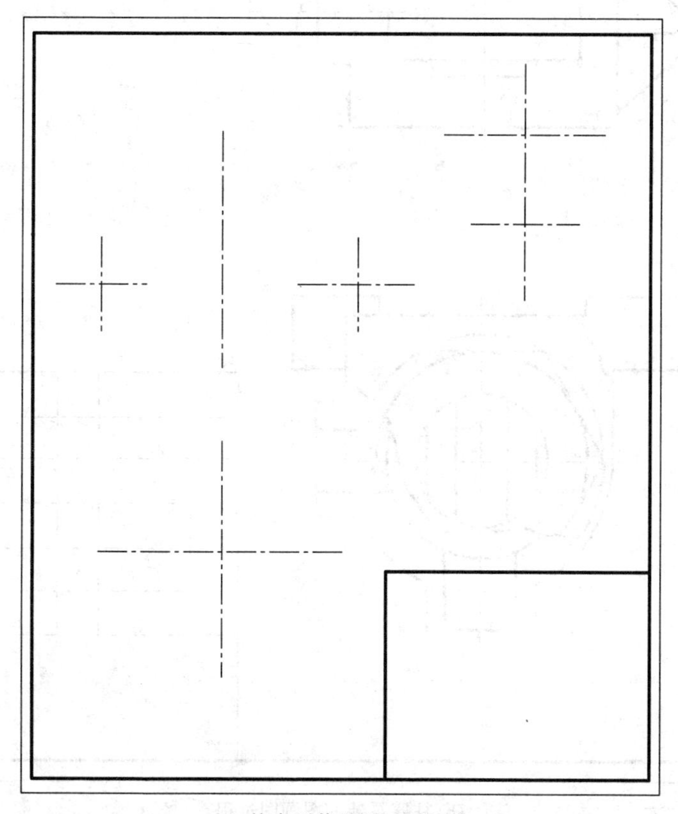

(a) 柱塞泵装配图画图过程

图 8-3-10

③ 确定主要装配线。先画主体零件。从主视图开始，画各视图的主要轮廓，如图 8-3-10(b)所示。

④ 按装配顺序画主装配线上的其他零件。

⑤ 画其他装配线。绘制进、出口单向阀和小轮、轴等。

⑥ 画细部结构。

⑦ 检查无误后加深图线。如果需要剖视，画剖面线。

⑧ 标注尺寸。

⑨ 对零件进行编号，填写明细栏。

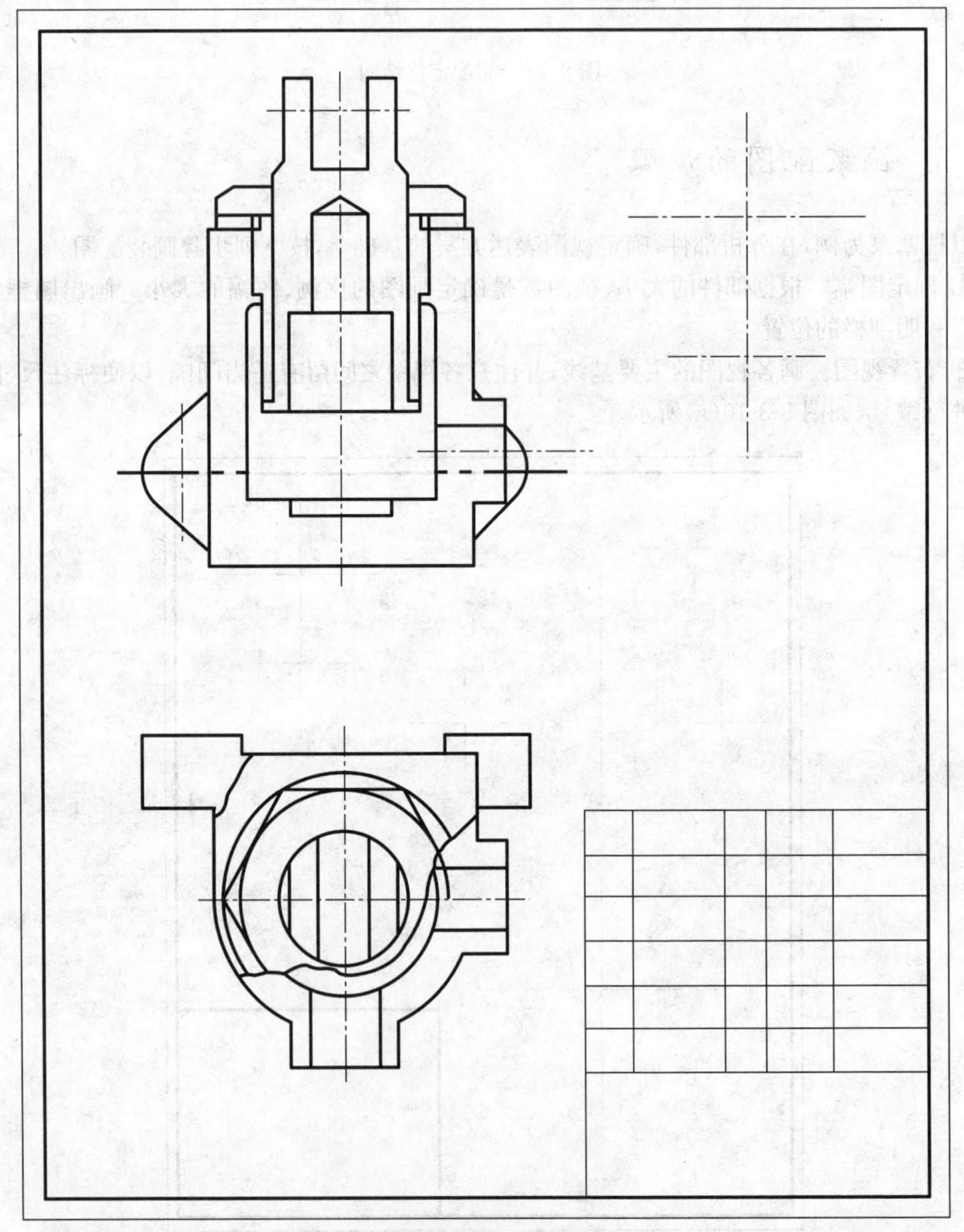

(b) 柱塞泵装配图画图过程

图 8-3-10(续)

⑩ 画标题栏。

⑪ 书写技术要求等,完成装配图,如图 8-3-10(c)所示。

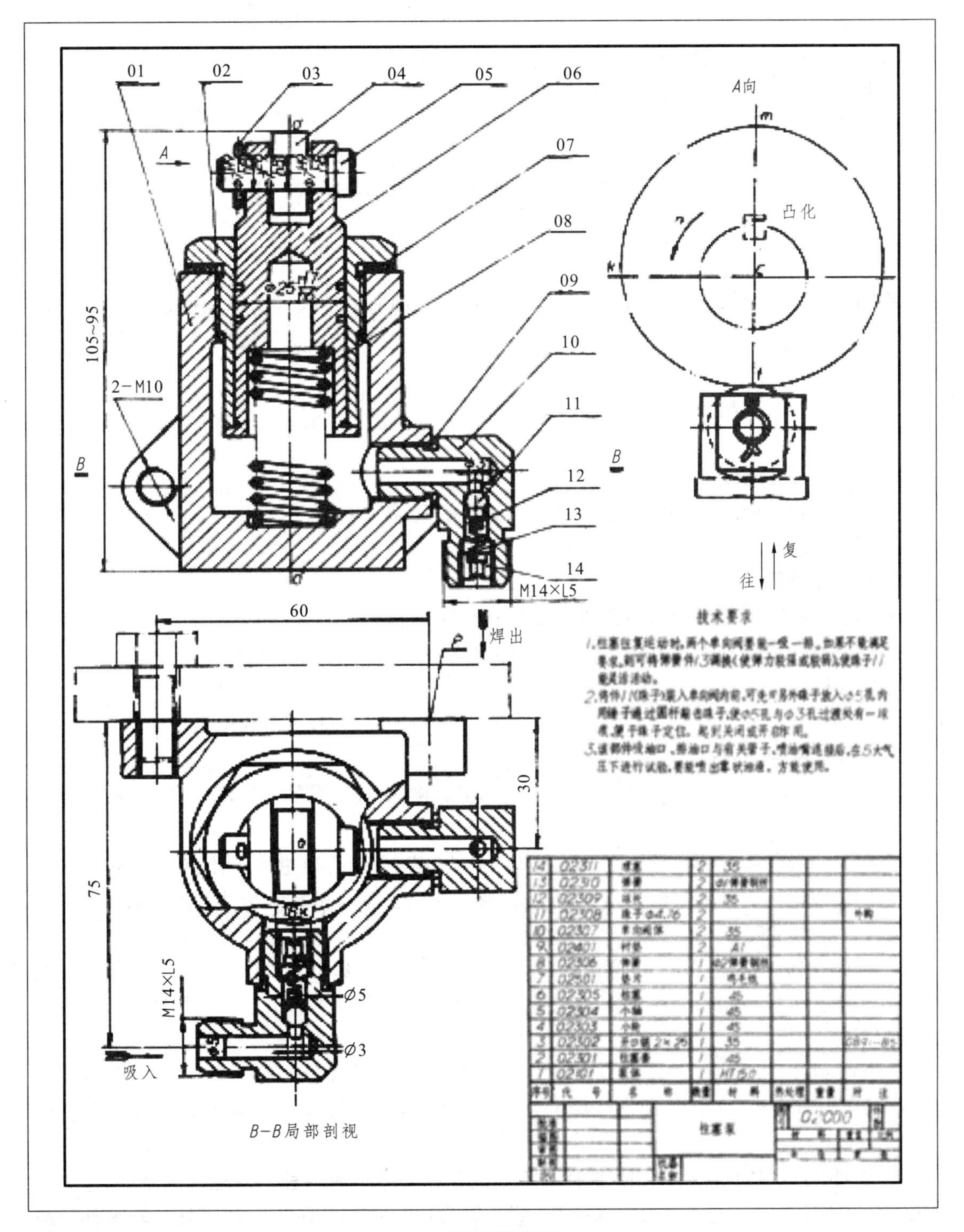

(c) 柱塞泵装配图

图 8-3-10(续)

画装配图小结：

① 掌握装配图的规定画法、特殊画法。

② 画装配图首先要选好主视图，确定较好的视图表达方案，把部件的工作原理、装配关系、零件之间的连接固定方式和重要零件的主要结构表达清楚。

③ 根据尺寸的作用，弄清装配图应标注哪几类尺寸。

8.4 装配图尺寸标注与技术要求

装配图需要标注的尺寸主要包括与装配、使用等方面有关的尺寸。下面通过图 8-3-10(c)作为示例来说明。

8.4.1 装配图尺寸标注

1. 标注产品性能(规格)尺寸

它表示部件的性能和规格。如图 8-3-10(c)所示，柱塞泵的进、出口尺寸 M14×1.5。它提示在使用柱塞泵时接管的尺寸。

2. 标注安装尺寸

安装尺寸是指使用产品时，将部件安装到机座上所需要的尺寸。例如：如图 8-3-10(c)所示，柱塞泵中 2—M10。另外，柱塞泵的进、出口螺纹 M14×1.5 也是安装尺寸。

3. 标注外形尺寸

它标明产品(部件)在长、宽、高三个方向上的最大尺寸，以便在安放时留出足够的空间。

4. 零件的配合尺寸

零件之间的配合尺寸是影响其性能的重要因素。例如：柱塞泵的柱塞杆与柱塞的配合尺寸∅25 H7/n6。

基本尺寸相同的轴与孔(或类似于轴和孔的结构)装在一起，通过改变孔、轴公差带的大小和相互位置，以达到所要求的松紧程度的情况，称为配合。配合的种类分为：① 间隙配合。② 过盈配合。③ 过度配合。

配合的情况有多种多样，可能会出现多种配合选择，这给设计带来复杂性。为了统一和简化，建立了基孔制和基轴制两种选择配合的方法。如果不采用这两种方法的基制选择方法称为自由配合制。

① 基孔制：以孔的尺寸为依据，选择不同的轴的公差来形成各种不同配合的制度，称为基孔制。基准孔的基本偏差代号通常选择为“H”。如图 8-4-1 所示，尺寸∅65H8/k7 是基于孔的尺寸配合。

② 基轴制：以轴的尺寸为依据，选择与不同的孔的公差形成各种不同配合的制度，称为基轴制。基准轴的基本偏差代号通常选择为“h”。如图 8-4-2 所示，在“3”与“6”处的轴承外径与座的尺寸配合应该采用基轴制，轴承内径与轴的尺寸配合需要采用基孔制，“4”处的轴尺寸应该采用基孔制。

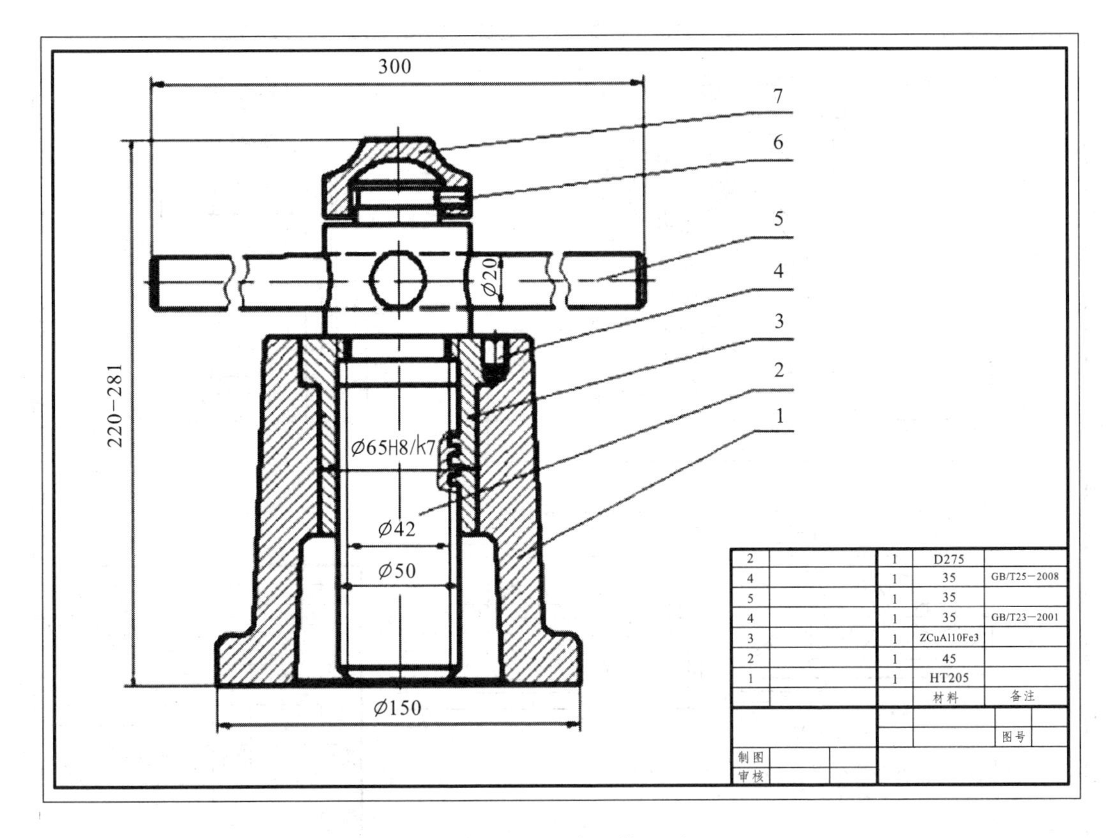

图 8-4-1　升降机装配图

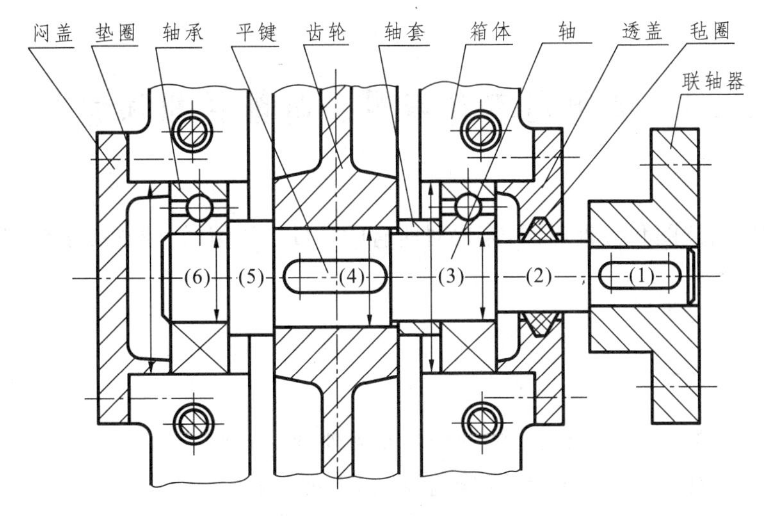

图 8-4-2　轴与轴承、齿轮的装配图

8.4.2　装配图技术要求

装配图需要标注的技术要求包括：产品表面处理要求、试验与检查要求以及包装与运输要求等。技术要求要写在图纸下方的空白处，采用仿宋体文字工整书写，如图 8-4-3 所示。

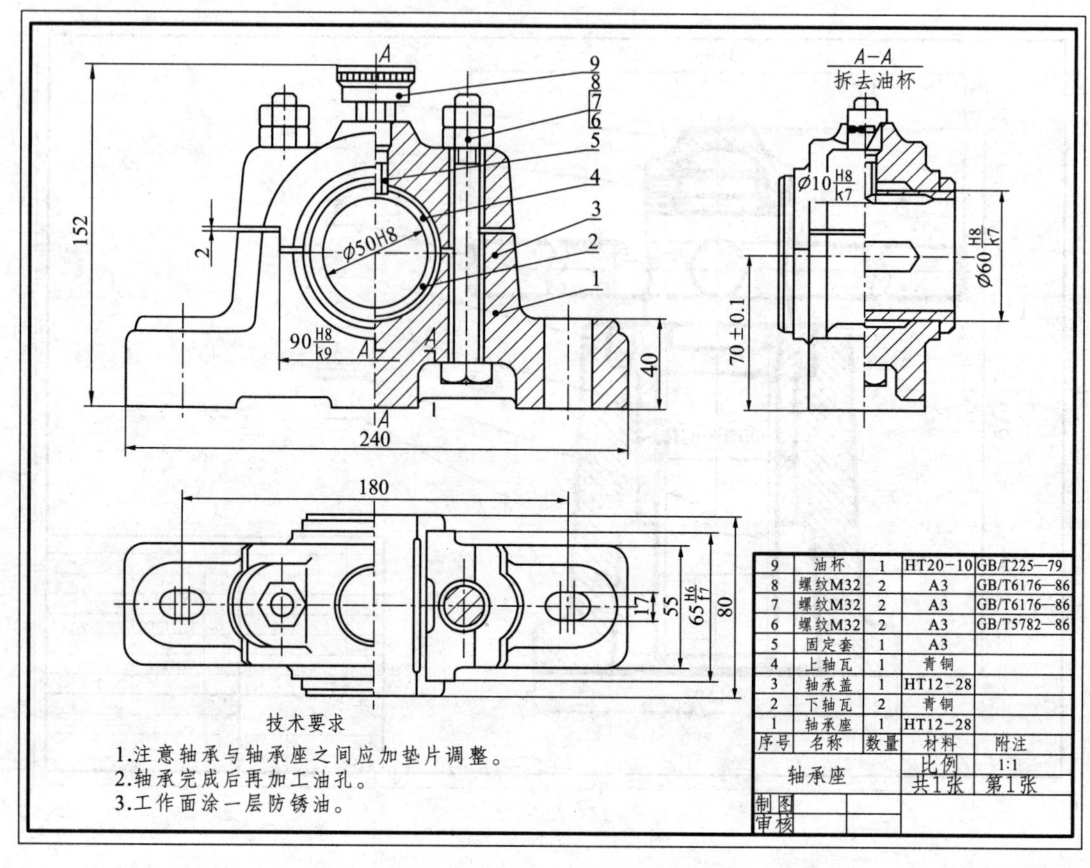

图 8-4-3 轴承座装配图

8.5 装配图零件编号、明细栏和标题栏

为了便于绘图、读图和检查对照，需要对所有的零件加以编号，建立明细栏加以说明。

8.5.1 零件编号

1. 编号原则

① 每个零件采用唯一的编号，在明细栏中对零件进行说明。

② 相同零件只对其中一个编号，其数量填在明细栏内。

③ 轴承标准件，或专门的部件可以给一个编号。

④ 所有零件按顺序编号。

2. 编号表示方法

在零件的内部画黑点、指引线、横线或圆或标注数字，允许连注，如图 8-5-1 所示：

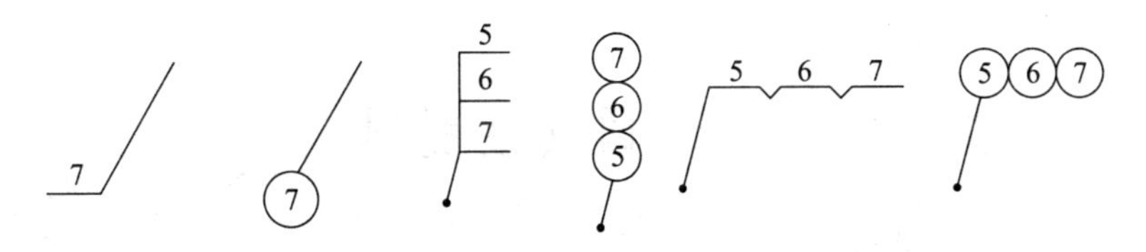

图 8-5-1

需要注意的是，指引线不要相交，在通过剖面线的区域时不要与剖面线平行。零件编号应按顺时针或逆时针方向顺序编号，全图按水平方向或垂直方向整齐排列。

先画出需要编号零件的指引线和横线，检查无重复、无遗漏时，再统一填写序号。如图 8-5-2 所示，“1”代表轴承座，“2”、“3”、“4”代表三个零件：轴承 1、垫片、轴承 2；“5”代表轴。

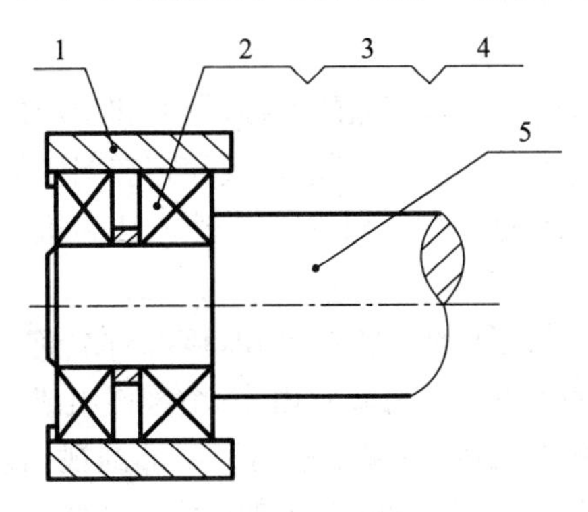

图 8-5-2　部件编号

8.5.2　明细栏与标题栏

明细栏是产品全部零件的详细目录说明，采用列表给出。表中填写零件的序号、名称、数量、材料、附注及相应标准，如图 8-5-3 所示。

明细栏在标题栏的上方，当位置不够时可移一部分紧接标题栏左边继续填写。

明细栏中的零件序号应与装配图中的零件编号一致，并且由下往上填写，因此，应先编零件序号再填明细栏。

装配图的标题栏内容与零件图的标题栏相同。

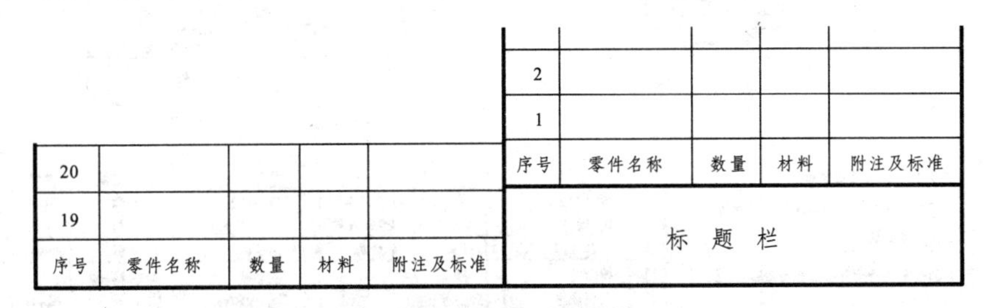

图 8-5-3　明细栏与标题栏

8.6 阅读装配图

能读懂装配图是工程技术人员必备的一种能力，在设计、装配、安装、调试以及进行技术交流时，都要阅读装配图。

阅读装配图时，首先要了解产品的功用、使用性能和工作原理。弄清各零件的作用以及它们之间的相对位置、装配关系和连接固定方式。弄懂各零件的结构形状。

阅读装配图的方法和步骤如下：

1. 整体了解

① 看标题栏并参阅有关资料，了解产品的名称、用途和使用性能。

② 看零件编号和明细栏，了解零件的名称、数量和它在图中的位置。

③ 分析视图，弄清各个视图的名称、所采用的表达方法和所表达的主要内容及视图间的投影关系。

例如，如图 8-6-1 所示，由装配图的标题栏可知，该部件名称为齿轮油泵，是安装在油路中的一种供油装置。由明细栏和外形尺寸可知它由 16 个零件组成，结构不太复杂。

齿轮油泵装配图由三个视图表达，主视图采用了局部剖视，表达了齿轮油泵的主要装配关系。左视图沿端盖和泵体结合面剖切，并沿进油口轴线取局部剖视，表达了齿轮油泵的工作原理。俯视图采用了局部剖视，表达了齿轮油泵的外形及螺柱的连接情况。

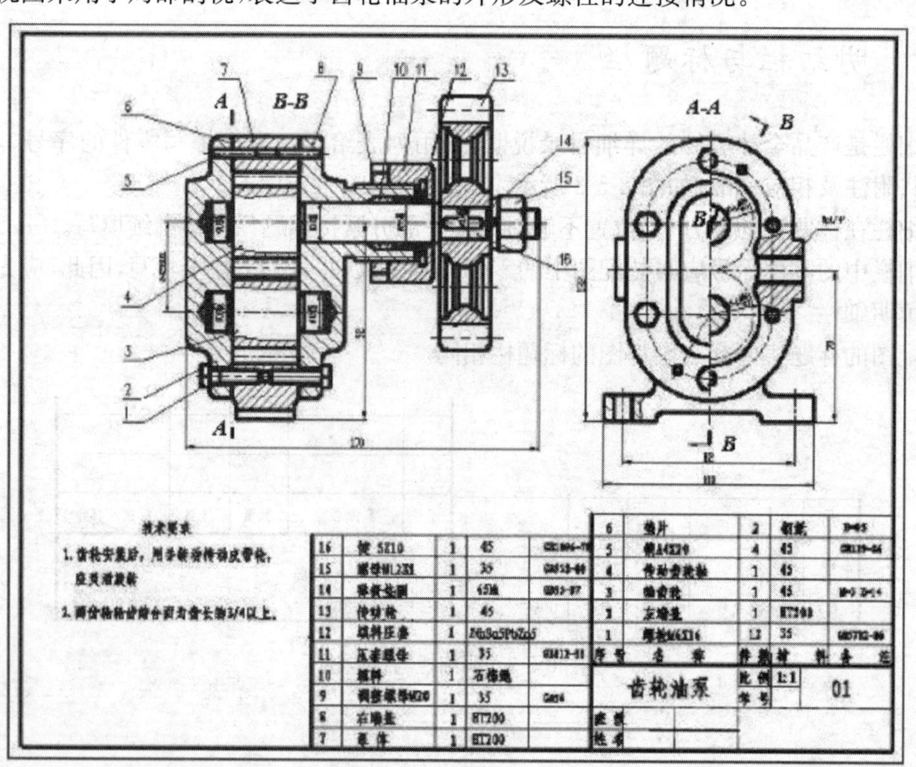

图 8-6-1　齿轮油泵装配图

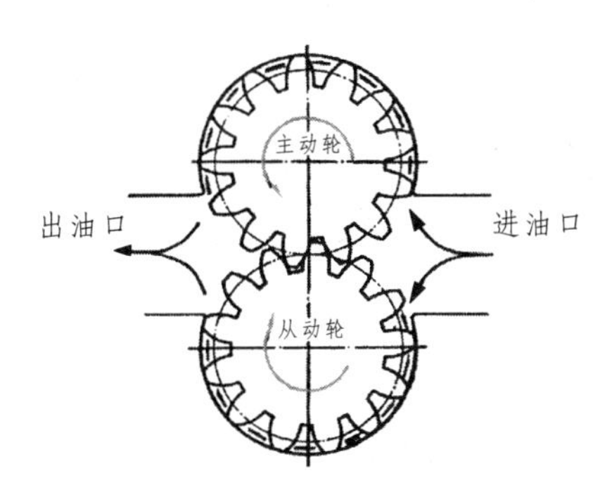

图 8-6-2　轮齿泵工作原理

2. 分析部件的工作原理

从表达传动关系的视图入手，分析部件的工作原理。如图 8-6-2 所示，当主动齿轮逆时针转动，从动齿轮顺时针转动时，齿轮啮合区右边的压力降低，油池中的油在大气压力下，从进油口进入泵腔内。随着齿轮的转动，齿槽中的油不断沿箭头方向被轮齿带到左边，高压油从出油口送到输油系统。

3. 分析零件间的装配关系和部件结构

分析部件的装配关系，要弄清零件之间的配合关系、连接固定方式等。

(1) 配合关系

可根据图中配合尺寸的配合代号，判别零件配合的基准制、配合种类及轴、孔的公差等级等。齿轮油泵有主动齿轮轴系和从动齿轮轴系两条装配线。

轴与孔的配合尺寸∅13 H7/f7，说明是属基孔制的间隙配合，因为轴在泵体、端盖的轴孔内是转动的，需要采用间隙配合。其他配合尺寸也可这样分析。

(2) 连接方式

端盖和泵体用螺钉连接，用销钉准确定位。填料压盖与泵体用螺柱连接。齿轮的轴向定位靠齿轮端面与泵体内腔底面及端盖内侧面接触而定位。

(3) 密封结构

为了防止漏油及灰尘、水分进入泵体内影响齿轮传动，在主动齿轮轴的伸出端设有密封装置。端盖与泵体之间有垫片。垫片的另一个作用是调整齿轮的轴向间隙。

(4) 装拆顺序

部件的结构应利于零件的装拆。

齿轮油泵的装拆顺序：拆螺钉、销钉→端盖→齿轮轴→螺母及垫圈→填料压盖及填料。

齿轮油泵的立体图如图 8-6-3 所示。

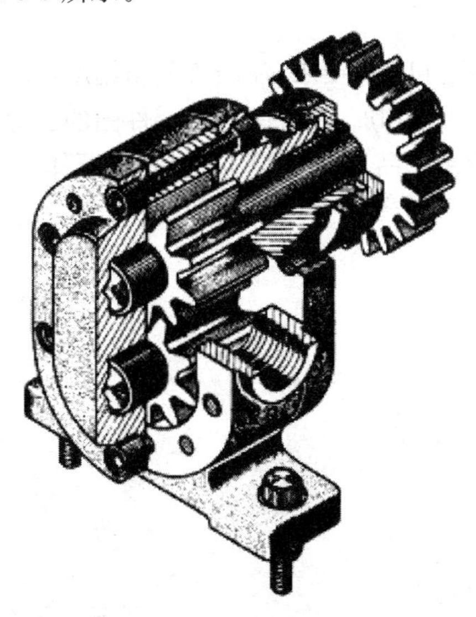

图 8-6-3　齿轮油泵的立体图

8.7 由装配图拆画零件图

通常产品设计过程是首先画出装配图，然后再画零件图。

1. 拆画零件图的步骤

① 按装配图的要求，看懂部件的工作原理、装配关系和零件的结构形状。

② 根据零件图视图表达的要求，确定各零件的视图表达方案。

③ 根据零件图的内容和画图要求，画出零件工作图。

注意零件图与装配图在视图内容、表达方法、尺寸标注等方面的不同。

2. 分析零件弄清零件的结构形状

先看主要零件，再看次要零件；先看容易分离的零件，再看其他零件；先分离零件，再分析零件的结构形状。

把零件从装配图中分离出来的方法有：

① 看零件编号，分离零件。

② 根据剖面线的方向和间隔的不同及视图间的投影关系等区分形体。

③ 看尺寸，综合考虑零件的功用、加工、装配等情况，然后确定零件的形状。

④ 形状不能确定的部分，要根据零件的功用及结构常识确定。

3. 拆画零件图应注意的问题

① 零件的视图表达方案应根据零件的结构形状确定而不能盲目照抄装配图。

② 在装配图中允许不画的零件的工艺结构，如倒角、圆角、退刀槽等，在零件图中需要时要画出。

③ 零件图的尺寸，除在装配图中注出者外，其余尺寸都在图上按比例直接量取，并圆整。与标准件连接或配合的尺寸，如螺纹、倒角、退刀槽等要查标准注出。有配合要求的表面，要注出尺寸的公差代号或偏差数值。

④ 根据零件各表面的作用和工作要求，注出表面粗糙度要求。

⑤ 根据零件在部件中的作用和加工条件，确定零件图的其他技术要求。

例如，上节中介绍的齿轮泵产品，拆分的零件图包括：泵体、齿轮轴、端盖以及螺钉与垫片等标准件，见图 8-7-1、图 8-7-2、图 8-7-3。

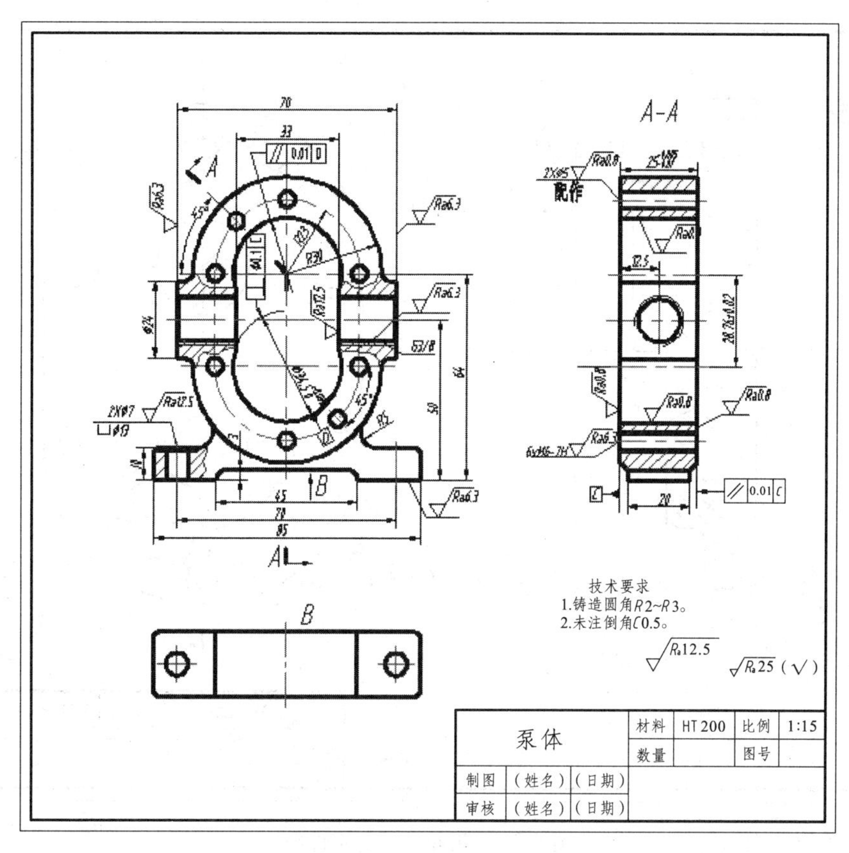

图 8-7-1　齿轮泵体零件图

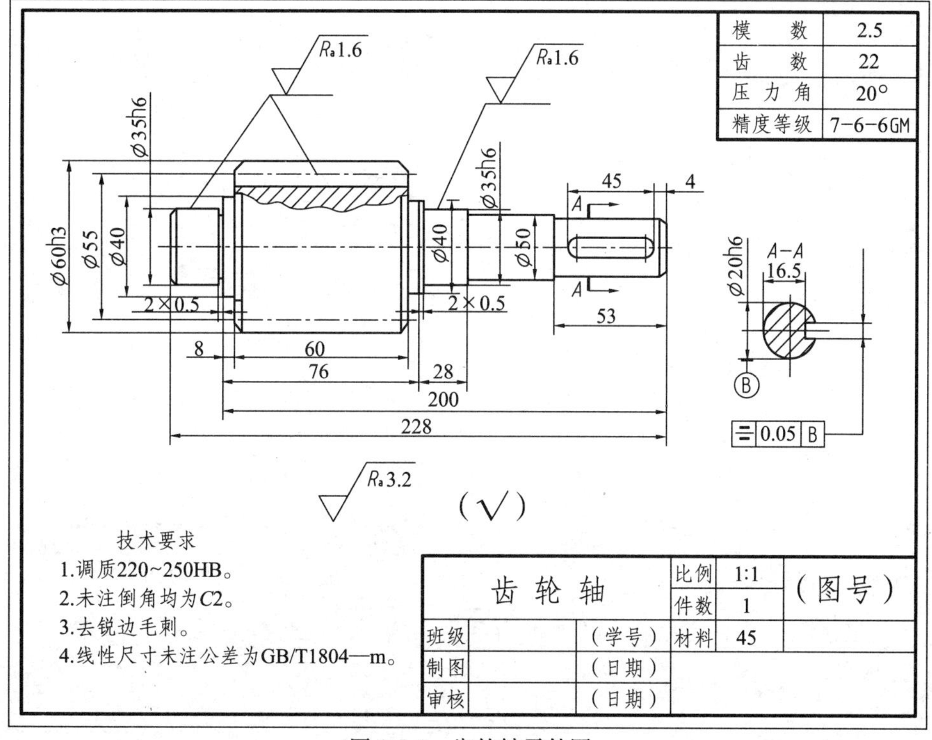

图 8-7-2　齿轮轴零件图

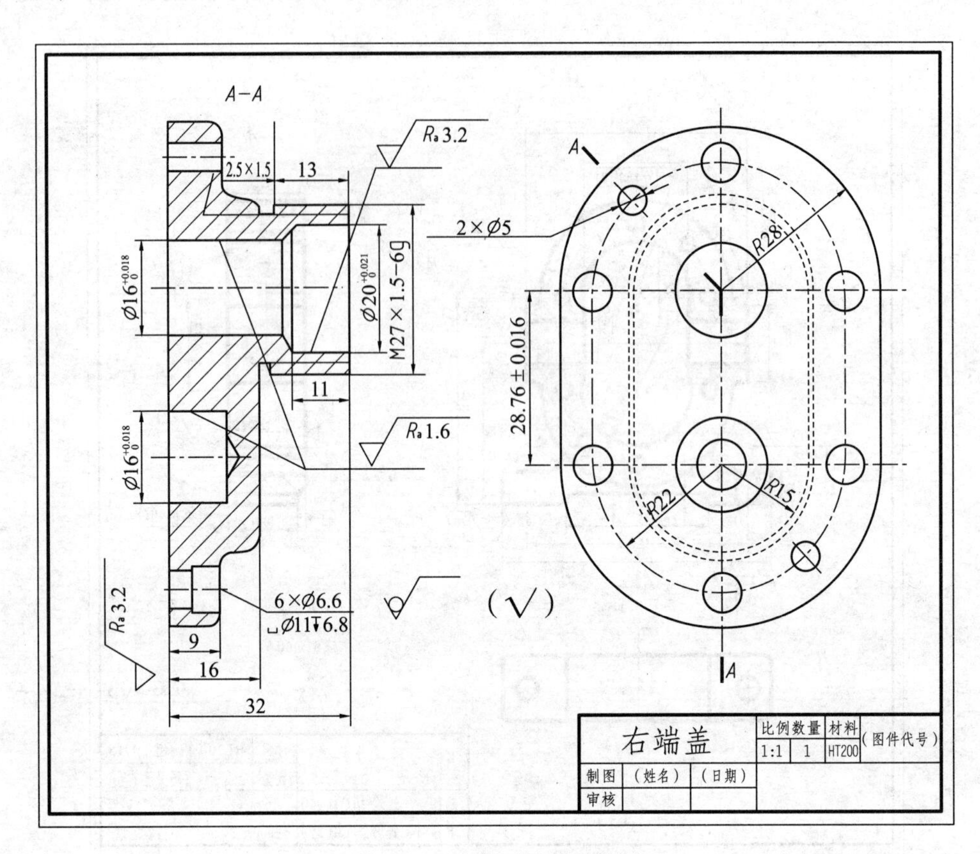

图 8-7-3　齿轮泵端盖零件图

第9章 机械制图工程

本书前面章节介绍了机械制图的基础内容。技术制图不但包含零件绘图，还包括零件的制造要求、使用的材料和质量要求等。因此，将技术制图作为工程来完成更能体现出它的复杂性和重要性。本章介绍技术制图工程中更深入的知识。

9.1 零件制造与制图

零件设计的最终目的是要实现零件制造。因此，了解零件制造的基本方法和要求对设计是非常重要的。否则，设计的零件可能无法制造，也就达不到设计的真正目的。制造零件首先需要确定材料，因此，对材料的了解是必不可少的。这里简单介绍机械零件的常用材料。

9.1.1 机械零件常用材料

制造零件的常用材料有：铸铁、钢材、有色金属和高分子材料。通过材料设计手册可以查到各种材料的牌号、性能参数和用途。这里给出几种常用的材料牌号和性能参数以备制图时所需。

1. 铸铁

铸铁主要用于较大的或强度要求不高的零件。通常采用铸造的方法先制造毛坯，再进行其他的机械加工。表 9-1-1 给出了几种铸铁的牌号。

表 9-1-1 常用铸铁材料

名　称	牌号	最小抗拉强度 σ_b(MPa)	应用举例
灰铸铁	HT100	100	中、低强度件，如盖、手轮、轴承座等
	HT150	150	
	HT200	200	高强度件，如机床床身、齿轮、联轴器、机座等
	HT250	250	
	HT300	300	高强度耐磨件，如凸轮、齿轮、高压泵体及阀体等
	HT350	350	

续表

名　称	牌号	最小抗拉强度 σ_b(MPa)	应用举例
球墨铸铁	QT350—22L	350	强度低,塑性较好
	QT350—22R	350	
	QT350—22	350	
	QT400—18L	400	具有较高的塑性和适当的强度,可承受冲击
	QT400—18R	400	
	QT400—18	400	
	QT400—15	400	
	QT450—10	450	
	QT500—7	500	
	QT550—5	550	
	QT600—3	600	强度高,但塑性低,用于曲轴、汽缸、轧辊等
	QT700—2	700	
	QT800—2	800	
	QT900—2	900	
黑心	KTH300—06	300	黑心可锻铸铁用于冲击载荷零件
	KTH330—08	330	
	KTH350—10	350	
	KTH370—12	370	
白心可锻铸铁	KTB350—04	350	白心可锻铸铁韧性低,强度高,耐磨,加工性好,可替代低碳钢,用于重要的零件
	KTB380—12	380	
	KTG400—05	400	
	KTB450—07	450	

2. 钢材

钢材分为碳素钢和合金钢。碳素钢是用途最广泛的零件材料，合金钢主要用于高性能要求的零件。钢材适用车、铣、刨、磨等机械加工方法。表 9-1-2 给出几种最常使用的钢材牌号。

表 9-1-2　常用钢材

名称	统一代号	牌　号	应用举例
优质碳素钢	U20080	08F	用于可塑性高的零件
	U20100	10F	
	U20150	15F	
	U20082	08	
	U20102	10	
	U20152	15	
	U20202	20	
	U20252	25	
	U20302	30	
	U20352	35	
	U20402	40	
	U20452	45	
	U20502	50	
	U20552	55	
	U20602	60	
	U21152	15Mn	适用于耐磨零件
	U21202	20Mn	
	U21252	25Mn	
	U21302	30Mn	
	U21352	35Mn	
	U21402	40Mn	
	U21452	45Mn	
	U21502	50Mn	
	U21602	60Mn	
	U21652	65Mn	
	U21702	70Mn	

名称	统一代号	牌　号	应用举例
合金结构钢	A20152	15Cr	适用于高强度耐磨零件
	A20153	15CrA	
	A20202	20Cr	
	A20302	30Cr	
	A20352	35Cr	
	A20402	40Cr	
	A20452	45Cr	
	A20502	50Cr	
	A22152	15CrMn	适用于高耐磨零件
	A22202	20CrMn	
	A22402	40CrMn	
	A26202	20CrMnTi	适用于表面渗碳
	A26302	30CrMnTi	
	A40202	20CrNi	适用于不锈钢零件
	A40402	40CrNi	
	A40452	45CrNi	
	A40502	50CrNi	
普通碳素钢	U12152	Q215	适用于普通金属件
	U12155		
	U12352	Q235	适用于大的金属件，芯部强度不高
	U12355		
	U12358		
	U12359		
	U12752	Q275	适用于较高强度零件
	U12755		
	U12758		

3. 有色金属

有色金属有很多种，用于零件制造的主要有铝合金和铜合金。表 9-1-3 列出几种常用的有色金属材料牌号。

表 9-1-3　常用有色金属

名称	合金牌号	合金代号	应用举例	名称	合金牌号	合金代号	应用举例
铸造铝合金	ZAlSi7Mg	ZL101	适用于高温冲击载荷零件	铸造铜合金	ZCuSn3Zn8Pb6Ni1	3-8-6-1 锡青铜	适用于较高载荷耐腐蚀轴瓦套
	ZAlSi7MgA	ZL101A			ZCuSn3Zn11Pb4	3-11-4 锡青铜	
	ZAlSi12	ZL102			ZCuSn5Pb5Zn5	5-5-5 锡青铜	
	ZAlSi9Mg	ZL104			ZCuSn10Pb1	10-1 锡青铜	
	ZAlSi5Cu1Mg	ZL105			ZCuSn10Pb5	10-5 锡青铜	
	ZAlSi5Cu1MgA	ZL105A			ZCuSn10Zn2	10-2 锡青铜	
	ZAlSi8Cu1Mg	ZL106			ZCuPb10Sn10	10-10 铅青铜	
	ZAlSi7Cu4	ZL107			ZCuPb15Sn8	15-8 铅青铜	
	ZAlSi12Cu2Mg1	ZL108			ZCuPb17Sn4Zn4	17-4-4 铅青铜	
	ZAlSi12Cu1Mg1Ni1	ZL109			ZCuPb20Sn5	20-5 铅青铜	
	ZAlSi5Cu6Mg	ZL110			ZCuPb30	30 铅青铜	
	ZAlSi9Cu2Mg	ZL111			ZCuAl8Mn13Fe3	8-13-3 铝青铜	适用于一般耐磨件
	ZAlSi7Mg1A	ZL114A			ZCuAl8Mn13Fe3Ni2	8-13-3-2 铝青铜	
	ZAlSi5Zn1Mg	ZL115			ZCuAl9Mn2	9-2 铝青铜	
	ZAlSi8MgBe	ZL116			ZCuAl9Fe4Ni4Mn2	9-4-4-2 铝青铜	
	ZAlCu5Mn	ZL201	适用于大载荷		ZCuAl10Fe3	10-3 铝青铜	
	ZAlCu5MnA	ZL201A			ZCuAl10Fe2Mn2	10-3-2 铝青铜	
	ZAlCu4	ZL203			ZCuZn38	38 黄铜	结构件
	ZAlCu5MnCdA	ZL204A			ZCuZn24Al6Fe3Mn3	25-6-3-3 铝黄铜	适用于耐磨耐腐蚀件
	ZAlCu5MnCdVA	ZL205A			ZCuZn25Al4Fe3Mn3	26-4-3-3 铝黄铜	
	ZAlRe5Cu3Si2	ZL207			ZCuZn31Al2	31-2 铝黄铜	
	ZAlMg10	ZL301	适用于耐腐蚀零件		ZCuZn35Al2Mn2Fe1	35-2-2-1 铝黄铜	
	ZAlMg5Si1	ZL303			ZCuZn38Mn2Pb2	38-2-2 锰黄铜	适用于耐磨件
	ZAlMg8Zn1	ZL305			ZCuZn40Mn2	40-2 锰黄铜	
	ZAlZn11Si7	ZL401	铸造性好		ZCuZn40Mn3Fe1	40-3-1 锰黄铜	
	ZAlZn6Mg	ZL402			ZCuZn33Pb2	33-2 铅黄铜	适用于耐腐蚀件
					ZCuZn40Pb2	40-2 铅黄铜	
					ZCuZn16Si4	16-4 硅黄铜	

4. 工程塑料

工程塑料是一类高分子材料。现在机械零件已经越来越多地采用工程塑料来制造。表9-1-4中列出了几种工程塑料的用途。

表 9-1-4 常用工程塑料

名 称	牌 号	应用举例	型材说明
耐酸碱橡胶板	2030	耐酸碱垫	板材
	2040		
耐油橡胶板	3001	耐油垫	板材
	3002		
耐热橡胶板	4001	耐热垫	板材
	4002		
酚醛层压板	3302-1	结构材料用于机械零件	板材
	3302-2		
聚四氟乙烯树脂	SFL-4-13	密封耐磨垫	棒材
有机玻璃		透明零件	板材
尼龙	尼龙 6	用于机械零件	棒材
	尼龙 9		
	尼龙 66		
	尼龙 610		
	尼龙 1010		
MC 尼龙		大型零件	棒材
聚甲醛		抗磨损零件	棒材
聚碳酸酯		耐冲击零件	棒材

9.1.2 零件制造方法与制图

零件的制造方法分为:① 铸造;② 锻造;③ 冲压;④ 切削;⑤ 焊接;⑥ 塑料成型等。这些制造方法在制造工艺学中都可以找到相关的知识和适用场合。这里主要介绍铸造零件和焊接零件在制图中的专门表达方法。

1. 铸造零件

考虑到铸造零件结构的工艺性,铸造零件的设计要考虑下面的问题。

(1) 铸造圆角

铸件转角处应当做成圆角。

(2) 铸造斜度

为方便起模,铸件的内、外壁沿起模方向应当带有斜度。

(3) 最小壁厚

为保持液态金属的流动性,不致在未注满砂型之前就凝固,铸件的厚度不应过小。

(4) 壁厚均匀

防止冷却、凝固不均匀，造成零件裂纹。具体做法包括：

① 各处厚度尽量一致，防止局部肥大。

② 不同壁厚的连接处要逐渐过渡。

③ 内壁应减小厚度，使整个铸件能均匀冷却。

④ 需要增加铸件强度时，宜采用加肋的办法。

(5) 便于起模

在起模方向上尽可能不要有内凹，以免过于复杂，难以起模。

(6) 便于清砂

为了便于清砂，铸件的内腔应当做成开式，不宜封闭。

图 9-1-1 所示表明了几种铸造零件的结构设计。图 9-1-2 所示表明了冲压零件的结构设计。

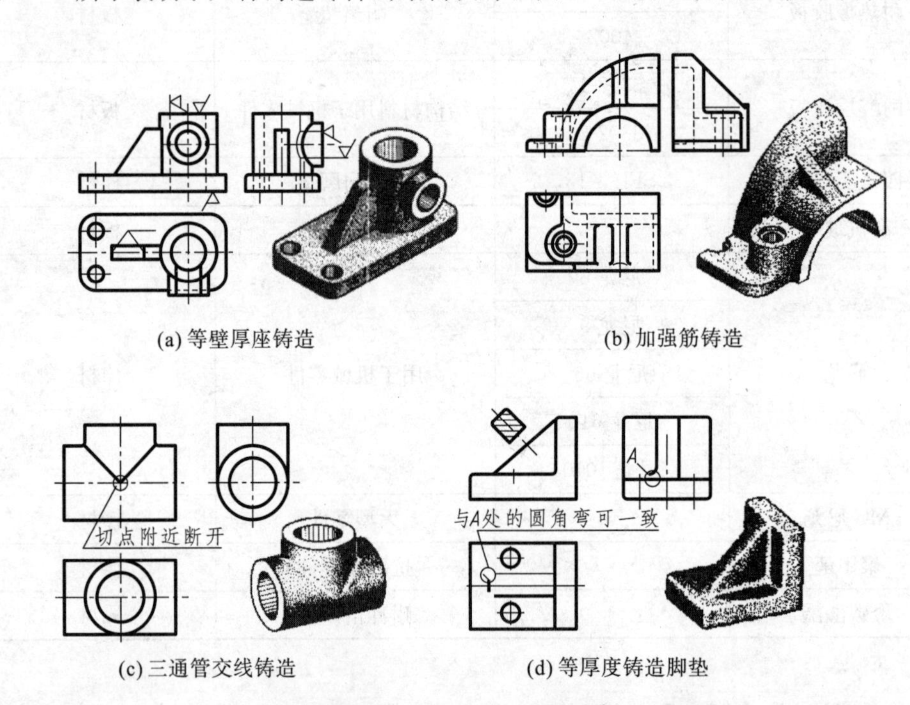

(a) 等壁厚座铸造　(b) 加强筋铸造

(c) 三通管交线铸造　(d) 等厚度铸造脚垫

图 9-1-1　铸造零件与零件图

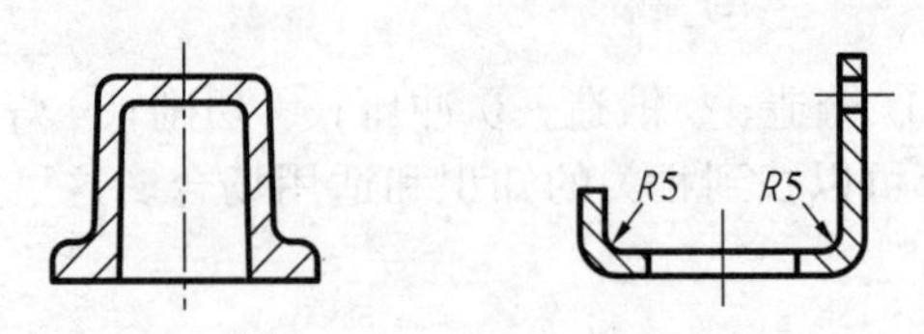

图 9-1-2　冲压零件图的画法

2. 冲压零件

对于冲压零件结构，零件的设计要考虑下面的问题。

(1) 冲压圆角

铸件转角处应当做成圆角。

(2) 冲压斜度

为方便起模，零件的内、外壁沿起模方向应当带有斜度。

3. 焊接零件

焊接也是常用的零件制造方法。焊接制图有专门的表达方法，主要是对焊缝的表达，采用符号来表达焊缝。表 9-1-5 中列出几种常见的焊缝表达方法，更多的标注方法见标准 GB/T 324—2008。

表 9-1-5　焊接结构标注示例

名　称	图　示	符　号	标注方法	
I形焊缝	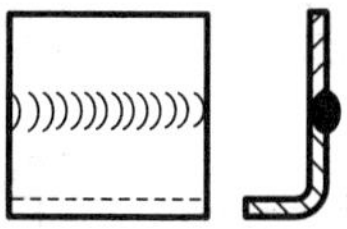		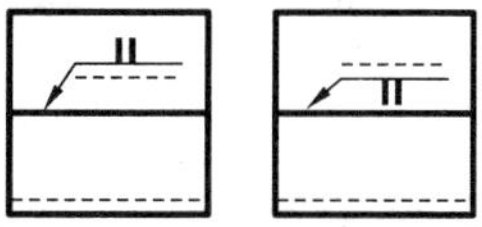	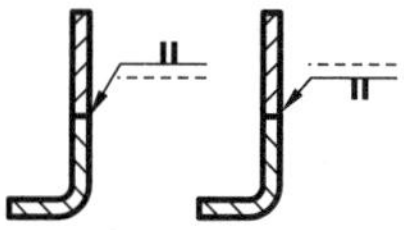
	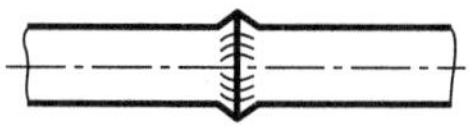		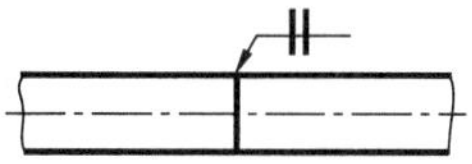	
V形焊缝	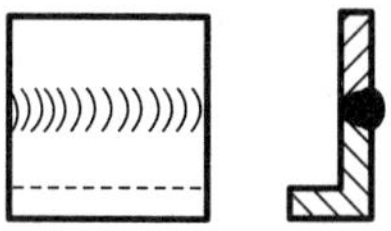		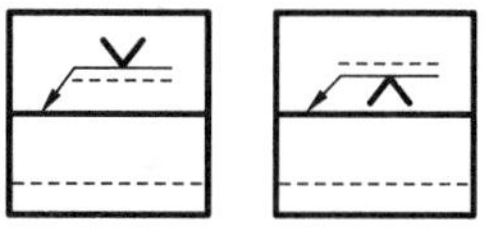	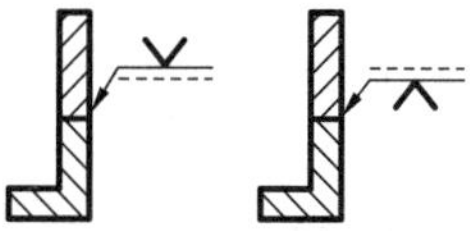
带钝U形焊缝	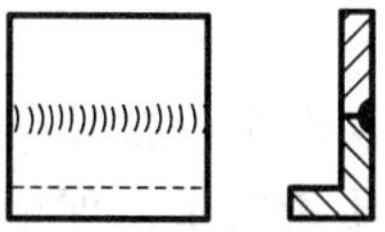		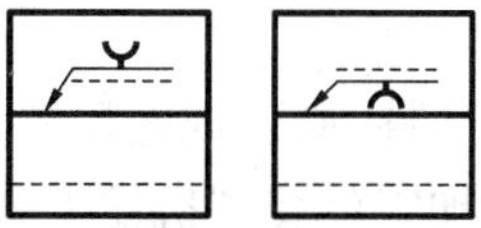	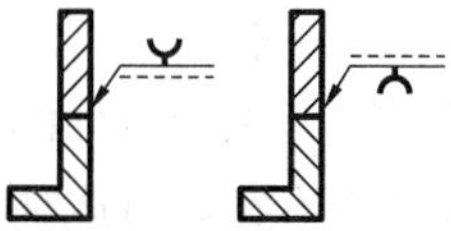
X形焊缝	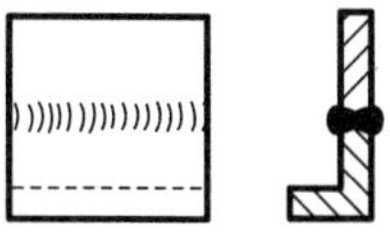		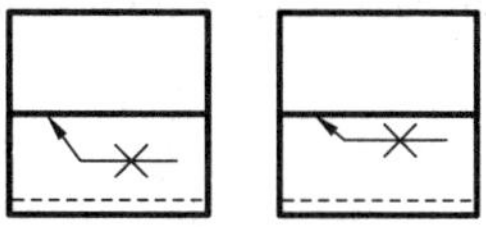	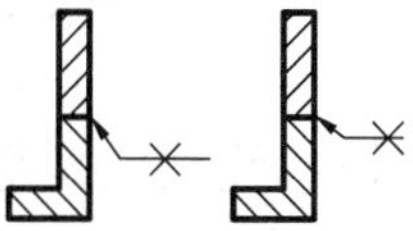
角焊缝	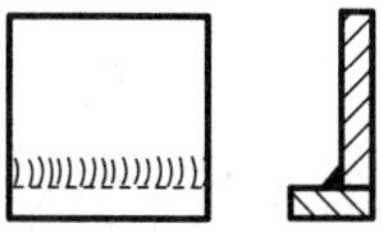	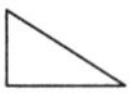		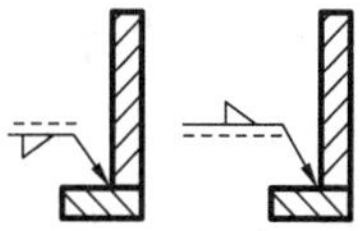

4. 机械加工零件

考虑到加工工艺的实现难度和经济性，制图设计时需要注意下面的问题。

① 尽可能缩小加工面积及接触面积，以降低加工量及便于装配。② 切削加工过程中，为了避免刀具损坏，并容易退出刀具，常在被加工零件上设计出越程槽，这样零件的根部才能加工到位，也才能保证装配到位。

图 9-1-3 所示为几种常用的切削加工方法。

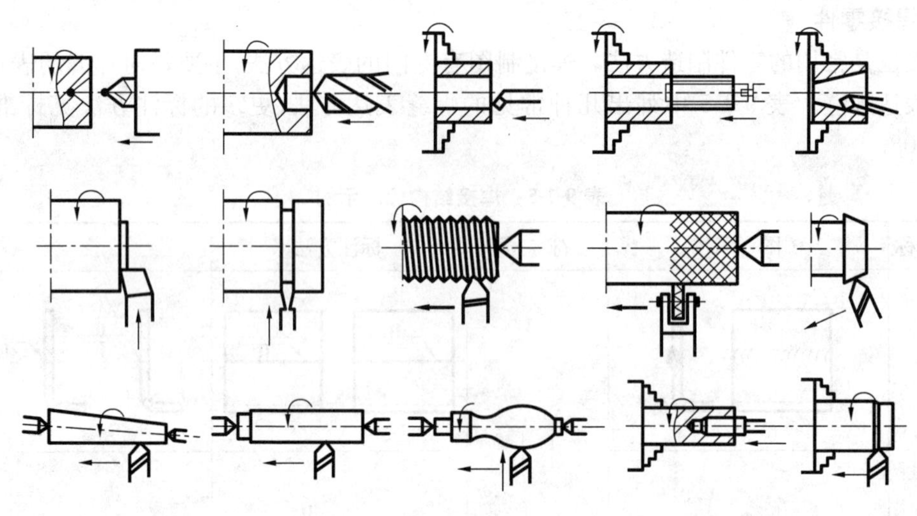

图 9-1-3　切削加工方法

9.2　尺寸公差与配合

由于零件加工总是存在误差的，因此，需要为零件尺寸规定一个允许的波动范围，这样就有了极限尺寸。如果两个零件是连接在一起工作的，就需要确定连接的松紧。这就要求尺寸有一定的误差范围。

另外，考虑到零件的互换性，必须规定尺寸偏差。零件的互换性指一批零件中的任意一个零件，都能不经修整或辅助加工就装到机器上，且能很好地满足质量要求。保证零件具有互换性，需要由设计者确定合理的配合要求和尺寸偏差。因此，为了达到实现互换性和配合松紧的要求，需要建立一种公差配合制，使这样的要求容易实现。

9.2.1　尺寸公差

1. 基本尺寸、实际尺寸和极限尺寸

基本尺寸：设计时所给定的尺寸（名义尺寸、理论尺寸）。

实际尺寸：零件制成后，通过测量所得的尺寸。

极限尺寸：允许零件实际尺寸变化的两个界限值。其中最大的一个尺寸称为最大极限尺寸；最小的尺寸称为最小极限尺寸。零件的实际尺寸只要在这两个极限尺寸之间就算合格。

例如，一根轴的直径标注为$\varnothing 50\pm 0.008$，其基本尺寸为$\varnothing 50$，最大极限尺寸为$\varnothing 50.008$，最小极限尺寸为$\varnothing 49.992$。

该零件合格的条件为：$\varnothing 49.992 \leqslant$实际尺寸$\leqslant \varnothing 50.008$。

2. 尺寸偏差和尺寸公差

尺寸偏差（简称偏差）：实际尺寸与其基本尺寸的代数差。

上偏差＝最大极限尺寸－基本尺寸

下偏差＝最小极限尺寸－基本尺寸

上、下偏差又称为极限偏差。

尺寸公差(简称公差)：允许零件实际尺寸的变动量。

公差＝最大极限尺寸－最小极限尺寸＝上偏差－下偏差

公差总是正值。公差采用图解则如图 9-2-1 所示。

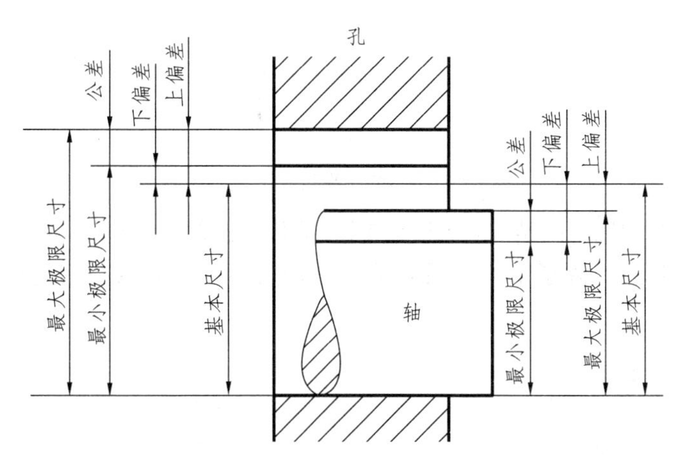

图 9-2-1　尺寸偏差和尺寸公差

例如，尺寸$\varnothing 50^{+0.024}_{+0.008}$，其上偏差 ＝ 50.024－50＝＋0.024，下偏差＝50.008－50＝0.008，公差＝0.024－0.008＝0.016。显然，偏差可正可负，公差恒为正。

3. 零线与公差带

零线：表示基本尺寸的线，也就是理想的尺寸位置。

公差带：表示公差的一种范围，也是表示公差大小及其相对于零线的位置。

零线和公差带可以采用图示。公差带图可以直观地表示出公差的大小及公差带相对于零线的位置。

例如，尺寸$\varnothing 50\pm 0.008$、$\varnothing 50^{+0.024}_{+0.008}$、$\varnothing 50^{-0.006}_{-0.022}$，可以标注如图 9-2-2 所示。

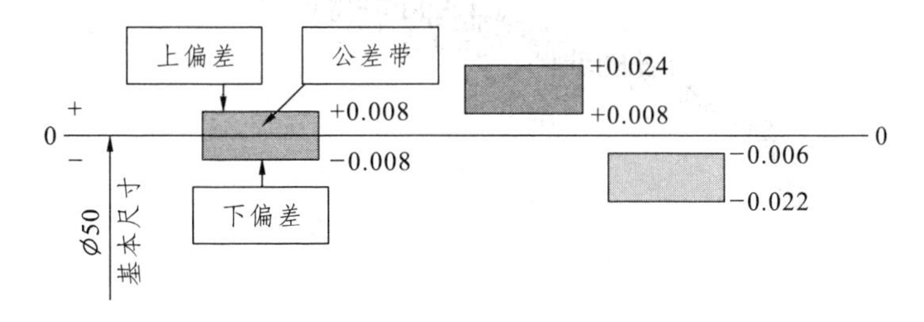

图 9-2-2　公差带图示

4. 标准公差和极限偏差

标准公差：标准化了的公差，用来确定公差带的大小。它由公差符号和公差等级组成。

公差符号用 IT 表示。公差等级用于确定尺寸精确程度的等级。

标准公差(GB/T 1800—2009)规定为 IT01、IT0～IT18，共 20 个等级。01 级要求最高，18 级要求最低。具体的公差值可以通过公差等级来查找(见附录)。

基本偏差：标准化了的偏差，用来确定公差带相对于零线位置的上极限偏差或下极限偏差，一般指靠近零线的那个偏差，如图 9-2-3 所示。

上极限偏差，对于孔用“ES”表示，对于轴用“es”表示；下极限偏差，对于孔用“EI”表示，对于轴用“ei”表示。

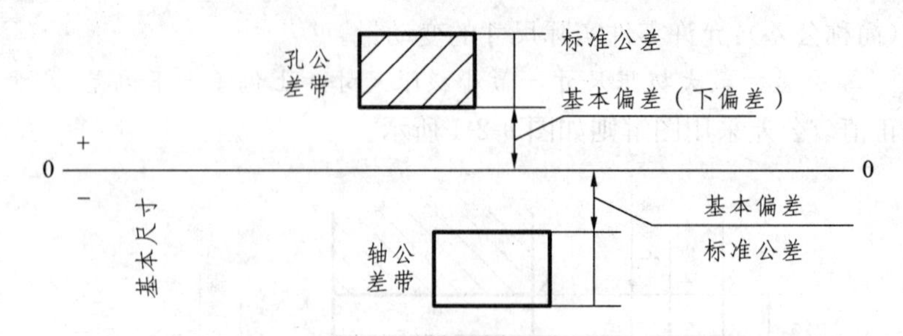

图 9-2-3　标准公差和基本偏差图示

基本偏差又分孔和轴不同情况，规定各有 28 个基本偏差，构成基本偏差系列。采用字母代号表示，如图 9-2-4 所示。除了 JS(js)系列偏差外，其他系列的偏差都是具有一个方向的基本偏差。

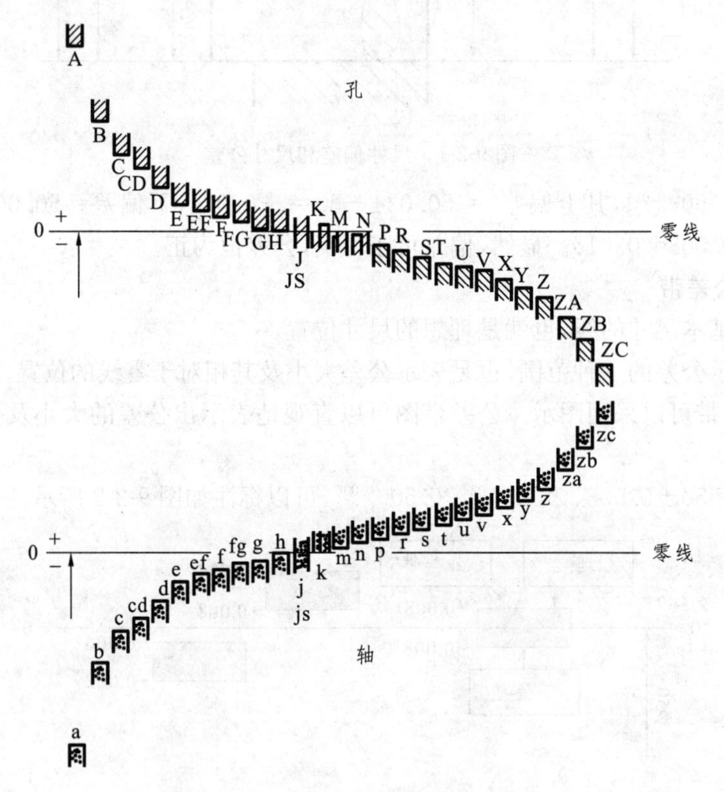

图 9-2-4　极限偏差系列示意图

对孔的基本偏差，从 A～H 为下偏差，从 J～ZC 为上偏差。JS 没有基本偏差，其上下偏差对称于零线。

对轴的基本偏差，从 a～h 为上偏差，从 j～zc 为下偏差。js 没有基本偏差，其上下偏差对称于零线。

上、下极限偏差系列确定了孔和轴的公差带位置。附录中列出了不同等级的极限偏差值。查出极限偏差值后，靠近零线的极限偏差就是基本偏差。

9.2.2　尺寸公差标注

利用标准公差和极限偏差组成一种尺寸公差，在零件图上标注尺寸公差的方法有下列几种。

① 在基本尺寸后标注出基本偏差代号和公差等级。这种方法精度明确，标注简单，但数值不直观，适用于量规检测的尺寸，如图 9-2-5 所示。

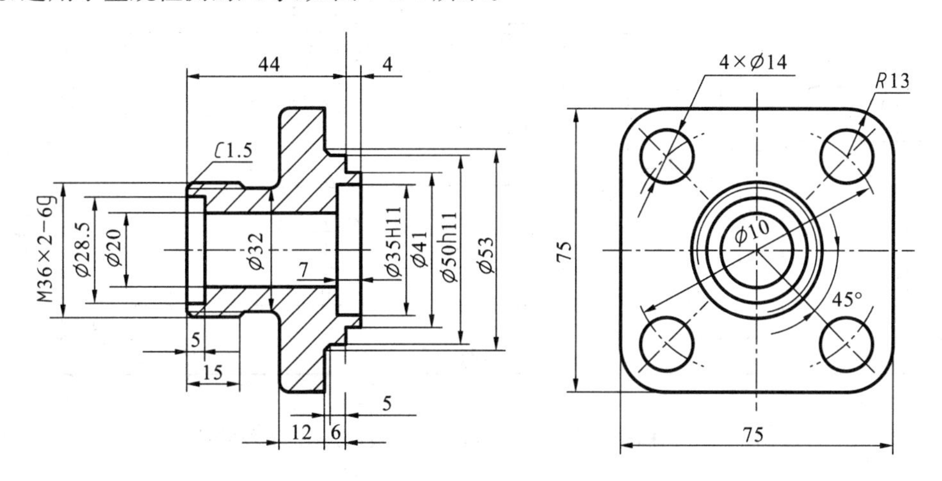

图 9-2-5　标注基本偏差代号和公差等级

② 标注出基本尺寸及上、下偏差值(常用方法)。这种方法数值直观，用万能量具检测方便，试制单件及小批生产用此法较多，如图 9-2-6 所示。

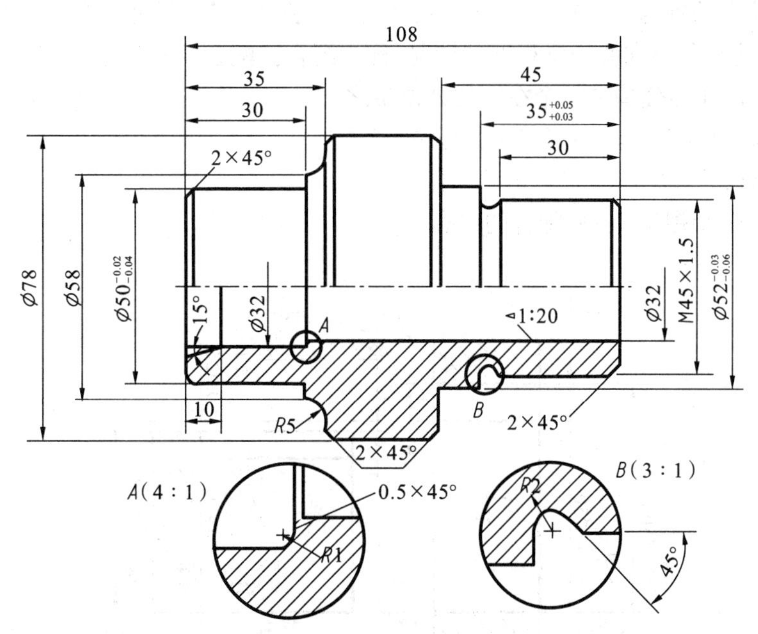

图 9-2-6　标注基本尺寸及上、下偏差值

③ 在基本尺寸后，标注出基本偏差代号，公差等级以及上、下偏差值，偏差值要加上括号。这种方法既明确配合精度又有公差数值，适用于生产规模不确定的情况，如图 9-2-7 所示。

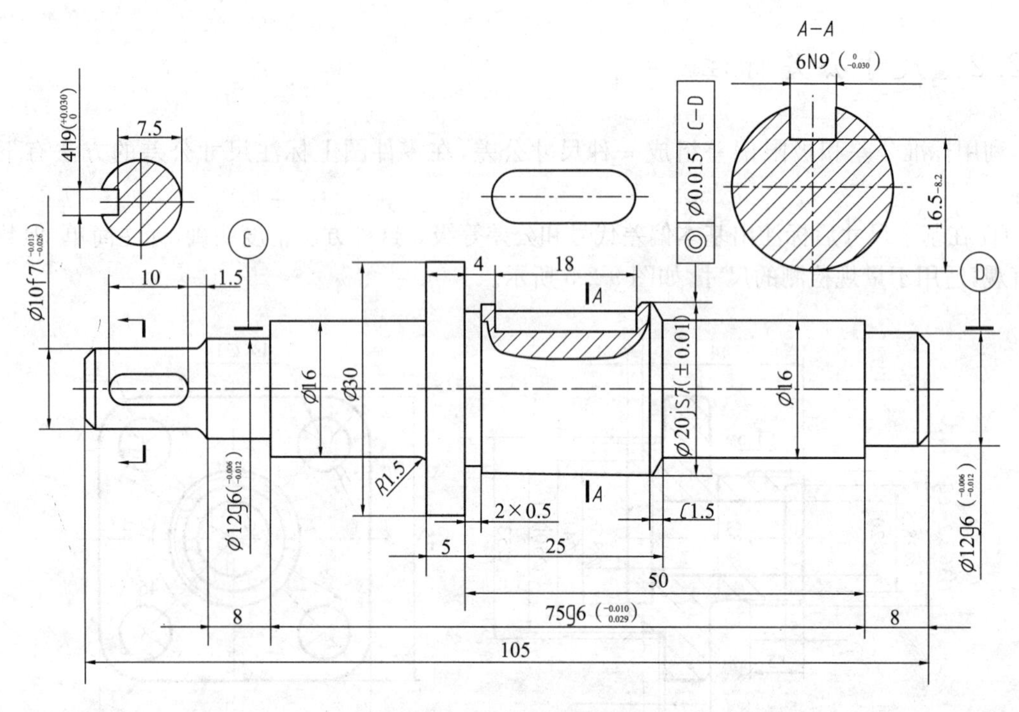

图 9-2-7　标注基本偏差代号，公差等级以及上、下偏差值

9.2.3　尺寸配合

基本尺寸相同的轴与孔（或类似于轴和孔的结构）装在一起，通过改变孔、轴公差带的大小和相互位置，以达到所要求的松紧程度的情况，称为配合。配合的种类分为以下几种：

① 间隙配合：孔的公差带完全在轴的公差带之上。

② 过盈配合：轴的公差带完全在孔的公差带之上。

③ 过渡配合：孔和轴的公差带相互交叠。

如图 9-2-8 所示说明了各种配合的状态。

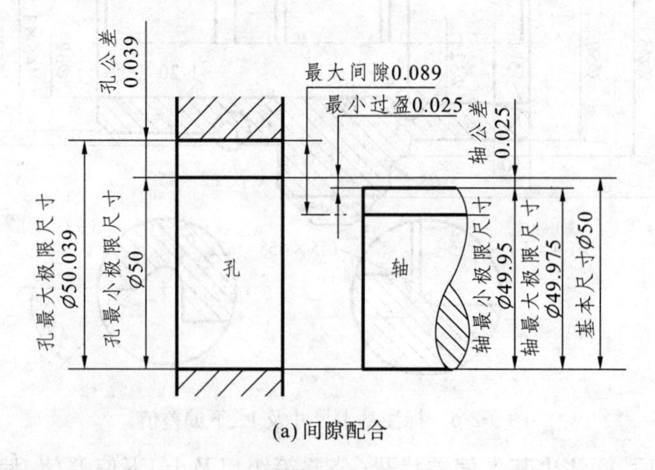

(a) 间隙配合

图 9-2-8　配合状态

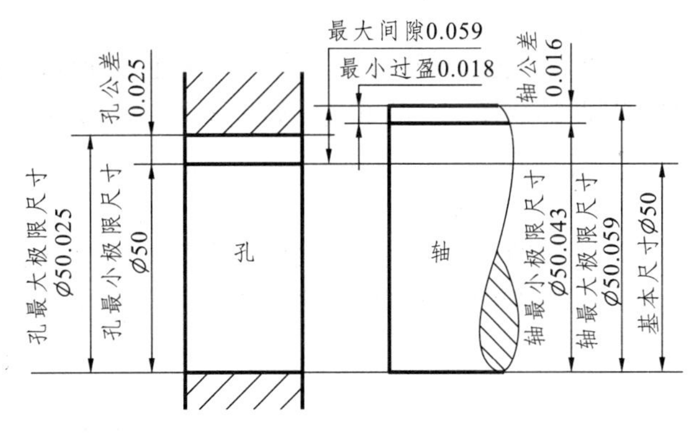

(b) 过盈配合

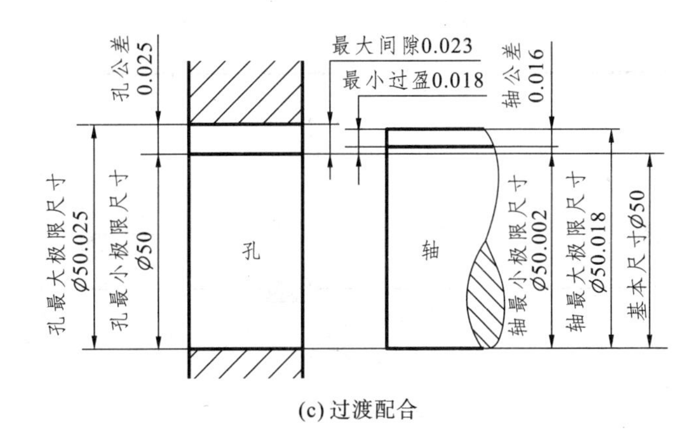

(c) 过渡配合

图 9-2-8(续) 配合状态

1. 配合间隙或过盈量的计算方法

δ=孔的实际尺寸－轴的实际尺寸

如果 $\delta \geqslant 0$ 则为间隙配合，如果 $\delta \leqslant 0$ 则为过盈配合。

对于间隙配合：

最大的间隙值＝孔的最大极限尺寸－轴的最小极限尺寸

＝孔的上偏差－轴的下偏差

最小的间隙值＝孔的最小极限尺寸－轴的最大极限尺寸

＝孔的下偏差－轴的上偏差

对于过盈配合：

最小的过盈值＝孔的最大极限尺寸－轴的最小极限尺寸

＝孔的上偏差－轴的下偏差

最大的过盈值＝孔的最小极限尺寸－轴的最大极限尺寸

＝孔的下偏差－轴的上偏差

在过渡配合中：

最大的间隙值＝孔的最大极限尺寸－轴的最小极限尺寸

＝孔的上偏差－轴的下偏差

最大的过盈值＝孔的最小极限尺寸－轴的最大极限尺寸

＝孔的下偏差－轴的上偏差

2. 配合制选择

由于配合的情况多种多样，可能会出现多种配合选择，这让设计变得更为复杂。为了统一简化，建立了基孔制和基轴制两种选择配合的方法。如果不采用这两种基制选择方法则称为自由配合制。

（1）基孔制

以孔为依据，基本偏差为一定的孔的公差带，选择不同基本偏差的轴的公差带来形成各种不同配合的制度，称为基孔制。基准孔的基本偏差代号通常选择为“H”，配合的模式如图 9-2-9 所示。

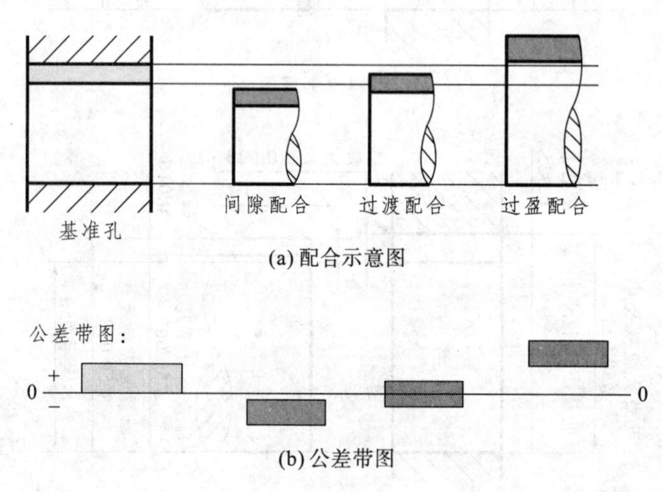

图 9-2-9 基孔制配合

在基孔制中，轴的偏差代号选择为 a～h 时，形成间隙配合；轴的偏差代号选择为 j～n 时，形成过渡配合；轴的偏差代号选择为 p～zc 通常形成过盈配合。

（2）基轴制

以轴为依据，基本偏差为一定的轴的公差带，与不同基本偏差的孔的公差带形成各种不同配合的制度，称为基轴制。基准轴的基本偏差代号通常选择为“h”，配合的模式如图 9-2-10 所示。

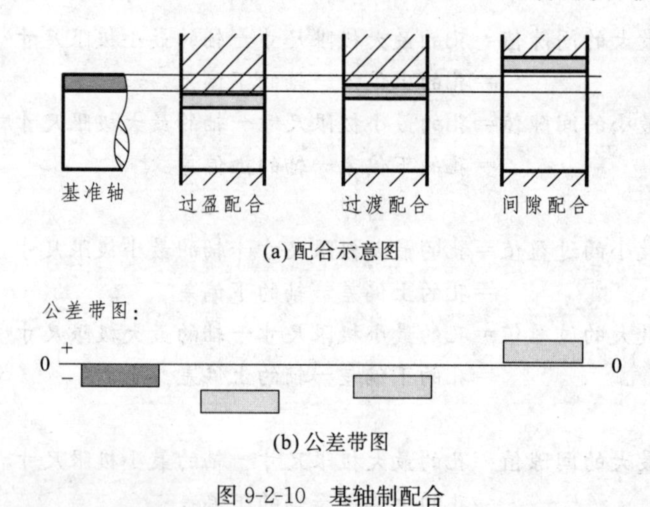

图 9-2-10 基轴制配合

在基轴制中，孔的偏差代号选择为 A～H 时，形成间隙配合；孔的偏差代号选择为 J～N 时，形成过渡配合；孔的偏差代号选择为 P～ZC 时通常形成过盈配合。

由于配合选择非常广泛，标准 GB/T 1800.1—2009 中推荐了公差和偏差的选择方法。一般情况下，优先选择基孔制，这样比较经济。表 9-2-1 给出常用的优先采用的配合选择。

表 9-2-1　优先采用的配合选择

优选孔公差带	C11、D9、F8、G7、H7、H8、H9、H11、K7、N7、P7、S7、U7
次选孔公差带	A11、B11、B12、D8、D10、D11、E8、E9、F6、F7、F9、G6、H6、H10、Js6、Js7、Js8、K6、K8、M6、M7、M8、N6、N8、P6、R6、R7、S6、T6、T7
优选轴公差带	c11、d9、f7、g6、h6、h7、h9、h11、k6、n6、p6、s6、u6
次选轴公差带	a11、b11、b12、c9、c10、d8、d10、d11、e7、e8、e9、f5、f6、f8、f9、g5、g7、h5、h8、h10、h12、js5、js6、js7、k5、k7、m5、m6、m7、n5、n7、p5、p7、r5、r6、r7、s5、s7、t5、t6、t7、u7、v6、x6、y6、z6
基孔制优选配合	H11/c11、H9/d9、H8/f7、H7/g6、H7/h6、H8/h7、H9/h9、H11/h11、H7/k6、H7/n6、H7/p6、H7/s6、H7/u6
基轴制优选配合	C11/h11、D9/h9、F8/h7、G7/h6、H7/h6、H8/h7、H9/h9、H11/h11、K7/h6、N7/h6、P7/h6、S7/h6、U7/h6

当与标准零件配合时，基准制的选择依据标准件的要求，如轴与轴承配合要选择基孔制，而轴承与座配合则要选择基轴制。特殊情况下可以自由选择配合基制。

公差等级的选择需要根据零件的要求来定。通过标准可以查找配合公差的具体数值，见附录。

9.2.4　尺寸配合的标注

配合的标注需要标明两个零件的公差要求。通常情况下按如下方式标注：

（1）基孔制的标注形式

$$基本尺寸\frac{基准孔代号(H)+公差等级}{轴的基本偏差代号+公差等级}$$

（2）基轴制的标注形式

$$基本尺寸\frac{孔的基本偏差代号+公差等级}{基准轴代号(h)+公差等级}$$

（3）自由制的标注形式

$$基本尺寸\frac{孔的基本偏差代号+公差等级}{轴代号+公差等级}$$

例如，如图 9-2-11 所示的基孔制的配合和如图 9-2-9 所示的基轴制的配合。

图 9-2-11 中，配合尺寸$\varnothing 30\ \frac{H8}{f7}$，通过查标准可以知道是基孔制的间隙配合，而$\varnothing 40\ \frac{H7}{n6}$是基孔制的过渡配合。

在图 9-2-12 中，配合尺寸$\varnothing 12\ \frac{F8}{h7}$通过查找标准知道是基轴制的间隙配合，而$\varnothing 12\ \frac{J8}{h7}$是基

轴制过渡配合。

图 9-2-13 所示的是滚动轴承的配合标注方法。

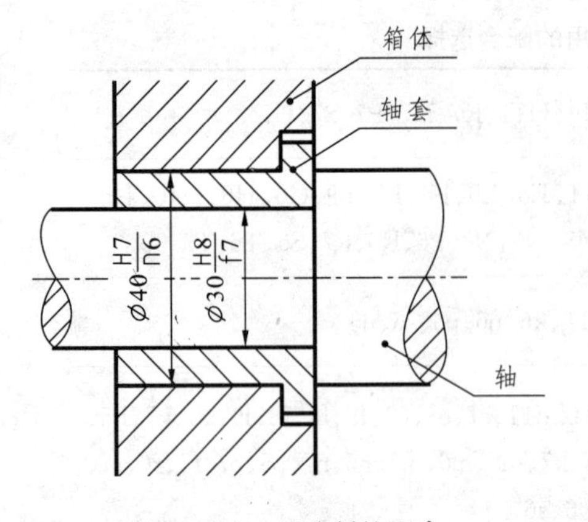

箱体
轴套
轴
Ø40 H7/n6
Ø30 H8/f7

图 9-2-11　基孔制的配合

Ø12 F8/h7
Ø12 J8/h7

图 9-2-12　基轴制的配合

Ø55JS7
Ø30k6

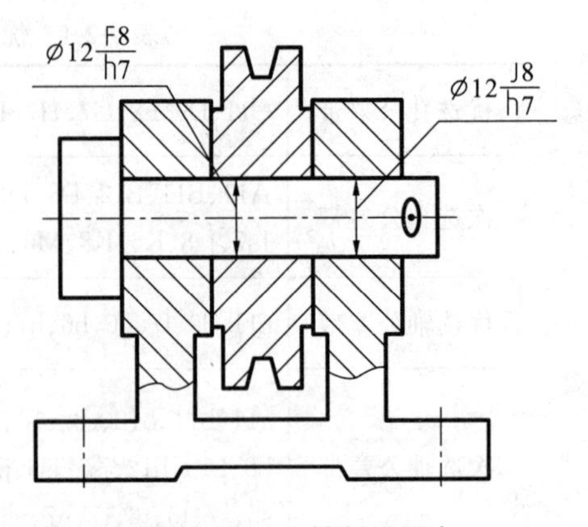

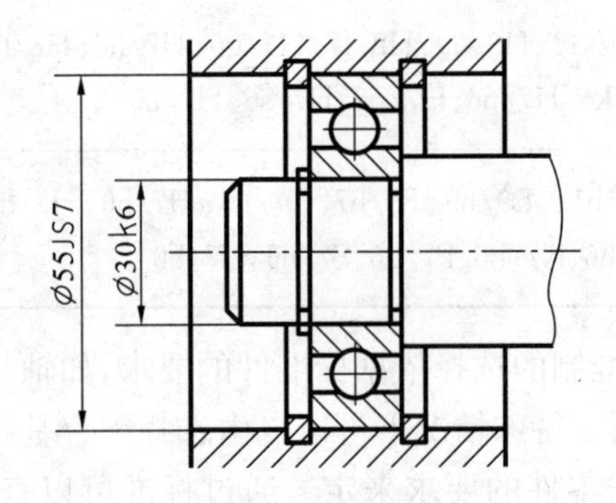

图 9-2-13　滚动轴承配合标注

除了前面讲的基本标注形式外，还可采用下面的一些标注形式，如图 9-2-14 所示。

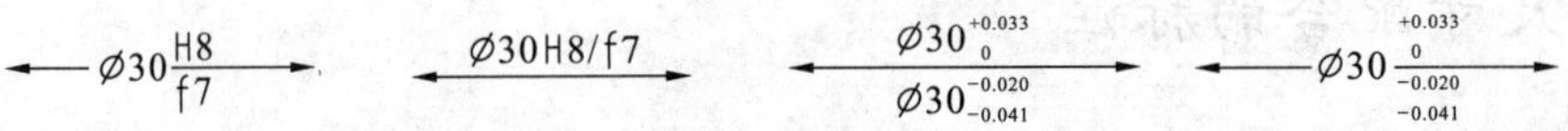

Ø30 H8/f7
Ø30H8/f7
Ø30 +0.033 0
Ø30 −0.020 −0.041
Ø30 +0.033 0 / −0.020 −0.041

图 9-2-14

9.3　形状与位置公差

零件上被测要素的实际形状相对其理想形状的变动量称为形状误差，形状误差的最大允许值称为形状公差。零件上被测要素的实际位置相对其理想位置的变动量称为位置误差，位置误差的最大允许值称为位置公差。形状和位置公差又称为形位公差。此外，还有方向公差和跳动公差。形位公差、方向公差和跳动公差总称为几何公差。

9.3.1　形状与位置公差标注

标准 GB/T 1182—2008 规定了形位公差的标注方法，如图 9-3-1 所示。图 9-3-2 显示了典型的形位公差的标注例子。

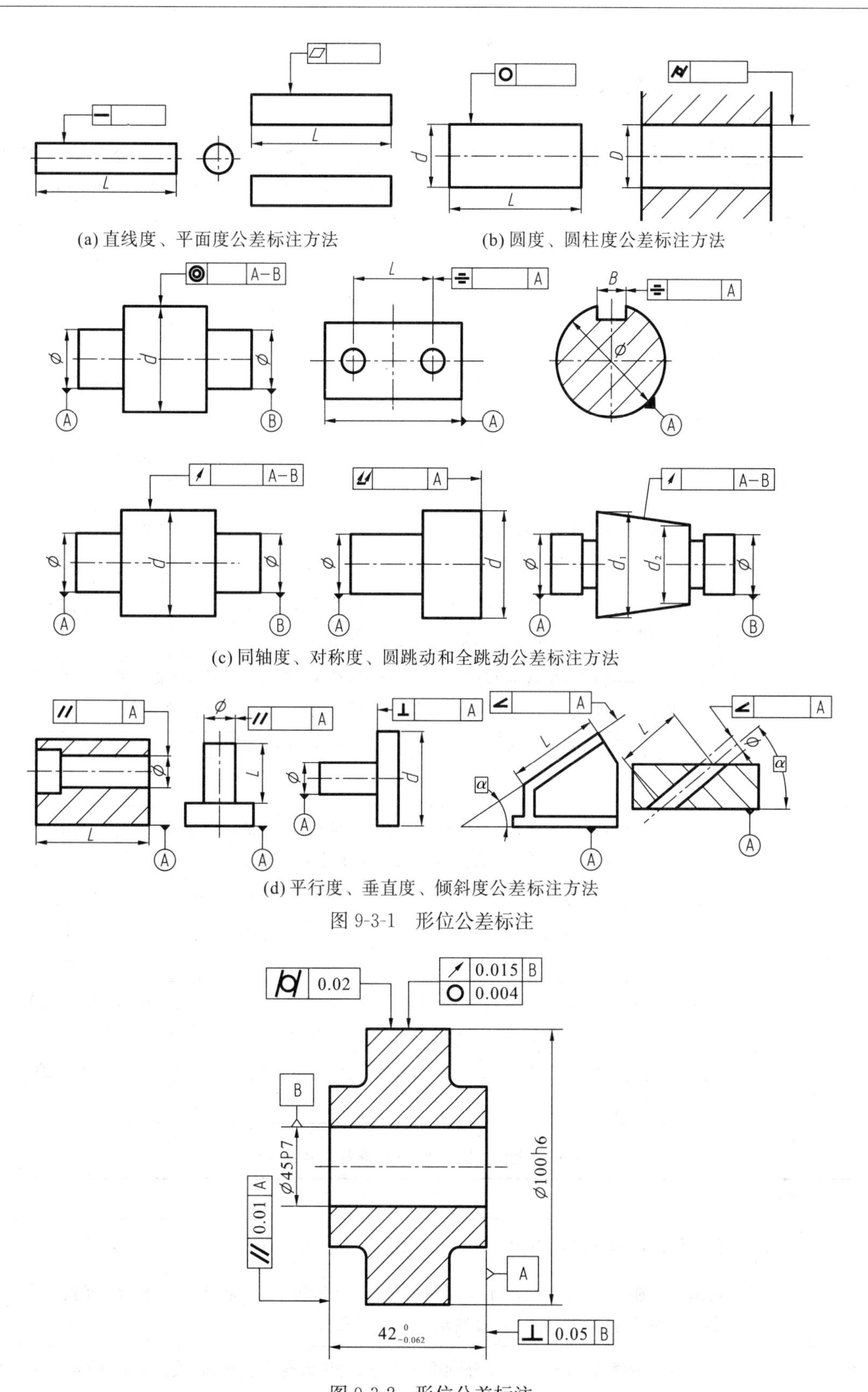

(a) 直线度、平面度公差标注方法　(b) 圆度、圆柱度公差标注方法

(c) 同轴度、对称度、圆跳动和全跳动公差标注方法

(d) 平行度、垂直度、倾斜度公差标注方法

图 9-3-1　形位公差标注

图 9-3-2　形位公差标注

9.3.2 形状与位置公差应用

形位公差按级给出数值。标准GB/1184—1996规定了未注公差值和标注公差值。未注公差值指图中不标明公差,而直接参考标准规定的公差值。标注公差值是指在图中直接标明公差大小。附录中给出了形位公差标准评定值。各种等级的形位公差的推荐适用场合见表9-3-1至表9-3-4。

表9-3-1 直线度、平面度公差等级推荐适用场合

公差等级	应用举例
1、2	用于精密量具、测量仪器和精度要求极高的精密机械零件,如高精度量规、样板平尺、工具显微镜等精密测量仪器的导轨面,喷油嘴针阀体端面等高精度零件
3	用于0级及1级宽平尺的工作面、1级样板平尺的工作面、测量仪器圆弧导轨、测量仪器测杆等
4	用于量具、测量仪器和高精度机床的导轨,如0级平板、测量仪器的V形导轨、高精度平面磨床的V形滚动导轨、轴承磨床床身导轨、液压阀芯等
5	用于1级平板、2级宽平尺、平面磨床的纵导轨/垂直导轨/立柱导轨及工作台、液压龙门刨床和转塔车床床身导轨以及柴油机进/排气门导杆
6	用于普通机床导轨面,如普通车床、龙门刨床、滚齿机、自动车床等的床身导轨、立柱导轨,滚齿机、卧式镗床、铣床的工作台及机床主轴箱导轨,柴油机体结合面等
7	用于2级平板、0.02游标卡尺尺身、机床床头箱体、摇臂钻床底座工作台、镗床工作台、液压泵盖
8	用于机床传动箱体/挂轮箱体、车床溜板箱体/主轴箱体、柴油机气缸体/连杆分离面/缸盖结合面、汽车发动机缸盖/曲轴箱体及减速箱箱体的结合面
9	用于3级平板、机床溜板箱、立钻工作台、螺纹磨床的挂轮架、金相显微镜的载物台、柴油机气缸体/连杆的分离面/缸盖的结合面/阀片、空气压缩机的气缸体/液压管件和法兰的连接面
10	用于3级平板、自动车床床身底面、车床挂轮架、柴油机气缸体、摩托车曲轴箱体、汽车变速箱箱体、汽车发动机缸盖结合面、阀片以及辅助机构及手动机械的支承面
11、12	用于易变形的薄片、薄壳零件,如离合器摩擦片、汽车发动机缸盖的结合面、手动机械支架、机床法兰等

表9-3-2 圆度、圆柱度公差推荐适用场合

公差等级	应用举例
1	高精度量仪主轴、高精度机床主轴、滚动轴承滚珠和滚柱等
2	精密量仪主轴/外套/阀套、高压油泵柱塞及套、纺锭轴承、高速柴油机进/排气门、精密机床主轴轴颈、针阀圆柱表面、喷油泵柱塞及柱塞套
3	小工具显微镜套管外圆、高精度外圆磨床轴承、磨床砂轮主轴套筒、喷油嘴针阀体、高精度微型轴承内/外圈

续表

公差等级	应　用　举　例
4	较精密机床主轴、精密机床主轴箱孔、高压阀门活塞/活塞销/阀体孔、小工具显微镜顶针、高压油泵柱塞、较高精度滚动轴承配合的轴、铣床动力头箱体孔
5	一般量仪主轴/测杆外圆、陀螺仪轴颈、一般机床主轴、较精密机床主轴箱孔、柴油机/汽油机活塞/活塞销孔、铣床动力头、轴承箱座孔、高压空气压缩机十字头销/活塞、较低精度滚动轴承配合的轴
6	仪表端盖外圆、一般机床主轴及箱孔、中等压力液压装置工作面(包括泵、压缩机的活塞和气缸)、汽车发动机凸轮轴、纺机锭子、通用减速器轴颈、高速船用发动机曲轴、拖拉机曲轴主轴颈
7	大功率低速柴油机曲轴/活塞/活塞销/连杆/气缸、高速柴油机箱体孔、千斤顶或压力油缸活塞、液压传动系统的分配机构、机车传动轴、水泵及一般减速器轴颈
8	低速发动机/减速器/大功率曲柄轴轴颈、压气机连杆盖/体、拖拉机气缸体/活塞、炼胶机冷铸轴辊、印刷机传墨辊、内燃机主轴、柴油机机体孔/凸轮轴、拖拉机及小型船用柴油机气缸套
9	空气压缩机缸体、液压传动筒、通用机械杠杆/拉杆与套筒销子、拖拉机活塞环/套筒孔
10	印染机导布辊、绞车/吊车/起重机滑动轴承轴颈等

表 9-3-3　同轴度、对称度、圆跳动和全跳动公差推荐适用场合

公差等级	应　用　举　例
1～4	用于同轴度或旋转精度要求较高的零件，一般需要按尺寸公差 IT5 级或高于 IT5 级制造的零件。1、2 级用于精密测量仪器的主轴和顶尖，柴油机喷油嘴针阀等；3、4 级用于机床主轴轴颈，砂轮轴轴颈，汽轮机主轴，测量仪器的小齿轮轴，高精度滚动轴承内、外圈等
5～7	应用范围较广的精度等级，用于精度要求比较高，一般按尺寸公差 IT6 级或 IT7 级制造的零件。5、6 级精度常用于机床轴颈、测量仪器的测量杆、汽轮机主轴、柱塞液压泵转子、高精度滚动轴承外圈、一般精度轴承内圈；7 级精度用于内燃机主轴、凸轮轴轴颈、水泵轴、齿轮轴、汽车后桥输出轴、电动机转子、P0 级精度滚动轴承内圈、印刷机传墨辊等
8～10	用于制造一般精度要求，通常按尺寸公差 IT9～IT10 级制造的零件。8 级精度用于拖拉机发动机分配轴轴颈，9 级精度以下用于齿轮轴的配合面、水泵叶轮、离心泵泵体、棉花精梳机前后滚子；9 级精度用于内燃机气缸套配合面、自行车中轴；10 级精度用于摩托车活塞、印染机导布辊、内燃机活塞环槽底径对活塞中心、气缸套外圈对内孔等
11～12	用于无特殊要求，一般按尺寸精度 IT12 级制造的零件

表 9-3-4　平行度、垂直度、倾斜度公差推荐适用场合

公差等级	应用举例	
	平行度	垂直度和倾斜度
1	高精度机床、测量仪器以及量具等的主要基准面和工作面	
2、3	精密机床、测量仪器、量具以及模具的基准面和工作面、精密机床上的重要箱体主轴孔对基准面、尾座孔对基准面	精密机床导轨/普通机床主要导轨/机床主轴轴向定位面、精密机床主轴肩端面、滚动轴承座圈端面、齿轮测量仪的心轴、光学分度头心轴、涡轮轴端面、精密道具/量具的基准面和工作面
4、5	普通机床/测量仪器/量具以及模具的基准面和工作面、高精度轴承座圈/端盖/挡圈的端面、机床主轴孔对基准面、重要的轴承孔对基准面、床头箱体重要孔间、一般减速箱箱体孔、齿轮泵的轴孔端面等	普通机床导轨、精密机床重要零件、机床重要支承面、普通机床主轴偏摆、发动机轴和离合器的凸缘、气缸的支承端面、装 P4/P5 级轴承的箱体的凸肩、液压传动轴瓦端面、量具/量仪的重要端面
6～8	一般机床零件的工作面或基准、压力机和锻锤的工作面、中等精度钻模的工作面、一般刀具/量具/模具、机床一般轴承孔对基准面、床头箱一般孔间、变速器箱孔、主轴花键对定心直径、重型机械轴承盖的端面、卷扬机/手动传动装置中的传动轴、气缸轴线	低精度机床主要基准面和工作面、一般导轨、主轴箱体孔/刀架/砂轮架及工作台回转中心、机床轴肩、气缸配合面对其轴线、活塞销孔对活塞中心线以及装 P6/P0 级轴承壳体孔的轴线孔
9、10	低精度零件、重型机械滚动轴承端面、柴油机和煤气发动机的曲轴箱/轴颈等	花键轴轴肩端面、带式运输机法兰盘端面/对轴心线、手动卷扬机及传动装置中轴承端面、减速器壳体平面等
11、12	零件的非工作面、卷扬机/运输机上用的减速器壳体平面	农业机械齿轮端面等

9.4　表面结构质量

零件的技术要求是指零件加工完成后需要达到的质量要求。因此，每个零件都应该有技术要求，只是有时零件比较简单，所以省略标注技术要求。零件图中的技术要求包括：① 表面质量要求；② 形状与位置误差要求；③ 极限与配合。

根据标准 GB/T 131—2006，零件表面结构的质量要求包括：表面粗糙度、表面波纹度、表面纹理、表面缺陷以及表面几何形状的总的要求。表面粗糙度是最主要的质量要求。

9.4.1　表面粗糙度参数

表面粗糙度表示零件表面的微观峰谷的不平度，是衡量零件质量的标准之一，对零件的配合、耐磨程度、抗疲劳强度、抗腐蚀性及外观等都有影响。

加工表面上一定间距内峰、谷所组成的微观几何形状特性称为表面粗糙度，如图 9-4-1 所示是放大后的表面轮廓。

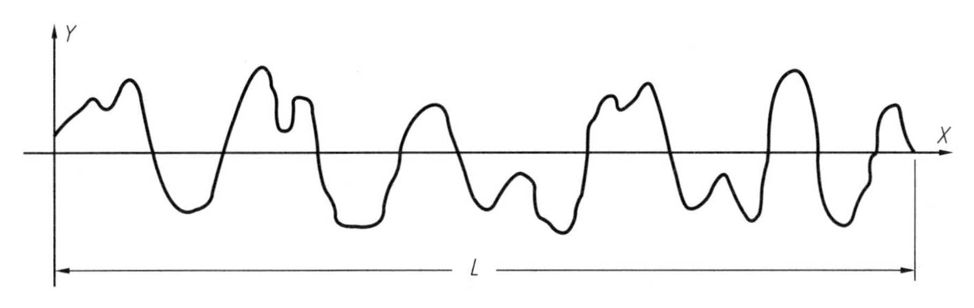

图 9-4-1　表面轮廓放大示意图

表面粗糙度的评定需要确定表面的取样长度的测量粗糙度参数值。通常采用轮廓算术平均值作为粗糙度参数，也有采用轮廓最大高度的。

1. 轮廓算术平均偏差 R_a

在取样长度为 L 的表面上，定义轮廓算术平均偏差为：

$$R_a = \frac{1}{L}\int_0^L |\ y(x)\ |\ \mathrm{d}x$$

实际计算中采用近似计算方法为：

$$R_a = \frac{1}{n}\sum_{i=1}^{n} |\ y_i\ |$$

2. 轮廓最大高度 R_z

表面轮廓最大高度定义为：

$$R_z = \max(y) - \min(y)$$

如图 9-4-2 所示。

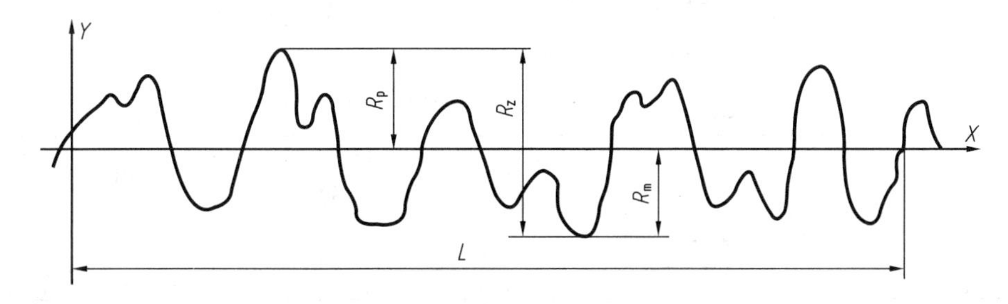

图 9-4-2　表面轮廓高度示意图

3. 表面粗糙度的值

标准 GB/T 1031—2009 给出表面粗糙度的评定取值。表面粗糙度参数的单位是微米。常用 R_a 的范围为 0.025～6.3 μm，R_z 的范围为 0.1～25 μm。表 9-4-1 给出了主要的粗糙度评定值，此外还有补充系列值。

表 9-4-1　评定面粗糙度参数值(摘自 GB/T 1031—2009)　(单位:μm)

轮廓算术平均偏差 R_a	0.012	0.025	0.05	0.1	0.2
	0.4	0.8	1.6	3.2	6.3
	12.5	25	50	100	
轮廓最大高度 R_z	0.025	0.05	0.1	0.2	0.4
	0.8	1.6	3.2	6.3	12.5
	25	50	100	200	
R_a(μm)	≥0.008～0.02	>0.02～0.1	>0.1～2.0	>2.0～10.0	>10.0
取样长度 l(mm)	0.08	0.25	0.8	2.5	8.0

9.4.2　表面粗糙度的标注方法

表面粗糙度符号和标注方法由标准作出了规定。标准 GB/T 131—2006 规定的表面粗糙度符号如表 9-4-2 所示。但 2006 年以前的标准规定的粗糙度符号标注有所不同,采用旧标准的图纸也在使用。因此,这里给出对照说明。完整的粗糙度标注符号如表 9-4-3 所示。

表 9-4-2　表面粗糙度符号与纹理符号

符　号		意　义　说　明
1		实际使用的粗糙度符号,同时标注参数值
		表示所有表面具有相同的粗糙度
2	=	纹理平行于视图的投影面
3	⊥	纹理垂直于视图的投影面
4	X	纹理呈现交叉且与视图的投影面相交
5	M	纹理呈现多方向
6	C	纹理呈现近似同心圆
7	R	纹理呈现放射状且与表面圆心相关
8	P	纹理呈现微粒、凸起、无方向

表 9-4-3　新旧粗糙度标注对照

粗糙度图形标注 GB/T 131—2006	粗糙度图形标注 GB/T 131—1993	说　明
R_a1.6	1.6	采用去材料，单向上限，轮廓算术平均偏差为 1.6 μm，取样长度为 5 个取样程度，允许 16%超差规则
R_z3.2	R_y3.2	采用去材料，单向上限，轮廓最大高度为 3.2 μm，取样长度为 5 个取样程度，允许 16%超差规则
UR_a3.2 LR_a1.6	3.2 1.6	采用去材料，上限轮廓算术平均偏差为 3.2 μm，下限轮廓算术平均偏差为 1.6 μm，取样长度为 5 个取样程度，允许 16%超差规则
0.025−0.8R_a1.6	没有	采用去材料，单向上限，轮廓算术平均偏差为 1.6 μm，传输带 0.025～0.8 mm，取样长度为 5 个取样程度，允许 16%超差规则
铣 R_a1.6 R_z3.2 M	1.6　铣 R_y3.2 M	采用铣削加工，轮廓算术平均偏差为 1.6 μm，轮廓最大高度为 3.2 μm，取样长度为 5 个取样程度，允许 16%超差规则，默认传输带
$UR_{a\,max}$3.2 LR_a0.8	3.2 max 0.8	不去材料，最大上限轮廓算术平均偏差为 3.2 μm，下限轮廓算术平均偏差为 1.6 μm，取样长度为 5 个取样程度，允许 16%超差规则

表面粗糙度的标注方法是：粗糙度符号中的数字方向应与尺寸数字的方向一致，符号的尖端必须从材料外指向表面。在同一图样上每一表面只注一次粗糙度符号，且应注在可见轮廓线、尺寸界线、引出线或它们的延长线上，并尽可能靠近有关尺寸线。当零件的大部分表面具有相同的粗糙度要求时，对其中使用最多的一种可统一标注在图纸上。在不同方向的表面上标注时，代号中的数字及符号的方向必须按图的规定标注。

图 9-4-3 为典型的结构表面粗糙度标注方法。更多的标注内容可以查看标准 GB/T 131—2006。

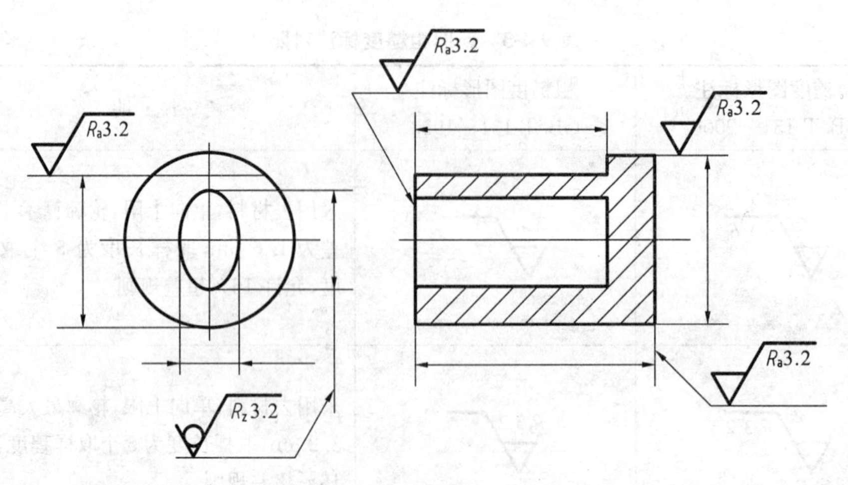

图 9-4-3　表面粗糙度标注

9.5　制图测绘方法

在有些情况下，零件图是通过测绘实际零件得到的。因此，需要掌握基本的测绘方法，特别是现代利用反求技术可以精确测绘产品的结构形状和尺寸，再绘制产品图。

1. 测量工具

零件测绘用到的工具主要有：

游标卡尺：用途最广泛的测量长度的工具，也可以测量内径和外径。

千分卡尺：精度比较高的测量直径的工具。

规尺：主要用于比对尺寸。

角度尺、直尺和其他辅助工具。

表 9-5-1 所示是几种测量工具和它们的使用状态。

表 9-5-1　测量工具

项目	测量图示与说明	项目	测量图示与说明
直线尺寸测量	直线尺寸可用钢直尺或游标卡尺直接测量	直径尺寸测量	直径尺寸可用内、外卡钳间接测量或用游标卡尺直接测量

续表

项目	测量图示与说明	项目	测量图示与说明
壁厚尺寸测量	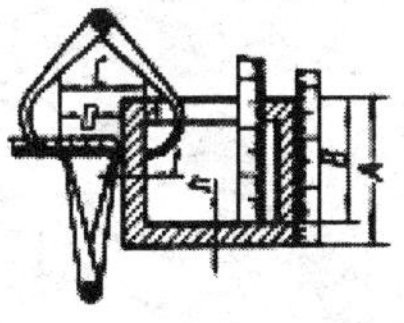 $t=C-D$　$h=A-B$ 壁厚尺寸可用钢直尺测量，如底壁厚度 $h=A-B$；或用外卡钳和钢直尺配合测量。如左侧壁的厚度 $t=C-D$	孔距尺寸测量	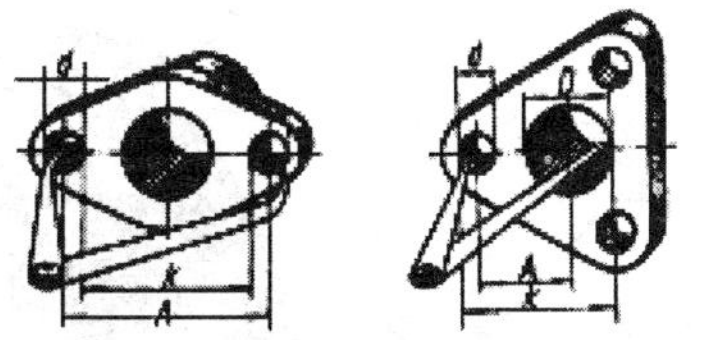 $A=h+d$　$A=k-(D+d)/2$ 孔间距可用内、外卡钳和钢直尺结合测量

2. 测绘步骤

① 了解零件的名称、特征、材料、用途等。

② 选择合适的视图表达方案，这对测量有很大的帮助，可以减少不必要的麻烦。

③ 测量零件尺寸，包括长度测量、直径测量、角度测量、中心距测量（采用辅助工具）、圆角测量、螺纹测量等。

④ 记录数据。

⑤ 绘制零件图。

9.6　典型产品与零件测绘实例

本节主要介绍典型机械产品测绘实例，并由装配图拆画零件图。

1. 一级圆柱齿轮减速器测绘实例

画装配图之前，要对产品的结构特征做仔细分析，抓住产品的主要外形特点。测量外形尺寸和关键部位的尺寸，做好记录。选择好投影方向和合适的三视图。想好图纸的视图布局、定位，留好标题栏和明细栏的位置。采用适当的表达方法画装配图。图 9-6-1 所示的是减速器的立体图。

由装配图拆分零件图的过程为，从装配图中，选择需要绘制零件图的零件，具体确定零件的形状、尺寸和结构细节。确定零件的各投影方向和基本视图，在图中选择好视图布局。根据需要采用适当的表达方法，确定零件的材料、技术要求等。图 9-6-2 是圆柱齿轮减速器装配图，图 9-6-3 是圆柱齿轮轴部件装配图，图 9-6-4 是齿轮减速器上盖零件图，图 9-6-5 是齿轮减速器箱体零件图。

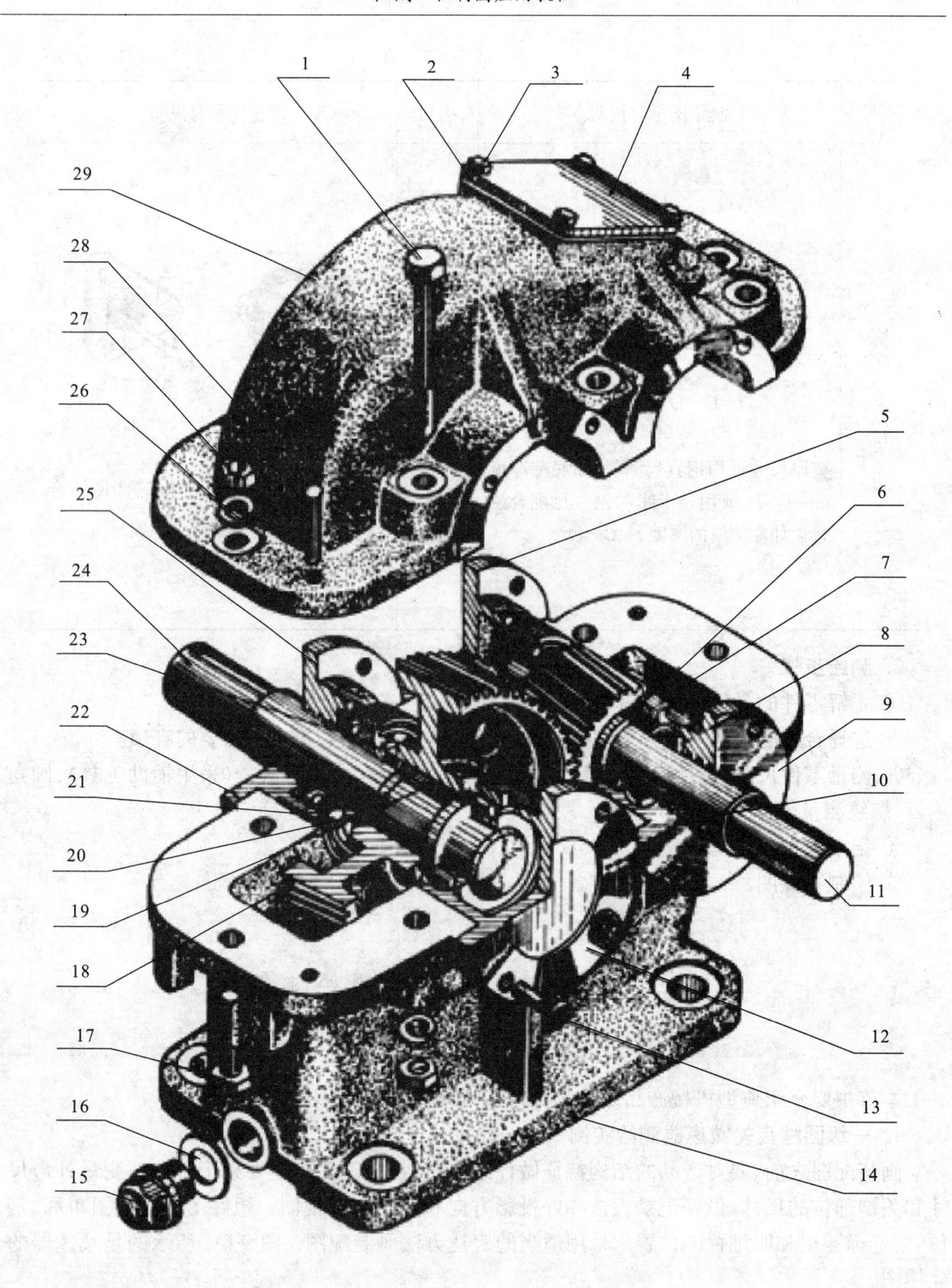

1、3、13、17—螺栓　2—垫片　4—视孔盖　5—端盖　6—挡油环　7、21—滚动轴承　8、23—甩油环
9、25—可通端盖　10、22—调整垫片　11—齿轮轴　12—端盖　14—箱座　15—螺塞　16、26—垫圈
18—齿轮　19—键　20—定距环　24—轴　27—螺母　28—销　29—箱盖

图 9-6-1　圆柱齿轮减速器立体图

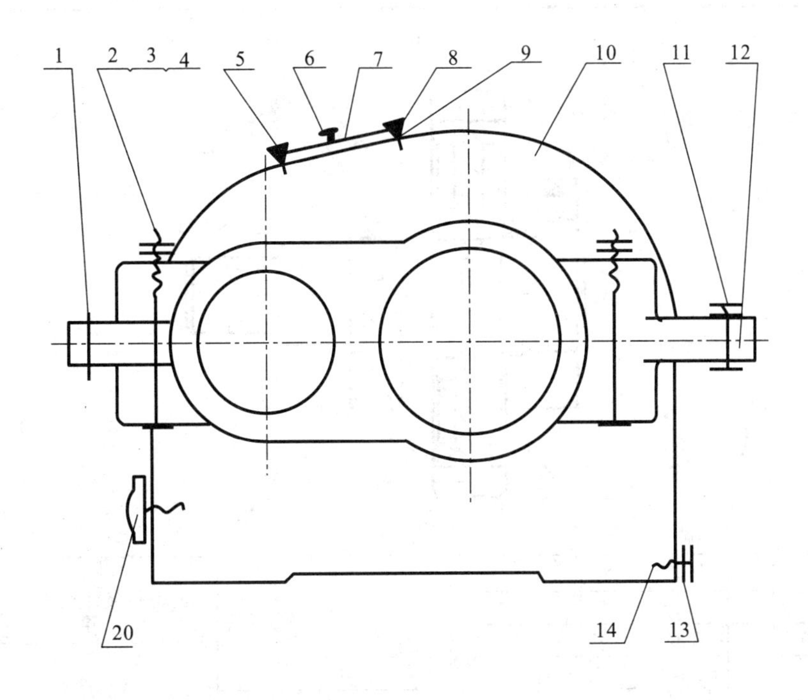

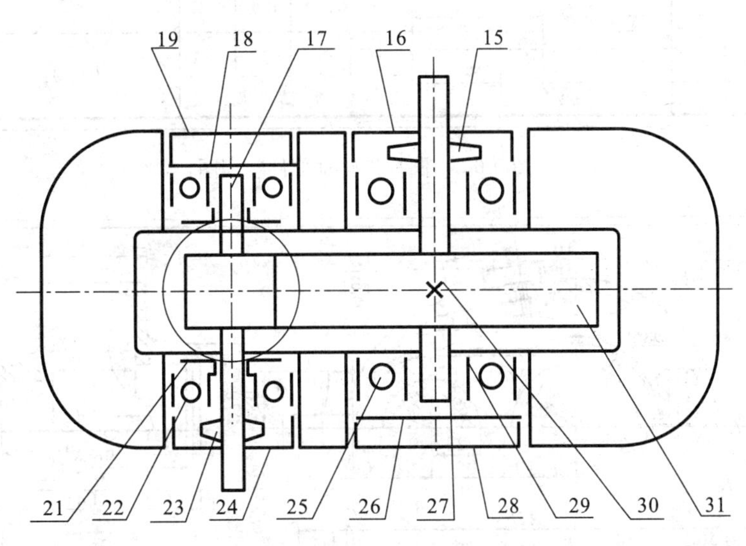

图 9-6-2　圆柱齿轮减速器装配图

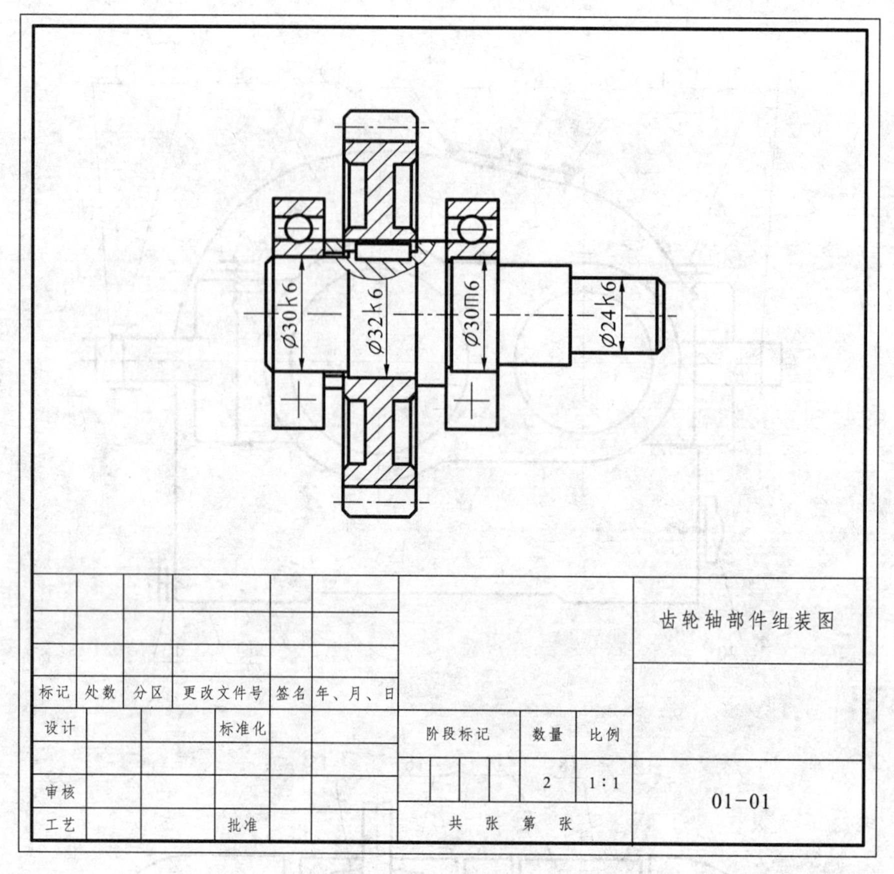

图 9-6-3　圆柱齿轮轴部件装配图

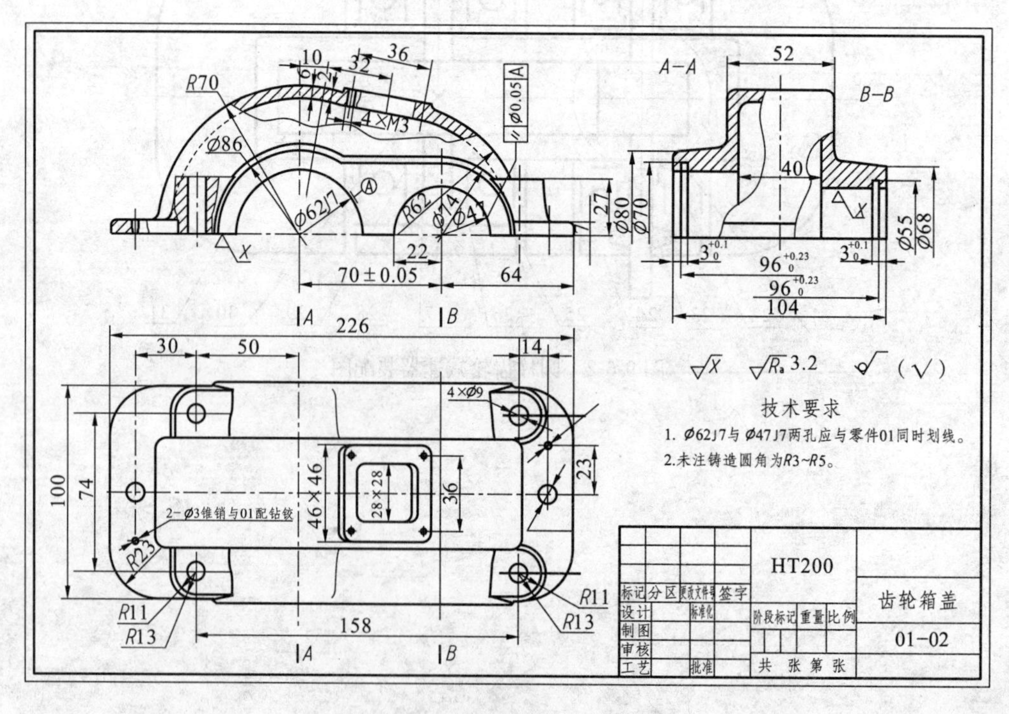

图 9-6-4　圆柱齿轮上盖零件图

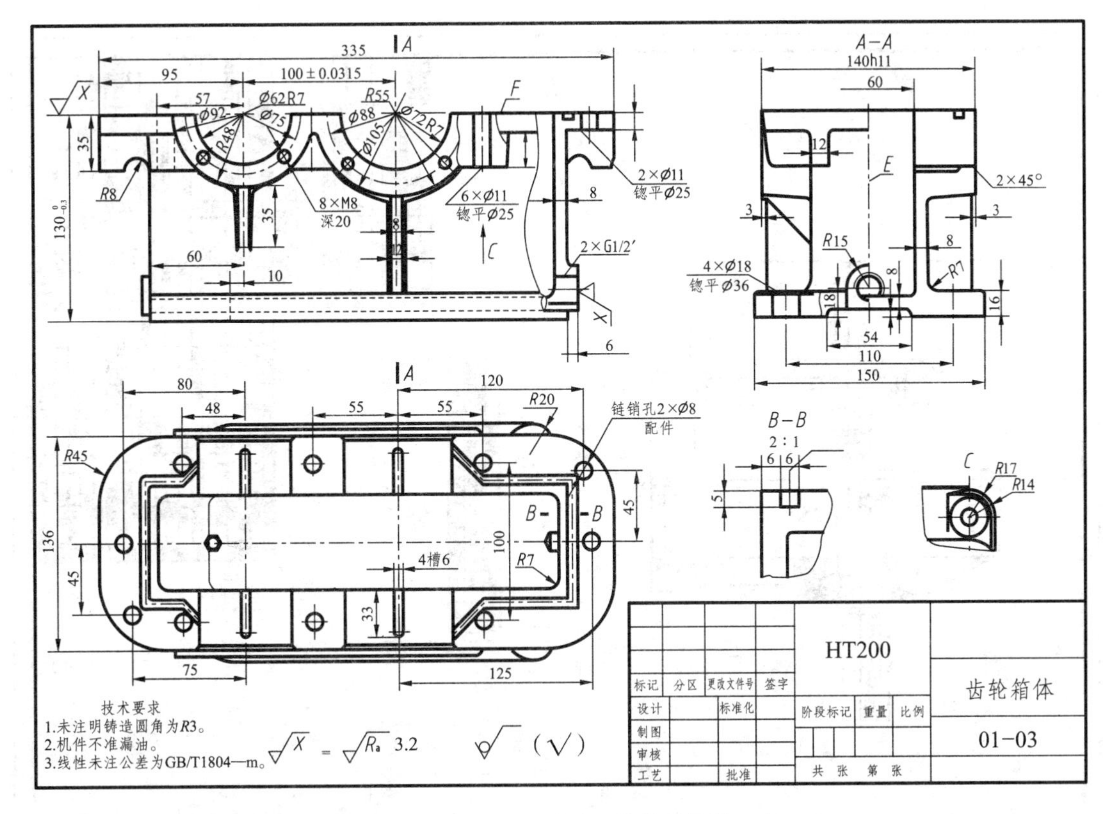

图 9-6-5　圆柱齿轮下箱体零件图

2. 二级圆柱齿轮减速器测绘实例

二级圆柱齿轮减速器测绘如图 9-6-6、图 9-6-7 所示。

图 9-6-6　二级圆柱齿轮减速器立体图

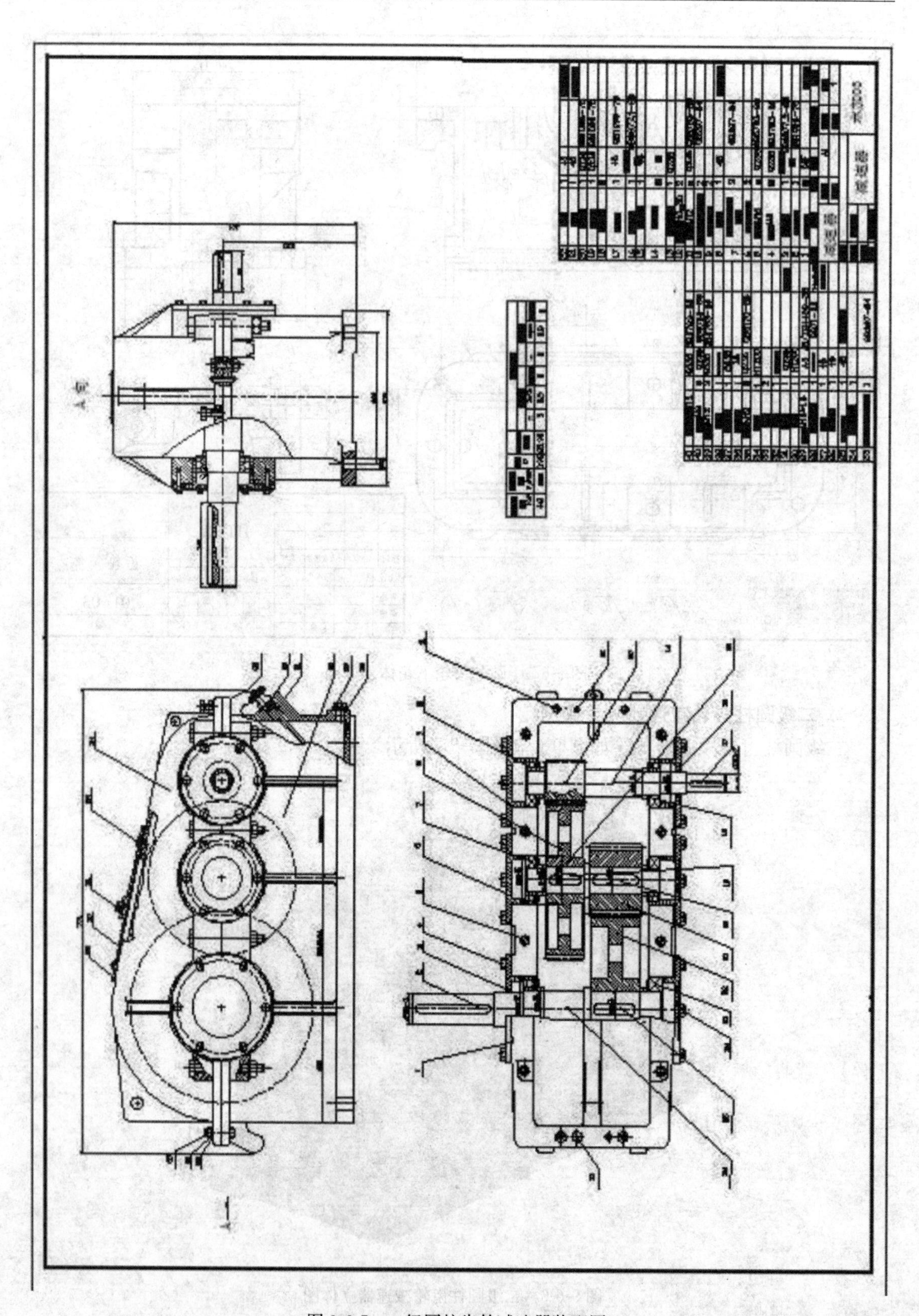

图 9-6-7　二级圆柱齿轮减速器装配图

3. 铣床主轴测绘实例

铣床主轴测绘如图 9-6-8、图 9-6-9 所示。

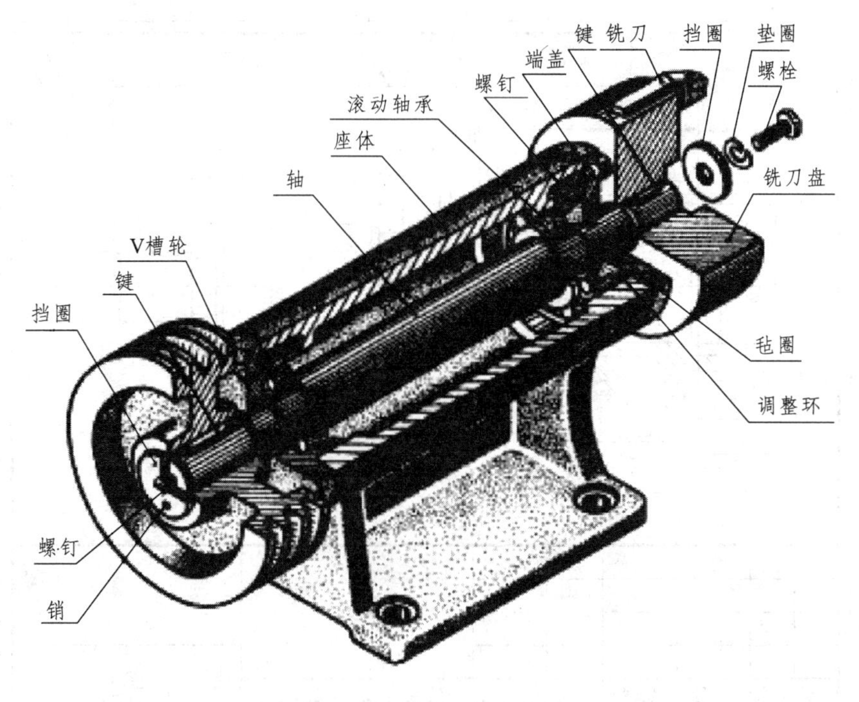

图 9-6-8　铣床主轴立体图

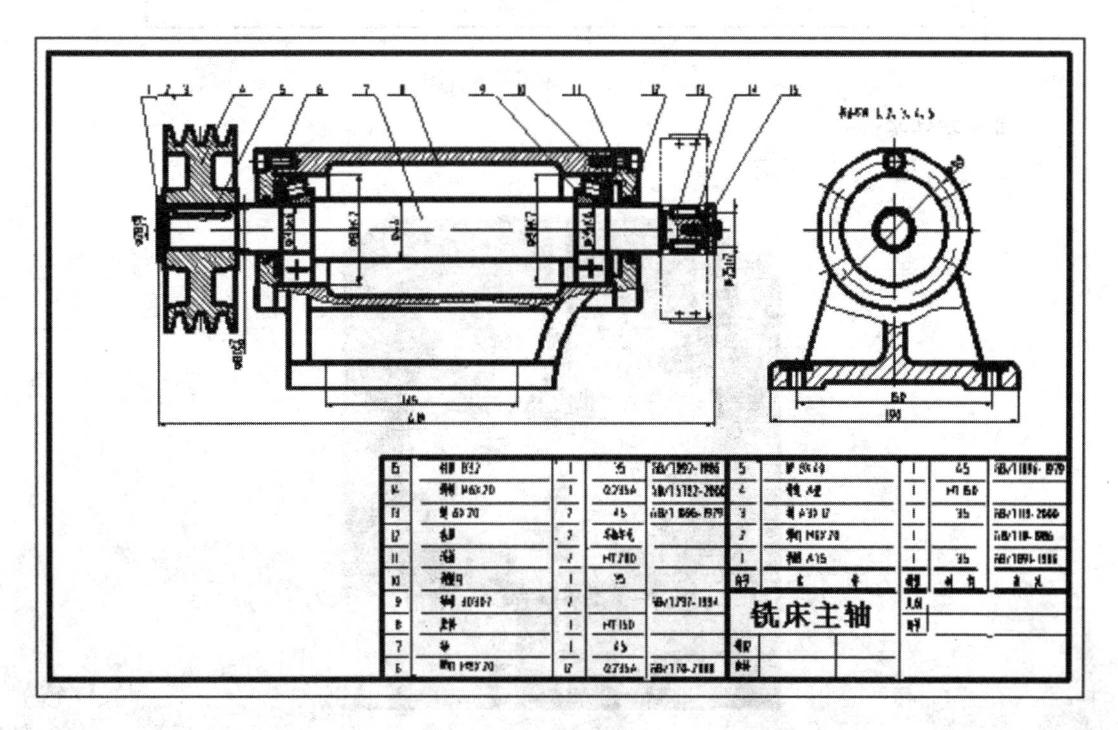

图 9-6-9　铣床主轴装配图

4. 铣床刀柄零件图

铣床刀柄零件图如图 9-6-10 所示。

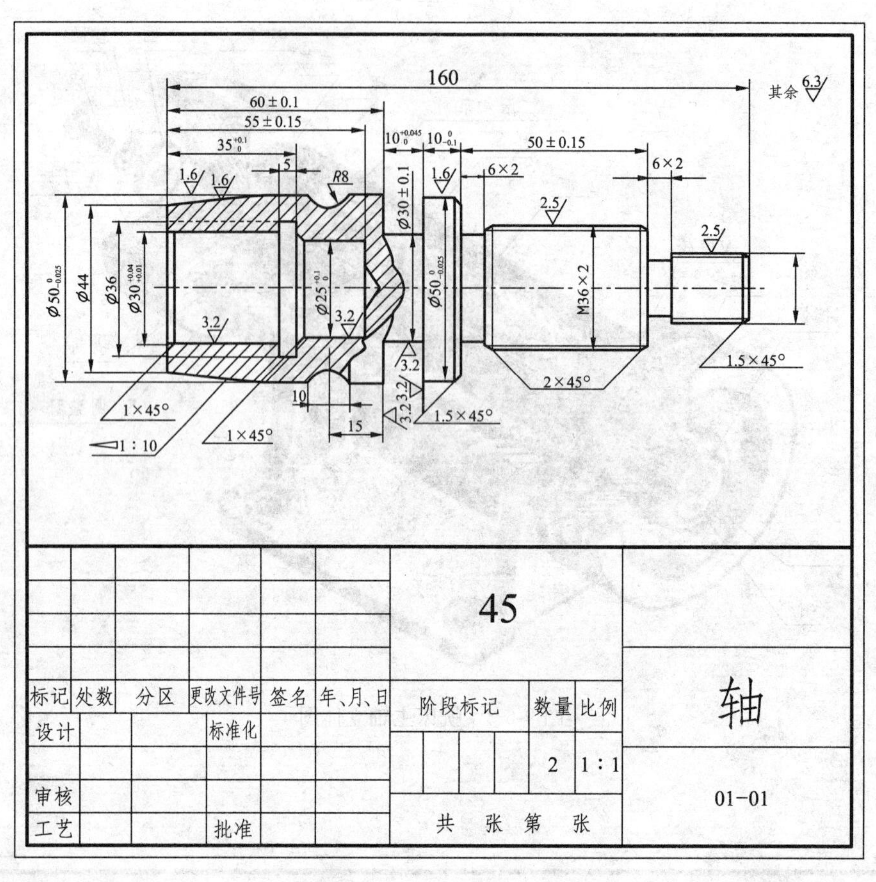

图 9-6-10 铣床刀柄零件图

5. 机床零件实例一

机床零件如图 9-6-11 所示。

图 9-6-11 机床零件

6. 机床零件实例二

机床零件如图 9-6-12 所示。

图 9-6-12　机床夹盘与齿轮工件

7. 机床零件实例三

机床零件如图 9-6-13 所示。

图 9-6-13　机床夹具与轴套零件

8. 机床零件实例四

机床刀具零件如图 9-6-14 所示。

图 9-6-14　机床刀具零件

9. 汽车部件实物例一

汽车发动机部件如图 9-6-15 所示。

图 9-6-15　汽车发动机部件

10. 汽车部件实物例二

汽车发动机部件如图 9-6-16 所示。

图 9-6-16　汽车发动机部件

11. 汽车部件实物例三

汽车零部件如图 9-6-17 所示。

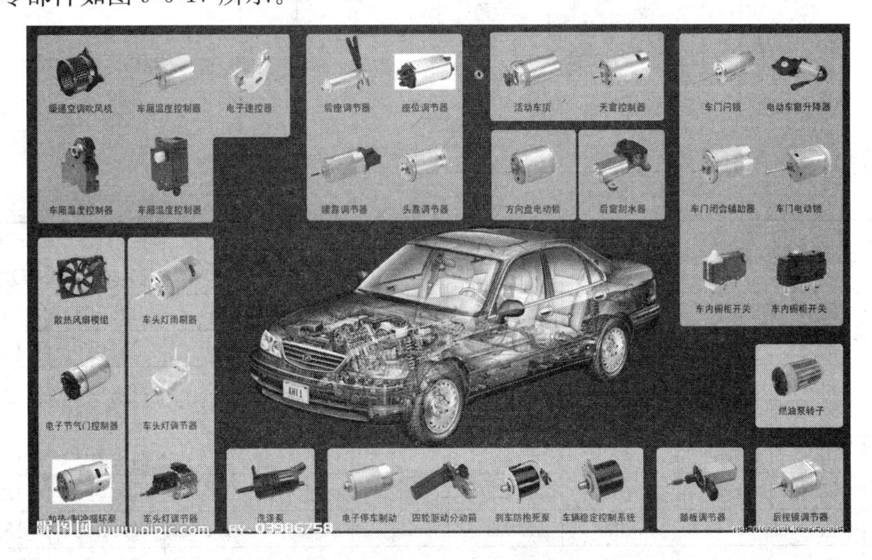

图 9-6-17　汽车零部件

附　　录

附录主要收集了在技术制图中经常用到的标准数据。更多的数据需要查阅有关标准手册。

F.1　常用螺纹与紧固件

F-1-1　普通螺纹直径与螺距(第一系列 摘自 GB/T 1962—2003)　(单位:mm)

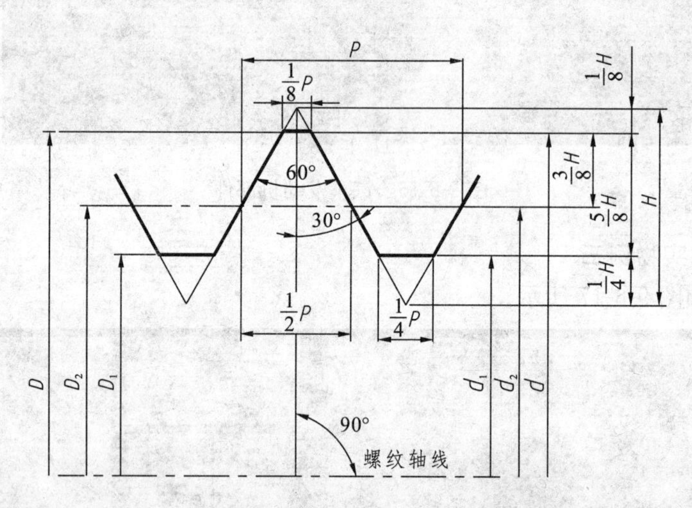

公称直径 D、d	螺距 P		中径 D_2或d_2	小径 D_1或d_1	公称直径 D、d	螺距 P		中径 D_2或d_2	小径 D_1或d_1
3	粗牙	0.5	2.675	2.459	16	粗牙	2	14.701	13.835
	细牙	0.35	2.773	2.621		细牙	1.5	15.026	14.376
4	粗牙	0.7	3.545	3.242		细牙	1	15.350	14.917
	细牙	0.5	3.675	3.459	20	粗牙	2.5	18.376	17.294
5	粗牙	0.8	4.480	4.134		细牙	2	18.701	17.835
	细牙	0.5	4.675	4.459		细牙	1.5	19.026	18.376
6	粗牙	1	5.350	4.917		细牙	1	19.350	18.917
	细牙	0.75	5.513	5.188	24	粗牙	3	22.051	20.752
8	粗牙	1.25	7.188	6.647		细牙	2	22.701	21.835
	细牙	1	7.350	6.917		细牙	1.5	23.026	22.376
	细牙	0.75	7.513	7.188		细牙	1	23.350	22.917

续表

公称直径 D、d	螺距 P		中径 D_2或d_2	小径 D_1或d_1	公称直径 D、d	螺距 P		中径 D_2或d_2	小径 D_1或d_1
10	粗牙	1.5	9.026	8.376	30	粗牙	3.5	27.727	26.211
	细牙	1.25	9.188	8.647		细牙	3	28.051	26.752
	细牙	1	9.350	8.917		细牙	2	28.701	27.835
	细牙	0.75	9.513	9.188		细牙	1.5	29.026	28.376
12	粗牙	1.75	10.863	10.106		细牙	1	29.350	28.917
	细牙	1.5	11.026	10.376					
	细牙	1.25	11.188	10.647					
	细牙	1	11.350	10.917					

注:螺纹直径应优先选用第一系列,其次是第二系列,最后选用第三系列。

F-1-2　梯形螺纹直径与螺距(第一系列 摘自 GB/T 5796.2—2005)　(单位:mm)

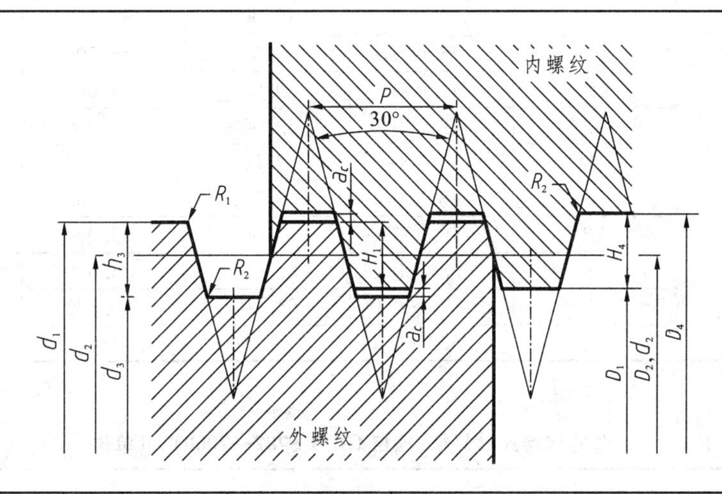

公称直径 d	螺距 P	中径 $d_2=D_2$	大径 D_4	小径	
				d_3	D_1
8	1.5	7.250	8.300	6.200	6.500
10	1.5	9.250	10.300	8.200	8.500
	2	9.000	10.500	7.500	8.000
12	2	11.000	12.500	9.500	10.000
	3	10.500	12.500	8.500	9.000
16	2	15.000	16.500	13.500	14.000
	4	14.000	16.500	11.500	12.000
20	2	19.000	20.500	17.500	18.000
	4	18.000	20.500	15.500	16.000
24	3	22.500	24.500	20.500	21.000
	5	21.500	24.500	18.500	19.000
	8	20.000	25.000	15.000	16.000
28	3	26.500	28.500	24.500	25.000
	5	25.500	28.500	22.500	23.000
	8	24.000	29.000	19.000	20.000

续表

公称直径 d	螺距 P	中径 $d_2=D_2$	大径 D_4	小径	
				d_3	D_1
32	3	30.500	32.500	28.500	29.000
	6	29.000	33.000	25.000	26.000
	10	27.000	33.000	21.000	22.000
36	3	34.500	36.500	32.500	33.000
	6	33.000	37.000	29.000	30.000
	10	31.000	37.000	25.000	26.000
40	3	38.500	40.500	36.500	37.000
	7	36.500	41.000	32.000	33.000
	10	35.000	41.000	29.000	30.000
44	3	42.500	44.500	40.500	41.000
	7	40.500	45.000	36.000	37.000
	12	38.000	45.000	31.000	32.000
48	3	46.500	48.500	44.500	45.000
	8	44.000	49.000	39.000	40.000
	12	42.000	49.000	35.000	36.000
52	3	50.500	52.500	48.500	49.000
	8	48.000	53.000	43.000	44.000
	12	46.000	53.000	39.000	40.000
60	3	58.500	60.500	56.500	57.000
	9	55.500	61.000	50.000	51.000
	14	53.000	62.000	44.000	46.000

F-1-3　优选的螺栓尺寸规格(摘自 GB/T 5782—2000)　(单位:mm)

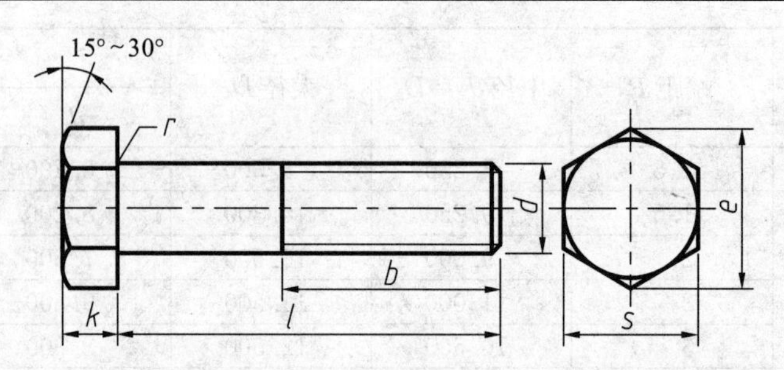

螺纹规格 d	M3	M4	M5	M6	M8	M10	M12	M16	M20	M24	M30	M36
螺距 P	0.5	0.7	0.8	1	1.25	1.5	1.75	2	2.5	3	3.5	4
b(参考)($l\leqslant125$)	12	14	16	18	22	26	30	38	46	54	66	
b(参考)($125<l\leqslant200$)	18	20	22	24	28	32	36	44	52	60	72	84
b(参考)($l>200$)	31	33	35	37	41	45	49	57	65	73	85	97
s(max)	5.5	7	8	10	13	16	18	24	30	36	46	55

续表

螺纹规格 d		M3	M4	M5	M6	M8	M10	M12	M16	M20	M24	M30	M36
s(min)	A级	5.32	6.78	7.78	9.78	12.73	15.73	17.13	23.67	29.67	35.38		
	B级	5.2	6.64	7.64	9.64	12.57	15.57	17.57	23.16	29.16	35	45	53.8
k(公称)		2	2.8	3.5	4	5.3	6.4	7.5	10	12.5	15	18.7	22.5
k(max)	A级	2.125	2.925	3.65	4.15	5.45	6.58	7.68	10.18	12.715	15.215		
	B级	2.2	3	3.26	4.24	5.54	6.69	7.79	10.29	12.85	15.35	19.12	22.92
k(min)	A级	1.875	2.675	3.35	3.85	5.15	6.22	7.32	9.82	12.285	14.785		
	B级	1.8	2.6	2.35	3.76	5.06	6.11	7.21	9.71	12.15	14.65	18.28	22.08
r(min)		0.1	0.2	0.2	0.25	0.4	0.4	0.6	0.6	0.8	0.8	1	1
e(min)	A级	6.01	7.66	8.79	11.05	14.38	17.77	20.03	26.75	33.53	39.98		
	B级	5.88	7.5	8.63	10.89	14.2	17.59	19.85	26.17	32.95	39.55	50.85	60.79
l(min)		20	25	25	30	40	45	50	65	80	100	120	140
l(max)		30	40	50	60	80	100	120	160	200	240	300	360
l 系列		12,16,20,25,30,35,40,45,50,55,60,65,70,80,90,100,110,120,130,140,150,160,180,200,240,260,280,300,320,340,360,380,400,420,440,460,480,500											

F-1-4　优选的双头螺柱尺寸规格($b_m=1d$ 摘自 GB/T 897—1988)　(单位:mm)

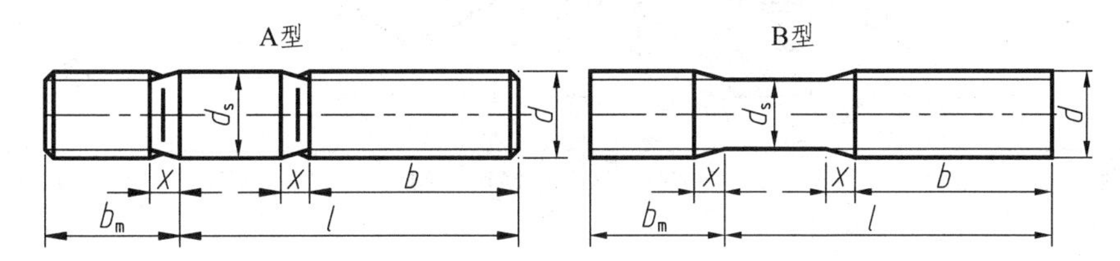

螺纹规格 d	M5	M6	M8	M10	M12	M16	M20	M24	M30	M36
b_m(公称)	5	6	8	10	12	16	20	24	30	36
b_m(min)	4.4	5.4	7.25	9.25	11.1	15.1	18.95	22.95	28.95	34.75
b_m(max)	5.6	6.6	8.75	10.75	12.9	16.9	21.05	25.05	31.05	37.25
d_s(max)	5	6	8	10	12	16	20	24	30	36
d_s(min)	4.7	5.7	7.64	9.64	11.57	15.57	19.48	23.48	29.48	35.38
X(max)	2.5P									
l	b									
16	10									
20	10	10	12							
25	16	14	16	14	16					

续表

螺纹规格 d	M5	M6	M8	M10	M12	M16	M20	M24	M30	M36
30	16	14	16	16	16	20				
35	16	18	22	16	20	20	25			
40	16	18	22	26	20	30	25			
45	16	18	22	26	30	30	35	30		
50	16	18	22	26	30	30	35	30		
60		18	22	26	30	38	35	45	40	
70		18	22	26	30	38	46	45	50	45
80			22	26	30	38	46	54	50	60
90			22	26	30	38	46	54	50	60
100				26	30	38	46	54	66	60

F-1-5　优选 1 型六角螺母螺母规格(GB/T 6170—2000)　(单位:mm)

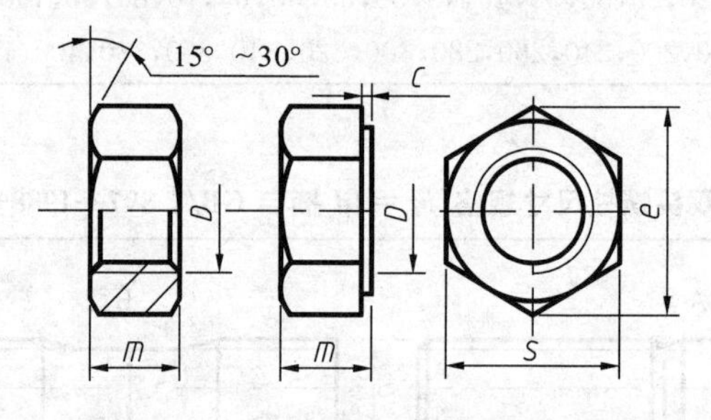

螺纹规格 D	M3	M4	M5	M6	M8	M10	M12	M16	M20	M24	M30	M36
P	0.5	0.7	0.8	1	1.25	1.5	1.75	2	2.5	3	3.5	4
c(max)	0.4	0.4	0.5	0.5	0.6	0.6	0.6	0.8	0.8	0.8	0.8	0.8
c(min)	0.15	0.15	0.15	0.15	0.15	0.15	0.15	0.2	0.2	0.2	0.2	0.2
e(min)	6.01	7.66	8.79	11.05	14.38	17.77	20.03	26.75	32.95	39.55	50.85	60.79
s(max)	5.5	7	8	10	13	16	18	24	30	36	46	55
s(min)	5.32	6.78	7.78	9.78	12.73	15.73	17.73	23.67	29.16	35	45	53.8
m(max)	2.4	3.2	4.7	5.2	6.8	8.4	10.8	14.8	18	21.5	25.6	31
m(min)	2.15	2.9	4.4	4.9	6.44	8.04	10.37	14.1	16.9	20.2	24.3	29.4

F-1-6　优选的1型六角开槽螺母——A级和B级(摘自GB/T 6178—1986)　(单位:mm)

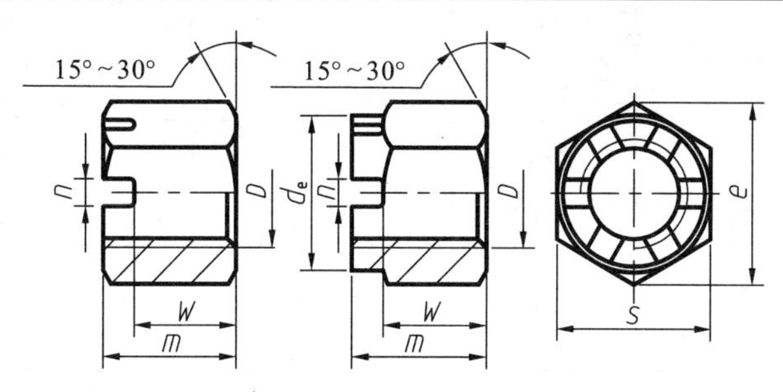

螺纹规格 D	M4	M5	M6	M8	M10	M12	M14	M16	M20	M24	M30	M36
e(min)	7.66	8.79	11.05	14.38	17.77	20.03	23.55	26.75	32.95	39.55	50.85	60.79
s(max)	7	8	10	13	16	18	21	24	30	36	46	55
s(min)	6.78	7.78	9.78	12.73	15.73	17.73	20.67	23.67	29.16	35	45	53.8
m(max)	5	6.7	7.7	9.8	12.4	15.8	17.8	20.8	24	29.5	34.6	40
m(min)	4.7	6.34	7.34	9.44	11.97	15.37	17.37	20.28	23.16	28.66	33.6	39
d_e(max)									28	34	42	50
d_e(min)									27.16	33	41	49
n(min)	1.2	1.4	2	2.5	2.8	3.5	3.5	4.5	4.5	5.5	7	7
n(max)	1.8	2	2.6	3.1	3.4	4.25	4.25	5.7	5.7	6.7	8.5	8.5
W(max)	3.2	4.7	5.2	6.8	8.4	10.8	12.8	14.8	18	21.5	25.6	31
W(min)	2.9	4.4	4.9	6.44	8.04	10.37	12.37	14.37	17.3	20.66	24.76	30

F-1-7　优选的开槽沉头螺钉(摘自GB/T 68—2000)　(单位:mm)

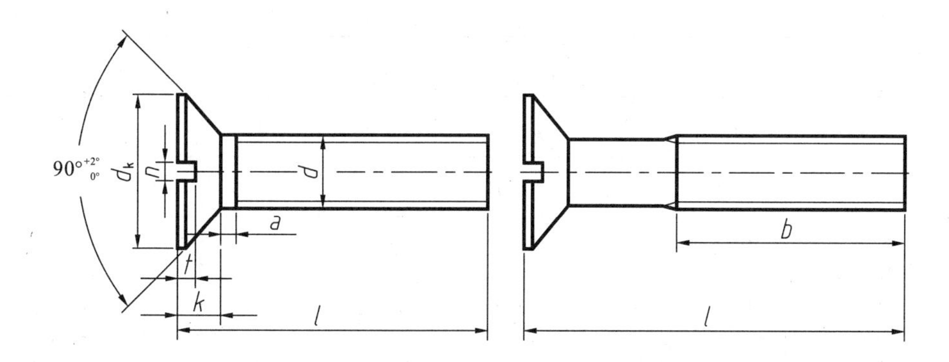

螺纹规格 d	M3	M4	M5	M6	M8	M10
螺距 P	0.5	0.7	0.8	1	1.25	1.5
a(max)	1	1.4	1.6	2	2.5	3
b(min)	25	38	38	38	38	38

续表

螺纹规格 d	M3	M4	M5	M6	M8	M10
d_k(理论)	6.3	9.4	10.4	12.6	17.3	20
d_k(max)	5.5	8.4	9.3	11.3	15.8	18.3
d_k(min)	5.2	8.04	8.94	10.87	15.37	17.78
k(max)	1.65	2.7	2.7	3.3	4.65	5
n(公称)	0.8	1.2	1.2	1.6	2	2.5
n(max)	1	1.51	1.51	1.91	2.31	2.81
n(min)	0.86	1.26	1.26	1.66	2.06	2.56
t(max)	0.85	1.3	1.4	1.6	2.3	2.6
t(min)	0.6	1	1.1	1.2	1.8	2
l(商品)	4～30	5～40	6～50	8～60	10～80	12～80
l系列	2,3,4,5,6,8,10,12,16,20,25,30,35,40,45,50,60,70,80					

注:$d \leqslant 3$、$l \leqslant 30$ 或 $d > 3$、$l \leqslant 45$ 制出全螺纹。

F-1-8　优选的平垫圈A级优选尺寸(摘自GB/T 97.1—2002)　(单位:mm)

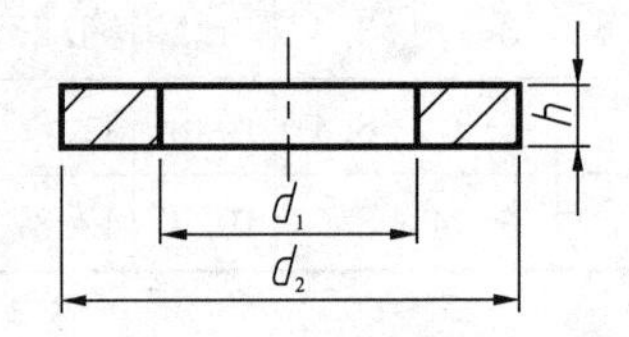

公称规格(螺纹大径 d)	内径 d_1		外径 d_2		厚度 h		
	公称(min)	max	公称(max)	min	公称	max	min
5	5.3	5.48	10	9.64	1	1.1	0.9
6	6.4	6.62	12	11.57	1.6	1.8	1.4
8	8.4	8.62	16	15.57	1.6	1.8	1.4
10	10.5	10.77	20	19.48	2	2.2	1.8
12	13	13.27	24	23.48	2.5	2.7	2.3
16	17	17.27	30	29.48	3	3.3	2.7
20	21	21.33	37	36.38	3	3.3	2.7
24	25	25.33	44	43.38	4	4.3	3.7
30	31	31.39	56	55.26	4	4.3	3.7

续表

公称规格（螺纹大径 d）	内径 d_1		外径 d_2		厚度 h		
	公称(min)	max	公称(max)	min	公称	max	min
36	37	37.64	66	64.8	5	5.6	4.4
42	45	45.62	78	76.8	8	9	7
48	52	52.74	92	90.6	8	9	7
56	62	62.74	105	103.6	10	11	9

F-1-9　标准型弹簧垫圈优选尺寸(摘自 GB/T 93—1987)　(单位:mm)

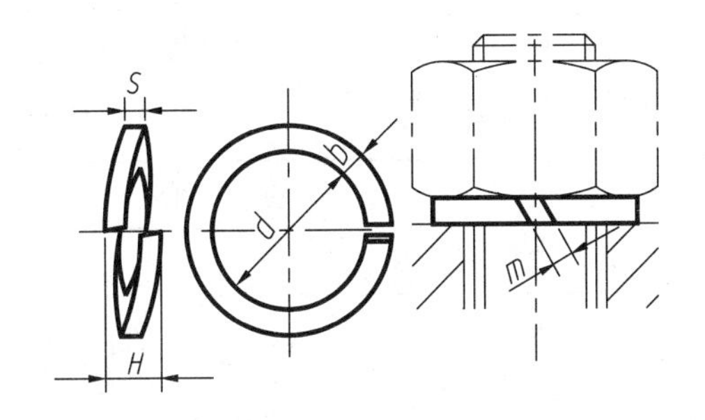

规格（螺纹大径 d）	d		$S(b)$			H		m
	min	max	公称	min	max	min	max	⩽
5	5.1	5.4	1.3	1.2	1.4	2.6	3.25	0.65
6	6.1	6.68	1.6	1.5	1.7	3.2	4	0.8
8	8.1	8.68	2.1	2	2.2	4.2	5.25	1.05
10	10.2	10.9	2.6	2.45	2.75	5.2	6.5	1.3
12	12.2	12.9	3.1	2.95	3.25	6.2	7.75	1.55
16	16.2	16.9	4.1	3.9	4.3	8.2	10.25	2.05
20	20.2	21.04	5	4.8	5.2	10	12.5	2.5
24	24.5	25.5	6	5.8	6.2	12	15	3
30	30.5	31.5	7.5	7.2	7.8	15	18.75	3.75
36	36.5	37.7	9	8.7	9.3	18	22.5	4.5
42	42.5	43.7	10.5	10.2	10.8	21	26.25	5.25
48	48.5	49.7	12	11.7	12.3	24	30	6

F.2 键 和 销

F-2-1 平键、键槽的剖面尺寸(摘自 GB/T 1095—2003) (单位:mm)

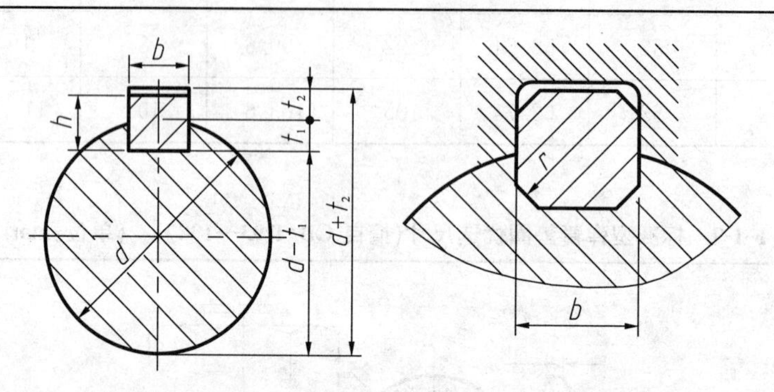

轴公称直径 d	键尺寸 $b\times h$	键槽											
		宽度 b						深度				半径 r	
		基本尺寸	极限偏差					轴 t_1		毂 t_2			
			正常连接		紧密连接	松连接		基本尺寸	极限偏差	基本尺寸	极限偏差		
			轴 N9	毂 JS9	轴和毂 P9	轴 H9	毂 D10					min	max
6～8	2×2	2	−0.004 −0.029	±0.0125	−0.006 −0.031	+0.025 0	+0.060 +0.020	1.2	+0.10	1	+0.10	0.08	0.16
>8～10	3×3	3						1.8		1.4			
>10～12	4×4	4	0 −0.030	±0.015	−0.012 −0.042	+0.030 0	+0.078 +0.030	2.5		1.8			
>12～17	5×5	5						3		2.3		0.16	0.25
>17～22	6×6	6						3.5		2.8			

F-2-2 圆锥销尺寸(摘自 GB/T 117—2000) (单位:mm)

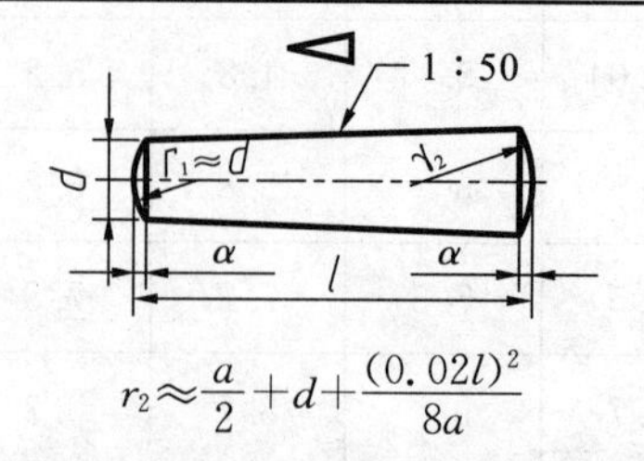

$$r_2\approx\frac{a}{2}+d+\frac{(0.02l)^2}{8a}$$

d(h10)	3	4	5	6	8	10	12	16	20
$a\approx$	0.4	0.5	0.63	0.8	1	1.2	1.6	2	2.5
l	12～45	14～55	18～60	22～90	22～120	26～160	32～180	40～200	45～200

F.3 滚动轴承

F-3-1　滚动轴承系列代号

直径系列代号	向心轴承								推力轴承			
	宽度系列代号								高度系列代号			
	8	0	1	2	3	4	5	6	7	9	1	2
	尺寸系列代号											
7			17		37							
8		08	18	28	38	48	58	68				
9		09	18	29	39	49	59	69				
0		00	10	20	30	40	50	60	70	90	10	
1		01	11	21	31	41	51	61	71	91	11	
2	82	02	12	22	32	42	52	62	72	92	12	22
3	83	03	13	23	33				73	93	13	23
4		04		24					74	94	14	24
5										95		

F-3-2　滚动轴承直径代号

轴承公称内径(mm)		内径代号	示　例
0.6 到 10(非整数)		用公称内径毫米数直接表示，在其与尺寸系列代号之间用“/”分开	深沟球轴承 618/2.5 d=2.5 mm
1 到 9(整数)		用公称内径毫米数直接表示，对深沟及角接触球轴承 7、8、9 直径系列，内径与尺寸系列代号之间用“/”分开	深沟球轴承 625 618/5 d=5 mm
10 到 17	10 12 15 17	00 01 02 03	深沟球轴承 6200 d=10 mm
20 到 480 (22、28、32 除外)		公称直径除以 5 的商数，商数为个位数，需在商数左边加“0”，如 08	调心滚子轴承 23208 d=40 mm

续表

轴承公称内径(mm)	内径代号	示　例
大于和等于 500 以及 22、28、32	用公称内径毫米数直接表示,但在与尺寸系列之间用"/"分开	调心滚子轴承 230/500 d=500 mm 深沟球轴承 62/22 d=22 mm

F-3-3　深沟球轴承外形尺寸(摘自 GB/T 276—1994)

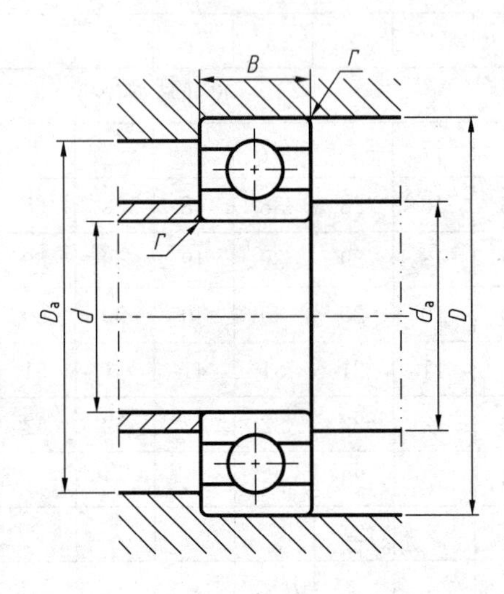

轴承代号	内径 d (mm)	外径 D (mm)	宽度 B (mm)	圆角 r (mm)	内圈定位台阶 d_a (mm)	外圈定位台阶 D_a (mm)	基本额定动载荷 C_r (kN)	基本额定静载荷 C_{0r} (kN)	极限转速(脂) n_{lim} ($r \cdot min^{-1}$)	极限转速(油) n_{lim} ($r \cdot min^{-1}$)	系列
605	5	14	5	0.2	6.6	12.4	1.05	0.5	30 000	38 000	(1)0
606	6	17	6	0.3	8.4	14.6	1.95	0.72	30 000	38 000	
608	8	22	7	0.3	10.4	19.6	3.38	1.38	26 000	34 000	
6000	10	26	8	0.3	12.4	23.6	4.58	1.98	20 000	28 000	
6001	12	28	8	0.3	14.4	25.6	5.1	2.38	19 000	26 000	
6002	15	32	9	0.3	17.4	29.6	5.58	2.85	18 000	24 000	
6003	17	35	10	0.3	19.4	32.6	6	3.25	17 000	22 000	
6004	20	42	12	0.6	25	37	9.38	5.02	15 000	19 000	
6005	25	47	12	0.6	30	42	10	5.85	13 000	17 000	
6006	30	55	13	1	36	49	13.2	8.3	10 000	14 000	

续表

轴承代号	内径 d (mm)	外径 D (mm)	宽度 B (mm)	圆角 r (mm)	内圈定位台阶 d_a (mm)	外圈定位台阶 D_a (mm)	基本额定动载荷 C_r (kN)	基本额定静载荷 C_{0r} (kN)	极限转速(脂) n_{lim} $(r \cdot min^{-1})$	极限转速(油) n_{lim} $(r \cdot min^{-1})$	系列
6200	10	30	9	0.6	15	25	5.1	2.38	19 000	26 000	(0)2
6201	12	32	10	0.6	17	27	6.82	3.05	18 000	24 000	
6203	17	40	12	0.6	22	35	9.58	4.78	16 000	20 000	
6204	20	47	14	1	26	41	12.8	6.65	14 000	18 000	
6205	25	52	15	1	31	46	14	7.88	12 000	16 000	
6206	30	62	16	1	36	56	19.5	11.5	9 500	13 000	
6207	35	72	17	1.1	42	65	25.5	15.2	8 500	11 000	
6208	40	80	18	1.1	47	73	29.5	18	8 000	10 000	
6300	10	35	11	0.6	15	30	7.65	3.48	18 000	24 000	(0)3
6301	12	37	12	1	18	31	9.72	5.08	17 000	22 000	
6303	17	47	14	1	23	41	13.5	6.58	15 000	19 000	
6304	20	52	15	1.1	27	45	15.8	7.88	13 000	17 000	
6305	25	62	17	1.1	32	55	22.2	11.5	10 000	14 000	
6306	30	72	19	1.1	37	65	27	15.2	9 000	12 000	
6307	35	80	21	1.5	44	71	33.2	19.2	8 000	10 000	
6308	40	90	23	1.5	49	81	40.8	24	7 000	9 000	

F-3-4　圆柱滚子轴承外形尺寸(摘自 GB/T 283—2007)

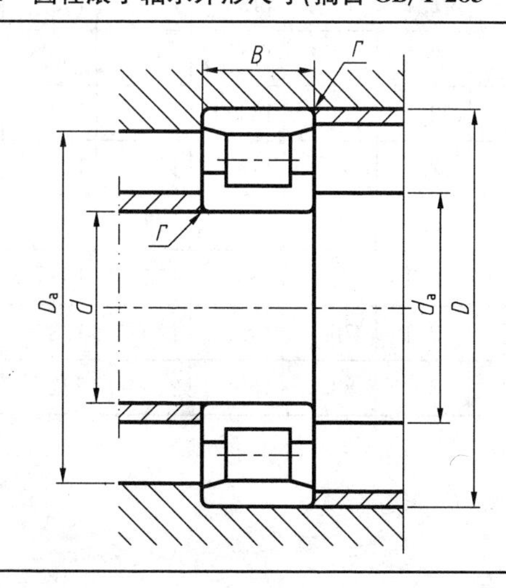

续表

轴承代号	内径 d (mm)	外径 D (mm)	宽度 B (mm)	圆角 r (mm)	内圈定位台阶 d_a (mm)	外圈定位台阶 D_a (mm)	基本额定动载荷 C_r (kN)	基本额定静载荷 C_{0r} (kN)	极限转速(脂) n_{lim} $(r \cdot min^{-1})$	极限转速(油) n_{lim} $(r \cdot min^{-1})$	系列
N 202	15	35	11	0.6	19	31	7.98	5.5	15 000	19 000	(0)2
N 203	17	40	12	0.6	21	36	9.12	7	14 000	18 000	
N 204E	20	47	14	1	25	42	25.8	24	12 000	16 000	
N 205E	25	52	15	1	30	47	27.5	26.8	11 000	14 000	
N 206E	30	62	16	1	35	57	36	35.5	8 500	11 000	
N 207E	35	72	17	1.1	41.6	65.4	46.5	48	7 500	9 500	
N 208E	40	80	18	1.1	46.6	73.4	51.5	53	7 000	9 000	
N 209E	45	85	19	1.1	51.6	78.4	58.5	63.8	6 300	8 000	
N 210E	50	90	20	1.1	56.6	83.4	61.2	69.2	6 000	7 500	
N 304E	20	52	15	1.1	26.6	45.4	29	25.5	11 000	15 000	(0)3
N 305E	25	62	17	1.1	31.6	55.4	38.5	35.8	9 000	12 000	
N 306E	30	72	19	1.1	36.6	65.4	49.2	48.2	8 000	10 000	
N 307E	35	80	21	1.5	43	72	62	63.2	7 000	9 000	
N 308E	40	90	23	1.5	48	82	76.8	77.8	6 300	8 000	
N 309E	45	100	25	1.5	53	92	93	98	5 600	7 000	
N 310E	50	110	27	2	59	101	105	112	5 300	6 700	
N 311E	55	120	29	2	64	111	128	138	4 800	6 000	
N 312E	60	130	31	2.1	71	119	142	155	4 500	5 600	
N 408	40	110	27	2	49	101	90.5	89.8	5 600	7 000	(0)4
N 409	45	120	29	2	54	111	102	100	5 000	6 300	
N 410	50	130	31	2.1	61	119	120	120	4 800	6 000	
N 411	55	140	33	2.1	66	129	128	132	4 300	5 300	
N 412	60	150	35	2.1	71	139	155	162	4 000	5 000	
N 413	65	160	37	2.1	76	149	170	178	3 800	4 800	
N 414	70	180	42	3	83	167	215	232	3 400	4 300	

F-3-5　圆锥滚子轴承外形尺寸(摘自 GB/T 279—1994)

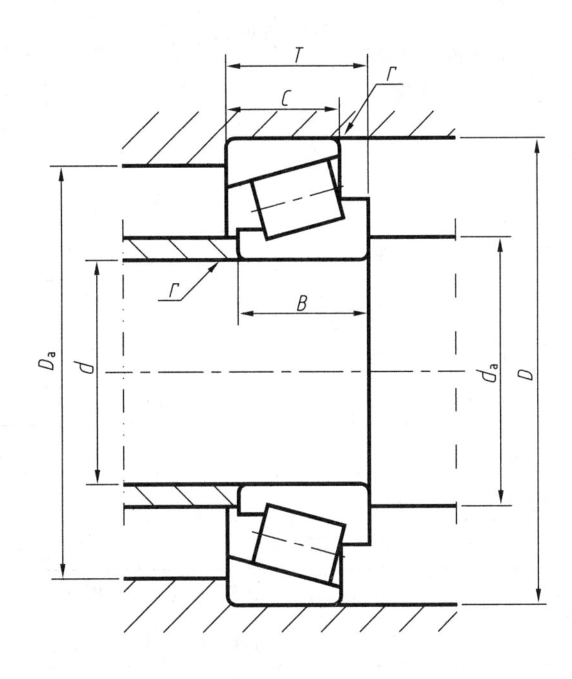

轴承代号	内径 d (mm)	外径 D (mm)	宽度 T (mm)	内圈宽度 B (mm)	外圈宽度 C (mm)	内圈定位台阶 d_a (mm)	外圈定位台阶 D_a (mm)	基本额定动载荷 C_r (kN)	基本额定静载荷 C_{0r} (kN)	极限转速(脂) n_{lim} $(r \cdot min^{-1})$	极限转速(油) n_{lim} $(r \cdot min^{-1})$	系列
30204	20	47	15.3	14	12	26	41	28.2	30.5	8 000	10 000	02
30205	25	52	16.3	15	13	31	46	32.2	37	7 000	9 000	
30206	30	62	17.3	16	14	36	56	43.2	50.5	6 000	7 500	
30207	35	72	18.3	17	15	44	63	54.2	63.5	5 300	6 700	
30208	40	80	19.8	18	16	49	71	63	74	5 000	6 300	
30209	45	85	20.8	19	16	54	76	67.8	83.5	4 500	5 600	
30210	50	90	21.8	20	17	59	81	73.2	92	4 300	5 300	
30211	55	100	22.8	21	18	65	90	90.8	115	3 800	4 800	
30212	60	110	23.8	22	19	70	100	102	130	3 600	4 500	
30306	30	72	20.8	19	16	39	63	59	63	5 600	7 000	03
30307	35	80	22.8	21	18	45	70	75.2	82.5	5 000	6 300	
30308	40	90	25.3	23	20	50	80	90.8	108	4 500	5 600	
30309	45	100	27.3	25	22	55	90	108	130	4 000	5 000	
30310	50	110	29.3	27	23	62	98	130	158	3 800	4 800	

续表

轴承代号	内径 d (mm)	外径 D (mm)	宽度 T (mm)	内圈宽度 B (mm)	外圈宽度 C (mm)	内圈定位台阶 d_a (mm)	外圈定位台阶 D_a (mm)	基本额定动载荷 C_r (kN)	基本额定静载荷 C_{0r} (kN)	极限转速(脂) n_{lim} ($r \cdot min^{-1}$)	极限转速(油) n_{lim} ($r \cdot min^{-1}$)	系列
30311	55	120	31.5	29	25	67	108	152	188	3 400	4 300	03
30312	60	130	33.5	31	26	74	116	170	210	3 200	4 000	
30313	65	140	36	33	28	79	126	195	242	2 800	3 600	
30314	70	150	38	35	30	84	136	218	272	2 600	3 400	
32308	40	90	35.3	33	27	50	80	115	148	4 500	5 600	23
32309	45	100	38.3	36	30	55	90	145	188	4 000	5 000	
32310	50	110	42.3	40	33	62	98	178	235	3 800	4 800	
32311	55	120	45.5	43	35	67	108	202	270	3 400	4 300	
32312	60	130	48.5	46	37	74	116	228	302	3 200	4 000	
32313	65	140	51	48	39	79	126	260	350	2 800	3 600	
32314	70	150	54	51	42	84	136	298	408	2 600	3 400	
32315	75	160	58	55	45	89	146	348	482	2 400	3 200	
32316	80	170	61.5	58	48	94	156	388	542	2 200	3 000	

F-3-6　推力球轴承外形尺寸(摘自 GB/T 301—1995)

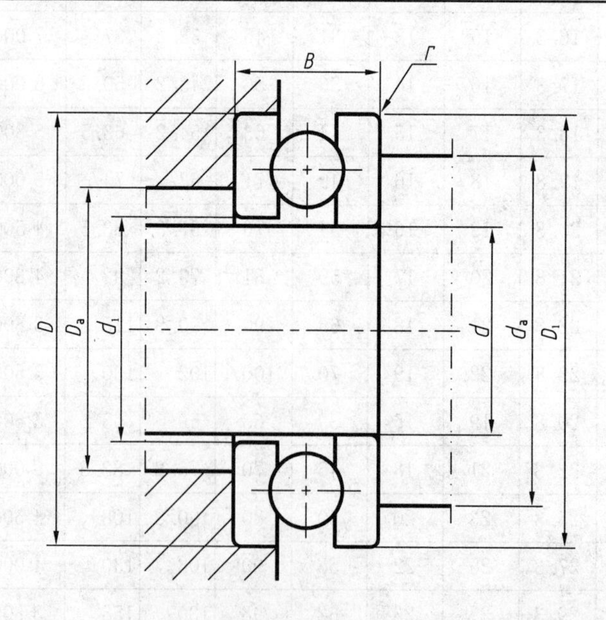

续表

轴承代号	内径 d (mm)	外径 D (mm)	宽度 B (mm)	松圈内径 d_1 (mm)	紧圈外径 D_1 (mm)	轴定位台阶 d_a (mm)	孔定位台阶 D_a (mm)	基本额定动载荷 C_r (kN)	基本额定静载荷 C_{0r} (kN)	极限转速(脂) n_{lim} $(r \cdot min^{-1})$	极限转速(油) n_{lim} $(r \cdot min^{-1})$	系列
51104	20	35	10	21	35	29	26	14.2	24.5	4 800	6 700	
51105	25	42	11	26	42	35	32	15.2	30.2	4 300	6 000	
51106	30	47	11	32	47	40	37	16	34.2	4 000	5 600	11
51107	35	52	12	37	52	45	42	18.2	41.5	3 800	5 300	
51108	40	60	13	42	60	52	48	26.8	62.8	3 400	4 800	
51109	45	65	14	47	65	57	53	27	66	3 200	4 500	
51110	50	70	14	52	70	62	58	27.2	69.2	3 000	4 300	
51206	30	52	16	32	52	43	39	28	54.2	3 200	4 500	12
51207	35	62	18	37	62	51	46	39.2	78.2	2 800	4 000	
51208	40	68	19	42	68	57	51	47	98.2	2 400	3 600	
51209	45	73	20	47	73	62	56	47.8	105	2 200	3 400	
51210	50	78	22	52	78	67	61	48.5	112	2 000	3 200	
51211	55	90	25	57	90	76	69	67.5	158	1 900	3 000	
51212	60	95	26	62	95	81	74	73.5	178	1 800	2 800	
51214	70	105	27	72	105	91	84	73.5	188	1 600	2 400	
51215	75	110	27	77	110	96	89	74.8	198	1 500	2 200	
51216	80	115	28	82	115	101	94	83.8	222	1 400	2 000	

F.4 配　　合

F-4-1　优选配合(摘自 GB/T 1800.1—2009)

优选孔公差带	C11、D9、F8、G7、H7、H8、H9、H11、K7、N7、P7、S7、U7
次选孔公差带	A11、B11、B12、D8、D10、D11、E8、E9、F6、F7、F9、G6、H6、H10、Js6、Js7、Js8、K6、K8、M6、M7、M8、N6、N8、P6、R6、R7、S6、T6、T7
优选轴公差带	c11、d9、f7、g6、h6、h7、h9、h11、k6、n6、p6、s6、u6
次选轴公差带	a11、b11、b12、c9、c10、d8、d10、d11、e7、e8、e9、f5、f6、f8、f9、g5、g7、h5、h8、h10、h12、js5、js6、js7、k5、k7、m5、m6、m7、n5、n7、p5、p7、r5、r6、r7、s5、s7、t5、t6、t7、u7、v6、x6、y6、z6
基孔制优选配合	H11/c11、H9/d9、H8/f7、H7/g6、H7/h6、H8/h7、H9/h9、H11/h11、H7/k6、H7/n6、H7/p6、H7/s6、H7/u6
基轴制优选配合	C11/h11、D9/h9、F8/h7、G7/h6、H7/h6、H8/h7、H9/h9、H11/h11、K7/h6、N7/h6、P7/h6、S7/h6、U7/h6

F.5　标准公差

F-5-1　标准公差数值(摘自 GB/T 1800.1—2009)

基本尺寸(mm)		标准公差等级																	
		IT1	IT2	IT3	IT4	IT5	IT6	IT7	IT8	IT9	IT10	IT11	IT12	IT13	IT14	IT15	IT16	IT17	IT18
大于	至	(μm)																	
	3	0.8	1.2	2	3	4	6	10	14	25	40	60	100	140	250	400	600	1 000	1 400
3	6	1	1.5	2.5	4	5	8	12	18	30	48	75	120	180	300	480	750	1 200	1 800
6	10	1	1.5	2.5	4	6	9	15	22	36	58	90	150	220	360	580	900	1 500	2 200
10	18	1.2	2	3	5	8	11	18	27	43	70	110	180	270	430	700	1 100	1 800	2 700
18	30	1.5	2.5	4	6	9	13	21	33	52	84	130	210	330	520	840	1 300	2 100	3 300
30	50	1.5	2.5	4	7	11	16	25	39	62	100	160	250	390	620	1 000	1 600	2 500	3 900
50	80	2	3	5	8	13	19	30	46	74	120	190	300	460	740	1 200	1 900	3 000	4 600
80	120	2.5	4	6	10	15	22	35	54	87	140	220	350	540	870	1 400	2 200	3 500	5 400
120	180	3.5	5	8	12	18	25	40	63	100	160	250	400	630	1 000	1 600	2 500	4 000	6 300
180	250	4.5	7	10	14	20	29	46	72	115	185	290	460	720	1 150	1 850	2 900	4 600	7 200
250	315	6	8	12	16	23	32	52	81	130	210	320	520	810	1 300	2 100	3 200	5 200	8 100
315	400	7	9	13	18	25	36	57	89	140	230	360	570	890	1 400	2 300	3 600	5 700	8 900
400	500	8	10	15	20	27	40	63	97	155	250	400	630	970	1 550	2 500	4 000	6 300	9 700
500	630	9	11	16	22	32	44	70	110	175	280	440	700	1 100	1 750	2 800	4 400	7 000	11 000
630	800	10	13	18	25	36	50	80	125	200	320	500	800	1 250	2 000	3 200	5 000	8 000	12 500
800	1 000	11	15	21	28	40	56	90	140	230	360	560	900	1 400	2 300	3 600	5 600	9 000	14 000
1 000	1 250	13	18	24	33	47	66	105	165	260	420	660	1 050	1 650	2 600	4 200	6 600	10 500	16 500
1 250	1 600	15	21	29	39	55	78	125	195	310	500	780	1 250	1 950	3 100	5 000	7 800	12 500	19 500
1 600	2 000	18	25	35	46	65	92	150	230	370	600	920	1 500	2 300	3 700	6 000	9 200	15 000	23 000
2 000	2 500	22	30	41	55	78	110	175	280	440	700	1 100	1 750	2 800	4 400	7 000	11 000	17 500	28 000
2 500	3 150	26	36	50	68	96	135	210	330	540	860	1 350	2 100	3 300	5 400	8 600	13 500	21 000	33 000

注:1. 基本尺寸大于 500 mm 的 IT1 至 IT5 的标准公差数值为试行的。

2. 基本尺寸小于或等于 1 mm 时,无 IT14 至 IT18。

F.6 极限偏差

F-6-1 孔的极限偏差

基本尺寸(mm)		优先选择的孔的极限偏差(μm)														
大于	至	C11	D9	F8	G7	H7	H8	H9	H11	JS6	JS7	K7	N7	P7	S7	U7
	3	+120 +60	+45 +20	+20 +6	+12 +2	+10 0	+14 0	+25 0	+60 0	±3	±5	0 −10	−4 −14	−6 −16	−14 −24	−18 −28
3	6	+145 +70	+60 +30	+28 +10	+16 +4	+12 0	+18 0	+30 0	+75 0	±4	±6	+3 −9	−4 −16	−8 −20	−15 −27	−19 −31
6	10	+170 +80	+76 +40	+35 +13	+20 +5	+15 0	+22 0	+36 0	+90 0	±4.5	±8	+5 −10	−4 −19	−9 −24	−17 −32	−22 −37
10	18	+205 +95	+93 +50	+43 +16	+24 +6	+18 0	+27 0	+43 0	+110 0	±5.5	±9	+6 −12	−5 −23	−11 −29	−21 −39	−26 −44
18	30	+240 +110	+117 +65	+53 +20	+28 +7	+21 0	+33 0	+52 0	+130 0	±6.5	±11	+6 −15	−7 −28	−14 −35	−27 −48	−33 −54
30	40	+280 +120	+142 +80	+64 +25	+34 +9	+25 0	+39 0	+62 0	+160 0	±8	±13	+7 −18	−8 −33	−17 −42	−34 −59	−51 −76
40	50	+290 +130	+142 +80	+64 +25	+34 +9	+25 0	+39 0	+62 0	+160 0	±8	±13	+7 −18	−8 −33	−17 −42	−34 −59	−61 −86
50	65	+330 +140	+174 +100	+76 +30	+40 +10	+30 0	+46 0	+74 0	+190 0	±9.5	±15	+9 −21	−9 −39	−21 −51	−42 −72	−76 −106
65	80	+340 +150	+174 +100	+76 +30	+40 +10	+30 0	+46 0	+74 0	+190 0	±9.5	±15	+9 −21	−9 −39	−21 −51	−48 −78	−91 −121
80	100	+390 +170	+207 +120	+90 +36	+47 +12	+35 0	+54 0	+87 0	+220 0	±11	±18	+10 −25	−10 −45	−24 −59	−58 −93	−111 −146
100	120	+400 +180	+207 +120	+90 +36	+47 +12	+35 0	+54 0	+87 0	+220 0	±11	±18	+10 −25	−10 −45	−24 −59	−66 −101	−131 −166
120	140	+450 +200	+245 +145	+106 +43	+54 +14	+40 0	+63 0	+100 0	+250 0	±12.5	±20	+12 −28	−12 −52	−28 −68	−77 −117	−155 −195
140	160	+460 +210	+245 +145	+106 +43	+54 +14	+40 0	+63 0	+100 0	+250 0	±12.5	±20	+12 −28	−12 −52	−28 −68	−85 −125	−175 −215
160	180	+480 +230	+245 +145	+106 +43	+54 +14	+40 0	+63 0	+100 0	+250 0	±12.5	±20	+12 −28	−12 −52	−28 −68	−93 −133	−195 −235
180	200	+530 +240	+285 +170	+122 +50	+61 +15	+46 0	+72 0	+115 0	+290 0	±14.5	±23	+13 −33	−14 −60	−33 −79	−105 −151	−219 −265
200	225	+550 +260	+285 +170	+122 +50	+61 +15	+46 0	+72 0	+115 0	+290 0	±14.5	±23	+13 −33	−14 −60	−33 −79	−113 −159	−241 −287

续表

基本尺寸 (mm)		优先选择的孔的极限偏差(μm)														
大于	至	C11	D9	F8	G7	H7	H8	H9	H11	JS6	JS7	K7	N7	P7	S7	U7
225	250	+570 +280	+285 +170	+122 +50	+61 +15	+46 0	+72 0	+115 0	+290 0	±14.5	±23	+13 -33	-14 -60	-33 -79	-123 -169	-267 -313
250	280	+620 +300	+320 +190	+137 +56	+69 +17	+52 0	+81 0	+130 0	+320 0	±16	±26	+16 -36	-14 -66	-36 -88	-138 -190	-295 -347
280	315	+650 +330	+320 +190	+137 +56	+69 +17	+52 0	+81 0	+130 0	+320 0	±16	±26	+16 -36	-14 -66	-36 -88	-150 -202	-330 -382
315	355	+720 +360	+350 +210	+151 +62	+75 +18	+57 0	+89 0	+140 0	+360 0	±18	±29	+17 -40	-16 -73	-41 -98	-169 -226	-369 -426
355	400	+760 +400	+350 +210	+151 +62	+75 +18	+57 0	+89 0	+140 0	+360 0	±18	±29	+17 -40	-16 -73	-41 -98	-187 -244	-414 -471

F-6-2　轴的极限偏差

基本尺寸 (mm)		优先选择的孔的极限偏差(μm)														
大于	至	c11	d9	f7	g6	h6	h7	h8	h9	h11	js6	k6	n6	p6	s6	u6
	3	-60 -120	-20 -45	-6 -16	-2 -8	0 -6	0 -10	0 -14	0 -25	0 -60	±3	+6 0	+10 +4	+12 +6	+20 +14	+24 +18
3	6	-70 -145	-30 -60	-10 -22	-4 -12	0 -8	0 -12	0 -18	0 -30	0 -75	±4	+9 +1	+16 +8	+20 +12	+27 +19	+31 +23
6	10	-80 -170	-40 -76	-13 -28	-5 -14	0 -9	0 -15	0 -22	0 -36	0 -90	±4.5	+10 +1	+19 +10	+24 +15	+32 +23	+37 +28
10	18	-95 -205	-50 -93	-16 -34	-6 -17	0 -11	0 -18	0 -27	0 -43	0 -110	±5.5	+12 +1	+23 +12	+29 +18	+39 +28	+44 +33
18	30	-110 -240	-65 -117	-20 -41	-7 -20	0 -13	0 -21	0 -33	0 -52	0 -130	±6.5	+15 +2	+28 +15	+35 +22	+48 +35	+54 +41
30	40	-120 -280	-80 -142	-25 -50	-9 -25	0 -16	0 -25	0 -39	0 -62	0 -160	±8	+18 +2	+33 +17	+42 +26	+59 +43	+76 +60
40	50	-130 -290	-80 -142	-25 -50	-9 -25	0 -16	0 -25	0 -39	0 -62	0 -160	±8	+21 +2	+33 +17	+42 +26	+59 +43	+86 +70
50	65	-140 -330	-100 -174	-30 -60	-10 -29	0 -19	0 -30	0 -46	0 -74	0 -190	±9.5	+25 +3	+39 +20	+51 +32	+72 +53	+106 +87
65	80	-150 -340	-100 -174	-30 -60	-10 -29	0 -19	0 -30	0 -46	0 -74	0 -190	±9.5	+25 +3	+39 +20	+51 +32	+78 +59	+121 +102

续表

基本尺寸(mm)		优先选择的孔的极限偏差(μm)														
大于	至	c11	d9	f7	g6	h6	h7	h8	h9	h11	js6	k6	n6	p6	s6	u6
80	100	−170 −390	−120 −207	−36 −71	−12 −34	0 −22	0 −35	0 −54	0 −87	0 −220	±11	+28 +3	+45 +23	+59 +37	+93 +71	+146 +124
100	120	−180 −400	−120 −207	−36 −71	−12 −34	0 −22	0 −35	0 −54	0 −87	0 −220	±11	+28 +3	+45 +23	+59 +37	+101 +79	+166 +144
120	140	−200 −450	−145 −245	−43 −83	−14 −39	0 −25	0 −40	0 −63	0 −100	0 −250	±12.5	+28 +3	+52 +27	+68 +43	+117 +92	+195 +170
140	160	−210 −460	−145 −245	−43 −83	−14 −39	0 −25	0 −40	0 −63	0 −100	0 −250	±12.5	+28 +3	+52 +27	+68 +43	+125 +100	+215 +190
160	180	−230 −480	−145 −245	−43 −83	−14 −39	0 −25	0 −40	0 −63	0 −100	0 −250	±12.5	+28 +3	+52 +27	+68 +43	+133 +108	+235 +210
180	200	−240 −530	−170 −285	−50 −96	−15 −44	0 −29	0 −46	0 −72	0 −115	0 −290	±14.5	+33 +4	+60 +31	+79 +50	+151 +122	+265 +236
200	225	−260 −550	−170 −285	−50 −96	−15 −44	0 −29	0 −46	0 −72	0 −115	0 −290	±14.5	+33 +4	+60 +31	+79 +50	+159 +130	+287 +258
225	250	−280 −570	−170 −285	−50 −96	−15 −44	0 −29	0 −46	0 −72	0 −115	0 −290	±14.5	+33 +4	+60 +31	+79 +50	+169 +140	+313 +284
250	280	−300 −620	−190 −320	−56 −108	−17 −49	0 −32	0 −52	0 −81	0 −130	0 −320	±16	+36 +4	+66 +34	+88 +56	+190 +158	+347 +315
280	315	−330 −650	−190 −320	−56 −108	−17 −49	0 −32	0 −52	0 −81	0 −130	0 −320	±16	+36 +4	+66 +34	+88 +56	+202 +170	+382 +350
315	355	−360 −720	−210 −350	−62 −119	−18 −54	0 −36	0 −57	0 −89	0 −140	0 −360	±18	+40 +4	+73 +37	+98 +62	+226 +190	+426 +390
355	400	−400 −760	−210 −350	−62 −119	−18 −54	0 −36	0 −57	0 −89	0 −140	0 −360	±18	+40 +4	+73 +37	+98 +62	+244 +208	+471 +435

F.7 形位公差

F-7-1　直线度、平面度公差(摘自 GB/T 1184—1996)

公差等级	主参数 L(mm)															
	≤10	>10~16	>16~25	>25~40	>40~63	>63~100	>100~160	>160~250	>250~400	>400~630	>630~1 000	>1000~1600	>1 600~2 500	>2 500~4 000	>4 000~6 300	>6 300~10 000
	公差值(μm)															
1	0.2	0.25	0.3	0.4	0.5	0.6	0.8	1	1.2	1.5	2	2.5	3	4	5	6
2	0.4	0.5	0.6	0.8	1	1.2	1.5	2	2.5	3	4	5	6	8	10	12
3	0.8	1	1.2	1.5	2	2.5	3	4	5	6	8	10	12	15	20	25
4	1.2	1.5	2	2.5	3	4	5	6	8	10	12	15	20	25	30	40
5	2	2.5	3	4	5	6	8	10	12	15	20	25	30	40	50	60
6	3	4	5	6	8	10	12	15	20	25	30	40	50	60	80	100
7	5	6	8	10	12	15	20	25	30	40	50	60	80	100	120	150
8	8	10	12	15	20	25	30	40	50	60	80	100	120	150	200	250
9	12	15	20	25	30	40	50	60	80	100	120	150	200	250	300	400
10	20	25	30	40	50	60	80	100	120	150	200	250	300	400	500	600
11	30	40	50	60	80	100	120	150	200	250	300	400	500	600	800	1 000
12	60	80	100	120	150	200	250	300	400	500	600	800	1 000	1 200	1 500	2 000

F-7-2　圆度、圆柱度公差(摘自 GB/T 1184—1996)

公差等级	主　参　数 $d(D)$(mm)												
	≤3	>3~6	>6~10	>10~18	>18~30	>30~50	>50~80	>80~120	>120~180	>180~250	>250~315	>315~400	>400~500
	公　差　值　(μm)												
0	0.1	0.1	0.12	0.15	0.2	0.25	0.3	0.4	0.6	0.8	1.0	1.2	1.5
1	0.2	0.2	0.25	0.25	0.3	0.4	0.5	0.6	1	1.2	1.6	2	2.5
2	0.3	0.4	0.4	0.5	0.6	0.6	0.8	1	1.2	2	2.5	3	4
3	0.5	0.6	0.6	0.8	1	1	1.2	1.5	2	3	4	5	6
4	0.8	1	1	1.2	1.5	1.5	2	2.5	3.5	4.5	6	7	8
5	1.2	1.5	1.5	2	2.5	2.5	3	4	5	7	8	9	10
6	2	2.5	2.5	3	4	4	5	6	8	10	12	13	15
7	3	4	4	5	6	7	8	10	12	14	16	18	20
8	4	5	6	8	9	11	13	15	18	20	23	25	27
9	6	8	9	11	13	16	19	22	25	29	32	36	40
10	10	12	15	18	21	25	30	35	40	46	52	57	63
11	14	18	22	27	33	39	46	54	63	72	81	89	97
12	25	30	36	43	52	62	74	87	100	115	130	140	155

F-7-3　同轴度、对称度、圆跳动和全跳动公差(摘自 GB/T 1184—1996)

差等级	主　参　数 $d(D)$(mm)、B(mm)、L(mm)																
	≤1	1~3	3~6	6~10	10~18	18~30	30~50	50~120	120~250	250~500	500~800	800~1 250	1 250~2 000	2 000~3 150	3 150~5 000	5 000~8 000	8 000~10 000
	公　差　值　(μm)																
1	0.4	0.4	0.5	0.6	0.8	1	1.2	1.5	2	2.5	3	4	5	6	8	10	12
2	0.6	0.6	0.8	1	1.2	1.5	2	2.5	3	4	5	6	8	10	12	15	20
3	1	1	1.2	1.5	2	2.5	3	4	5	6	8	10	12	15	20	25	30
4	1.5	1.5	2	2.5	3	4	5	6	8	10	12	15	20	25	30	40	50
5	2.5	2.5	3	4	5	6	8	10	12	15	20	25	30	40	50	60	80
6	4	4	5	6	8	10	12	15	20	25	30	40	50	60	80	100	120
7	6	6	8	10	12	15	20	25	30	40	50	60	80	100	120	150	200
8	10	10	12	15	20	25	30	40	50	60	80	100	120	150	200	250	300
9	15	20	25	30	40	50	60	80	100	120	150	200	250	300	400	500	600
10	25	40	50	60	80	100	120	150	200	250	300	400	500	600	800	1 000	1 200
11	40	60	80	100	120	150	200	250	300	400	500	600	800	1 000	1 200	1 500	2 000
12	60	120	150	200	250	300	400	500	600	800	1 000	1 200	1 500	2 000	2 500	3 000	4 000

公差等级	主　参　数 L(mm)、d(mm)															
	≤10	10~16	16~25	25~40	40~63	63~100	100~160	160~250	250~400	400~630	630~1 000	1 000~1 600	1 600~2 500	2 500~4 000	4 000~6 300	6 300~10 000
	公　差　值　(μm)															
1	0.4	0.5	0.6	0.8	1	1.2	1.5	2	2.5	3	4	5	6	8	10	12
2	0.8	1	1.2	1.5	2	2.5	3	4	5	6	8	10	12	15	20	25
3	1.5	2	2.5	3	4	5	6	8	10	12	15	20	25	30	40	50
4	3	4	5	6	8	10	12	15	20	25	30	40	50	60	80	100
5	5	6	8	10	12	15	20	25	30	40	50	60	80	100	120	150
6	8	10	12	15	20	25	30	40	50	60	80	100	120	150	200	250
7	12	15	20	25	30	40	50	60	80	100	120	150	200	250	300	400
8	20	25	30	40	50	60	80	100	120	150	200	250	300	400	500	600
9	30	40	50	60	80	100	120	150	200	250	300	400	500	600	800	1 000
10	50	60	80	100	120	150	200	250	300	400	500	600	800	1 000	1 200	1 500
11	80	100	120	150	200	250	300	400	500	600	800	1 000	1 200	1 500	2 000	2 500
12	120	150	200	250	300	400	500	600	800	1 000	1 200	1 500	2 000	2 500	3 000	4 000

F.8 表面粗糙度

F-8-1 表面粗糙度值与公差等级、基本尺寸之间的对应关系

公差等级 IT	基本尺寸（mm）	R_a（μm）	R_z（μm）	公差等级 IT	基本尺寸（mm）	R_a（μm）	R_z（μm）
2	≤10	0.025～0.040	0.16～0.20	6	≤10	0.20～0.32	1.0～1.6
	10～50	0.050～0.080	0.25～0.40		10～50	0.40～0.63	2.0～3.2
	50～180	0.10～0.16	0.50～0.80		50～180	0.80～1.25	4.0～6.3
	180～500	0.20～0.32	1.0～1.6		180～500	1.6～2.5	8.0～10
3	≤18	0.050～0.080	0.25～0.40	7	≤6	0.40～0.63	2.0～3.2
	18～50	0.10～0.16	0.50～0.80		6～50	0.80～1.25	4.0～6.3
	50～250	0.20～0.32	1.0～1.6		50～500	1.6～2.5	8.0～10
	250～500	0.40～0.63	2.0～3.2	8	≤6	0.40～0.63	2.0～3.2
4	≤6	0.050～0.080	0.25～0.40		6～120	0.80～1.25	4.0～6.3
	6～50	0.10～0.16	0.50～0.80		120～500	1.6～2.5	8.0～10
	50～250	0.20～0.32	1.0～1.6	9	≤10	0.80～1.25	4.0～6.3
	250～500	0.40～0.63	2.0～3.2		6～120	1.6～2.5	8.0～10
5	≤6	0.10～0.16	0.50～0.80		120～500	3.2～5.0	12.5～20
	6～50	0.20～0.32	1.0～1.6	10	≤10	1.6～2.5	8.0～10
	50～250	0.40～0.63	2.0～3.2		6～120	3.2～5.0	12.5～20
	250～500	0.80～1.25	4.0～6.3		120～500	6.3～10	25～40

参考文献

[1] 刘朝儒,吴志军,高政一,等.机械制图[M].5版.北京:高等教育出版社,2006.

[2] 何铭新,钱可强.机械制图[M].5版.北京:高等教育出版社,2004.

[3] 吴宗泽,卢颂峰,冼键生.简明机械零件设计手册[M].北京:中国电力出版社,2011.

[4] 国家质量技术监督局.中华人民共和国国家标准·技术制图与机械制图等[S].北京:中国标准出版社,1996.

[5] 常明.画法几何与机械制图[M].4版.武汉:华中科技大学出版社,2009.

[6] 马德成.画法几何与机械制图典型题解300例[M].北京:化学工业出版社,2011.

[7] CECIL JENSEN,JAY D HELSEL.工程制图基础[M].北京:清华大学出版社,2009.